酿造酒工艺学

（第二版）

顾国贤　主编

中国轻工业出版社

图书在版编目（CIP）数据

酿造酒工艺学/顾国贤主编. —2版. —北京：中国轻工业出版社，2025.5

ISBN 978-7-5019-1985-7

Ⅰ. 酿… Ⅱ. 顾… Ⅲ. 酿酒—生产工艺 Ⅳ. TS261.4

中国版本图书馆CIP数据核字（2007）第017036号

责任编辑：李亦兵　江　娟　狄宇航　　责任终审：滕炎福
封面设计：锋尚设计　　责任监印：张　可

出版发行：中国轻工业出版社（北京鲁谷东街5号，邮编：100040）
印　　刷：三河市万龙印装有限公司
经　　销：各地新华书店
版　　次：2025年5月第2版第30次印刷
开　　本：787×1092　1/16　印张：34
字　　数：791千字
书　　号：ISBN 978-7-5019-1985-7　定价：68.00元
邮购电话：010-85119873
发行电话：010-85119832　010-85119912
网　　址：http://www.chlip.com.cn
Email：club@chlip.com.cn

250901J1C230ZBQ

前　言

本书原主编为天津轻工业学院戴仁泽教授，他为全书制订了编写大纲、编学要求，在编写期间，他不幸逝世。后由发酵专业教材委员会指定，由无锡轻工大学顾国贤教授任主编。

全书共分三篇，第一篇为啤酒工艺学，其中第二章第一节、第三章、第六章第二、三、四节由大连轻工业学院柳冰雄教授编著，其余章节由顾国贤教授编著；第二篇为葡萄酒工艺学，由无锡轻工大学赵光鳌教授编著；第三篇为黄酒工艺学由无锡轻工大学徐文琦副教授和徐岩博士编著，其中第九章由徐岩博士编著。

编著本书时，在原《酿造酒工艺学》的框架下，力求推陈出新，并结合国内生产和科研实际，有不少内容和观点是编著者多年来教育和科研的结晶，内容中值得商讨和错误之处，欢迎读者指正。

本书是发酵工程专业或相近专业本科教学用书。根据各院校课程安排，在三篇中选用1～2篇，总学时数为45～70学时。在本书的编著过程中，得到不少酿酒界前辈和同仁的帮助，特此致谢。

编者

目　录

第一篇　啤酒工艺学

第二篇　葡萄酒工艺学

第三篇 黄酒生产工艺学

第一篇 啤酒工艺学

第一章 绪 论

第一节 酒和酒度

凡含有酒精（乙醇）的饮料和饮品，均称做“酒”。

酒饮料中酒精的百分含量称做“酒度”。酒度有三种表示法。

(1) 以体积分数表示酒度 即每100ml酒中含有纯酒精的毫升数。白酒、黄酒、葡萄酒均以此法表示，如茅台酒酒度为53度，即每100ml茅台酒中含有53ml纯酒精。但测定体积分数的标准温度，各国立法不一，如法国为15℃，美国为华氏60°，而现在国际标准（包括我国）为20℃。

(2) 以质量分数表示酒度 即每100g酒中含有纯酒精的克数。我国啤酒的酒度，其测量温度也是20℃。

(3) 标准酒度（Proof Spirit） 欧美各国常用标准酒度表示蒸馏酒的酒度。古代把蒸馏酒泼在火药上，能点燃火药的最低酒精度为标准酒度100度，英国威士忌的酒度按现在测量方法，100标准酒度相当于体积分数57.07%或质量分数49.44%。

但现代的标准酒度，大多数西方国家采用体积分数50%为标准酒度100度。即体积分数乘2即是标准酒度的度数。

酒度的测定方法，蒸馏酒可以直接用给吕萨克比重计（我国称“酒精比重表”）量度得到（体积分数）。其他酒均需采用蒸馏法蒸出酒精，用比重瓶在20℃下称出质量，算出密度，和水在20℃下的密度相比，得到相对密度，再查给吕萨克比重换算表得到酒度（体积分数或质量分数）。

有些酒的酒度常以%GL表示，即表示此酒度是查GL（给吕萨克）比重换算表的体积分数。

第二节 世界啤酒工业

啤酒的原料是大麦。大麦是世界上种植最早的谷物之一，几乎世界上所有地区都可种植，它的产量在谷物排名上，在小麦、玉米、稻谷之下，居第四位，而且大麦不是人类主要的粮食，习惯上作饲料。酿酒后的麦糟中，蛋白质含量得到相对富集，更适宜于做饲料，于是，用大麦制啤酒得到发展。

啤酒是酒类中酒精含量最低的饮料酒，而且营养丰富，人们适量饮用时，酒精对人体的毒害相对较小。在1972年世界第九次营养食品会议上，曾推荐啤酒为营养食品，也有人把啤酒称做营养食品、可口食品、卫生食品、方便食品。当然，无节制地饮用啤酒，对人的健康也会造成损害，特别是儿童、孕妇、有肝脏疾病者、车船机驾驶员等或由于宗教信仰是不适宜饮用的。

啤酒的历史悠久，大约起源于 9 千年前的中东和古埃及地区，后跨越地中海，传入欧洲，19 世纪末，随着欧洲强国向东方侵略，传入亚洲。啤酒是世界性饮料酒，现在除了伊斯兰国家由于宗教原因不生产和不饮用酒外，啤酒生产几乎遍及世界各国，是世界产量最大的饮料酒，已经达到 11 300 万 t，人均年占有量 23L。

表 1-1-1　　世界主要生产国啤酒产量

名次	国家	1983 年产量/万 t	1992 年产量/万 t	1993 年产量/万 t
1	美国	2 289.7	2 371.7	2 373.2
2	中国	160.0	1 021.0	1 225.0
3	德国*	1 204.8	1 201.0	1 154.0
4	日本	496.7	704.0	689.6
5	巴西	290.0	573.0	570.0
6	英国	603.2	558.9	548.8
7	墨西哥	247.7	425.3	409.5
8	俄罗斯	—	—	245.0
9	西班牙	220.8	260.8	245.0
10	南非	117.8	230.2	227.0
11	加拿大	227.0	215.0	221.2
12	法国	220.9	217.0	208.0
13	荷兰	173.3	206.6	204.3
14	捷克	—	—	190.0
15	澳大利亚	193.5	186.2	180.5
16	哥伦比亚	117.6	165.0	165.0
17	委内瑞拉	117.7	159.0	160.6
18	韩国	71.0	156.9	153.3
19	比利时	142.3	142.6	147.0
20	波兰	100.8	141.0	140.0
21	乌克兰	—	—	140.0
22	菲律宾	91.6	140.0	130.0
23	意大利	101.1	109.2	117.2
24	阿根廷	31.2	95.0	103.1
25	奥地利	83.4	100.1	98.2
世界合计		9 693	11 796.1	11 909.6

注：* 1983 年产量为联邦德国产量。

从上表统计数据可以看出，1993 年和 1983 年相比，世界啤酒产量约增加了 23.9%，其中发达国家（除日本）增长缓慢，有的甚至还有下降。增长快的是发展中国家，特别是这10年中经济增长快的国家，中国10年中啤酒产量增长了6.6倍多，阿根廷增长了230.7%，韩国增长了116.0%，巴西增长了96%，墨西哥增长了65.3%，哥伦比亚、委内瑞拉增长了64%，菲律宾也增长了42%。发达国家市场已趋饱和，而发展中国家，从贫困走向小康社会，酒类中首推的是价廉物美的啤酒。中国虽然啤酒产量已经达到世界第二位，但人均年占有量仅为12L，相当于世界人平均年占有量的一半。

啤酒可分两大类：一类为以德国、捷克、丹麦、荷兰为典型的下面发酵法啤酒(Beer)；另一类为英国和原英联邦国家，如澳大利亚、新西兰、加拿大、南非等采用上面发酵法生产的爱尔（Ale）型啤酒。

中国在本世纪初从欧洲大陆引进啤酒，所以，至今绝大多（99%）是下面发酵法啤酒。本书所讨论的啤酒也是下面发酵法啤酒。

第三节　中国啤酒工业发展简史

人类文明发展有相似之处，中国在四五千年前，就有古代啤酒。中国周朝《尚书》的“说命篇”记载了“若作酒醴，尔惟曲蘖”。“蘖”就是发芽的谷物，“醴”就是由蘖糖化后发酵的“古代啤酒”，但在汉朝以后，用蘖酿造的醴，慢慢由曲酿造的酒取代了。

中国近代啤酒是从欧洲传入的，据考证在1900年俄罗斯技师在哈尔滨建立了第一家啤酒作坊（乌卢布列夫斯基啤酒厂）。第一家现代化啤酒厂是1903年在青岛由德国酿造师建立的英德啤酒厂（青岛啤酒厂前身）。1915年在北京由中国人出资建立了双合盛啤酒厂。从1902年到1949年的40多年中，中国只有在青岛、北京、哈尔滨、上海、烟台、广州等地建立了不到10个工厂，年产啤酒近1万t，从1949年到1993年，我们用43年的时间，发展成为世界啤酒第二生产大国，这样的发展速度举世瞩目。

表1-1-2　　中国啤酒发展史

时　期	年　份	产量/万t	特　点
初创期	1900～1949	0～1	1、原材料全部进口 2、技术由西方控制 3、饮用者为在华外国人、城市上层华人
恢复期	1949～1957	1～4	1、由日本引进啤酒大麦在浙江种植 2、麦芽地板式发芽能自给 3、技术和管理自己掌握
初步发展期	1957～1966	4～12	1、青岛、北京、东北、新疆种植酒花，酒花自给 2、自己设计和装备一批年产500～2 000kL小型啤酒厂 3、工厂数增加至37家 4、大中专院校培养了一批工厂设计、设备制造和工艺人才

续表

时　期	年　份	产量/万 t	特　点
自发发展期 （第一次发展高潮）	1969～1978	12～41	1、在中等城市建立一批年产 500～5 000KL 啤酒厂厂数超过 100 家 2、饮用啤酒在城镇普及 3、啤酒装备定点生产 4、啤酒厂“小、土、群”遍地开花
高建发展期 （第二次发展高潮）	1979～1988	41～680	1、全国出现啤酒热，每年递增 30%，啤酒供不应求 2、政府重视建厂，得到专项贷款 30 亿元 3、建厂规模多数在年产 1～5 万 t 4、国外以装备和技术向中国输入，合资企业起步 5、年产 5～10 万 t 的中大型厂建立
第三次发展高潮	1991～1999	1 000～2 000	1、大型化，年产 10 万 t 的厂已达 30 家以上 2、集团化，有数厂至几十厂联合形成各种形式集团 3、三资化，由外方独资、合资、租赁等各种型式遍及各大城市

第四节　中国啤酒工业的未来

1. 产量的发展

中国正在快步发展经济，成绩举世瞩目，啤酒随着经济发展，人民生活水平提高，逐步从城市走向农村，成为人民大众最喜爱的饮料之一。啤酒生产将有较大的发展，平均年增长率在 8%～10%左右。我国的发展规划：2000 年将达到年产 2 100 万 t，人均年占有量为 15L；到 2010 年将达到 3 000～3 500 万 t，人均年占有量达到世界平均水平。

2. 规模的扩大

中国啤酒大发展期是 70 年代末至 80 年代。这期间各省、市、县普遍建厂，以年产 1～3 万 t 的中小型厂为主，至 1988 年，有啤酒厂和车间 813 家。随着啤酒工业的发展，90 年代中期以后将向大型化、集中化、集团化发展。现在已经有近 30 家啤酒企业年产量超过 10 万 t，这些大型厂的产量已超过全国总产量的 25%，年产 5～10 万 t 的中型啤酒厂已超过 40 家，产量占全国总产量的 20%以上。1995 年以前，啤酒年增长还在 10%以上，而啤酒厂数却以 10%左右的速度递减。

到本世纪末，将有几个啤酒集团年产量超过 80 万 t，能进入世界啤酒企业 15 强之列。

大中型啤酒企业的装备水平、管理水平将会达到世界先进水平，啤酒质量和品种也会同步进入世界先进行列。中国正在筹建一批年产 10～20 万 t 麦芽的大型化麦芽企业。

中小型啤酒厂面临巨大的危机，是发展还是淘汰，要看啤酒市场的具体情况。

3. 技术经济指标还有差距

中国迅猛发展的啤酒工业和它相配套的原料—啤酒大麦、麦芽、玻璃瓶、易拉罐、啤酒专业装备等，还远远落后于世界先进水平，制约了啤酒发展的水平，可比技术经济指标还很落后。

表 1-1-3　　技术经济指标比较　　（12°P 瓶装消毒啤酒）

	世界先进水平	中国平均水平	中国先进水平
吨酒粮耗/$t \cdot t^{-1}$	0.175	0.190	0.181
吨酒水耗/$t \cdot t^{-1}$	8	15	12
吨酒电耗/$kW \cdot h \cdot t^{-1}$	70	120	100
吨酒标煤耗/$t \cdot t^{-1}$	0.08	0.20	0.15
总损失率/%	6.0	9.0	8.5
瓶损/%	0.5	5.0	2.0
每人年均产啤酒量/kL	1 500	80	300

由上表可知，在技术和管理上我国啤酒的技术经济指标与世界先进水平相比还有较大的差距。随着生产的发展，技术进步将成为重点。

4. 原料的发展

在 50～70 年代，中国啤酒已经独立种植啤酒大麦和生产酒花，在中国西北地区酒花发展为自给有余，每年还有 1～3 000t 酒花出口。酒花的 α-酸含量也较高，超过 7%以上，它是苦型花，属中上水平，近几年在发展香花型酒花。制麦大麦是在 50 年代发展起来的，二棱冬大麦（早熟 3 号）曾为中国啤酒工业作出贡献，在“七五”期间引进种植新品大麦如匈-84、红日一号、冈二等高质量二棱制麦大麦也在 90 年代中期得到发展，大麦质量提高，育种研究遍及全国。而且逐步实现区域化。

5. 啤酒品种向多样化发展

我国啤酒产量的 90%左右是 11～12°P 的浅色下面啤酒。多数啤酒厂已经重视啤酒品种的多样化。

（1）今后人们对啤酒作为“酒”（酒精饮料）将会逐步“淡化”，而作为“饮料”将发展，也就是啤酒浓度、酒精含量将会逐步降低。

低浓度、低醇（质量分数 1.5%～2%）啤酒将发展。

（2）本世纪末，中国将有 2 亿人口进入老年，老年专用啤酒——低糖、低醇、保健型啤酒将有较大市场。

（3）小麦啤酒、白啤酒、全麦芽啤酒、配合啤酒（和果汁等配合）也会发展。

6. 啤酒修饰技术

在发展低浓度啤酒时，啤酒修饰技术应得到大家重视。从麦芽中提取香味物质的研究，在 8°P 啤酒上应用，明显增加了啤酒麦芽香和酒花香味。

低度啤酒淡而不寡，增加柔和感，也必须依赖于后修饰。从酵母中提取风味物质，改善啤酒的风味。

7. 高浓酿造技术

我国在80年代已经有稀释啤酒问世，也引进和研制了啤酒稀释水脱氧装置。

但我们只引进了后一半，我们至今没有开展高浓酿造技术的研究，18～30°P高浓度麦汁制造和发酵技术还是空白，希望能开展此技术的研究和国际合作。

8. 非热消毒的纯生啤酒酿造

正如葡萄酒一样，人们追求它的原果香味，现在人们也追求啤酒的“新鲜感”，氧和热消毒影响此特点的保持。

啤酒纯生化发展，不仅仅取决于无菌过滤技术。啤酒酿造技术，从自然发酵→纯种发酵→纯粹无菌发酵。纯生啤酒就是建立在纯培养酵母和无杂菌污染的纯粹发酵中。若我们从麦汁制造到生啤酒成熟各阶段，处于各种细菌污染的发酵中，那么，我们单靠无菌过滤是无法取得成功的。啤酒品质也无法获得纯生风味。

我国啤酒界现在都在酿制淡爽啤酒（Light Beer）和桶装新鲜啤酒（Draft Beer），并正在向非热消毒方向迈进。如何使啤酒酿造中不被其他微生物污染，这是一个新的起点，这要取决于观念的更新，生产体系管理现代化的实现，再配合无菌过滤技术才能成功。

9. 人才培养

在1949年以前，中国啤酒技术，几乎全部受到国外控制。1952年以后，在南京工学院培养了第一批大学本科发酵专业学生，1958年以后成立了一批轻工业院校，为中国啤酒工业输送了一批生产技术管理、设备制造、工厂设计的技术人才，他们是中国啤酒获得大发展的基础。

现在啤酒走向大型化、集中化，并努力和世界接轨。这对高技术素质人才的需求更迫切。封闭式人才的培养已经不适应啤酒发展的需要，啤酒工业不但需要大学本科毕业生，还需要一批硕士、博士，需要借鉴国外培养人才的方法，培养出一批既懂生产，又懂管理，了解市场的复合型人才，为中国啤酒走向世界、走向未来服务。

第二章 原 料

第一节 大 麦

自古以来大麦是酿造啤酒的主要原料。在酿造时先将大麦制成麦芽，再进行糖化和发酵。

大麦之所以适于酿造啤酒，是由于：①大麦便于发芽，并产生大量的水解酶类。②大麦种植遍及全球。③大麦的化学成分适合酿造啤酒。④大麦是非人类食用主粮。

按用途之别大麦可分为食用、饲料及酿造用三类。

按大麦籽粒在麦穗上断面分配形态，可分为六棱大麦、四棱大麦和二棱大麦。

六棱大麦的麦穗断面呈六角形，即麦穗上有六行麦粒围绕着一根穗轴，中间对称的两行发育正常，其他四行发育迟缓，因此，六棱大麦籽粒欠整齐，粒子较小。六棱大麦蛋白质含量稍高，适合于制高糖化力麦芽，它的淀粉含量相对较低，浸出物稍低。美国较流行用六棱大麦。

四棱大麦的麦穗不像六棱大麦那么对称，有二对籽粒互相交错，麦穗断面呈四角形，故而得名。

图 1-2-1 大麦穗断面图

二棱大麦是六棱大麦的变种，麦穗上只有两行籽粒，粒子均匀饱满且整齐。二棱大麦的淀粉含量较高，蛋白质的含量相对较低，浸出物收得率亦高于六棱大麦，所以，一般都用二棱大麦。

我国华北地区都种植六棱大麦，南方都种植二棱大麦。

根据大麦的播种时间，可将大麦分为春大麦和冬大麦两类。我国春大麦多在春季惊蛰后清明节前播种，生长期短，只有 3～4 个月。春大麦成熟度欠整齐，一般休眠期较长。冬大麦是秋后播种，生长期长达 200 天左右，成熟较整齐，休眠期较短。

我国幅员辽阔，南北气温相差甚大，必须因地制宜，选育品种。

一、大麦的形态

了解大麦粒形态，目的在于了解和研究大麦发芽过程的生理及其控制途径。大麦粒可粗略分为胚、胚乳及谷皮三大部分。

1. 胚

胚由原始胚芽、根胚、盾状体和上皮层组成，约占麦粒质量的2%～5%。它位于麦粒背部下端，是大麦器官的原始体，根茎叶即由此生长发育而成。胚部含有相当多量的蔗糖、棉子糖和脂肪，它们是麦粒发芽的原始营养。发芽开始时，胚分泌出赤霉酸(GA)，并输送至糊粉层，激发糊粉层产生多种水解酶。酶逐渐增长扩散至胚乳，对胚乳中的半纤维素、糖、蛋白质等进行分解。产生的小分子物质，通过上皮层和盾状体，由脉管输送体系送至胚根和胚芽作为发育营养。胚是麦粒中有生命部位，一旦胚被破坏，大麦即失去发芽力。

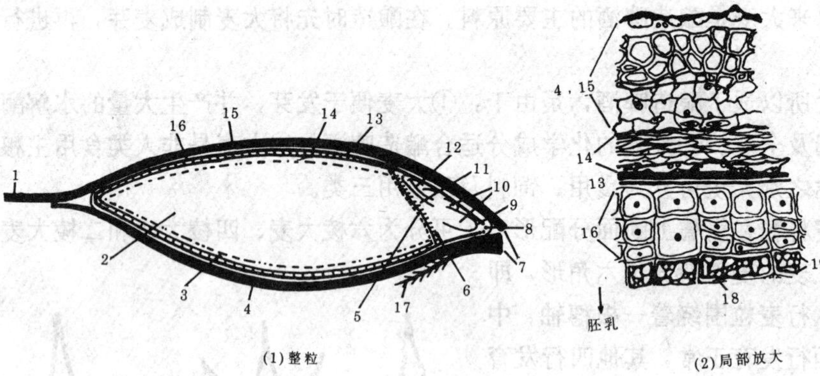

图 1-2-2　大麦粒纵剖面图

(1) 整粒　(2) 局部放大

1—芒　2—胚乳　3—亚糊粉层　4—谷皮（内皮）　5—细胞层　6—上皮层　7—花梗　8—珠孔区　9—胚根鞘　10—根胚　11—盾状体　12—胚芽　13—种皮　14—果皮　15—谷皮（外皮）　16—糊粉层　17—小穗轴　18—蛋白质　19—淀粉

2. 胚乳

胚乳是胚的营养库，约占麦粒质量的80%～85%。在发芽过程中，胚乳成分不断地分解成小分子糖和氨基酸等，部分供给胚作营养，部分供呼吸消耗，产生CO_2和H_2O并发出热量，这些成为制麦损失。但胚乳的绝大部分只是适当分解存于大麦粒内成为酿造啤酒最主要的成分。

3. 谷皮

谷皮由腹部的内皮和背部外皮组成，两者都是一层细胞。外皮的延长部分为麦芒。谷皮约占谷粒总质量的7%～13%。谷皮内面是果皮，再里面是种皮。果皮外表面有一层腊质，它对赤霉酸和氧是不透性的，这与大麦的休眠性质有关。种皮是半透性的薄膜，可透过水和某些离子，但不能透过较大分子物质，它阻止了糖和氨基酸等向外扩散。

谷皮成分绝大部分为非水溶性物质，制麦过程基本无变化，其主要作用是保护胚，维持发芽初期谷粒的湿度。谷皮是麦汁过滤时良好的天然滤层，但谷皮中的硅化物、单宁等苦味物质对啤酒有某些不利影响。

胚根鞘附近的珠孔是外部水分渗入的主要部分，对浸麦的吸水过程起主要作用。

二、大麦的化学成分

1. 淀粉

淀粉是大麦的主要贮藏物，存于胚乳细胞壁内。大麦淀粉有大颗粒（20～40μm）和小颗粒（2～10μm）之分。二棱大麦的小颗粒淀粉数占90%，但其质量只占10%左右。淀粉粒中大约有97%的化学纯淀粉，0.5%～1.5%的含氮化合物，0.2～0.7%的无机盐，0.6%的高级脂肪酸。淀粉密度平均为1.5g/cm^3，由于其密度大于水，故在水中下沉。

大麦淀粉粒中一般含直链淀粉17%～24%，但低者达0.3%，高者达45%。支链淀粉约占大麦淀粉的76%～83%。

麦芽淀粉酶作用于直链淀粉，几乎全部转化为麦芽糖和葡萄糖，但作用于支链淀粉，除生成麦芽糖和葡萄糖外，尚生成相当数量的糊精和异麦芽糖。糊精是淀粉水解的不完全产物，不能发酵生成醇，其结构与淀粉相似，只是相对分子质量小些，含7～8个以上的葡萄糖基团。

2. 半纤维素和麦胶物质（gums）

半纤维素和麦胶物质是胚乳细胞壁的组成部分。胚乳细胞内主要含淀粉，发芽过程中只有当半纤维素酶将细胞壁分解之后，其他水解酶方能进入细胞内分解淀粉等大分子物质。

半纤维素和麦胶物质约占大麦质量的10%～11%，二者具有类似的化学成分。麦胶物质是多糖混合物，能溶于热水，在40至80℃范围内，温度越高，溶解度越大。半纤维素不溶于热水，而溶于稀碱溶液。谷皮中的半纤维素主要含戊聚糖和少量β-葡聚糖及糖醛。胚乳中的半纤维素主要含β-葡聚糖及少量戊聚糖。

麦胶物质包括：(1) 以葡萄糖单位构成的β-葡聚糖。(2) 以阿拉伯糖和木糖构成的戊聚糖。(3) 微量半乳糖、甘露糖和糖醛酸。

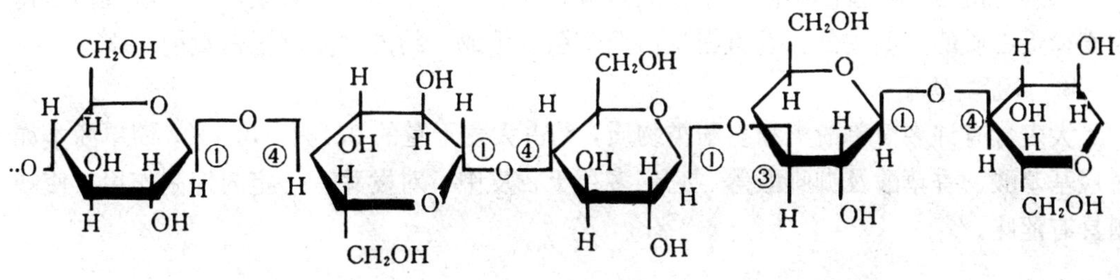

图1-2-3　大麦β-葡聚糖结构

麦胶物质以β-葡聚糖的性状最为重要，它是由大约70%β-1，4键和30%β-1，3键结合的葡萄糖链构成的大分子多糖。但随着提取方法之不同，两种键的比率波动在1∶1至7∶3之间。发芽过程中细胞壁的，不溶性β-葡聚糖开始分解，变成可溶性物质。麦胶物质的水溶液粘度很高，溶解良好的麦芽，此种物质大部分已分解，但溶解不良的麦芽，此种物质分解不完全，将会造成麦汁甚至成品啤酒过滤的困难。传统制麦工艺宁可用低温发芽法也不主张轻易升温以缩短制麦周期，其原因之一就在于防止β-葡聚糖分解不良而造成过滤困难，降低麦汁的收率。β-葡聚糖也是啤酒非生物混浊的成分之一。看来它是啤酒业公认的有害成分。只有少数人认为适当的β-葡聚糖对啤酒泡沫和口味的丰满感有益。

3. 蛋白质

大麦中蛋白质含量高低及其类型，直接影响制麦和酿造工艺及啤酒质量。大麦蛋白质和一般植物蛋白质类似，按其在不同溶剂中的溶解度和沉淀性可区分为下列四组。

(1) 清蛋白　清蛋白溶于水和稀的中性盐溶液及酸碱溶液中，因此，麦汁中含有清蛋白。加热时，从52℃开始，清蛋白从这些溶液中凝固析出，即随着煮沸的进行而加速凝固。清蛋白相对分子质量约70 000，占大麦蛋白质的3%～4%，等电点的pH为4.6～5.8。斯克里邦（Scriban 1953）证明，清蛋白可分为B_1和B_2组，B_1组于煮沸时凝固沉淀，它可能是与多糖结合的物质，对啤酒泡持性起重要作用，它还存在于β-淀粉酶中。大麦清蛋白是唯一能溶于水的高分子蛋白质。

(2) 球蛋白　球蛋白是种子的贮藏蛋白，占大麦蛋白总量的31%，不溶于纯水，溶于稀酸和稀碱。溶解的球蛋白和清蛋白一样，在90℃以上全部凝固，若要完全凝固还需要足够的酸度，其等电点的pH为5～6。球蛋白可分为α、β、γ、δ四组，相对分子质量依次递增。β组等电点的pH较低，为4.9，在麦汁煮沸时不可能全部沉淀除去，以至残存于麦汁及啤酒中。β球蛋白含活性-SH基，具有氧化趋势，在空气存在下，-SH基氧化生成-S-S-键，形成更难溶解的氧化物，使啤酒混浊，因此，β球蛋白是对啤酒稳定性有害的主要成分之一。

(3) 醇溶蛋白　醇溶蛋白不溶于纯水及盐溶液，也不溶于无水乙醇，而溶于体积分数为50%～90%的乙醇溶液或酸碱溶液，经加热不凝固。按谷氨酸含量之不同将醇溶蛋白区分为α、β、γ、δ、ε五组，其中δ和ε两组是造成啤酒冷混浊和氧化混浊的主要成分。醇溶蛋白主要存于糊粉层，它的等电点的pH为6.5。醇溶蛋白约占大麦蛋白总量的38%，是麦糟蛋白质的主要成分。

(4) 谷蛋白　谷蛋白不溶于中性盐溶液和纯水，溶于稀碱。谷蛋白和醇溶蛋白是构成麦糟蛋白质的主要成分。谷蛋白也由四个组分组成，约占大麦总蛋白量的29%。

4. 多酚类物质

大麦含有许多简单酚类和多酚类物质，约占大麦干重的0.1%～0.3%。简单酚类如对羟基苯酸、香草酸及咖啡酸等。它们多存于谷皮中，对发芽有一定的抑制作用，使啤酒具有涩味。

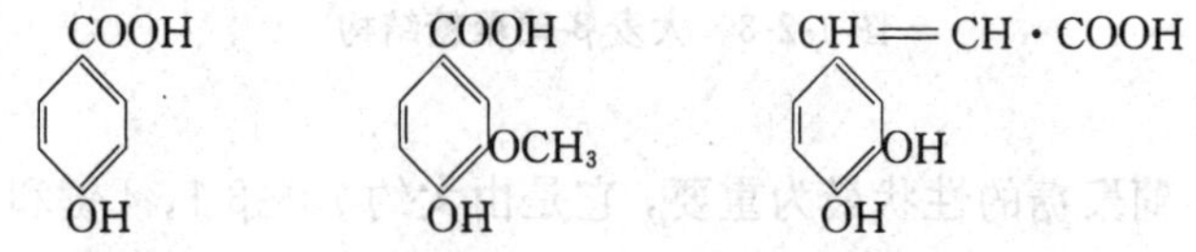

对-羟基苯酸　　香草酸　　咖啡酸

在浸麦过程中加石灰、碱或甲醛能使酚类物质浸出一部分，有利于大麦发芽，可提高啤酒的稳定性。

对啤酒质量危害最大的是具有黄烷基（flavan nucleus）的多酚类物质，如花色素原(anthocyanogen)，或称原花色素（proanthocyanidin）及儿茶酸等。这些物质经聚合和氧化，具有单宁的性质，易和蛋白质通过共价键起交联作用而沉淀析出。如果这一反应发生于麦汁制备、麦汁煮沸或发酵过程中，则可将某些凝固性蛋白质沉淀而除去，有利于提高啤酒稳定性。

麦汁中多酚物质的 80%来自麦芽。下面列举两个花色素原的化学结构式：

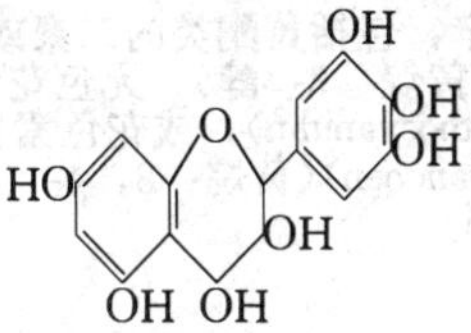
翠雀素原
(delphinidinogen)

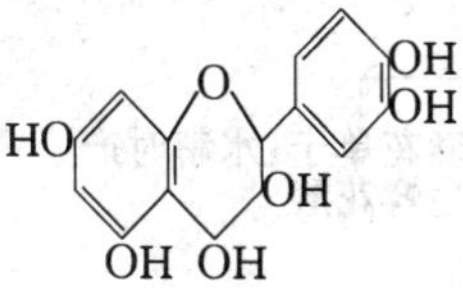
花氰素原
(Cyanidinogen)

多酚单体在氧、金属离子、H^+存在下可聚合氧化成二聚体或三聚体乃至大分子物质。下面是两个二聚体的结构式：

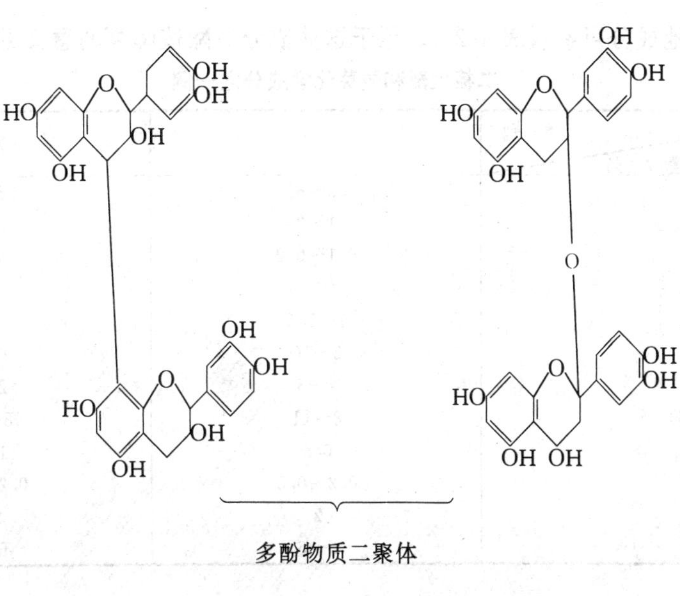
多酚物质二聚体

聚合多酚更易与蛋白质结合产生沉淀，人们希望此种反应发生于成品啤酒之前，而不出现于成品啤酒之中。

70 年代以来，Wettstein 等人通过遗传工程手段选育出大麦突变品种，此品种含花色素原很微，用此种大麦制出的啤酒稳定性大大提高，但此种大麦抗病害能力稍差。

为便于对大麦中多酚物质的研究，许多作者从不同目的考虑，根据酚类化学性质进行了分类，现举出如下两例。

根据化学性质区分（Gramshaw 1969）

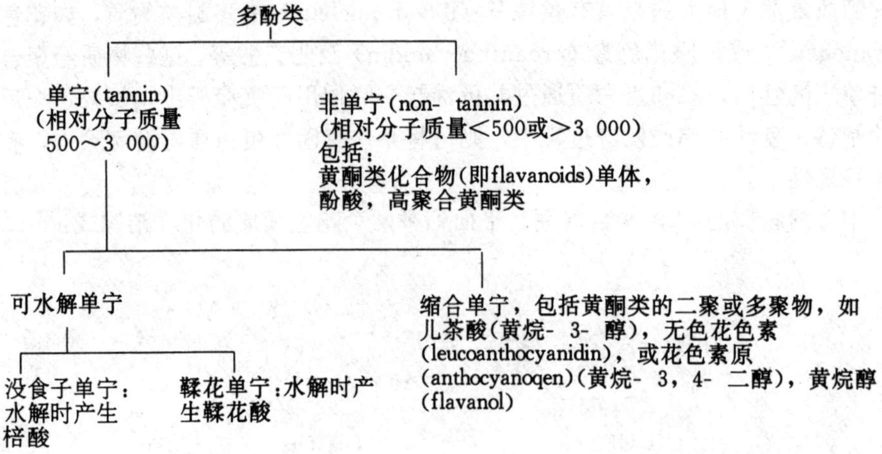

根据多酚物质在酿造过程中的效应，Bourzeix（1973）将其分为两大类：

(1)类单宁(tannoid)，相对分子质量为600～3 000并可以被相对分子质量为700 000的可溶性聚乙烯吡烷酮所沉淀。

(2) 单宁原（tanniuogen)、花色素原和儿茶酸等。

5. 其他

大麦中其他成分可参看表1-2-1。至于这些成分对酿造啤酒的意义见有关章节。

表1-2-1　　二棱大麦和麦芽化学成分之一例

成分及其含量/% ＼ 类别	大麦	麦芽
淀粉	63～65	58～60
蔗糖	1～2	3～5
还原糖	0.1～0.2	3～4
其他糖	1	2
可溶性大麦胶	1～1.5	2～4
半纤维素	8～10	6～8
类脂	2～3	2～3
粗蛋白（N×6.25）	8～11	8～11
氨基酸和肽	0.5	1～2
核酸	0.2～0.3	0.2～0.3
无机盐	2	2.2
其他	5～6	6～7

三、啤酒酿造对大麦的质量要求

1. 感观

(1) 色泽　良好大麦有光泽，淡黄，不成熟大麦呈微绿色；受潮大麦发暗，胚部呈深褐色；受霉菌侵蚀的大麦则呈灰色或微蓝色。

(2) 气味　良好大麦具新鲜稻草香味，受潮发霉的则有霉臭味。

(3) 谷皮　优良大麦皮薄，有细密纹道；厚皮大麦则纹道粗糙。

(4) 麦粒形态　麦粒以短胖者比瘦长者为佳，前者浸出物高，蛋白质低，发芽快。

(5) 夹杂物　杂谷粒和砂土等应在 2%以下。

2. 物理检验

(1) 千粒重　以无水物计千粒重应为 30～40g。二棱大麦较六棱大麦重。千粒重高浸出物相应亦高。

(2) 麦粒均匀度　按国际通用标准，麦粒腹径可分为 2.8、2.5、2.2mm 三级。2.5mm 以上麦粒占 85%者属一级大麦，2.5～2.2mm 者为二级，2.2mm 以下为次大麦，用作饲料。

(3) 胚乳性质　胚乳断面可分为粉状、玻璃质和半玻璃质三种状态。优良大麦粉状粒为 80%以上。

3. 化学检验

(1) 水分　测定水分是计算干物质的基础。原料大麦水分不能高于 13%，否则不能贮存，易发生霉变，呼吸损失大。

(2) 蛋白质　蛋白质含量一般要求为 9%～12%。蛋白质含量高，制麦不易管理，易生成玻璃质，溶解差，浸出物相应地低，成品啤酒易混浊。

(3) 浸出物　间接衡量淀粉含量的方法，一般为 72%～80%（干物质计）。

4. 酿造大麦的质量标准

轻工业部于 1978 年制订出部颁标准，至 1986 年 12 月经国家啤酒大麦专家组审定，正式制定和通过了啤酒大麦国家标准，编号为 QB—1416—87，内容见表 1-2-2。

表 1-2-2　　我国啤酒大麦质量标准

一、感观指标（一、二、三级相同）

淡黄色，具光泽，无病斑粒，无霉味和其他异味

二、理化指标

项　目	二　棱			多　棱		
	优级	一级	二级	优级	一级	二级
水分/%≤	13	13	13	13	13	13
千粒重/g（无水物）≥	42	40	36	40	35	30
发芽势/%≥	95	90	85	96	92	85
发芽率/%≥	97	95	90	97	95	90
大麦浸出物含量（无水）/%	80	76	74	76	72	70
蛋白质含量（无水）/%	12	12.5	13.5	12.5	13.5	14
选粒试验（2.5mm 以上）/%	85	80	76	75	70	65
夹杂物含量/%	0.5	1.5	2.0	0.5	1.5	2.0
破损粒含量/%	0.5	1.0	2.0	0.5	1.0	2.0

四、大麦的贮藏

1. 大麦的贮藏及后熟

新收获大麦水分高，有休眠期，发芽率低，需经一段后熟期才能使用，一般需6～8周，才能达到应有的发芽率。作为一个现代化工厂，必须有足够的原料贮备，以保证工厂的生产连续性。从以上两点考虑，大麦的贮藏是麦芽厂不可缺少的一环。从表1-2-3可以看出大麦贮藏的必要性。

表1-2-3　　贮藏前后发芽率的变化

	新收大麦	贮藏60～70d
发芽势（力）/%	34	92
发芽率/%	42	96

一般认为新收大麦的种皮的透水性和透气性差，经过后熟，由于受外界温度、水分、氧气的影响，改变了种皮性能，因而提高了大麦的发芽率。

以下方法可以促进大麦后熟，提早发芽：

（1）贮藏于1～5℃条件下，能促进大麦生理变化，缩短后熟期，提早发芽。

（2）用80～170℃热空气处理大麦30～40s，能改善种皮透气性，促进发芽。

（3）用高锰酸钾、甲醛、草酸或赤霉酸等浸麦可打破种子的休眠期。

上述诸方法，以赤霉酸效果最好，最方便。

收购入厂的大麦其水分必须在13%以下，最好为12%（我国南方难于降至此值）。大麦水分高则呼吸损失大，且易霉变。据经验，水分13%以下的大麦，15℃存放一年发芽率基本不变。夏季必须人工制冷提供干燥冷风。

德国施福特（Schweinfurt）麦芽厂，利用该地区夏季白天热（平均24℃）夜间凉（平均9℃）的特点，采用夜间通风降温方式，是一种很有效的节能措施，可保证麦温在15℃左右。

2. 大麦贮藏方式

大麦的贮藏方法有袋装堆藏、散装堆藏和立仓贮藏。麻袋堆藏是中小厂常用的方法，堆放高度为10～12层，每平方米可存放2 000～2 400kg。散装堆放占地面积大，损耗大，不易管理，不宜采用。立仓占地面积小，便于机械化操作和温度管理，便于防虫防霉。立仓存放必须做到如下几点：

（1）水分在12%以下。

（2）必须预先除尘除杂，最好精选分级。

（3）入仓前尽可能降温。

（4）完善立仓必须配备通风、喷药、测温等装置。

大型立仓可高达40m以上，贮量达千吨。立仓材料可用木料、钢筋混凝土或钢板。

贮藏期间保管的主要任务是：

及时记录麦温，按时通风、倒仓。严格防潮、防虫、防鼠等。

第二节 啤酒糖化的其他原料

在啤酒麦汁制造的原料中，除了主要原料大麦麦芽以外，还包括特种麦芽、小麦麦芽及辅助原料。

世界上绝大多数啤酒生产国（除德国、挪威、希腊以外），允许使用辅助原料，它包括大麦、小麦、玉米、大米、高粱等谷类，玉米和木薯等淀粉，蔗糖和淀粉糖浆等。

一、啤酒生产中使用辅助原料的意义

1. 降低啤酒生产成本

从大麦制成麦芽，其价格约增加70%～100%，浸出物含量减少10%。麦芽的价格远远高于不发芽的大麦、小麦、玉米、大米等谷物，在麦汁制造中采用适当比例的辅料，虽然要增加辅料加工设备，有热能消耗，有时还需增加酶制剂等引起费用，但总成本是降低的，所以，具有经济性。

2. 降低麦汁总氮，提高啤酒稳定性

由于大多数辅料（大米、玉米、糖和糖制品）含有可溶性氮很少，它们只提供麦汁浸出物中糖类，几乎不给麦汁带来含氮组分。因此，可以降低麦汁总氮。同时可相对减少麦汁中高分子含氮化合物的比例，可以提高啤酒的非生物稳定性。

表1-2-4　　谷物蛋白质组分

谷物名称	蛋白质含量/%	其中,%				
		水溶性	盐溶性	醇溶性	碱溶性	分解蛋白质
麦芽	8.0～11.5	10	11	17	21	41
大麦	8.5～12.0	3～5	10～20	35～45	35～45	—
小麦	10.0～15.0	3～5	6～10	40～50	30～40	—
大米	8.0～11.0	痕迹	2～8	1～5	88～90	—
玉米	7.0～13.0	痕迹	5～6	50～55	30～45	—

3. 调整麦汁组分，提高啤酒某些特性

使用除大麦以外的其他辅料，由于它们很少含有多酚类化合物，故可以提高啤酒非生物稳定性和降低啤酒的色泽。

使用小麦，大米，由于它们含有丰富的糖蛋白，故可提高啤酒泡持性。

使用蔗糖和糖浆作辅料，可以提高啤酒的发酵度，酿制色泽浅淡、口味爽快的啤酒。

二、啤酒辅料的特性

1. 大米

稻属禾本科稻属，普通栽培稻可分为籼稻和粳稻两个亚种。籼稻粒形长而扁平，稻壳较薄，腹白较多，加工成米，易折断，米质胀性大而粘性弱。粳稻粒形短而宽，壳厚，耐压性好，米质胀性较小而粘性大。

无论籼稻或粳稻，根据生长期，均可分为早、中、晚稻三类。晚稻生育期长（150天以上），米质坚实，食感均优于早稻。

无论籼稻或粳稻，根据米淀粉性质，均可分为糯稻和非糯稻。糯粳稻米淀粉100%为支链淀粉，米饭粘性大而胀性小，非糯稻淀粉中有10%～30%的直链淀粉。

稻谷经砻谷机加工，内外壳脱落称“砻糠”并得糙米，呈白色和乳白色，经过碾米机加工，脱去糙米的果皮、种皮、外胚层及糊粉层，脱下外层称“米糠”（它包括随之脱离的胚），剩下的主要是胚乳称“精米”。由糙米得到的精白米率，取决于精白度。普通食用二等精米的精米率为92%，一等精米率为89%～90%，特等为86%。米的精白度愈高，精米含皮和糊粉层及胚愈少。米愈白，淀粉含量愈高，蛋白质脂肪、灰分、粗纤维愈少。酿造中国黄酒、日本清酒均需要高精白度的大米（精米率高于85%）用这种大米酿造的酒口味纯净、杂味少。

啤酒酿造用大米，原则上凡大米不论品种均可用于酿造，但从啤酒风味而言，米的食感越好，酿造的啤酒风味也愈好。一般来说粳米优于籼米，晚稻米优于早稻米，糯米优于非糯米。糯米酿造啤酒，发酵度适中，啤酒的口味纯净，泡持性好。

大米的化学组分及酿造特性见表1-2-5，1-2-6所示。

表1-2-5　　大米的化学组分

类别 成分及其含量/%	稻谷	米糠	精糯米	精粳米	精籼米	杂碎米
水分	10.28	11.46	11.88	13.38	13.0	8.5
粗蛋白质	7.95	15.08	8.02	7.18	7.2～9.42	7.0
粗脂肪	1.65	20.07	1.96	0.26	0.2～1.49	0.6
碳水化合物	65.6	37.64	76.06	79.36	79.1～88.5	83.6
纤维素	10.42	7.32	0.93	0.20	0.3～0.4	0.5
无机盐	4.09	8.43	1.15	0.46	1.0	0.3

表1-2-6　　粳糯米、粳米（非糯）、籼米的酿造特性

	粳糯米	粳米（非糯）	籼米
淀粉中含支链淀粉%	100	80～83	60～70
胚乳性质	乳白色、粉状（晶质不用于酿造）	晶质、心白或腹白	晶质
压碎刚度	小（5～8kg）	中等（8～10公斤）	大
吸水速度	快	中等	慢
糊化难易	易	中等	难
糖化碘褪色时间	短	中等	长
淀粉酶促水解	还原糖少、糊精多	还原糖多、糊精少	
糖化液粘度	大	中等	小
蛋白质结构差异	含P多、含S少 含羧基多、酸性强 含糖蛋白质多	含S多、P少 含氨基多、酸性弱 含糖蛋白少	
酿成啤酒风味	醇厚、泡沫细而持久	发酵度高	

大米的相对密度为1.40，容重为790～830kg/m³，千粒重为20～27g。

由于大米淀粉含量高（75%～82%），无水浸出率高达90%～93%，无花色苷，含脂肪低（0.2%～1.0%），并含有较多泡持蛋白（糖蛋白），用它作辅料酿造啤酒，啤酒的色泽浅、口味纯净，泡沫洁白细腻，泡持性好，它是优良的啤酒辅料。美国只有高级啤酒才用大米辅料。我国稻米产量为世界第一位，稻谷产量占全国粮食总产量的1/2。因此，啤酒辅料至今习惯用大米。

由于大米淀粉颗粒小（2～10μm），结构紧密，糊化困难，在糊化时需要大的加水比（1∶6以上）。而籼米更难糊化，完全糊化温度高达82℃以上。因此，必需有较多的麦芽或淀粉酶参与下，大米才能在常压下糊化、液化。

经过砻谷、碾米后的精米，极不耐贮藏。在贮藏中由于呼吸作用、氧化作用、酶促分解，使米质恶化。特别是脂肪分解后形成脂肪酸，渗透进入胚乳，充塞于直链淀粉的螺旋圈内，导致阻碍淀粉吸水膨胀，使糊化困难，并形成难闻的"陈米臭"，影响食用口感，同样影响啤酒的风味。

未脱壳之稻谷或未碾白之糙米，由于米糠中含有丰富的菲汀（9%～14%）及维生素E（胚中尤多），它们是天然抗氧化剂，所以耐贮藏。因此，用大米作辅料，应贮藏稻谷，在使用前加工成米，即宜采用"新米"或"陈谷新米"用于酿造。

精米在2～4℃下可贮藏4～6月，在10～15℃下可贮藏2～3月，在30℃下贮藏10天就变质。

2. 玉米

玉米属禾本科玉米属。我国主要种植品种有：(1) 硬粒种：穗为圆锥形，籽粒多为方圆形，外表有光泽，多为黄色，间有白、红、紫等色粒，籽粒坚硬，胚乳四周为晶质，中间为粉质，是我国主要粮食品种。(2) 马齿种：穗为圆柱形，籽粒扁呈方形或长方形，籽粒表面皱缩粗糙，呈黄、白、紫等色，籽粒品质差，但产量高，主要用于饲料、酿酒、淀粉工业，是世界栽培最广的品种，也是酿造啤酒的主要品种。(3) 半马齿种：属上述两种中间种，性质也介于两者之间，我国栽培颇多。

玉米籽粒千粒重50～400g，平均为250g。容重为625～750kg/m³。

表1-2-7　　玉米籽粒的化学组成

成分及其含量/% ＼ 类别	全籽粒	皮和糊粉层	胚和盾状体	胚乳
占籽粒重	100	6	10	84
粗蛋白质	12.6	6.6	21.7	12.4
粗脂肪	4.3	1.6	29.6	1.3
糖类	79.4	74.1	34.7	85.0
粗纤维	2.0	16.4	2.4	0.6
无机盐	1.7	1.3	11.1	0.7

玉米淀粉颗粒直径为5～26μm之间，平均为15μm。玉米淀粉糊化温度开始为64℃，完成为72℃。玉米淀粉含直链淀粉22%～28%，现培育的杂交新品种，含直链淀粉高达70%～80%。高直链淀粉的玉米，淀粉易发生凝沉作用，即易“回生”。

玉米若干品种糊粉层的细胞液中含有花青素，这种色素在酸性条件下为红色，中性条件下为紫色，碱性条件下为蓝色。

作为啤酒辅料的玉米，含脂肪太高，会影响啤酒的风味和泡沫。由表1-2-7看出，脂肪主要集中于胚层，但在贮藏过程中，由于脂肪的氧化和分解，会向胚乳扩散。因此，作啤酒辅料的玉米，必须进行脱脂处理。国外认为含脂肪0.5%以下的玉米为优级，0.5%～1.0%的为良级，1.0%～1.5%的为及格，>1.5%的玉米加工品不得用于酿造啤酒。

酿酒用玉米必需经过加工。现在流行的玉米干磨加工，包括：除杂清理、调湿、脱胚、脱皮、离心筛分离胚和皮，胚乳再经过圆盘磨和筛析等，得到一系列产品：

胚及皮层占15%：用浸出法制造高级食用油。

大粒及粗粒占30%：含纤维素及蛋白质高，作饲料。

细粒、粗粉占50%：含蛋白质少，脂肪低于1.0%，含淀粉高，是优良啤酒原料。

微粉、细粉占5%：淀粉多，疏松，制造糕点的原料。

3. 小麦

小麦属禾本科小麦属（Triticum），我国栽培小麦分布于全国各地，约有7 000多个种和亚种，其中96%属普通种（T. aeslivum）小麦。根据生育特性可分为以下几类：

（1）春小麦、冬小麦　冬小麦主要集中于南方（包括河南、河北、山东）。冬小麦皮层厚，蛋白质含量低，淀粉含量高。

（2）红皮小麦、白皮小麦　红皮小麦为红褐色至深红色，白皮小麦为白色至黄色。

（3）硬质小麦，软质小麦　凡粉状率达50%以上的软质小麦，凡角质率50%以上为硬麦。软麦皮色浅，粒形饱满，含淀粉多，含蛋白质少，适宜于做糕饼和酿酒，而硬质小麦宜做面包。

小麦相对密度为1.33～1.45，千粒重为15～28g，容重为660～830kg/m³。

小麦籽粒各部分的化学组成见表1-2-8所示。

表1-2-8　小麦籽粒各部分化学组成

部位＼成分及其含量/%	质量分数	粗蛋白	粗脂肪	淀粉	糖	戊聚糖	纤维素	无机盐
全粒	100	16.07	2.24	63.07	4.32	8.101	2.76	2.18
胚乳	87.6	12.91	0.68	78.93	3.54	2.72	0.15	0.45
胚	3.24	37.63	15.04	0	25.12	9.74	2.46	6.32
糊粉层	6.54	53.16	8.16	0	6.82	15.64	6.41	13.93
皮层	8.93	10.56	7.46	0	2.59	51.43	23.73	4.76

小麦是世界播种面积最大（占1/3耕地）的谷物，我国是世界小麦主要生产国。小

麦发芽后制成的小麦芽也是酿造啤酒的主要原料。我国啤酒大麦至今种植地域不广，主要集中在江浙两省，由于气候等因素的影响，会导致啤酒大麦供应不足，开发小麦酿造啤酒是有前途的。

作者于1985～1986年在麦芽厂、啤酒厂用小麦制麦芽，酿造啤酒。小麦麦芽质量见表1-2-9所示。

表 1-2-9　　小麦麦芽质量分析

	淮麦2号（白小麦麦芽）	（普通红麦）红小麦麦芽
千粒重/g	28	24
发芽率/%	95	98.5
无水浸出率/%	80.5	79
总氮含量/%	1.76	1.88
库尔巴赫值/%	41	39
α-氨基氮/mg·(100g)$^{-1}$	185	180
糖化力/WK	420	420
糖化时间/min	8	8
色度/0.1mol/LI，ml·(100ml)$^{-1}$	0.13	0.35
麦汁滤过速度/$m^3 \cdot h^{-1}$	1.5（微混）	1.5（微混）
出炉水分/%	4.5	4.5

若用不发芽小麦做啤酒辅料，根据作者试验，应选择冬小麦、软质小麦、蛋白质含量低的小麦为佳。

表 1-2-10　　小麦品种和蛋白质含量

	红冬麦	软红冬麦	软白冬麦	硬红春麦
蛋白质含量/%	16.5	12.0	11.0	18.0
无水浸出率/%	77.0	86.5	82.0	74.5

相同品种，生长地域纬度越高，小麦蛋白质含量也越高，因此，宜域选择南方地区小麦。

表 1-2-11　　我国不同地区小麦的蛋白质含量

地　区	杭州	扬州	济南	北京	公子岭	克山
无水蛋白质含量/%	11.7	12.1	12.1	16.1	16.3	19.0

采用红皮小麦做辅料，可以除麸皮后，粗粉碎（过 20 目筛）后投入糊化锅。采用白皮小麦，可以把分离的麸皮投放糖化锅，充分利用麸皮中含有较高的 β-淀粉酶（WK350），协助糖化。

利用小麦作辅料，麦汁总氮和 α-氨基氮均比大米高，发酵快，但过滤和煮沸麦汁略混浊，需进行处理（如加丹宁酸沉淀等）为好，酿成的啤酒泡沫细腻、持久。

4. 淀粉

用玉米、高粱、小麦等谷物和马铃薯、甘薯、木薯等薯类为原料生产淀粉，现已发展成一门大工业，特别是玉米淀粉，全世界每年生产约为 560 万 t。淀粉生产是经过磨碎（干磨或湿磨）—过筛—离心分离—洗净—干燥等工序，把原料中非淀粉物质，如纤维素、蛋白质、类脂、无机盐及水溶性杂质，分离除去得到相当纯度的淀粉产品。从副产物中得到高蛋白质、油脂等重要产品，用作饲料或食用。

工业淀粉不是纯淀粉，尚含有一定量的杂质。

表 1-2-12　　工业淀粉中杂质含量

类别 \ 成分及其含量/%	水分	蛋白质	粗脂肪（醚抽提）	粗纤维	灰分
大米	11～13	0.5～0.8	0.04～0.06	0.01～0.02	0.3
小麦	11～13	0.8～1.3	0.15～0.2	0.02	0.4
玉米	11～13	0.5～0.7	0.05～0.1	0.01～0.02	0.37
马铃薯	12～14	0.1～0.3	0.01～0.03	0.02	0.5
木薯	12～14	0.1～0.3	0.01～0.03	0.03	0.5

由表 1-2-12 中粗脂肪是用乙醚抽提定量的，而在工业淀粉中，特别是玉米淀粉所含类脂化合物主要是被淀粉吸附的脂肪酸，若用甲醇抽提，实际类脂化合物常高达 0.5～0.8%。淀粉中的灰分主要是磷酸盐。

由于淀粉是原粮加工产品，一般价格均高于原料，在啤酒中作为辅料使用和原料相似，因此，淀粉作为辅料使用不如原粮经济。但玉米、木薯等直接使用，在啤酒中有一定困难，所以，也有制成淀粉使用的。在产木薯的国家和我国华南地区，先制成木薯淀粉后使用，排除了木薯中有害的 HCN。

我国生产甘薯很多，甘薯淀粉价格低廉，但由于用甘薯干制得的淀粉还含有甘薯酮等苦味物质和特殊的气味，因此，不宜用作啤酒的辅料。近来，由于淀粉工业的发展，从物尽其用的观点看，用淀粉作啤酒辅料是有前途的。

5. 蔗糖和淀粉糖浆

啤酒麦汁浸出物的 92%～94%来自于原料淀粉的转化，添加辅料主要目的是得到廉价的浸出物，而且主要是糖类浸出物。在麦汁制造中，用糖补充浸出物，可直接加入麦汁煮沸锅中，工艺简单、使用方便。特别在制造高发酵度、淡色、爽口型啤酒及高浓稀释啤酒酿造中制造高浓度（16°P 以上）麦汁，直接使用糖类，得到酿造师们的欢迎。我国许多啤酒厂，制造淡爽型啤酒时添加总投料量8.0%的蔗糖。

在啤酒中使用糖类，主要是甘蔗糖、甜菜蔗糖、转化糖及淀粉糖和淀粉糖浆。

甘蔗糖和甜菜蔗糖常以固态或液态供应，其含蔗糖纯度高达99%以上，在使用上不存在困难。转化糖大多数是由蔗糖加酸转化而成，是果糖、葡萄糖和蔗糖的混合物，使用上也不会有困难。

淀粉糖和淀粉糖浆品种极多，可分成如下几种类型：

(1) 结晶葡萄糖　含水α-葡萄糖，无水α-葡萄糖，无水β-葡萄糖。产量以含水α-葡萄糖为主，含水分为8.6%～9.1%，结晶形状为薄片六角形。

(2) 全糖　又称“粉末葡萄糖”，由淀粉糖化液经浓缩而制得。由于不经过分蜜、结晶，工艺简单，成本低，作为啤酒辅料还是恰当的。

表 1-2-13　　淀粉全糖成分　(%)

类别＼成分及其含量/%	水分	葡萄糖	糊精	蛋白质	无机盐	酸度
“70”糖	18.2	71.5	9.8	0.04	0.54	0.02
“80”糖	8.3	80.5	10.6	0.05	0.60	0.02

(3) 淀粉糖浆　是淀粉经不完全糖化而得的产品。糖的组分主要是葡萄糖、麦芽糖、低聚糖、糊精等。

淀粉糖浆按淀粉转化程度可分成：中、高转化糖浆，高麦芽糖浆及低聚糖浆等多种。

表 1-2-14　　各种淀粉糖浆含发酵糖

糖浆名称	相对葡萄糖值	发酵糖量/%（干物质）
低转化糖浆	10～20	6～12
低聚糖浆	20～45	10～25
中转化糖浆	38～42	34～41.5
高转化糖浆（Ⅰ）	54	53.4
高转化糖浆（Ⅱ）	62	70.0
高转化糖浆（Ⅲ）	64	76.0
高转化糖浆（Ⅳ）	71	82.0
高麦芽糖浆	58	79.8

由表1-2-14可以看到，淀粉转化糖浆的种类很多，适宜用作啤酒辅料，而且在麦汁煮沸锅加入的是高转化糖浆和葡萄糖值应在62以上的和高麦芽糖浆。高转化糖浆的成品

浓度一般在80%～83%，相对葡萄糖值一般在60～70之间。若采用酸、酶法转化，其麦芽糖比例高，更适合用作啤酒辅料。

第三节 啤酒花和酒花制品

啤酒起源于公元前3～5千年，9世纪开始添加酒花为香料，15世纪后才确定为啤酒的通用香料。

酒花能赋于啤酒柔和优美的芳香和爽口的微苦味，能加速麦汁中高分子蛋白质的絮凝，能提高啤酒泡沫起泡性和泡持性，也能增加麦汁和啤酒的生物稳定性。

酒花是俗名，因其果穗（雌花序）供制啤酒而得名，又称“忽布”（HoP）。

酒花属桑科葎草属、其学名为*Humulus Lupulus*L，系多年生宿根，缠绕茎（蔓）植物。地上茎高3～5m，每年更换一次。单叶、对生，叶片呈3～5个掌状分裂，叶片边缘呈锯齿形。酒花系单被花，多雌雄异株。雌花着生于总果轴上形成花序（亦称球果），雌花呈淡绿色，松果形，长3～6cm，有30～50个花片（苞片）。酒花球果小花的萼片基部，正反面，披有很多黄色颗粒，俗称“花粉”，实际上并不是真正的花粉而是花腺体，呈金黄色，粘稠性胶状物，它是啤酒花的有效物质。人们由花腺体分布面积和密度、粉粒大小作为感官评定酒花质量的重要指标。

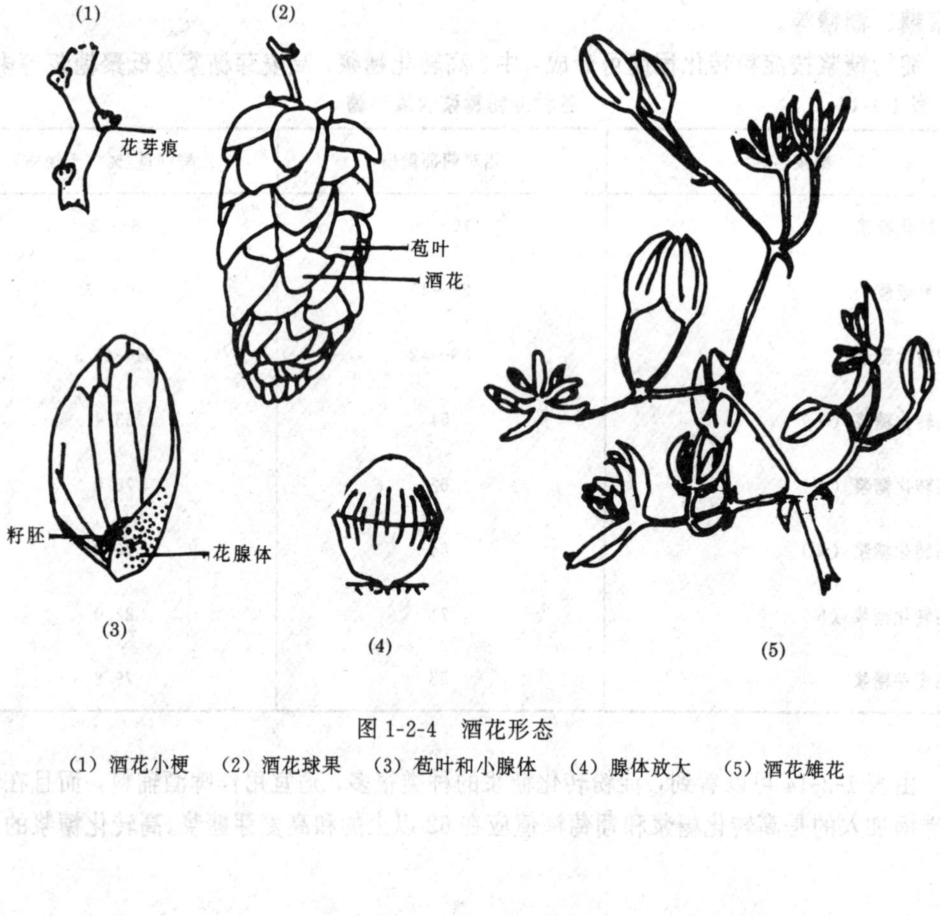

图1-2-4 酒花形态

（1）酒花小梗 （2）酒花球果 （3）苞叶和小腺体 （4）腺体放大 （5）酒花雄花

一、酒花栽培条件

酒花栽培适宜在近寒带的温带地区，主要产地分布于欧洲北纬40°～60°、北美北纬36°～55°、亚洲东部和北部北纬35°～50°、大洋洲南纬25°～45°的地区。世界著名酒花产地德国、捷克、斯洛伐克等均在北纬45°～50°。我国酒花主要产地新疆、内蒙古、甘肃、青海、黑龙江及北京地区，均在北纬40°～50°。酒花栽培气温的要求，生长期14～19℃，开花期17～23℃，成熟期15～25℃。酒花宜在中性土壤、低地下水位、雨水少（但要有灌溉）、长日照（1700～2600h）的地区栽培。虽然在其他地区也能栽培酒花，如中国黄河、长江中下游地区，但因不符合上述条件，产量低，α-酸低，无法获得优质、高产的酒花。

表1-2-15　　1993年和1994年世界酒花收获量

国名	1993年产量/t	1994年产量/t
美国	34540	32865
德国	42470	31485
中国	13500	13750
捷克	9605	9000
英国	5610	5000
斯洛文尼亚	3510	3765
澳大利亚	2940	3130
罗马尼亚	2900	2610
西班牙	2110	1800
南非	1320	1330
韩国	1200	1200
日本	1065	1135
法国	1075	1075
斯洛伐克	940	900
塞尔维亚	840	850
新西兰	630	765
保加利亚	595	505
比利时	585	555
其他各国	1695	1730
合　计	137105	122195

（1）中国按自己统计数据1993年为14 000t，1994年为17 000t，1995年达到20 000t左右。

（2）酒花压榨花 平均产率为1.5t/hm²。

我国1949年前，酒花只有在山东、东北少量种植，1979年随啤酒工业发展，酒花种植业有了很大发展，而且70%以上集中在新疆，其次为甘肃（15%）、宁夏（8%）、黑龙江（7%）等地。

目前酒花种植面积约1.5万hm²，产量高于国内啤酒工业需要量，每年有一定量的出口。

二、酒花的主要化学成分

酒花的化学组成中，对啤酒酿造有特殊意义的三大成分为酒花精油、苦味物质和多酚。酒花的六大化学组分对酿造意义不大。

1. 酒花的苦味物质

按照 EBC 酒花委员会，1969 年意见：

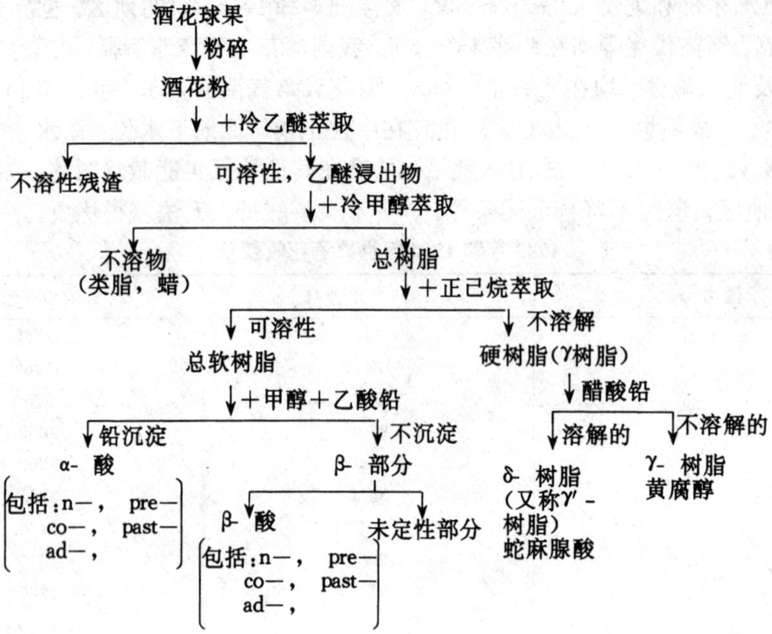

2. 苦味物质

苦味物质是提供啤酒愉快苦味的物质，在酒花中主要指 α-酸、β-酸及其一系列氧化、聚合产物。过去把它们通称“软树脂”。

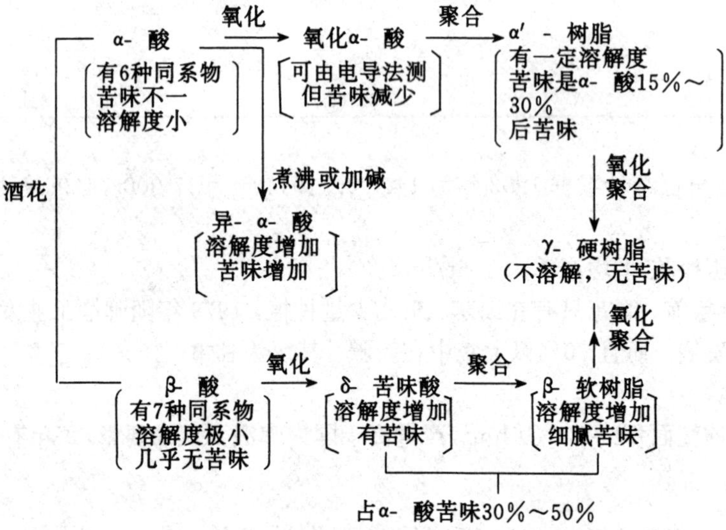

(1) α-酸　又称葎草酮 (Humulone)，新鲜酒花中 α-酸的质量分数为 5%～11%。啤

酒中苦味和防腐力主要来自α-酸的异构物。α-酸是衡量酒花质量的重要标准，国际上常以每公顷地产多少公斤α-酸来反映产率。α-酸是多种结构类似物的混合物。常见结构通式如下：

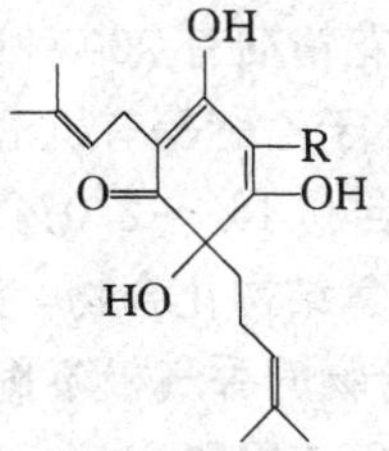

R：-CO・CH_2・CH $(CH_3)_2$　α-酸
R：-CO・CH (CH_3)　・CH_2・CH_3　附α-酸
R：-CO・CH $(CH_3)_2$　辅α-酸
R：-CO・CH_2・CH_3　后α-酸
R：-CO・CH_2・CH_2CH $(CH_3)_2$　前α-酸

α-酸呈菱形结晶，浅黄色，熔点为65～66.5℃，在0℃很稳定，在紫外线下呈柠檬黄色的荧光。它易溶于乙醚、石油醚、乙烷、甲醇等有机溶剂，在甲醇溶液中$[\alpha]_D^{20}=-206$，它的甲醇溶液可被醋酸铅作用成铅盐沉淀。α-酸虽然没有羧基，但在2、3碳呈烯醇基（$\gt$C—OH），所以，呈弱酸性。它微溶于沸水中，在麦汁中溶解度随麦汁pH降低而减少，如pH6.0的热麦汁可溶解500mg/L，而pH5.2时仅溶解85mg/L，但在低pH时溶解均匀，苦味柔和，反之，在高pH下成盐溶解，苦味粗糙。

α-酸在加热、稀碱或光照下易发生异构化形成异α-酸，结构通式如下：

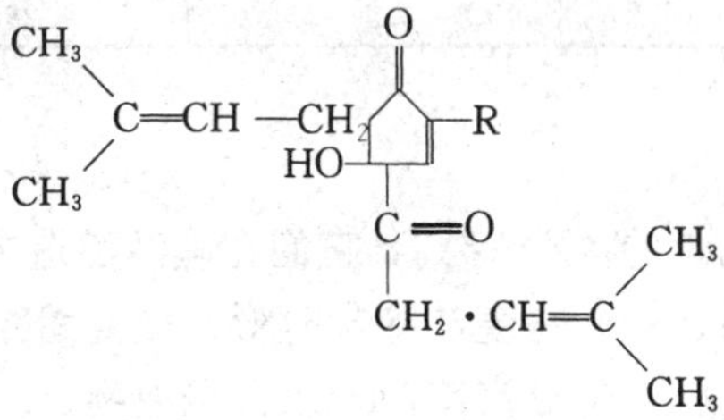

异α-酸是啤酒苦味的主要物质，它比α-酸溶解度大，虽然没有α-酸苦，但苦味更柔和。在麦汁煮沸1.0～1.50h约有40%～60%α-酸转化成异α-酸，同时有20%～30%转化成苦味不正常的衍生物（abeo-iso-α-acied），但它对啤酒起泡性有很大好处。如在有氧下煮沸，α-酸易氧化聚合，形成γ′和γ树脂。γ′树脂是啤酒后苦味的来源之一。

（2）β-酸　又称蛇麻酮（Lupulon）。新鲜酒花中β-酸的质量分数为5%～11%，它的苦味不及α-酸大（约为1/9），防腐力也比α酸低（约为1/3）。β-酸的熔点为90.5～92.0℃，在热水中溶解度比α-酸小。它更易氧化形成β-软树脂。β-软树脂能赋于啤酒宝贵的柔和苦味。

β-酸也是一个混合物，R-基因和α-酸相同，有多种结构，通式如下：

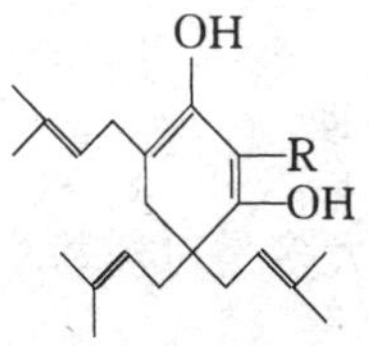

3. 酒花精油

酒花精油是酒花腺体另一重要成分，它经蒸馏后成黄绿色油状物，是啤酒重要的香气来源，特别是它易挥发，是啤酒开瓶闻香的主要成分。它的主要成分是单萜烯和倍半萜烯（碳氧化合物）及少量醇、酯、酮等化合物。据近代测定，酒花精油有200种以上组分，它们的共同特点是易挥发，在水中溶解极小（仅1/20000），溶于乙醚等有机溶剂，易氧化，氧化后形成极难闻的脂肪臭味。酒花精油在新鲜酒花中仅含0.4%～2.0%（苦味型0.4%～1.2%香型0.7%～1.5%）。精油中50%～80%是碳一氢结构化合物，如石竹烯、香叶烯、葎草烯、法呢烯等，它们可用轻汽油萃取，这类化合物的香气极不愉快，是生酒花香的来源。另一部分占20%～30%是具有碳-氢-氧原子的醇、酮和酯类，如香叶醇（牻牛儿醇）等，它们可以用乙醚萃取。香叶醇具有玖瑰花香气，沉香醇具有醇香木香气，它们是啤酒中幽雅香气的主要成分。

啤酒的酒花香气是由酒花精油和苦味物质的挥发组分降解后共同形成的。至今尚未发现哪一种成分具有典型的酒花香。

表 1-2-16　　Brewe's Gold 酒花芳香油香气

	占全酒花油量/%	气味阈值 $T_0/\times10^{-9}$	香气单位 $U_0/\times10^{-6}$	占总香气量/%
全酒花油	100	12	83.3	100
碳氢化合物	86	15	57.3	69
含氧化合物	14	5	28.0	34

4. 多酚物质

酒花中多酚物质约占总量的4%～8%，它们在啤酒酿造中的作用为：(1) 在麦汁煮沸时和蛋白质形成热凝固物。(2) 在麦汁冷却时形成冷凝固物。(3) 在后酵和贮酒直至灌瓶以后，缓慢和蛋白质结合，形成汽雾浊及永久混浊物。(4) 在麦汁和啤酒中形成色泽物质和涩味。

酒花和大麦中多酚物质，按相对分子质量可以区分如下：

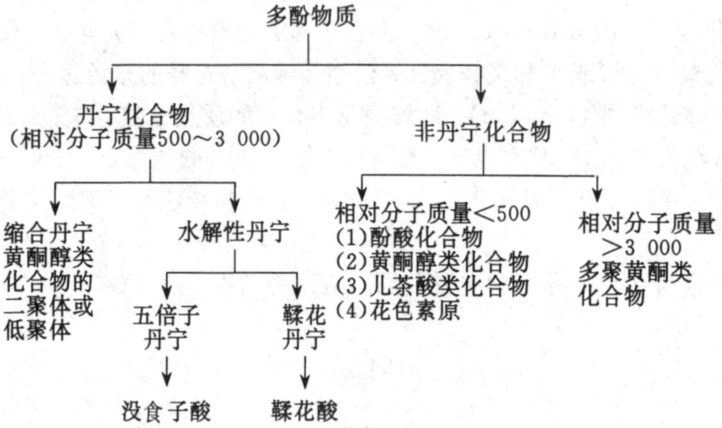

(1) 酚酸类化合物　这类化合物大多是对羟基苯甲酸和对羟基苯丙烯酸（肉桂酸）的

衍生物，主要有对羟基苯甲酸、香草酸、咖啡酸和香豆素四种，此外还有丁香酸、阿魏酸、原儿茶酸、芥子酸、没食子酸、龙胆酸等。这些酚酸类化合物有游离态存在，也有以酯或糖苷形式存在，如咖啡酸在酒花中是以酯形式存在的绿原酸和新绿原酸。

表 1-2-17　　　　酒花中的酚酸类化合物

名　称	结构式
对羟基苯甲酸	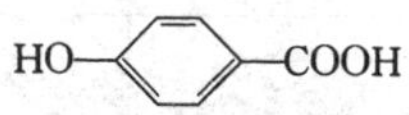
香草酸 （4-羟基-3-甲氧基苯甲酸）	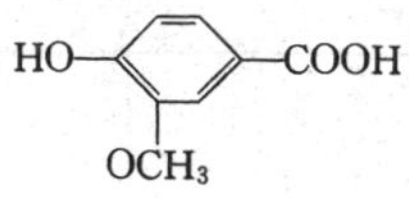
咖啡酸 （3，4-二羟基苯丙烯酸）	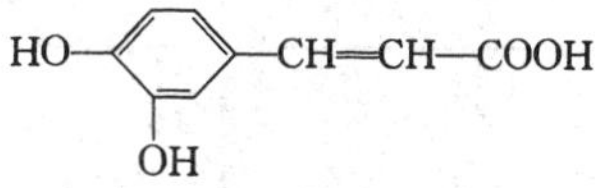
香豆素 （邻羟苯丙烯酸内酯）	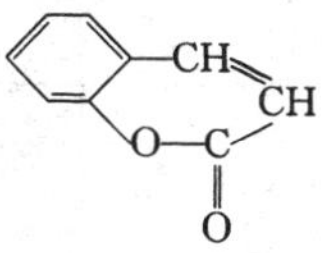
丁香酸 （4-羟基-3，5 二甲氧基苯甲酸）	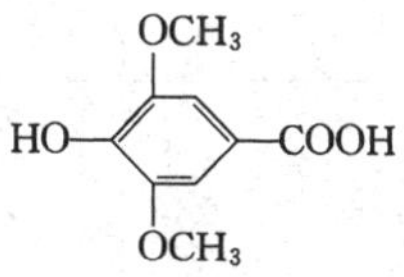
阿魏酸 （4-羟基-3 甲氧基苯丙烯酸）	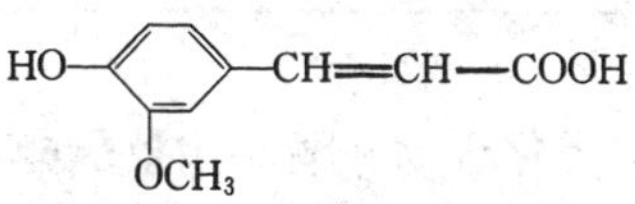

续表

名　　称	结 构 式
原儿茶酸 （3，4-二羟基苯甲酸）	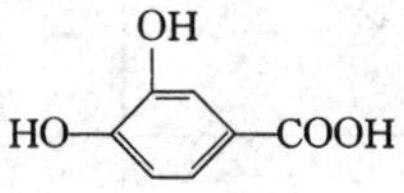
龙胆酸 （2，5-二羟基苯甲酸）	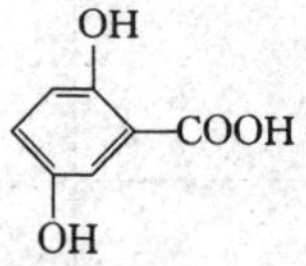
没食子酸 （3，4，5-三羟基苯甲酸）	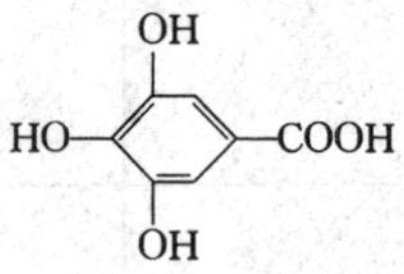
芥子酸 （4-羟基-3，5-二甲氧基苯丙烯酸）	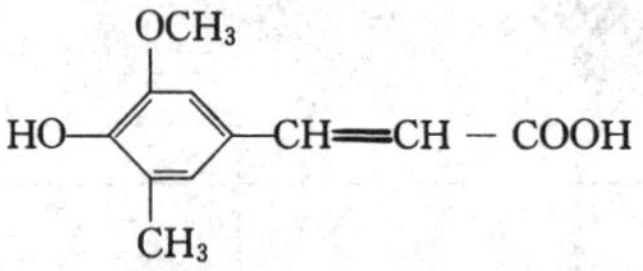
绿原酸	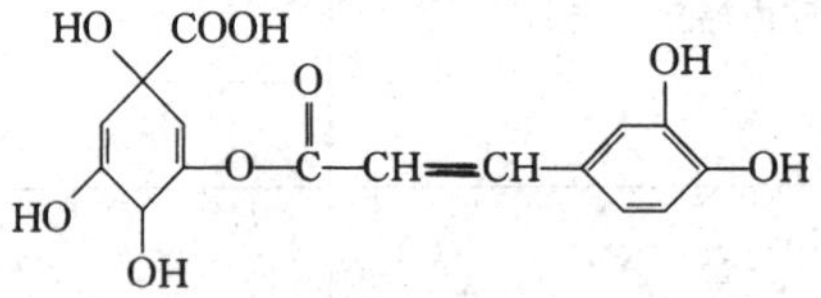
新绿原酸	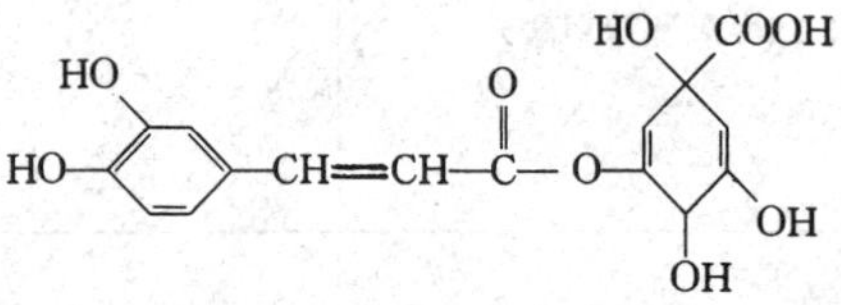

（2）黄酮醇类化合物　酒花中黄酮醇类化合物主要是槲皮酮（栎精）、堪非醇（山奈醇）及极少量的杨莓酮，而且大多以糖苷形式存在。已发现酒花中有十四种此类糖苷，例如槲皮酮的鼠李糖苷（槲皮苷、栎素）、槲皮酮的β-葡萄糖苷（异槲皮苷、异栎素）、槲皮酮的芸香糖苷（芸香苷）、堪非醇的β-葡萄糖苷（黄芪苷）等。

表 1-2-18　　　　　　　　酒花中的黄酮醇类化合物

名　　称	结 构 式
槲皮酮	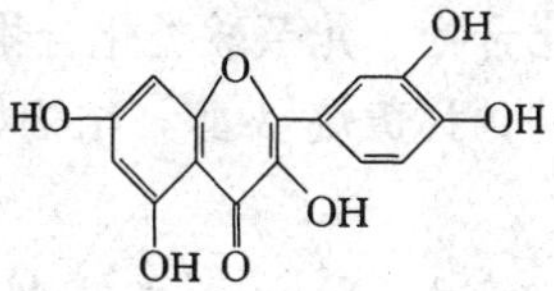
堪非醇	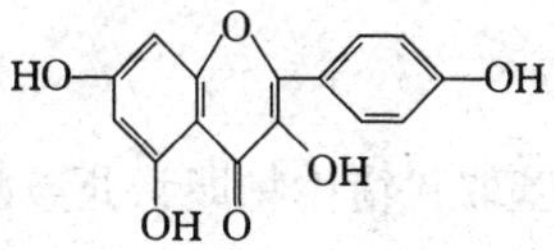
杨莓酮	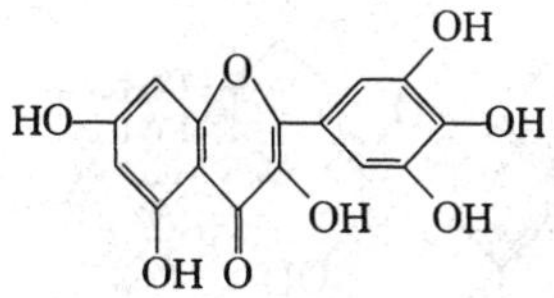
槲皮苷	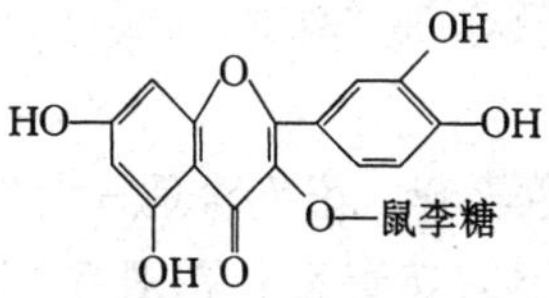
异槲皮苷	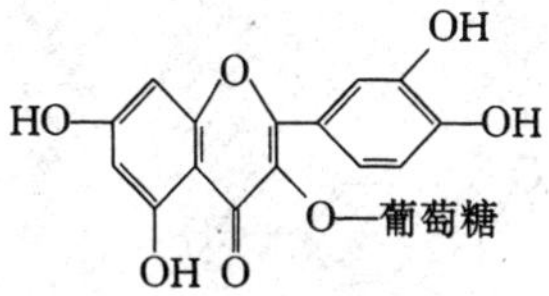
芸香苷	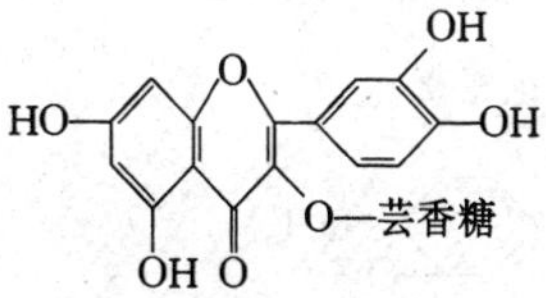
黄芪苷	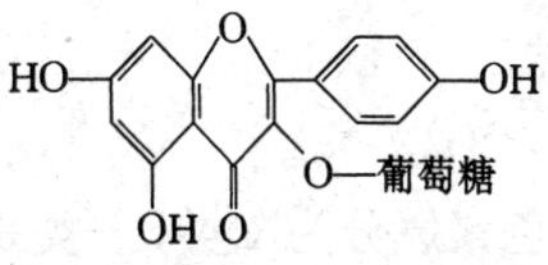

黄酮醇类化合物带有酚羟基，因此，具有酚类化合物的通性。它还有吡喃酮环和羧基，构成生色基团，分子中酚羟基数和连接位置与呈色有关。3′、4′碳位上羟基或甲氧基呈深黄色。这类化合物在空气中久置，易氧化，生成褐色的沉淀物。

（3）儿茶酸类化合物　儿茶酸类化合物是一类黄烷醇的衍生物，其母核也含有 2-苯基苯并吡喃环的结构，称黄烷-3-醇，结构如下：

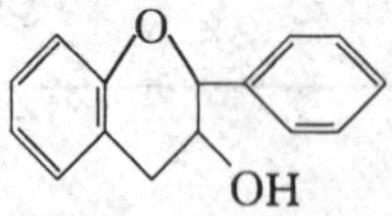

黄烷-3-醇的羟基取代衍生物即为儿茶酸类化合物。在大麦和酒花中含量最多的是儿茶酸及少量的表儿茶酸、没食子儿茶酸、表没食子儿茶酸，其结构式如下：

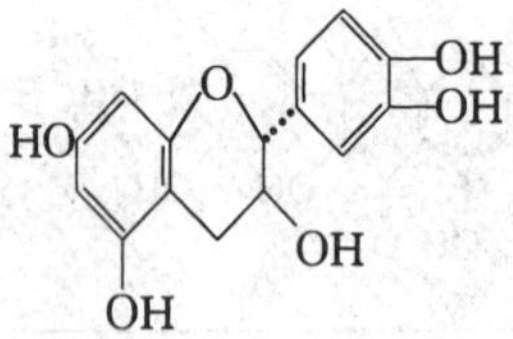

儿茶酸

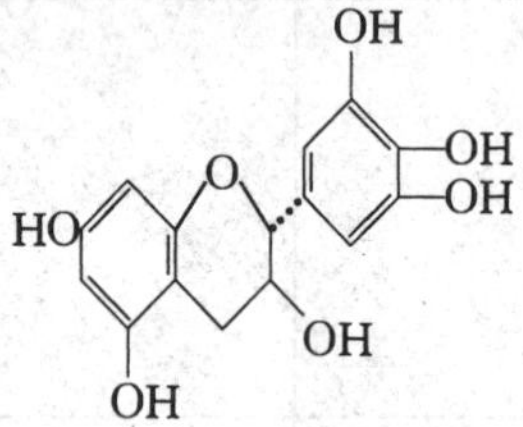

没食子儿茶酸

（4）花色素原

①花色素和花色素苷：花色素是一大类水溶性的植物色素，其母核也具有 2-苯基苯并吡喃环结构，主要有花青素和花翠素。花色素在自然界中常以糖苷形式存在，称做“花色素苷”，大麦果皮中含有花青素阿拉伯糖苷（称花青素苷），其结构如下：

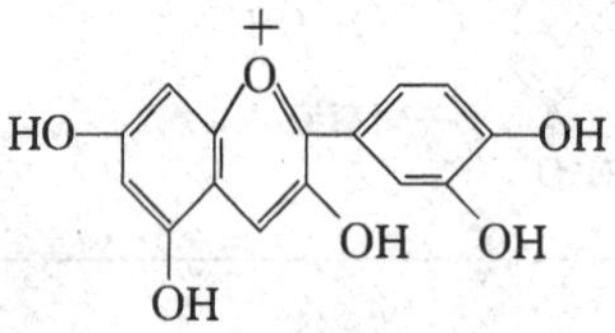

花青素

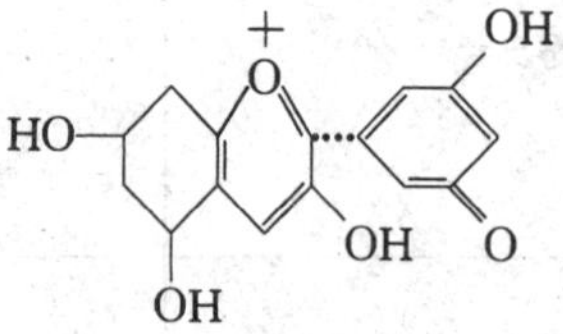

花翠素

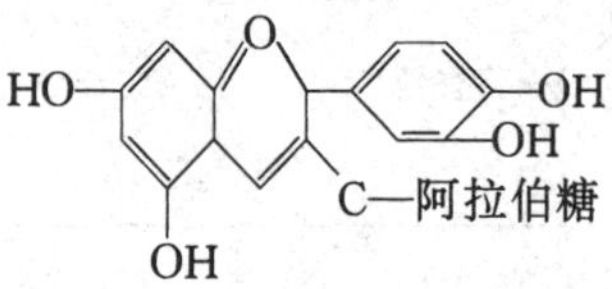

花青素苷

②花色素原：花色素原分为二类，一类是黄烷-3，4-二醇的单体衍生物，称白花色素，如白花青素、白花翠素。

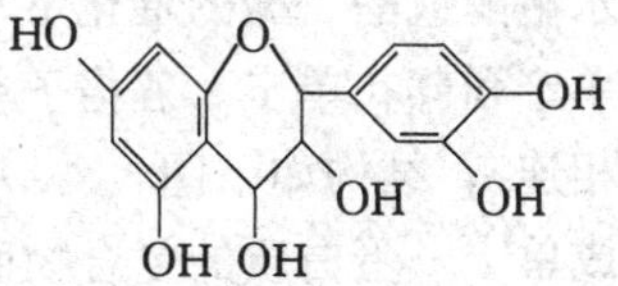

白花青素

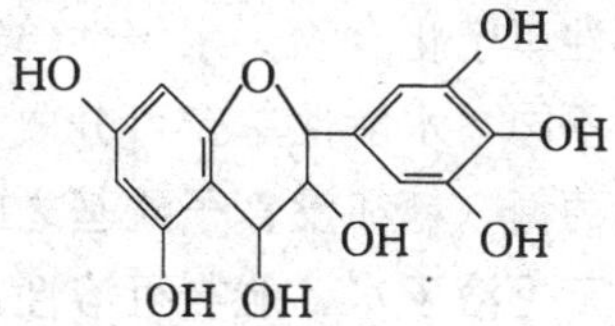

白花翠素

白花色素在有氧和酸性条件下：能转化成相应的花色素，所以，它是一类花色素原。例如：

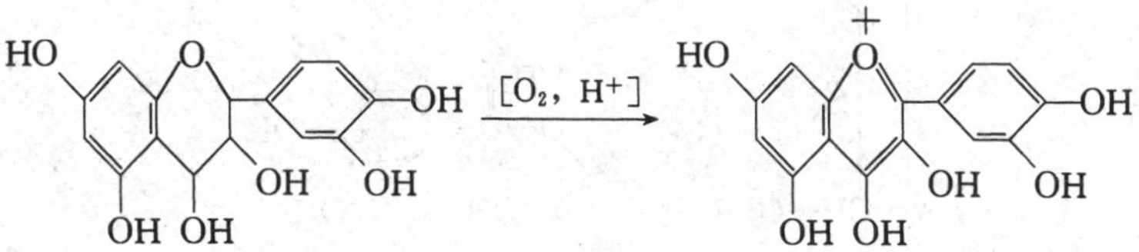

白花青素　　　　花青素

花色素原的另一类是由 2 个或 2 个以上的黄烷-3-醇缩合而成的前花色素，这是大麦和酒花中的主要花色素原。

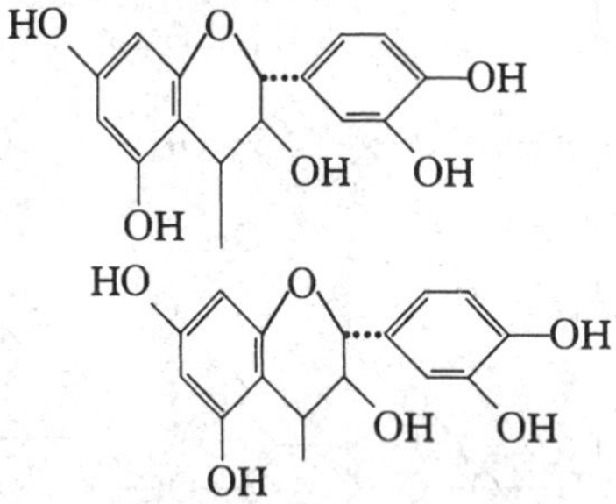

前花青素 B_3（儿茶酸-儿苯酸）

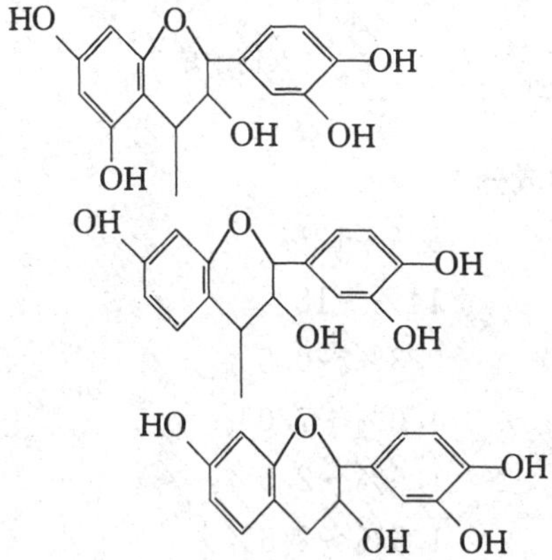

三聚体前花色素

这些聚合的前花色素、聚多酚、溶解度更小，是啤酒的非生物混浊物质，也是啤酒的主要色泽物质。

（5）水解性单宁化合物　水解性单宁在单宁水解酶或酸、碱的催化下水解成单体成分。按单体的不同，水解性单宁可分成为五倍子单宁和鞣花单宁。五倍子单宁是一种双没食子酰基葡萄糖（糖和没食子酰基之间以酯键相连），结构如下图：

水解性单宁可溶于水，能与可溶性蛋白质形成单宁－蛋白质的复合物而沉淀。在啤酒生产中，人们常常在麦汁煮沸或贮酒中外加适量的五倍子单宁，以除去多量的蛋白质，提高啤酒的稳定性。

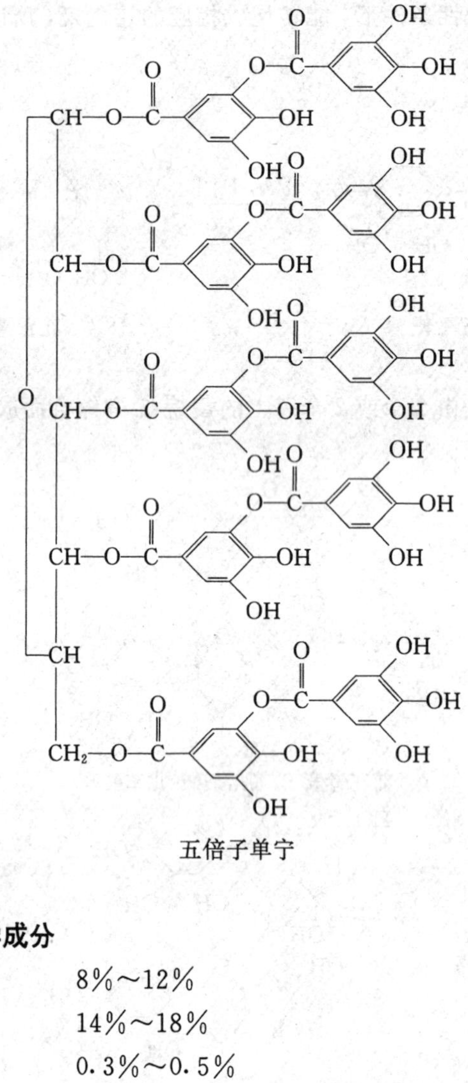

五倍子单宁

5. 酒花的一般化学成分

水分：	8%～12%
总树脂含量：	14%～18%
挥发油含量：	0.3%～0.5%
多酚物质含量：	4.0%～7.0%
糖类含量：	1.5%～2.5%
果胶含量：	1.5%～2.5%
氨基酸含量：	0.1%
粗蛋白质含量：	13%～16%
脂肪和蜡质含量：	2.0%～4.0%

无机盐含量：　　　7.0%～9.0%

纤维素、木质素含量：35%～40%

我国酒花分为三级，优级酒花的主要标准：

色泽：浅黄绿色，有光泽，褐色花片少于2%。

香气：富有浓郁的啤酒花香气，无异杂气味。

花体完整度：花体基本完整。

夹杂物：梗、叶等无害夹杂物不超过1.0%。

水分：8.0%～12%。

α-酸含量（以干态计）：大于6.5%。

β-酸含量（以干态计）：大于2.0%（参考值）。

包装密度：320kg/m^3。

注：压缩啤酒花的标准。若正式定名为芳香型酒花，其α-酸含量可不受此限制。

三、酒花的品种

酒花按世界市场上供应的可以分成四类：

A类：优质香型酒花。

优质香型酒花有捷克Saaz、德国的Tettnanger、Spalter等。

优质香型酒花的α-酸含量为4.5%～5.5%，α-酸/β-酸的比值为1.1，酒花精油的含量为2.0%～2.5%。

B类：香型酒花（兼型）

香型酒花有德国的Hallertauer、Hersbrucker、Golding和英国的Fuggle。

普通香型酒花的α-酸含量为5.0%～7.0%，α-酸/β-酸之比值为1.2～2.3，酒花精油含量为0.85%～1.6%。

C类：没有明显特征的酒花。

D类：苦型酒花。

苦型酒花有Northern Brewer、Brewers Gold、Cluster。

优质苦型花的α-酸含量为6.5%～10.0%，α-酸/β-酸之比值为2.2～2.6。

我国以前种植的酒花主要是青岛大花、青岛小花，一面坡3号、长白1号等苦型酒花。近几年引进了欧洲、日本等著名酒花良种，如香型花Spalter、捷克6号、Hallertauer、Northern Breuer、Brewers Gold。

表1-2-19　　　　几个各种酒花的主要组分

名　称	产　地	分　类	α-酸含量/%	β-酸含量/%	α-酸/β-酸值	酒花精油含量/mL·(100g)$^{-1}$
Spalt Aroma	德国	A	4.8	4.4	1.1	2.5
Tettnang Aroma	德国	A	5.0	4.6	1.1	2.4
Hallertau Hersbrack	德国	B	5.0	4.5	1.2	2.0
Hallertau Perle	德国	B	7.2	3.1	2.3	1.5

续表

名　称	产　地	分　类	α-酸含量/%	β-酸含量/%	$\frac{α-酸}{β-酸}$值	酒花精油含量/mL·(100g)$^{-1}$
Perle	美国	B	10.0	4.0	2.5	0.85
Galena	美国	C	12.7	8.0	1.6	1.2
Northern Brewer	德国	D	8.7	4.0	2.2	0.7
Brewers Gold	德国	D	6.8	3.1	2.2	1.2
青岛大花	中国新疆	D	7.0	5.5	1.3	0.7

世界酒花产量中苦型花(D型)占50%以上,A型占10%,B型占15%,C型占25%,目前主要发展对象为A和D两种类型的酒花。

表1-2-20　　　　世界商品化酒花产地和品种

国家	产　地	品　种
美国	华盛顿州	Earlgand Late cluster
	爱达荷州	Cascade、Comet Talisman
	俄勒冈州	Fuggles、Cascade Bullion、Boewer's Gold
	加州、印第尔州	Earlgand Late Cluster Tettnanger、Hallertauer
德国	Hallerlar	Hallertauer、Northern Brewer、Bullion
	Spalt Tettang	Spalter、Bullion、Northern Brewer、Tettnanger
英国	肯特郡	Bramling、Golding、Fuggles
	赫勒福特郡	Fuggles、Bullion、Northern Brewer
	Worcester	Bullion、Northern Brewer
俄罗斯	Ukraine、Zhitomir	Klon、Saazer
捷克	Saaz	Saazer
南斯拉夫	斯洛文尼亚 Backa	Styrian Goldings、Saazer
波兰	Lublin	Saaz、Pulawy
法国	Elsass Nord	Strisselspalt、Record、Northern Brewer Brewer's Gold
比利时	Poperinghe、Alost	Northern Brewer、Brewer's Gold
加拿大	Chilliwack	Fuggles、Bramling
澳大利亚	Vicloria、Tasmania	Ringwood

表 1-2-21　**世界有代表性的酒花品种**

品　种	平均 α-酸含量/%	平均酒花精油含量/%	特　性
Clusters (Earlg& late)	7.5	0.8	美国的主要品种，高 α-酸，中等精油，高产，西半球的标准型
Bullion、Brewer's Gold	9.0	2.5	高 α-酸，高香精油，高产，但在冷库中贮存不稳定
Fuggles	5.0	1.0	低 α-酸，低产量、中等精油，耐高水量
Talisman	8.0	1.0	高 α-酸，中等精油，比 Bullion 在贮藏中变化小
Cascad	5.0	1.3	α-酸、β-酸和保管特性等均和 Hallertau 很相似，但香味略粗糙，产量中等
Hallertau	5.5	1.1	香味细腻，但 α-酸和产量较低，冷贮存不稳定
Tettnanger	5.5	1.1	芳香味比 Hallerter 更令人愉快，但产量较低，和不易贮藏
Ringwood	9.0	1.5	高 α-酸，适宜低温贮藏，但香味较粗糙
Spalt	5.5	1.1	芳香味比 Hallerter 更令人愉快，耐低温贮藏，产量不高
Styrian	6.0	1.3	芳香优雅，其他特性和 Hallerter 相似
Comet	9.0	1.5	是新品种，高 α-酸
Norther Brewer	8.7	0.7	在欧洲种植面大，α-酸高，是典型苦型酒花
Pride of Ringwood	10.0	0.7	不耐贮藏，α 酸特别高

四、酒花的贮藏

新采收的酒花朵含水分 75%～80%，在特制的干燥炉篦子上用热空气干燥至水分为 6%～8%，使花梗脱落，再经人工回潮至水分 10%左右，再经压制、打包，包装密度在 350～500kg/m³。我国一般有 50、100kg/包二种包装。

压榨酒花应在低温、隔绝空气、避光及有防潮措施的条件下贮藏，长期保藏应在干燥的条件下，并保证温度低于－8℃。周转保藏（不超过一个月）也应在 0℃以下。

贮藏温度高会引起酒花油的挥发、氧化，使酒花香气变差，软树脂逐步氧化聚合成无酿造价值的硬树脂，多酚氧化聚合，使黄绿色的酒花变成红褐色。酿造师认为酒花中硬树脂含量超过 5.0%，这种酒花就已经丧失酿造价值。

表 1-2-22　**贮藏温度与酒花树脂的变化**

	软树脂含量/%	硬树脂含量/%	总树脂含量/%
新鲜压榨酒花	11.75	3.16	14.91
22～24℃，7 个月后	8.82	5.94	14.76
13～18℃，7 个月后	9.21	5.15	14.36
0℃，7 个月后	10.10	3.57	14.67

表 1-2-23 两种α-酸含量不同的酒花在 0℃和 25℃储存 20 个月的变化（英国酒花）

酒花名称	Fuggles				Bullion			
储存温度/℃	0		25		0		25	
储存月数	0	20	0	20	0	20	0	20
α-酸含量/%	3.7	2.9	3.7	1.2	6.8	2.8	6.8	2.0
β-酸含量/%	2.7	1.9	2.7	0.3	3.6	1.2	3.6	0.4
硬树脂含量/%	0.8	3.7	0.8	6.8	2.1	11.3	2.1	12.2
精油含量/%	0.5	0.2	0.5	0.1	1.0	0.3	1.0	0.2

表 1-2-23 说明，不同品种酒花，在相同条件下贮藏损失是不一致的。

五、酒花制品

酒花球果的压榨品存在运输、贮藏和使用的不方便。在麦汁煮沸时酒花树脂的利用率仅为 70%～85%，在麦汁冷却和发酵、贮酒中还将进一步损失，因此，酒花粉、酒花颗粒、各种酒花浸膏等酒花制品愈来愈受到酿造师的欢迎。

1. 酒花粉

我国啤酒厂目前均把商品压榨酒花，在使用前用锤式粉碎机粉碎成颗粒 1mm 以下的酒花粉。它的优点是：

（1）酒花苦味物质在煮沸时利用率可增加 10%。

（2）使用方便。

（3）不需要酒花分离器，而且在旋涡沉淀槽中酒花粉糟和热凝固蛋白质能形成紧密的沉淀。

这种粗加工方法，它的缺点也日益被酿造师重视，主要是：

（1）贮藏酒花球果，水分太高，不利于粉碎，在粉碎中（锤碎机锤片打击点）温度高达 500℃以上，极易引起氧化和酒花油的挥发。

（2）酒花粉在使用前在常温下保存十余小时至几天，由于粉比表面积增加，酒花的氧化更严重。

（3）贮存时间太长的酒花，一些有害物质的溶解加剧（如硬树脂），影响啤酒的风味。

典型的酒花粉加工方法：应在酒花场，酒花在 55℃热空气下，干燥至水分 5%～6%，然后进行粉碎，粉碎后立即包装于气密性容器中，并充入惰性气体（N_2、CO_2），包装分为每袋 3、5、10kg 几种。

2. 颗粒酒花

颗粒酒花是把酒花粉压制成直径为 2～8mm，长约 15mm 的短棒状，增加其密度，减少其体积，同时也降低了它的比表面积，在充惰性气体下保藏，酒花更不易氧化。颗粒酒花是世界上使用最广泛的酒花形式。

我国在 1982 年由黑龙江轻工研究所和一面坡酒花厂研制成功了颗粒酒花，流程如下：

新鲜酒花球，干燥至水分 5%～6%→α-酸调整→粉碎机（万能粉碎机）粉碎成 2～

3mm 粉粒→回潮至水分 10%～12%→喷液氮→压制颗粒→包装物抽真空（或氮冲洗法)、冲氮、封口。

优良包装袋为三层，内层为聚乙烯薄膜，中层为铝箔，外层为纸，每袋 5kg。

冲氮包装酒花可以在常温下（<20℃）运输、贮存。我国颗粒酒花分二级，一级标准如下：

色泽：浅黄绿色

香气：富有浓郁的啤酒花香气，无异杂气味

匀整度：颗粒均匀、散碎粒<4.0%

硬度：≥60N/cm^2

崩解时间：≤10s

水分：10～12%

α-酸含量（干态计）：7.0%

3. 酒花浸膏

应用有机溶剂或 CO_2 萃取酒花的有效物质，制成浓缩 5～10 倍有效物质的浸膏，在煮沸或发酵贮酒中使用。世界酒花产量的 25%～30%加工成浸膏。浸膏的类型和加工方法很多。

（1）二段萃取酒花浸膏

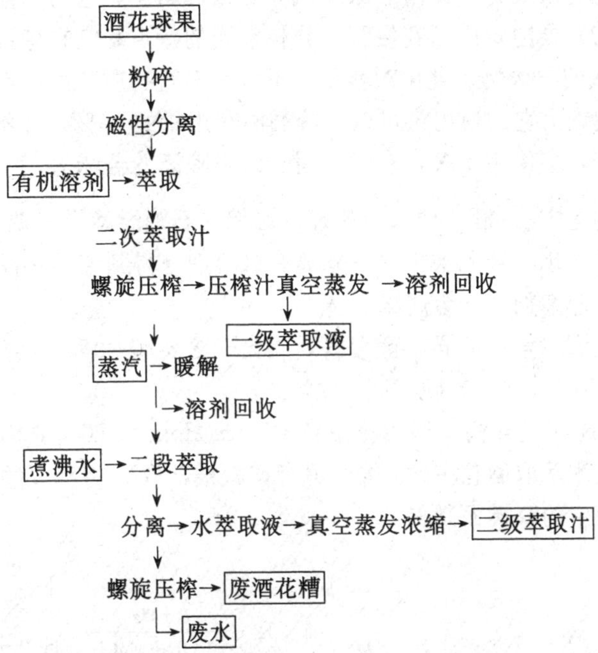

流程中第一段萃取采用溶剂为乙醚、石油醚等。一级萃取汁主要是溶于有机溶剂的苦味物质和酒花油。第二段用热水萃取的主要是酒花多酚物质。二段萃取汁按一定比例混合，就得到“标准酒花浸膏”。

一段萃取酒花浸膏是无酒花多酚物质的酒花浸膏，一般在煮沸中使用只能代替 20%的酒花，否则会引起工艺和风味的改变。

二段萃取标准型酒花浸膏在煮沸中可以代替 50%～60%的酒花。(优质啤酒规定不超过 30%)。

(2) 近代人们对有机溶剂萃取的浸膏中有机溶剂的微量残留，对人的安全性提出责难。酒花浸膏萃取大多走向超临界态 CO_2 和液态 CO_2 的萃取。

表 1-2-24　　CO_2 萃取和有机溶剂萃取酒花浸膏的组成

	超临界态 CO_2 萃取的浸膏	液态 CO_2 萃取的浸膏	有机溶剂萃取的浸膏
总树脂含量/%	77～98	80～98	15～60
α-酸含量/%	27～41	35～55	8～45
β-酸含量/%	43～53	25～35	8～20
挥发油含量/%	1～5	3～10	0～5
硬树脂含量/%	5～11	0	2～10
多酚物质含量/%	0.1～5	0～2	0.5～5.0
水分/%	1～7	0～2	1～1.5
脂肪和木质素含量/%	4～13	0～8	1～20

酒花浸膏近代大多用液态 CO_2 和超临界 CO_2 萃取，但由于工艺技术不同可有多类制品。

(1) 标准型二氧化碳酒花浸膏 (HopCO_2N)　它是用二氧化碳萃取技术，浓缩酒花中全部有效成分，使用方法和风味更接近酒花。它的 α-酸含量一般为 40%～60%

(2) 异构 α-酸酒花浸膏　异构浸膏的特点是它在啤酒中具有良好的溶解度，并只含有 α-酸的异构物，乳化剂和水，不含有多酚物质和酒花精油，它适宜于添加在过滤啤酒中。理论上它的使用量可以占啤酒酒花用量的 25%，并不改变啤酒的风味。它虽有商品性生产，但使用不多，有时应用于调整啤酒的苦味值。

制造方法:酒花球果→粉碎→已烷或石油醚萃取→调节 pH8.5 并加入催化剂$\xrightarrow{\text{(钾盐)}}$加热异构化→转入水相中→分离有机溶剂→得到纯异 α-酸，调节 pH 至弱碱性，加乳化剂和有机起泡剂注于金属罐。

比利时生产的异 α-酸浸膏，相当于含 α-酸 20%。实际成分为异 α-酸 9.8%，α-酸痕迹、β-酸 1.1%、γ-硬树脂 0.7%。

(3) 四氢异构 α-酸酒花浸膏 (Tetra Hop)　四氢异构 α-酸酒花浸膏是采用液态二氧化碳技术萃取酒花中的 α-酸(另有 α-酸被萃取)，将萃取的 α-酸异构化并用氢还原其中两个不稳定的双键而制得。

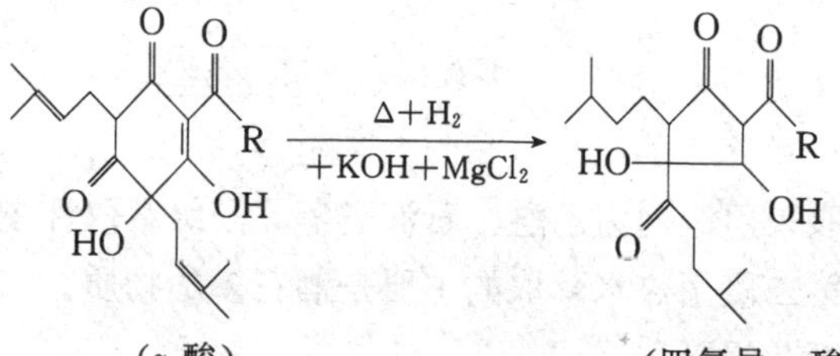

(α-酸)　　(四氢异 α-酸)

异 α-酸中侧链上两个—C=C—双键被四个氢原子还原，生成四氢异 α-酸，使异 α-酸更稳定，不会被日光催化断裂形成所谓“日光臭”。瓶装啤酒可装在无色玻璃瓶中，形成啤酒包装新流派。

它的一般制品含α-酸约为10%，呈半流动状或稀浸膏。它在啤酒成熟后过滤前加入。在麦汁制造时不能加普通酒花或浸膏，避免带入α-酸，应用β-酸酒花油，也有只改变第4碳侧链双键的二氢异α-酸酒花浸膏，作用与它相似。

(4) β-酸酒花油　虽然β-酸苦味只有α-酸的1/9，而在麦汁煮沸时，β-酸转化成δ-苦味酸和软树脂，其苦味为α-酸的35%～50%，而且苦味比α-酸、异α-酸更细腻、柔和。近代对啤酒苦味的要求是尽量柔和、细腻，因此，对β-酸很重视。香花中β-酸含量高。

β-酸酒花油就是用液态二氧化碳萃取的酒花中的β-酸和精油成分，浸膏中含有70%的β-酸和它的衍生物，以及20%的酒花精油（主要是香叶烯、葎草烯、石竹烯）。为了防止挥发，香叶烯制品需要煮沸结束前5～10min加入，以调整酒花的香味。

β-酸酒花油可用来改善苦型酒花的风味，取代部分酒花或酒花标准型浸膏。也可用于和四氢异构α-酸酒花浸膏配合，制造抗日光啤酒。

另外，国外尚有各种类型酒花油、酒花精油，用于调整啤酒的香味。

第四节　啤酒酿造用水

啤酒生产用水主要包括加工水及洗涤、冷却水两大部分。加工用水中投料水、洗糟水、啤酒稀释用水直接参于啤酒酿造，是啤酒的重要原料之一，在习惯上称酿造水。洗酵母水、啤酒过滤用水等也或多或少地会进入啤酒。

啤酒酿造水的性质，主要取决于水中溶解盐类的种类和含量、水的生物学纯净度及气味。它们将对啤酒酿造全过程产生很大的影响，如糖化时水解酶的活性和稳定性、酶促反应的速度、麦芽和酒花在不同含盐水中溶解度的差别、盐和单宁-蛋白质的絮凝沉淀、酵母的痕量生长营养和毒物、发酵风味物质的形成等，最终还将影响到啤酒的风味和稳定性。

一、水　源

大自然存在的天然水源分为如下五种：

(1) 雨水、雪水。

(2) 地表水——江、河、湖泊、浅井、水库水。

(3) 地下水——深井水、泉水。

(4) 冰水

(5) 海水

无论哪一种水源，得到的是含有各种杂质的天然水（非纯水）。我国工业界目前主要采用地表水及地下水为生产水源。

1. 地表水的特性

工业界广泛采用江、河、湖泊、水库为主的地表水为水源。地表水直接来自雨、雪的汇合，有如下特性：

(1) 水质较软，水中溶解杂质、生物量和温度受季节变化波动较大。

（2）地表水含有较多的悬浮性杂质和某些胶体物及生物（微生物、微小动物和植物）。

（3）由于近代工业、农业的发展，人类居住密度的增加，地表水容易受到非自然界的污染。

清洁的未受污染的地表水一般可通过简单的机械过滤，直接用于啤酒生产，但大城市附近的地表水经常需要进行复杂的水处理后才能成为优良的酿造水。

2. 地下水

（1）地下水的分类

①潜水：地面下第一隔水层上承托的水层。潜水一般离地表较近（数米至数十米），受降雨、污水影响较大，温度较低，水质易污染，不太清净。

②承压水：当存水层在两个不透水层之间并受到不透水层的压力或断层的影响，而形成的有压力的水称承压水。某些承压水在挖井后能自动喷涌而出。承压水埋藏深达数十至数百米，由于不透水层和地表相隔，受污染较少（开采后可能渗漏污染），水质一般很清净，很少含有微生物。水中溶解的杂质取决于含水层和隔水层的地质结构。

③泉水：泉水是地下水通过曲折漫长的岩层裂缝中自动渗出的。有时它的岩层物质溶解很多，形成高矿化度水。当矿化度在800mg/L以上，并含有若干稀有痕量元素之水，人们常常称做矿泉水。

（2）地下水的水质特点

①清洁：地下水含有极少的有机物、悬浮物和胶体物质。因为地下水补给区极远，受长距离地层过滤，并且补给区在未开发地区，所以，污染较少。

②水温稳定：水温一般在7～24℃之间，不受气温和季节影响，地下水愈深温度愈高，如长江中下游地区，80～120m水温为18～20℃，150～200m，水温为20～22℃，200～250m，水温为22～23℃。

③生物少：地下水很少含有微生物，没有致病菌，没有水生植物和微小动物。

④溶解无机物：地下水受地质岩层影响，一般来说含盐量高（200～2 000mg/L），硬度大（大多数暂硬高）。某些地下水流经含矿岩层时，会溶解Fe^{2+}、Cr^{6+}、Mn^{2+}、Zn^{2+}、Al^{3+}等金属离子。若承水层是石英砂岩时，可以得到低矿化度（<100mg/L）、低硬度（10～30mg/L CaO）的优质酿造水，如捷克比尔森泉水，中国杭州啤酒厂、钱江啤酒厂用的地下水均属石英岩水。

二、水中无机离子对啤酒酿造的影响

1. 水中碳酸盐和重碳酸盐的降酸作用

$$HCO_3^- + H^+ \rightarrow H_2O + CO_2$$

大麦籽粒中存在复合磷酸盐（菲汀），发芽中受到磷酸酯酶的降解，形成游离的$H_2PO_4^-$，由于$H_2PO_4^- \xrightleftharpoons{K_2} H^+ + HPO_4^{2-}$（$K_2=6.23\times10^{-8}$），它使麦芽醪呈偏酸性（pH5.2～6.0）。水中重碳酸盐的降酸作用，使麦芽醪pH升高（pH5.6～6.4），引起一系列的工艺缺点：

(1) 糖化醪 pH 升高，不适应羧基肽酶、内切肽酶、β-淀粉酶等的作用（最适范围 pH5.2～5.6)，酶促反应受到抑制，蛋白质分解困难，麦汁麦芽糖减少，糊精增加，粘度加大，造成过滤减慢，收得率下降 1%～3%。

(2) 麦汁 pH 升高，麦芽皮壳多酚等有害物质溶解度加大，啤酒色泽和涩味增加。

(3) 麦汁煮沸时，pH 不在球蛋白等电点，蛋白质絮凝不好，麦汁混浊，啤酒的稳定性降低。

(4) 改变酒花的苦味，使啤酒苦味粗糙。

水中重碳酸盐常常以重碳酸钙或镁存在，在麦芽醪中可有如下反应：

少量重碳酸盐存在于：

$$2KH_2PO_4+Ca(HCO_3)_2 \rightarrow CaHPO_4\downarrow+K_2HPO_4+2H_2O+2CO_2$$

$$2KH_2PO_4+Mg(HCO_3)_2 \rightarrow MgHPO_4+K_2HPO_4+2H_2O+2CO_2$$

反应形成 K_2HPO_4 及 $MgHPO_4$ 均属碱性盐。

大量存在 $Ca(HCO_3)_2$ 时：

$$4KH_2PO_4+3Ca(HCO_3)_2 \rightarrow Ca_3(PO_4)_2\downarrow+2K_2HPO_4+6H_2O+6CO_2$$

此反应将损失更多酸性磷酸盐，使 pH 升高更多。一般来说麦芽醪中 $KH_2PO_4 >> Ca(HCO_3)_2$，所以，麦芽醪 pH 会升高，但不会变成碱性。

当水中存在碳酸盐时，一般均以 Na_2CO_3 存在，(因为 $CaCO_3$ 溶解度极小)，它的反应如下：

$$2KH_2PO_4+Na_2CO_3 \longrightarrow K_2HPO_4+Na_2HPO_4+H_2O+CO_2$$

由于生成的 K_2HPO_4 和 Na_2HPO_4 均属可溶性碱性盐，而且 Na_2HPO_4 碱性大于 $MgHPO_4$，故麦芽醪 pH 升得更高。

2. 水中钙、镁离子的增酸作用

$$3Ca^{2+}+2HPO_4^{2-} \rightleftharpoons Ca_3(PO_4)_2\downarrow+2H^+$$

例如，水中存在永久硬度的 $CaSO_4$ 和 $MgSO_4$ 时，在糖化醪中可使碱性 K_2HPO_4 转化成酸性 KH_2PO_4，使酸度升高，pH 降低。

$$3CaSO_4+4K_2HPO_4 \longrightarrow Ca_3(PO_4)_2\downarrow+2KH_2PO_4+3K_2SO_4$$

$$3MgSO_4+4K_2HPO_4 \longrightarrow Mg_3(PO_4)_2\downarrow+2KH_2PO_4+3K_2SO_4$$

德国库尔巴赫综合上述降酸和增酸作用，提出酿造水中“钙指数硬度 *KW*”，“补偿碱度 *GA*”和“残余碱度 *RA*”的概念。

Ca^{2+} 提高酸度的作用相当于 Mg^{2+} 的一倍，则 $KW=CaO\ (mg/l)\times 0.1+\dfrac{MgO\ (mg/L)\times 0.14}{2}$

每 3.5 钙指数硬度，可以补偿 1.0 碳酸氢盐带来的碱度，即可以消除它带来的碱性。

钙硬度补尝碱度 $GA=\dfrac{KW}{3.5}$

补偿后水的残余碱度 *RA*，可按下式计算：

$$RA=\text{水碳酸盐硬度}-GA=\text{碳酸盐硬度}-\frac{KW}{3.5}$$

酿造浅色啤酒的要求 *RA* 在−5～+5 度之间。*RA* 增大使麦汁、啤酒 pH 上升，*RA*

＝10度时，相当于pH上升0.3～0.4，在酿造过程中已经会带来明显的不利影响。如＜＋5度的水，一般不需除碱处理。

例如，德国著名的多特蒙德啤酒酿造水，暂硬高达16.8度，永硬24.5度，其中CaO364mg/L，MgO38.3mg/L，总碱度为16.8度。此水含重碳酸盐太高是否适宜于酿制浅色啤酒？

由计算可知：

$$KW = 364 \times 0.1 + \frac{38.3 \times 0.14}{2} = 39.08\text{度}$$

$$RA = 16.8 - \frac{39.08}{3.5} = 5.6\text{度}$$

多特蒙德水残余碱度还是比较接近于5.0度，所以，比较适宜于酿制浅色啤酒，可以不经过除暂硬就可用于酿造。

在啤酒糖化时，Ca^{2+}含量在40～70mg/L，能保持淀粉液化酶的耐热性。麦汁含Ca^{2+}在80～100mg/L时，可促进麦汁煮沸时形成单宁-蛋白质-钙的复合物，促进热凝固蛋白质的絮凝。啤酒发酵中有30mg/L以上Ca^{2+}时，能促进酵母的凝聚性，也能促进形成草酸钙（啤酒石）的沉结。但过多Ca^{2+}（＞100mg/L）会阻碍酒花α-酸的异构，并使酒花苦味变得粗糙。

Mg^{2+}的影响和钙相似。Mg^{2+}在麦芽中含量约为130mg/L。啤酒酿造用水中含有10～15mg/L的Mg^{2+}已足够，不宜超过80mg/L。当啤酒中含Mg^{2+}超过40mg/L时，会使啤酒变得干、苦味重。

According to Salac（1957）指出啤酒中Ca^{2+}和Mg^{2+}的平衡对啤酒风味有重要影响，当$Ca^{2+}:Mg^{2+}=47:24$，啤酒有柔和协调的风味。

3. Na^+、K^+的影响

啤酒中钠和钾主要来自于原料，其次才是酿造水。啤酒中$Na^+:K^+$常常在50～100：300～400。啤酒中Na^+、K^+过高常常使浅色啤酒变得粗糙，不柔和。为了降低啤酒中Na^+、K^+的含量，要求酿造用水Na^+、K^+的含量较低，两者超过100mg/L常常认为这种水是不适宜酿造浅色啤酒。

4. Fe^{2+}、Mn^{2+}的影响

铁是水中常见的溶解离子，它主要来自于含铁土壤和岩石的溶解，也可能来自于输水系统。

优质啤酒含Fe^{2+}应少于0.1mg/L，若啤酒中含Fe^{2+}＞0.5mg/L，会对啤酒质量造成损害，如使啤酒泡沫不洁白，加速啤酒的氧化混浊。若啤酒中含Fe^{2+}＞1mg/L会使啤酒着色，并形成空洞感，铁腥味。洗涤酵母水中含Fe^{2+}＞1mg/L，会使酵母早衰。

酿造水中Fe^{2+}的最高限制量，文献报道不一，一般认为应低于0.2～0.3mg/L。酿造水中的Fe^{2+}在糖化时易氧化成Fe^{3+}，因被麦糟吸附而降低。

Mn^{2+}对啤酒影响与Fe^{2+}相似，但它常常是多种酶的辅基，特别是能促进蛋白酶活性。当Mn^{2+}水平超过0.5mg/L时，会扰乱发酵，并使啤酒着色。酿造水中Mn^{2+}水平应低于0.2mg/L。

5. Pb^{2+}、Sn^{2+}、Cr^{6+}、Zn^{2+}等的影响

重金属离子是酵母的毒物，会使酶失活，并使啤酒混浊。除锌以外的重金属离子在酿造水中均应低于0.05mg/L。

Zn^{2+}是酵母生长必需的无机离子，如果麦汁中含有0.1～0.5mg/L的Zn^{2+}，酵母能旺盛生长，发酵力强，它还能增强啤酒泡沫的强度。酿造用水中Zn^{2+}可以放宽到<2mg/L。

6. NH_4^+的影响

清洁的水中几乎不存在NH_4^+。NH_4^+对人体健康和啤酒酿造没有直接危害，酵母能利用NH_4^+中氮。凡水中含NH_4^+>0.5mg/L，人们公认为是污染水，不清洁水，因此，也不宜做酿造水。

7. SO_4^{2-} 的影响

酿造水中SO_4^{2-} 经常和Ca^{2+}结合，在酿造中能消除HCO_3^- 引起的碱度。SO_4^{2-} 存在能促进蛋白质絮凝，有利于制造澄清的麦汁。酿造浅色啤酒的水中含SO_4^{2-} 可以在50～70mg/L之间，过多也会引起啤酒的干苦和不愉快味道，使啤酒的挥发性硫化物的含量增加。

8. Cl^-的影响

Cl^-对啤酒的澄清和胶体稳定性有重要作用。Cl^-能赋于啤酒丰满的酒体，爽口、柔和的风味。酿造水中含有20～60mg/L的Cl^-是必需的，但若超过100mg/L，也非酿造工艺所求。麦汁中Cl^->300mg/L时，会引起酵母早衰、发酵不完全和啤酒口味粗糙。

近代啤酒酿造水改良时，常常用$CaCl_2$代替$CaSO_4$(石膏)，因为它不形成苦涩的$MgSO_4$。

$$CaCl_2 + MgHPO_4 \rightarrow CaHPO_4 + MgCl_2$$

9. NO_2^-，NO_3^-的影响

NO_2^-是国际公认的强烈致癌物质，也是酵母的强烈毒素，它会改变酵母的遗传和发酵性状，甚至抑制发酵。在糖化时会破坏酶蛋白，抑制糖化。它还能给啤酒带来不愉快的气味。酿造水中应不含有NO_2^-。当它的含量大于0.1mg/L时，这种水应禁止作为酿造水。

NO_3^-有害作用较小，清洁水中很少有多量的NO_3^-。在受到生物废物特别是粪便污染时，水会含有较高的NO_3^-。饮用水的NO_3^-标准为小于5.0mg/L，与啤酒酿造用水的要求相近。

10. F^-的影响

生活饮用水中含有少量的F^-（0.6～1.7mg/L）可以防止蛀牙，但含F^-太高的水能引起牙色斑病和有不愉快的气味。啤酒酿造水中如果F^->10mg/L会抑制酵母生长，使发酵不正常。酿造水不应有F^-。

11. SiO_3^{2-}、SiO_2 的影响

几乎所有的天然水中均含有SiO_3^{2-}。水中含Na_2CO_3时，会促进硅酸的溶解。火山地带的水SiO_3^{2-}的含量高达50～100mg/L。硅酸在啤酒酿造中会和蛋白质结合，形成胶体混浊，在发酵时也会形成胶团吸附在酵母上，降低发酵度，并使啤酒过滤困难。因此，高含量的硅酸是酿造水的有害物质。慕尼黑的水含 SiO_3^{2-} 5.6mg/L，比尔森酿造水的 SiO_3^{2-} 的含量为 12mg/L，啤酒界认为 SiO_3^{2-} 的含量大于 50mg/L 的水是绝对不能用于酿造的。

12. 余氯的影响

天然水不含余氯。自来水中的余氯是供水厂在水处理中加氯气或漂白粉消毒带来的，供水厂为了抑制自来水在送至最远用户前，微生物不生长繁殖，制订了管网末端余氯大于 0.05mg/L 标准。水质愈差，加氯愈多，余氯也愈高，这常常是城市自来水有强烈氯臭或氯酚臭的原因。

啤酒酿造水中应绝对避免有余氯的存在，因为[Cl]是强烈氧化剂，会破坏酶的活性，抑制酵母，并和麦芽中酚类（单酚）结合，形成强烈的氯酚臭。所以，用城市自来水或自供水（用氯消毒的水）做酿造水时必须经过活性炭脱氯。

酿造水的生物学和有害物质标准应遵循该国卫生组织公布的“饮用水标准”。

三、啤酒酿造水的要求

众所周知，啤酒某些风味和典型性形成和酿造水的特性有密切联系。世界驰名的啤酒均和它具有特点的酿造水关系密切。一些国家啤酒酿造用水的无机离子含量见表 1-2-25 所示。

表 1-2-25　　啤酒酿造用水无机离子

地区 / 无机离子及其含量/mg·L^{-1}	Burton-on-Trent〔英〕巴顿	Dortmund〔德〕多特蒙特	Munich〔德〕慕尼黑	Pilsen〔捷〕比尔森	London〔英〕伦敦
Na^+	54	69	10	32	24
Mg^{2+}	24	23	19	8	4
Ca^{2+}	352	260	80	7	90
Cl^-	16	106	1	5	18
SO_4^{2-}	820	283	5	6	58
HCO_3^-	320	549	333	37	123
NO_3^-	18	/	3	/	/
总离子量	1226	1110	284	185	463

由上表可知，巴顿啤酒是用极富含石膏（$CaSO_4$）之水酿造的，很多啤酒厂为了模拟巴顿啤酒的特点，在酿造用水中添加石膏改良，酿酒界称“巴顿化”。酿制浓醇的深色啤酒（Munich、London）的酿造水含 SO_4^{2-} 少，而富含 HCO_3^-。著名的浅色贮藏啤酒（Pilsen）之水，是用该厂一口深 90m 的古井水酿造的，这种水水质柔软，硬度低，总盐

量低。我国青岛啤酒厂用的崂山泉水，杭州和钱江啤酒厂用的泉水均属此型。它适宜于酿制浅色、爽口、柔和的啤酒。多特蒙特啤酒的酿造水含有丰富的氯化物、碳酸盐，适宜于酿制口味丰满、醇厚的浅色啤酒。

表 1-2-26　　我国几个啤酒厂酿造用水的水质分析

项目及其含量 \ 水源 \ 厂名	杭州啤酒厂	钱江啤酒厂	青岛啤酒厂	无锡啤酒厂
	深井水	深井水	崂山泉水	太湖水
总硬度/度	0.29	0.41	3.78	3.99
暂时硬度/度	0.29	0.41	2.22	2.57
永久硬度/度	0	0	1.56	1.42
$Na^{+}+K^{+}$/mg·L^{-1}	3.2	8.5	45.0	18/4
Ca^{2+}/mg·L^{-1}	4.0	3.0	20.7	23
Mg^{2+}/mg·L^{-1}	1.1	4.0	3.8	3
Fe^{2+}/mg·L^{-1}	0.3	0.15	0.5	0.06
Cl^{-}/mg·L^{-1}	3.0	30	30.2	20.0
SO_4^{2-}/mg·L^{-1}	2.0	1.0	14.4	41.0
总无机离子/mg·L^{-1}	32	45	164.4	160.0

表 1-2-27　　饮用水标准和浅色啤酒酿造水要求

	饮用水标准			浅色啤酒酿造水	
	欧洲标准（1971）		我国标准 GB5749—85	理想要求	极限
	要求	极限			
总盐	500	1 500	<1 000	50～200	500
总硬度/度	5.6	28	<25	2～8	<20
暂硬度/度				0～3	8～12
永久硬度/度				3～5	<15
碱度/度				0～5	<10
Fe^{2+}	0.1	1.0	<0.3	0～0.2	<0.5
Mn^{2+}	0.05	0.5	<0.1	0～0.1	<0.2
Cu^{2+}	0.05	1.5	1.0	0～0.1	<0.2
Zn^{2+}	5.0	15.0	1.0	1～3.0	<5.0
Ca^{2+}	75	200		30～50	100
Mg^{2+}	30～150	150		10～50	80
SO_4^{2-}	200	400	250	10～50	100
Cl^{-}	200	600	250	20～80	100
F^{-}	0.6～1.7		1.0	0	0.3
NO_3^{-}（以 N 计）		45	20	0～3	5.0

续表

	饮用水标准			浅色啤酒酿造水	
	欧洲标准（1971）		我国标准 GB5749—85	理想要求	极限
	要求	极限			
As		0.05	0.05		0.04
Cd^{2+}		0.01	0.01		0.01
CN^-		0.05	0.05		0.05
Pb^{2+}		0.1	0.05		0.1
Hg		0.001	0.001		0
Se		0.01	0.01		0.01
阴离子洗涤剂	0.2	1.0	0.3		
矿油	0.01	0.3			
挥发酚或酚	0.001	0.002	0.002		
多环芳烃		0.0002			
α-放射性		3Pci/L	0.1Bq/L		
β-放射性		30Pci/L	1.0Bq/L		
pH	6.5～8.5	＜6.5 ＞9.2	6.5～8.5	6.5～7.5	＜8.0
Ba^{2+}	1				
Cr^{6+}	0.05		0.05		
H_2S	0.05				
NO_2^-	0.05			0～0.01	0.05
NH_4^+	0.05			0～0.05	0.3
溶解 O_2	＞5				
游离 CO_2	0			0	3
大肠菌群	检出100个 100mL水样品＜15个		＜3个/L	0	3个/L
细菌总数	0～50个/100ml		＜100个/ml	＜50个/ml	
游离余氯			管网末端 ＞0.05	0	0.01

四、啤酒酿造水的改良和处理

啤酒酿造水，首先应符合生活饮用水标准，其中某些项目还应符合啤酒酿造水的要求。如某些项目达不到上述两项的规定，应对酿造水作适当的改良和处理。

表 1-2-28　　　　　　　　啤酒酿造水处理方法

水质主要缺点	处理方法	选择意见
1. 悬浮杂质多，透明度低	（1）机械过滤 （2）加凝聚剂过滤	凝聚剂不得过量
2. 单纯暂硬和碱度大（<8 度）	（1）煮沸法 （2）加石膏改良 （3）加酸改良	热能浪费大 （2）（3）二者可结合使用
3. 单纯暂硬太高，碱度太大（>8 度）	（1）加石灰处理 （2）离子交换法或电渗折法	经济，费时，处理后 pH 升高，电渗析法经济，但浪费水，处理后还需离子调整
4. 总含盐量高（500mg/L）某些有害离子超标，总硬>20 度	（多级处理），石灰法—机械过滤—活性炭过滤—电渗析—离子交换—反渗透	根据水质选择其中几组组合
5. 单纯有机物多或余氯高或耗氧量大	活性炭过滤	处理前水质应透明，无太多悬浮杂质及胶体杂质
6. 细菌总数超标	（1）砂滤、紫外线消毒 （2）加氯	常用于洗酵母水及稀释用水，使用前应脱氯
7. 单纯 Fe^{2+}、Mn^{2+} 超标 <0.8mg/L >1.0mg/L	（1）活性炭过滤 （2）石灰处理 （3）曝气法处理 硼砂过滤	（1）（2）可单独使用 （3）可结合其他处理

1. 加石膏改良

国内啤酒厂在投料水中普遍采用加石膏改良。加石膏改良的主要原理如下：

（1）消除 HCO_3^-、CO_3^{2-} 的碱度

$$Ca^{2+}+2HCO_3^- \rightleftharpoons CO_2\uparrow+CaCO_3\downarrow+H_2O$$

$$CaSO_4+Na_2CO_3 \rightleftharpoons CaCO_3\downarrow+Na_2SO_2$$

（2）消除 K_2HPO_4 的碱性

$$4K_2HPO_4+3CaSO_4 \rightleftharpoons Ca_3\ (PO_4)_2\downarrow+2KH_2PO_4+K_2SO_4$$

（3）缺 Ca^{2+} 的水中调整 Ca^{2+} 浓度

当酿造水中 Ca^{2+} 低于 30mg/L 时，加石膏进行调整。

石膏添加方法和用量：

按计算量直接投入投料水中即可。

为了消除碳酸盐的碱度，可按下式计算：

$W=n\times V\times 3.07\times 1.3$

式中　W——每 100L 投料水需石膏的克数（g）

　　n——投料水的碳酸盐碱度（度），如碱度过大，可保留 5 度碱度

V —— 投料水量（hL）

3.07—— 每克碱度相当的CaO需石膏克数 $CaSO_4 \cdot 2H_2O/CaO = 172/56 = 3.07$

1.3 —— 石膏附加系数（考虑到石膏的纯度）

加石膏改良酿造水应注意：

（1）酿造水中硫酸钙硬度不能超过10度，否则加石膏后带来更多的 SO_4^{2-}，影响啤酒风味。

（2）酿造水中碳酸盐碱度低时（<8度），硫酸钙硬度低时，加50～100g/m³ 石膏效果较好，否则应采用其他水处理方法降低碱度。

（3）酿造水中缺乏 Ca^{2+} 时，可用石膏调整至含 Ca^{2+} 30～50g/m³。

（4）注意选择易溶解的石膏，也可用 $CaCl_2$ 代替石膏。

2. 加酸改良

麦汁制造中，各阶段反应的pH的高低，不但影响到反应速度，而且会影响到产物的组成。由于酿造水含 HCO_3^-、CO_3^{2-}、OH^- 较多或由于麦芽质量差含酸性盐类太少，不能使麦芽醪达到最佳的pH，此时经常采用加酸的方法来改良。如糊化锅外加酶时，控制pH6.0～6.5，糖化锅麦芽醪蛋白质休止控制pH5.2～5.3，双醪混合糖化控制pH5.4～5.6，过滤洗糟水控制pH5.3～5.4，麦汁煮沸时控制pH5.2～5.3。这些pH值均是在当时温度下测定的 。

加酸的数量，不是依据水质，而是依据某反应需控制的pH。

加酸的种类，原则上是凡符合食品添加剂法的酸均可以添加，我国GB2760—81规定在食品中可使用酸味剂为：柠檬酸、乳酸、酒石酸、苹果酸、偏酒石酸、醋酸、磷酸。最大使用量为“正常生产需要量”。国内啤酒厂广泛采用乳酸、磷酸（食用级），洗糟水有用食用盐酸调节的。

就工艺观点，乳酸是中等弱酸，添加时不会使pH降得太低，而且乳酸能使酒体丰满，但如果使用太多会给啤酒带来青涩味。磷酸形成磷酸盐后能被酵母利用，能促进酵母的生长，如使用太多，由于磷太多会引起酵母早衰。盐酸价格低廉，使用量少，Cl^- 离子可以增加啤酒柔和、丰满风味，但对设备有腐蚀作用。加酸总量，除了受pH控制外，还应照顾到定型麦汁的总酸含量。就12°P浅色啤酒麦汁，总酸应低于1.6ml（1mol/LNaOH）/100ml。

根据作者的经验，在加酸量大时（2L/10m³ 麦汁，宜采用混合酸，如糖化的乳酸、洗糟水用盐酸、麦汁煮沸用磷酸调节pH，这样可使啤酒的风味协调。

3. 离子交换法处理水

离子交换法在水处理和制造高纯水中应用最广泛，啤酒酿造水的处理中，也常用这种方法。它是利用离子交换剂（如树脂）中带的离子（如 H^+、Na^+、OH^-、Cl^-）去交换水质中相同符号的离子：

$$2RSO_3^- \cdot H^+ + Ca^{2+} \rightleftharpoons (RSO_3)_2Ca + 2H^+$$

$$R{\equiv}N^+ \cdot OH^- + Cl^- \rightleftharpoons R{\equiv}NCl + OH^-$$

水中 Ca^{2+}、Cl^- 被离子交换剂上 H^+、OH^- 交换而除去，与离子交换剂被 Ca^{2+}、Cl^- 交换饱和后，可用HCl、NaOH再生，反复使用。

近代离子交换剂均是用化学合成法制成具有树脂状结构的高分子化合物：如苯乙烯系、丙烯酸系、兼性巨孔型等骨架，均可用R-表示。

根据结合可交换基团的特性可分成：

磺酸型　$R—SO_3^-—H^+$属强酸型

羧酸型　$R—COO^-—H^+$属弱酸型

季胺型　$R\equiv N^+OH$　属强碱型

叔、仲、伯胺型　$R\equiv NH^+OH^-$、$R=NH_2^+OH^-$

$R—NH_3^+OH$　　均属弱碱型

离子交换树脂和水中各种离子交换能力（选择性）的强弱是由各种离子和树脂的亲和力的强弱决定的。

磺酸型强酸性阳离子对水中阳离子的交换顺序为：$Fe^{3+}>Al^{3+}>Ca^{2+}>Mg^{2+}>K^+>Na^+>H^+>Li^+$

羧酸型弱酸性阳离子交换顺序为：

$$H^+>Fe^{3+}>Al^{3+}>Ca^{2+}>Mg^{2+}>K^+>Na^+>Li^+$$

季胺型强碱性阴离子交换顺序为：

$$SO_4^{2-}>NO_3^->Cl^->OH^->F^->HCO_3^->HSiO_3^-$$

叔胺型弱碱性阴离子交换顺序为：

$$OH^->SO_4^{2-}>NO_3^->PO_4^{3-}>Cl^->HCO_3^-$$

啤酒酿造水的处理，由于不需要除去水中全部离子，除盐要求低，可根据水质选择比较简单的系统，依水质按下述顺序选择：

（1）弱酸—弱碱—单级复床系统

（2）强酸—弱碱—单级复床系统

（3）强酸—脱气—强碱—单级复床系统

（4）强酸—弱碱—脱气—强酸强碱混合床系统

啤酒酿造水处理的交换树脂再生只能用2%～5%HCl和NaOH。

使用离子交换树脂处理的原水必须符合如下条件：

（1）原水不含有无机或有机的混浊物，浊度低于10mg/L以下，$KMnO_4$耗氧量<2mg/L。

（2）不含有藻类、原生动物，细菌总数<100个/ml。

（3）游离氯<0.1mg/L，$Fe^{2+}+Mn^{2+}<1.0$mg/L。

（4）水温在2～35℃。

某厂因水质混浊采用如下预处理：

水塔自来水→泡沫过滤→活性炭过滤→尼龙布粗过滤→过氯乙烯超细纤维细过滤→贮水箱→加压泵→离子交换塔

4. 离子交换膜电渗析法处理

电渗析水处理是离子交换处理的一种特殊形式，水中无机离子在外加直流电场作用下，向两极迁移时，受到阳、阴离子交换膜对水中离子选择性地透过，使水中一部分的离子迁移至另一部分水中，即使被处理水分成三部分：被处理后的低离子水、浓水（高离子含量）和极水。离子交换膜只通过交换机制，协助离子“搬家”（让同电荷离子透过膜），它不会像交换树脂那样直接参于离子交换而很快失活，因此，不需要经常再生，酸碱耗量低，除盐率一般可在75％～85％，基本满足啤酒酿造水的要求。因此，我国啤酒厂在70年代开始广泛采用这种方法。它的水处理费用较低（每m^3水耗电约0.6～1.0 kW·h)，运行周期长（每周再生一次）。但本法在淡水、浓水、极水三者直接排放下，只能得到45％～55％的淡水，对水资源浪费较大。只有在水资源丰富且价格低廉情况下，采用本法才比较经济。近代城市大型啤酒厂由于水源紧张，已经较少采用此法来处理酿造水。

第三章 麦 芽 制 备

第一节 大麦的清选和分级

由原料大麦制成麦芽，习惯上称为制麦，它是啤酒生产的开始。麦芽制备工艺决定了麦芽品种和质量，从而决定了啤酒的类型。麦芽质量将直接影响酿造工艺和成品啤酒的质量。

制麦的目的在于使大麦发芽，产生多种水解酶类，以便通过后续糖化，使大分子淀粉和蛋白质得以分解溶出。而绿麦芽经过烘干将产生必要的色、香和风味成分。

全制麦过程大体可分为原料清选分级、浸麦、发芽、干燥、除根等过程。

一、大麦的清选

进厂大麦含有各种有害杂质，必须预先清除，方能投料，如：尘土会造成严重的环境污染和微生物感染。砂石、铁屑、麻袋片、木屑等会引起机械故障，磨损机器。谷芒、杂草、破伤粒等会产生霉变，有害于制麦工艺，直接影响麦芽的质量和啤酒的风味。草子和杂谷亦将影响麦芽的质量。要清除上述多变的杂质，必须设有庞大的筛选机械和专用厂房，并尽量做到防尘，减少噪音。

清选操作是根据大麦与夹杂物的形态、密度等机械性能的差异进行的分离过程，有如下几种方式：

（1）筛析—除去粗大和细碎夹杂物。

（2）震析—震散泥块，提高筛选效果。

（3）风析—除灰尘和轻微杂质。

（4）磁吸—除去铁质等磁性物质。

（5）滚打—除麦芒和泥块。

（6）洞埋—利用筛选机中孔洞，分出圆粒或半节粒杂谷。

完善的清选设备往往是多种功能的联合体。清选的第一道工序是粗选，以风力粗选机为例，它是通过圆眼筛和长眼筛除杂。粗选机共分三格，第一格筛除较大土石块、杂草等，第二格除去野生植物种子等，第三格除去细小杂物，麦流于第三格流出。粗选不能分出与麦粒横切面大小相等的杂质。

精选是第二道工序，它利用种子不同长度进行分离的。筛板多为辊筒式。辊筒是多孔洞圆筛。粗选后的麦粒进入精选机带孔洞的圆筒筛，圆筒旋转时，谷粒被嵌入孔洞升举至一定高度。长形麦粒不能嵌入孔洞，升至较高角度即落下，仍回原麦流中；圆形谷粒则被嵌入孔洞，升至更高角度时，最后从孔洞落下，入槽沟内，由螺旋输送机送出机外。筛板孔洞直径6.25～6.5mm，可以清除半节粒、荞麦和豌豆等。还有8.5mm和9.5～10mm孔径的筛板，应根据不同情况选择筛板孔径。

二、大麦的分级

分级是将麦粒按腹径大小之不同分成三个等级。因为麦粒大小之分实质上反应了麦粒的成熟度之差异，其化学组成、蛋白质含量都有一定差异。当然，其吸收水分速度和发芽速度也都不同，从而影响到麦芽质量（均匀性）。

分级筛常和精选机（或杂谷分离机）结合在一起，可分圆筒式和平板式两种。

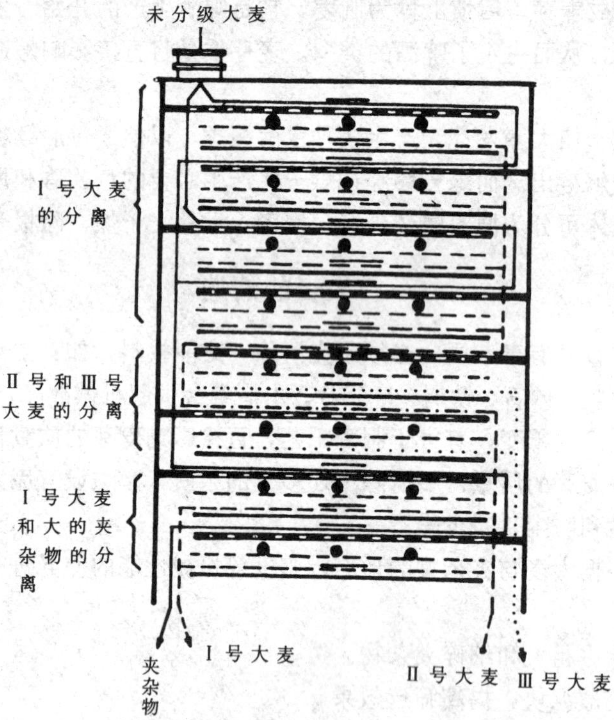

图1-3-1　平板分级筛示意图

1. 圆筒分级筛

筛板厚1mm，孔长2.5mm，孔宽2.2mm和2.5mm。铣制筛孔比冲压筛孔精度高。

圆筒倾斜度不应大于圆筒长度的10%。

正常圆周速度为0.7m/s。

圆筒不应有凹凸，以保证运转平稳和分级效率。

2. 平板分级筛

平板分级筛是一台具有两个箱体的设备，箱体由几组平板筛组成，其工作示意图如图1-3-1所示。

平板筛重叠排列，用一根垂直偏心轴转动，转速为120～130r/min。大麦在筛面均匀分布。

每台机由三组筛板组成，每层筛都设有筛板、弹性球筛框和收集板。筛选的大麦由收集板收集后，经过两侧槽沟送至相关的筛板上。

筛眼宽度第一组为2.8mm，第二组为2.5mm，第三组为2.2mm，筛板厚1mm。

精选分级大麦应分级存放，以便浸渍投料。某一腹径或厚度麦粒所占百分率称为整齐度。我国曾因大麦原料不足，品种不良，以大麦腹径（厚度）2.2mm以上者所占质量分数为整齐度。而国际通用标准是2.5mm以上腹径麦粒所占质量分数为整齐度。

大麦的精选率系指从原大麦中选出可用于制麦的精选大麦的质量分数。精选大麦国际上系指腹径2.2mm以上的大麦，而我国系指腹径2.0mm以上的大麦。国产大麦的精选率一般为85%～90%。

第二节　大麦的浸渍

一、浸麦的目的

经过清选和分级的大麦，用水浸，达到适当含水量（浸麦度），大麦即可发芽，浸麦的目的概括如下：

（1）使大麦吸收充足的水分，达到发芽的要求。麦粒含水25%～35%，即可达到均匀发芽的效果。但对酿造用麦芽，要求胚乳充分溶解，含水必须达到43%～48%。国内最流行的浸麦度为45%～46%，而欧美有些厂家为42%～45%的浸麦度时即转入发芽箱，并在发芽箱继续适当喷水。

（2）在水浸的同时，可充分洗涤、除尘、除菌。

（3）在浸麦水中适当添加石灰乳、$NaCO_3$、NaOH、KOH、甲醛等中任何一种化学药物，可以加速酚类、谷皮酸（testinic acid）等有害物质的浸出，并有明显的促进发芽和缩短制麦周期之效，能适当提高浸出物。

二、浸麦理论及影响因素

1. 大麦的休眠和水敏感性

新收大麦和许多植物种子一样，具有特殊的休眠机制。这种适应大自然的生理功能，对现代化麦芽制备带来了一系列的麻烦。前面已述，新收大麦需经过6～8周贮藏，充分完成休眠期之后方能投产制麦。近代化常年制麦工厂，在工厂的库存备料期间，足以完成大麦的休眠过程。

休眠的机制很复杂，现已证实，休眠期的长短与大麦品种有关，与种植和收获季节有关。例如，在温暖、干燥、阳光充足季节收获的大麦比低温、潮湿季节收获者休眠期长。春大麦比冬大麦休眠期长。与大麦库存方法及测定休眠期的方法都直接相关。

从表1-3-1可看出，随着贮藏时间之延长，发芽率逐渐上升。低温（7～15℃）贮藏对消除休眠比高温有利。

表 1-3-1　　大麦的休眠期与贮藏时间和温度的关系

贮藏天数/d \ 发芽率/% \ 温度/℃	7	10	13	15	17	19	22	25
4	31	75	94	95	94	92	80	41
6	84	97	97	96	96	94	83	48
8	92	98	98	—	—	96	87	51
10	95	—	—	—	—	—	91	58
12	96	—	—	—	—	—	92	67
16	97	—	—	—	—	—	—	74

水敏感性是关系到大麦质量的另一生理特性。大麦吸收水分至某一程度发芽受到抑制的现象，称为水敏感性，水敏感性也和大麦成熟期的季节有关。

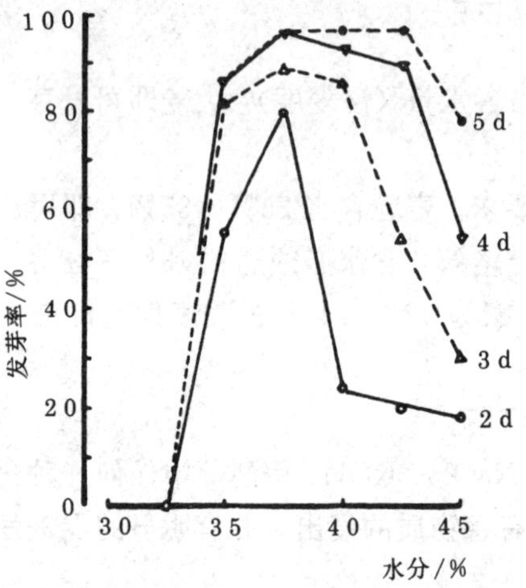

图 1-3-2　大麦的水敏感性曲线

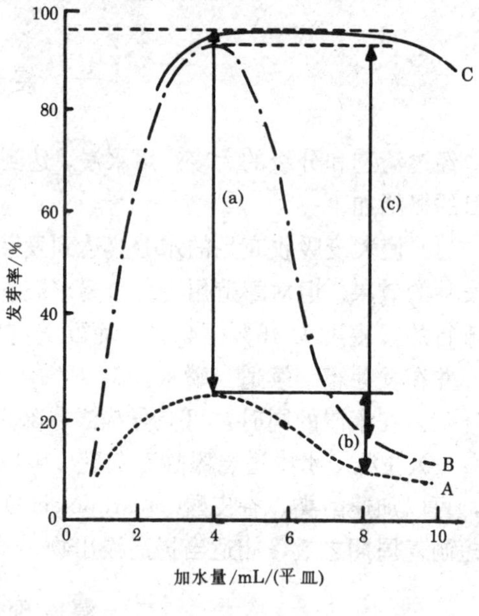

图 1-3-3 大麦的休眠和水敏感性试验曲线

A—新收大麦　B—经后熟克服休眠但具水敏感性大麦

C—充分后熟大麦

(a) 休眠麦粒　(b) 水敏感性麦粒

(c) 具水敏感性，部分成熟麦粒

图 1-3-2 是一个具水敏感性大麦的发芽试验曲线。将大麦一次连续水浸至 30%水分，没有出现发芽粒。大约至 37%水分，发芽率达高峰。但水分继续上升至 40%以上，发芽率反而逐渐下降，此种吸水稍高而发芽率逐渐下降的情况，称之为水敏感性。图 1-3-3 进一步说明了水敏感性和休眠大麦的特点。

取大麦 100 粒放入 φ9cm 的二重皿，内垫两层滤纸，加适量水，于 18℃恒温发芽 3 天，并计数发芽麦粒，绘制曲线。结果证明发芽率随加水量而变化。具水敏感性大麦（图 1-3-3 曲线 A)，在上述条件下，加 4ml 水（接近浸麦度 37%）达最高发芽率，但只有 30%左右，远远没有达到应有水平。这是由于深度休眠和水敏感性所致。用同一大麦，但经过贮藏后熟，加水 4ml，发芽率提高至 90%以上（图 1-3-3 曲线 B)。可是由于大麦具水敏感性，当水量增加至 8ml 时，发芽率再度下降至 30%以下，这就是水敏感性的不良后果。用充分后熟且不带水敏感性、完成休眠期的大麦作试验（图 1-3-3 曲线 C)，不论加水 4ml 或 8ml，发芽率都达 98%左右。

用上述方法即可进行大麦水敏感性和休眠期的检测。一般认为 4ml 与 8ml 两个发芽率之差小于 10%者为轻度水敏感性，45%以上者为重水敏感性。

水敏感性和休眠现象都是发芽技术性阻碍。50 至 60 年代英国酿造协会进行了大量研究工作，克服的办法很简单，即采用间歇式浸麦法，如配合喷雾效果更佳。

浸麦过程出现的水敏感性和休眠现象，其直接原因之一是在大麦表面形成水膜，它阻碍了氧进入内部，因此，采用断水通风，即消除了水膜，也提供了氧，若配合喷雾则水氧齐备。

2. 大麦的吸水速度

大麦吸水速度与麦粒大小直接相关，麦粒越小，吸水愈快。从图 1-3-4 看出，麦粒腹径大于 2.3mm 时，其吸水速度相差不大，而小于 2.3mm 者吸水速度明显地高。故此将大麦进行分级，并将 2.2mm 以下作为饲料，这样可以保证麦芽的质量（均匀性）。

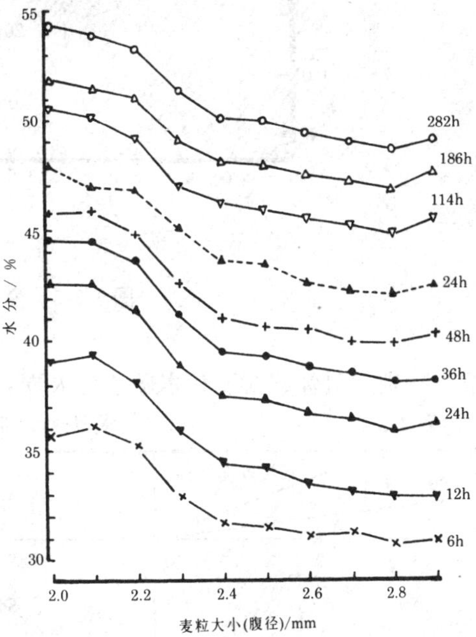

图 1-3-4　不同大小麦粒吸水速度比较

从图 1-3-5 看出大麦吸水速度与温度有关，温度高吸水快，但决不能因此而提高浸麦温度，因为，浸麦温度取决于麦芽质量，不能轻易更改。浸麦度在 35%以前吸水速度最快。图 1-3-5 中 25℃浸麦，当水分达 45%之后，浸麦度稍下降，曲线向下弯曲，其实质是由于微生物对大麦的侵蚀所致。粉质粒吸水速度比硬质粒快。胚部吸水比胚乳吸水快而且含水率高，因为，水分首先从胚的尾端珠孔进入麦粒。

正常浸麦水温为 14～18℃。

3. 通风与吸氧

大麦吸水后呼吸强度激增，需大量供氧。正常浸麦条件下，水中氧只够供 1h 之需（部分为微生物所耗)，若过时不供氧，将导致分子间呼吸，产生 CO_2、乙醇、醛、酸和酯类，最后将导致胚的生命被破坏，故浸麦过程必须定时通风供氧，或从浸麦槽底吸出 CO_2。

正常的通风供氧，可促进大麦的发芽，使大麦溶解良好，缩短发芽时间，提高成品

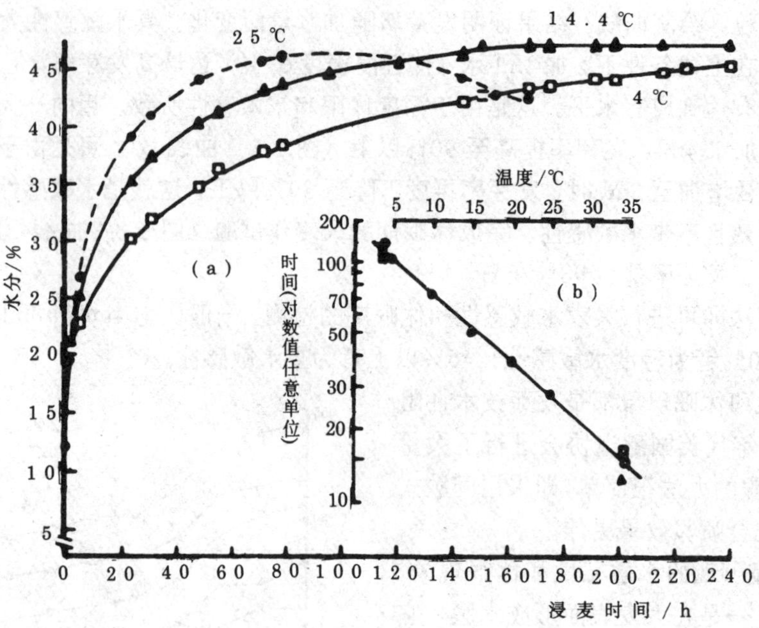

图 1-3-5　浸麦时间与水分的关系

率。特别是对休眠大麦和水敏感性大麦，通风尤为必要。

表 1-3-2　　浸麦时间和水温与浸麦度关系

浸麦度/% 浸麦时间/h 水温/℃	40	43	46
9	47.5	78	101
13	34	54	78.5
17	30	46.5	73
21	21	28	44.5

4. 浸麦用水及添加剂

根据浸麦工艺之不同，浸麦耗水量为大麦的 3～9 倍（质量），不合理的用水，会提高成本，增加排污负荷。浸麦水必须符合饮用水标准。

在洗麦后的第一次浸麦水中添加 0.1%（对大麦）的石灰（配成石灰乳），有利于杀菌并浸出麦皮中的多酚物质，降低麦芽和成品色度，而添加 0.1%的 NaOH 效果更佳。添加 0.1%～0.15%甲醛（对大麦），则有杀菌、浸出花色苷、提高啤酒非生物稳定性、抑制根芽生长、降低制麦损失的功效。

5. 浸麦度

浸渍后的大麦含水率叫浸麦度，一般为 43%～48%，可按下式计算。

$$浸麦度（\%）=\frac{（浸麦后质量-原大麦质量）+原大麦水分}{浸麦后质量}\times 100\%$$

表 1-3-3　是安东（Anton）的报告，他一共作了四个大麦品种，用间歇式浸麦法，水温 13℃、15℃发芽，144h（6d）。烘干温度为 50℃11h，60℃2h，70℃1h，85℃5.5h。

表 1-3-3　浸麦度对麦芽质量的影响（Eli **大麦**）

质量因素＼浸麦度/%	42	43.5	45	46.5	48
细粉浸出物/%（干）	82.4	82.1	81.8	81.8	82.2
粗粉浸出物/%（干）	79.1	80.3	80.1	80.9	81.5
粗细粉差/%	3.3	1.8	1.7	0.9	0.7
糖化时间/min	5	7.5	7.5	7.5	5
色度/EBC 单位	3.1	3.1	3.8	4.2	4.5
蛋白质含量/%（干）	10.6	10.5	10.4	10.3	10.1
可溶氮含量/mg·$(100g)^{-1}$干麦芽浸出物	699	690	736	771	812
可溶氮/总氮/%	41.4	41.0	44.3	47.0	50.3
pH	5.94	5.93	5.92	5.85	5.78
粘度/Pa·s×10^3	1.736	1.627	1.580	1.503	1.547
45℃浸出物/%	32.7	32.6	33.4	37.5	42.7
Branbender 硬度/度	510	485	435	410	385
α-淀粉酶/ASBC 单位	77.0	72.0	79.5	80.5	95.5
总制麦损失/%	7.9	9.0	10.2	10.9	13.6

根据表 1-3-3 可得出如下结论：

（1）浸麦度高低对细粉浸出物无明显影响，但粗粉浸出物随浸麦度之上升而有增加之势，特别是 42%和 43.5%最为明显。粗细粉差则随浸麦度上升而降低。

（2）可溶性氮和蛋白溶解度随浸麦度上升而增加。

（3）pH 值依次下降，可能是酸性磷酸盐和有机酸上升之故。

（4）粘度下降可能是β-葡聚糖的分解效应。而 45℃时浸出物上升，应该是低分子物质增加的结果，相应的麦芽硬度亦随之下降，这些都是溶解良好的综合结果。

（5）α-淀粉酶活力上升，是水解酶类上升的表现，只有水解酶类充分才能促进麦芽充分溶解。

（6）总损失上升是呼吸增强和新组织（根叶芽）形成所致。

综上所述，浸麦度对麦芽质量影响很大，生产中应当综合平衡。多数厂主张取 45%～46%的浸麦度。

三、浸麦的主要设备—浸麦槽

国内最流行的浸麦槽如图 1-3-6 所示，上部圆柱体高 1.2～2.0m，下部圆柱体锥角 45°。锥底设沥水假底。浸麦槽不宜太高，因为麦层过厚通风阻力大，一般麦层厚为 2～

2.5m。大麦吸水后体积膨胀约40%。为了通风搅拌，需要20%的运转空间，因此，每吨大麦约需2.3m³的容积。国内的浸麦槽多为小型设备，ϕ5m，总容积16～30m³左右，多用钢板制成。由2～4个浸麦槽成组，浸麦槽数依浸麦度高低和浸麦时间而定。老工艺倾向于浸渍时间60～70h，浸麦度45%以上，故设置3～4个浸麦槽。新工艺流行42%～45%的浸麦度，只设两个浸麦槽，浸麦时间为45～48h，但发芽箱要增设喷嘴，继续喷水增湿至46%左右的浸麦度。新工艺减少了庞大的浸麦槽个数，相应地也减少了厂房。小型浸麦槽常设于发芽箱上方，以便于浸渍大麦向发芽箱流送。设备齐全的浸麦槽应配备温度调节设施。

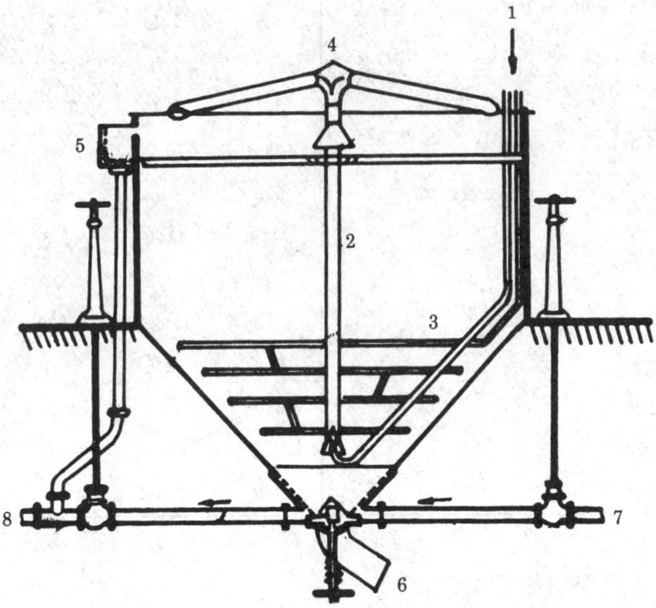

图1-3-6 浸麦槽

1—压缩空气进口 2—升溢管 3—多孔环形风管 4—旋转式喷料管
5—溢流口 6—大麦排出口 7—进水口 8—出水口

为适应近代大型化制麦生产，大型浸麦槽容量达100～400t。若用传统圆柱锥底结构将使厂房结构过高，麦层过厚，因此，出现了平底浸麦槽。它以圆形居多，高约3m，直径5～20m，相应投料量为20～400t。整个平底槽设筛板，通风均匀，另有CO_2排除系统、水温调节系统和喷水管道。浸麦度42%～45%，浸麦时间48h以内，温度15～18℃。

设置CO_2抽吸装置也是目前浸麦槽的发展趋势之一。以法国普罗维唐斯(Providence)农场的锥形浸麦槽为例，它的直径为5m，共12个，每个容积为33t原大麦，浸麦周期50～70h。设抽CO_2系统，断水时连续抽吸，水浸时每隔30min通风5～10min。CO_2排除口设在锥底，上部连接离心风机。CO_2管径为223mm不锈钢管，设气水分离装置。另设三根半圆形压缩空气管道，贴焊在锥底外壁，锥底内壁相应位置开孔设喷嘴，压缩机能力为300m³/h。槽上方另设喷水管，喷水回收作另槽浸麦水。

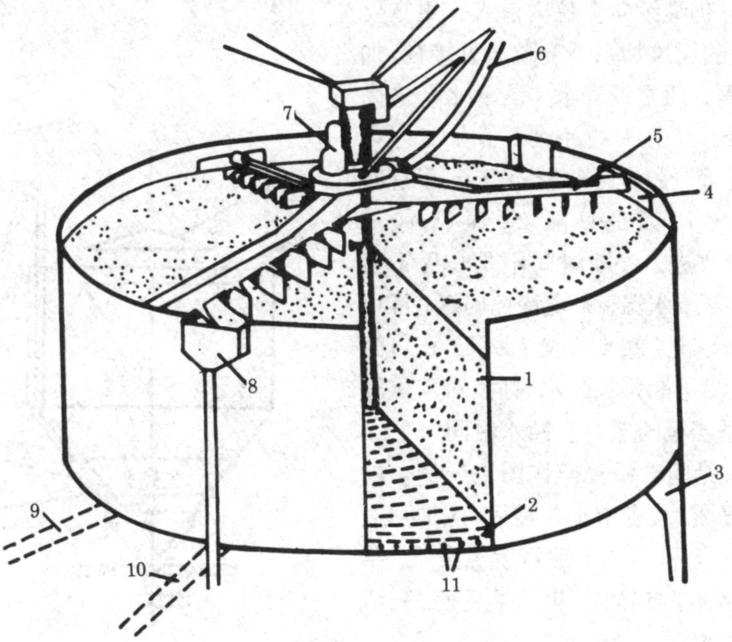

图 1-3-7　平底浸麦槽

1—麦层　2—多孔平底　3—浸渍麦出口　4—溢流口　5—旋转清洗机　6—下料喷水口
7—电动机　8—排水口　9—进水口　10—废水　11—通风管

1987 年哈利（Haley）等系统地总结了美国安毫瑟—布希（Anheuser-Busch）公司使用排 CO_2 浸麦槽的经验，肯定了此种设施有利于大麦发芽和提高绿麦芽质量，该公司决定在所属麦芽厂推广。同时还提出了将普通通风喷嘴改为不锈钢烧结材料制成的微孔喷头以提高通风效率，每槽设 16 个喷嘴。空气压缩机能力最小为 $0.3m^3$/（m^3 大麦·min），风温 16～18℃。CO_2 排风能力最小为 $0.08m^3$/（m^3 大麦·min）。

由于大型麦芽厂的出现，浸麦槽容量日益扩大，但过大的容量将造成操作和厂房结构设计的困难。故有的人主张一箱配多槽，以便将浸麦槽规模变小。

四、浸 麦 方 法

1. 湿浸法

本世纪 50 年代以前，对克服大麦的休眠期和水敏感性尚无对策，所以，浸麦方法也很原始，只是将大麦单纯用水浸泡，不通风供氧，只是定时换水。此法吸水较慢，发芽率不高。由于不通风排 CO_2，不能克服休眠期和水敏感性的影响，制麦周期长，麦芽质量低。此法已被间歇浸麦法所淘汰。

2. 间歇浸麦法（断水浸麦法）

1957 年英国酿造研究基金会（B.I.R.F）公布了他们多年的实验结果，证明用浸水断水交替法，进行空气休止，通风排 CO_2，能促进水敏感性大麦的发芽速度，缩短发芽时间一天以上，发芽率提高。实际在断水期间，麦粒表面水分仍继续向麦粒内渗入。更重要的是，断水后的通风加强了麦粒与氧接触，加速了发芽进程。通常浸麦水中含氧水平最高只能达到 13mg/L，大约经过 0.5～1h 即可耗尽，故每隔 0.5～1h 通风 5～10min 很有必要。国内许多厂都是每隔 2h 通风 10～20min，有待改进。浸断时间不是一程不变的，应根据室温、水温、大麦特性确定。常用者为浸 2 断 6、浸 4 断 4 或浸 4 断 6。在可能的条件下，应尽可能延长断水时间。对水敏感性大麦，可适当延长第一次断水时间。

图 1-3-9 是间歇浸麦操作图之一例，以浸 2 断 6 法浸渍。大麦带水入槽后，应加强通风搅拌，以利清洗、除尘，除浮麦等杂质。第一次浸麦水色暗，有异味，应及早更换。入清水后进入正常操作。

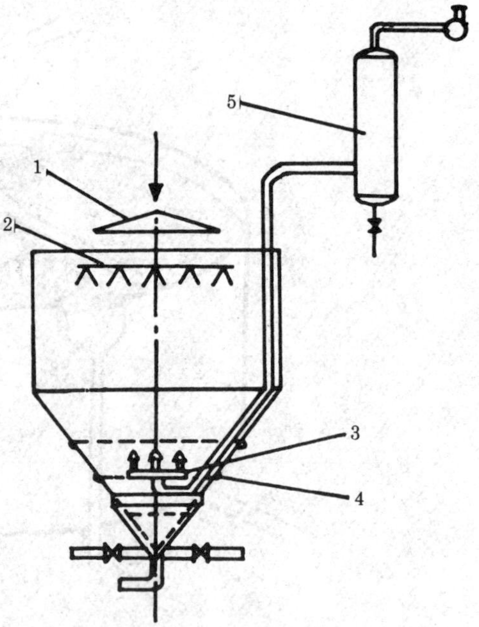

图 1-3-8　备 CO_2 排除系统的浸麦槽
1—麦粒与水分离帽　2—喷水头　3—CO_2 排出器　4—压缩空气管　5—气水分离器

3. 喷雾浸麦法

此法比间歇浸麦法更为有效，其特点是耗水量减少，供氧充足，发芽速度快。它的用水量只有一般浸麦法的 1/4，同时相应地减少了污水处理负担。水雾不断地流洗麦粒，一方面保持了麦粒表面的水分，也带走了产生的热量和 CO_2，还可使更多的空气与麦粒接触，明显地缩短了浸麦和发芽时间。如果在喷水过程中，继续通风供氧，效果则更好。

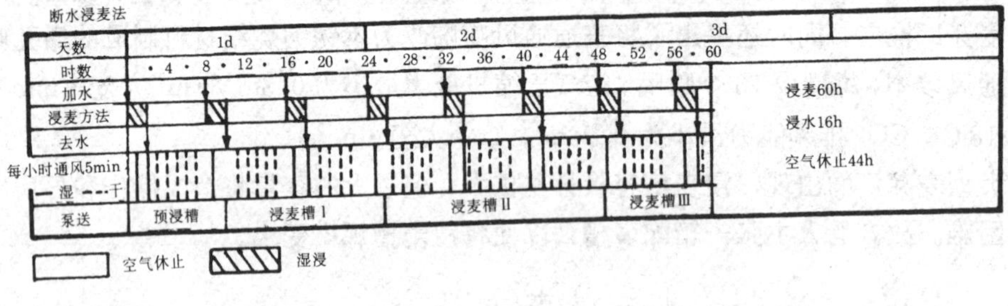

图 1-3-9　浸 2 断 6 浸麦法（间歇浸麦法）

图 1-3-10 是喷雾浸麦法作业图一例。

下面简要介绍美国安毫瑟—布希公司一家制麦厂的浸麦工艺要点。浸麦槽为圆柱锥底形，容量 18～44t。在第一次或第二次浸麦水中加石灰乳以提高 pH，通风浸渍 4h，排水，换清水，连续浸渍 12h。每隔 1h 通风一次。排水、换水连续浸 8～10h。此时麦粒含

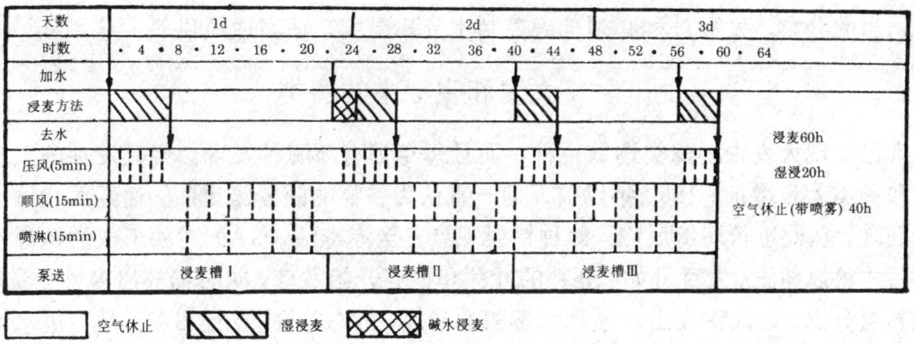

图 1-3-10　喷雾浸麦法作业图

水 25%～28%，接着喷雾和通风交替进行。用定时器准确控制水量和风量，此阶段连续 18～24h。最终水分 42%～45%，麦粒明显露出根芽。每蒲式耳（约 23～36kg）大麦耗水量 38～190L。喷雾用水量为每吨大麦 1.6～7L。

丹麦卡士伯啤酒厂麦芽间的浸麦工艺要点是：每批投料 20t，总浸麦时间 45h，其中水浸泡 15h，断水 30h，每隔 30min 通风 4min，最后断水 6h，加水用离心泵送至发芽箱。浸麦度为 42%～43%。

从以上两例可以看出，国外通风间隔时间为 30～60min，这是根据水中溶解氧量确定的，我国多数厂家用 120min 的间隔时间，虽然每次通风时间延长至 20min，但水中溶氧量并不因时间的延长而上升。在浸麦水温下饱和溶氧量约 13mg/L，此水平在 1h 内将被全部耗尽。故每隔 120min 通风 20min 有待改进。我国浸麦槽停留时间为 60～70h，这和不同季节的水温有关，而且大麦在浸麦槽的水分达 45%以上方出槽。国外浸麦槽停留时间在 48h 以内，虽然水分只有 43%左右，但入发芽箱后喷水，可继续提高浸麦度至 45%。48h 以内的浸麦时间意味着可以用两个浸麦槽满足生产的周转。

下面是我国喷雾浸麦操作一例。

(1) 投料后水洗和浸渍 6h，每隔 2h 通风 20min。

(2) 断水喷雾 18h，每隔 1～2h 通风 10～20min。

(3) 水浸 2h，通风搅拌 20min。

(4) 断水喷雾 10h，每隔 1～2h 通风 10～20min。

(5) 水浸 2h，通风 20min。

(6) 断水喷雾 8h，每隔 1h 通风 20min。

(7) 停止喷雾，空休 2h 出槽。

第三节　大麦的发芽

浸渍后的大麦达到适当的浸麦度，工艺上即进入发芽阶段。实际上从生理现象来说，发芽过程是从浸麦开始的。此阶段各种水解酶量达到高峰，淀粉、蛋白质、半纤维素等达到适当的分解。发芽过程必须准确控制水分和温度，适当通风供氧。

一、大麦和麦芽中的酶类

现已发现大麦中的酶类达数百种，而且每年都有新酶种发现。经过发芽的大麦所含酶量和种类大量增加。1960年以前人们一直认为谷物的胚分泌出酶，途经盾状体上皮层进入胚乳，在此进行酶解反应。此种错误观点直至赤霉酸（GA）对酶形成的诱导作用建立之后才得以纠正。发芽开始，胚部的叶芽和根芽开始发育，同时释放出多种赤霉酸，并向糊粉层分泌，由此诱发出一系列水解酶的形成。故GA（主要是GA_3）是促进水解酶形成的主要因素。至今人们还在通过电子显微镜等技术继续研究GA诱导酶的形成机制。

1926年日本人黑泽英一首先于水稻恶苗菌的浸出液中发现赤霉酸，后来继续有人证明在发芽过程人为地添加GA能促进麦芽生长，缩短制麦周期。大麦自身分泌出的GA，在发芽胚乳内含量为$1\times10^{-10}\sim1\times10^{-9}$g/kg大麦，其中90%为$GA_3$，10%为$GA_1$。60年代以后工业上采用了人工外加$GA_3$的制麦工艺，可将发芽周期由传统的7天缩短到4天至5天，麦芽的溶解度增加，浸出物提高1%～2%。

水解酶的形成是大麦转变成麦芽的关键所在，现将在酿造啤酒过程中最重要的几种水解酶分述如下。

1. α-淀粉酶

原大麦不含或很少含α-淀粉酶，经发芽后，在糊粉层内形成大量的α-淀粉酶。在水溶液中α-淀粉酶能使淀粉分子迅速液化，产生较小分子的糊精，故它又称液化酶或糊精化酶。因为它作用于分子内任意α-1，4键，故又称内淀粉酶。

α-淀粉酶作用于直链淀粉，其分解产物为6～7个葡萄糖单位的短链糊精及少量的麦芽糖和葡萄糖，但糊精还可以进一步缓慢地水解。按理论最终产物为87%α-麦芽糖和13%葡萄糖。

α-淀粉酶作用于支链淀粉只能任意水解α-1，4键，但不能分解α-1，6键，也不能越过α-1，6键。作用接近α-1，6键时速度放慢，其分解产物为α-界限糊精、麦芽糖和葡萄糖。界限糊精的分支键只有2～3个葡萄糖基。

α-淀粉酶对纯淀粉溶液最适pH为5.6～5.8，最适温度为60～65℃，失活温度为70℃。作用于未煮沸的糖化醪，其最适pH为5.6～5.8，最适温度上升至70～75℃，失活温度为80℃。

2. β-淀粉酶

原大麦中存在相当数量的β-淀粉酶，有游离态和结合态（无活性）两种。它是麦芽中与α-淀粉酶并列的两个主要淀粉酶，大部分存于胚中。原大麦的β-淀粉酶活性为60～200WK单位。制成绿麦芽，其活性成倍上升。

β-淀粉酶是一种含-SH基的外酶，作用于淀粉分子的非还原性末端，依次地水解一分子麦芽糖，故作用速度缓慢。如果没有α-淀粉酶的协同作用，快速地产生大量糊精，而提供多量非还原性末端基，则β-淀粉酶就难于实现快速糖化的作用。β-淀粉酶也只能作用于α-1，4键，遇α-1，6键即停止水解。作用于直链淀粉产生β-麦芽糖，作用于支链淀粉，除产生麦芽糖外，还有界限糊精。结晶纯β-淀粉酶有四个不同等电点（pH 为 5.65～5.9 之间）的同功酶。

β-淀粉酶对纯淀粉液最适 pH 为 4.6，最适温度为 40～45℃，失活温度为 60℃。它对未经煮沸的糖化醪最适 pH 为 5.4～5.6，最适温度为 60～65℃，失活温度为 70℃。

工业中测定麦芽糖化力是代表以β-淀粉酶为主的酶活性。美国习惯用林德拉（°L）单位；欧洲、前苏联和我国习惯用 WK 单位（EBC 单位）。

现将α-淀粉酶和β-淀粉酶的主要特性归纳于表 1-3-4 中。

表 1-3-4　α-淀粉酶和β-淀粉酶性能比较（Allen 和 Spradin）

性能 \ 品种	α-淀粉酶	β-淀粉酶
特异性	α-1，4 葡萄糖苷键	α-1，4 葡萄糖苷键
作用机制	内酶	外酶
作用范围	不能作用，但能绕过α-1，6 键	不能作用，也不能绕过α-1，6 键
主要水解产物	糊精	β-麦芽糖
反应液粘度下降	快	慢
与碘液反应蓝色消失	快	慢
反应液还原力增加	慢	快
葡萄糖产生	慢	快
麦芽糖产生	慢	快
糊精产生	快	慢

3. 支链淀粉酶（Pullulanase）

支链淀粉酶又名 R-酶、界限糊精酶或脱支酶（deramifying enzyme），或总称为脱支酶。水解聚麦芽三糖（Pullulan）和来自支链淀粉及糖原的界限糊精的内部α-1，6 键。来自微生物的支链淀粉酶和来自植物的 R-酶二者很类似，但二者活性有别，前者能分解糖原中的α-1，6 键，而后者则不能。其他作者也有关于 R-酶作用的界限糊精不如微生物脱支酶作用面广泛的报道。

支链淀粉酶是降低麦汁中支链糊精的酶，虽然它不像α-和β-淀粉酶受到重视，但也是淀粉酶中不可缺少的组成部分。

麦芽中的淀粉水解酶种类很多，通过图 1-3-11 可以了解到几种重要的淀粉酶与其相应的作用基质。

4. 蛋白分解酶

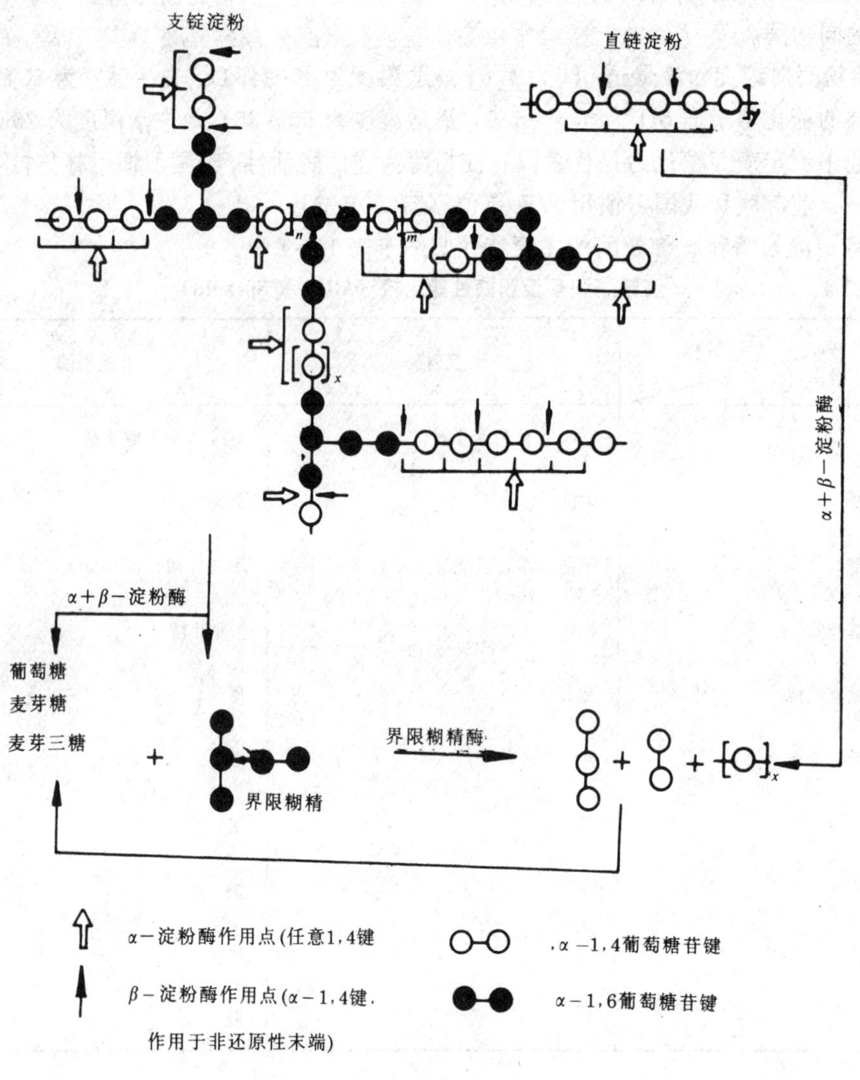

图 1-3-11 淀粉水解酶作用机制

蛋白分解酶是分解蛋白质肽键一类酶的总称，可分为内肽酶和端肽酶两类。内肽酶能切断蛋白质分子内部肽键，分解产物为小分子的多肽。端肽酶又分为羧肽酶和氨肽酶两种。此外还有一种二肽酶，它分解二肽为氨基酸。羧肽酶是从游离羧基端切断肽键，而氨肽酶则从游离氨基端切断肽键。

通常说的蛋白酶都是指内肽酶，而羧肽酶、氨肽酶和二肽酶总称为肽酶或端肽酶。

蛋白酶是关系到麦芽溶解和啤酒质量的重要酶类。

(1) 内肽酶　大麦中有此酶，其中 60%为水溶性，40%为盐溶性。经过发芽此酶活性增加 5～6 倍。此酶分解高分子蛋白质为多肽，在长时间作用下也可生成小分子的肽和氨基酸，最适 pH 为 4.7，最适温度为 40℃，失活温度 70℃。它对糖化醪最适 pH 为 5.0

～5.2，最适温度为50～60℃，失活温度为80℃。

(2) 羧肽酶　大麦中有三种羧肽酶，其最适pH分别为4.8、5.2、5.7，发芽后酶活性增加。它们的最适温度为50～60℃，70℃以上很快失活。

(3) 氨肽酶　已发现的氨肽酶至少超过三个，其最适pH为7.2和5.8～6.5。麦芽中的氨肽酶活性比大麦者要高。

(4) 二肽酶　已发现的二肽酶有多个，其最适pH为8.6和7.8，还有报道为8～9，最适作用温度为40～50℃，发芽后此酶增长2～8倍。

5. 半纤维素酶类

半纤维素是胚乳细胞壁的主要组成分，而细胞壁在制麦过程的分解是大麦胚乳分解的主要内容，所以，半纤维素酶虽然不如糖化酶和蛋白酶受到重视，但它是麦芽溶解的先驱者。

半纤维素和大麦胶组成细胞壁，二者的化学成分很近似，所以，有关半纤维素酶的讨论，涉及到分解细胞的主要酶类。从图1-3-12可了解其梗概。这些酶包括有分解细胞壁成分相应的酶：内-β-葡聚糖酶、外-β-葡聚糖酶、纤维二糖酶、昆布二糖酶、内-木聚糖酶、外-木聚糖酶、木二糖酶、阿拉伯糖苷酶。若按其特异性还可根据作用键细分。

在这些半纤维素酶中最引人注目的是β-葡聚糖酶。因为β-葡聚糖在麦汁过滤、成品酒过滤乃至酒的稳定性等都可能引起干扰。为了克服此困难，必须通过β-葡聚糖酶彻底分解β-葡聚糖。因此，对β-葡聚糖酶的形成、种类、作用机制、测定方法及该酶的微生物酶制剂的生产和应用，进行了大量的有效的工作。

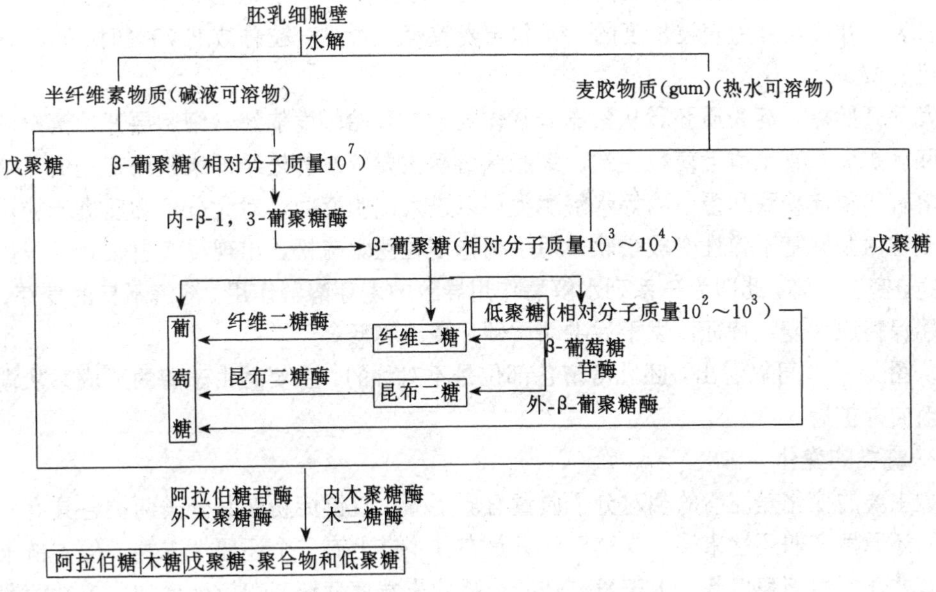

图1-3-12　制麦过程胚乳细胞壁的酶降解模式

表 1-3-5　制麦过程β-葡聚糖酶的增长（试样为 1kg 大麦）

酶类 \ 发芽天数/d	原大麦	3	4	5	4（Kd）	4（KW）	5（Kd）	4（GA）
内-β-1，3；1，4-葡聚糖酶（E.C. 3.2.1.7.3）	3.0	52	103	69	48	60	29	595
内-β-1，3-葡聚糖酶（E.C. 3.2.1.4）	27	336	491	—	536	770	—	1505

注：表中　Kd——烘干麦芽，干法粉碎。

KW——烘干麦芽，湿法粉碎。

GA——制麦添加 GA_3。

从表 1-3-5 可以看出，制成麦芽后β-葡聚糖酶活力增长数十倍以上。酶活力的增长也说明了细胞壁的分解。

从表中可看出，发芽 4 天后β-葡聚糖酶达最高峰，但也有报道于第三天或第五天达高峰值的。添加 GA_3 对β-葡聚糖酶的增长尤为显著，酶活力增长比不添加 GA_3 者高 3 倍至 5 倍多。这也反应了添加 GA_3 诱导水解酶增长的一般规律。此外还应看到麦芽烘干造成两种酶的损失达 50%～60%。

二、大麦发芽过程中物质的变化

1. 物理及表观变化

浸麦后麦粒吸水膨胀，体积约增加 1/4。浸麦后期，绝大部分麦粒露出根芽白点，至发芽终止，根芽长度约为麦粒长的 1.5～2 倍。与此同时，叶芽在谷皮下穿过种皮，向尖端伸长，当叶芽长度为麦粒长度的 3/4 和与麦粒等长者占麦粒总数的 75%时，可以认为发芽已完成。

发芽开始后，淀粉质胚乳从紧靠盾状体的一端开始轻度崩解，细胞层开始溶解，逐渐向胚乳扩展，直至靠近麦粒尖端。细胞壁溶解主要依靠前述半纤维素酶来完成。细胞壁的溶解使得淀粉酶和蛋白酶等水解酶类得以进入细胞壁内，对大分子物质进行初步分解。麦粒由坚硬富于弹性变成松软，用手指捻麦粒感觉疏松，出现湿润白浆状。干燥麦芽疏脆，密度下降，此即为一系列水解酶作用导致的麦芽溶解作用。溶解不良的麦芽，麦粒尖端保持原大麦粒特征，烘干后尖端质硬，浸出物低。

从图 1-3-13 可以看出，胚乳溶解各部位是不对称的，主要是由于酶的形成系从糊粉层逐渐向外扩展。

2. 糖类的变化

最主要的变化是淀粉的相对分子质量有所下降。直链淀粉在其分子两端各具有一个简单的还原性和非还性末端，支链淀粉只是在其主链上有一个还原性末端，但支链末端都具有非还原性葡萄糖基，由于长链切断，故此末端葡萄糖基相应地增加。末端葡萄糖基数对总葡萄糖数的比值可以表示出淀粉分子的复杂性，即可以表示出淀粉分子被降解的程度。末端基越多说明降解程度越大。支链淀粉与碘作用产生特征性红色，直链淀粉与碘作用产生蓝色。蓝色值的增加也表示出直链数之增长，但是这种增长值也是有限的，

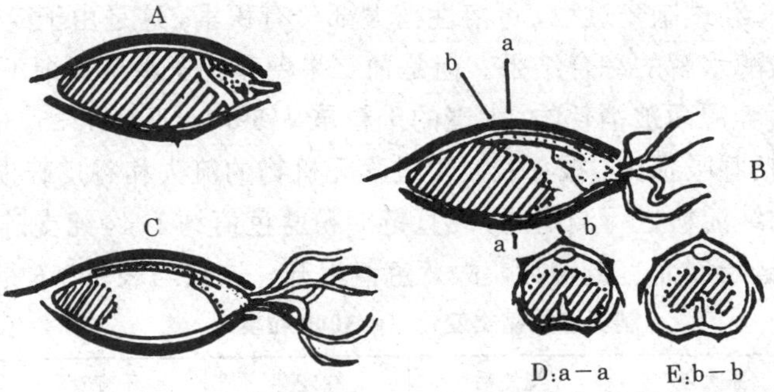

图 1-3-13　麦芽胚乳溶解过程

A—未发芽麦粒纵剖面　B—发芽开始后（白色为溶解胚乳）

C—发芽中期　D—a-a 断面　E—b-b 断面

原因是蓝色反应与葡萄糖的聚合度有关，且看下面的规律：

链长（葡萄糖基数）	螺旋数	呈色反应
45 以上	8	蓝
40	7	蓝紫
36	6	紫
31	5	红
12	2	浅红
9 以下	1.5	无

从表 1-3-6 看出，大麦经过发芽，由于淀粉链部分被切断，淀粉链数目增加，非末端基葡萄糖比率由 25 下降至 22，而末端基相应地上升。麦芽中直链淀粉与碘呈现的蓝色反应比大麦中有所提高，这说明麦芽中直链淀粉数比大麦有增加，从 26.2%上升至 29.2%，故蓝色值从 0.366 上升至 0.409。在支链淀粉中，由于支链被切断，末端基葡萄糖增加，非末端基葡萄糖相应地下降。原大麦支链淀粉长度平均为 24～25 个葡萄糖基，制成麦芽后其平均长度降至 17～18 个葡萄糖基，说明无色反应的短链糊精有增长。

表 1-3-6　　　　Carlsberg 大麦和麦芽的淀粉分析

	大　麦	麦　芽
水分/%	11.2	14.7
蛋白质含量（N×6.25）/%	2.51	2.05
非末端基葡萄糖：末端基葡萄糖	25：1	22：1
与碘反应的蓝色值	0.366	0.409
直链淀粉含量/%	26.1	29.2
支链淀粉中非末端基葡萄糖：末端基葡萄糖	18～19：1	15～16：1
直链淀粉含量/g（1000 粒大麦）	6.72	6.37

发芽过程中，由于呼吸造成的淀粉损失为4%～8%。

从表1-3-7看出，经过制麦过程，可溶性糖大部分有积累，这是由于淀粉、半纤维素、大麦胶及其他多糖被酶水解的综合结果。但是葡二果糖和棉子糖都逐渐下降，因为它们是作为发芽开始的营养源而被消耗的。大麦的千粒重从39.1g下降至35.3g，即制麦损失为9.7%，此损失包括呼吸损失、根芽及浸麦过程无机物的流失和谷皮破损等。蓝色值系根据麦粒中分离出的纯淀粉进行测定的，纯直链淀粉蓝色值约1.4，纯支链淀粉蓝色值约0.1。制麦过程由于链断裂而直链增加，故蓝色值上升。这点与表1-3-6是一致的。

表1-3-7　　制麦过程糖类变化（g/1000粒麦）

糖名称	原大麦	浸麦后	绿麦芽	干麦芽	成品麦芽
果糖	0.027	0.042	0.145	0.262	0.194
葡萄糖	0.016	0.031	0.178	0.285	0.462
蔗糖	0.301	0.265	0.624	0.755	1.315
麦芽糖	—	0.012	0.123	0.109	0.257
麦芽三糖	—	—	0.063	0.059	0.148
葡二果糖	0.033	0.047	—	—	—
棉子糖	0.058	0.050	—	—	—
果聚糖	0.226	0.370	0.842	0.374	0.352
葡聚糖	0.725	0.824	2.161	1.129	0.613
阿拉伯聚糖	0.047	0.039	0.148	0.115	0.110
木聚糖	0.050	0.039	0.182	0.153	0.142
蓝色值	0.326	0.308	0.381	0.374	—
千粒重（干基）	39.1	38.7	37.6	36.8	35.3
淀粉	25.74	25.06	20.70	21.50	20.79

3. 蛋白质的变化

蛋白质分解是制麦过程的重要内容，部分蛋白质分解为肽和氨基酸，分解产物分泌至胚，用于合成新的根芽和叶芽，因此，蛋白质有分解也有合成。从麦1-3-8不难看出，经过11天发芽后，大约有13%的氮转入根芽，当然这些数据由于发芽时间过长而缺少代表性，但氮的转移是非常明显的。

表1-3-8　　发芽过程大麦中氮的转移（mg/1000粒麦）

	（胚乳＋外皮）中	叶芽中	根芽中
浸渍大麦	543	83	—
发芽5天	456	114	57
发芽11天	323	228	76

表1-3-9进一步证明了大麦在发芽过程中氮的变化包括了分解与合成，但分解是主要的。醇溶蛋白和谷蛋白在数量上有明显下降，其余各项基本不变或略有上升，或者先降后升。如果没有这些变化，就不可能出现各种酶的形成及大麦的溶解过程。

为了衡量蛋白质分解程度，习惯以可溶性氮占麦芽总氮的百分率表示，称为蛋白溶解度（或溶解指数），又称库尔巴哈值。因为发芽过程蛋白质有分解也有合成，所以，蛋白分解（溶解）度是有限的，单独用蛋白溶解度在发芽过度的情况下难于判别真实溶解度的好坏，还应当配合其他考查。

表 1-3-9　　发芽过程中各种蛋白组分的变化（g/1000 粒麦）

累计时间 /h	千粒重	总 N	清蛋白 N	球蛋白 N	醇溶蛋白 N	谷蛋白 N	朊N	非蛋白 N
0（原大麦）	46.0	0.807	0.099	0.076	0.261	0.267	0.025	0.132
53（浸毕）	45.1	0.795	0.089	0.074	0.262	0.262	0.017	0.091
124（发芽）	44.5	0.783	0.099	0.071	0.249	0.240	0.008	0.114
288（发芽）	43.4	0.791	0.102	0.111	0.192	0.190	0.023	0.167

图 1-3-14 表明，在正常条件下于发芽的第三天至第五天，低分子氮均达高峰值，但是若添加 GA_3，则各值在同一时间内均有提高，总氨基氮明显提高。高峰期提前到达，表明 GA_3 缩短制麦周期的效果。图中各曲线高峰期之后的下降趋势说明了高分子氮的再形成。

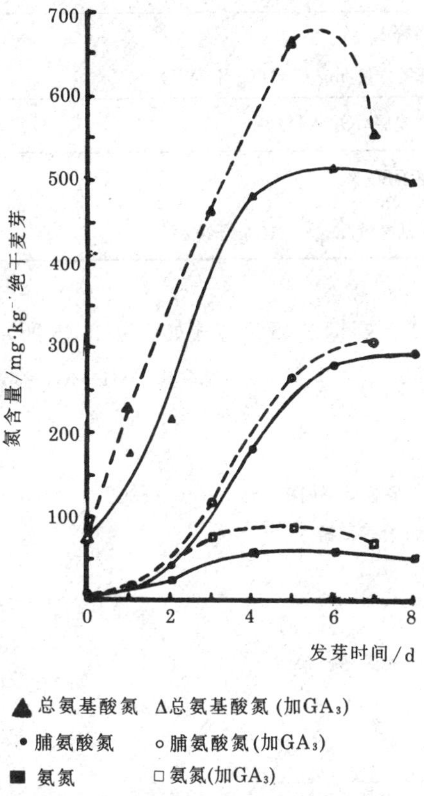

图 1-3-14　发芽过程低分子氮的变化

表 1-3-10 是发芽的多因素试验结果，虽然这些工艺参数早已为人们确定，但是必须注意以蛋白分解情况为依据。通常认为蛋白溶解度为 35%～45%均算合格，最好控制在 40%左右。α-氨基氮为 120～160mg/100g 干麦芽均算合格。发芽后期麦层中应保存适当的 CO_2 浓度，即减少通风次数和时间，让 CO_2 积累以抑制在胚芽中过多地合成新蛋白，减少制麦损失。

4. 半纤维素和麦胶物质的变化

从图 1-3-12 已充分了解到半纤维素和麦胶物质是细胞壁的组分，更确切地说是戊聚糖和 β-葡聚糖构成了细胞壁，所以说半纤维素和麦胶物质的变化实质是 β-葡聚糖和戊聚糖的降解，亦即是细胞壁的分解。它所涉及到的酶都属于半纤维素酶。

(1) β-葡聚糖的变化　β-葡聚糖是半纤维素和麦胶物质的主要成分，麦胶物质所含的 β-葡聚糖，其相对分子质量较半纤维素的小，易溶于水，成粘性溶液。相对分子质量越小，粘度也越小。麦粒发芽后，随着胚乳的不断溶解，其浸出物溶液的粘度也不断降低，因此，也可以通过测定粘度来衡量麦芽的溶解度，也可以通过测粘度来测定 β-葡聚糖含量的相对值。溶解良好的麦芽，其 β-葡聚糖降解较完全，手指捻呈粉状散开，溶解不良者手捏呈橡皮弹性状。

表 1-3-10　　　　发芽条件对蛋白质分解的影响

浸麦度/%	40	43	46	39	42	45	48		
蛋白溶解度/%	39.5	43.7	46.1						
α-氨基氮含量/mg·(100g 干麦芽)$^{-1}$				105	112	136	175		
发芽温度/℃	13	15	17	12	15	18			
蛋白溶解度/%	44.9	43.9	41.9						
α-氨基氮含量/mg·(100g 干麦芽)$^{-1}$				150	130	120			
发芽时间/d	4	5	6	7	4	5	6	7	8
蛋白溶解度/%	35.4	38.8	39.8	40.7					
α-氨基氮含量/mg·(100g 干麦芽)$^{-1}$					125	128	135	145	142
三天后麦层 CO_2 含量/%	0	10	20	0	10	20			
蛋白溶解度/%	40.9	38.0	42.8						
α-氨基氮含量/mg·(100g 干麦芽)$^{-1}$				134	140	159			

β-葡聚糖的酶解方式如图 1-3-15 所示。

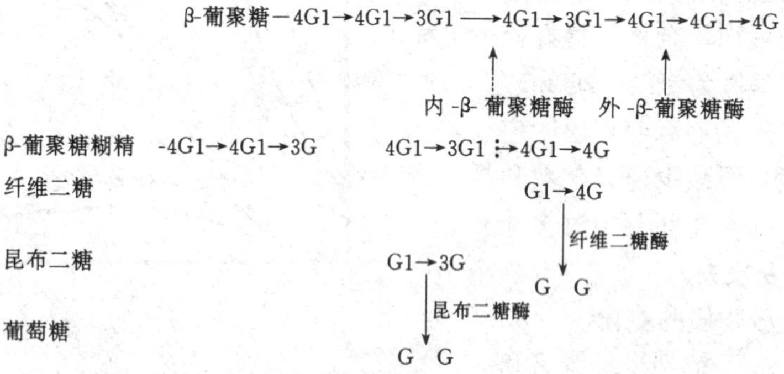

图 1-3-15　β-葡聚糖酶解图

(2) 戊聚糖的变化　大麦中的戊聚糖分布于谷皮、胚和胚乳中。胚乳中含有一部分低分子可溶性戊聚糖，其他均为不溶性戊聚糖。发芽过程中戊聚糖总量几乎不变。谷皮中的戊聚糖含量不变，胚乳中戊聚糖受酶分解成戊糖，输送至胚部，合成新物质，再度成为不溶性戊聚糖。分解戊聚糖的主要酶类已列于图 1-3-12。

β-葡聚糖和戊聚糖的降解程度反应出细胞壁的溶解好坏，从而影响到胚乳的溶解。通过测定麦芽粗细粉浸出物差和协定法麦汁粘度可反应出细胞壁的溶解度和 β-葡聚糖的分解程度。表 1-3-11 是发芽条件对粗细粉差和麦汁粘度的影响。差值和粘度越小则细胞溶解越好。一般认为，浸出物差小于 1.3%，麦芽溶解度很好；若大于 2.7%认为溶解度低。

表 1-3-11　　发芽条件对粗细粉差和麦汁粘度的影响

		粗细粉差/%	麦汁粘度/Pa·s×10^3
浸麦度/%	40	5.1	1.69
	43	2.9	1.60
	46	1.1	1.56
发芽温度/℃	13	1.6	—
	15	1.4	—
	17	1.0	—
发芽时间/d	4	3.6	1.65
	5	2.0	1.59
	6	1.5	1.54
	7	1.2	1.48
发芽三天后麦层中 CO_2 含量/%	0	0.7	1.47
	10	1.2	1.48
	20	1.7	1.51

5. 胚乳（麦芽）的溶解

胚乳是由蛋白质联结的胚乳细胞组成。胚乳细胞壁主要成分是半纤维素和麦胶物质。细胞壁内包含着由蛋白质支撑的淀粉粒。发芽开始后，由糊粉层分泌出的蛋白酶首先分解细胞壁间的蛋白质，使细胞壁隔离。细胞壁与半纤维素酶得以接触而被分解，接着蛋白酶进入细胞内分解蛋白质，随之淀粉酶与淀粉接触使淀粉分解。

上述一系列的酶解过程，使得整个胚乳细胞由坚韧变疏松，此过程即麦芽的溶解过程，它是发芽过程的综合结果。其实质是半纤维素、蛋白质及淀粉等高分子物质都发生了不同程度的生化反应，相对分子质量有所下降。

前面提到蛋白溶解、细胞溶解、胚乳溶解等概念，都是针对不同组分而言，这些组分的溶解度最后综合地反应出整个麦芽的溶解度，他们的数值彼此是协调的。

麦芽的溶解是从胚乳附近开始的，沿上皮层逐渐向麦粒尖端发展，靠基部一端比麦粒尖端溶解较早，较完全，酶活性相应较高。溶解适度则浸出物高，制麦损失也较少。参见图 1-3-13。

6. 酸度的变化

发芽过程中酸度的变化主要表现在酸度提高，概括原因如下：

（1）磷酸酶使磷酸从有机化合物中释出。

（2）糖类的缺氧呼吸产生少量的有机酸。

（3）氨基酸的碱性氨基被利用，生成相应的酮酸。

（4）麦粒中硫化物转化成少量的硫酸。

表 1-3-12 发芽期间酸度的变化

	酸度/mmol·L^{-1}
原大麦	4.08
浸渍大麦	2.54
发芽 24h	2.57
72h	3.23
120h	7.46
168h	7.69

虽然酸度明显增长，但麦汁溶液的 pH 值变化不大，这主要是由于磷酸盐的缓冲作用。

应当注意的是磷酸盐的分解。大麦中的磷以磷酯、核酸及肌醇六磷酸酯形式存在。这些有机磷化物中的一半为肌醇六磷酸酯即植酸，植酸以肌醇六磷酸钙镁混合盐（菲丁—phitin）形式存于胚和糊粉层。制麦过程中该混合盐的10%～30%被水解，释放出无机磷，构成麦芽乃至麦汁中的酸性磷酸盐，它既提供了有益的酸性缓冲物，又是发酵麦汁中天然磷源。

7. 其他变化

由于无机盐类向浸麦水和麦根中转移而稍有下降。多酚物质实质上没有增减，但由于向浸麦水中扩散而稍有降低。某些维生素在发芽时有增加，但在烘干过程中因受热而被破坏。脂肪在制麦期间的损失为 0.16%～0.34%，其中部分为呼吸损失，部分则裂解为甘油和高级脂肪酸。

三、发芽方法与设备

浸渍后的大麦，进入正式发芽期。发芽是在专用的发芽设备中进行的。

传统的老式发芽都是在普通水泥地板上进行的。室内只需适当隔热、保潮及避光等条件。因为是在地板上操作，故而得名为地板式发芽，虽然生产方式较原始，劳动条件差，但是只要认真执行工艺条件，同样可以生产出优质麦芽。世界上几个著名的啤酒都是在地板式发芽的年代产生的。不论是何种现代化发芽设备，其基本工艺原理和参数是在地板式发芽基础上发展起来的。

和地板式发芽相对应的是箱式发芽或通风式发芽，其特点是采用机械通风供氧、调温调湿，它克服了作坊式生产繁重的体力劳动，生产规模也日益扩大。最早出现的通风式发芽设备是萨拉丁发芽箱，随后于 60 年代出现了万德荷夫（Wanderhaufen）式半连续化制麦体系，或称为麦堆移动式制麦体系，与之类似的有劳斯曼（Lausmann）发芽箱。为了节省基建投资，于 70 年代应用了灵活性制麦系统（flexmalt system)，国内称之为发芽干燥两用箱，还有所谓单一箱系统（unimalt system），即浸麦、发芽、烘干全在一个箱体内完成。此外还有罐式、塔式等制麦设备。完美的发芽设备，不单是机械化、自动化水平高及生产能力大，而且还应当造价较低，便于安装和维修。下面介绍几种流行的设备。

1. 萨拉丁发芽箱

它以发明人法国工程师萨拉丁命名，是应用最早、最广泛而且至今仍然使用的经典式箱式发芽设备。我国的发芽设备基本都属此类型。这种设备的箱体用砖砌成钢筋水泥或钢板制成，呈长方形，上方敞开或封闭，金属筛板至箱壁上缘，壁高1～2m，两侧壁上方设齿轮行轨，供翻麦机运行移动。翻麦机是发芽箱的重要组成部分，它的主要任务是翻松麦层，特别是防止麦芽结成团块，让气流均匀畅通。良好的翻麦机除达到上述要求外，还应对麦根、麦皮没有损伤，每次翻动后能使麦床体积增加1/3～1/4。翻麦机多为螺旋式，翼片由钢板制成，有的则用扁形钢条，这样可以减轻阻力。箱底用不锈钢板制，开长条孔。箱底下的空气室高度为1.5～2.0m以上。空气室底向进风口端略有倾斜，以利排水，同时也有调节两端风压之效。

通常每室设一箱，每箱配一台风机和一个空调室，这样便于单箱控制。发芽间高度以2.3～2.5m为宜。有的数箱共用一套空调系统，这样空调室要求长些，但因阻力大，各箱的风量不均匀。最好每箱单设空调体系，用连续式通风，这样风量小，风压低而均匀。进风温度比麦温低1～2℃即可，即14℃左右。发芽时连续通风，则麦温平稳，上下温差小，发芽快，麦层CO_2含量低（约1%），每天翻拌2次即可。若以间歇式通风，效果正好相反，不如连续式效果好。

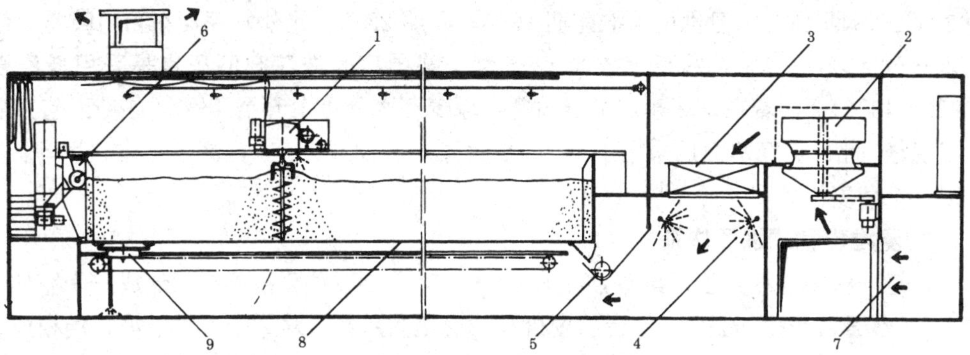

图1-3-16　萨拉丁发芽箱

1—翻麦机　2—送风机　3—空气冷却器　4—调湿喷嘴　5—出料送料机
6—卸料器　7—新空气入口　8—多孔板　9—地板清洗器

浸渍麦从浸麦槽送至发芽箱，通常为带水靠自由下落，也可以用水泵输送，但泵叶的机械磨擦可能损伤麦粒。发芽箱的绿麦芽出箱可以用气流输送，也可用斗式提升或刮板式升送机输送。

萨拉丁发芽箱操作要点：

前期14℃左右，至第四或第五天，上升至18～20℃，以后逐渐下降。最好用连续通风。若用间歇式通风，则每日早、中、晚各通风一次，每次15min，空气相对湿度95%

以上，后期风量和次数应减少。

表 1-3-13　　萨拉丁箱式发芽技术条件

内　容	技 术 条 件
箱体长宽比	4∶1～6∶1
底板开孔率/%	20 左右
麦层厚度/m	0.8～1.5
单位面积装料/$kg \cdot m^{-2}$	500～600
送风温度/℃	12～16（连续通风）
送风速度/$m \cdot s^{-1}$	2.0～2.5
送风空气相对湿度/%	95 以上
送风量/$m^3 \cdot t^{-1} \cdot h^{-1}$	500～600
增湿量/$kg \cdot t^{-1} \cdot h^{-1}$	0.5
风温与麦温差/℃	2～3（连续通风）
翻麦机推进速度/$m \cdot min^{-1}$	0.4～0.5
翻麦机转速/$r \cdot min^{-1}$	8～9
麦层上下温差/℃	2～3
发芽天数（传统）/d	5～7
冷却量：耗水/$m^3 \cdot t^{-1} \cdot h^{-1}$	0.3～0.35
耗冷/$kJ \cdot t^{-1} \cdot h^{-1}$	7524～8360

美国安毫瑟—布什公司有一种制麦工艺是浸麦 48h，浸麦度 42%～45%，发芽前期为 22℃，后期 15℃。但也可采取前期 15℃，后期 22℃。此外发芽期在箱内喷雾，绿麦芽水分达 46%～47%，发芽天数 3.5～5 天。我国广州珠江啤酒厂也是采用低浸麦度（42%～43%），接着在发芽箱内适当喷雾，绿麦芽水分可上升至 46%。这种工艺只需两个浸麦槽。此外珠江啤酒厂采用了 1.2m 以上厚层的发芽工艺，提高了箱体利用率，多箱共用一个翻麦机。

2. 麦堆移动式发芽体系

这是一种半连续式生产设备，实际是 6～7 个萨拉丁发芽箱首尾相连成一个整体，只设 1～2 台通风和冷却装置，一台翻麦机和一套送料系统，发芽床和烘干炉直接相连，适用于日产 60t 以下的规模。若要求产量增加，可增加机台数。设备特点如图 1-3-17、1-3-18 所示。

箱体下面的空间根据发芽 6～8d，用隔板隔成 12～16 分室，每隔 12h，发芽大麦由翻麦机向前移动一个分室，即完成一次翻麦。经过 6～8d，亦即经过 12～16 次移动翻麦，完成全发芽过程，最后入单层干燥炉。

翻麦机类似扬麦车，它从发芽箱的末端（绿麦芽端）开始，将麦芽向烘干炉翻送。并逐个地按分室翻移，并向发芽箱首端行进，最后到达首端。将第一个分室排空，准备新的浸渍大麦下料。此时翻麦机的螺旋提升机或提斗向上扬起高出麦层表面，以 8 倍的速度返回至发芽箱的末端，准备下一次翻麦作业。

当发芽进入第二室，可以打开喷水阀向麦层喷水增湿。

绿麦芽上烘干炉时间约 0.5h。为节省能源，烘干炉可分为两间，每间停留 12h，24h 内即完成。

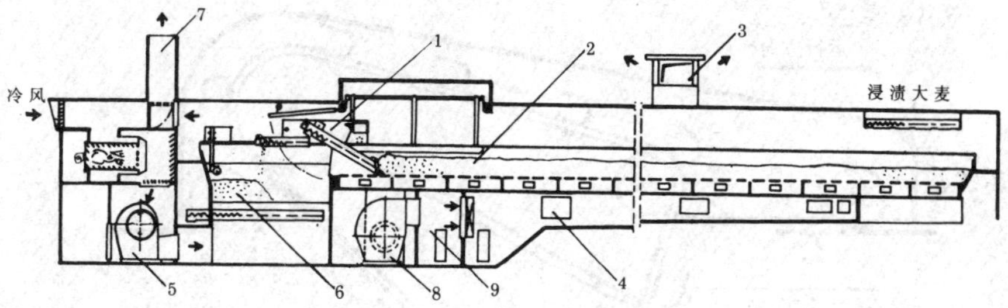

图 1-3-17 麦堆移动式（Wanderhaufen）发芽体系

1—翻麦机 2—麦层 3—排风筒 4—混合空气风道 5—干燥风机

6—单层干燥炉 7—排潮风筒 8—发芽风机 9—发芽空调室

送风方式与传统萨拉丁箱类似，可送入新鲜空气或先与回流空气混合之后再送入箱内，所有入箱空气都预先增湿调温。

采用斗式翻麦机，箱身不宜超过 5m 宽，日产只能达到 15t 左右。如采用螺旋式翻麦机，箱身可以加宽，日产可提高至 60t。应当强调，翻麦机作业时前后麦粒的混杂率不应超过 5%。

麦堆移动式每吨麦芽所需水、电、风量与萨拉丁发芽箱基本相同。

表 1-3-14　　麦堆移动式发芽体系的技术条件

内　　容	技 术 条 件
箱长/m	40～50
箱宽/m（用斗式翻麦机）	5 左右
用螺旋翻麦机	5 以上
翻麦机移动速度/$m \cdot min^{-1}$	0.3 左右
麦层最高温度/℃	17～18
上下麦层温度/℃	1.5～2.0
麦层 CO_2 含量/体积分数%	1 左右
单位投料/$kg \cdot m^{-2}$	450～550
通风量/$m^3 \cdot t^{-1} \cdot h^{-1}$	475～525
增湿量/$kg \cdot t^{-1} \cdot h^{-1}$	0.5
冷却量：耗水/$m^3 \cdot t^{-1} \cdot h^{-1}$	0.3～0.35
耗冷/$kJ \cdot t^{-1} \cdot h^{-1}$	5 852～7 524

3. 劳斯曼（Lausmann）转移箱式制麦体系

此种设备与麦堆移动式实属一种类型，都是麦层移动，箱体分室。图 1-3-19 是该体系结构图。发芽箱和干燥炉连成一体，两条作业线平行排列，年处理大麦 2.5 万 t，年产

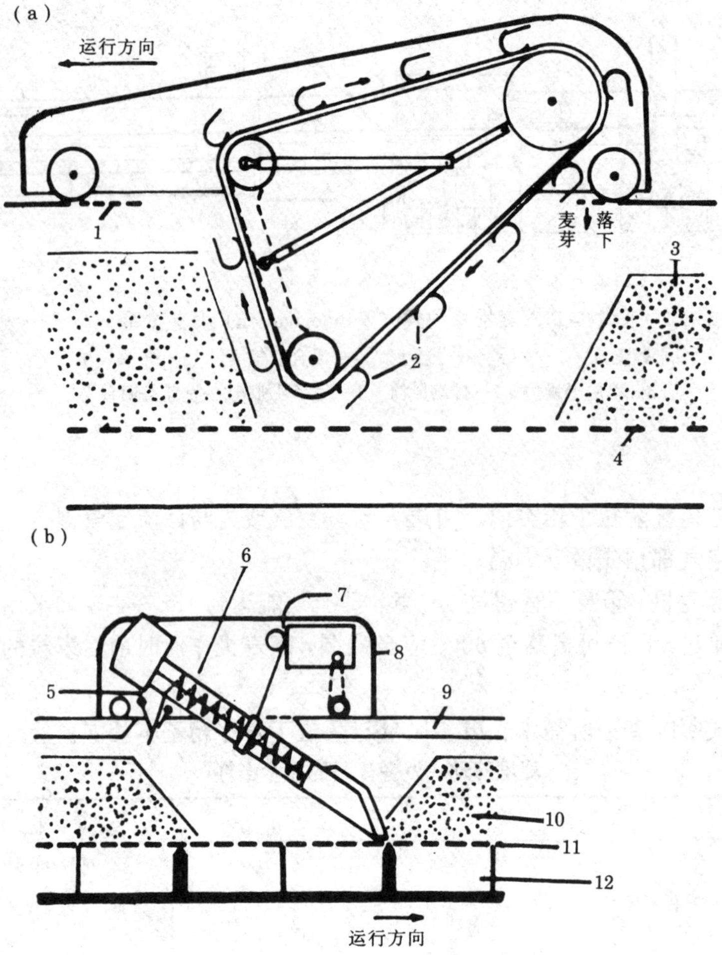

图 1-3-18 麦堆移动式翻麦机

(a) 链斗式翻麦机 (b) 螺旋式翻麦机

1—翻麦机行轨 2—麦粒提斗 3—麦层 4—多孔假底 5—大麦卸料斗 6—螺旋提升机 7—翻麦机提升器 8—翻麦机车架 9—翻麦机行轨 10—麦层 11—多孔假底 12—空气室

成品麦芽 2 万 t。

每条作业线有两个浸麦槽，槽的圆柱体直径 6m，高 2.5m，锥底设通风、上下水、放料和排 CO_2 等设施。每次（每日）投料 40t，浸麦 48h，于发芽的第一二天补喷水至要求的浸麦度。浸渍大麦不用水冲而是直接干送至发芽箱。

浸麦水重复使用，这样可以节省用水约 45%。若不用回收水，耗水量为每吨麦芽 $3m^3$，采用回收水则为每吨麦芽 $0.18m^3$。

整个发芽箱分为六个独立的箱（分室），每箱长 9.5m，宽 7.5m，正好接收一个浸麦槽一批（1 天）的投料量。每箱停留 1 天，发芽期长 6 天。

每箱单设空调室（增湿）和通风装置、进风和回风挡板及热交换器。前期和后期风

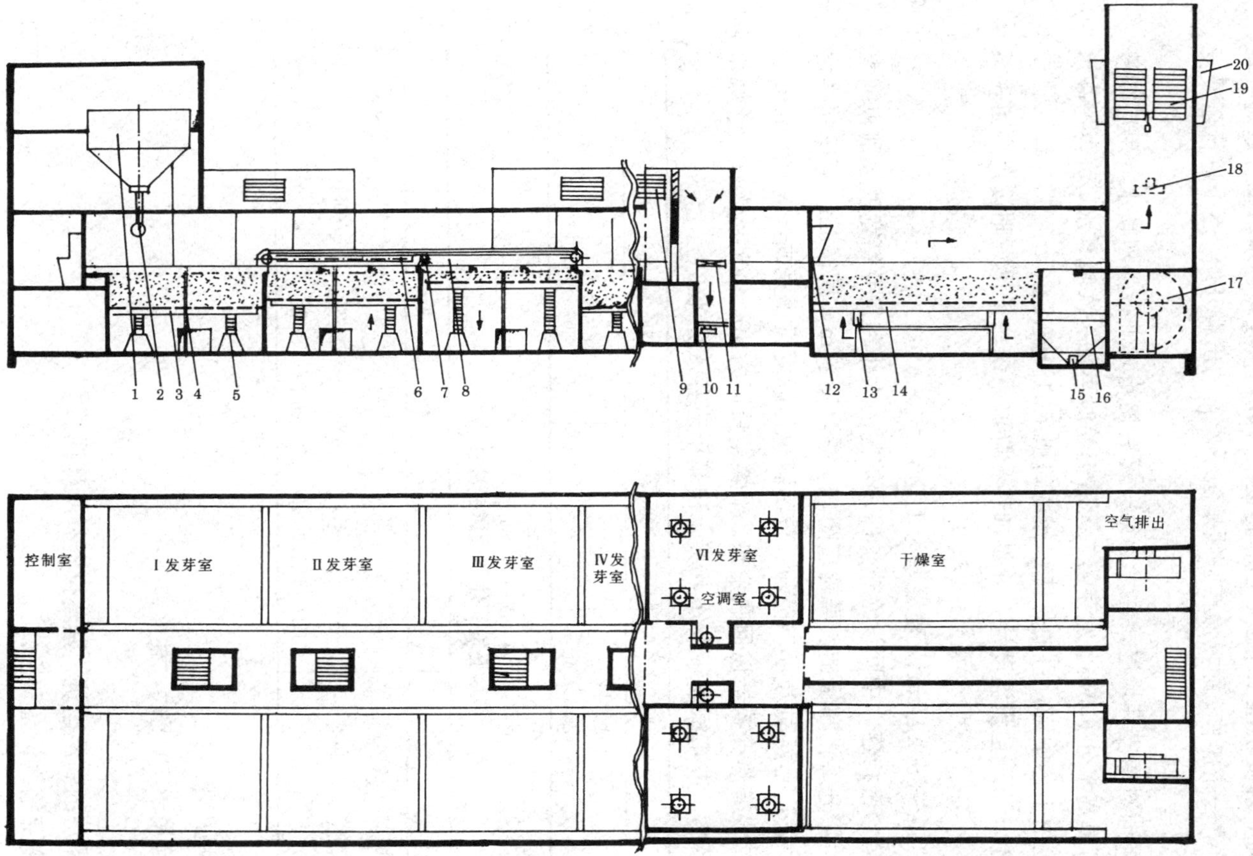

图 1-3-19 劳斯曼发芽体系

1—浸麦槽 2—浸渍大麦卸料和摊平装置 3—发芽箱底 4—温度测量点 5—发芽箱升降装置 6—浸麦喷水装置 7—喷淋 8—移动式刮板翻麦机 9—空气挡板 10—通风机 11—冷却装置 12—干燥炉门 13—干燥箱底提升装置 14—干燥箱底 15—成品麦芽排料装置 16—成品麦芽贮仓 17—干燥炉热风机 18—加热装置 19—空气挡板 20—热能回收装置(热交换器)

量小，中期发芽旺盛，应增加风量，所以，风机要可调速的。

每个箱底均有升降装置(4 个千斤顶,起落动力为 746W),翻麦机长度正好跨两个箱，共 4～6 个刮板。

捣麦（翻麦）时，翻麦机位于箱顶，出料箱逐渐升起，接收箱逐步下降，每捣一箱约 30min，接着进行下一箱操作。翻麦操作必须是从干燥箱的出料开始，逐个进行至浸麦槽下料结束。

捣箱过程可以同时对绿麦芽增湿，在发芽第一天后捣箱时进行强烈喷水（用后期浸麦水）于绿麦芽，可提高水分 6.5%。发芽第二天后捣箱时再加一次喷雾水，可再提高水分 1.5%。增湿量应由工艺确定，目的是使水分达到预定的浸麦度。

发芽箱于上、中、下三层设温度计，并设加热和降温系统。干燥炉则设余热回收系统。

发芽箱负荷为 550～650kg/cm²。麦层厚为 1.5m。

干燥箱和发芽箱紧密相连，中间设绝热炉门。炉门的大小和发芽箱宽度及刮板翻麦机高度相适应。炉门用升降机和螺旋及导辊启闭。干燥箱长 14m，宽 7.5m。箱底同样设升降装置（8 个千斤顶，起落动力为 746W）。进出料也由翻麦机来完成，需时 45min。

干燥箱的排风口设有热交换器以回收余热。干燥箱负荷为 400～450kg/cm²。干燥和焙焦时间共为 18～22h。进箱绿麦芽水分 46%，出箱干麦芽水分 4.2%。

干燥温度/℃	55	60	68	78	82
干燥时间/h	4～5	10～12 排风温 38℃止	1	1.5	4

表 1-3-15　　劳斯曼发芽体系通风制冷能力

箱　号		Ⅰ	Ⅱ	Ⅲ	Ⅳ	Ⅴ	Ⅵ
通风能力/$m^3 \cdot t^{-1} \cdot h^{-1}$	一级	200	300	400	470	400	300
	二级	300	450	600	700	600	450
制冷能力/$kJ \cdot t^{-1} \cdot h^{-1}$		6 270	8 360	8 360	8 360	6 270	4 180

4. 发芽—干燥两用箱

这种设备我国起用于 70 年代，利弊如下：

优点：

(1) 免去了干燥炉的高层建筑，基建投资有所降低。

(2) 免去了绿麦芽输送设备和操作。

(3) 适用于多期扩建，不必停产施工。

缺点：

(1) 在同箱内低温发芽，高温干燥，建筑物自身吸热和降温能量消耗大，能源利用不合理；设备条件要求较高。

(2) 发芽床单位面积负荷量比正常萨拉丁箱有所降低。

(3) 必须分设热风和冷风两个风道系统。

它的各种主要参数如下：

设置发芽和干燥两套通风装置，设于箱体两端。一套干燥通风装置可供 4 个箱使用。

干燥风量为发芽风量的 6～8 倍，如发芽风量为 600m^3/(t·h)，干燥风量为 3 800m^3/(t·h)。

大麦浸渍 24～28h，水分达 38%（国内多为浸渍 50h 以上，浸麦度 45%）。在发芽箱内喷雾，达到要求的浸麦度，发芽 6 天，温度为 14～18℃。发芽完毕，在同一箱内干燥 28～36h。空气冷却能力为 5 225kJ/（t·h），空气加热能力为 301MJ/（t·h）。

目前我国仍以萨拉丁式发芽箱最普遍，因为它易于土建施工、操作和维修方便。80 年代开始引进劳斯曼发芽体系。至于两用箱则由于上述缺点而处于徘徊状态。值得注意的是厚层发芽技术在我国少数厂开始应用，它将传统的麦层厚度 0.6～0.8m 提高至 1.2m 以上，大大地提高了单位面积的产量。

四、影响发芽的因素及其改进

这里所述的因素仅仅是指影响发芽的工艺条件，包括温度、水分、时间、通风等。确定工艺条件的标准是必须保证麦芽质量、制麦损失小，浸出物高、能源消耗低、排污少、生产周期短等。现分述如下。

1. 温度

通常将浸麦和发芽温度合并称为制麦温度。发芽温度有低温、高温、先低后高、先高后低几种方法。高低温都是相对而言，高低温的选择应根据大麦品种和麦芽类型来确定。

(1) 低温制麦　一般为 12～16℃，低温制麦时，大麦的根叶芽生长缓慢，生长均匀，呼吸损失较少，水解酶活力较高，细胞壁和蛋白质溶解较好，浸出物较高，制麦损失低，成品麦芽色度低。所以，生产浅色麦芽宜用低温制麦。但是低温制麦将明显延长时间，相应地增加了动力消耗和设备的台数，若每天投料一批，则需设浸麦槽 4 个，发芽箱 8 个。

(2) 高温制麦　一般超过 18℃都算是高温制麦，以不超过 22℃为宜。制深色麦芽一般用高温制麦，以保证产生足够的低分子糖和低分子氮，从而形成色素。如果用高温制备浅色麦芽，则必须缩短发芽时间。高温制麦有一系列弊端，如制麦损失高、浸出物下降、水解酶活力低，随之而来的后果是麦芽溶解不良、麦汁过滤性能差、麦汁收率低，色度偏高等。

(3) 低高温结合制麦　对于含蛋白质高、有休眠期、永久性玻璃质难溶的大麦，可采用先低温后高温工艺，前 3～4 天用 12～16℃，后几天用 18～20℃，甚至 22℃，以保证溶解完全。

里夫斯（Reeves，1980）等报道，生产中已有采用 25℃高温浸麦、16℃低温发芽的工艺。高温浸麦可以缩短浸麦时间，虽然采用了低温发芽，但在麦芽性能和糖化工艺效果上仍不如全用低温制麦工艺的效果好。里夫斯用 30℃浸麦，16℃发芽，并在浸麦后期添加 GA_3，制成的麦芽浸出物、可溶氮、糖化力都与对照样接近或稍低。但是高温浸麦最突出的缺点是麦汁过滤性能差，这可能是麦芽的 β-葡聚糖分解不良造成的。

表 1-3-16　　发芽温度对发芽的影响（原大麦千粒重 40.6g）

项目	发芽温度/℃ \ 发芽时间/d	3	4	5	6	7	8	9
千粒重/g	13～17	39.6	39.2	38.7	38.2	37.9	37.7	37.5
	15～20	39.0	38.6	38.0	37.6	37.2	—	—
	19～22	38.9	38.3	37.7	37.2	37.0	—	—
可溶性氮：总氮/%	13～17	27.4	35.4	38.3	36.8	37.6	36.5	37.0
	15～20	31.2	33.4	35.5	34.2	31.9	—	—
	19～22	30.5	33.1	32.1	31.2	30.0	—	—
氨基氮：总氮/%	13～17	8.9	11.2	13.3	14.5	14.0	14.2	14.6
	15.20	10.3	10.5	10.7	11.1	10.8	—	—
	19～22	10.0	10.8	10.4	10.8	10.6	—	—
浸出物（干物质/%）	13～17	75.8	78.4	79.2	79.4	79.7	79.6	79.7
	15～20	77.6	78.3	78.6	78.2	78.3	—	—
	19～22	77.9	78.3	78.5	78.2	78.2	—	—

从表 1-3-16 不难看出，当发芽至第五天之后，凡是发芽温度偏高的麦芽，其千粒重、可溶氮和氨基氮对总氮之比率及浸出物等均偏低。

2. 水分（浸麦度）

本章第二节已就浸麦作了详细讨论，浸麦度同样严重地影响麦芽的质量。通常制浅色麦芽用 45%～46%的浸麦度，深色麦芽高达 48%，原因是高浸麦度能提高淀粉和蛋白质的溶解度，有利于形成色素。

图 1-3-20 与表 1-3-10 的结果十分类似，高水分发芽有利于提高可溶氮和糖化力。但制麦损失大，麦芽色度对浅色麦芽来说显然稍高。低水分发芽呼吸损失小，浸出物高，但制麦损失小不一定等于浸出物高。所以，公认的合理浸麦度是取其中，即 45%～46%，当然还应当随大麦品种而异。

按照传统观念，都是在浸麦槽内完成全部浸麦过程，达到预定的浸麦度。而新近的许多制麦工艺则有所变更，在浸麦槽内的吸水率往往只达到 40%～43%，进入发芽箱后继续喷水，最后的绿麦芽含水分 45%～46%。这种方法缩短了浸麦时间，而发芽时间并未延长，将后期的吸水和发芽同时在箱内完成。

图 1-3-20 和表 1-3-16 同样都证明了高温制麦对麦芽质量的不良后果。

3. 通风量（麦层 CO_2）

发芽前期及时通风供氧、排 CO_2，有利于酶的形成。麦层 CO_2 过高，会抑制酶的形成，严重者行无氧呼吸，产生毒性物质使麦芽窒息。

图 1-3-21 证明麦层中 CO_2 含量对 α-淀粉酶的形成有直接关系，但不能因此得出结论，错误地认为通风量越大越好。实际上发芽后期应适当减少通风量，后期维持麦层4%～

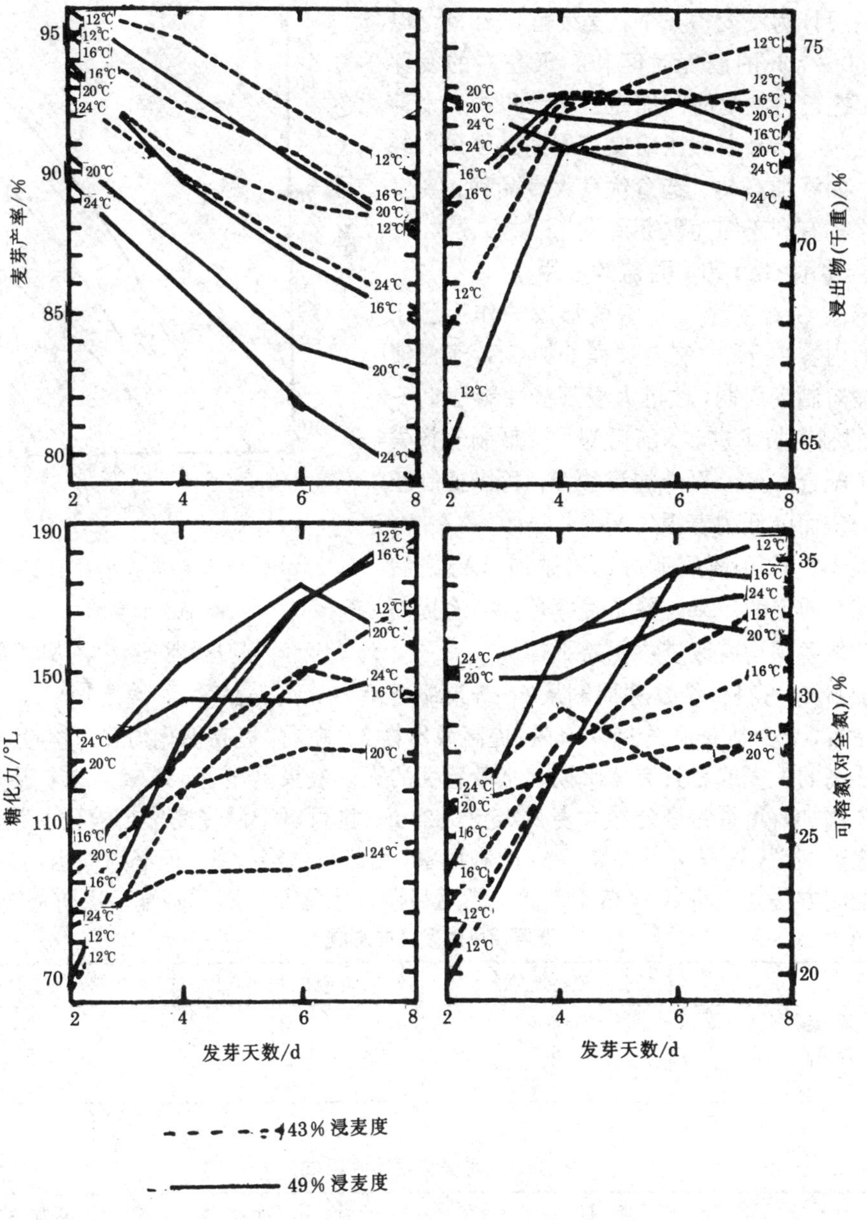

图 1-3-20　不同浸麦度对麦芽质量的影响

8%的 CO_2 含量，既可以抑制胚芽发育，减少制麦损失，也有利于麦芽溶解。表 1-3-17 充分地证实了这一事实。

4. 发芽周期

发芽周期长短取决于其他条件的配合，若发芽温度低，则必须适当延长发芽时间。表 1-3-16 充分说明了不同的发芽日期，麦芽的质量有很大差别。发芽周期长短直接影响发芽设备和浸麦槽的周转率及设备台数。过去国内较保守的设计为浸麦槽 4 个，发芽箱 7～8 个，以便保证 60～70h 的浸麦时间和 7 天左右的发芽期。新工艺已将浸麦时间缩短至 48h 以内，发芽时间在 4～5.5 天。当然压缩发芽周期必须采取综合措施，如添加 GA_3、选育优良大麦品种、在发芽箱喷水都有利于缩短发芽周期。

5. 赤霉酸 GA_3 和溴酸盐的应用

赤霉酸 GA_3 有诱导水解酸形成的作用已于有关酶的内容中介绍。制麦过程外加 GA_3 于浸渍大麦可缩短制麦周期，改进大麦某些性能是 50～60 年代的制麦技术进步。随后为了降低制麦损失又提出了配合 GA_3，再外加溴酸钾，可以抑制胚芽生长，从而降低制麦损失。

从表 1-3-18 可鲜明地对比出添加 GA_3 之后对改进麦芽质量的效果。除了麦芽色度略有提高之外，其他各项均有改进或保持平衡。

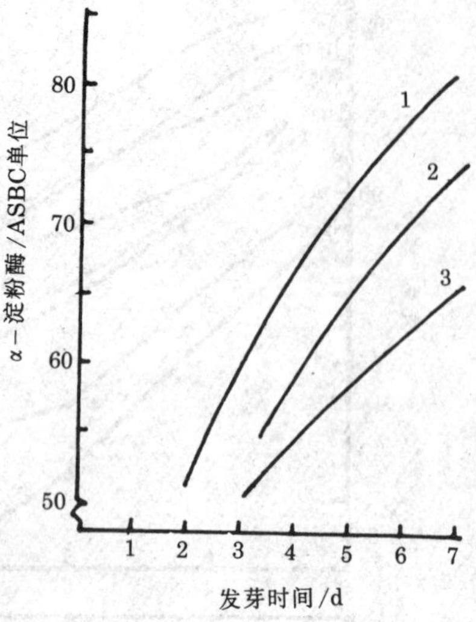

图 1-3-21　CO_2 含量对 α-淀粉酶形成的影响

1—标准 CO_2 含量　2—10%CO_2 含量　3—20%CO_2 含量

外加 GA_3 可将传统发芽周期从 6～7 天缩短至 4 天左右，减少制麦损失 1%～4%，提高浸出物 2%左右，提高糖化力和可溶性氮。GA_3 对玻璃质高的大麦或者具有休眠期和水敏感性的大麦效果更显著。GA_3 可以在最后一次浸麦水中添加，用量为每公斤大麦 0.05～0.2mg。也可以于浸麦完毕出槽至发芽箱之际喷洒于麦粒表面，这样可以提高 GA_3 的利用率，用量可适当少些，但必须喷洒均匀。GA_3 溶液的配制方法为先将 GA_3 溶于乙醇，然后用浸麦水稀释。随用随配，以防失效。

表 1-3-17　　麦层通风对发芽的影响

	麦根量/%	呼吸损失/%	浸出物量/%
通风不足	3.1	3.6	75.65
通风正常	5.9	5.9	77.79
通风过量	6.9	6.9	79.61

表 1-3-18　　外加 GA_3 对麦芽质量的影响

分析项目	对照样	添加 GA_3
浸出物量（干基）/%	77.30	78.50
糖化时间/min	10	6
协定法糖化麦汁		
总酸/100ml 麦汁消耗 1mol/LNaOHml 数	0.9	1.2
色度/0.1mol/L 碘液 ml 数	0.25	0.35
最终发酵度/%	73.70	74.00
氨基氮含量/mg·$(100g)^{-1}$	255	316
库尔巴哈值/%	40	45
多酚物质含量/mg·L^{-1}	80	79
花色素原含量/mg·L^{-1}	55	55

为了进一步降低制麦损失，配合 GA_3 再添加溴酸钾于浸渍后的大麦，对降低制麦损失有明显效果。但是应当看到溴酸钾的用量较大，达 0.1%以上，应当考虑成本问题。添加溴酸钾的效果详见表 1-3-19。由于溴酸钾抑制了根芽生长，外表看去，根芽短粗而弯曲，从而减少了绿麦芽的体积，蛋白酶受到抑制，可溶氮有所下降。发芽后溴酸盐逐渐还原成溴化物，烘干麦芽中无溴酸盐残存。如果大麦在浸渍之后进发芽箱之际喷洒溴酸钾，其用量为每公斤大麦 100mg，若加于最后一次浸麦水则每公斤大麦需 500mg。溴酸钾和 GA_3 结合使用可以抵消 GA_3 的某些缺点，如溴酸钾抑制根芽生长，减少了呼吸热，降低了可溶氮含量。

表 1-3-19　　添加 GA_3 和 $KBrO_3$ 对麦芽质量的影响

GA_3 量/mg·（kg 大麦）$^{-1}$	0	0.25	0.25	0.25	0.25
$KBrO_3$ 量/mg·（kg 大麦）$^{-1}$	0	125	188	250	375
冷水浸出物量/%	17.0	19.9	19.1	18.7	18.1
糖化力/°L	58	58	58	52	54
总氮/%	1.55	1.54	1.52	1.50	1.51
永久可溶氮 PSN/%	0.56	0.61	0.58	0.53	0.50
蛋白溶解指数 TN/PSN/%	36	40	38	35	33
制麦损失（干基）/%	7.2	5.3	5.3	4.6	4.5

6. 浸麦水中加碱

碱性水浸麦可以溶出谷皮中部分多酚物质。NaOH 可以吸收 CO_2，从而加速浸麦过程呼吸作用。碱性水可抑制微生物，用石灰水还有杀菌功效。国内外早期都普遍在浸麦水中添加大麦质量 0.1%的石灰（制成石灰乳加入），后来用 0.1%的碱（NaOH 或 $NaCO_3$），其效果更好。

加拿大莫尔松（Molson）啤酒厂报道了他们用 0.1%KOH 浸麦的效果，其最大特点是将大麦中酚类浸出得多，加速了发芽，提高了啤酒稳定性。表 1-3-20 中麦芽多酚物数值比原大麦有所上升，是由于聚合度上升所致。从表中看出，加碱浸麦使得三种酚类在麦芽中的含量比常规浸麦麦芽的都有下降。我国的经验证明，碱水浸麦也有同样效果，发芽周期能明显缩短。

表 1-3-20　　加碱浸麦溶出多酚的效果（J. I. B. 1976. P. 273.）

大麦品种	花色素原值/%	儿茶酸值/%	单宁原值/%
二棱大麦	0.04	0.18	0.22
常规浸麦麦芽	0.28	0.49	0.77
加碱浸麦麦芽	0.23	0.25	0.48
六棱大麦	0.20	0.14	0.34
常规浸麦麦芽	0.33	0.57	0.90
加碱浸麦麦芽	0.27	0.35	0.60

于洗麦后的第一次浸麦水中添加碱，必须注意在后续的几次换水过程中，必须洗净残碱，以免影响发芽。如果采用加GA_3工艺，尤需防止碱的残留，因为GA_3在碱性液中不稳定。

第四节　绿麦芽的干燥

发芽完毕的绿麦芽不能贮藏，也不能进入糖化，必须经过干燥使水分降至5%以下，终止酶作用，除去生青味，产生特定的麦芽色、香、味，最后除根入仓存放数周，方能进入糖化。

一、干燥过程中物质的变化

1. 水分下降

绿麦芽含水分41%～46%，干燥前期要求大风量排潮，风温50～60℃，麦温40～50℃。经过10～12h排除游离水分，使麦芽水分降至10%左右。此阶段常称为凋萎，意即使麦根萎缩，失去生命力而脱落，随后逐步升温。制浅色麦芽最后麦温为82～85℃，制深色麦芽升温至95～105℃。高温阶段维持2～3h焙焦，水分可降至5%以下。前期排潮主要排除游离水分，速度较快。当水分降至10%以下后，余下的主要为结合水，不易排出。

必须注意，排潮阶段不能升温过急，否则易产生玻璃质粒。水分在10%左右时麦温不得超过50℃。

2. 酶的变化

干燥前期当水分在20%以上，麦温40℃以下时，叶芽可继续生长，胚乳细胞继续溶解，低分子糖和可溶性氮含量不断增长，此阶段的物质变化与发芽期类似。

酶对温度的抵抗力，与麦芽含水分高低直接相关。故干燥前期必须用低温，尽快排潮，后期逐渐升温。浅色麦芽焙焦温度较低，时间短，所以，浅色麦芽酶活性高于深色麦芽。从表1-3-21看出，干燥前期α-淀粉酶活性略有上升或维持平衡。β-淀粉酶不如α-淀粉酶耐温，到焙焦阶段活性损失一半以上。蛋白酶在干燥阶段有增有减，但总趋势下降。

表1-3-21　　不同干燥温度酶活性变化

酶名称＼酶活性变化	绿麦芽	低温干燥期的凋萎麦芽	焙焦温度/℃ 70	80	90	100
α-淀粉酶		100	116	109	108	95
β-淀粉酶	100		69.1	55.8	38.0	28.2
内肽酶		100	103	105	106	—
氨肽酶	100		—	355	368	270
羧肽酶		100	104.6	94.7	83.9	76.0
内-β-葡聚糖酶	100		99	96	80	55
外-β-葡聚糖酶	100		45.6	40.1	30.9	27.4

续表

酶名称 \ 酶活性变化	绿麦芽	低温干燥期的凋萎麦芽	焙焦温度/℃			
			70	80	90	100
纤维二糖酶	100		68	68	60	58
脂肪酶	100		98	92	86	81
磷酸酶	100		38.8	35.5	30.9	24.5
过氧化氢酶	100		16.0	6.8	2.4	0.2
过氧化物酶	100		24.1	18.9	11.2	7.5
多酚氧化酶	100		73.9	71.2	72.0	68.0

3. 糖类的变化

干燥前期在高水分和 40℃低温的条件下，各种淀粉水解酶继续催化淀粉水解，糊精和低分子糖有所增加。当水分降至 15%以下温度继续上升时，淀粉水解趋于停止。由于氨基酸与低分子糖形成类黑素，将消耗一部分可发酵性糖。干燥过程中 β-葡聚糖和戊聚糖将继续被酶分解为低分子物质，这有利于降低麦汁粘度，改进过滤性能（见表 1-3-22）。

表 1-3-22　干燥过程中 β-葡聚糖和戊聚糖的变化

	凋萎麦芽	干燥麦芽
麦胶物质总量（mg/100g 浸出物干物质）	297	284
β-葡聚糖	142	135
戊聚糖	155	149

4. 蛋白质的变化

干燥初期蛋白质继续分解，从表 1-3-23 可以看出，低分子氮略有增加，但由于类黑素的形成，干燥麦芽的可溶性氮有所下降。凝固性氮下降的原因是由于蛋白质凝固变性所致。干燥前后总氮不变，但组成分有变化。

表 1-3-23　干燥过程中麦芽含氮物质的变化（mg/100g 无水浸出物）

	绿麦芽	凋萎麦芽	干燥麦芽
浅色麦芽			
可溶性氮	510	511	505
凝固性氮	144	141	134
永久可溶性氮	366	370	371
甲醛氮	87	83	77

续表

	绿麦芽	凋萎麦芽	干燥麦芽
深色麦芽			
可溶性氮	506	518	396
凝固性氮	108	140	68
永久可溶性氮	398	376	328
甲醛氮	73	75	50

5. 类黑素的形成

类黑素是麦芽的重要风味物质，对麦芽的色、香、味起决定性作用。它是一种棕色物质，具胶体特性，部分为不溶性物质，部分是不发酵的可溶性物质，有利于啤酒的起泡性和泡持性。它是一类还原性物质，在啤酒中带负电荷，能保持啤酒的胶体性质，有利于啤酒的非生物稳定性。它在溶液中呈酸性。麦芽中香味主要来自甘氨酸形成的类黑素。

类黑素是还原糖与氨基酸或简单含氮物在较高温下互相作用形成的氨基糖。其作用条件要求水分不低于5%，干燥温度达80～90℃时，反应加速，100～110℃时反应加强。作用最适pH为5.0。以相对分子质量最低的糖和含氮物作用速度最快。此反应不仅发生于麦芽干燥过程，至麦汁煮沸过程仍继续进行。

法国化学家马依拉尔德（Maillard）于1912年发现类黑素。1973年巴斯盖特（Bathgate）对类黑素的形成作了综述。大体机制虽已明白，但对其化学结构尚不清楚。

第一步是氨基酸的氨基与醛糖、酮糖、戊糖或糖醛酸等的游离羰基进行缩合，形成中间产物，再进一步闭环成N-代葡基胺。

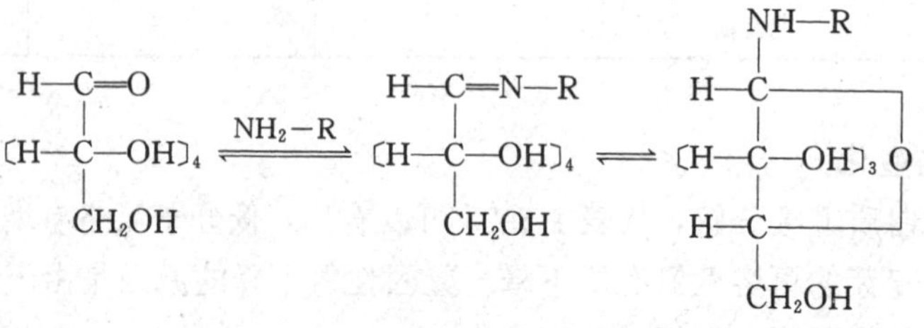

醛　糖　　　　Schiff 碱　　　　N-代葡基胺

第二步是在酸性条件下，N-代葡基胺进行阿马多莱（Amddori）重排，形成烯醇式或酮式化合物，这两种化合物经不同途径都可以生成类黑素。

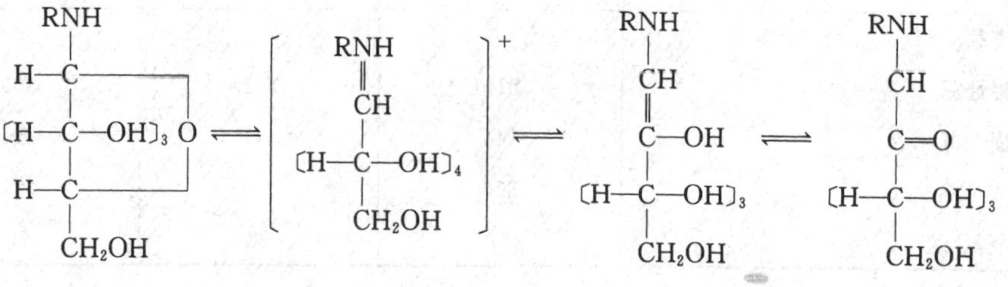

N-代葡基胺 （烯醇式） （酮　式）

Amadori 化合物

第三步为类黑素的生成

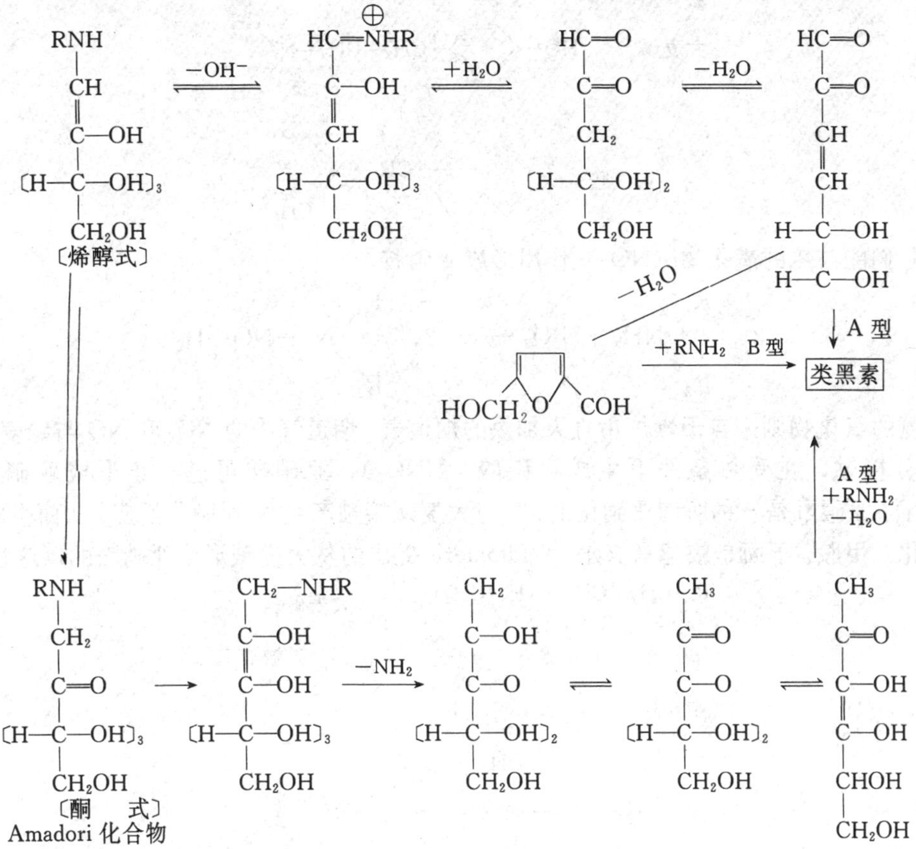

6. 二甲基硫（DMS）的形成

二甲基硫（Dimethyl Sulfide）是 70 年代以来引起重视的啤酒风味物质。先发现于啤酒中，后来追踪到制麦是其根源；糖化过程也可通过化学途径形成；发酵过程则可通过酵母代谢产生。它是影响啤酒风味的不良成分，其前驱物质是 S-甲基蛋氨酸，在发芽时产生。此种含硫氨基酸受热分解即生成二甲基硫。但并非所有的 S-甲基蛋氨酸都能生成二甲基硫，据怀特（White）报道，只有焙焦麦芽的 S-甲基蛋氨酸才能产生二甲基硫，其结论归纳如下：

生成 DMS $\xleftarrow{\text{加热}}$ 绿麦芽中 DMS 前驱体 $\xrightarrow{\text{发酵}}$ 被酵母吸收，不能生成 DMS

↓ 焙焦

生成 DMS ⟵ 焙焦麦芽 DMS 前驱体 $\xrightarrow{\text{发酵}}$ 被酵吸收，代谢生成 DMS

7. N-亚硝化二甲胺（N-nitrosodimethy lamine）的形成

N-亚硝化二甲胺简称亚硝胺（NDMA），是公认的致癌物质，在麦芽制备过程有微量形成，因为它很稳定，以致残留于啤酒中。70 年代人们对啤酒中残留的亚硝胺引起关注，并进行了研究，大体结论如下：

绿麦芽根中存在大麦碱（hordenine，又称对二甲氨乙基苯酚），叶芽中存在另一生物碱克胺（gramine，）又称α-二甲氨甲基吲哚，它们是生成亚硝胺的前驱物，同属仲胺类。

大麦碱 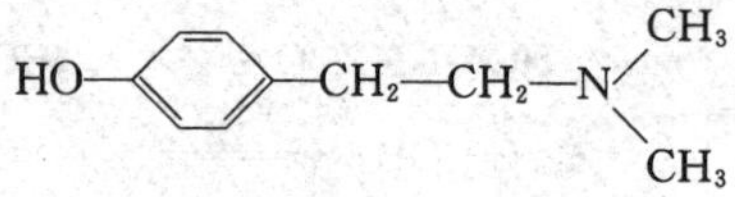

克 胺 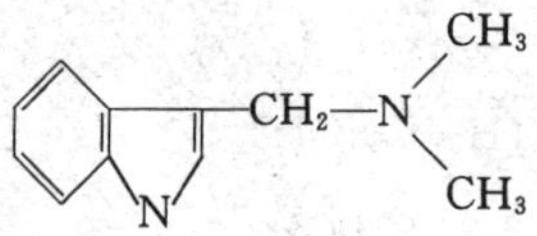

它们能与氮的氧化物（NO_X）作用形成亚硝胺。

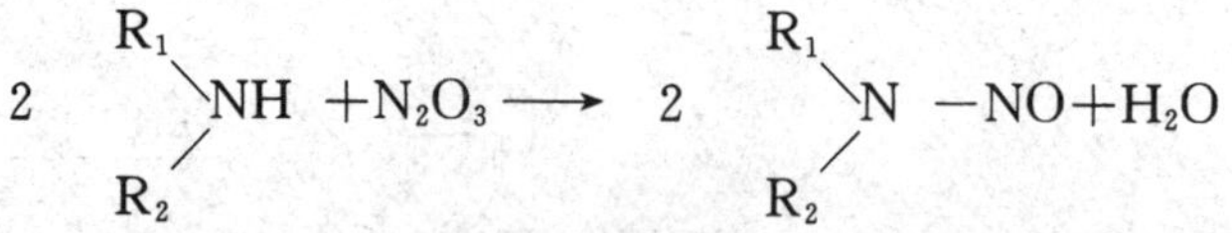

氮的氧化物则来自干燥炉用直火加热的烟道气。烟道气中的 NO_2 和 NO 与绿麦芽表面水分接触，在受热条件下生成亚硝酸（HNO_2），亚硝酸可进一步形成亚硝酸酐（N_2O_3），亚硝酐是一种所谓亚硝化剂，它与大麦碱接触产生 N-亚硝化反应，从而生成 N-亚硝化二甲胺。下面是威德马衣尔（Widmaier）提出的从大麦碱形成亚硝胺的反应过程：

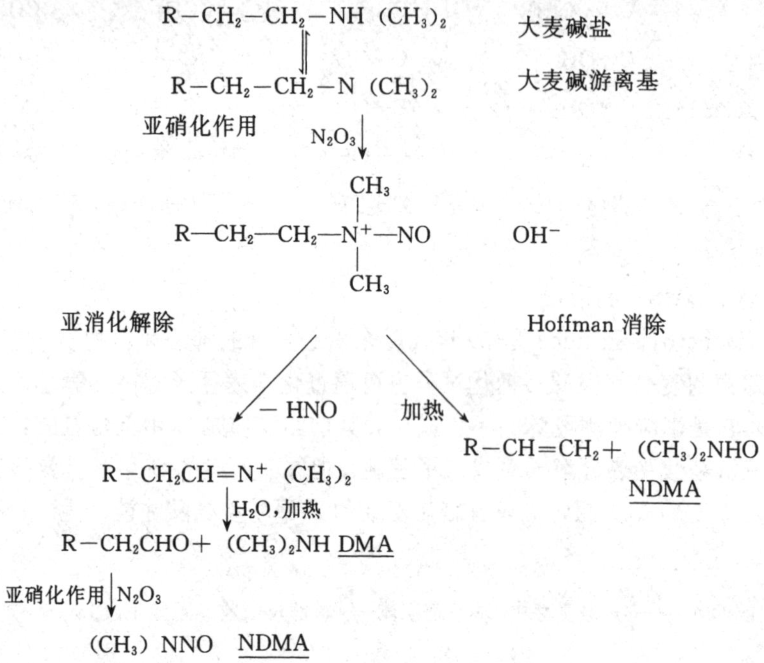

注：式中 R= 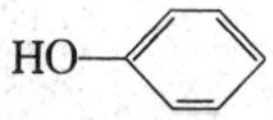

为防止或消除 NDMA 的生成，人们提出了许多建议，如：改直火式烟道气加热为间接式热风加热、降低干燥温度、缩短干燥时间、干燥前向麦芽喷洒稀酸、在烟道气中烧硫磺以产生 SO_2、制麦时添加溴酸钾以降低幼芽产量、除根后再行干燥。所有这些方法中以取消直火加热改间接加热效果最好，而且生产中已实现。这就从根本上消除了产生亚硝化剂的主要途径。

美国食品药物管理局（FDA）规定，从1980年1月1日起，啤酒中的NDMA含量不得超过0.005mg/L。

8. 浸出物的变化

麦芽经过干燥，浸出物稍有损失，干燥温度愈高，浸出物愈低，其原因是：

（1）干燥温度愈高，凝固性氮析出愈多；

（2）干燥温度愈高，类黑素生成量多，其中一部分为不溶性物质；

（3）干燥温度愈高，酶破坏愈多，可溶性物质因而减少。

表1-3-24　　干燥温度对麦芽浸出物的影响

干燥温度/℃	70	85	100
无水浸出物含量/%	82.0	81.7	80.6
色度/EBC	2.8	5.5	17.0

二、干燥设备及工艺

麦芽干燥多用间接式加热，但也有用直火加热的。热源可用煤、石油、煤气等。我国基本都用间接加热方式，用烧煤的烟道气加热空气进入麦层，也可以用锅炉蒸汽加热空气送入麦层。用逐步升温方式，使麦芽干燥至预定的水分。国内常见的干燥炉有双层和三层水平式干燥炉、单层高效干燥炉、发芽干燥两用箱等。

1. 双层水平式干燥炉

图1-3-22是较传统的双层水平式干燥炉示意图，热源常用煤、煤气或石油气等。外界新鲜冷空气通过加热室的烟道管进行热交换而升温，热空气经麦根室进入麦层。麦芽中水分汽化后与经过热交换的热风同时上升进入上层麦芽，热能将得到进一步利用。上层麦芽中水分受热汽化，产生的混合潮湿空气经炉顶排风机送出炉外。

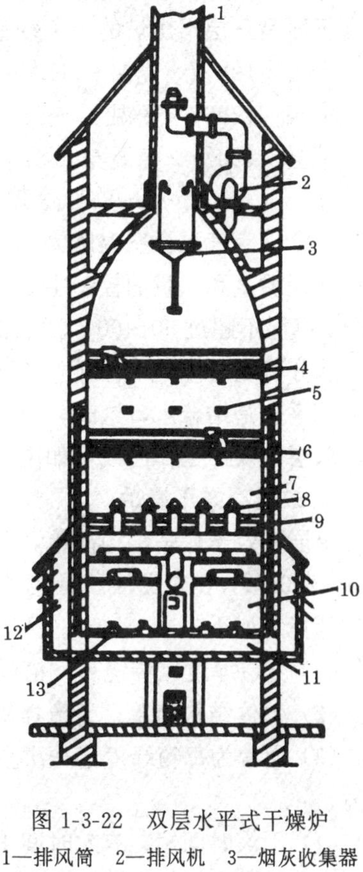

图1-3-22　双层水平式干燥炉
1—排风筒　2—排风机　3—烟灰收集器
4—上层烘床　5—上层冷风入口
6—下层烘床　7—麦根室
8—热风入口　9—冷却层
10—空气加热室　11—空气室
12—新空气进风道　13—新空气喷嘴

加热室的烟道管通常分层排布。空气混合室（或麦根室）具有调节和均匀热风温度的作用，同时承受烘床落下的麦根。烘床为承受麦芽的主体结构，用上宽下窄的异形钢丝制成，要求通风面积占30%～40%。用圆钢丝制成的烘床，通风面积只有20%～25%，孔板床的开孔率为15%。通风面积越大，则排潮效率越好。烘床上的翻麦机供翻麦之用。炉顶设大功率排风机和排气孔。据经验排气孔的面积为烘床面积的 6%。烟道出口端可与炉顶排气孔在炉顶汇合。

此种炉体属钢筋混凝土和金属构件相互交织的构筑物，国内较普遍，而且许多炉体用三层烘床，都用煤加热，劳动条件较差。麦层温度互相制约，虽然可以通过关启风门来调节风温，但必须有熟练的经验。各层之间的物料出进属半手工劳动。老式炉体都是方形，不可避免地出现各部位温度的偏差，又由于楼层多，门孔和窗口多，很容易出现漏风或热风短路。

2. 双（三）层干燥炉工艺条件

现以国内烘干浅色麦芽常见工艺条件一例列举如下：

上层（凋萎）	前 6h	热风温度 35～40℃	麦芽水分 43%→30%
	后 6h	热风温度 50～60℃	麦芽水分 30%→10%
下层（干燥）	前 8～9h	麦温 45～70℃	麦芽水分 10%→6%
	后 3～4h	麦温 80～85℃	麦芽水分 6%→4.5%

麦层厚度为 50cm 左右。

下面是三层干燥炉的浅色麦芽工艺条件：

上层	12h	麦温 35℃左右	水分 43%→25%～30%
中层	12h	麦温 35～55℃	水分 25%～30%→8%～12%
下层	12h	麦温 50～85℃ 80～85℃焙焦	水分 8%～12%→4.5%～5%

空气混合室温度为 90～100℃。

干燥温度和风量的控制主要依据麦层水分，麦芽水分从 43%降至 23%，系排除表面水分，风温不超过 50～60℃。排出的潮气相对湿度为 90%～95%。麦芽水分降至 23%以下，水分蒸发放慢，此时可适当降低排风量，提高风温，使水分降至 12%。低于 12%的水分几乎全是结合水，这时，风温进一步提高，气流再放慢，并尽量采用回风以回收热能。双层干燥炉工作曲线可如图 1-3-23 所示。

3. 单层高效干燥炉

单层高效干燥炉结构简单，操作方便，单位烘床面积负荷量大，生产规模可大可小，从 5～200t/d，比较灵活。国外早已普遍推广，我国于 70 年代开始试用，现已在全国推广，其特点如下：

（1）麦层厚度比传统高一倍以上，为 0.8～1.5m。单位面积负荷为 250～450kg/m²。

（2）炉体结构简单，无搅拌机，只有一层烘床，易实现自动控制。

（3）通常为每箱绿麦芽一次全部入炉，出料为自卸式倾斜板，通风面积高达 30%～40%。

（4）干燥时间短，有效时间 18～20h。

（5）热能利用较合理，后期热风可以全部回收作回风利用。

（6）大型单层炉多为圆形，占地面积小，更便于自动化。

（7）通风机能力较传统三层炉要大些，为 4 000～5 500m³/t·h。先进的设计都用可调风机，前期风量大，风温低，后期风量小，风温高。国内暂时都用两台风机来实现调节前后期风量之目的。单层高效炉的基本结构和工作曲线如图 1-3-24 和图 1-3-25 所示。

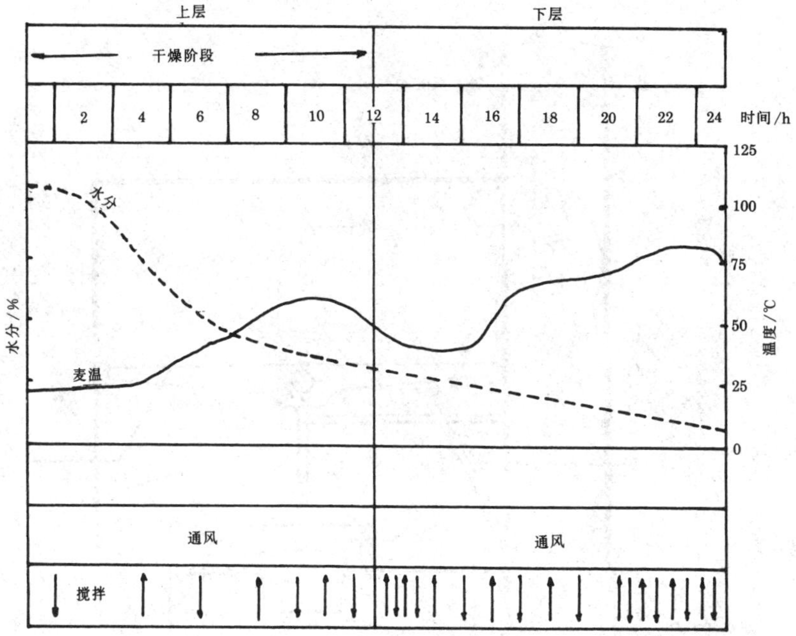

图 1-3-23　双层水平干燥炉工作曲线

单层高效炉的一般工艺条件（浅色麦芽）如下：

凋萎　10～12h　麦温 40～50℃　水分 43%→10%

60～65℃　水分 10%→6%～7%

干燥　3～4h　65～80℃　水分 6～7%→5%

焙焦　3～4h　80～85℃　水分　5%以下

从工作曲线可以看出，此种设备操作完全不同于多层干燥炉，温度控制点只有一层烘床，可以按预定工作曲线编制程序，没有多层烘床之间的互相制约。绿麦芽层水分从下往上，随着水分的蒸发温度逐渐上升，最后上下层水分完全达到平衡。避免了多层炉的翻麦操作，只要升温与水分的下降速率配合适当，就不会由于操作失误出现玻璃质粒。

现将丹麦卡士伯麦芽厂单层炉作一简介。烘床面积 $108m^2$，风机能力为 125 000m^3/h，每炉干麦芽产量为 30t/d，则风量相当于 4 170m^3/t·h。绿麦芽经气流送至炉顶，由一台旋转式散料机将料散开铺平。

初始麦温 40℃，12h 内逐渐升至 58℃，从 12h 至 15h，逐渐升至 85℃，并维持 85℃ 3h 进行焙焦，倍焦时全用回风。全干燥时间为 18h。

4. 发芽—干燥两用箱工艺

凋萎　18h　麦温 50～60℃　水分 43%→8%～10%

干燥　10h　麦温 65～80℃　水分 8%～10%→5%

焙焦 3～4h　麦温 80～85℃　水分 5%以下

两用箱的操作温度与其他干燥炉类似，但时间却延长了 10h 以上。德国依雷克斯—

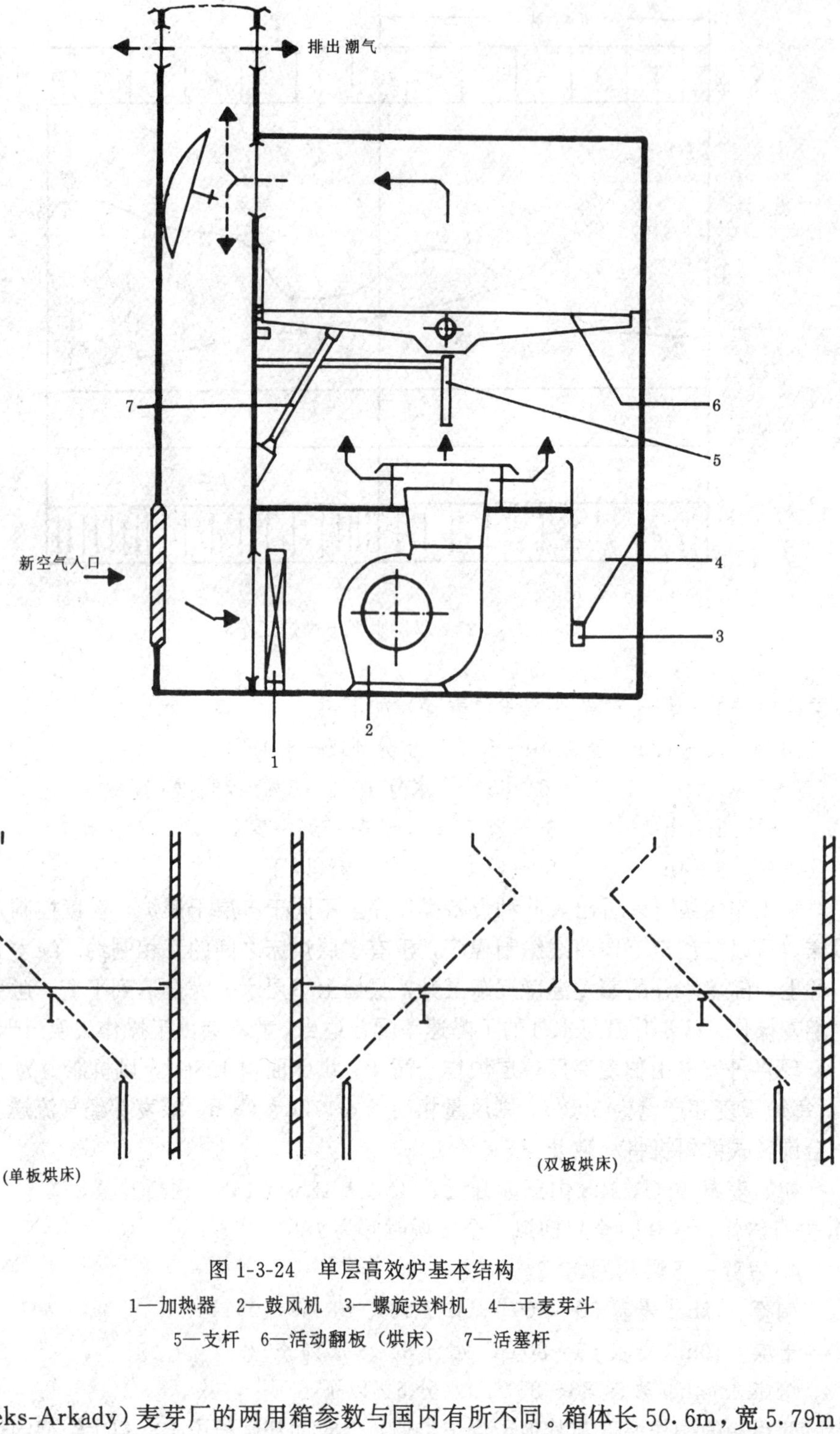

图 1-3-24　单层高效炉基本结构

1—加热器　2—鼓风机　3—螺旋送料机　4—干麦芽斗

5—支杆　6—活动翻板（烘床）　7—活塞杆

阿卡迪（Ireks-Arkady）麦芽厂的两用箱参数与国内有所不同。箱体长 50.6m，宽 5.79m，

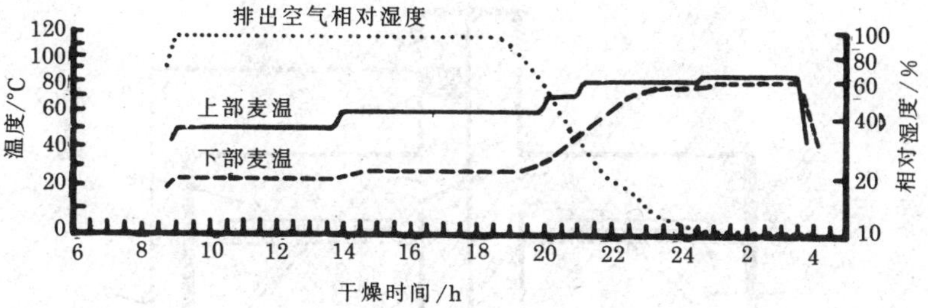

图 1-3-25　单层高效炉工作曲线

箱底面积 293m²，每箱产量 170t，相当于每 m² 产 540kg 麦芽。箱底风道高 3m，设双端风道，一端进低温风供发芽，另一端进干热风供干燥。投料量为每箱 210t 原大麦，麦层厚度 1.4m。用满板直螺旋搅拌机，螺板直径 500mm，转速 4.2r/min，行程 40cm/min。发芽期一般为 5 天，干燥时间为 26h。

5. 各种干燥炉的耗能和生产能力比较

从表 1-3-25 可看出，按热能消耗和生产能力比较，以单层高效炉最优越。所以，国内外新建麦芽干燥炉不再采用旧式双层或三层炉，而采用单层高效炉结构。

表 1-3-25　　各种干燥炉能耗和生产力比较

	耗势量/吨麦芽		麦芽产量/kg·m⁻²·d⁻¹
	热量/MJ	燃料/kg	
双层干燥炉	5 225～5 852	180～200	100～140
三层干燥炉	4 180～4 681.6	140～160	120～150
单层高效炉	3 971～4 389	135～150	250～450 以上

6. 干燥炉节能问题

70 年代以来，为改进干燥炉的效率和减少燃料消耗，人们进行了许多努力。例如利用太阳能作热源、改进炉体保温材料、缩短焙焦时间、重复利用出炉热风的余热。所有这些节能措施中，以排出热风的热能回收最受重视，并且在新建麦芽厂时得到应用。

图 1-3-26 是复式单层高效炉结构示意图。

该系统的首要特点是将一侧烘床排出的较高温度气供另一侧烘床作为排潮热风。最后从排风道排出的废气中的余热则通过制冷机的原理进行回收，供给提高炉底进风温度之用。此回收余热体系包括有排风道出口端热交换器 9，冷剂管线 7，压缩机 5 及冷凝器（热交换器）4。这是一个较复杂的热能回收体系，对小型干燥炉不一定实用。目前采用玻璃管或平板玻璃制成的热交换器，安装在排风道出口端回收余热的措施已得到应用。我国有采用玻璃管式回收余热的麦芽干燥炉。

7. 干燥麦芽除根

麦芽干燥至水分 3%～5%，停止加热，出炉，接着除根。因为麦根带有不良苦味，而

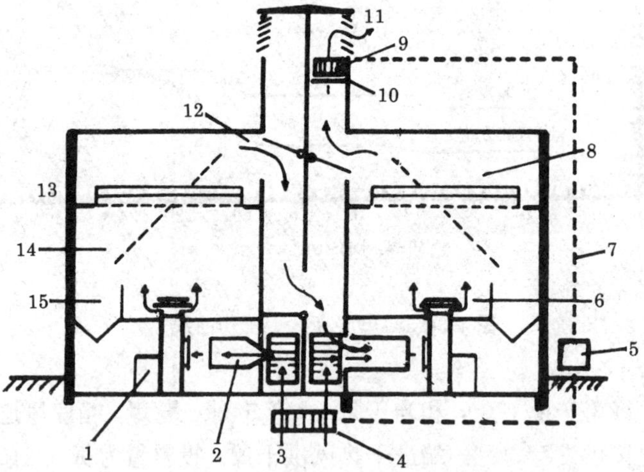

图 1-3-26　带热能回收的复式单层高效炉

1—离心热风机　2—燃烧炉　3—冷风入口　4—冷凝器/热交换器　5—压缩机
6—热风分配器　7—冷冻剂管线　8—干燥中麦芽　9—蒸发器/热交换器
10—凝结水　11—潮湿空气出口　12—焙焦麦芽热风转入另一烘床　13—活动烘床
14—热风室　15—烘干麦芽斗

且吸湿性强，所以，麦芽必须及时除根，然后入库贮藏。

除根机类似辊筒式谷筛，麦根从筛眼漏出，麦芽从一端进，从另一端流出。

除根后的麦芽，按传统至少贮藏一个月，长者半年。其原因是：

(1) 经过贮藏，麦芽的玻璃质粒将得到一定程度的改进。

(2) 蛋白酶和淀粉酶活性将有所提高，可相应地提高浸出物。

(3) 经过贮藏，麦芽适当回潮，改变了麦皮的易碎性，有利于麦芽的干式粉碎，可减少谷皮的破碎率。

第五节　麦芽质量的评定

人们企图通过测定麦芽某些性能，以便预示或指导后续工艺及控制啤酒质量，从而对麦芽质量作出正确评定。迄今为止还不可能单纯凭借几个测定项目对麦芽作出全面的判断，只能进行综合检验。下面将简要介绍检测项目和各种测定值在评定麦芽质量中的意义。

一、感官特征

无霉杂味，麦芽香浓，牙咬发脆且松散，说明溶解良好，基本正常。优质浅色麦芽具淡黄色而有光泽感；劣质麦芽外观发暗，有霉味及酸味等。

下述各项试验方法，基本都属“欧洲啤酒协会标准”（简称 EBC 标准），EBC 标准得到世界公认，我国目前都逐步实行该标准。另一个标准是“美国酿造化学家协会”（ASBC）标准，内容大同小异，也很有权威。

二、物理检验

1. 切断试验

取麦芽样品200粒，检验胚乳状况，玻璃质粒愈少愈好。全玻璃质粒定为1粒，半玻璃质粒定为1/2粒，尖端玻璃质粒定为1/4粒，指标如下：

玻璃质粒占	0～2.5%	优
	2.5%～5.0%	良好
	5.0%～7.5%	满意
	7.5%以上	不佳

2. 叶芽长度

叶芽长度越均匀越好。浅色麦芽叶芽长度为麦粒长的3/4者占75%左右，平均长度为麦粒长的0.75左右，不发芽粒少于5%，可认为优良。

深色麦芽的叶芽平均长度应为麦粒长度的0.8以上，露头芽少于5%，不发芽粒少于5%，可认为良好。

三、化学检验

1. 水分

我国浅色麦芽出炉水分为5%以下。经贮藏期，因地区和季节之差异，水分可回升2%～5%。

2. 无水浸出物

因品种而异，六棱麦低于二棱麦，高氮麦低于低氮麦。一般为72%～80%。

3. 糖化时间

优良浅色麦芽为10～15min，深色麦芽20～30min。糖化时间代表着麦芽的α-和β-淀粉酶的综合性活动，时间愈短活力愈强。

4. 麦汁滤速和透明度

溶解良好的麦芽其协定法麦汁滤速快，麦汁清。过滤速度受大麦品种、生长条件、发芽方法、干燥温度和麦芽存放时间等因素的影响。协定法麦汁过滤时间低于1h。

5. 色度

正常浅色麦芽色度为2.5～4.5EBC单位，相当于0.1mol/L碘液0.14～0.25ml。深色麦芽为9.5～15.0EBC单位，相当于0.1mol/L碘液0.6～1.0ml。

6. 细胞溶解度

细胞溶解度代表着麦芽溶解度的一个方面，可以通过多种方式检测。目前国际上较通用的方法是测定麦芽粗细粉浸出物差值。必须用国际公认的通用型号粉碎机和操作条件。常用的粉碎机有米亚（Miag）型和EBC型粉碎机。以EBC型粉碎机为例，按粗细粉差判断麦芽溶解度的经验值如下：

<1.5%	优	2.8%～3.2%	不良

1.6%～2.2%	良好	>3.2%	很差
2.3%～2.7%	满意		

协定法麦汁粘度可以部分地说明胚乳细胞半纤维素和麦胶物质的降解情况。粘度越低说明细胞壁中的高粘性的β-葡聚糖分解程度越高。通常经验值如下：

$<1.53\times10^{-3}$Pa·s	优	$(1.62\sim1.67)\times10^{-3}$Pa·s	一般
$(1.53\sim1.61)\times10^{-3}$Pa·s	良	$>1.67\times10^{-3}$Pa·s	不佳

7. 蛋白溶解度（库尔巴哈值）

库尔巴哈提出的测定协定法麦汁的可溶性氮和总氮之百分比可以表示出蛋白溶解度。此值越高，溶解越好，经验值为

>41%	优	35%～38%	一般
38%～41%	良好	35%以下	差

隆丁区分（Lundin Fraction）：用隆丁区分法将麦汁中蛋白分解物分成三个组分是鉴定麦芽蛋白溶解度的深入方法，但过程较麻烦。用不同沉淀剂将协定法麦汁中蛋白分解物分成A、B、C三组。A组相对分子质量60 000以上，约占15%以上，B组相对分子质量为12 000～60 000，约占25%，C组相对分子质量为12 000以下，约占60%。以上为经验值，不作常规项目。

甲醛氮和α-氨基氮：此两种测定值都可以代表低肽和氨基酸水平，所以，它们也可以反应出蛋白溶解的深度。

	甲醛氮（mg/100g 干麦芽）	α-N（茚三酮法）（mg/100g 干麦芽）
优值	>220	>150
良好	200～220	135～150
满意	180～200	120～135
不佳	<180	<120

8. α-淀粉酶和糖化力

麦芽的α-淀粉酶活力测定，采用美国ASBC方法。酶活力定义是：在适量的β-淀粉酶存在下，在20℃，每小时液化（糊精化）1g可溶性淀粉为1个单位，以$DU_{20℃}$表示。一般浅色麦芽，每100g绝干麦芽α-淀粉酶活力为40～60DU_{20}℃。

麦芽的糖化力，是表示麦芽中α-淀粉酶和β-淀粉酶联合使淀粉水解成还原糖（以麦芽糖表示）的能力。糖化力表示方法有两种：一是WK即维柯单位，另一种是L，即林德奈单位，英美喜欢用L表示，欧洲大陆和我国国标均以WK表示。1WK是表示100g绝干麦芽在20℃和pH4.3条件下，分解可溶性淀粉，每30min产生1g麦芽糖。两种糖化力表示方法可以换算，如下式所示：

$$1L=0.3WK+4$$

浅色麦芽的糖化力常在200～300WK，深色麦芽糖化力常只有80～120WK。

我国1992年制订和颁布了啤酒麦芽的国家行业标准GB7416-87。

本标准适用于二棱、多棱啤酒大麦经浸渍、发芽、烘干、焙焦所制得的，用于啤酒酿造的麦芽。

本标准啤酒麦芽分类，按其颜色分为三种：

淡色（浅色）麦芽：协定麦汁色度为 2.5～5.0EBC

着色麦芽：　　　协定麦汁色度为 9.0～130EBC

黑色麦芽：　　　协定麦汁色度为＞130EBC

麦芽标准技术要求

（1）感官要求

淡色麦芽——淡黄色、有光泽、具有麦芽香味、无异味、无霉粒。

着色、黑色麦芽——具有麦芽香味和焦香味、无异味无霉粒。

（2）理化标准

见表 1-3-26 所示。

表 1-3-26　　　　　　　　　啤酒麦芽理化标准

项目 ＼ 级别		优等品			一等品			合格品		
		A	B	C	A	B	C	A	B	C
1 夹杂物含量/%	＜		0.5			0.8			1.0	
2 出炉水分/%	＜		5.0			5.0			5.0	
3 糖化时间/min	淡色＜		10			15			20	
4 色度/EBC	淡色		2.5～3.5			2.5～4.5			2.5～5.0	
	着色	9.0～130			9.0～130			9.0～130		
	黑色＞	130			130			130		
5 煮沸色度/EBC	淡色＜		8.0				10.0			10.0
6 浸出物含量/%（以绝干计）	淡色＞	79.0			76.0			73.0		
	着色＞	60.0			60.0			60.0		
	黑色＞	55.0			55.0			55.0		
7 粗细粉差/%	淡色＜		2.0				3.0			4.0
8 粘度/Pa·s×10^3	淡色＜			1.60			1.65			1.70
9 α-氨基氮含量/mg·$100g^{-1}$	淡色＞		150		140			110		
10 库尔巴赫值/%	淡色	39～44				38～47			36～47	
	着色	25～46				25～47			25～47	
	黑色	20～46				20～47			20～47	
11 糖化力/WK	淡色＞	250			220			200		

注：(1) 级别一栏内优等品、一等品、合格品中指标体系中 A 表示限定指标；B 表示一般指标；C 表示参考指标。

表 1-3-27　　　　　　　欧洲传统麦芽质量分析（1950）

	比尔逊（浅色）	慕尼黑（深色）
水分/%	3.5	2.3
无水浸出物含量/%	80.0	79.5
粗细粉差/%	1.3	0.6
色度/0.1mol/L 碘液 ml/100ml 麦汁	0.16～0.18	0.6～0.7
糖化时间/min	＜10	10～15

续表

	比尔逊（浅色）	慕尼黑（深色）
总蛋白质含量/%	9.9	9.8
永久可溶氮含量/%	2.95	3.8
糖化力/WK	330	100
玻璃质粒含量/%	0	2
叶芽长度及百分含量/%　　0～1/2	2	1
1/2	25	5
1/2～2/3	42	25
2/3～3/4	27	58
>1	4	11

表 1-3-28　　北美洲若干麦芽性能

	美　国				加拿大	
大麦品种	Klages（二棱）	Piroline（二棱）	Karl（六棱）	Midwestern Larker（六棱）	六棱	二棱
水分/%	3.9±0.2	3.9±0.9	4.0	4.1	3.8±0.2	3.8±0.2
无水浸出物含量(无水细粉)/%	80～81	78.5～79.5	81.7	77.0	78～79	79.5～80.5
粗细粉浸出物差/%	1.5～2.1	1.5～2.1	1.7	1.7	1.3～2.2	1.8～2.5
α-淀粉酶（糊精化单位）	35～40	33～38	33	40	35～45	30～40
糖化力/°L	110～120	100～110	102	156	120～145	90～120
总蛋白质含量/%	11.5～12.5	11.3～12.3	10.4	13.3	11.5～12.5	11.0～12.0
可溶氮/总氮/%	39～43	38～42	45	39	38～42	38～42
色度/（°Lovibond）	1.45～1.75	1.55～1.85	1.68	1.74	1.40～1.60	1.20～1.40

表 1-3-29　　西德若干麦芽性能（1978）

麦芽类型	淡色贮藏麦芽	比尔逊型贮藏麦芽	维也拉型贮藏麦芽	黑色贮藏麦芽	糖化型麦芽	小麦麦芽
粗粉浸出物含量（无水）/%	79.1	78.9	79.3	77.5	77.3	82.2
粗细粉浸出物差/%	1.6	1.8	1.6	2.0	1.5	1.5
水分/%	4.4	4.6	4.5	3.8	7.6	5.7
糖化时间/min	10	10	10	20	5	15
色度/（EBC 单位）	3.4	3.0	7.1	17	2.6	4.1
总蛋白质含量（无水）/%	11.0	11.4	11.0	11.5	12.1	13.3
可溶蛋白质含量/mg・100g^{-1}（无水麦芽）	734	716	783	714	811	808
蛋白溶解度/%	41.9	39.4	44.4	39.0	42.1	38.1

续表

麦芽类型	淡色贮藏麦芽	比尔逊型贮藏麦芽	维也拉型贮藏麦芽	黑色贮藏麦芽	糖化型麦芽	小麦麦芽
pH	5.76	5.74	5.63	5.54	5.82	5.94
粘度/Pa·s×10³)	1.57	1.60	1.57	1.61	1.54	1.80
硬度/Brabender	347	358	371	365	510	694
糖化力（无水）/WK	289	307	215	145	433	317
α-淀粉酶（ASBC D·U·100g 无水麦芽）	44.0	46.0	40.0	30.5	64.0	47.0

第六节　特种麦芽

除前述浅色麦芽和深色麦芽之外，还有供特种啤酒用的麦芽称为特种麦芽。

一、焦糖麦芽

焦糖麦芽又叫焦香麦芽、结晶麦芽、琥珀麦芽。按其色度又可分为浅色和深色两种。浅色者色度为0.18～1.0ml0.1mol/L碘液；深色者为3～18ml0.1mol/L碘液。这种麦芽多用于制中等深色啤酒，它能增进啤酒的醇厚性、非生物稳定性和麦芽香味。根据啤酒类型的要求，使用量为啤酒原料的5%～15%。此种麦芽外观为棕色，粒圆光滑，胚乳呈黑棕色，芳香，稍苦，横切面显结晶状。

其制备原则是将成品浅色干麦芽或半成品绿麦芽在高水分下，经过60～75℃的糖化处理，最后以110℃～150℃高温焙焦，使糖类焦化。

具体制备法有三种：

（1）当深色麦芽发芽至5～6d时，喷水使之水分达到42%～45%，覆盖麻袋，让其自然升温至60～65℃，保持10h糖化，然后按常法烘干，最后以110℃焙焦2～3h。

（2）将已充分溶解的绿麦芽，置干燥炉内，洒水至含水分42%～45%，如上法覆盖，升温至60～65℃，保持0.5～1h糖化，进行烘干。浅色焦糖麦芽于100～120℃焙焦0.5～1h；深色焦糖麦芽于130～150℃焙焦1～2h。

（3）用成品浅色麦芽水浸6～16h，捞出阴干，入烘炉升温至焙焦温度保持1～2h。

表1-3-30　　焦糖麦芽的性质

	浅色焦糖麦芽	深色焦糖麦芽
外观	麦皮淡黄或浅琥珀色，麦粒膨胀饱满	麦皮黄褐色，麦粒膨胀饱满
香味	具甜味及焦糖味	具甜味及焦糖味
色度/EBC	50～70	100～120
无水浸出物含量/%	65～70	65～75
还原糖含量（麦芽糖计）/%	30～50	30～50

二、黑 麦 芽

常用于生产浓色和黑色啤酒，以增加啤酒色度和焦香味，用量为5%～15%。

将含水分10%～13%的除根半成品麦芽（浅色），入直火加热的炒麦机，逐渐升温去水，然后于30～60min内升温至200～215℃，保持30min，当出现焦香味后再升至220～230℃，保持10～20min，使麦芽呈深棕色，但不焦化，然后取出冷却。

也可用成品浅色麦芽用60℃热水浸6～10h，取出阴干，入炒麦机，缓慢升温至50～55℃，保持30～60min，使蛋白质分解，再升至65～68℃，保持30min糖化，然后于30min内升至160～175℃，使之产生类黑素一氨基糖。当出现白烟后，升至200～215℃保持30min，出现浓香后升至220～230℃，保持10～20min后，取出放冷。

表1-3-31　　黑麦芽性质

外观	麦皮呈深褐色，有光泽
香味	浓焦香，微苦，无焦臭和酸涩味
切断试验	胚乳褐色至深褐色，部分半玻璃质
色度/EBC	1300～1600
无水浸出物含量/%	60～70
酶活力	全部破坏

三、类黑素麦芽

这种麦芽含有丰富的类黑素，呈黄褐色，胚乳呈深褐色，色度不低于14ml0.1mol/L碘液，麦芽香味浓，无苦味，用于制深色啤酒，具较强的缓冲能力，浸出物和普通麦芽相当。

制作方法是将高蛋白大麦经发芽充分溶解后，置干燥炉，于50℃保温24h，使蛋白质充分分解，然后按常法干燥，焙焦温度为100～110℃。

四、乳 酸 麦 芽

乳酸麦芽可用于改进偏碱性的糖化用水，降低糖化醪液pH值，增加缓冲能力。糖化配料中加3%～5%的乳酸麦芽可降低pH0.2，可提高酶活性，增加浸出物收率，改良啤酒口味，降低色度，提高泡持性。制作方法如下：

发芽4～5天的绿麦芽，喷洒0.4%～0.6%的乳酸液，用量为每100kg原料大麦加3L乳酸液。发芽8d之后，将绿麦芽浸于1%～2%的乳酸液10～17h，取出干燥，余下的乳酸液可补充乳酸，重复使用：

表1-3-32　　乳酸麦芽性质（一例）

外观	麦粒呈淡黄色
香味	微带乳酸气味
水分/%	4.6
无水浸出物含量/%	65～75

续表

冷水浸出物含量/%	28.7
总氮含量（TN）/%	1.59
永久可溶氮含量（PSN）/%	0.95
PSN/TN/%	60.0
麦芽中乳酸量/%	1.5～2.5

五、其他麦芽

1. 小麦麦芽

小麦自身含有较高的β-淀粉酶，制成麦芽后其糖化力可达到300～400WK单位。此外小麦含氮量高于大麦。为了提高糖化速度，改进啤酒的泡持性，可在糖化过程添加5%～10%的小麦麦芽。德国的白啤酒就使用了50%的小麦麦芽。

小麦麦芽制作工艺与大麦芽类似，但浸麦度稍低，发芽温度宜低。由于麦层透气性差，故麦层宜薄。没有外层谷皮，这是小麦芽的弱点，当叶芽露出种皮之后，机械翻拌可能造成叶芽损伤，所以，翻麦次数宜少。发芽时间比大麦芽短1～2d。干燥前期用大风量排潮，温度为36～40℃，排除游离水分后逐渐升温至70～75℃，3～4h结束。

2. 小米芽

在非洲某些缺大麦的地区，有用小米发芽制造一种不透明的啤酒，小米芽的浸出物相对少，谷皮较多，糖化力亦不如大麦芽高。在发芽过程中不能用大孔径箱底板，因为小米粒远不如大麦粒粗，因而造成通风的麻烦。

3. 高粱芽

此种芽也是在缺大麦地区有试生产，高粱芽具有小米同样的缺点，但是高粱粒稍大，制麦操作较方便。

第四章　麦芽汁制备工艺

第一节　概　　述

麦汁制造是将固态的麦芽、非发芽谷物、酒花用水调制加工成澄清透明的麦芽汁的过程。制成的麦汁供酵母发酵，加工制成啤酒。

麦汁制造过程包括：原料的粉碎，原料的糊化、糖化，糖化醪的过滤，混合麦汁加酒花煮沸，麦汁处理—澄清、冷却、通氧等一系列物理学、化学、生物化学的加工过程。

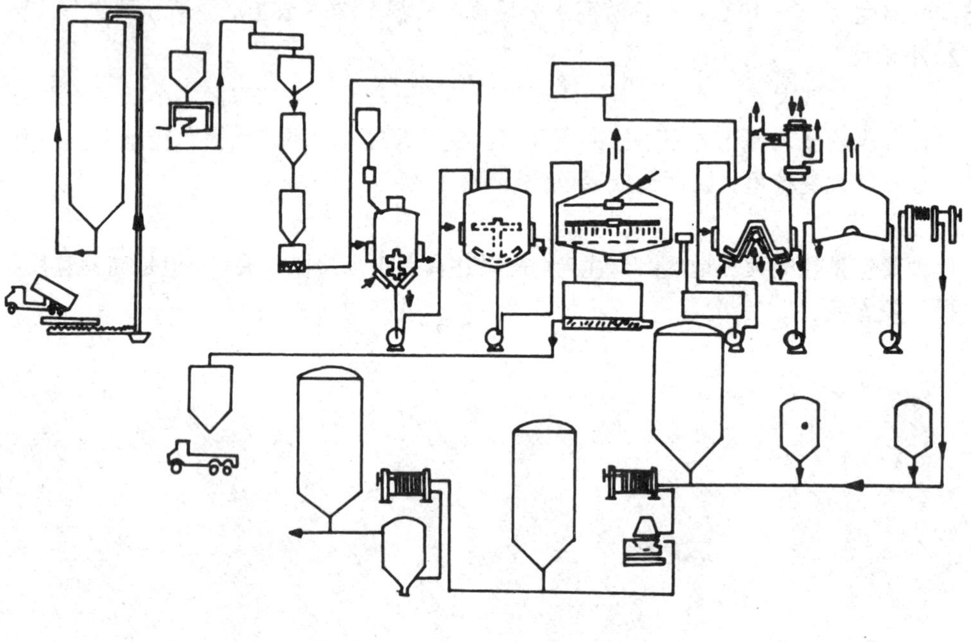

图 1-4-1　啤酒酿造工艺设备流程图

麦汁的组成是酿造啤酒的物质基础之一，近代生物化学知识和分析技术，使麦汁制造中复杂的变化被人们所掌握，复杂的工艺过程也被酿造师的理论和技术所调节与控制。麦汁制造在造型优美的巨型铜或不锈钢的锅中进行，设计师把糖化室布置得宽敞明亮，金碧辉煌，豪华气派，是啤酒厂具有艺术格调的参观“橱窗”。新技术和新设备不断被采用。因此，麦汁制造历来受到酿造师的青睐。

麦汁制造的工艺要求是：

(1) 原料中有用成分得到最大限度地萃取　这主要指原料麦芽和辅料中的淀粉转变成可溶性无色糊精和可发酵性糖类的转化程度。它关系到麦汁收得率或原料利用率。在原料日益昂贵的今天（原料成本占啤酒成本的50%以上），如果每吨原料的麦汁（12°P）收率从 $5.8m^3$ 提高到 $6.2m^3$，至少可使啤酒成本降低2%。

(2) 原料中无用的或有害的成分溶解最少　这主要指麦芽的皮壳物质、原料的脂肪、高分子蛋白质等。它们会影响啤酒的风味和啤酒的稳定性。在麦汁制造中减少溶解或通过麦汁处理使它们减少是提高啤酒质量的关键之一。

(3) 制成麦汁的有机或无机组分的数量和配比应符合啤酒品种、类型的要求　啤酒的风格、类型的形成，除了酵母品种和发酵技术外，麦汁组成是主要的物质基础。

在原料的质量不稳定的情况下，麦汁制造中依据生物化学变化原理进行工艺调节，得到均一的麦汁组成，在相似原料的情况下，采用不同的工艺控制，制成不同组分的麦汁，酿制不同风格、类型的啤酒。

(4) 保证上述三原则下，缩短生产时间，节省工时，节能是本车间的要求　近代麦汁制造还是以传统分批式为主，在相同制造体系中，每日生产批次数是反映生产效率的指标。如三锅二槽体系，先进水平可达8～9次，一般水平只有5～6次。日批次数增加，不但可增加麦汁产量，也是近代酿造淡爽型风格的关键之一。

麦汁制造是加热和冷却过程，所需热能占啤酒生产热能消耗的55%以上，近代麦汁制造工艺和设备注意了热能的利用。良好的热能回收体系，可节能30%～40%。

研究麦汁制造的工艺原理、调控方法、麦汁组成、生产设备的特性、热能利用是人们研究的主要内容，而麦汁的质量和产率是研究的核心。

第二节　麦芽与谷物辅料的粉碎

麦芽和谷物辅料的粉碎是为了使整粒谷物经过粉碎后，有较大的比表面积，使物料中贮藏物质增加和水、酶的接触面积，加速酶促反应及物料的溶解。

在啤酒酿造中，不单要考虑粉碎操作的经济性（即提高粉碎细度，使糖化的时间缩短和出率增加及粉碎耗用能量之间的关系），更应考虑啤酒酿造的特殊性。①麦芽皮壳若粉碎过细，会增加皮壳有害物质的溶解，影响啤酒的风味。②皮壳和原料中不溶性物质粉碎过细，造成过滤阻力增加，影响过滤操作。③淀粉等贮藏物质的粉碎细度，不但影响酶促反应速度，也影响反应深度即影响到麦汁组成。

因此，粉碎虽然属简单的物理操作，但在啤酒酿造过程中特别重视麦芽粉碎度的控制，麦芽的粉碎方法也不断地得到改进。

一、麦芽的粉碎

1. 麦芽的粉碎方法

长期以来，麦芽的粉碎采用干法粉碎，直至60年代相继出现了湿法粉碎和回潮干法粉碎，80年代初又推出连续调湿粉碎。上述四种粉碎方法我国都有采用，但中、小型厂还是以干法粉碎为主。

2. 麦芽的干法粉碎

麦芽的干法粉碎近代都采用辊式（滚筒式）粉碎机。粉碎机对辊之间间距可根据麦芽腹径及需要的粉碎度进行调节。

辊式粉碎机，根据每台机的辊数可分成：对辊式、四辊式、五辊和六辊式多种。四辊以上粉碎机内还配有若干组震筛，有利于调节麦芽各粉碎度之间的比例。我国广泛采用四、五、六辊式粉碎机。

(1) 干法粉碎机　四辊式粉碎机由两对辊子和两对辊之间的一组筛组成，麦芽经过第一对辊的粗粉碎，经过筛析，分离出皮壳和粗粒，粗粒再经过第二对辊进一步粉碎。

五辊式粉碎机是由五个辊子组成，前三个复联成两组磨碎单元，后两个辊单独成一组磨碎单元。前三个辊子是光辊，后两个辊是拉丝辊。前三辊之间和之后均配有筛选装置，以分离细粉、细粒、皮壳。粉碎细度比四辊式更容易控制，结构比六辊式紧凑，但修理困难。

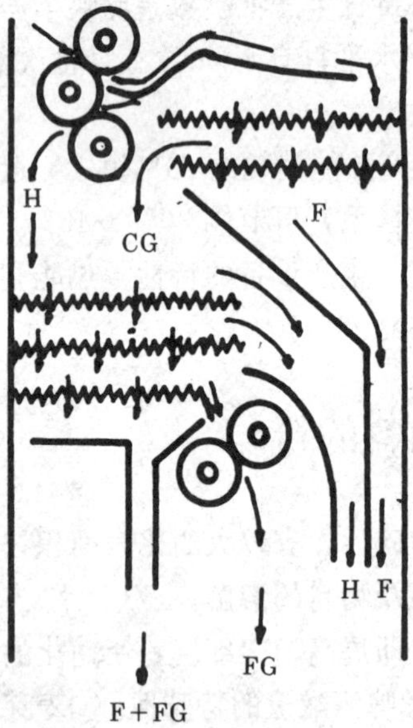

图 1-4-2　五辊式粉碎机工作原理图

H—谷皮　CG—粗粒　FG—细粒　F—粉

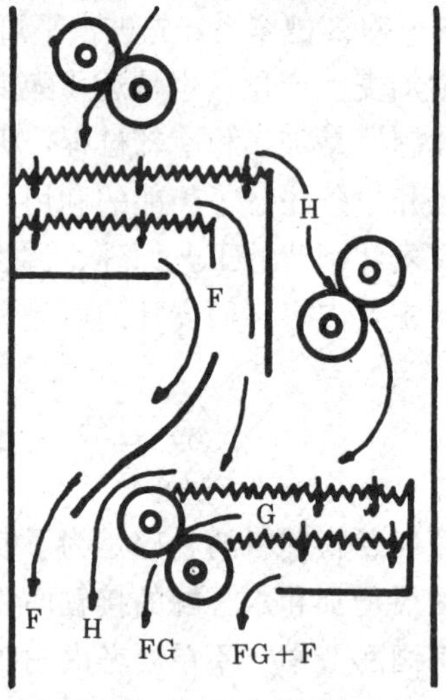

图 1-4-3　六辊式粉碎机工作原理图

H—谷皮　CG—粗粒　FG—细粒　F—粉

六辊式粉碎机由六个辊子组成三对磨碎单元，第一、二两对辊均是光辊，并在之间和之后均有筛析装置，第三对是拉丝辊，可将上面两对辊磨成的粗粒进一步磨成细粒和细粉。

ϕ130mm，L800mm 六辊粉碎机，第一对辊间距为 3.5～4.5mm，第二对辊 2.5～3.5mm，第三对辊 1.5～2.5mm，拉丝斜度为 8：1，牙齿角 40～70°，22 个丝头。

麦芽辊式粉碎机辊直径为 250～350mm，辊长度为 400～1 000mm，辊速度：高速为

25m/s，低速为 4m/s。

每 100mm 辊长度产率：对辊——150～200kg/h

四辊——200～300kg/h

六辊——300～500kg/h

每吨麦芽粉碎电耗为 1.5～4.5kW·h，它取决于粉碎机类型及粉碎细度。

(2) 干法粉碎的调节原理　麦芽粉碎后，按物料的颗粒大小，一般可分成：皮壳、粗粒、细粒、粉及微粉，其各部分的质量分数，谓“粉碎度”。麦芽粉碎度之调节，主要依据麦芽的溶解度、糖化方法、过滤设备等灵活控制。

①麦芽粉碎各部分对浸出率影响：麦芽皮壳部分，主要由纤维素、半纤维素、木质素、无机盐、色素物质等组成，在糖化时很少溶解，占浸出物的比例低。

麦芽粗粒部分是由麦芽中胚乳溶解较差的部分组成（对一粒麦芽常常是麦尖部分胚乳)，在糖化时溶解困难，如这部分比例大，浸出物收率就会降低。

麦芽粉和微粉是溶解特别好的胚乳，糖化时极容易被酶分解成麦芽糖，如这部分比例大，浸出物收率就高，但由于蛋白质过度分散可能造成过滤困难或麦汁不澄清。

表 1-4-1　　麦芽各粉碎物的浸出率

粉　碎　物	占麦芽重/%	浸出物含量/%		组分浸出物% 组分重/%
		组　分	占总浸出率/%	
皮壳组分	15	4.35	6.11	0.29
粗粒组分	20	8.02	11.26	0.4
细粒组分	30	23.10	32.44	8.77
粉及微粉组分	35	35.74	50.19	1.02
合　　计	100	71.12	/	/

表 1-4-2　　各级粉碎物的酿造性质

	粉和微粉	细　粒	粗　粒
浸出率/%	80.46	45.26	22.20
色度/EBC	2.45	10.61	8.55
麦芽糖：浸出物/%	65.30	54.20	51.85
麦汁极限发酵度/%	71.60	64.70	63.50
麦汁 pH	5.80	5.88	5.92
糖化力/WK	320	250	95

②麦芽性质和粉碎度的控制：溶解良好的麦芽，胚乳组织疏松、胚乳物质已经得到

良好和恰当的分解，并且富含水解酶，糖化时十分方便，因此，这种麦芽可以粉碎得粗一些。

溶解不良的麦芽，胚乳坚硬，含水解酶少，糖化比较困难，因此，这种麦芽粉碎时，应适当细一些，即增加细粒，粗粉比例。但如果过细（细粉、微粉太多），糖化虽容易，而麦芽醪过滤困难，甚至会降低总收率。

刚出炉的麦芽或贮存吸水不足（低于6.0%）的麦芽 太脆，粉碎时很容易把皮壳粉碎得太细，影响过滤。水分超过10%的麦芽，粉碎时胚乳易压成片状，达不到适宜的粉碎度。

③糖化方法对粉碎度的要求：采用快速糖化或采用浸出糖化法，麦芽的粉碎度应大一些；反之，若采用长时间糖化法或二次、三次煮出糖化法，粉碎度可以小一些。

④麦芽醪过滤方法对粉碎的要求：采用过滤槽法，其推动力是液体静压，过滤介质是麦芽皮壳等不溶性物质，它对麦芽粉碎的要求严格，要求皮壳尽可能完整，胚乳部分以粗、细粒为主，粉和微粉比例适当小些，这样才能顺利过滤。

采用压滤机过滤，过滤推动力是泵送压力，比静压大得多，过滤介质主要是涤纶滤布和皮壳，因此，对粉碎的要求低。麦芽粉碎细一些，并不影响过滤速度，反而可提高浸出物收率。

(3) 干法粉碎麦芽的粉碎度的判别　检验麦芽的粉碎度的方法，应通过粉碎物的筛析分级量来表示。

啤酒工业常用分级筛有如下三种：

①EBC 标准筛（Pfung stand 平筛）：此筛在实验室及啤酒工厂使用较多，此筛规格见表 1-4-3。

②美国 ASBC 标准筛：它和美国泰勒筛有些相似，是以平方英寸占有筛孔数为筛号。

表 1-4-3　　EBC、ASBC 标准筛比较表

EBC 标准筛			ASBC 标准筛		麦芽粉碎物分级
筛号	每平方厘米筛孔数/个	筛孔净宽/mm	筛号	筛孔净宽/mm	
			10	2.00	皮壳
1	36	1.27	14	1.410	皮壳
2	64	1.01	18	1.00	粗粒
3	106	0.547	30	0.590	细粒Ⅰ
4	961	0.253	60	0.250	细粒Ⅱ
5	2704	0.152	100	0.149	粉
筛底	/	/	筛底	/	细粉

③布勒氏（Bu hter）筛：此筛的筛底号数等于每厘米筛上的细孔数，每平方厘米筛上的细孔数则等于筛底号数的平方。在啤酒工业中应用的是其中的 6 号。

表 1-4-4　　布勒氏筛规格

专用筛号	筛号	每平方厘米筛孔数/个	筛孔净宽/mm	麦芽粉碎物分级
1	4	16	1.50	皮壳
2	6	36	1.02	粗粒Ⅰ
3	8	64	0.75	粗粒Ⅱ
4	12	144	0.49	细粒Ⅰ
5	14	196	0.43	细粒Ⅱ
6	50	2500	0.12	粉
筛底	/	/	/	微粉

每次分析，在粉碎中取样150～200g，在转速为300r/min下，筛析5min，各筛上物称量评价。

溶解正常的麦芽，粉碎可按表1-4-5的标准控制。

表 1-4-5　　正常麦芽粉碎物在布勒筛上的分布

专用编号	粉碎物分级	粗粉碎/%		细粉碎/%
1	皮壳	8～15		6～9
2	粗粒Ⅰ	10～12	21.5	2～4
3	粗粒Ⅱ	9～12		3～6
4	细粉Ⅰ	23～27	67.0	4～6
5	细粉Ⅱ	8～12		10～12
6	粉	21～25		52～56
筛底	微粉	7～11		14～17

3. 麦芽回潮粉碎（Malt Conditioning）

麦芽在很短时间内通入蒸汽或热水，使麦壳增湿，胚乳水分保持不变，这样使麦壳有一定柔性，在干法粉碎时容易保持完整，有利于过滤。用过滤槽过滤可缩短10%～15%的过滤时间。

(1) 蒸汽回潮　在长3m的螺旋输送机内，通入表压为50kPa的饱和水蒸气，处理30～40s，使麦芽总水分增加0.7%～1.0%（主要麦壳增湿）。蒸汽增湿时麦芽温度应在40～50℃，过高会引起酶的失活。

(2) 喷水回潮　利用二条长3～4m的螺旋输送机，第一条中由热水喷雾管，喷入40～50℃热水，其量为麦芽重3%～4%，麦芽在此机中停留1～2min，增重1.5%～2.0%，落入第二条螺旋输送机，用40℃热干风吹除麦芽表面游离水。回潮后麦芽约增重1.0%～1.5%，而麦壳水分约可增加1倍（12%～15%），胚乳水分保持不变。

近代回潮粉碎常和专用粉碎机配套，在粉碎时把皮壳剥离筛出，在糖化时可用于皮壳分离糖化法。

4. 麦芽湿法粉碎（Wet milling）

麦芽在预浸槽斗中用温水（20～50℃）浸泡10～20min，使麦芽含水量达到25%～

35%，放走浸泡水，用加料辊把麦芽加入二辊或四辊式粉碎机中，带水粉碎，粉碎物在匀浆槽中加入 30～40℃糖化水，匀浆后用醪泵送至糖化锅。

对辊为锥形辊，直径为250mm，长为1 250mm，拉丝、辊间距为0.5mm，转速为250r/min。

湿法粉碎全部操作：浸渍→磨碎→匀浆→泵出。在0.5～2h内只能完成一批投料，常需要多台机并联使用，而且日糖化批次数要高达8～12次，否则停留时间过长，存在被污染的危险。

如弃去湿法浸泡水，则可以提高啤酒质量，但会损失浸出物0.5%～1.0%。

湿法粉碎由于麦芽皮壳充分吸水变软，粉碎时皮壳不易磨碎，胚乳带水碾磨，较均匀，糖化速度快。湿法粉碎可提高过滤速度20%～25%或提高槽投料量，麦糟层厚度高达500～600mm，但不影响过滤。

麦芽湿法粉碎在60年代推出后曾风行一时，但它存在如下缺点：①吨麦芽粉碎电耗比干法高20%～30%。②由于每批投料麦芽全部同时浸渍，而每批投料粉碎时间最短需30min，有的更长，这样前后粉碎的麦芽，浸泡时间不一，其溶解有差异，影响糖化的均匀性。

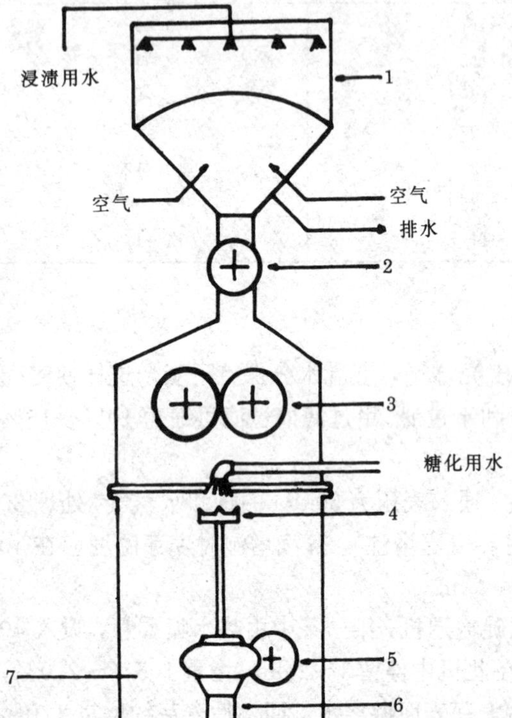

图 1-4-4　麦芽湿法粉碎装置

1—浸渍料斗　2—加料辊　3—粉碎对辊
4—反射盘　5—泵传动　6—泵　7—醪槽

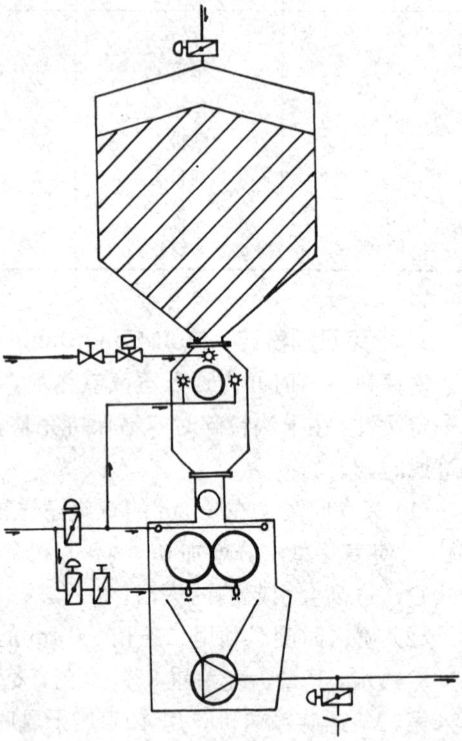

图 1-4-5　连续浸渍湿法粉碎机示意图

5. 连续浸渍湿式粉碎（Millstar）

80年代德国的 Steinecher 和 Huppmann 等公司推出改进型湿式粉碎法，每批糖化麦芽贮存在料斗是干的，在加料辊作用下连续送至粉碎机前，进入浸渍室或斗，用温水浸渍60s，使麦芽水分达到23%～25%，使麦壳变得富有弹性，再进入粉碎机，边喷水边粉碎，粉碎后直接落入糖化锅，或在粉碎机混合室调浆，用醪泵送至同一水平位置的糖化锅。

由于它改进了原来湿式粉碎的两个缺点，在粉碎辊筒上分配均匀，辊子负荷减少，电耗接近干法粉碎，麦芽浸渍时间几乎相等，溶解均匀性一致。

以上两大类湿式粉碎机，结构复杂，价格高，维修费高，粉碎电负荷峰值大。

表 1-4-6　　不同型式麦芽粉碎的比较

	干法	回潮	湿法	连续浸渍湿法
麦芽粉质量体积/$m^3 \cdot t^{-1}$	2.6	3.2	/	/
单位过滤面积麦芽容纳量/$kg \cdot m^{-2}$	160～190	190～220	280～330	280～330
麦糟层允许最大厚度/m	0.32	0.36	0.45～0.55	0.45～0.55
麦芽实验室浸出物收率/%	76.6	76.6	76.6	76.6
糖化室浸出物收率/%	73.0	75.4	76.1	76.1
麦糟中可洗出浸出物/%			0.48 } 1.73	0.41 } 1.34
麦糟可转化浸出物/%			1.25	0.93
麦汁色度/EBC	11.5	11.0	10.2	9.5

二、非发芽谷物的粉碎

由于辅料未发芽，胚乳比较坚硬，比麦芽磨碎时耗能量大，工艺上对辅料的粉碎，只要求有较大的粉碎度，以有利于它的糊化、糖化。

辅料粉碎一般用三辊或四辊的二级粉碎机，第一和第二辊的辊间距为0.2～0.3mm，辅料大米或脱脂玉米渣（粗粒）在此进行粗粉碎，经过筛析后粗粉和细粉直接进入贮仓。筛面粗粒再进入第二、第三辊间，辊间距为0.15～0.25mm，粉碎成粉。三辊均是拉丝辊。

国内不少工厂采用磨盘式磨米机，它是由两片金刚砂磨盘进行平面磨碎，一次就能把辅料磨得较细，粉碎比可达1∶20。如磨盘直径为760mm，台时能力为1.0～1.5t/h，电耗为10kW·h/t。

表 1-4-7　　辅料的粉碎度要求

ASBC 筛号	筛孔净宽/mm	分级名称	粉碎度/%		
			大米	玉米	带壳大麦
10	2.00	皮壳+粗粒	/	15	25～35
18	1.00	粗粒	10	15	25
60	0.250	细粒	60	40	25
100	0.149	粉	30	30	15～30
+筛底					

第三节 糖化原理

一、目的和要求及控制方法

糖化是指将麦芽和辅料中高分子贮藏物质及其分解产物（淀粉、蛋白质、核酸、植酸盐、半纤维素等及其分解中间产物），通过麦芽中各种水解酶类作用，以及水和热力作用，使之分解并溶解于水，此过程称“糖化”。溶解于水的各种干物质（溶质）称做为“浸出物”（extract），而构成的澄清溶液称“麦芽汁”或“麦汁”（Wort）。麦芽汁中浸出物含量和原料中干物质之比（质量比）称“无水浸出率”。

麦汁的组成分、颜色将直接影响到产品啤酒的品种和质量；糖化工艺和原料、水、电、汽的消耗将影响到啤酒的成本。因此，糖化过程是啤酒生产中的重要环节。

糖化过程是原料的分解和萃取过程，它主要是依靠麦芽中各种水解酶的酶促分解，而水和热力作用是协助酶促分解和浸取过程。

糖化中的工艺控制，主要通过下述环节来进行：

（1）选择麦芽的质量、辅料的种类及其配比、配料。

（2）麦芽及非发芽谷物的粉碎度。

（3）控制麦芽中各种水解酶的作用条件，如温度、pH、底物浓度（加水比）、作用时间。

（4）加热的温度和时间。

（5）有时还需通过外加酶制剂、酸、无机盐进行调节控制。

二、糖化时的主要物质变化

原料麦芽的冷水浸出物，仅占17%左右，非发芽谷物更少。经过糖化过程的酶促分解和热力的作用，麦芽的无水浸出率提高到75%～80%，大米的无水浸出率提高到90%以上。糖化过程提高了原料和辅料的浸出率。糖化过程中原料和辅料的分解深度即分解产物的基本要求是：

淀粉被最大限度地分解成可溶性无色糊精（葡萄糖苷重合度DP＜12）和麦芽糖等可发酵性糖类，二者之间有一定的比例。

淀粉的分解产物是构成麦汁浸出物的主要成分（占90%以上）。麦汁中以麦芽糖为主的可发酵性糖类供酵母发酵后形成酒精及其发酵副产物，低聚糊精是构成啤酒残余浸出物的主体，它给啤酒带来粘度和口味的浓醇性。啤酒酿造中原料的利用率主要取决于淀粉的利用率，优良的糖化工艺将使原料中淀粉分解后99%以上进入麦汁。

麦芽中高分子蛋白质和肽类，在糖化时得到进一步分解，但分解的程度和比例远远低于发芽过程。大多数辅料（大米、玉米）的蛋白质几乎很少变化。糖化后麦汁中可溶性蛋白质、肽类和氨基酸三类的绝对量及相对比例应符合酿造啤酒品种特性的要求。

1. 非发芽谷物中淀粉的糊化和液化

作为啤酒酿造辅料的大米、玉米、小麦、大麦，未经过发芽变化，其淀粉存在于胚乳中，以大小不等的颗粒存在于淀粉细胞中，颗粒被包裹在细胞壁（以半纤维素为主）中。

在淀粉细胞之间还充塞了蛋白质、葡萄糖等物质。淀粉颗粒中的直链淀粉的葡萄糖苷（有 60～600 个）以螺旋状长链，绕折重叠，并具有大量氢键互相连接；支链淀粉包裹在直链淀粉外部及直链淀粉之间，在冷水中不溶解，也很难被麦芽中淀粉酶分解。这种具有晶状的淀粉称“生淀粉”，在偏光显微镜中观察成扁豆状（10～30μm）、弹丸状（1～6μm），并具有双折射性，有明显十字形阴影。当淀粉颗粒经过加热，迅速吸水膨胀，当温度升至 70℃左右，淀粉细胞壁出现裂纹，淀粉颗粒被裂解成多层，淀粉进入水中，链淀粉折叠绕卷的长链，开始舒展，连结的氢键断裂，淀粉亲水基团充分暴露并和大量水结合，再升高温度，继续吸水膨胀，形成“凝胶状”。此淀粉受热吸水膨胀，从细胞壁中释放，破坏晶状结构，并形成凝胶过程称“糊化”。此时的淀粉糊，在偏光显微镜中双折射十字交叉阴影消失，遇碘液呈“蓝色”、“紫红色”，达到此程度时的温度谓“糊化温度”。不同来源的植物淀粉，因淀粉细胞壁的强度、淀粉颗粒大小、绕折紧密和氢键数不同，糊化温度也各不相同。

表 1-4-8　　啤酒酿造辅料的糊化温度

辅料名称	淀粉颗粒直径/μm	糊化温度范围/℃		
		开始	中间	终了
普通玉米	5～25	62.0	67.0	70.0
腊质玉米	10～25	63.0	68.0	72.0
高直链玉米	3～20	67.0	80.0	86.0
大麦	5～40	51.5	57.0	59.5
小麦	2～45	59.0	62.0	64.0
大米（粳）	3～8	68.0	74.5	78.0
大米（籼）	2～9	70.0	78.0	85.0

在水溶液中存在某些电解质（如稀酸、稀碱、氯化钙、水杨酸钠）可降低糊化温度，高硫酸盐可抑止糊化，机械碾磨可降低糊化温度，有液化酶存在可降低糊化温度并加速糊化进行。

淀粉在热水中糊化形成高粘度凝胶，如继续加热或受到淀粉酶的水解，使淀粉长链断裂成短链状，粘度迅速降低，此过程称“液化”，其本质是淀粉水解形成糊精的过程。

糊化后的淀粉凝胶或初步液化后的淀粉糊，如降温至 50℃以下，产生凝胶脱水作用，即链淀粉分子重新整齐规则排列、重叠，链之间形成新的氢键结合，结构复趋向紧密，此称“淀粉的老化”或称“回生”。老化的淀粉，由于溶解度小，结构紧密，很难进一步受到淀粉酶的分解。啤酒厂有时在辅料糊化时如升温升至 80℃以上，突然停电、停汽，时间过长，使醪降温至 50℃以下，造成淀粉老化而无法继续糖化。如遇这种情况（停电），应在糊化醪中迅速加入 α-淀粉酶，使之液化，液化很好的糊精液，不会再老化。

啤酒厂辅料的糊化、液化常在低温（100℃）下进行，为了促进糊化、液化，必须在辅料中加入 15%～30%麦芽或 α-淀粉酶（6～8u/g 原料），这样可降低糊化温度，缩短糊化、液化时间，即糊化、液化同时进行，可使辅料粘度大大降低，有利于糊化、液化充分，提高辅料的利用率。

判别辅料液化的程度，在实验室测 *DE* 值，而工业生产上常用粘度判别。当辅料加水比为 1∶5～6 时，用麦芽协助糊化和液化，得到糊化醪粘度一般在 0.04～0.06Pa·s，用高温淀粉酶液化，粘度仅 0.01Pa·s 左右。

2. 淀粉的糖化

在啤酒酿造中糖化过程是指辅料的糊化醪和麦芽中淀粉受到麦芽中淀粉酶的分解，形成低聚糊精和以麦芽糖为主的可发酵性糖的全过程。

$$(C_6H_{10}O_5)\ n \xrightarrow{\alpha\text{-淀粉酶}} \frac{n}{x}\ (C_6H_{10}O_5)_x$$

$$(C_6H_{10}O_5)_x + \frac{x}{2}H_2O \xrightarrow{\alpha、\beta\text{-淀粉酶}} \frac{x}{2}C_{12}H_{22}O_{11}$$

(1) 淀粉糖化的要求　糖化时，淀粉受到麦芽中淀粉酶（α-淀粉酶、β-淀粉酶、R-酶、Pullulanases）的催化水解，液化和糖化同时进行。反应产物，首先保证淀粉最大限度地分解成可溶性低聚糊精（无色糊精），在生产中用碘试醪液不呈色来鉴别；同时又要保证形成适当的可发酵性糖，生产中常用两法来鉴别，一是麦汁极限发酵度大于 70%～75%，另一是糖：非糖，国内 12°P 浅色啤酒麦汁控制在 1∶0.23～0.35 之间（深色啤酒麦汁常控制在 0.3～0.5）。这里糖是指麦汁用还原法测定的还原糖（以麦芽糖表示），包括麦芽糖、葡萄糖、果糖、麦芽三糖及其他有还原性的戊糖和低聚糊精（它不等于可发酵性糖）。非糖是指麦汁浸出物中除了还原性糖类以外的其他所有的浸出物，主要是低聚糊精、含氮化合物、无机盐、多酚类化合物等。

如某含 12%浸出物的麦芽汁，用还原法测定还原糖以麦芽糖表示为 9.0%，则该麦汁的糖∶非糖为：9.0%∶（12%－9.0%）＝1∶0.33

表 1-4-9　　浅色麦汁中各种糖的比例

麦汁中糖类	占总糖/%	相对还原力/%
果糖	1.2～3.3	/
葡萄糖	9.0～10.0	/
麦芽糖	43.0～53.0	100
蔗糖	2.0～4.0	/
麦芽三糖	12.0～15.0	65
麦芽四糖	2.0～6.0	40
麦芽五糖	1.0～1.5	20
麦芽六糖	1.0～2.0	/
DP＝7～12 糊精	11.0～25.0	＜5～10
异麦芽糖	2.0～3.0	/
异麦芽三糖	1.5～2.0	/
木糖	1.0～2.0	65
阿拉伯糖	1.5～2.5	65

从表 1-4-9 中看出，麦芽三糖以上的寡糖，还存在少量的还原性，啤酒酵母只能发酵果糖、葡萄糖、麦芽糖、蔗糖及部分麦芽三糖，而麦汁中三糖以上的低聚糊精、异麦芽糖、戊糖均不能被啤酒酵母发酵，发酵后将以啤酒浸出物（真浓度）残留在啤酒中。啤酒的发酵度由酵母种类、发酵条件和麦汁中可发酵性糖（果糖、葡萄糖、麦芽糖和麦芽三糖）的含量决定。残余的非发酵性糖，虽然可赋于啤酒的适口性、粘稠性和影响泡沫特性，但含量过多，会造成啤酒发酵度偏低，粘稠不爽口和有甜味的缺点。啤酒回甜除了啤酒发酵度太低外，主要是由于非发酵性成分中含有较多呈甜味的麦芽三、四、五糖。若由于糖化和过滤操作失误，啤酒麦汁中混有糊精（DP＞12）或淀粉，会造成麦汁和啤酒出现淀粉或糊精混浊，经过滤也不能消除。

表 1-4-10　　麦芽和淀粉酶制剂的性质

酶名称	作用键	主要生成产物	酶来源	酶特性		
				最适温度/℃	最适 pH	钝化温度/℃
α-淀粉酶 [E. C. 3. 2. 1. 1]	α—1，4 （内切）	D 为主 少量 G1、 G2、G3	麦芽 枯草杆菌 地衣杆孢杆菌	65～70 65～80 85～95	5.8～6.0 5.8～7.0 6.5～7.0	80 80 以上 116
β—淀粉酶 [E. C. 3. 2. 1. 2]	α—1，4 （非还原末端）	以 G2 为主 少量 G1、G3、和 β—界限糊精	麦芽 多粘芽孢杆菌 甘薯、大豆粕	60～65 45 60～65	5.4～5.6 6.5 5.5～6.0	70 50 70
异淀粉酶 [E. C. 3. 2. 1. 9]	α—1，6	直链糊精和 少量的 G2 直链糊精 G3 为主， 少量 G2	麦芽、大米 大麦 R—酶 产气杆菌 Pullulanases	40～50 40～50 55～60 50～55	5.3 5.3 5.1 5.1～5.5	60 60 65 65
葡萄糖酶 （糖化酶） [EC3. 2. 1. 3]	α—1，4 （非还原末端） α—1，6	以 G1 为主	黑曲霉 根霉	50～60 50～55	4.0～5.5 4.5～5.0	70

注：D 表示糊精，G1 表示葡萄糖，G2 表示麦芽糖，G3 表示麦芽三糖

(2) 糖化过程中的淀粉酶　啤酒酿造中淀粉的分解全部依赖于淀粉酶（α-、β-淀粉酶及少量 R-酶）的酶促水解反应。正常酿造过程主要依赖麦芽中的淀粉酶类，而在大量使用未发芽谷物或麦芽质量欠佳时，需要外加酶制剂协助。糖化工艺就是通过选择麦芽，配料，调节酶种类、酶活性及通过工艺控制，调节酶作用条件（pH、温度、作用时间）来实现淀粉水解的。

未发芽谷物中很少含有 α-淀粉酶，大麦发芽第 3～4d，α-淀粉酶才开始显著增加，发芽至 6～8d 才增至高峰。α-淀粉酶从淀粉链内部水解 α-1，4 键，生成支链的糊精和有 6～7 个葡萄糖苷键的寡糖，它虽然不水解 α-1，6 键，但能绕过 α-1，6 键作用，形成短链糊精及少量的麦芽糖、异麦芽糖。

β-淀粉酶存在于大麦和麦芽中，它作用于淀粉的非还原性末端，生成β-麦芽糖。对于直链淀粉，它能全部作用生成β-麦芽糖，而对支链淀粉由于它既不作用也不能绕过α-1，6键，因此，水解后形成麦芽糖和β-界限糊精。β-淀粉酶单独作用时，虽然还原糖生成较快，但碘反应消失很慢。β-淀粉酶很不耐温，在糖化时温度高于60℃就开始缓慢钝化，在65℃作用30min以上，酶活性趋向于全部失活。

麦芽和大米中还存在水解α-1，6键的支链淀粉酶（R-酶），它们参与淀粉α-1，6键的水解。

在啤酒糖化时主要是α-、β-淀粉酶对淀粉的协同水解，淀粉酶在糖化中的变化可参阅图1-4-6。

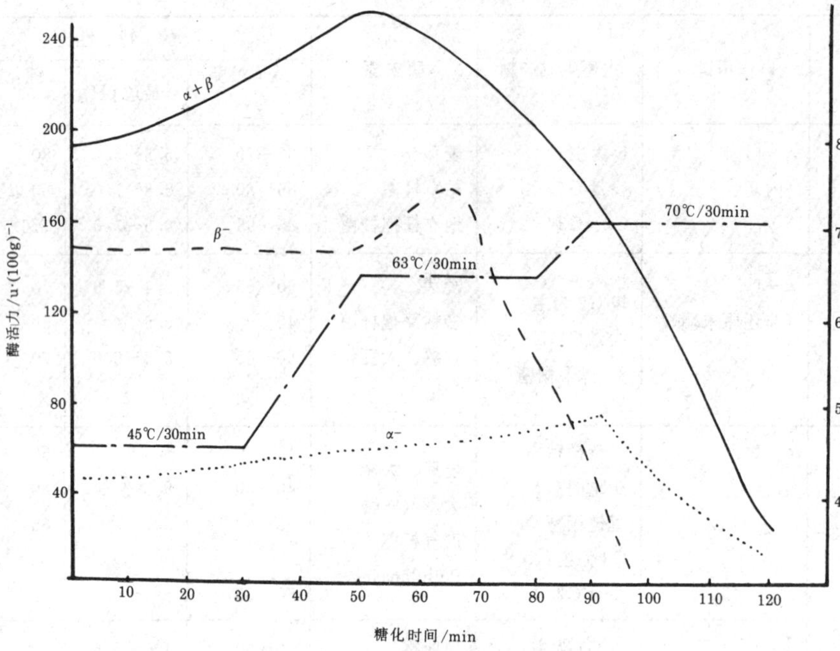

图1-4-6　糖化中淀粉酶的变化

该图使用麦芽的α-淀粉酶活性为47.2u/g（ASBC法），β-淀粉酶活性为144.8u/g。实验糖化温度升至63℃，并维持15min，醪中β-淀粉酶呈现最高活性180u，但维持30min时已经降至60u，当糖化醪升至70℃时，它的活性趋向于零。α-淀粉酶在70℃呈现最大活性，为86u，在70℃维持30min，约钝化$\frac{1}{2}$活性。α+β淀粉酶总活性在63℃呈现最高峰值为270u。63℃维持30min已经降至$\frac{1}{2}$活性，在70℃时尚有活性为1/3，70℃维持30min残留活性仅30u。

(3) 影响淀粉水解的因素

①麦芽的质量及粉碎度：糖化力强（WK＞250）、溶解良好的麦芽，糖化时间短，形成可发酵性糖多，可采用较低糖化温度作用（一段式）。如果麦芽糖化力低，意味着它的

β-淀粉酶活性差，不适宜采用一段式糖化温度，应首先给予63℃糖化休止，促进可发酵性糖的形成，然后采用68～70℃继续糖化，促进形成糊精和发酵糖。

优质麦芽或溶解良好的麦芽，粉碎度的粗细对糖化影响很小，反之，麦芽质量差，应使麦芽胚乳粉碎得细一些，以便胚乳淀粉的溶解，增加淀粉和淀粉酶的接触面积，加速其分解。

②非发芽谷物的添加：非发芽谷物的种类，支链、直链淀粉的比例，糊化、液化程度及添加数量，将极大地影响到糖化过程和麦汁的组成。

优良的啤酒麦芽所含的淀粉酶，不但可以使自身的淀粉糖化，一般还可担负25%～35%的非发芽谷物糊化醪的淀粉糖化。如果非发芽谷物量超过35%，应考虑添加淀粉酶制剂，否则，将延长糖化作业时间，降低麦汁中可发酵糖的比例。如果麦芽质量差，含淀粉酶活性低（如中国二级以下麦芽），就得减少非发芽谷物比例（不宜超过25%），否则，不但会延长糖化作业时间，麦汁组成差，还将导致发芽谷物淀粉的利用率降低。

表 1-4-11　　不同非发芽谷物对麦汁和啤酒组分的影响

	全麦芽（100%）	麦芽75% 小麦粉25%	麦芽75% 大麦粉25%	麦芽50% 小麦粉50%	麦芽50% 玉米片50%	麦芽50% 大米粉50%
麦汁						
碳水化合物利用率/%	>98	>98	>97	>90～95	>95	97
可发酵性糖/%	75～77	75～77	72～74	65～70	65～70	65～70
麦汁总氮/mg·L^{-1}	900～1200	720～850	700～730	500～700	500	500
啤酒						
苦味物质/mg·L^{-1}	23～24	26～27	26～27	28～30	30	28
总可溶性氮/mg·L^{-1}	440～600	340～400	300～360	250～400	250～300	250～300
花色素原/mg·L^{-1}	60～70	50～60	50～70	40～50	40～45	35～45
保存期（周）	12		16	20	20	15～25
泡沫半衰期/s	90	100～110	95～100	92～96	98	96

③糖化温度的影响：麦芽中β-淀粉酶作用于糊化淀粉的最适温度为62.5℃，α-淀粉酶作用于糊化淀粉的最适温度为70℃，所以，采用糖化温度趋近于63℃可得到最高可发酵性糖，趋近于70℃可有最短糖化时间（和碘作用不呈色时间）。

表 1-4-12　　糖化温度对麦芽组分和糖化时间的影响

糖化温度/℃	麦汁中糖：非糖	糖化时间/min
62.5	1∶0.27	149
65	1∶0.35～0.4	61
68	1∶0.42～0.45	32
70	1∶0.45	25
75	1∶0.67	35

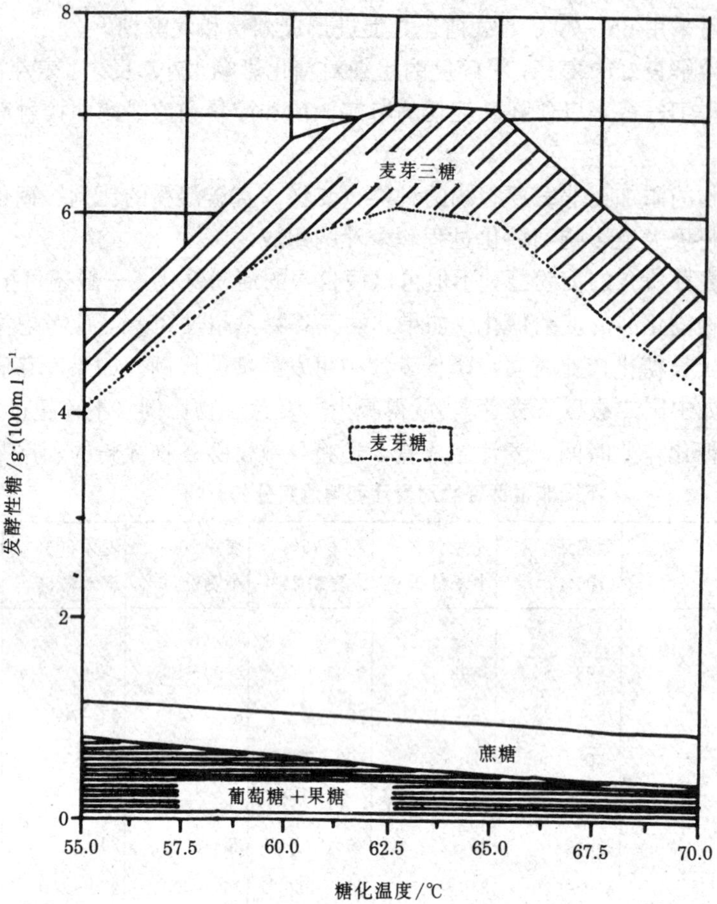

图 1-4-7　糖化温度和发酵性糖生成的关系

糖化温度不仅要影响到麦汁中可发酵性糖的比例，也影响到必需的糖化时间，还会影响到浸出物的收率。

表 1-4-13　糖化温度对浸出物收率的影响

温度/℃	20	40	50	60	65	70	75	80
浸出物收率/%	18.3	22.8	31.5	73.4	79.0	79.1	77.7	75.3

④糖化醪 pH 的影响：麦芽的 α-淀粉酶作用于糖化醪的最适 pH 为 5.8～6.0，β-淀粉酶为 5.0～5.5。糖化醪的 pH 是随麦芽质量、酿造用水水质而变化，实际生产中还受到温度对缓冲物质的离解程度的影响，65.5℃的糖化醪的 pH 要比 18℃低 0.35。淀粉酶作用最适 pH 值也随温度的变化而变化。

表 1-4-14　淀粉酶最适 pH 和温度的关系

温度/℃	20	40	50	55	60	65	70
α-淀粉酶最适 pH	/	4.6～4.8	4.7～4.9	4.9～5.1	5.1～5.4	5.4～5.8	5.8～6.0
β-淀粉酶最适 pH	4.4～4.6	4.5～4.7	4.4～4.8	4.8～5.0	5.0～5.2	5.2～5.4	5.0～5.5

由上表 1-4-14 可知，对于啤酒的糖化，一般在 63～70℃温度范围内，α-和 β-淀粉酶的最适 pH 范围较宽，可以在 pH5.2～5.8 范围内波动，影响不大。

表 1-4-15　麦芽糖化时的最适温度和最适 pH

	最适温度/℃	最适 pH
最高浸出物收率	65～68	5.2～5.4
麦汁最高发酵度	63～65	5.3～5.4
α-淀粉酶最高活性	70	5.3～5.7
β-淀粉酶最高活性	60～65	5.6（醪）
水溶性含氮物质最大收率	50～55	5.0（麦汁）

⑤糖化醪浓度的影响：糖化时，原料加水比愈小，则糖化醪浓度愈大，糖化醪粘度也增大，会影响酶对作用基质的渗透，从而降低淀粉的水解速度，降低反应最终产物——还原糖的积累，也会抑制酶对淀粉的作用。因此，在实际生产中，糖化醪浓度一般以 20%～40%为宜。当糖化醪浓度超过 40%时，会降低浸出物收率，可发酵性糖含量也会降低，糖化时间延长。

表 1-4-16　糖化温度和浓度对麦汁组分的影响

糖化温度/℃	60			65.6			68.3		
糖化醪浓度/%	67	39	29	67	39	29	67	39	29
果糖＋葡萄糖	12.3	10.1	9.5	11.9	9.5	8.1	11.0	10.2	8.0
蔗糖	2.8	3.4	3.4	4.1	4.2	3.8	3.7	5.0	4.0
麦芽糖	43.9	48.3	49.5	38.8	43.9	42.8	36.9	37.0	39.0
麦芽三糖	14.3	14.3	13.8	12.6	13.6	15.0	12.8	12.7	14.3
糊精	17.5	15.5	14.6	24.2	21.2	22.3	27.6	26.2	26.9
麦汁极限发酵度/%	73.3	76.1	76.2	67.4	71.2	69.7	64.4	65.0	65.3
浸出物收率/%	55～63	76.2	75.6	73.4	75.3	74.2	73.3	74.6	74.0
可溶性氮：麦汁浸出物/%	6.2～6.6	5.34	5.50	5.58	5.22	5.03	4.90	4.77	4.85
醪的 pH	5.46	5.40	5.50	5.31	5.33	5.38	5.31	5.35	5.30

3. 糖化过程中蛋白质的水解

大麦在发芽阶段，不少于 55%的大麦含氮物质得到水解后形成氨基酸，但同时在大麦胚芽中又重新合成新的不溶性蛋白质（占其中的 25%～35%）。啤酒麦汁中氨基酸的 70%以上直接来自于麦芽，而只有 10%～30%的氨基酸是由糖化过程产生的。由大麦制麦芽，总可溶性氮约增加一倍，而麦芽在糖化过程总可溶性氮仅能增加20％～30％。由此可见，麦芽的蛋白质水解情况对麦汁组分具有决定性意义，而麦芽的糖化过程是可以起到调整麦汁组分的作用。

大米、玉米等辅料仅含有很少的可溶性氮，它们的不溶性蛋白质，在糖化时很少受到蛋白酶的水解。因此，可以认为，这些辅料的含氮物质，不进入麦汁组分。但若用大麦、小麦作辅料，它的含氮物质在麦芽蛋白酶作用后将进入麦汁。

(1) 蛋白质及其水解产物和啤酒的关系　麦芽蛋白质水解最终产物——氨基酸是合成啤酒酵母含氮物质的主要来源，如果麦汁缺乏氨基酸，酵母增殖会困难，增殖倍数降低，最后导致发酵迟缓。如果麦汁中氨基酸过多，也会使酵母内积累过多的蛋白质，影响酵母的增殖和发酵。酵母在高氨基酸含量的麦汁中发酵，由于经过“伊氏”路线同化，相应会形成较多的高级醇。反之在氨基酸不足的麦汁中发酵，酵母经过“哈里斯”路线合成必需氨基酸，由于酮酸积累也会导致形成过多的高级醇。氨基酸和高级醇均是影响啤酒风味的物质。

麦汁中可溶性氮及其分解中间产物——肽类是啤酒风味和泡持性的重要物质，它们赋于啤酒醇厚丰满的口感；反之，缺乏可溶性氮，啤酒寡淡、苦硬、淡泊，并且缺乏泡沫和泡持性短。

麦汁中含有较多高分子可溶性氮（相对分子质量大于60 000)，将使啤酒胶体稳定性变差。

(2) 定型麦汁含氮组分的要求　麦汁总可溶性氮，对全麦芽啤酒一般要求达到900～1 000mg/L；对添加辅料的啤酒，酿制浓醇性啤酒，并且有较长贮酒期的啤酒为700～800mg/L；而对于淡爽型啤酒应达到600～700mg/L，如果是低于550mg/L的麦汁，酿成的啤酒会显得淡泊。

麦汁α-氨基氮，对比尔森全麦芽型啤酒的要求为每克浸出物中含有2mgα-氨基氮，即12°P麦汁应含有240mg/L的α-氨基氮，而对添加辅料的麦汁则远远达不到此值，一般认为应在180mg/L（即每克浸出物含1.5mgα-氨基氮)。α-氨基氮应占麦汁总氮的25％～35％。

麦汁中高分子可溶性氮，应不超过麦汁总氮的15％。凝结性高分子氮应少于总氮的3％。

麦汁中中分子氮（相对分子质量为4 600～30 000）要有一定数量，应占麦汁总氮的15％～25％。

(3) 麦芽中蛋白酶及其性质

表1-4-17　　麦芽中蛋白酶活性　　(u/g 干麦芽)

酶名称	绿麦芽	烘干麦芽	贮存一个月的成品麦芽
蛋白酶（内切肽酶）	6.42	6.28	6.46
羧肽酶（肽酶）	282	321	372
氨基肽酶（肽酶）	37566	19605	19853
二肽酶	19.10	11.89	16.45

表 1-4-18　　麦芽中蛋白酶的工艺特性

酶名称	最适 pH	最适温度/℃	失活温度/℃	作用基质	产物
蛋白酶	5.0～5.2	50～65	80	蛋白质、肽	以多肽为主，肽、氨基酸
羧肽酶	5.2	50～60	70	以肽为主，其次为蛋白质	氨基酸
氨肽酶	7.2～8.0	40～45	50°以上	以肽为主，其次为蛋白质	氨基酸
二肽酶	7.8～8.2	40～50	50°以上	二肽	氨基酸

由上二表可看出，在麦芽糖化时，由于麦芽醪偏酸性（pH5.2～5.6)，在糖化时起催化水解作用的蛋白酶类主要是内切肽酶和羧基肽酶。前者作用基质是蛋白质，产物以可溶性氮为主；后者作用基质主要是肽类，产物是α-氨基氮。

(4) 糖化过程中麦芽蛋白质水解的控制　麦汁中含氮物质主要来自于麦芽，在糖化过程，控制适当的蛋白质休止（即蛋白质分解）的条件，麦汁中含氮物质可以得到相应地调整和改善。但糖化过程中麦芽蛋白质分解的深度和广度远远不如制麦芽时深刻。

表 1-4-19　　制麦和糖化中蛋白质分解的比较

	蛋白质（mg/100g 绝干麦芽）					
	总可溶性氮			其中非凝固性氮		
	总量	增加量	增加量/%	总量	增加量	增加量/%
大麦（总氮 1.376%）	267	0	0	163	0	0
麦芽（总氮 1.285%）	552	285	+106.7	381	218	+133.7
糖化醪	707	155	+23	619	238	+62.5

由表 1-4-19 可知，由麦芽制成糖化醪时，其总可溶性氮增加仅 28%，而非凝固性氮（即水溶性氮）可增加 62.5%。在大麦制麦芽时，分解的蛋白质包括蛋白质中水溶性清蛋白、盐溶性球蛋白、醇溶蛋白和谷蛋白，而在糖化过程中被分解的蛋白质主要是水和盐溶性蛋白质及肽类，其中β-球蛋白几乎没有多大变化。在糖化过程中，由于作用时间短（数十分钟至 2h)，蛋白质分解并不深刻，只是增加了较多可溶性氮的比例，即蛋白质相对分子质量变小一些。

糖化过程影响蛋白质分解的主要因素：

①麦芽的溶解情况：溶解良好的麦芽，已经含有足够的可溶性氮和α-氨基氮（如库值＞40%，α-氨基氮＞180mg/100g 绝干麦芽)，在糖化时应限制蛋白质分解，避免麦芽中的中分子肽类被过多分解而形成α-氨基氮，导致啤酒缺少泡持物质。溶解不足的麦芽，在糖化时强化分解，虽然可以增加α-氨基氮，但并不能增加啤酒的非生物稳定性，即最终高分子含氮物质也会增加。

表 1-4-20　不同质量麦芽在 50℃不同蛋白质休止时间麦汁低、高分子含氮物质的变化

麦芽种类	蛋白质休止时间/min	麦汁含氮物质（mg/100g 绝干麦芽）	
		相对分子质量＞2 600	相对分子质量＞4 600
过度溶解麦芽（粗细粉差 1.1%，库值 50.5%）	0	582.21	68.69
	30	675.00	60.27
	30～0	＋92.79	－8.42
	60	715.61	57.07
	60～30	＋40.61	－3.2
溶解正常麦芽（粗细粉差 3.6%，库值 41.8%）	0	498.14	144.25
	30	549.02	129.32
	30～0	＋50.88	－14.93
	60	579.45	107.76
	60～30	＋30.43	－21.65
溶解不足麦芽（粗细粉差 4.9%，库值 35.3%）	0	440.82	91.51
	30	473.21	97.83
	30～0	＋32.39	＋6.32
	60	454.36	103.27
	60～30	－18.83	＋5.44

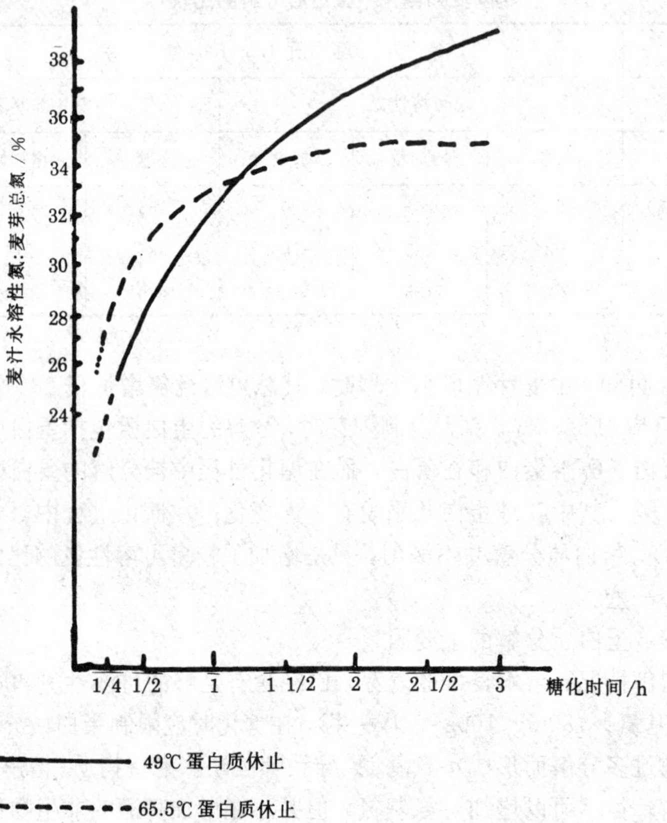

图 1-4-8　蛋白质休止温度和时间对生成永溶性氮的影响

②糖化过程中温度、pH、糖化时间的影响：在糖化过程中蛋白质分解主要依靠麦芽的蛋白酶和羧肽酶催化水解，其次是氨肽酶和二肽酶，它们的作用温度是40～65℃，蛋白质休止温度较高（50～65℃）有利于积累总可溶性氮，而休止温度偏低（40～50℃），有利于形成较多的α-氨基氮；休止时间越长，越有利于积累分解的最终产物—氨基酸。

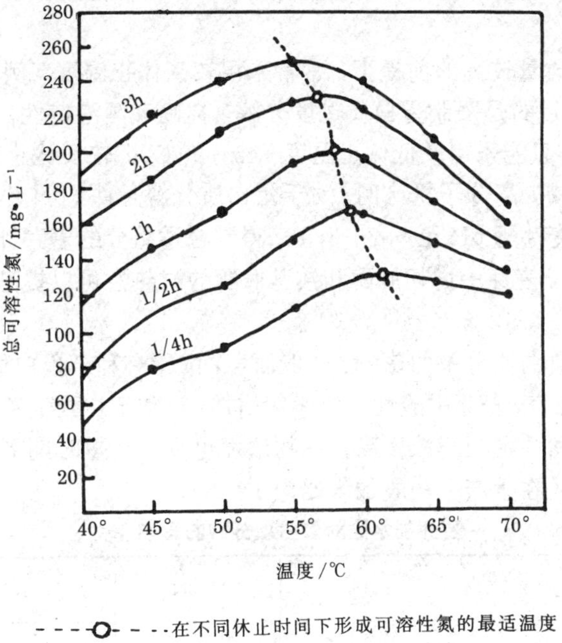

图 1-4-9　蛋白质休止温度和时间对可溶性氮的影响

表 1-4-21　　蛋白质休止温度、pH 对麦汁含氮组分的影响

麦汁含氮量（mg/100g 绝干麦芽）

麦芽醪 pH	休止温度/℃	永溶性氮	氨基氮	$MgSO_4$ 沉淀氮
6.5	40	97	41	11
	50	114	36	14
	60	140	31	16
6.8	40	151	56	13
	50	203	60	24
	60	220	55	49
5.5	40	220	55	19
	50	298	71	33
	60	323	90	62
5.0	40	278	84	23
	50	370	110	40
	60	386	193	63

由表 1-4-21 可看出，在相同的 pH 值下，蛋白质休止温度提高均能增加麦汁永溶性

氮含量。麦汁氨基氮却没有规律，在pH5.0时，氨基氮峰值出现在50℃。硫酸镁沉淀氮即高分子氮在相同pH值下，休止温度愈高，生成也愈多。

由此可见，为了促进麦芽蛋白质分解，蛋白质休止pH应在5.0～5.5。休止温度较低（50℃）有利于积累氨基酸；休止温度愈高，永溶性氮也愈多，但并不能提高啤酒非生物稳定性，即麦汁硫酸镁沉淀氮反而增多。相反，休止温度低（40～45℃），啤酒非生物稳定性反而好。

在近代啤酒麦芽质量较高的前提下，常常采用较高休止温度（例52℃，10～15min，再升至63℃30min），目的是限制蛋白质过度分解，提高啤酒泡持性。当然，若麦芽溶解较差，α-氨基氮过低，只能采用较低休止温度（45～50℃），较长休止时间（1h），目的是增加α-氨基氮，同时减少高分子氮比例。对于蛋白质分解条件，pH比温度更具有重要意义。近代更注意调节麦芽醪pH至5.2～5.3来得到合适组分的麦芽汁。近代也发现，经过酸休止（35～37℃），麦芽中内切肽酶和羧基肽酶的耐热性可以提高，有利于蛋白质的分解。

③糖化醪浓度对蛋白质分解的影响：一般而言，浓醪有利于蛋白休止，这是因为，麦芽粉加水比小，相对而言，麦芽中酸性物质溶解增加，有利于达到麦芽蛋白质分解的pH；加水比小，相对麦芽醪中蛋白酶浓度高，底物浓度也高，在短时期蛋白休止时间内，均有利于蛋白质的分解。在生产上一般加水比为1∶2.5～3.5。

表1-4-22　　麦芽加水比对蛋白质分解的影响　　mg/100绝干麦芽

加水比	1∶2.7	1∶3.0	1∶3.5	1∶4.0	1∶4.5
麦芽醪pH	5.6	5.7	5.8	5.9	6.1
永溶性氮	620	605	582	575	558
总可溶性氮	740	715	700	685	660
α-氨基氮	208	195	190	184	176

注：水的pH6.8，蛋白质休止50℃30min，63℃30min，麦芽总氮1.84%，麦芽库值35%，α-氨基氮155mg/100g绝干麦芽。

三、糖化过程的其他变化

1. β-葡聚糖的分解

大麦胚乳中含β-葡聚糖（β-Clucan）为5.0～10.0%，它主要存在于胚乳细胞壁中（不溶性的），部分存在于胚乳细胞之间和蛋白质交联（水溶性的）。大麦经过发芽后，β-葡聚糖受内-β-葡聚糖酶和外-β-葡聚糖酶分解。分解良好的麦芽最后残存0.5%β-葡聚糖。如果发芽分解不足就会造成麦芽的粗细粉浸出率之差较大（细胞壁溶解不足），和麦芽醪过滤困难（协定麦汁过滤时间超过1h），麦汁粘度过大（协定麦汁浓度为8.6°P时粘度大于0.001 6Pa·s）。加拿大大麦和我国某些地区大麦制成的麦芽常常因为β-葡聚糖分解不足而造成糖化醪过滤时麦槽板结，过滤时间过长，麦汁粘度过大（8.6°P粘度大于0.0018～0.0019Pa·s），因此，在糖化过程中需促进β-葡聚糖的分解。干燥麦芽中还存在较活泼的内-β-葡聚糖酶，其最适作用 pH4.5～5.0，当 pH5.6 时，还有 50%活性显示，它的作用最适温度为 40～43℃，糖化过程如果使麦芽醪 pH 降至 5.6 以下，在 37～45℃休止，有利于促进 β-葡聚糖的分解，使麦汁粘度下降（0.001 6～0.001 8Pa·s），使麦糟疏松，过滤顺利。

如果添加大麦辅料，或麦芽溶解太差，可在糖化过程添加细胞溶解酶，如 NOVO 公司生产“Cerefro”，它是由枯草芽孢杆菌生产的内-β-葡聚糖酶（可作用β-1，4、β-1，3键），而且作用 pH 在 5.0～7.0，作用温度 50～70℃，有较宽的作用条件。我国生产的枯草杆菌 α-淀粉酶制剂中也检查出有较高 β-葡聚糖酶活性（比麦芽高 2 000 倍），在使用大麦辅料时，在糖化醪中添加它也可加速过滤。由无锡轻工大学在 1992 年完成，由淀粉液化芽孢杆菌一次发酵，一次提取制成啤酒酿造复合酶制剂，内含 β-葡聚糖酶 300u/ml，蛋白酶 6 000u/ml，α-淀粉酶 500u/ml，通过鉴定，并在江苏连云港酶制剂厂投产。经工厂应用试验证明，效果接近和超过 Cerefro 酶。它可缩短过滤时间 15～20min，降低麦汁粘度（0.1～0.15）$\times 10^3$Pa·s，提高麦芽浸出物收率 1.5%～2.0%，提高麦汁 α-氨基氮 15%。

2. 麦芽谷皮成分溶解

麦芽皮壳中含有谷皮酸、多酚类物质，由于它们的溶解会使麦汁色泽加深（氧化后颜色更深），并使啤酒具有不愉快苦涩味、麦壳味，降低啤酒的非生物稳定性。皮壳成分溶解主要取决于如下因素：

(1) 麦芽皮壳含量　优质麦芽含皮壳量常常低于 8.5%，厚皮冬大麦制成的麦芽皮壳可达 12.0%。

(2) 麦芽皮壳粉碎度　优良麦芽粉碎后皮壳仅裂成 3～5 瓣，如果采用干法粉碎，麦芽含水过低（<7.0%）或过高（>9.5%），均会造成皮壳过度粉碎，增加和水接触的比表面积，促进皮壳成分的溶解。

(3) 水质和糖化醪 pH 的影响　酿造用水含过多碳酸氢盐，会造成麦芽醪 pH 不正常（pH>6.0），会促进皮壳成分的溶解。

(4) 糖化作业时间和过滤时间的影响　糖化和过滤时间过长延长了皮壳在热水中浸泡时间，增加皮壳的溶解。近代为了得到淡爽啤酒，糖化时间应限制在 1.5～2.5h 以内，过滤和洗糟时间限制在 3h 以内。

(5) 糖化方法　采用煮出糖化法，由于带皮壳的麦芽醪煮沸会强化皮壳成分的溶解。洗糟过度，洗糟水 pH 过高均会加速麦糟中皮壳色素物质的溶解。糖化锅搅拌、泵送不当均能增加皮壳色素物质的溶解。

3. 滴定酸度和 pH 的变化

糖化醪的酸度主要来自于麦芽中含的酸性磷酸盐、草酸等，在糖化过程中，酸度和 pH 的变化十分复杂。

(1) 麦芽中残存的植酸钙镁盐（菲汀），在糖化中继续受到麦芽的磷酸酯酶分解，形成酸性磷酸盐，被分解的程度取决于麦芽中残留磷酸酯酶的活性及糖化工艺，该酶最适作用条件为 pH5.0～5.2，温度 45～55℃。

(2) 糖化过程形成的氨基酸。

(3) 糖化过程外加酸。

(4) 酿造水中带入的碱性离子 (HCO_3^-、CO_3^{2-}、OH^-)。

(5) 形成不溶性磷酸钙沉淀。

(6) 醪液的缓冲性——肽和氨基酸的两性离解：KH_2PO_4、K_2HPO_4、Ca (HCO_3)$_2$ 等缓冲性的影响。

一般情况下，糖化醪的总酸（滴定酸度）趋向于略有增加，而 pH 变化受缓冲物质的影响变化较小，只有在外界酸调整时才有明显变化。

由 KH_2PO_4 和 K_2HPO_4 形成缓冲溶液的 pH 在 4.5～9.0 之间，由 KH_2PO_4 和 H_3PO_4 形成缓冲溶液的 pH<4.5。中等硬水、含有 Ca (HCO_3)$_2$ 的水，其缓冲 pH 为 7.2～7.6。通常麦芽醪中由较多 KH_2PO_4 和少量 K_2HPO_4 及少量的 Ca (HCO_3)$_2$ 形成的缓冲溶液 pH 范围在 5.4 ～6.2 之间，如果加入 H_3PO_4 调整可以维持在 5.4～5.8，适宜于糖化工艺要求。

表 1-4-23　　糖化中 pH 的变化

糖化用水	暂硬 14 度水	暂硬 4 度水	蒸馏水	外加酸
麦芽投料初 pH	6.27	5.89	6.0	5.4
糖化中　pH	5.91	5.70	5.80	5.6
加酒花煮沸麦汁 pH	5.73	5.46	5.53	5.3

第四节　糖化方法及设备

一、糖化方法概述

糖化方法是指麦芽和非发芽谷物原料的不溶性固形物转化成可溶性的、并有一定组成比例的浸出物，所采用的工艺方法和工艺条件：它包括配料浓度、各物质分解温度、pH、热煮出的利用等，常常还包括酶制剂、添加剂的选择使用等。

糖化方法选择的依据是麦芽的质量、辅料的种类和添加比例，啤酒的类型对麦汁组成的要求、收得率要求、糖化作业时间的限制等诸因素。但这些因素之间有一定矛盾，如麦汁收率和麦汁质量之间，糖化方法的选择依据主要矛盾兼顾其他要求。

糖化方法的选择历来受到酿造师的重视，酿造师在大批麦芽进厂后，对麦芽作出全面分析，取得数据后，再依据计算及经验（工厂的习惯和酿造啤酒的要求），制订若干糖化试验方法，在微型糖化试验装置（30～100L）中进行糖化试验，取得的麦汁进行质量分析和产率计算，必要时进一步做发酵试验取得嫩啤酒进行感官和理化分析，由此优选出该批原料的糖化方法，通过批准，下达生产车间进行数批次生产试验，经过分析和适当调整后，最后确定该批麦芽的糖化方法。

糖化方法可以分成以下几大类：

- 糖化方法
  - 煮出糖化法
    - 三次煮出糖化法
    - 二次煮出糖化法
    - 一次煮出糖化法
  - 浸出糖化法
    - 升温浸出糖化法
    - 降温浸出糖化法
  - 其　他
    - 复式一次煮出糖化法
    - 复式煮浸糖化法
    - 谷皮分离糖化法
    - 外加酶制剂糖化法
    - 其他特殊糖化法

煮出糖化法是指麦芽醪利用酶的生化作用和热力的物理作用，使其有效成分分解和溶解，通过部分麦芽醪的热煮沸、并醪，使醪逐步梯级升温至糖化终了。部分麦芽醪被煮沸次数即几次煮出法。

浸出糖化法是指麦芽醪纯粹利用其酶的生化作用,用不断加热或冷却调节醪的温度,使之糖化完成。麦芽醪未经煮沸。

其他糖化方法均是由上述两种基本方法演变而来的。原先啤酒酿造均是只用麦芽为原料（上述方法由此而来）。当采用不发芽谷物（如玉米、大米、玉米淀粉等），在进行糖化时必需首先对添加的辅料进行预处理—糊化、液化（即对辅料醪进行酶分解和煮出）。这就是复式糖化法。我国啤酒生产大多数使用非发芽谷物为辅料，所以，均采用复式糖化法。

在各种糖化方法中物料的主要变化是依据麦芽中各类水解酶的催化，糖化控制就是创造适合于各类酶作用的最佳条件，各种糖化方法中有几段控制原理是相似的。

(1) 酸休止　利用麦芽中磷酸酯酶对麦芽中菲汀的水解，产生酸性磷酸盐，有时还利用乳酸菌繁殖产乳酸，此工艺条件是：温度为35～37℃，pH5.2～5.4，时间为30～90min。

(2) 蛋白质休止　利用麦芽中羧基肽酶分解多肽形成氨基酸（α-氨基氮）和利用内切肽酶分解蛋白质形成多肽和氨基酸。蛋白质休止最佳pH为5.2～5.3，最适温度：形成α-氨基氮为45～50℃，形成可溶性多肽为50～55℃，作用时间为10～120min。

(3) 糖化分解　淀粉水解成可溶性糊精和可发酵性糖，对麦芽中β-淀粉酶催化形成可发酵性糖，最适温度为60～65℃（62.5℃）。α-淀粉酶最适活性温度为70℃。这两个酶共同作用，最适pH为5.5～5.6，作用时间为30～120min。

(4) 糖化终了　无论哪一种糖化方法，糖化终了，必须使醪中除了α-淀粉酶以外，其他水解酶均失活（钝化），此温度为70～80℃。在此温度范围内主要依据需保留α-淀粉酶的量及考虑到过滤的需要。采用上限温度，醪粘度小，过滤加快，有害物质溶解多，α-淀粉酶残留少。

(5) 100℃煮出　部分糖化醪加热至100℃，主要利用热力作用，促进物料的水解，特别是使生淀粉彻底糊化、液化，提高浸出物收率。

但加热至80℃以上时，被煮醪中水解酶完全失活。由于被煮醪中还原糖和氨基酸存在，加热能促进美拉德反应和焦糖形成，使麦汁口味醇厚，色泽加深。

（6）酶制剂和添加剂的应用　α-淀粉酶、β-淀粉酶、糖化酶、R-酶、蛋白酶、β-葡聚糖酶等酶制剂，乳酸、磷酸、石膏等pH调整物质，H_2O_2 等多酚消除剂……这些添加剂应在卫生规范下，根据工艺需要，适时、适量地使用。它们对改善工艺和麦汁组分有一定的作用。

二、煮出糖化法

传统下面发酵啤酒（Lager型）无论浅色还是深色啤酒，均采用煮出糖化法。它的糖化设备一般均需要两个容器，一个有加热装置（如球底夹套）的糊化锅，另一个是平底、没有加热装置的糖化槽及一台离心式、全开叶轮、低转速（850r/min）的倒醪泵串联。近代，为了便于工艺协调，一般采用两个完全一致的锅——糖化糊化锅。

1. 三次煮出糖化法

三次煮出糖化法是典型煮出法，此法又称"巴伐利亚安全糖化法"，适合于各种质量麦芽（包括溶解差的麦芽），麦芽醪经过三次煮出，糖化曲线如下图1-4-10。

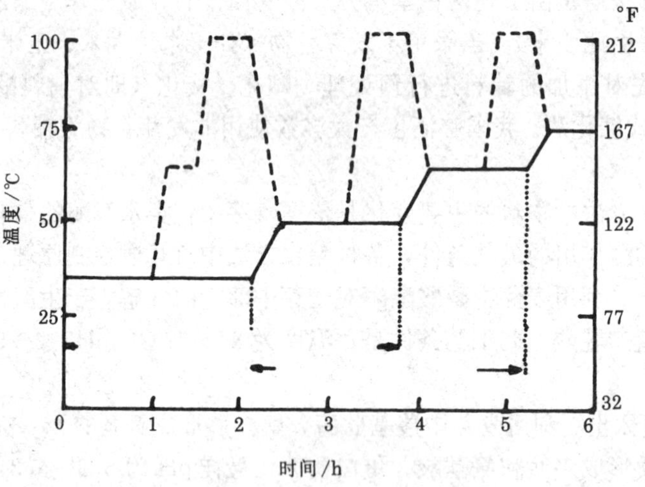

图1-4-10　全麦第三次煮出法糖化曲线

（1）麦芽粉投入糖化锅，与37℃热水混合，并于35℃进行酸休止（保温）30～60min。

（2）将1/3左右浓醪通过倒醪泵送至糊化锅，加热至50℃，休止20s，升温至70℃休止15～20min，最后以1℃/min的速率升至100℃，并煮沸10～20min。

被煮沸的部分醪，可由热平衡简式计算：

$$V=\frac{G\ (t_3-t_1)}{t_2-t_1}$$

式中　V——需煮沸的醪量（hL）

G——糖化锅总醪量（hL）

t_1——并醪前，糖化锅醪温度（℃）

t_2——泵回糖化锅，煮沸醪平均温度（℃）

t_3 ——工艺给定并醪后 （蛋白质休止）的温度（℃）

本计算热平衡化简式，勿略了醪的比热容、煮沸时醪的水分蒸发及糖化锅温度等影响因素，求得的 V 仅为生产控制相对值。

(3) 煮沸醪泵回糖化锅，边搅拌边慢慢泵入，混合均匀后，使全部醪处于工艺给定蛋白质休止温度，进行休止（一般 45～55℃），休止时间为 20～90min。在休止中，每隔 15min，开动糖化锅搅拌机转 2～3 周，使醪液上下均匀。

(4) 将糖化锅内 1/3 左右的浓醪，第二次泵入糊化锅加热，至 70℃，保温 10min，再以 1℃/min 的速率升至 100℃，煮沸 0～10min。

(5) 煮沸醪泵回糖化锅，使之混合醪温度为给定的糖化温度（65～70℃），在此温度下，糖化 30～60min。糖化需要时间，用 0.1mol/L 碘＋碘化钾进行碘试，液体呈无色，醪（带颗粒）可呈红色，反映糖化基本完全。

(6) 第三次泵出 1/3 左右的稀醪至糊化锅，迅速加热至 100℃，煮沸后即泵回糖化锅，使之混合醪的温度为给定糖化终了温度（70～80℃，一般在 75～76℃），搅拌 10min，用泵送过滤。

2. 二次煮出糖化法

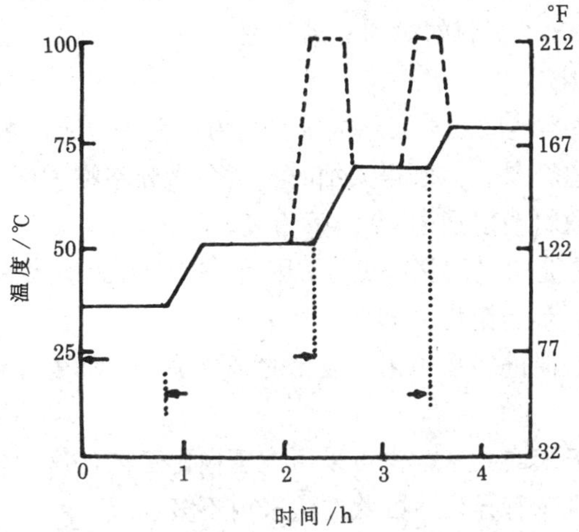

图 1-4-11 全麦芽二次煮出法糖化曲线

三、浸出糖化法

升温浸出糖化法，完全依靠麦芽中水解酶对麦芽成分的逐段升温分解。各温度段的保留时间，完全取决于此段作用酶的含量及麦汁组成分的要求。其曲线变化较多。升温浸出糖化法，由于麦芽醪未经煮沸分解，因此，要求麦芽发芽率高，溶解充分。若麦芽溶解差（麦尖部分溶解不足）或发芽率低，就很难将其生淀粉通过酶而溶解，因此，会影响麦汁收率。

在糖化中，麦芽的糖化分解，采用二段式糖化。首先经过62.5℃糖化，此温度下糖化，麦芽中核苷酸酶、内切肽酶及β-淀粉酶均有活性，促进了核酸分解（形成核苷酸、及嘌呤、嘧啶）；内切肽酶还有一定活性，可补充蛋白质的分解，形成较多的可溶性氮（多肽）；β-淀粉酶在此段温度有最高活性，有利于形成较多的可发酵性糖。此休止一般为20～40min。随后再升至68～70℃进行第二段糖化，主要发挥α-淀粉酶的催化作用，提高麦汁收率。二段温度糖化分解，对提高麦汁发酵度十分有利。近代的啤酒厂大多追求啤酒的高发酵度，所以，二段糖化温度，也被其他糖化法广泛采用。

降温浸出糖化法，仅使用在麦芽溶解过头，或要求发酵度特别低的啤酒，一般很少采用。麦芽粉加热水，一开始就维持在68～70℃，进行糖化休止，以后再加入冷水，使醪降温，再进行第二段浸出，但此时浸出液中酶活性如β-淀粉酶、羧基肽酶，大部分已经钝化，酶作用微弱。近代啤酒厂很少采用此法。

四、复式糖化法

在使用未发芽谷物（如玉米、大米、小麦等）作辅料时，由于未发芽谷物中淀粉是包含在胚乳细胞壁中的生淀粉，只有经过破除淀粉细胞壁，使淀粉溶出，再经过糊化和液化，使之形成稀薄的淀粉浆，才能受到麦芽中淀粉酶充分作用，形成可发酵性糖和可溶性低聚糊精。此未发芽谷物的预处理，一般在糊化锅加水加麦芽后，升温直至煮沸。“复式”的定义，就是包含了辅料的酶和煮沸处理。

1. 辅料的糊化、液化

（1）玉米、大米应适当地磨细，依靠机械剪切力，使谷物淀粉颗粒的细胞壁被撕开，磨得愈细，糊化和液化愈容易。但磨得太细时，也会撕碎谷物中蛋白质，使麦芽醪过滤困难，麦汁混浊。一般原料粉以通过40目筛为宜。

（2）生淀粉的糊化是淀粉吸水膨胀过程，因此，需要大的加水比（1∶6以上），否则糊化不彻底，醪液粘稠，影响糖化。

（3）外加酶或麦芽是促进谷物糊化、液化的必要手段。加麦芽量应为总辅料投料量的20%～25%。

如使用辅料为脱脂玉米或大米，也可采用加压糊化工艺，这对辅料的淀粉利用率提高有利，但人们对酿造风味有异议，因此此法采用不多。

脱脂玉米粗粒或大米粉 ＋水（1∶6）⟶搅拌加热至121℃，保持0.5h⟶降压至100℃⟶倒入糖化锅。

近代也有人采用用直接蒸汽喷射（拉伐尔喷嘴），加热至145℃（2min），然后用2～3个后熟器降压至常压再倒入糖化锅。

近代也有采用不发芽谷物的膨化技术加工，经过膨化后的辅料，组织松软，淀粉完全达到液化。在啤酒糖化时，可以和麦芽粉一起直接投入糖化锅中糖化。此法辅料中淀粉利用率高。

2. 复式一次煮出糖化法

此法已在国内广泛应用，常误称做“二次煮出糖化法”，适合于各类原料酿造浅色麦汁，此法常用于酿制比尔森型啤酒。

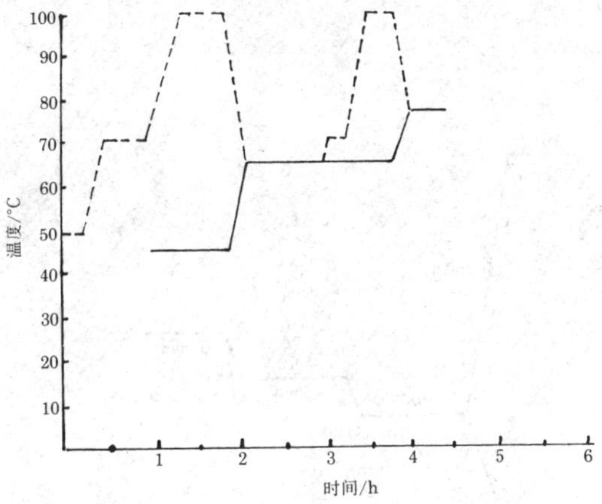

图 1-4-12　复式一次煮出糖化法曲线

3. 复式浸出糖化法（煮—浸法）

近代国内外 Lager 型浅色啤酒，有一种倾向，追求色泽极浅（5.0～6.0EBC 左右），高发酵度（12°P 啤酒真正发酵度 66%左右），残余可发酵性糖少（麦汁极限发酵度－成品啤酒发酵度＝0.5%），啤酒泡沫好（泡持时间＞5min），糖化工艺特别喜欢采用复式浸出糖化法。此法常用于酿制淡爽型啤酒。

（1）辅料糊化有两大特点：一是大加水比（1∶6 以上），二是尽可能利用外加 α-淀粉酶，协助糊化、液化，避免添加过多麦芽，在糊化煮沸时，促进皮壳溶解和形成焦糖、类黑精。

（2）辅料比较大，一般大米辅料占总投料的 30%～40%。

（3）辅料糊化醪分两次倒入糖化锅。

（4）在辅料糊化醪倒入时调整 pH 至 5.3（用乳酸或磷酸）。蛋白质休止温度为 50～52℃，时间短 20min。

（5）采用二段式糖化温度，提高可发酵性糖含量。

（6）第二段 70℃糖化休止，由碘试至醪不呈色时，再升温至 75℃时糖化结束。

4. 麦芽皮壳分离、分级糖化法

对麦芽粉碎后各级筛分研究结果如表 1-4-24 所示。

（1）把溶解差、酶含量低的麦芽粗粒，投入糊化锅，和辅料一起参与煮出糊化、液化，可提高其浸出物收率。

（2）将细粒和部分细粉混合投入糖化锅，经过蛋白质休止。将辅料和麦芽粗粒的糊化醪泵入，并适当加水，再加余下细粉进行糖化分解。62.5℃分解 20～30min 后，再升温并搅拌，加入麦芽的谷皮，调节温度至 70℃，进行第二段休止，直至碘试完全后，升温至 75℃时糖化结束。

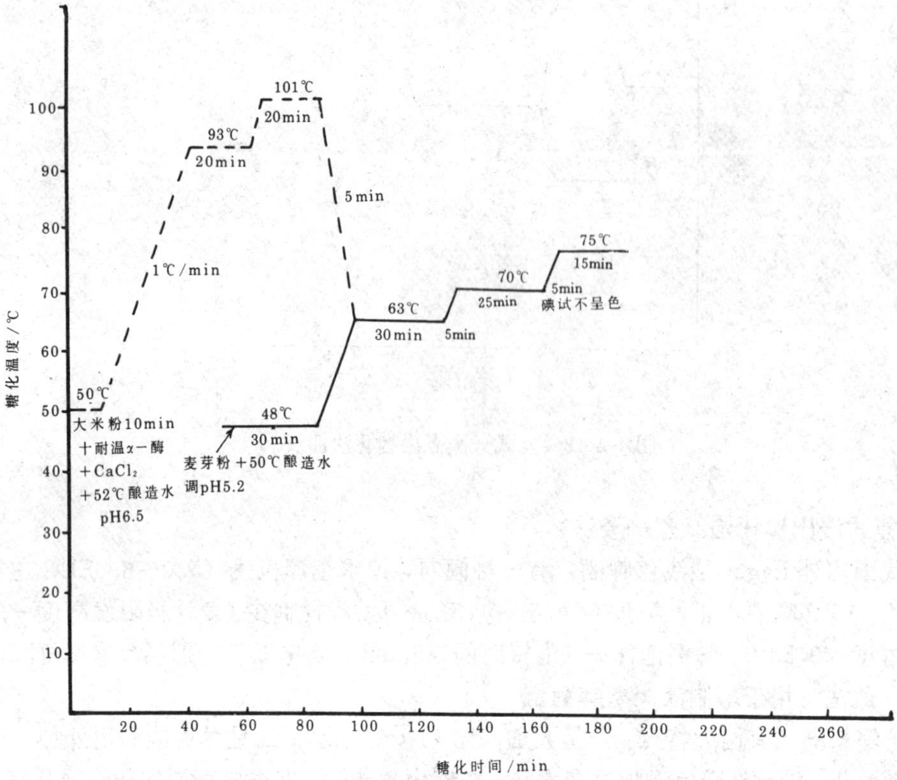

图 1-4-13　复式浸出糖化法曲线

表 1-4-24　　**麦芽粉碎各级筛分特性**

筛分	占总量/%	占浸出率/%	特　　性
谷皮	15	6.0	很少参于浸出物，皮谷物质溶解有损于麦汁质量
粗粒	20	12.0	在发芽中分解少，坚硬、酶含量低，溶解困难，浸出率低
细粒	30	32.0	溶解适中，酶含量适中
粉	35	50.0	溶解充分，酶含量充足，糖化时易形成可发酵性糖

本法优点：粗粒经过预糊化，提高了收得率；细粉的一部分，不参与蛋白质休止，不引起其中多肽的过度分解，麦汁泡持蛋白质丰富，泡沫好；麦芽皮壳既没有经过煮沸，又在糖化中时间短，皮壳物质溶解减少，提高了啤酒的柔和性和降低了啤酒的色泽；皮壳刚性好，有利于过滤。

此法应采用回潮五辊、六辊并带有分级筛的特殊粉碎机。

五、外加酶制剂糖化法

1. 外加酶制剂糖化的意义

麦芽作为原料是提供啤酒组分的物质基础，也是提供糖化时各种生化反应的催化剂——酶。酿造啤酒，麦芽是必不可少的原料。但从大麦加工成麦芽，干物质损失近10%，价格也提高了70%以上。麦芽和其他谷物，如大米、玉米等相比，含可利用的浸出物少10%以上。因此，在不降低啤酒质量的前提下，在法律许可范围内（各国规定不一），尽可能多使用不发芽谷物代替麦芽是有经济利益和社会效益的。

实践证明，在麦芽质量优良，含水解酶丰富时，不发芽谷物占总原料25%～30%，麦芽中淀粉酶足于承担这部分额外淀粉的糖化，酿出的啤酒，口味淡爽，泡沫细腻洁白，稳定性高。但当不发芽谷物占总原料比例超过30%～35%时，人们发现，由麦芽提供的水解酶不足，糖化困难，麦汁组成差，发酵滞缓，啤酒风味不佳。近代生化技术的发展，提供了众多的酶制剂，为实现高比例辅料酿造啤酒开辟了途径。

我国60年代初，无锡轻工业学院曾利用麸曲浸出液协同糖化，使大米辅料提高到50%～60%。

1968年上海啤酒厂等应用BF7658枯草杆菌淀粉酶液化工艺，使大米辅料提高到40%～48%。

1973年黑龙江轻工研究所和哈尔滨啤酒厂协作，成功地用20%大麦、27%大米、53%麦芽酿造啤酒。

1974年轻工部食品发酵研究所、北京发酵研究所、北京啤酒厂等协作，用多种酶制剂协同糖化，成功地用50%大麦、25%大米、25%麦芽酿制啤酒。

由于天气等年成影响，酿酒大麦质量差，造成麦芽质量不符合制造啤酒的需要，外加酶制剂，对协助、调整水解酶体系，改善麦汁的产率和质量是有意义的。

2. 应用α-淀粉酶促进辅料的糊化

辅料大米或玉米占总投料的35%～45%，经磨细后全部通过40目筛，于糊化锅中加入1∶6的热水（50℃），15min加热至70℃，加入调湿的α-淀粉酶（以每克大米加3.5u），于70℃保温液化20min，再以1℃/min的速率加热至92℃，再加3.5u/g大米的α-淀粉酶，保温5min，迅速升至100℃，煮沸20min，即完成辅料的糊化。

由于BF7658α-淀粉酶为中温淀粉酶，80℃时很快钝化，所以分两次添加，效果更好。若用高温淀粉酶，可在投米时加入酶（一次）。用淀粉酶液化，糊化醪粘度为（8～14）×10^{-3}Pa·s，小于麦芽促进糊化的粘度（0.02～0.03Pa·s），而且色泽浅。国产耐高温α-淀粉酶已有生产，一般用量为0.4～0.6L/t辅料。

3. 高比例辅料的外加酶酿造

（1）配料和大麦预处理　配料为优级麦芽占总投料25%，大米占总投料25%，大麦占总投料50%。

大麦在浸麦槽中洗涤4h，并换二次水，浸至水分30%～35%，置于麦芽干燥炉中，在70℃下通风干燥至水分12%。此法可降低大麦β-葡聚糖20%。用麦芽粉碎机粉碎大麦，要求麦皮基本裂成几片，大麦胚乳粉碎成粗、细粒为主，通过孔径0.92mm筛孔之粉只占总量的5%。

(2) 酶制剂　此酶由地衣芽孢杆菌产生，在淀粉醪中可耐温105～110℃，最适温度为95℃，pH6.0～6.5(醪中)应有20～40mg/LCa^{2+}保护。使用量为淀粉的0.06～0.08L/100kg。

(3) 糖化工艺

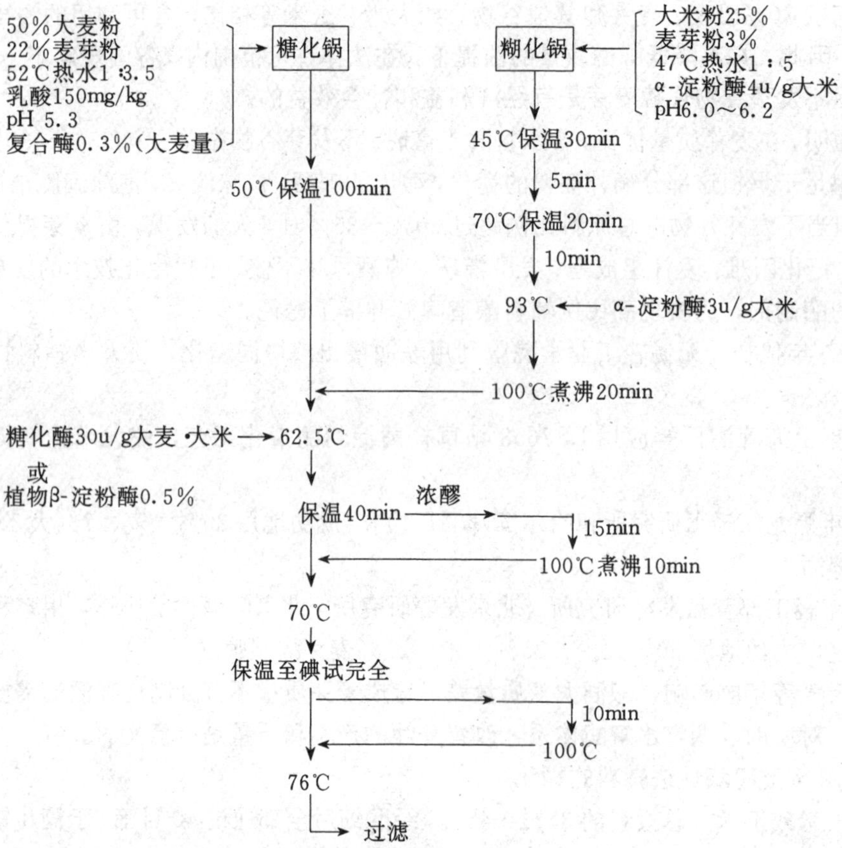

表1-4-25　部分国产酶制剂的特性

酶制剂名称	来　源	制造厂	主要活性	作用条件	用量参考
BF7658 α-淀粉酶	枯草杆菌	无锡酶制剂厂 上海酶制剂厂 连云港酶制剂厂	淀粉→糊精	pH6.0～6.5 t50～70℃	6～8u/g
高温淀粉酶	地衣芽孢杆菌	无锡酶制剂厂	淀粉→糊精	pH5.7～7.0 t50～110℃	0.1%
β-淀粉酶	腊状芽孢杆菌	无锡酶制剂厂	淀粉→麦芽糖	pH6～8 t30～50℃	100u/g
	薯类提取	沈阳	淀粉→麦芽糖	pH5～6 t50～65℃	0.5%
异淀粉酶	产气杆菌	无锡酶制剂厂	淀粉 α-1，6键	pH6～8 t50℃	50u/g

续表

酶制剂名称	来　源	制 造 厂	主要活性	作用条件	用量参考
糖化酶	黑曲霉	全国许多厂	淀粉→葡萄糖	pH4.3～5.6 t58～62℃	50u/g
木瓜蛋白酶	木瓜		蛋白质→肽 肽→氨基酸	pH5～7.5 t40～45℃	
菠萝蛋白酶	菠萝	南宁罐头厂	同　上	pH4.5～7.5 t35～45℃	
As·1398蛋白酶	枯草杆菌	无锡酶制剂厂	同　上	pH5.5～8.5 t35～55℃	60～80u/g
As·3·942蛋白酶	栖土曲霉	温州生物制药厂	同　上	pH5.0～6.5 t40～50℃	
As·3·961蛋白酶	米曲霉	无锡轻工大学	同　上 β-葡聚糖酶	pH5.5～6.5 t40～50℃	80u/g
啤酒酿造复合酶	淀粉液化芽孢杆菌	连云港酶制剂厂	中性蛋白酶 α-淀粉酶	t40～48℃ pH5.5～5.8	0.1%～0.3%

六、配料的估算

啤酒糖化投料的配料，包括：①麦芽和辅料比的选择。②麦芽中各等级和指标的搭配。③投料水的分配。

工厂为了酿造啤酒风格的一致，麦芽进厂后通过分析，进行麦汁组成的概算，决定配料方案，再通过小型糖化检查、验证，最后定出配料生产试验方案。通过生产验证修改，最终订出配料及糖化工艺。

1. 由麦芽糖化力估算辅料比

据资料报道，在正常糖化操作下（65～68℃糖化30～45min），每公斤混合原料投料中，应含有1 500～2 000WK的糖化力。上限值可以缩短糖化时间，并得到较高发酵度的麦汁；下限值糖化时间长，发酵度低。如小于1 500WK会影响糖化作业、影响原料利用率、影响麦汁组成。

如：设某原料糖化力为200WK/100g绝干麦芽

工艺规定每kg投料应用1 500WK

此麦芽配料中辅料比$X\%$

则：$1\ 000 \times X\% \times 200\ (\text{WK})\ /100\text{g} = \sum \text{WK} = 1\ 500\ (\text{WK})$

$X\% = 75\%$

此麦芽只宜配总投料25%的辅料。

2. 麦汁总氮的估算

据资料报道，12°P浅色啤酒定型麦汁的总可溶性氮水平为：

全麦芽麦汁　　900～1 200mg/L

加辅料浓醇型啤酒麦汁　　700～850mg/L

加辅料淡爽型啤酒麦汁　　550～700mg/L

工艺规定某啤酒麦汁总氮水平（如 700mg/L）就可计算麦芽比例或工艺系数。

（1）若辅料用大米、脱脂玉米等，麦汁总氮绝大部分来自于麦芽。工艺上可假设全部来自于麦芽。

（2）大生产糖化和协定法糖化相比，蛋白质分解强度可以在 0.85～1.20 之间。

$$此工艺蛋白质分解系数=\frac{大生产麦汁总氮}{协定麦汁总氮}\times 100\%$$

当麦芽 Vz(45℃)＞38%，大生产蛋白质休止 pH 为 5.2～5.3，休止温度为 50～52℃，休止时间为 30～60min，此系数可以在 1.1～1.15 之间。

反之，麦芽 Vz（45℃）＜36%，蛋白质休止条件不好，时间短，系数在 0.9±0.05。

现设工艺蛋白质分解系数为 1.1。

（3）麦汁煮沸时将析出凝固性氮为麦汁总氮的 5.0%～8.0%，良好煮沸工艺应达到析出 7.0%凝固性氮。

若设：某麦芽水分为 7.0%，总氮为 1.92%，库尔巴赫指数为 35%。按上述工艺规定，原料中麦芽比例：

设：每 100g 混合投料中麦芽为 Yg

每 100g 混合投料可得到 12°P 定型麦汁 0.6L

$$\frac{Y\times（1-麦芽水分）\times 麦芽总氮\times 库值\times 工艺系数\times（1-析出量）}{12°P\ 麦汁产量}$$

$=$定型麦汁总可溶性氮$=$700mg/L

代入数据：

$$\frac{Y\times（1-7.0\%）\times 1.92\%\times 35\%\times 1.1\times（1-7.0\%）\times 1000}{0.6}=700mg/L$$

则：$Y=65.7$g

按此工艺和麦芽质量，辅料比只能在 35%。

3. 麦汁 α-氨基氮的估算

12°P 浅色定型麦汁，麦汁 α-氨基氮水平应≥180mg/L。

麦芽的 α-氨基氮是由协定糖化法麦汁计算而得。生产糖化工艺与协定糖化法 α-氨基氮水平在 0.9～1.3 之间。麦汁在加酒花煮沸时 α-氨基氮只有 2%～3%的损失，可忽略。

现设：定型麦汁 α-氨基氮为 180mg/L，工艺增加系数为 1.2，煮沸损失为 2%，每 100g 投料得到定型麦汁为 0.6L，麦芽比为 65%，水分为 7.0%。

计算：此时麦芽应含有 α-氨基氮水平

$$\frac{总投料量\times 麦芽比例\times（1-麦芽水分）\times 麦芽\ \alpha\text{-}氨基氮\times 工艺系数}{麦汁产量}$$

$=$定型麦汁 α-氨基氮

代入数据：

$$\frac{100\times 65\%\times（1-7.0\%）\times Z/100g\times 1.2}{0.6}=180mg/L$$

$Z=150$mg/100g 绝干麦芽时麦汁 α-氨基氮才能符合要求。

通过上述计算方法，也可在配料一定时，修订合理工艺，调整工艺系数值，使麦汁组成符合要求。

4. 啤酒糖化投料水的分配计算

(1) 糖化投料水分配原则

①制造浅色啤酒，过滤后的头号麦汁的浓度（°P）应比定型麦汁（即制造啤酒规定浓度）的浓度高 2～4°P。

②糊化锅内物料（辅料＋辅料量 20%～30%的麦芽）的加水比，应尽可能大一些，一般要求 1∶5.0～6.5。稀醪有利于辅料的糊化、液化。若加水比小于 1∶4.5，会造成辅料糊化、液化不彻底，最终影响收率。

③糖化锅内麦芽的加水比，应适当小一些，一般可在 1∶2.8～4.0。

(2) 糖化总投料水量的计算

$$W=\frac{A\ (1-B_0)}{B_0}\cdot G \quad ①$$

式中 W——总投料水（kg）

A——麦芽和辅料的浸出物含量（%含水计）

B_0——工艺规定头号麦汁的浓度（°P）

G——麦芽和辅料的混合投料量（kg）

(3) 投料水分配计算

①并锅后温度符合工艺规定：当被煮沸的糊化醪倒入糖化锅，使糖化锅麦芽醪从蛋白质休止温度，正好升到工艺规定的糖化温度（即不考虑分配原则②、③）。

此分配计算可由热量平衡方程计算：

$$G_1C_1t_1+G_2C_2t_2=\ (G_1+G_2)\ C_3\cdot t_3 \quad ②$$

式中 G_1、G_2——糊化醪、麦芽醪的重量（kg）

C_1、C_2、C_3——糊化醪、麦芽醪、混合醪的比热容 [J/ (kg·℃)]

t_1、t_2、t_3——糊化醪、麦芽醪、混合醪的温度（℃）

由于工程计算各比热容之间相差很小，蒸发和原料水分均很小。

②式可简化为：

$$G_2=G_1\frac{t_1-t_3}{t_3-t_2} \quad ②'$$

当糊化温度为 $t_1=100$℃，糖化锅蛋白质休止温度为 $t_2=45\sim52$℃，并醪后混合醪的糖化温度为 63～67℃。

当总加水比在 1∶4.2～4.5 时

辅料占总投料的质量分数	糖化锅加水比	糊化锅加水比
25	1∶4.0～4.5	1∶4.5～5.2
30	1∶4.2～4.7	1∶4.2～4.5
35	1∶4.5～5.0	1∶4.0～4.3
45	1∶5.5	1∶3.0～3.2

显然，随辅料比例增加，无法按倒醪后的混合温度来分配两锅的投料比。

②合理分配计算方法

(A) 糊化醪两次倒入糖化锅，即把糖化锅在 35℃预浸渍后，用糊化醪倒入一部分使之升高至蛋白质休止温度，另一部分待蛋白质休止结束后再倒入，使之升至糖化温度。（降低 t_2 法）。

(B) 辅料比大于 35%时，宜采用将糊化醪用换热器降温后再并醪（降低 t_1 法）。只要不把糊化醪降至 70℃以下，不会造成困难。

(C) 固定糊化锅加水比（≥1∶5.0），再由总加水计算出糖化锅加水比，如>1∶3.0，先在糖化锅加 1∶2.5 的水，把计算出的余水，在并锅时加入冷水，（实际上也属降低 t_2 法），但得注意，不能使冷水接触糊化醪（防止淀粉回生）。

在高比例辅料糖化时，有时得把上述三种方法结合使用，才能使投料水分配合理。

七、糖化设备

世界上大多数啤酒厂，麦汁制造至今沿用分批间歇式，制造麦汁设备以锅和槽为主，辅以泵及管道、加热器等构成，按锅、槽组合型式可分成表 1-4-26 几大类别。

表 1-4-26　　　　麦汁制造设备组合型式

名　称	锅　槽　数	容量范围	每日批次数
二器组合	糊化-煮沸锅 1 只 糖化-过滤槽 1 只	10～30m³	2～2.5 次
四器组合 （三锅二槽）	糊化锅 1 只 糖化锅 1 只 煮沸锅 1 只 过滤槽 1 只 回旋槽 1 只	以麦汁产量分 10 15 35　m³ 50 100	4～4.5 次
四器＋中间槽组合 （三锅三槽）	同　上 加麦汁暂时槽 1 只	同　上	6～7 次
六器组合	糊化锅 1 只 糖化锅 1 只 过滤槽 2 只 煮沸锅 2 只	同　上	7 次
六器＋中间槽组合	同上，加二只麦汁中间暂时槽	同　上	7～8 次

1. 圆筒形糊化-糖化锅

近代，为了工艺调整方便，把糊化锅和糖化锅设计制造成相同规格和结构。

(1) 型式与结构　以不锈钢制造成圆筒形的锅身，以球形、椭球形或锥形夹套式底，以弧形或锥形顶盖组合。夹套内用直接蒸汽加热，夹套能耐 0.15～0.25MPa 压力，锅内夹底为了强化传热，较多采用紫铜板。锅底部设有浆叶式搅拌器，搅拌器由电机通过立式涡轮减速箱，直接带动搅拌浆叶旋转。锅顶有一排汽升气管，锅顶盖设有移门或密封人孔。

(2)容器计算　工厂生产啤酒的浓度各不相同，啤酒糖化设备设计常以 12°P 为标准，糊化加水比在 1∶5～6，总加水比为 1∶4.0～4.3 之间，糊化-糖化锅经验容积以每 100kg

混合原料投料需要 700～600L 全容积计算。

球形底时，锅容积可按如下公式决定尺寸：

$$V=0.785D^2h_1+\pi h_1\left(\frac{D^2}{8}+\frac{h_2}{6}\right)$$

式中　V ——锅全容积（m^2）

D ——圆筒体直径（m）

h_1 ——圆筒体高（m）

h_2 ——球底高（m）

（3）特性参数　为了缩短工艺作业时间，在传热计算时，应保证辅料比为 40%，加水比在 1∶6.3 时全部醪液在 60～100℃温度区间内，升温速率为 1～1.5℃/min。依此计算加热面积。一般夹套加热面积与锅有效容积之比为 1～1.3∶1。

锅直径 D 和圆筒体高度 h_1 之比，一般取 2∶1，这样有利于提高加热面积和醪液对流。

如计算加热面积不足时，锅体内可加设蛇管加热。

排汽管截面积为液体蒸发面积的 1/30～1/50。

搅拌器转速设二级，用以投料搅拌为 40～50r/min，用以醪加热搅拌为 12～20r/min。

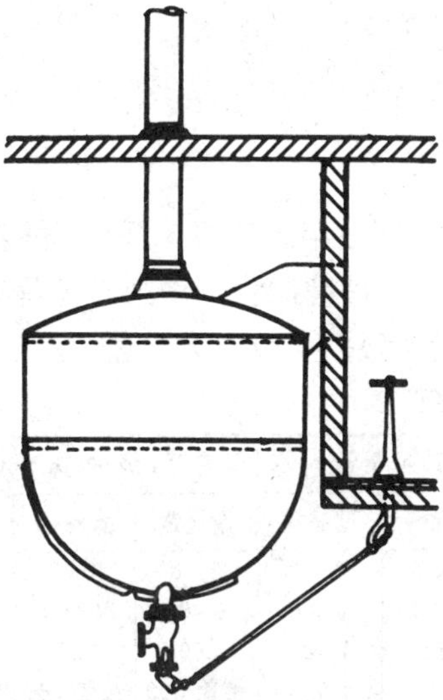

图 1-4-14　圆筒形糊化-糖化锅结构

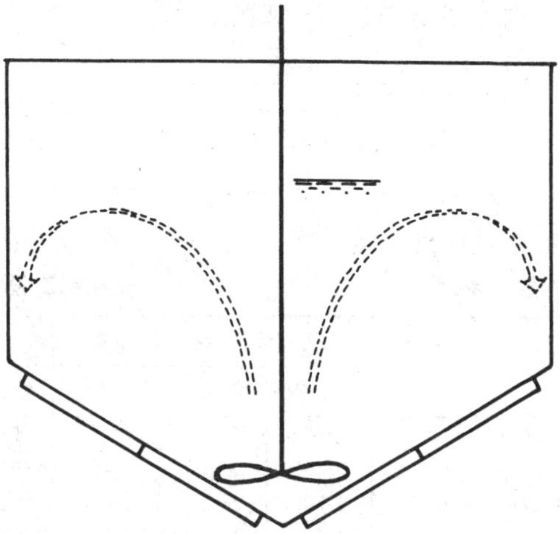

图 1-4-15　矩形糖化锅

2. 矩形锅

在 70 年代初，国外曾推出矩形锅作为糊化、糖化、麦汁煮沸锅。

矩形锅横截面为矩形，底为球底（夹套加热）或不等边锥底（管式加热器）。矩形筒体有长条形观察视镜，顶盖是平盖结构，并设有搅拌器传动、变速装置。搅拌器是螺旋浆式，由顶盖伸至锅身内。搅拌器可以有一至数个。

矩形糖化锅的优点是：在车间中容易排列，比较节省车间面积并能在某一边延伸，加大槽的容积，便于扩大产量。缺点是：搅拌不易均匀，制造并不方便。因此，在 80 年代后较少被采用。

3. 国内某些麦汁制造设备的规范

我国生产麦汁制造设备已经规范化，大多数是四器组合，即三锅二槽，或三锅三槽，规范以每批次麦汁产量而定，有 10、15、25、35、50、60、100m^3 多种，工厂可根据产量选择某规范一套至数套。如年产啤酒 1～1.5 万 t 的工厂可选用 13m^3 三锅三槽一套（日糖化批次 6 次）。年产 5.0 万 t 的啤酒厂，可选用 35m^3 三锅三槽一套（日批次数为 7 次）。

糖化锅规范选择可按下式计算：

$$V=\frac{Q\times 1.002\times b}{(1-\Phi)\ \times n\times m}\ (m^3)$$

式中

V ——热麦汁批次产量即规范产量（m^3）

Q ——啤酒年产量（t）（m^3）

1.002 ——啤酒的相对密度

b ——旺季（2～3 季度）产量比例，国内一般应达到 70%

Φ ——啤酒总损失（包括冷却体积收缩损失一般取 11%～12%）

n ——旺季（2～3 季度）预定开工天数，可选 150～170d。

m ——日糖化最大批次数，三锅三槽可达 7～8 次。

例：某年产 5 万 t 啤酒

$$V=\frac{50\ 000\times 1.002\times 70\%}{(1-11\%)\ \times 160\times 7}=35m^3$$

由上计算可知选用 35m^3 规范三锅三槽体系完全能满足年产啤酒 5 万 t 的需要，但国内一些新建啤酒厂喜欢采用 50～60m^3 规范，理由是为今后啤酒生产增加产量留有余地，但由于麦汁批次量、水、电、汽、冷工程配套均要增大很多，故不太合理。

表 1-4-27　　麦汁制造设备参考规范

	1 万 t 级/投料 2.2t 原料			3 万 t 级/投料 4.5t 原料			5 万 t 级/投料 6t 原料		
	糖化锅	煮沸锅	过滤槽	糖化锅	煮沸锅	过滤槽	糖化锅	煮沸锅	过滤槽
有效容积/m^3	8.7	13.0	8.7	14.5	29.3	22.0	34.0	46.0	36.0
锅身直径/mm	3 000	3 200	3 400	3 700	4 200	4 500	4 600	4 600	6 000
圆筒高度/mm	1 700	1 510	1 400	1 210	980	1 400	2 600	3 500	1 600
盖高/mm	1 500	1 700	1 700	1 810	2 360	1 955	锥盖 800	锥盖 900	锥盖 900
球底高/mm	1 450	1 850	平底	935	1 560	平底	锥底 1000	锥底 1200	
搅拌器直径 Φ/mm	2 500	2 200	/	3 000	3 500	/	/		
转速/$r\cdot min^{-1}$	30	30	0.4/4.0	30	30	0.4/4.0	15/30/	/	0.12/2.4
电机功率/kW	5.5	5.5	5.5	7.5	7.5	2.2/4.0	7.5/10	内加热器	15
加热夹套蒸汽压力/MPa	0.15	0.25	/	0.245	0.245	/	0.35	0.35	/
加热面积/m^2	10.5	11.85	/	12.5	21.9	/	28	45	/
过滤面积/m^2	/	/	9.07	/	/	15.90	/	/	28.26

第五节 麦芽醪的过滤

一、概 述

糖化过程结束时，已基本完成了麦芽和辅料中高分子物质的分解、萃取。因此，必须在最短时间内把麦汁（溶于水的浸出物）和麦糟（残留的皮壳、高分子蛋白质、纤维素、脂肪等）分离。此分离过程称麦芽醪的过滤。

麦芽醪的过滤包括如下三个过程：

（1）残留在糖化醪仅剩的耐热性的α-淀粉酶，将少量的高分子糊精（特别是两次煮出法中第二次被煮出糊化的糊精）进一步液化，使之全部转变成无色糊精和糖类，提高原料浸出物收得率。

（2）从麦芽醪中分离出“头号麦汁”。

（3）用热水洗涤麦糟，洗出吸附于麦糟的可溶性浸出物，得到“二滤、三滤麦汁”。

麦芽醪的过滤，基本上属物理分离，工艺基本要求是：迅速和较彻底地分离可溶性浸出物，尽可能减少有害于啤酒风味的麦壳多酚、色素、苦味物，以及麦芽中高分子蛋白质、脂肪、脂肪酸、β-葡聚糖等物质被萃取，尽可能获得澄清透明的麦汁。

麦芽醪的过滤设备，通常有三类：

（1）依赖于液柱静压力为推动力的过滤槽法。

（2）依靠泵送醪的正压为推动力的压滤机法。

（3）依赖于液柱正压和麦汁泵抽吸局部负压的渗出过滤槽法。

个别工厂由（2）或（3）再配合离心机法。

二、过 滤 槽 法

过滤槽是最古老的方法，也是至今采用最普遍的方法（国内外85％～90％的厂均采用），它是以过滤筛板和麦糟构成过滤介质，用醪的液柱高度1.5～2.0m产生静压力为推动力实现过滤。

过滤槽的操作是间歇分批式作业。每一批麦芽醪的过滤操作，包括如下作业单元组成：过滤槽准备（热水预热顶气）、进麦芽醪、耕糟机开动、静置过滤层形成、头号麦汁滤出、耕糟、热水洗糟、二和三滤麦汁的滤出、排出麦糟、槽洗涤。

1. 过滤槽的主要结构

过滤槽方法虽然十分古老，但槽的结构日新月异，目的是提高过滤速度，保证分离效果。

过滤槽是由不锈钢制成的圆筒形体，配有弧球形或锥形顶盖，槽底大多是平底（或锥形底）。平底槽有三层底，最上部是水平筛板，接着是麦汁收集底，最外层还有可通入热水保温的夹底，过滤槽中心有一可升降的轴，带动两至四臂的耕槽机。

（1）过滤槽的容积和尺寸　我国啤酒厂通常酿造11～12°P啤酒，每吨混合原料投料的加水比为1∶4.2～4.6，即每吨投料约需5～5.5m^3槽有效容积。槽充满系数为75％～

80%。

槽的圆筒体高度是受麦糟层高度控制的，麦糟层厚度，是滤过阻力的主要因素，因此，不论槽有多大，麦糟层的厚度必须遵循：

麦芽干法粉碎（含回潮粉碎）糟厚度为25～40cm。

麦芽湿法粉碎（含连续浸渍湿粉碎）糟厚度为40～50cm。在相同投料量和粉碎方法下，降低糟厚度即加大槽直径（加大过滤面积）可以提高滤过速度，但糟过滤层薄会降低麦汁透明度。我国过去设计槽。糟层厚度一般在25～42cm，近几年来较多采用28～35cm（干法粉碎）。

计算麦糟层厚度，国外常常采用每吨麦芽投料干法粉碎可以形成1.8m^3麦糟，作者根据国内麦芽皮壳含量高（国内麦芽含皮壳为11%～13%。进口麦芽大多在8.5%～9.5%），粉碎又较粗，经测定每吨国产大麦制麦芽形成麦糟为2.1～2.3m^3（含水83%～85%），每吨辅料（大米或玉米）形成糟体积为0.3～0.4m^3。

当配料为70%麦芽，30%辅料，每吨混合原料投料，干法粉碎约形成1.6～1.7m^3麦糟。

国内万吨级啤酒工厂过滤槽直径为3.4m，过滤面积为9.07m^2，当投混合原料2.3t，麦糟层厚度是多少呢？

糟层厚度h＝投料量×麦糟产率/槽过滤面积

＝2.3×1.65/9.07

＝0.4184m

作者多次在各工厂测定，糟厚度均在40～42cm。由此可见，我国过滤的设计麦糟产率数据不准确，造成麦糟厚度太大，影响了过滤速度。

表1-4-28　70%国产啤酒大麦，30%大米配料每吨混合原料投料需过滤面积和比负荷

糟层厚度/cm	每吨混合原料所需过滤面积/m^2	比负荷/$kg \cdot m^{-2}$
28	6.0	165～170
32	5.2	190～200
36	4.6	220～230
40	4.2	230～250
45	3.6	270～280

作者认为：对于我国啤酒大麦芽加辅料的工艺特点，干法粉碎宜采用28～32cm的麦糟层厚度，即比负荷为165～200（kg/m^2）；连续浸渍湿法粉碎可采用40～45cm糟层厚度，比负荷为230～280（kg/m^2）

（2）过滤槽筛板　老式的过滤槽筛板均采用3.5～4.5mm厚度的紫铜、黄铜、磷青铜，用铣床铣出条形筛孔，上面孔宽为0.6～0.7mm，下面孔宽3～4mm，孔长20～30mm。筛板开孔率为6%～8%。

新式过滤槽筛板用不锈钢梯形钢条焊接而成，其开孔率可达15%～20%，上孔宽宜采用0.6mm，下孔宽可采用2.5mm。

德国拿尔采斯教授认为，当开孔率不足15％时，提高开孔率可增加滤过速度，大于15％开孔率并不明显提高过滤速度。

（3）筛底间距　筛板和麦汁收集底之间距为筛底间距，是由筛板支脚划条形板焊接钢条构成。传统筛底间距一般仅有8～12mm。过去认为间距较小时，在麦汁通过麦汁阀排出时能形成抽吸力，有利于过滤。但国内实践发现，由于使用辅料较多，沉积在收集底的泥状沉结物过多，导致阻塞过滤孔，特别是采用梯形钢条焊接筛板，由于筛孔热涨冷缩造成筛孔变形，渗漏沉积于收集底颗粒和泥状物是影响过滤速度的又一重要因素。作者认为加大筛底间距至20～40mm，并在筛底装置清洗管喷嘴和排污阀等，可在不拆开筛板时，进行清洗排除沉积物。

（4）麦汁收集管　平底过滤槽在麦汁收集底每1.25～1.5m^2均匀分布一根收集麦汁管，管径为25～45mm，在过滤槽液柱为0.1～1.0m液压下，麦汁流速为1.4～4.4m/s，每根麦汁出管阀流量为0.7～6.65L/s。为了保证收集底保持麦汁液位，防止由麦汁出口阀及麦汁管吸进空气，堵塞滤板，出口阀上装有鹅颈管（见图1-4-16）。鹅颈管出口，必须高于筛板5cm。

近代的大型过滤槽直径达8～12m，筛面积达50～110m^2，若按上述原理布置麦汁排出管、阀，就无法顺利操作。一般按同心圆分区汇集各麦汁收集管成1～3根总管，连接麦汁泵输送麦汁（回流入过滤槽或送至煮沸锅），废除了排出阀、鹅颈管、麦汁受皿，并实现了在隔绝空气下过滤，减少了麦汁的氧化。

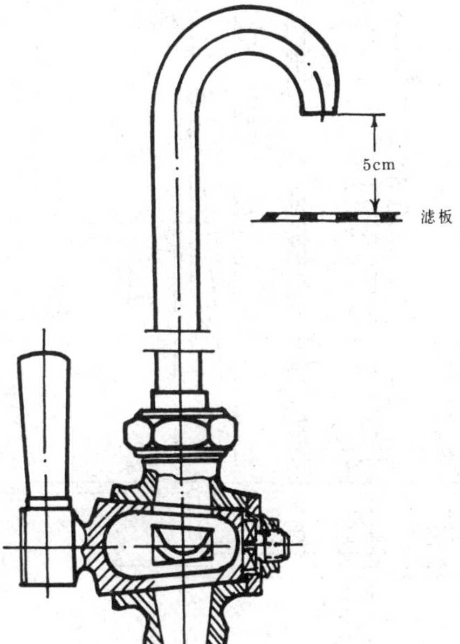

图1-4-16　过滤槽麦汁阀和鹅颈管

（5）糖化醪送入管　传统过滤槽顶连接糖化醪送入管，醪从槽盖顶自由落体进入槽，

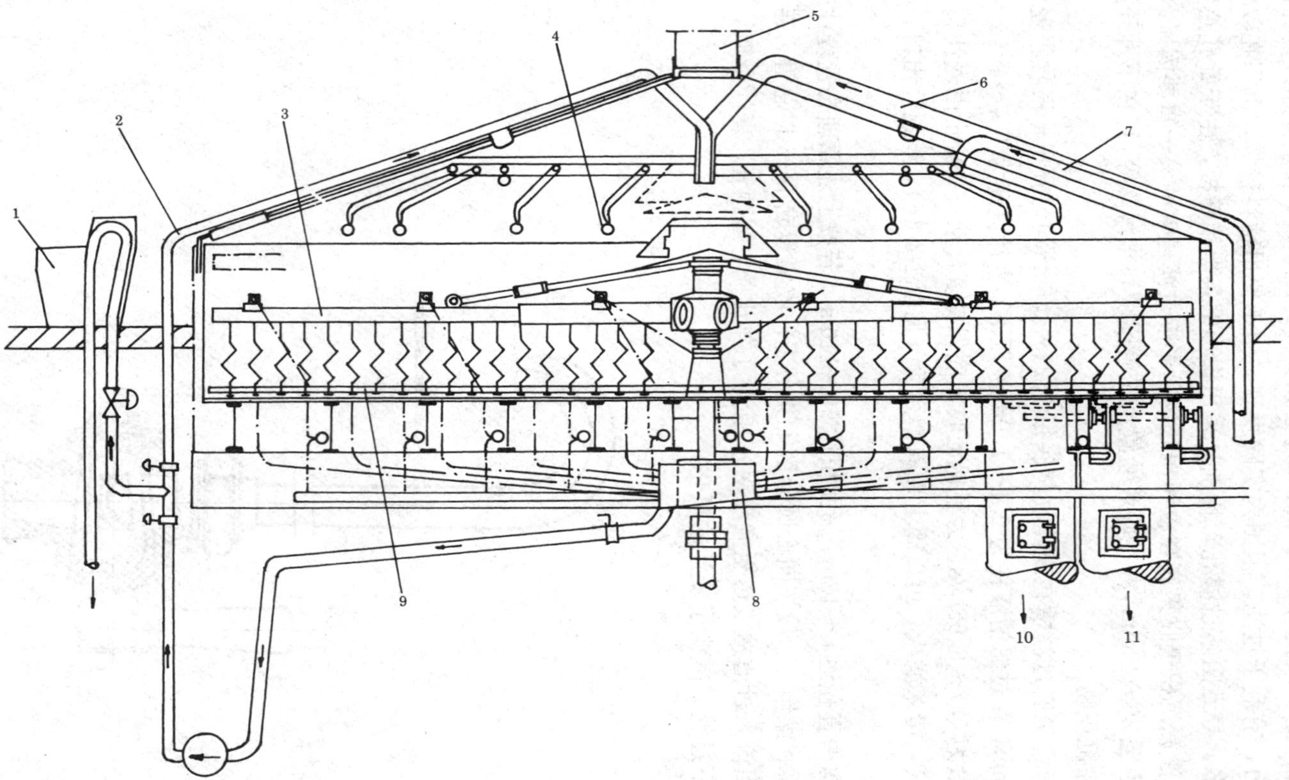

图 1-4-17　新型过滤槽

1—过滤操作控制台　2—混浊麦汁回流　3—耕糟机　4—洗涤水喷嘴　5—二次蒸汽引出
6—糖化醪入口　7—水　8—滤清麦汁收集　9—排糟括板　10—废水出口　11—麦糟

速度可达6～10m/s，易造成糖化醪中各物质由于相对密度不同而离析，使蛋白质等粘结物沉积于筛板上，造成很大的过滤阻力。近代的槽改成从槽底分散成2～4个进口管，用泵送醪进入槽的速度降为2m/s，使醪均匀分布在筛面上。

(6) 耕糟机　耕糟机是由双速电机、减速器、油压升降轴、耕糟臂、耕糟刀等组成。耕糟转速为0.4～0.5r/min，排出麦糟转速为3～4r/min。

耕糟臂有2、3、4臂（相应投料为〈3、3～5、6～10t〉），耕糟臂上每隔20～30cm，装有垂直于筛板的耕糟刀或波形切割刀。大型槽还有排糟臂，装挂可旋转角度的出糟刀。

(7) 洗糟水喷洒装置　小型过滤槽用耕槽机在轴顶端，装置洗糟水承接杯、承接杯连接二根喷水管，水平反向开孔，利用水力反作用力旋转洒水于麦糟层。

中、大型槽在槽盖内装有内、外二圆喷水管，并均匀分布喷嘴，洗糟水在喷嘴以细液滴喷至糟面进行均匀洗糟。

2. 过滤槽滤过程序

①在进醪前，从麦汁引出管进78℃热水直至溢过滤板，藉此预热槽及排除管、筛底的空气。

②泵送糖化醪，送完后开动耕糟机转3～5r，使糖化醪在槽内均匀分布。

③静置10～30min，使糖化醪沉降，形成过滤层。

④通过麦汁阀或麦汁泵抽出混浊麦汁，回至槽内，直至麦汁澄清。一般为10～15min。

⑤进行正常过滤，注意调节麦汁流量（逐步减少）。收集滤过“头号麦汁”。一般需45～90min。

⑥待麦糟露出或将露出，开动耕糟机耕糟，疏松麦糟层。

⑦喷水洗糟，采用连续式或分2～3次洗糟，同时收集“二滤麦汁”，开始较混浊，需回流直至澄清。在洗糟时，如果麦糟板结，尚需耕糟数次。

⑧待洗糟残液流出浓度达到工艺规定值（如0.7°P或1.0°P或3.0°P），过滤结束，旋转耕糟机刀或出糟刀，开动耕糟机及打开麦糟排出阀，干式排麦糟，排空糟，用槽内CIP洗槽及过滤筛板，收集底同时清洗排污。

3. 过滤槽过滤的工艺控制

(1) 过滤槽过滤的质量是在较短时间下（头号麦汁滤过45～90min，洗糟60～90min）得到澄清透明的麦汁。它取决于溶解良好的麦芽，正确的糖化工艺，特别是粉碎度适当和精良的过滤槽。

(2) 良好的过滤，必须保证在过滤时醪温保持不变（一般控制在73～76℃）。麦糟降温将导致麦糟收缩，增加过滤阻力。糖化醪的pH应保持在5.5～5.75之间。

(3) 头号麦汁收集量，取决于混合原料的浸出物含量和由加水比决定的头号麦汁浓度。

当混合原料浸出物含量为76%，头号麦汁浓度为16°P，每吨原料头号麦汁收集量V：

$$V=\frac{\text{投料量}\times\text{混合原料浸出物含量}\times\text{原料利用率}\times\text{头号麦汁浸出物收率}}{\text{头号麦汁浓度}\times\text{相对密度}\times\text{温度系数}}$$

$$=\frac{1000\times76\%\times98.5\%\times84\%}{16\%\times1.0654\times0.98}$$

$$=3745\text{L/t}$$

头号麦汁中浸出物收率约为总浸出物含量的75%～80%，残留于麦糟中浸出物量约等于头号麦汁的浓度。

（4）洗糟水将参与二至三滤麦汁，因此，必须采用酿造水作洗糟水，在洗糟时由于麦糟中酸性物质被洗出，pH会逐步升高，若pH超过6.0，就不利于过滤和麦汁组分，此时洗糟水需调节pH至5.3～5.6。为了保持过滤温度不变，洗糟水温度应高于糖化醪过滤温度。

表1-4-29　　洗糟水组分和麦汁质量

洗糟水组分	头号麦汁		一次洗糟麦汁		二次洗糟麦汁		三次洗糟麦汁	
	浓度/°P	pH	浓度/°P	pH	浓度/°P	pH	浓度/°P	pH
蒸馏水	16.91	5.75	7.11	5.93	1.81	6.07	0.5	6.46
0.005mol/LHCl溶液	16.99	5.73	7.24	5.68	1.87	5.55	0.48	5.37
0.000 5mol/LNa_2CO_3溶液	16.80	5.74	7.36	6.22	2.14	7.04	0.75	7.56
10度Ca（HCO_3）$_2$溶液	16.93	5.77	7.14	6.05	1.81	6.7	0.45	7.17
20度Ca（HCO_3）$_2$溶液	16.94	5.76	7.11	6.29	1.78	7.1	0.45	7.47

（5）洗糟终点随着洗糟进行，被洗出麦汁浓度的降低，pH升高，被洗出浸出物中影响啤酒风味和稳定性的有害成分—高分子含氮化合物、多酚、无机盐的比例会增加。

表1-4-30　　洗糟和洗滤麦汁组分

	头号麦汁	洗滤麦汁				
浓度/°P	16.6	11.75	5.56	2.84	1.14	0.74
pH	5.8	5.83	6.05	6.22	6.34	6.49
灰分/g·100g^{-1}浸出物	1.3	1.42	1.74	2.16	3.16	4.28
总氮/mg·100g^{-1}浸出物	804.0	806.7	907.7	1032.0	1250	1388
多酚/mg·L^{-1}或	107.42	64.78	45.1	36.9	25.4	20.5
/（mg·100g^{-1}浸出物）	67	62.8	76.4	127.2	136.3	145.4

从回收浸出物观点，洗糟终点应在最终残留液浓度<1.0或0.5～0.7°P。但从提高啤酒质量，降低麦汁中有害成分的观点，洗糟终点应为残留液浓度3.0～5.0°P。但这样会使原料浸出物收率降低1.2%～2.0%，许多酿造优秀啤酒的工厂均把洗糟终点订得较高（3.5～5.0°P）。残余的浸出物，进一步洗出，糟水通过活性炭过滤后作投料水。

（6）洗糟水的用量受头号麦汁浓度、洗糟终点和由煮沸蒸发强度、煮沸时间制约的混合麦汁浓度的制约。一般为投料量的3～3.8倍左右。

（7）影响过滤槽过滤速度的主要因素

$$\frac{dV}{FdT}=\frac{n\cdot\pi\cdot d^4\cdot\Delta p}{128\cdot\mu\cdot\alpha L}=\frac{1}{R}\cdot\frac{\Delta p}{\mu}$$

式中

dV/dT——单位时间内过滤麦汁量，即过滤速度

F——过滤面积

d——毛细孔直径

n——毛细孔根数

Δp——滤层（糟层）两端压力差即过滤推动力

αL——经过修正的毛细孔长度

μ——麦汁的粘度

$$dV/dt=\frac{1}{R}\cdot\frac{\Delta p\cdot\text{滤层渗透性}}{\text{滤层厚度}\cdot\text{麦汁粘度}}$$

由上面两个过滤公式可知，过滤速度，是和过滤层疏松性（即毛细孔直径 d）及过滤推动力 Δp 成正比，和滤层厚度（即毛细孔长度 αL）及麦汁粘度成反比。

滤层渗透性（疏松性）取决于麦芽的溶解度（蛋白质溶解度和细胞溶解度）、辅料的种类和比例、麦芽的粉碎方法和粉碎度及糖化方法。

麦汁的粘度取决于麦芽中β-葡聚糖分解的程度、头号麦汁的浓度和过滤时温度。

麦糟层厚度受到过滤槽比负荷的制约。单位过滤面积的投料量愈大，麦糟层厚度愈高，过滤速度愈小。但当相同的比负荷下，麦芽的粉碎愈粗，虽然麦糟层厚度会增加，但滤层疏松性增加，Δp 会增大，反而有利于提高过滤速度。

三、压滤机法

板框式压滤机是由容纳糖化醪（过滤后为麦糟）的框和分离麦汁的滤布及收集麦汁的滤板（沟纹板或栅条板）各若干组组成过滤元件，再配以顶板、支架、压紧螺杆或液压系统组成。

过滤槽板框有正方和长方形，现在很少有圆形的，如法国NORON公司生产的1 200mm×1 400mm，1 500mm×1 800mm，糖化醪用泵送入滤框室，滤框室的板框紧贴于套在沟纹板上的滤布，麦汁受压穿过框内厚60～80mm的滤糟，穿过滤布，汇集在沟纹滤板上收集排出。开始装料时压力为0.03MPa～0.05MPa，流速为1.65m/s，装料时间为20～30min，结束时压力为0.1MPa～0.2MPa。由于外压较大，麦糟被挤压得较干（含液量为72%～73%，过滤槽法为83%～85%）。因此，每吨麦芽形成麦糟仅只有1.2～1.4m^3（过滤槽法为1.8～2.0m^3）。压滤机滤框数可以在10～60个之间。

表 1-4-31　　　　板框尺寸及特性

每块框容纳投料量	1 200mm×1 400mm×7.5mm	1 500mm×1 800mm×9.0mm
框容积/m^3	0.126	0.243
纯麦芽/kg	100	170
$\frac{75\%\text{麦芽}}{25\%\text{大米}}$/kg	115	200

压滤机头号麦汁过滤和洗糟操作如 1-4-18、1-4-19 所示。

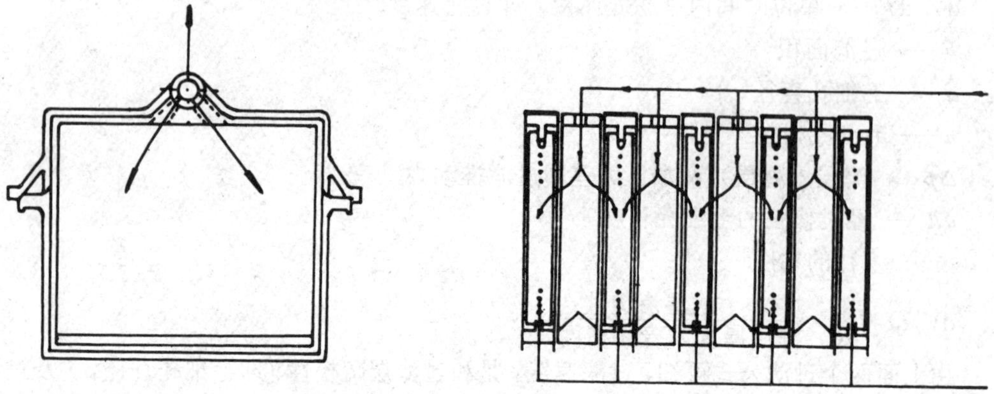

图 1-4-18　头号麦汁过滤流程

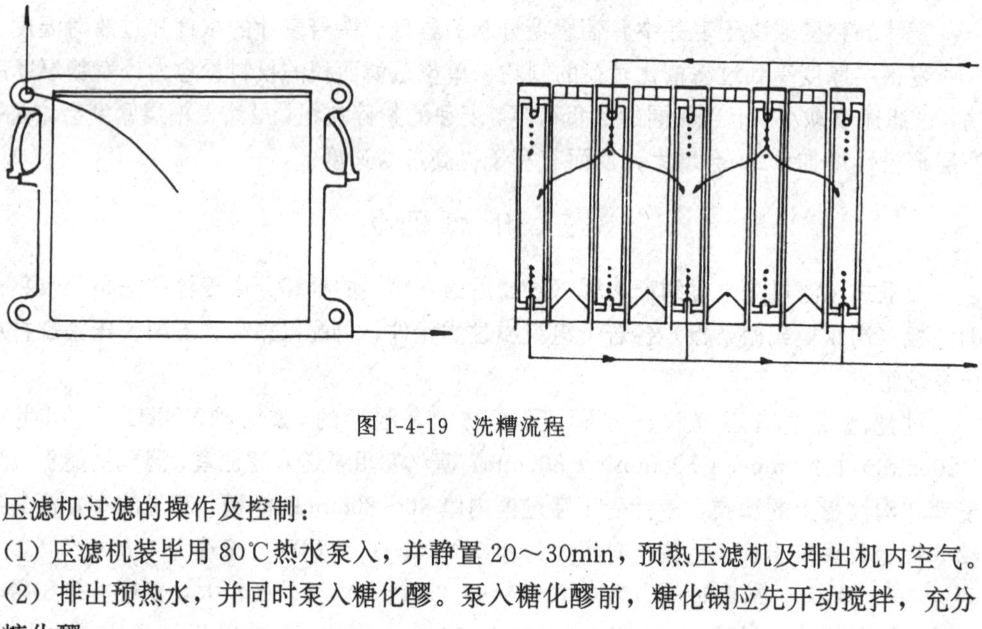

图 1-4-19　洗糟流程

压滤机过滤的操作及控制：

(1) 压滤机装毕用 80℃热水泵入，并静置 20～30min，预热压滤机及排出机内空气。

(2) 排出预热水，并同时泵入糖化醪。泵入糖化醪前，糖化锅应先开动搅拌，充分搅匀糖化醪。

(3) 泵入糖化醪初即打开压滤机麦汁排出阀，边装料边滤出头号麦汁。在未形成麦糟滤层前，头号麦汁较混浊，可回流至糖化锅。约 30～45min 完成头号麦汁滤出。压滤压力从 0.03MPa～0.04MPa，逐步升至 0.07MPa～0.08MPa。

(4) 头号麦汁滤完，立即泵入洗糟热水。洗糟水入口位置和糖化醪泵入位置相反，让洗糟水从一边穿过麦糟层，充分洗出糟吸附的麦汁。洗糟压力应小于 0.1MPa，洗糟作业时间约为 90～100min。

(5) 洗糟结束，再通入压缩空气（0.2MPa），充分挤出糟内吸附的残留麦汁，以提高收率。

(6) 解开压滤机，排出麦糟，洗涤滤布，装机待用。每批次作业总时间为 2.0～3.0h。

表 1-4-32　　过滤方法比较

	过滤槽	压滤机	渗出过滤槽
(1) 过滤作业时间（小时/批）	2.5～3.5	2.0～2.5	1.5～2.0
(2) 每昼夜批次数（次）	6～7	8～10	12～14
(3) 麦汁质量	澄清透明	较清、略混	混浊
(4) 麦汁收率	较低	高	低
(5) 过滤推动力/MPa	静压力<0.01	泵压 0.03～0.1	泵吸 0.03～0.05
(6) 机械化程度	低	高	高
自控程度	困难	可自控	完全自控
(7) 设备费用	低	中等	高
(8) 操作费用	低/水耗大	滤布更新/水耗小	动力耗大/水耗小
(9) 生产弹性	－50%～＋20%	±5%	30%～＋10%
(10) 维修保养	容易	较困难	较容易

四、麦糟的输送

从过滤槽或压滤机排出的麦糟（水分为83%～72%）为“干”式，进入过滤设备附近中间贮槽，再通过输送，至厂区边的麦糟出售罐。

麦糟的输送有多种方法：

(1) 麦糟在中间贮槽加2～3倍水，用泥浆泵送至数十米远的麦糟出售罐。此法虽然操作简单但不足取，因为，在出售前还需分离水，造成废水公害及损失麦糟中营养成分。

(2) 麦糟用单螺杆泵挤压输送，水平距离为100m，垂直高度为10m。此法中小型厂采用较多。

(3)麦糟中间罐为圆筒圆锥底压力罐，输送时用0.7MPa～0.9MPa蒸汽或压缩空气，可送至200m以远的出售罐。

(4) 活塞式气流输送（脉冲式气流输送），该法也可输送至200m以远，而且可边排糟边输送，减小中间麦糟罐的容积。

(3)、(4) 两法在国内外大型啤酒厂中广泛使用。

第六节　麦汁的煮沸和酒花的添加

一、目　　的

(1) 蒸发水分、浓缩麦汁　过滤得到的头号麦汁和洗槽麦汁混合后，形成的混合麦汁，其浓度低于定型麦汁浓度（低1.0～1.5°P），通过煮沸、蒸发浓缩，可达到规定浓度。

(2) 钝化全部酶和麦汁杀菌　过滤后麦汁中还有少量残余的酶活性，主要是α-淀粉酶，为了保证在以后酿造过程中麦汁组分（主要是糊精）的一致性，需通过热处理使酶变性钝化，为了发酵的安全性对麦汁进行热杀菌。煮沸 1～2h，能杀死全部对啤酒发酵有害的微生物。

（3）蛋白质变性和絮凝　过滤麦汁中尚含有高分子水溶性蛋白质（如清蛋白、球蛋白和高肽），它们会造成啤酒的混浊，在麦汁煮沸时利用蛋白质热变性与单宁结合等反应，使麦汁中高分子蛋白质变性和絮凝，以便在后面工序中分离除去。

（4）酒花有效组分的浸出。

（5）排除麦汁中特异的异杂臭气。

二、麦汁煮沸的设备

分批式麦汁煮沸，在一个有加热装置的特殊容器中进行，该容器称煮沸锅。煮沸锅是糖化设备中发展变化最多的设备。

1. 外形

煮沸锅外形有滴水形、圆筒球底、圆筒 W 底（梨形）和矩形不等边锥底等各种形式，较为普遍的是圆筒球底，球形或锥形盖，中央有一圆筒形升气管。

2. 材料

传统煮沸锅均用紫铜板制成，近代较普遍采用不锈钢板。由于紫铜导热系数大（$\lambda_{铜}=330$，$\lambda_{碳钢}=39$，$\lambda_{不锈钢}=15$），而且和麦汁表面反应为非浸润性，因此，传热系数高，不易发生结焦现象，故广泛被采用。但随着麦汁煮沸锅的不断增大，铜强度小，耗用材料多，板厚度大（>8mm）时焊接困难（要铆接），因此，逐步被不锈钢所取代。

3. 加热方式

古老的传统煮沸锅均用直接燃烧火焰加热（古代用木柴、木炭，近代用燃油或煤气），虽然操作困难，但由于热效率高，煮沸后麦汁蛋白质絮凝充分和紧密，酿成的啤酒具有光泽，故至今还有少数工厂采用。近代绝大数工厂采用间接加热，热源有：饱和蒸汽、过热蒸汽、过热水（140～165℃）。从总热效率比较，用高压过热水热效率要比蒸汽高 20%（蒸汽仅 60%左右），但对设备（加热器）耐压要求高，制造成本高，所以，还不普遍。

采用间接加热的加热器也有多种形式，小型锅（<15m³）可采用锅底夹套（分段或不分段）加热，大型锅采用内加热器或外加热器加热。内加热器形式也有多种，采用内加热器由于结构紧凑，不需要动力（泵），国内 35m³ 左右的锅采用较多，它的主要缺点是：在麦汁未沸腾前加热时，麦汁在加热器中流动慢，易造成局部过热，引起麦汁色度加深。同时，加热面结垢，清洗困难。为了缩小锅内加热器尺寸，一般均用 0.35MPa～0.50MPa 的中压蒸汽。外加热器由于采用循环泵泵送麦汁就克服了上述缺点。由于它在外部故易清洗，并可以采用大加热面积后，可使用低压蒸汽（0.2MPa～0.25MPa）。它的主要缺点，需要一台大容量（每小时泵送量为麦汁体积 7～8 倍）、低压头（扬程为 200～250mH_2O）耐热泵，电耗增加，外循环加热在 50m³ 以上煮沸锅上使用逐渐普遍，如我国益民、扬州啤酒厂等采用。

国内许多啤酒厂均采用列管式内加热器。列管会影响麦汁在管内流动速度，管上部由于直接和蒸汽接触，温度接近蒸汽温度，造成麦汁沸腾；而下部温度较低形成强烈的

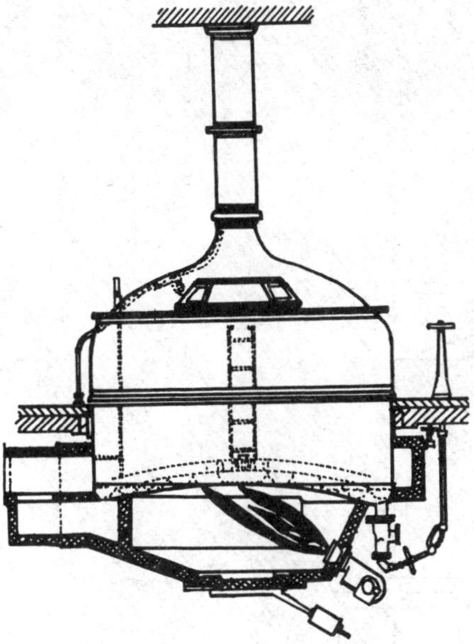

图 1-4-20　直火加热煮沸锅

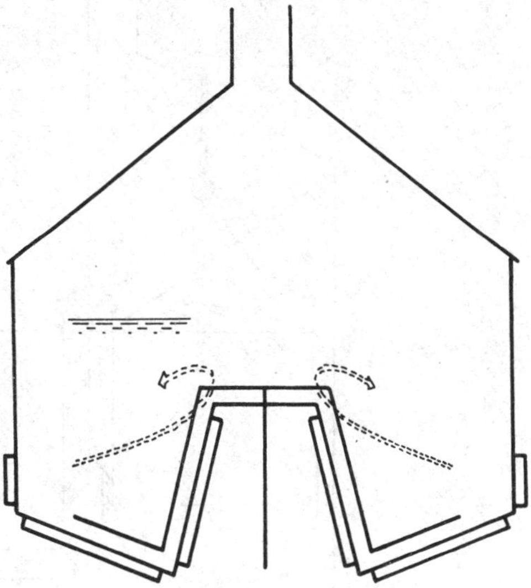

图 1-4-21　W 型夹套加热煮沸锅

对流，管长度愈大，温差也愈大，对流也愈激烈。据经验，加热管长度一般需 1.5～2.0m，而管长小于 1.0m，易发生结垢，麦汁加深色泽。

4. 蒸发方式

传统煮沸锅均采用常压煮沸，近代较多采用密闭煮沸、加压煮沸，特别是低压煮沸更受到普遍欢迎。

5. 煮沸锅技术特性

(1) 设备容积计算　以圆筒体球底为例：

工艺设计上一般圆筒体高 H 和直径 D 之比取 $H:D=1:2$，有利于获得较大加热面积。

则 $D=1.15\sqrt[3]{V}$

$V=V'/\Phi$

式中　D ——煮沸锅直径（m）

V ——煮沸锅全容积（m^3）

V' ——煮沸锅有效容积即混合麦汁装载量（m^3）

Φ —— 煮沸锅充满系数，一般取 0.65～0.75

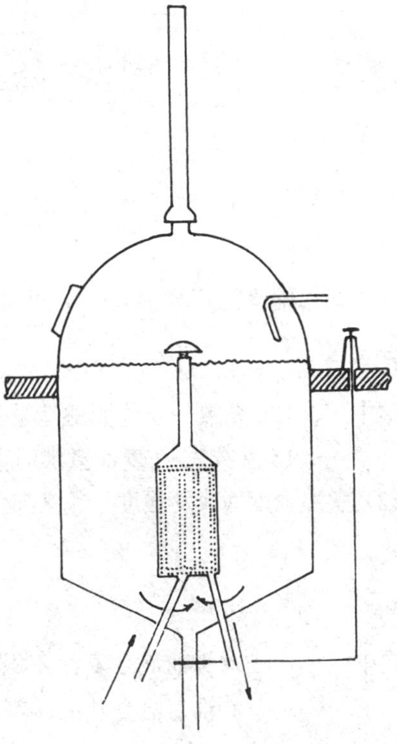

图 1-4-22　内加热煮沸锅

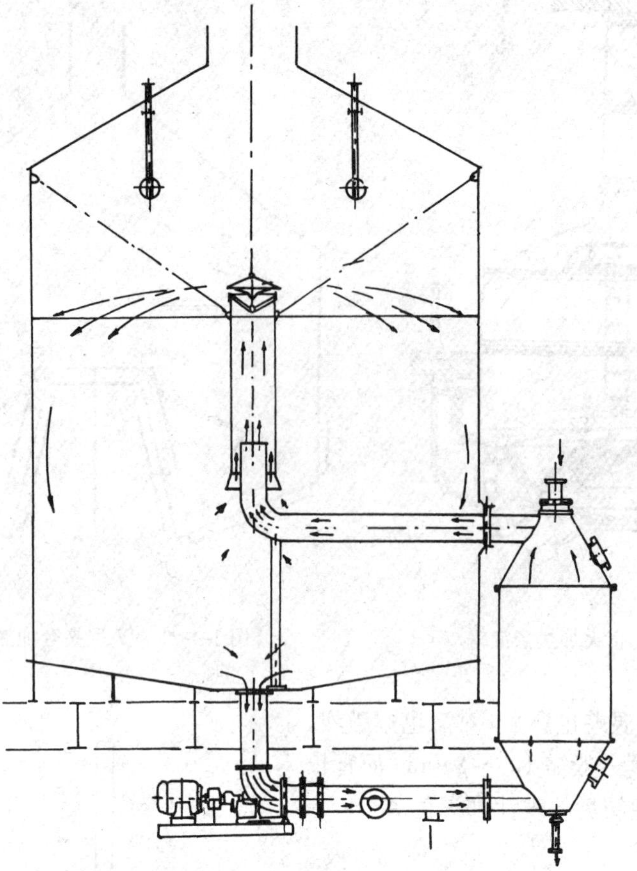

图 1-4-23　外加热煮沸锅

若已知每锅啤酒产量为 $Q\text{m}^3$，可由下式计算：

$$V'=\frac{Q}{(1-0.125)}(1+0.15)$$

式中　0.125 系数——啤酒酿造总损失（对热麦汁而言）

0.15 系数——麦汁煮沸时蒸发系数

(2) 煮沸强度（蒸发强度）　煮沸强度是指煮沸锅单位时间（h）蒸发麦汁水分的百分数。

$$\Phi=\frac{V_1-V_2}{V_1\cdot t}\times 100$$

式中　V_1——煮沸前混合麦汁体积（m^3）

V_2——煮沸后热麦汁的体积（m^3）

t——煮沸时间（h）

Φ——蒸发强度（$\%\cdot\text{h}^{-1}$）。

啤酒生产经验认为：

表 1-4-33　　蒸发强度和效果

Φ/%	麦汁澄清情况	蛋白质凝固	麦汁热凝固氮/mg·L^{-1}
4～6	不澄清	凝结差、沉淀困难	30～45
7～8	一般	絮状、沉淀较慢	18～25
9～10	较好	凝结成紧密絮状及块	12～17
10～12	良好	凝结成块、结实	8～12

由上表可知，为了获得澄清透明并含有较低热凝固氮的麦汁，煮沸强度一般应在 8%～12%之间。煮沸锅煮沸强度不足，是许多啤酒厂生产的啤酒易发生消毒混浊的主要原因之一。

(3) 沸腾强度　是指热麦汁在煮沸时的“流型”，即麦汁在煮沸时，翻腾的激烈程度，或对流运动的程度。混合麦汁中高分子蛋白质受热变性后，絮凝情况和蛋白质碰撞有关，翻腾愈激烈，碰撞机率愈大，变性蛋白质絮凝愈多，麦汁中停留的热凝固性氮愈少，酿制的啤酒愈稳定。煮沸时麦汁流型和锅结构有关，某些煮沸锅用夹套加热，夹套耐压太低，球底曲率半径太小，造成麦汁沸腾时，翻动不好，形成的泡沫不能自动消失，造成蒸沸强度低，蛋白质碰撞机会减少。

(4)影响煮沸强度的因素　由总传热公式 $Q=K\cdot F\Delta t_m\cdot T$ 可知，蒸发强度主要取决于传热量 Q，而 Q 主要取决于总传热系数 K、传热面积 F 和蒸汽温度。

铜夹套 Q=292 600kJ/（m^2·h）

不锈钢夹套 Q=209 000～250 800kJ/（m^2·h）

中央循环内加热器（铜管）Q=418 000kJ/（m^2·h）

中央循环内加热器（不锈钢管）Q=376 200kJ/（m^2·h）

上述数据的蒸汽表压相同（0.25MPa），如果中央循环内加热器为不锈钢，可采用 0.35MPa，单位面积传热量就和紫铜管很接近。(上述数据均是在沸腾下的传热量)。

当加热方法一定，蒸汽压力一定，蒸发强度主要取决于麦汁量 V' 和传热面积 F 之比值。

表 1-4-34　　麦汁量和传热面积比值

	混合原料投料量/t				
	1.0	1.5	2.0	3.0	5.5
煮沸锅总容积/m^3	9.0	12.5	16.5	25.2	46.5
有效容积/m^3	6.12	9.00	12.4	18.0	36.5
加热面积/m^2	7.2	13.0	13.6	6.2	47.2
F/V'	1.2	1.47	1.1	1.45	1.30

优良煮沸锅，用夹套加热，铜加热底一般 $F/V'_{有效}\geq 1.2$，不锈钢需增加 20%，内加热器加热面比值一般取 1.3～1.4∶1。

为了保证一定的煮沸强度，在操作中还需注意，经常清除加热面二侧的垢层，及时排出加热器的不凝结气体及蒸汽的冷凝水，保证蒸汽的压力，煮沸时不形成泡沫等。

三、麦汁煮沸中水分的蒸发

（1）由煮沸前后浸出物不变，可得下式：

$V_1 \cdot B_1 \cdot d_1 = V_2 \cdot B_2 \cdot d_2$

由于 d_1 和 d_2 麦汁相对密度差较小可得到

$V_1 \cdot B_1 \approx V_2 \cdot B_2$

$$V_2 \approx \frac{V_1 \cdot B_1}{B_2} \quad \cdots\cdots (1)$$

（2）由蒸发强度公式

$$\Phi\% = \frac{V_1 - V_2}{V_1 \cdot t} \times 100$$

$$t = \frac{V_1 - V_2}{V_1 \cdot \Phi} \times 100 \quad \cdots\cdots (2)$$

由（1）代入（2）式：

$$t = \frac{1 - \frac{B_1}{B_2}}{\Phi} \times 100 \quad \cdots\cdots (3)$$

由（3）可知，当 Φ 一定，需要煮沸的时间，仅仅决定于煮沸前后的浓度差，由此可计算煮沸时间。

或改写（3）式

$$B_1 = \left(1 - \frac{\Phi \cdot t}{100}\right) \cdot B_2 \quad \cdots\cdots (4)$$

若工艺规定煮沸时间一定，锅蒸发强度一定，热麦汁浓度（B_2）一定时，麦汁洗糟就受麦汁浓度（B_1）制约。

四、酒花的添加

传统啤酒酿造中较多采用整朵酒花或颗粒酒花，分次添加在煮沸麦汁中，目的是为了萃取不同量的酒花组分。如利用异构化酒花浸膏，可以直接加入发酵前的麦汁中，以减少损失，但至今酿造师们应用酒花浸膏不超过 50%酒花中 α-酸的量。

近代，麦汁煮沸均采用密闭煮沸，酒花的添加采用 2～3 个酒花添加器，把颗粒酒花预先加在添加器中，煮沸麦汁用小泵送入添加器，将酒花和麦汁混合后送至煮沸锅。

1. 酒花主要组分的萃取和变化

（1）酒花中的多酚物质　酒花一般含多酚物质 3%～5%，它们易溶于水，在热麦汁中溶解十分迅速。麦汁中多酚物质来自于麦芽约 0.3～0.5g/L，来自于酒花约 0.03～0.07g/L。多酚物质中的缩合丹宁（又称鞣酐）和棓酸丹宁，很容易和煮沸麦汁中清蛋白、球蛋白及高肽结合，形成丹宁—蛋白质复合物，而它在热或冷麦汁中均不溶解，即形成絮状热凝固物沉淀。非丹宁化合物（包括酚酸、黄酮类化合物、儿茶酸类化合物及花色素原等）和蛋白质结合力较弱，而且形成的复合物在热麦汁中为可溶性，只有在麦汁冷却至35℃才被析出（工艺中称“冷凝固物”），这些相对分子质量低的多酚类物质，将较多地残留于麦汁中，它和冷凝固物一起是造成啤酒非生物混浊的主要物质。

酒花中的多酚物质和麦芽中的相比有较多的丹宁和缩合丹宁，因此，和蛋白质结合力大。如果麦汁煮沸一开始就加入酒花会减少麦芽中多酚物质和蛋白质的结合。

麦汁中存在过多的HCO_3^-，会促进多酚类物质中单酚的聚合，氧化形成红褐色物质，使麦汁色泽加深（麦汁有氧煮沸时，生成色泽物质更多）。麦汁pH值低（如5.2～5.3）可减少氧化聚合，使麦汁色泽浅而且带绿色。

（2）酒花精油　酒花精油是啤酒重要的香气物质，和啤酒的开瓶闻香关系极大。

酒花在麦汁煮沸时，绝大多数（85%～95%）酒花精油随水蒸气蒸发而被挥发，煮沸时间愈长，挥发愈多，而且最易挥发的是精油中的香叶烯。香叶烯的香气粗俗，俗称“生酒花香”，残留在麦汁中的精油主要是葎草烯、石竹烯及香叶醇，它们将使啤酒带有典雅的香气。最终成品啤酒中含有精油0.5～3.0mg/L。

我国啤酒厂目前使用的大多是苦型花，含精油仅为0.1%～0.75%，而香型花含精油一般达1.5%～2.5%，国内生产的啤酒缺乏典型的酒花香气，原因之一是缺乏香型花或兼型花，原因之二是大量使用不正确粉碎得到的酒花粉。作者曾测定新疆芳草湖酒花场生产的一级酒花，贮存半年后含精油为0.45%，经啤酒厂自己用锤碎机粉碎成酒花粉，测定仅含酒花精油0.03%～0.05%，而且精油颜色也从黄绿色变成褐色（有的带红褐色），此精油已经缺乏典型香气。

酒花中精油在煮沸时如果接触过多氧，很容易氧化形成脂肪臭。

（3）酒花的苦味物质　酒花的苦味物质在麦汁煮沸中变化十分复杂，随麦汁组分及煮沸条件的不同有很大差别。

① 一部分苦味物质溶解而进入麦汁，并在煮沸中不断变化。溶解进入麦汁的苦味物质，随麦汁的pH不同，溶解度也不同。约占酒花苦味物质总量的25%～35%溶解进入麦汁。

表1-4-35　　麦汁pH和酒花组分溶解度（mg/L）

	pH5.0 25℃	pH5.0 100℃	pH0.25 100℃	pH4.0 0℃
α-酸	40	60	720	4
β-酸	1.2	9.0	16	3
异-α-酸		200		
β-软树脂		500		

虽然麦汁pH越高，苦味物质溶解愈多，但此时溶解的以苦味酸盐形式溶解，结果造成苦味粗糙而不愉快。

进入麦汁的苦味物质，在加热的情况下还会发生变化，如α-酸→异α-酸、衍生-异α-酸、α-软树脂，β-酸→β-软树脂。由α-酸形成的异α-酸，是啤酒真正苦味来源的主要部分。α-酸异构化程度是温度的一次函数。

在100℃下煮沸，异构率如下：

煮沸5（min）	异构率3%
15	12
30	25
45	33
60	41
120	42

通常情况下，有15%～25%的α-酸形成衍生-异α-酸和α-软树脂，它们和异α-酸相比，溶解度较小，苦味值低，防腐力也较低。

β-酸在煮沸中形成无定形的β-软树脂，增加了溶解度，并且使它的苦味变得更加细腻柔和。

若过度的煮沸和氧化将使α-软树脂、β-软树脂转化成γ′硬树脂，会给啤酒带来不愉快的后苦味。

② 被变性絮凝蛋白质吸附：在热凝固物分离后将被除去。被吸附减少量取决于煮沸前麦汁含热凝固蛋白质量。高浓度麦汁、浸出法糖化等由于含热凝固蛋白质多，吸附苦味物质也多。这部分约占酒花苦味物质40%～60%。

③ 未从酒花中萃取出来，残留在酒花糟中，此量随酒花添加的方法和时间不同而有很大差别。采用酒花粉比用球果残留少得多，加入煮沸的时间短，残留就多，其波动在10%～30%酒花苦味物质总量之间。

表 1-4-36　酒花苦味物质在酿造中的变化（传统酿造）

物质	总苦味	Humulone	Esohumulone	Lupulone	Humulinone	Hulupone
全酒花（%）	100	45	/	40	5	10
热凝固物（%）	34	5	5	20	1	3
酒花糟（%）	16	3	2	10	/	1
冷凝固物（%）	13	5	2	5	/	1
冷麦汁中（%）	35	5	18	3	4	5
泡盖（%）	7	2	3	/	1	1
酵母泥（%）	5	1	2	/	1	1
后酵沉淀（%）	4	1	1	/	1	1
成品啤酒（%）	19	1	12	3	1	2

由上表中可知，传统酿造法保留在最终成品啤酒的苦味物质仅占15%～25%，现代酿造法约占40%～45%，而且主要是异-α-酸（占65%）。但啤酒的口感苦味要大得多，约占原来酒花的50%左右。

2. 酒花的添加量和添加方法

酒花的添加量应依据酒花的质量（含α-酸的量）、消费者的嗜好习惯、啤酒的品种、浓度等不同而不同。

10～14°P 浅色啤酒苦味值（Bu）为 15～40 之间，各厂可根据啤酒固有风格及特点在 15～40 之间范围内选择一个固定值，允许在此自选固定值上波动±5Bu，测定 Bu 方法是采用 EBC 的国际法，即从酸化的啤酒中用异辛烷萃取其苦味物质，在波长 275nm 下比色，消光值乘 50，此结果仅仅反映主要异 α-酸和氧化 α-酸、氧化异 α-酸，不包括 β-部分，所以，它并不反映全部苦味物质。也可用异葎草酮$\doteq E_{275}\times 43.5+2.0$（mg/L）。

麦汁加酒花以后，由于酒花中的苦味物质含量不同，麦汁组成不同（主要是 pH、热凝固物质含量）、添加方法和时间不同、发酵工艺不同（敞口还是密闭、发酵时间）、酵母品种（粉末还是凝聚）、酵母代数、酵母在发酵中增殖倍数、过滤方法等不同，酒花中苦味物质的损失有很大区别，所以，至今还未取得酒花的的添加量和成品啤酒 Bu 之间定量的关系式。酒花添加量可依据如下因素调节：

（1）酒花中 α-酸含量。

（2）消费者嗜好，消费者嗜好口味属清淡型，如我国南方，应降低酒花添加量。

（3）啤酒浓度低，色泽浅，淡爽型应少加，反之浓度高，颜色深（并非深色啤酒），发酵度低可以多加。

（4）敞口发酵法、粉末型酵母、贮酒期长、苦味物质损失多，可以适当增加酒花添加量。

现在国际上浅色啤酒的苦味，远远低于 40～50 年代，而且有下降趋势，特别是美国及北欧国家 11～12°P 啤酒控制的 Bu 仅在 16～20 之间。我国也有下降趋势，而且是“南低北高”（南方酿造淡爽型啤酒多），沈阳雪花啤酒 26～30，青岛啤酒 24～26，上海啤酒 20～22，广州啤酒 16～18。

作者在工厂观察到如下情况可供参考：

	冷麦汁		成熟啤酒		成品啤酒
传统发酵加压榨酒花 0.13%	50～55	60d 发酵 →	35～40	棉饼三道过滤 →	25～30
大罐发酵加颗粒酒花 0.1%	35～40	20d 发酵 →	28～32	硅藻土过滤 →	20～23

国际上添加酒花习惯以加 α-酸（g/hL 热麦汁）计，如丹麦 6.5g/hL，美国 AB 公司 6～8g/hL，捷克比尔森 12～16g/hL。

Wollmer 氏提出根据 $B=\alpha+\beta/9$ * 公式计算酒花量。

式中　B——苦味度

　　α——酒花中 α-酸%

　　β——酒花中 β-酸和软树脂%

一般每百升啤酒 B 苦味度控制在 800～1 500 之间。

若某酒花含 α-酸为 5.8%，β-酸 5.2%、β-软树脂为 7.4%

若厂原来控制 B 为 860/hL

该酒花每克苦味度 $B=5.8+\frac{5.2+7.4}{9}=7.2B°/g$

当 $B=860$ 时每百升应加酒花量 W：

$W=B/b=860/7.2=120g$

现在认为β组分为1/3的异α-酸苦味。

我国还是以原始的每立方米热麦汁加酒花千克法，目前为0.8～1.3kg/m^3。

酒花的添加方法，我国还是采用传统分3～4次添加法为主。以3次法为例：（煮沸90min）。

第一次：煮沸5～15min后，添加总量的5%～10%

主要是消除煮沸物的泡沫。

第二次：煮沸30～40min后，添加总量的55%～60%

主要是萃取α-酸，并促进异构。

第三次：煮沸后80～85min，添加总量的30%～40%

主要是萃取酒花油，提高酒花香。

近代由于：①广泛采用酒花颗粒，酒花的苦味物质比酒花球果易溶解。②煮沸设备改进、麦汁循环强化、蒸发强度提高，煮沸时间缩短（从90～120min减少到50～70min）。③酒花使用量减少，更强调α-酸的异构化率。因此，加酒花次数，大多改成1～2次。如丹麦卡斯伯啤酒厂，初沸10min以后，加入α-酸5.4g/hL，煮沸结束前15min加入α-酸0.4g/hL，而且后一次添加，大多采用香型酒花。也有一次添加法，即保证加入酒花在麦汁中煮沸50～60min，使α-酸充分异构化。此两法比3～4次添加，能获得更细腻柔和的苦味。

五、麦汁煮沸中蛋白质的变性絮凝

过滤后的混合麦汁中含氮物质，主要是：氨基酸、低肽、多肽、高肽及少量的水溶性清蛋白和盐溶性球蛋白、核苷酸、核苷等，其中高肽、清蛋白和球蛋白虽为水溶性，有一定的溶解度，但由于pH降低、受热、振荡和多酚结合、氧化等原因将会从啤酒中分离出来，影响啤酒的非生物稳定性。

天然清蛋白、球蛋白等多肽长链绕卷，外部充满了亲水性基团（—OH、—COOH、—NH_2），这些极性基团易水化，因此，清、球蛋白呈水溶性。当这些蛋白溶液被加热至超过50℃时，首先蛋白质的空间立体结构被破坏，进一步绕卷多肽链之间的氢键被打开，蛋白质变成长线型，虽然此时氨基酸顺序和相对分子质量均没有变化，但丧失了生物物质活性，由于肽链疏水—C—C—暴露，蛋白质水溶性丧失。此现象称“蛋白质的变性”。

变性的线状蛋白质，如果进一步丧失表面电荷，并受到激烈的搅拌，线状蛋白就变成絮状（称“絮凝”），随着强烈加热和搅拌，絮状蛋白进一步脱水，形成蛋白颗粒。

煮沸中蛋白质变性和絮凝条件：

1. 麦汁温度和加热时间

麦汁被加热的温度愈高，变性愈充分，因此，近代较多采用高压或低压煮沸（120℃或106～108℃）。在常压下煮沸时间延长，能促进蛋白质变性和絮凝，但如果超过2h，已经絮凝的蛋白质会重新被打碎而分散，使麦汁混浊。

表 1-4-37　　麦汁煮沸时间和效果（混合麦汁为 10.8°P）

		常压煮沸时间/h					加压煮沸
		0.5	1.0	1.5	2.0	3.0	106℃/0.5h
蒸发水分/%		5.0	7.5	10.0	12.5	15	7.0
除去蛋白质/%		5.4	6.2	7.7	8.5	8.4	9.5
热凝固物蛋白质含量	热麦汁	42	33	25	18	17	15
/mg·L⁻¹	冷麦汁	35	26	20	16	22	11
	啤酒	29	21.5	15.5	13.2	20.5	8
啤酒保存期（周）		9	14	16	16	15	22

2. 麦汁煮沸 pH

麦汁煮沸时的 pH 取决于煮沸前混合麦汁的 pH，在煮沸中由于热凝固物蛋白质沉淀、磷酸盐形成等都会使 pH 上升，而由于酒花的溶解，温度升高使氢离子解离增加，pH 降低。综合 pH 变化在－0.2～0.4 之间。

只有在等电点下，蛋白质表面电荷为零时絮凝好。清蛋白等电点 pH 为 5.5～5.75，α-球蛋白（相对分子质量 26 000）pH5.0，β-球蛋白 pH 为 4.9，γ-球蛋白 pH 为 5.7，δ-球蛋白 pH 为 5.2。因此，麦汁 pH 愈接近 5.2，煮沸后变性蛋白质絮凝效果愈好。

表 1-4-38　　麦汁煮沸 pH 及效果（混合麦汁 10.8°P 蒸发强度 8%）

	pH6.5	pH6.0	pH5.5	pH5.2
冷麦汁中热凝固氮/mg·L⁻¹	52	38	25	15
麦汁情况	极混浊	混浊	较清絮状	清絮状块

每百升麦汁如果要降低 pH0.1，可在麦汁中加 37%HCl 4.5ml 左右，或加磷酸调节 pH。

3. 沸腾状态

变性后的不溶性线型蛋白质絮凝、结块要依赖于碰撞，煮沸中形成的气泡的迅速破碎也促进凝聚，气液界面—膜是蛋白质的浓缩物，膜的低表面张力，促进了溶解蛋白质的凝聚。

表 1-4-39　　外加热煮沸锅煮沸效果

麦汁煮沸温度/℃	108	106	106	106
煮沸时间/min	70	70	60	60
循环次数/h⁻¹	7	7	7	5.7
蒸发量/%	12	10	8.5	7.0
麦汁分析 12°P：				
色度/EBC	11.5	11.0	10.0	10.5
pH	5.47	5.49	5.51	5.48
热凝固氮/mg·L⁻¹	9.0	11	14	18
二甲硫/μg·L⁻¹	117	124	138	118
成品啤酒分析：				
色度/EBC	8.3	7.5	7.0	7.4
热凝固氮/mg·L⁻¹	6.0	8.0	11.0	15.0
泡沫值/R and C	116	117	119	124

煮沸的沸腾状态取决于传热量Q和锅的流型。近代外加热器的煮沸锅，循环次数达7～8次，沸腾碰撞次数增加，促进了絮凝作用。

4. 单宁和Ca^{2+}、Mg^{2+}的促进作用

麦汁中单宁类化合物和蛋白质结合大多是以氢键结合，所以，是可逆的，在麦汁冷却后形成“冷凝固物”，而麦汁中聚多酚（如棓酸单宁等）和蛋白质结合是以共价键结合，在热麦汁中就能形成不溶性沉淀。

在麦汁煮沸中，如酒花添加量太少，采用无多酚酒花浸膏，或由于麦汁含热凝固蛋白太多，为了促进蛋白质絮凝可以外加五倍子单宁（鞣酸）改善絮凝效果。

钙、镁等两价金属离子，能促进带负电荷的蛋白质颗粒形成盐桥絮凝，也能降低蛋白质的表面电荷，促进沉淀。一般要求麦汁含Ca^{2+}浓度＞35mg/L。

六、麦汁煮沸中的其他变化

1. 还原物质的生成

麦汁中还原物质来自于麦芽、酒花和在煮沸中生成，它主要包括如下两类物质：还原糖及其生成物（如还原酮）、类黑精等为第一类，它们很容易被氧化；第二类，来自于麦芽、酒花的多酚、酒花苦味物质、少数带羰基的蛋白质等，它们的氧化作用极其缓慢。

当啤酒受到氧化时，由于第一类物质易氧化，它们首先氧化，同时保护了第二类还原物质。第二类还原物质被氧化，将会使啤酒产生老化味、不愉快苦味，也会引起啤酒冷雾浊和氧化混浊。

在麦汁煮沸中生成的还原物质类黑精，由于浅色啤酒色泽的关系要求不能太多。

还原酮的生成如下：

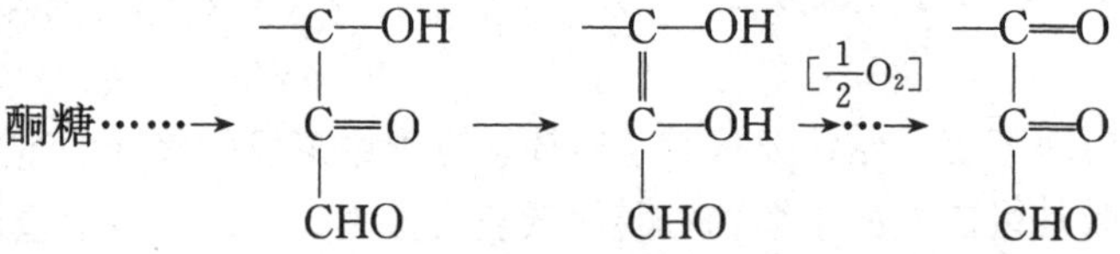

（羟基丙酮醛）（还原酮）　（氧化后）

还原酮随着煮沸时间的延长而增加，但若煮沸在有空气下，（敞开式）进行，大量还原物质将受氧化而损失。

2. 麦汁色泽的增加

煮沸中麦汁色泽迅速增加，正常情况下色泽增加0.5～1.0倍，色泽增加原因是：

（1）麦汁被浓缩。

（2）焦糖和类黑精的形成，特别在煮沸锅结构差，麦汁对流不好，在加热面形成局部过热产生大量焦糖。

（3）酒花多酚的溶解和多酚被氧化成醌和多聚酚，色泽增加和麦汁pH、酒花氧化程度、麦汁煮沸是否有氧存在有关系。

3. 其他物质的变化

来自麦芽和辅料中的易挥发物，由蛋白质分解形成二甲硫等硫化物，由糖褐变形成糠醛、甲基糠醛、丙醛、异丁醛等气味物质，在煮沸中随二次蒸汽蒸发，改善了麦汁的气味。

表 1-4-40　　　　麦汁煮沸 pH 和色泽加深（增加 EBC 单位）

煮沸前麦汁 pH	不加酒花	加 0.15%酒花	加无多酚酒花浸膏
6.25	3.0	4.8	3.6
5.98	2.4	3.9	2.4
5.60	2.0	3.0	1.8
5.16	1.4	2.4	1.4

第七节　麦汁的处理

一、概　　述

由煮沸锅放出的定型热麦汁，在进入发酵以前还需要进行一系列处理，它包括：酒花糟分离、热凝固物分离、冷凝固物分离、冷却、充氧等一系列处理，才能制成发酵麦汁。由于发酵技术不同，成品啤酒质量要求不同，处理方法有较大差异。最主要差别是冷凝固物是否分离。

近代的啤酒生产，大大缩短了发酵和贮酒周期，发酵容器也增大到数百至上千立方米，因此，对麦汁处理要求是：

（1）对能引起啤酒非生物混浊的冷、热凝固物尽可能给予足够的分离。

（2）麦汁处于高温时尽可能减少接触空气，防止氧化。麦汁冷却后，在发酵前，根据进罐时间，必须补充适量空气，供酵母前期呼吸。

（3）在麦汁处理各工序中，严格杜绝有害微生物的污染。

麦汁处理因使用设备和要求不同，流程很多，现根据要求分成如下 5 种：

（1）传统流程

煮沸锅→热麦汁→酒花分离器→泵→（热冷凝固物冷却盘 30℃ / 沉淀槽 55℃热凝固物）→外喷淋冷却→发酵

酒花分离器↓（酒花糟）

（2）国内目前采用较多的流程

煮沸锅→热麦汁→泵→回旋沉淀槽→薄板冷却→通风→发酵

回旋沉淀槽↓（酒花糟＋热凝固物）　　通风↑（无菌空气）

（3）加离心机法

热麦汁→中间静置槽→泵→离心机→薄板冷却→通风→发酵

中间静置槽↓（酒花糟＋少量热凝固物）　离心机↓（热凝固物）

热麦汁→泵→回旋沉淀槽→泵→薄板冷却→泵→离心机→通风→发酵

回旋沉淀槽↓（酒花糟＋热凝固物）　离心机↓（冷、热凝固物）

（4）加硅藻土过滤机法

热麦汁→泵→回旋沉淀槽→泵→薄板冷却→硅藻土过滤→通风→发酵

（酒花糟＋热凝固物）　　（废硅藻土＋冷凝固物）

(5) 加浮选法

热麦汁→泵→回旋沉淀槽→泵→薄板冷却→席尔泵→通风→（酵母）→浮选罐→（通风）→发酵

（酒花糟＋热凝固物）　　（冷凝固物）

二、酒花的分离

使用酒花球果，并加入到煮沸锅（不采用酒花萃取器）的工艺，在煮沸结束后应采用酒花分离器。尽快分离出酒花糟。我国广泛采用罐底带蓖子的酒花分离器，另一种酒花分离器是德国推出的称“Hopstar”，它带有废糟螺旋排出机构，并进行螺旋压榨，可减少废酒花糟带走麦汁的量。

传统酒花分离器和新型酒花分离器如图 1-4-24，1-4-25 所示。

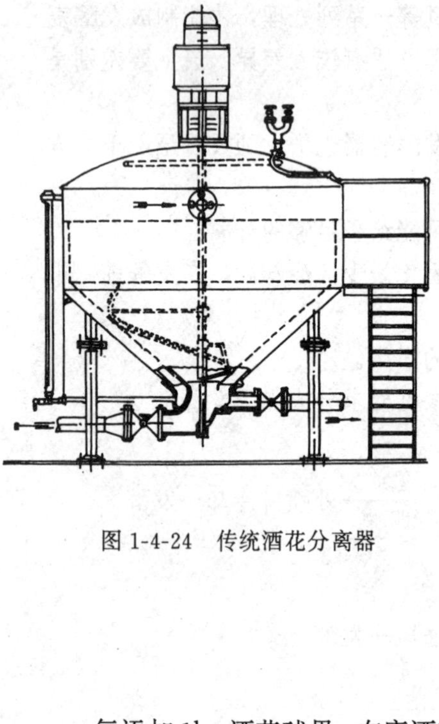

图 1-4-24　传统酒花分离器

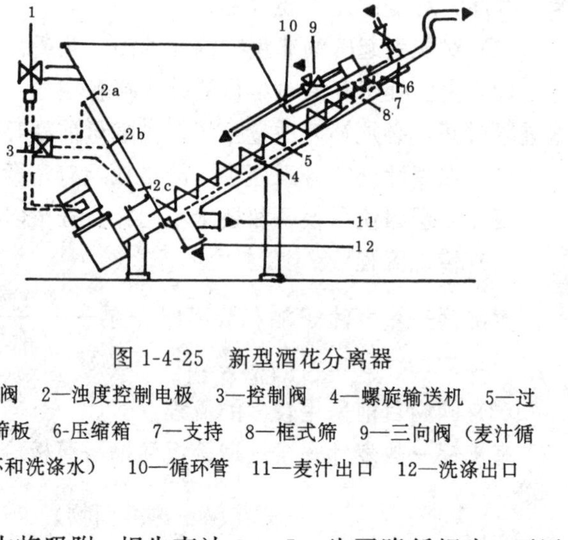

图 1-4-25　新型酒花分离器

1—阀　2—浊度控制电极　3—控制阀　4—螺旋输送机　5—过滤筛板　6-压缩箱　7—支持　8—框式筛　9—三向阀（麦汁循环和洗涤水）　10—循环管　11—麦汁出口　12—洗涤出口

每添加 1kg 酒花球果，在废酒花糟中将吸附，损失麦汁 6～7L。为了降低损失，可用 75℃热水洗涤，使用煮沸麦汁量 1%～5%的热水洗涤废酒花糟，可使废糟中残余浓度降至 2%～4%，每公斤酒花约得到含水量 85%的废糟 3.0kg，再经螺旋压榨排出时，含水量可降至 70%，得到相当“干”的废酒花糟。

三、热凝固物的分离

1. 热凝固物

糖化醪过滤后得到的麦汁中含有水溶性清蛋白和部分盐溶性球蛋白及水溶性高肽等，它们在煮沸中变性和多酚结合形成“热凝固物”，其主要成分：

粗蛋白质　　50%～60%

酒花树脂　　16%～20%

灰　　分　　2%～3%

多酚等有机物 20%～30%

湿热凝固物（含挥发物80%～85%）为麦汁量的0.3%～0.7%，每立方米麦汁约得绝干热凝固物为0.5～1.0kg。热凝固物最小颗粒为30～80μm，随着煮沸絮凝，可形成肉眼可见的几毫米大小的絮状物或颗粒。

如不分离热凝固物，在发酵中，会引起热凝固物吸附大量活性酵母，使发酵不正常。同时在发酵中被分散，将来进入啤酒，影响啤酒的非生物稳定性和风味。所以，工艺上力求彻底分离热凝固物。

热凝固物的分离，传统采用自然沉降法——冷却盘或沉淀槽法。近代啤酒厂已经很少采用这种方法。近代80%～90%的工厂均采用回旋沉淀槽法，利用旋转麦汁离心力分离，也有少量工厂采用离心机或硅藻土过滤法。

2. 回旋沉淀槽分离热凝固物

（1）结构　60年代刚推出的回旋沉淀槽是带有锥底的圆筒体，底部有铰龙排出热凝固物（图1-4-26）。近代流行的是平底圆筒体，热凝固物在水力喷射打碎后，用洗涤水冲洗排出（图1-4-27）。

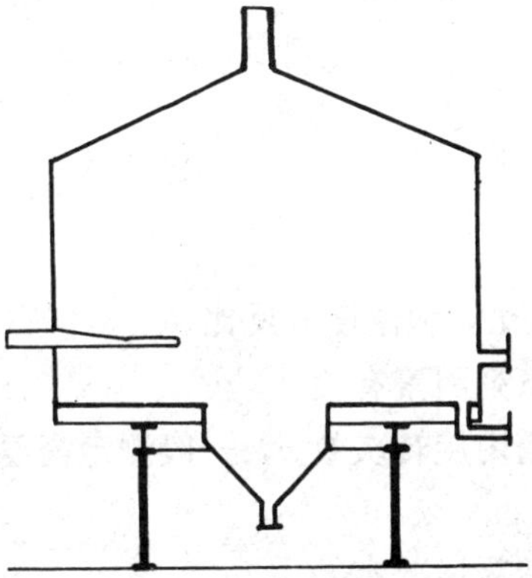

图1-4-26　具有收集底的回旋沉淀槽

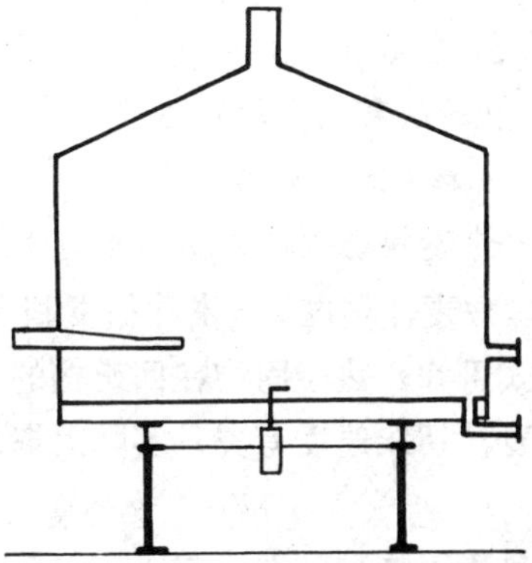

图1-4-27　平底回旋沉淀槽

平底回旋槽的特性尺寸如下：

$H_{麦汁}:D=1:1.5\sim2.0$

$H_{麦汁}\leqslant3.0$（m）

麦汁切线进槽速度 $v=10\sim20\text{m/s}$

如南斯拉夫某厂的回旋槽：

$D=5\ 750$（mm）

$H_{槽}=4\ 250$（mm）

$V_{有效}=90.0\text{m}^3$

$H_{麦汁}:D=3450:5750=1:1.67$

泵送麦汁管径为 $d=300$mm，经过变径

切线进口管径 $d'=65$mm，截面积几乎缩小 20 倍。

90m^3 麦汁泵送 30min 完成

$$V=\frac{V_{有效}}{\frac{\pi}{4}d^2\cdot 30\cdot 60}\doteq 15\ (\text{m/s})$$，即进槽线速度为 15m/s

麦汁切线进口位置约为槽中麦汁量的 1/3 高度。

（2）原理　热麦汁经泵送，由槽切线方向进槽，麦汁在槽内回转，产生离心力，由于在槽内运动，离心力的反作用力的合力把颗粒（热凝固物）推向槽底部中央。

$$F_{合}=\sqrt{F_{离}{}^2+(F_{重力}-F_{阻力})^2}$$

$F_{合}$是热凝固物沉淀的综合力。

$F_{向}=m\cdot r\cdot \omega$

式中

m——热凝固物颗粒的平均质量，取决于颗粒的直径

r——麦汁旋转的平均当量半径（m）

ω——旋转角速度（m/s）

$\omega=\pi Dn$

D——旋转直径

n——旋转次数（次/秒）

$F_{向}=\pi\cdot m\cdot 2r^2\cdot n$

$F_{重力}\propto$热凝固物颗粒大小和相对密度

$F_{阻力}\propto 1/$麦汁粘度 μ；麦汁粘度和麦汁浓度成正比，和温度成反比。

由公式可知：热凝固物在回旋槽的沉淀能力与下列因素有关

①和麦汁切线速度有关，实际上取决于麦汁在槽内旋转次数 n，一般测定需要 $n\geqslant 5\sim 8$r/min。

②和热凝固物颗粒大小成正比，即和热凝固物絮凝情况有关。

③和麦汁粘度成反比，麦汁粘度是温度的函数，因此，麦汁在进回旋槽前不应该冷却，在沉淀槽中，由于自蒸发及辐射传导损失，麦汁温度从 101℃至出沉淀槽时约 95～93℃。

（3）操作和效果

操作：

进罐：20～30min

静置：80～40min

出罐：30～40min

除渣情况：20～30min

作业周期：100～140min

效果：

①热凝固物残剩量和在槽中静置时间有关：（当 $n=5r/min$）

静置时间（min）	10	15	20	25	30	35	45
麦汁热凝固氮（mg/L）	458	326	204	153	48	43	41

要保证残剩在沉淀后的麦汁中热凝固氮降低到 50mg/L 以下，静置时间应不少于 30min。

②热麦汁回旋槽由于温度较高易形成羟甲基糠醛（HMF）和类黑精，使麦汁色度上升，此两类反应均是 Maillard 反应。

	煮沸结束	泵送结束	静置 30min	泵出后(40min)	
色度（EBC）	8.9	7.35	7.65	8.4	+1.5EBC
HMF（mg/L）	12.7	13.14	14.42	15.27	+2.57

采用回旋沉淀槽比传统重力沉淀槽可缩短作业时间 2～2.5h，沉淀的热凝固物紧密，回旋槽含挥发物 81%，传统重力槽 85%～82%。从回旋槽出来的麦汁残剩热凝固物一般在 20～50mg/L。

回旋沉淀槽工艺规定，煮沸结束后热麦汁（101～102℃）进罐，在罐内没有冷却装置，因此，送进至泵出温度差较小（8～10℃），若麦汁在罐内停留时间过长（如薄板冷却跟不上），又接触空气，将会出现麦汁色度上升、HMF 等增加、还原物质损失等一系列缺点。

回旋沉淀槽可以装置在糖化室的煮沸锅旁，尽可能缩短输送管长度，输送泵也应采用低速（国外一般采用 850r/min）涡轮泵，当然也可以用离心泵，叶轮应半开或全开式。这一些要求，均是为了避免已经煮沸絮凝的蛋白质，在泵送中重新被打碎、乳化，造成回旋槽沉降困难。

四、冷凝固物分离

1. 冷凝固物

冷凝固物是分离热凝固物后澄清的麦汁，在冷却到 50℃以下，随着冷却进行，麦汁重新析出的混浊物质，并在 25℃左右析出最多。若把此麦汁重新加热到 60℃以上，麦汁又恢复澄清透明，因此，这是可逆的。它和瓶装啤酒的“冷雾浊”完全一致。冷凝固物主要是由麦汁中 β-球蛋白、醇溶蛋白 δ 和 ε 区分解的高肽，和麦汁中多酚以氢键相连，变成不溶性物质。由于冷凝固物颗粒是弹丸形，直径仅 0.1～1.0μm，所以，它的混浊仅仅是胶体混浊，如雾样。当麦汁重新加热至 60℃，蛋白质和多酚之间连接的氢键断裂，蛋白质重新水化，麦汁恢复透明。

麦汁中冷雾浊物质的组成为：多肽 45%～65%、多酚 30%～45%、多糖 2%～4%、灰分 1%～3%，相对分子量在 10^4～10^5 之间，具有两个等电点，pH3.9 和 pH8.0。在麦汁中带有负电荷。

2. 冷凝固物分离方法

(1)酵母繁殖槽法　冷却麦汁添加酵母后，在开口或密闭的酵母繁殖槽停留 14～20h（即刚开始起沫前），即由浮球出液法泵出上层澄清麦汁，或用位差法，在底部小心排出澄清麦汁，残留在器底沉渣中的有冷、热凝固物及死酵母等。

此法若操作得当，据说可以分离 30%～40%冷凝固物。我国不少厂均采用此法。

(2)冷静置沉降法　麦汁冷却到 0℃（或 6℃），在无菌的贮槽中静置 24～48h，待冷凝固物沉降后，分离上层澄清麦汁。

此方法和繁殖槽法一样均是利用冷凝固物颗粒自然沉降，沉降遵循斯托克斯公式：

$$\omega=\frac{2}{8}g\frac{d^2\ (\gamma_1-\gamma_0)}{\mu}$$

由于颗粒直径 d 仅为（0.1～1.0）$\times10^{-8}$m，沉降速度极小，主要依靠和麦汁中带正电荷颗粒，或与酵母结合共同沉淀。

冷静置法，由于不加酵母，存在污染危险，如静置时间过长，使用前需进行巴氏低热消毒并冷却后接种，才能安全发酵。

(3)硅藻土过滤法　麦汁过滤通常采用硅藻土过滤机，型号为：带有垂直板的压力叶片式过滤机、带有水平板压力叶片式过滤机、烛柱式过滤机。过滤介质为硅藻土或珍珠岩或凹凸棒土等。

在一封闭的过滤机罐内，过滤筛网（叶片或烛柱）上预涂滤层。当麦汁通过过滤层时，截留了麦汁中冷、热凝固物颗粒，为了防止堵塞过滤层流通道，在过滤时还应连续添加助滤剂（硅藻土或其他助滤剂）。

麦汁过滤法，流程有两种，第一种是：

煮沸锅→麦汁缓冲罐→麦汁过滤机→麦汁冷却器

此流程主要除去热凝固物，也能同时吸附冷凝固蛋白质。过滤介质，直接投入煮沸锅。

第二种是在麦汁冷却至低温以后，主要除冷凝固物，去除率可高达 80%。由于冷凝固物主体是β-球蛋白和朊，同时，它们也是主要的泡沫物质，所以，不宜彻底清除，常常只过滤 2/3 麦汁，1/3 麦汁不通过过滤，即控制冷凝固物去除率在 60%左右。

麦汁过滤能力为　1 000～1 500L/（$m^2\cdot h$）

助滤剂用量为 70～100g/100L

此法优点是：去除凝固物能力大、损耗低（麦汁损耗约 0.35%）、清洗方便、能耗低。

缺点是：需要消耗助滤剂、成本高、冷麦汁过滤会增加麦汁污染的危险、CIP 水耗高。

(4)麦汁离心分离法　在液体中，颗粒的沉降速度与重力成正比，在离心机中依靠离心力进行分离，离心分离因素＝离心力∶重力，一般在 6 000～1 100，可以分离＞0.5μm 的颗粒，冷凝固物平均颗粒在 0.5～1.0μm 之间（最小在 0.1～0.5μm），所以，冷却后麦汁通过离心机可以除去 60%～70%的冷凝固物。啤酒厂广泛采用盘式离心分离机（分批自动排出沉渣的离心澄清机）。

本法的优点：封闭系统，易于防止污染，体积小，自动化程度高，清洗用水少，不需要辅助材料。

缺点：投资大，能量消耗大，(每小时离心 $10m^3$ 麦汁，电耗 15kW・h)。麦汁损耗偏大（4.0%)，维修费用高。

(5) 浮选法　浮选技术是将分离热凝固物后的冷却麦汁，通入无菌空气（每百升麦汁通入分布细密的无菌空气 20～60L),混合均匀后,泵送至一专用密闭罐——浮选罐,空气微小气泡从麦汁中溢出时，冷凝固物被吸附在细密气泡表面，形成泡沫，聚集在麦汁上，用撇沫法或放出麦汁将泡沫留在罐内法，使冷凝固物从麦汁中分离。

表 1-4-41　不同空气混合方式的浮选效果

混入空气方法	空气量/L・hL^{-1}麦汁	麦汁＋泡沫体积增加/%	冷凝固物分离/%
微孔素磁管	40～60	60～80	45～55
离心排气圆盘	20	30	60
离心混合器	20～30	25～40	60～65
文丘里管＋混合泵	20～30	25～40	60～65

通常采用文丘里管加混合泵法和离心混合器法。

浮选法关键在于混合的空气形成泡沫的细密度。麦汁在带压的浮选罐中存放 8～16h，是麦汁中空气从麦汁中吸附冷凝固物逸散到麦汁表面所需时间。在浮选前或后，均可加入酵母，浮选罐停留时间长，应在浮选前加酵母。本法最大优点是操作费用低，麦汁损耗低，只有 0.6%～0.75%（分离泡沫引起损耗），除去冷凝固物比例适中。在 1985 年第二十届 EBC 会上此法得到推荐。缺点是：操作麻烦，占地面积大，工厂需有 4～6 个大型（1～2 批的麦汁量）浮选罐。

3. 冷凝固法分离的评价

冷凝固物特殊分离技术，至今并不是所有的啤酒厂，生产各种牌号啤酒都必须采用的技术。是否分离冷凝固物，取决于所使用大麦和麦芽的质量及生产啤酒非生物稳定性的要求。当大麦有较高的β-球蛋白，麦芽溶解不足，又需制造高非生物稳定性的啤酒时，冷凝固物分离法的采用是有意义的。

近代也经常采用，在成熟啤酒过滤时，添加硅胶如“使丹度快 83 型”纯硅胶、“使丹度一塞淀”纯硅胶等可使啤酒中蛋白多酚化合物被硅胶吸附而减少，提高啤酒的抗冷混浊和延长啤酒的保存期。

夏季生产，在夏季、秋季饮用的啤酒，不需要太长的保存期，不分离冷凝固物也是可以的，而且对啤酒的泡沫性能有利。

五、麦汁的充氧

1. 热麦汁的氧化

麦汁在高温之下接触氧，此时氧很少以溶解形式存在，而是和麦汁中糖类、蛋白质、酒花树脂、多酚等发生氧化反应。

对热麦汁吸氧的利弊，酿造师们有不同观点，认为吸氧是有利的依据是：

(1) 热麦汁接触氧，使β-酸氧化，生成β-软树脂，它赋于啤酒淡雅柔和的苦味（又称“宝贵苦味”)，同时又使α-酸、β-酸氧化成软树脂使粗俗的苦味减少。

(2) 热麦汁接触氧能促进β-球蛋白的羟基氧化、聚合而发生沉淀，减少了啤酒中不稳定的球蛋白。

表 1-4-42　　麦汁浸出物吸氧量

麦汁浸出物	含量/$g \cdot L^{-1}$	吸氧率/$ml \cdot g^{-1} \cdot h^{-1}$	麦汁中吸氧量/$ml \cdot h^{-1}$
麦芽糖	60	0.023	1.38
葡萄糖	5	0.096	0.48
果糖	3	1.165	3.5
多酚	0.1～0.2	0.315	0.07
含氧物质	5	0.054	0.27
酒花树脂	0.14	1.94	0.27
每升麦汁每小时吸氧总量			5.97

注：此数据是麦汁为10.0°P，于60℃下测定的，若麦汁在激烈振荡时，要比静态吸氧高4～5倍，在100℃时，运动下每升麦汁在煮沸时可吸氧40～60ml。

$$R—SH + R'—SH \xrightarrow{\frac{1}{2}O_2} R—S=S—R' + H_2O$$

反对热麦汁吸氧者认为：

(1) 热麦汁吸氧是不可逆氧化反应，麦汁（啤酒）中天然抗氧化物质（如还原酮）被氧化，将来影响成品啤酒的抗氧性。

(2) 麦汁在高温、高pH下，多酚很快被氧化成“醌”，使麦汁色泽加深。

(3) 酒花精油、苦味物质过度氧化会形成脂肪臭和不愉快的苦味。

麦汁在高温下（60℃以上）应该接触空气和应该严格禁止接触空气，两种对立观点在啤酒界共存。但近代，酿造淡爽型风格啤酒，多数酿造师坚持认为从麦芽粉加水投料至冷却前，隔氧操作是关键措施，此观点也日益得到我国啤酒界的认可。

2. 冷却麦汁的充氧

麦汁冷却至发酵接种温度后，接触氧，此时氧反应微弱，氧在麦汁中呈溶解态，它是酵母前期发酵繁殖必需的。

麦汁中氧的溶解量，符合“亨利—道尔顿”定律，氧在麦汁中的溶解度和麦汁氧分压成正比，和麦汁温度成反比。麦汁浸出物浓度增加，将减少饱和溶解氧量，但影响较小。

在6℃以下，空气通风12°P麦汁，饱和溶氧约为9.5ml/L，而8°P麦汁约为10.2ml/L，若用纯氧在0.1MPa下通风12°P6℃的麦汁，溶氧达到40ml/L。

3. 冷麦汁通风方法

采用纯氧通风麦汁，只有极少数快速发酵法啤酒厂采用，绝大多数啤酒厂采用无油、无菌的压缩空气通风，多数在麦汁冷却的输送路程中，通过文丘里管或不锈钢舌片混合器、钛管混合器，在线上通风充氧。

传统发酵中，全部麦汁在半饱和含氧量下（即5～6ml/L），送入发酵。

大罐发酵（麦汁接种直接进罐）工艺，作者认为，若分多批（4～5批）进罐，冷麦汁通风时间宜早不宜晚，最后1～2批进罐麦汁不再进行通风，因为太迟通风，会延长酵母停滞期，增加双乙酰，并使罐中泡沫增加，影响罐容积。

大罐分批麦汁通风，应根据分批次数、间隔时间、酵母类型、接种方法、温度等调整。

第八节　麦汁收率和麦汁质量

一、浸出物收得率和原料利用率

为了比较麦芽和其他原料的糖化完全程度和过滤时浸出物的回收情况，常采用浸出物收得率或原料利用率考察糖化车间量的关系。

$$E=\frac{V\cdot d\cdot B}{M}\times 0.96\times 100 \quad (\%)$$

式中　E——糖化室浸出物收得率（%）

V——煮沸锅热麦汁（96～100℃）定型后的容积（L）

B——定型麦汁的浓度（质量分数,%）

d——定型麦汁的相对密度

0.96——综合容积的溢度修正系数

M——糖化室麦芽和其他原料投料量（kg）

因为麦汁浓度和相对密度，均是在20℃下的 测定值，麦汁在96～100℃下容积测定值降至20℃时将收缩4.08%，煮沸锅定容在常温下进行，100℃下锅容积将增加0.3%，酒花和热凝固物在麦汁中占体积收缩0.16%，因此，热麦汁容积修正系数为0.96。

原料浸出物收得率E一般在72%～80%。它主要取决于原料浸出物含量及糖化完全程度和过滤情况，只有在原料浸出的含量恒定时，才可以较糖化室“量”的回收情况。

$$糖化室原料利用率（\%）=\frac{糖化室浸出物收率 E_{现}}{实验室标准协定法浸出物收率 E_{实}}\times 100$$

标准协定法糖化，是EBC规定的统一实验室糖化方法，天平称取50.00g麦芽，用EBC磨粉机磨成细粉（细粉占90%），在金属糖化杯中，加入47℃蒸馏水200ml，置于45℃水浴中，杯中置平浆搅拌器100r/min，45℃保温30min，再以每分钟升1℃的速率，在25min内升温至70℃，并加入70℃蒸馏水100ml,，于70℃保温1h，在10～15min内迅速冷却至室温，擦干杯外壳，加蒸馏水至重450.00g，于直径20cm漏斗，采用30cm中速滤纸（折叠），全量过滤，初滤液100ml回滤，收集滤液。溶解良好的麦芽，全部过滤完毕约在1h以内。

$$实验室标准协定法浸出物收率 E_{实}=\frac{450\cdot B}{50}\times 100 \ (\%)$$

式中

450——糖化总物料重450g

B——糖化后过滤麦汁由测定相对密度再查表得到麦汁浓度（°P）

50——糖化物料重（g）

若使用非发芽谷物辅料，应将辅料磨成细粉，按投料比例，预先加辅料量20%的麦芽粉，加水比为1∶5，预先糊化、液化，稍冷却，加余下麦芽及蒸馏水，配成45℃，250g，按标准协定法进行。

测定、计算原料利用率，完全排除了原料浸出物含量差异。优良的糖化工艺、精良的设备、精细严格的操作，原料利用率一般可达98%～99%。

若原料利用率低于96.0%，应分析原因，在排除“跑、冒、滴、漏”非正常损失外，其原因主要是：

（1）原料中淀粉没有全部被糖化成麦汁浸出物（可溶性糊精和糖），即麦糟中残留过多的淀粉或糊精。

（2）麦糟洗涤不充分，麦糟残留过多的可洗出浸出物。因此，只需分析麦糟中可糖化或可洗出浸出物含量就能分析出是在糖化还是在糖化醪过滤有问题。

二、最终麦汁质量

最终麦汁是指加酒花煮沸，麦汁定型并分离凝固物后的麦汁。最终麦汁质量，因原料质量、配料和制造啤酒类型不同而有较大不同。

（本小节数据，除特殊注明外均系11～12°P Lager Beer麦汁的情况）

（1）正常外观　透明，夹有少量大块的棕色凝固物。

（2）正常气味　甜香、麦芽香、酒花香。浓色麦汁有焦糖香。

（3）正常口味　麦芽的香甜味，饮后有明显苦味。

（4）相对密度和浓度　取决于制造啤酒规范订的原麦汁浓度±0.2。

国外一般有以下习惯，最终麦汁浓度如下：

淡啤酒	5.0～8.0°P
桶装啤酒	8.0～11.0°P
贮藏啤酒（普通）	10.0～11.0°P
贮藏啤酒（高级）	11.0～12.6°P
普通浓色啤酒	11.0～13.0°P
烈性浓色啤酒	16.0～18.0°P

（5）麦汁的粘度

浓度	20℃的粘度（$\times 10^3$Pa·s）
水	1.0
麦汁6.5°P	1.3～1.4
10.7	1.6～1.7
12.0	1.80～1.85
16.0	2.0～2.1
18.0	2.5～2.6

（6）表面张力　11～12°P麦汁表面张力为（4～5）$\times 10^{-4}$N/cm。

（7）pH　11～12°P麦汁在20℃时pH为5.1～5.7，我国一般控制pH在5.3～5.55

（8）色泽和色度

浅色啤酒：Lager型为淡黄色至麦杆黄，7～13EBC

Ale 型黄至金黄，7～25EBC

浓色啤酒：Vienna 型琥珀色，50～70EBC

Munich 型棕褐色，70～200EBC

Stont、Porter 型棕黑色，200～300EBC

(9) 化学组成分　可溶性浸出物组成：

可发酵性糖：70%～75%

非发酵性糖：15%～25%

含氮化合物：3.5%～5.5%

矿　物　质：1.0%～2.5%

其　　　他：1.0%

①麦汁中糖类物质：麦汁中糖类物质是浸出物的主要部分，它占浸出物的 90%～93%。

表 1-4-43　　麦汁中的糖类（g/100ml 麦汁）

	加拿大		丹麦	德国	英国
	Lager	Lager	Lager	Lager	Lager
相对密度（20℃）	1.054 8	1.048 7	1.043 8	1.048 5	1.040
果糖	0.15	0.13	0.21	0.39	0.33
葡萄糖	1.03	0.87	0.91	1.47	1.00
蔗糖	0.42	0.75	0.23	0.46	0.53
麦芽糖	6.04	5.57	5.24	5.78	3.83
麦芽三糖	1.77	1.6	1.28	1.46	1.14
总可发酵性糖	9.41	8.58	7.37	9.56	6.89
麦芽四糖	0.72	0.54	0.26		0.20
DP5～DP12 糖	2.68	2.52	2.13		2.32
总糊精	3.40	3.06	2.39		2.52
总糖类	12.81	11.64	10.26		9.41
总浸出物	13.522	12.078	10.908	12.031	9.993
糖占浸出物/%	94.8	98.3	94.06		94.16
外观发酵度/%	73.7	73.7	76.7		73.3

②麦汁中含氮化合物

总氮：800～1 200mg/L。

（总蛋白质＝总氮×6.25＝800mg/L×6.25→5g/L）

其中：

蛋白质氮　　300mg/L

多　肽氮　　300mg/L

α-氨基氮　　200mg/L　氨基酸　1.3g/L

脯氨酸　　　　　　　　　0.3g/L

核苷类氮　　70～100mg/L

表 1-4-44　　麦汁中氨基酸含量范围（12°P 麦汁）

氨基酸名称	含量范围/mg・L^{-1}	氨基酸名称	含量范围/mg・L^{-1}
丙氨酸	62～93	蛋氨酸	17～40
精氨酸	90～160	脯氨酸	240～350
门冬氨酸	55～68	丝氨酸	59～85
缬氨酸	85～120	酪氨酸	83～115
组氨酸	42～65	苏氨酸	35～75
甘氨酸	18～32	色氨酸	35～58
谷氨酸	33～46	苯丙氨酸	100～145
异亮氨酸	57～78	酰　氨	300～400
亮氨酸	100～155	氨	7～15
赖氨酸	47～100	总氨基酸	1 200～1 900

表 1-4-45　　两种麦芽的 12°P 全麦汁含氮组分

	溶解正常（库值 41%）		溶解不足（库值 35%）	
	含量/mg・L^{-1}	区分/总氮/%	含量/mg・L^{-1}	区分/总氮/%
总氮	1058	100	850	100
$MgSO_4$	217	20.5	212.5	25
凝结性氮	60	5.7	64	7.5
相对分子质量区分				
<2 600	801	75.7	467	55
2 600 ～4 600	125	11.8	110	13
4 600～12 000	87	8.2	127.5	15.5
12 000～30 000	10	0.95	58	6.8
30 000～60 000	5	0.47	42.5	5.0
>60 000	30	2.84	44.2	5.2

表 1-4-46　　优质麦芽＋不同比例大麦的麦汁组成

非发芽大麦的比例/%	麦汁总氮/mg・L^{-1}	α-氨基氮	
		mg・L^{-1}	占总氮/%
0	953	310	34
20	850	267	31.4
30	816	244	30.6
40	761	219	28.8
50	729	202	27.8

③多酚物质和酒花物质：麦汁中含总多酚物质为100～200mg/L，其中花青素苷约占30～50mg/L，淡爽型高稳定性啤酒麦汁（12°P）控制总多酚≤130mg/L，花青素苷≤40mg/L。

麦汁中酒花的异α-酸25～50mg/L，α-酸为3～5mg/L。

麦汁中酒花精油：1～2mg/L（其中C、H占20～30%，C、H、O占70%～80%）。

④矿物质

1-4-47　　麦汁中矿物质（12.8°P）（mg/L）

	来自麦芽	来自酿造水	来自酒花	总和	麦汁	损失/%
K^+	556	3	68	627	627	0
Na^+	6	17	痕迹	23	24	0
Ca^{2+}	100	75	25	200	33	83
Mg^{2+}	184	21	9	214	100	53
Fe^{2+}	6.1	0.4	0.6	7.1	0.05	99
Cu^{2+}	1.1	痕迹	1.2	2.3	0.11	95
Mn^{2+}	2.1	0.04	0.3	2.4	0.14	94
Zn^{2+}	3.7	痕迹	0.3	4.0	0.1	97
Al^{3+}		0.01～0.02			0.03	
PO_4^{3-}		/			540	
SiO_2		50			152	
Cl^-		40～60			375	
SO_4^{2-}		50～80			157.2	

⑤维生素

表1-4-48　　麦汁中维生素含量

名称	生物素	叶酸	肌醇	烟酸	泛酸	吡哆酸	维生素B_1	维生素B_2
含量/$\mu g \cdot L^{-1}$	8.5～11.5	100～130	18 000～60 000	8 000～17 500	450～980	580～1 050	330～690	280～600

⑥溶解氧：11～12°P麦汁中，在充无菌空气时溶解氧为6.5～8.5mg/L。

⑦乳酸和总滴定酸

	不调乳酸麦汁	糖化调乳酸麦汁
L-乳酸	15mg/L	180mg/L
D-乳酸	50mg/L	120mg/L
（L+D）-乳酸	65mg/L	300mg/L

11～12°P麦汁每100ml中用1mol/L的NaOH滴定的总酸度为1.2～1.8ml，相当于以乳酸计的酸含量为0.1～0.162g/100ml。

第五章　啤酒发酵

第一节　啤酒酵母

一、酵母的分类

人类酿酒的历史比人类文明还早，但对酿酒本质的认识却很迟。1680 年荷兰列文·虎克制作了第一架由复合透镜做成的原始显微镜（100～150 倍），观察到啤酒发酵液中有许多“小小圆形物”。直到 1818 年底，捷克斯洛伐克科学家爱文斯本（Erxleben）在著作中叙述了“小小圆形物是活的生物，由它引起发酵”。

1837 年前后，法国自然科学家拉图乐（Latour）、德国生物学家施旺（Schwann）等发现酿制酒的微生物，具有细胞结构，能以出芽的方式繁殖，而且酒精发酵和微生物繁殖是同时进行的，并将它命名为“糖真菌”（Zuckerpilz），以后生物学家梅因（Mayen）在分类时定名为“*Saccharomyces*”。1860 年，法国路易·巴斯德（L. pastear）在巴黎科学院宣读了确立发酵生物学说的论文。

德国科学家汉逊（Emil. Hansen）在丹麦卡尔斯伯啤酒实验室中，成功地对啤酒酵母进行单细胞分离和纯种培养，纯种发酵技术才在啤酒中得到推广。

能使含糖液体自然发酵，生成二氧化碳和酒精，液面上形成“膜”，器底形成“沉淀”的生物，统称为“酵母”。酵母这一名称并不严格和科学，广义上说，凡是单细胞、世代时间较长的低等真核生物，统称为“酵母”。

从分类学上看，大多数酵母属子囊菌类，小部分的酵母属担子菌类。在劳德（Ladder）的分类学手册上，酵母有 39 种属，349 种。

著名酿造科学家维第西（Windisch），1960 年发表的分类中，把酵母分为两大类：

第一类　真酵母类，第二类　拟酵母类。其中包括：假性酵母属、圆酵母属、克勒氏酵母属和红酵母属。此分类是依据产孢子能力，第一类能产孢子。

真酵母类中产子囊孢子的在分类是上属

子囊菌纲（Ascomycetes）
- 原子囊亚纲（Protaseates）
  - 内孢霉目（Endomycetales）
    - 第一科　内孢要科
      - 单囊菌属
      - 内孢霉属
      - 裂殖酵母属
      - 拿逊氏酵母属
      - 脂肪酵母属
    - 第二科　酵母科
      - 第一亚科　内孢霉亚科
        - 拟内孢霉属
      - 第二亚科　（出芽酵母亚科）
        - 酵母属　赤氏酵母属
        - 汉逊氏酵母属
        - 许旺氏酵母属
        - 德巴利酵母属
      - 第三亚科　（有孢）
        - 汉逊氏酵母属
        - 类酵母属
        - 汉逊氏有孢酵母属

酿造啤酒的酵母，在分类学上属：

子囊菌纲—原子囊菌亚纲—内孢霉目—酵母科—出芽酵母亚科—酵母属。

用于酿造的主要有两个种。

1. 啤酒酵母（*S. Cerevisiae* Hansen）

它在麦汁中25℃培养三天，细胞为圆形、卵形、椭圆形到腊肠形。按细胞长与宽之比又可分成三组。

第一组细胞长宽比为1～2（＜2），细胞为圆形或卵形。此组根据细胞大小又可分成大、中、小三型。此组酵母主要用于酒精（淀粉质原料）和白酒等蒸馏酒的生产，其中如德国2号、德国12号（Rasse Ⅱ．Rasse Ⅻ），应用极为广泛。这组还包括了葡萄酒酵母和魏氏酵母。

第二组长宽比为1∶2，以长卵形为主。此组酵母细胞出芽长大后不脱落，再出芽，易形成芽簇——假菌丝。主要用于啤酒、果酒酿造和面包发酵。

在啤酒酿造中酵母易漂浮在泡沫层中，在液面发酵和收集，所以，这类酵母称上面发酵酵母（Top Fermentaion Yeast）。英国式ALe STout型均用此类型酵母酿造啤酒。

第三组长宽比＞2，细胞为长圆形至腊肠形，此类酵母耐高渗透压，用于糖蜜酒精和朗姆酒生产，台湾396号酵母即属此组。

啤酒酵母能发酵葡萄糖、麦芽糖、蔗糖。因为没有蜜二糖水解酶，不能发酵蜜二糖，不发酵乳糖，棉子糖发酵1/3。

2. 葡萄汁酵母（*S. uvarum* Beiyernch）

1970年Lodder把卡尔酵母（*S. Carlsbergensis* Hensen）、类哥酵母（*S. Logos* V. zear et Denamur）及葡萄汁酵母，合并成一种，即葡萄汁酵母。此类酵母糖类发酵特征相同，均能全部发酵棉子糖。在啤酒酿造界还喜欢延用卡尔酵母老名称，此类酵母在制造Lager型啤酒时采用，发酵结束酵母沉于器底，所以称“下面发酵酵母”（Botorm Fermentaion Yeast）

此类酵母在麦汁中25℃培养三天，细胞为圆形、卵形、椭圆形或长圆形。

卡尔酵母细胞一般在（3.5～8.0）×（5.0～11）μm，长宽比一般为1∶1～1.5之间。在醋酸钠培养基上，在18～20℃下能形成子囊孢子，子囊孢子1～4个，圆形，但某些菌株很难、甚至丧失形成孢子的能力。

微生物（包括酵母）“种”的划分，并不具有绝对的严格性，在最近有关微生物的文献上，已经把葡萄汁酵母并入啤酒酵母种中。但啤酒界还是常常按发酵特性（对棉子糖发酵）分为两个“种”。

种以下分类为“菌株”，世界各大型啤酒厂均有自己独特的菌株，各菌株特性是由生产厂长期驯养、选育获得的。各菌株之间的差别，主要在繁殖速率、增殖倍数、代谢产物中某些物质的多少、凝聚性、耐性、抗性等所谓“生产特性”上的有差别。但这些非本质（遗传特性）特性是易变的。

由于各啤酒厂选育了自己独特的菌株，如：*S. Carlsbergensis* 青岛（青岛卡尔酵母），因此形成了酿造技术和啤酒风味的多样化。

二、酵母细胞的基本结构

酵母是单细胞真核生物（图 1-5-1），外层由厚的细胞壁和细胞膜所包裹；细胞质内

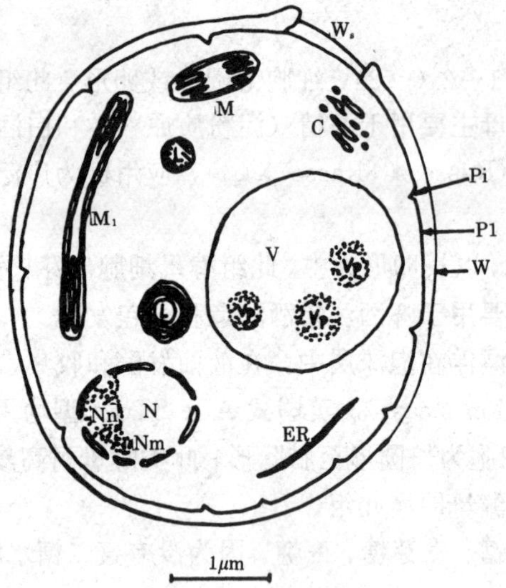

图 1-5-1　啤酒酵母细胞的结构

有许多细胞器，有核、线粒体、微体、内质网、液泡、核糖体等，还存在作为能源的糖原、脂质及多磷酸盐等颗粒贮藏物质。

三、啤酒酵母的生活史

S. Cerevisiae 和 *S. Carlsbergensis* 的营养细胞核中各有再现二次的基因载体之一的染色体，所以称做“双倍体”细胞，共有 17 对染色体。在形成子囊孢子过程中，核进行减数分裂，一般形成 4 个核，每个核具有 17 条染色体（单倍体核）。每一个单倍体核和原生质分裂后结合，形成子囊孢子。若子囊孢子脱离母体，出芽，就形成单倍体细胞。

啤酒酵母和卡尔子母生活史有两种类型。“同宗接合”酵母没有单倍期，在形成子囊孢子时，受到双元化基因控制，子囊孢子结合，就成双倍体。“异宗结合”酵母才有一个长的单倍体期，当形成四个子囊孢子后，这四个子囊孢子各具有两个“性”结合反应“a”和两个性结合反应“α”的子囊孢子。若分离后各单独培养，就成“a”和“α”结合性单倍体营养细胞；若将这两种单倍体营养细胞混合培养，“a”和“α”单倍体细胞就会杂交，两细胞结合、融合形成哑铃状的一个细胞，这个细胞再出芽繁殖就形成一个杂合子双倍体细胞。

在正常条件下，营养细胞的无性，出芽繁殖过程如图 1-5-2 所示。

卡尔酵母和啤酒酵母在长轴一端，单端多边芽殖，从理论上讲大约可以形成 9～43 个芽，但在实际生产中一般仅形成个 1～6 芽，少数细胞形成 12～15 个芽。

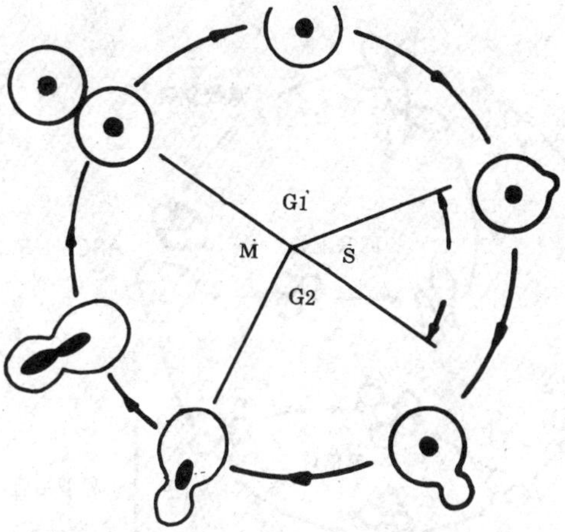

图 1-5-2 啤酒酵母出芽过程

G1—间歇期（复制前期） S—合成期（复制期）

G2—间歇后期（复制后期） M—有丝分裂期（分裂期）

卡尔酵母在液体麦汁中繁殖，出芽形成子细胞，到 1/2～2/3 母细胞大小时，子细胞就自动脱离母细胞，这两个细胞再独立出芽，所以，在培养液中只能看到单个细胞或有一个芽细胞。芽在长轴一端，和母细胞呈 30°的夹角。

啤酒酵母在液体麦汁中出芽繁殖时，也是在长轴一端，但经常和长轴垂直。子细胞长大后不立即脱离母细胞，子细胞再出芽，形成芽簇或 3～6 个细胞或串相联。

四、啤酒酵母的凝絮性

啤酒酵母的凝絮特性是重要的生产特性，它会影响酵母回收再利用于发酵的可能，影响发酵速率和发酵度，影响啤酒过滤方法的选择，乃至影响到啤酒风味。

1. 啤酒酵母凝絮性分类

对 *S. Carlsbergensis* 可以分成三类。

(1) 在整个发酸阶段，酵母是完全分散在发酵液中的，即使发酵完全停止时，酵母也是以单个或数个形式悬浮在液体中。酵母的沉降按 Stoke 自然沉降计算，当酵母的平均直径为 8μm，密度为 1.05～1.073kg/m^3 时，沉降速度为 1.5～3.7μm/s。因此，发酵结束时，器底只有少量松散沉淀酵母，大量酵母分散于液体中，如轻轻振荡器皿，沉淀酵母立刻浮起，再形成沉淀需很长时间。这种酵母为典型非凝絮性或称“粉末型酵母”。

(2) 发酵初期酵母是分散的，当达到某发酵度，酵母在发酵液中细胞密度突然降低，器底逐渐沉结酵母凝块，发酵结束时，发酵液中细胞密度很低 0.3～1×10^6 个/ml，即使强烈振动器皿打散凝块，静置短时间也立即形成凝块，此类酵母称做凝聚性酵母。

发酵液中酵母细胞密度突然降低（开始形成凝块）时的发酵度称做“凝聚点”。

凝聚点太小（如 35%～40%）的酵母，不能用来酿造高发酵度啤酒。

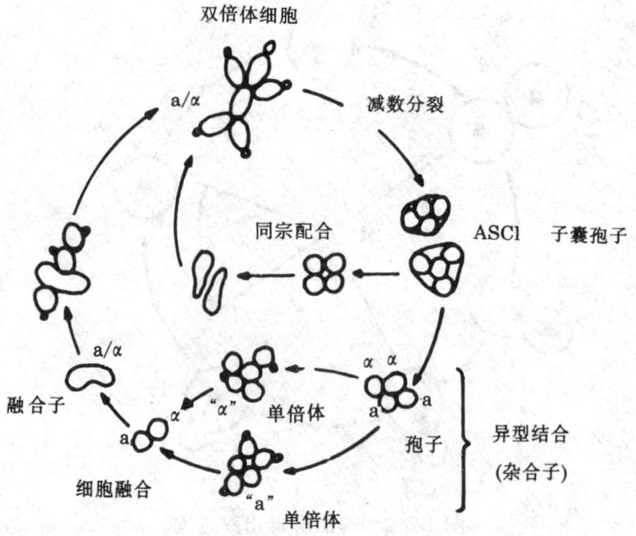

图 1-5-3　啤酒酵母有性繁殖

（3）介于（1）、（2）之间，发酵减弱后，酵母开始形成并不紧密的絮状沉淀，发酵结束时，器底形成较多沉淀，经振荡，酵母较快分散，静置一段时间，又能重新沉降，此时沉降酵母以 10^3 个左右结合。此类酵母以前称做“弱凝聚性”酵母，现在称“絮凝性”酵母，是目前酿造中用于快速发酵制造清爽型啤酒常采用的酵母。

对 *S. Cerevisiae* 也可分成三类。

（1）发酵时只形成少量泡沫头，发酵结束时，只形成少量沉淀酵母，大部分酵母（30～40）$\times 10^6$ 个/ml 分散于发酵液中，沉淀极松散。此酵母为上面酵母粉末型。

（2）在发酵中期，形成大量泡沫头，而且泡沫头紧密如浓奶油状，可以撇沫法（skimming）分离（回收酵母泥），发酵停止后，液体中细胞浓度很低，器底也会形成浓密的凝块，不易振散。此酵母为凝聚性上面酵母。

（3）在发酵中期只形成少量泡沫头，泡沫头较松散，用撇沫法回收也少，发酵结束后，沉于器底，液体中细胞浓度较低［（5～10）$\times 10^6$ 个/ml］，可从器底排放回收，此类属絮凝性上面酵母。

2. 凝聚理论

啤酒酵母凝聚现象的发现和应用已很久，但对凝聚机理的研究还很不完善。Gilliand 的研究认为凝聚性状的表达存在一个基本基因。Thorne 认为是由多基因系统控制，该系统包括三对多基因，其中仅有一个基因决定凝聚性状的显性与否，因此，基因存在数量不影响细胞表现的凝聚强度；另外还存在一个抑制基因，能对一个或多个凝聚基因的表达具有抑制作用；还可能存在修饰基因，以一定方式修饰酵母细胞的凝聚力。

现已发现的凝聚性基因 FLO1、FLO2 和 FLO4，它们实际上为等位基因，称之为 FLO1 位点。根据染色体图谱研究，FLO1 基因在染色体右臂距中心粒 500nm，离 ade1 为

370nm，距 cysl 为 16.8nm。

Lewis 从一株非凝聚性酵母突变株凝聚性酵母中又发现了 FLO3，后来又发现凝聚基因 FLO5，它和 FO1 连锁，所表达的凝聚性状比 FLO1 还要强。

现在一般认为酵母凝聚性主要受基因 FLO1 和 FLO5 控制。

酵母凝聚性状受到基因控制，此凝聚基因主要控制酵母细胞壁结构，FLO1 和 FLO5 控制细胞壁主要成分葡聚糖—甘露聚糖—多肽复合物。多肽带电荷的羧根和甘露聚糖磷酸盐的磷酸根存在数量均对凝聚性强弱起很大影响。凝聚性酵母细胞壁上具有纤毛，这是凝聚性第二性状（至今还未发现控制基因）。

金属离子对凝聚作用影响极大。除基因因素以外，凝聚作用的强度还依赖于基质离子浓度，特别是钙离子。钙离子不但参与细胞壁结构，还在细胞之间形成所谓“钙桥”立体效应，此立体效应对环境条件如糖浓度、pH 等极为敏感。基质中 Ca^{2+} 浓度 10^{-8}mol/L 是细胞凝聚还是分散的中间状态，一般认为在啤酒中 Ca^{2+} 达到 30mg/L 以上，啤酒酵母才能呈良好的凝聚性。其他二价离子也能促进凝聚，但远比 Ca^{2+} 低。单价离子（如 Na^{+}、K^{+}）由于“反离子效应”起到所谓中和细胞表面电荷，抑制凝聚的作用，常常由于水质原因，啤酒中 $Na^{+}>300$mg/L，使酵母凝聚性变差。

五、卡尔酵母的一般特性

1. 生物学分类特性

（1）形状　圆形、卵圆形、椭圆形

（2）细胞大小　如：8.5×6.5μm

（3）细胞体积　由计算得：如 188μm³。由粒子数器测定：195μm³。

（4）巨大菌落（25℃培养 2 周）

颜色（正、背面）：乳白色。

尺寸：24mm。

菌落边缘性：呈波浪形不整齐。

菌落特性：突起，易挑起。

（5）呼吸缺陷型突变株（应<5%）

（6）絮凝性

可分成强凝聚性、中等凝聚性、弱凝聚性和粉末性。

2. 碳水化合物糖类的同化

卡尔酵母可同化葡萄糖、果糖、蔗糖、麦芽糖、麦芽三糖、半乳糖、棉子糖、蜜二糖。不同化异麦芽糖、异麦芽三糖（潘糖）和麦芽四糖、糊精、淀粉。

3. 啤酒酵母的培养和酿造特性

（1）最高发酵速率（每小时每个细胞产生酒精的克数），卡尔酵母可以在（0.7～1.5）$\times 10^{-11}$。

（2）合成每克酵母干物质，需要消耗游离氨基氮量和糖中碳元素量（反映酵母合成效率）。如某酵母，每毫克游离氨基氮能合成 16.65mg 的绝干酵母；每毫克碳能合成 0.71mg 的绝干酵母。

（3）酵母发酵时同化氨基酸的顺序（麦汁发酵时氨基酸减少一半的时间顺序），氨基酸同化顺序可分成四类：

A—和酵母细胞生长同时，并呈线性关系：如 Thr、Met、Lys、Leu。

B—滞后于酵母细胞生长：如 Tleu、Aep、Val、His、phe。

C—在 A 类氨基酸同化大部分以后：如 Arg、Tyr、Ala、Gly、Trp。

D—几乎不同化：如 Pro。

啤酒酵母菌株不同，常常反映在 A、B 两类同化顺序有个别差异。

（4）在发酵时酵母细胞生长曲线　一般用 11°P 全麦芽汁在等发酵温度下（如 8、10、12℃），在相同接种浓度（10×10^6 个/ml）时，测定发酵液中细胞浓度曲线。比较最高浓度细胞数和需要时间及最高浓度维持时间和酵母沉降（浓度减少速率）。

4. 酿造啤酒特性

在 100～1 000L 小型酿造设备中酿造啤酒，并对啤酒进行分析和比较。

（1）残糖分析　用高压液相色谱或纸上层析法，主要比较残糖中麦芽三糖的量。此值反映酵母对麦汁发酵的深度。

（2）啤酒常规分析

①比较酒精和发酵度，反映酵母发酵深度。

②比较总酸和 pH，反映酵母产酸能力和对麦汁缓冲物质同化或吸附特性。

③比较苦味值和色度，反映酵母对异 α-酸和色泽物质吸附能力。

④比较 α－氨基氮和总氮，反映酵母吸收氨基酸（同化）能力和异化（分泌、自溶）倾向。

⑤比较连二酮类物质的含量。

国际法测定总 VDK：

气相色谱法分析 2，3-戊二酮和 2，3-丁二酮的含量，某些菌株虽然 VDK 相似，但若 2，3-丁二酮比例高，VDK 味倾向大（因 2，3-戊二酮阈值要比 2，3-丁二酮大 6 倍）啤酒装瓶后在 62℃，保温 2h 后，用国法测定总 VDK 值，减去国标法常规测定值，此差值反映 VDK 的前驱物质 α-乙酰乳酸残留量，反映在包装以后 VDK 回升倾向。

（3）啤酒风味物质测定

①醛类：乙醛应在 5～10mg/L。

②高级醇类：正丙醇、异丁醇、异戊醇、活性戊醇等脂肪族醇类总水平小于 90～110mg/L，β-苯乙醇 10～50mg/L，特别希望异戊醇水平比较低（＜45m/L）。

③挥发酯类：乙酸乙酯、乙酸异戊酯、丁酸乙酯、己酸乙酯、辛酸乙酸、乙酸苯乙酯等，总挥发酯水平在 25～50mg/L。醇：酯（除 β-苯乙醇外高级醇和挥发酯之比）应在 3～4：1，大于 5：1，高级醇味太突出，＜2：1，酯香太突出。

（4）啤酒泡沫特性　比较起泡性、是否喷涌、泡沫的颜色、泡沫的细密度（第 100ml 泡沫消失后啤酒的体积）、泡沫的持久性、泡沫的粘着力（测定泡沫消失后形成啤酒的粘度）。

（5）啤酒的风味品尝　特别在纯正（clean）、爽口、柔和（mild）或醇厚（full）、淡爽（ligh）或浓烈（heavy）和香味（果香、酵母香）等方面比较。

六、啤酒优良酵母的评估和筛选方法

1. 概　述

生产优良酵母的筛选是啤酒工厂十分重要的经常性的工作，但近几年来一些工厂不注意分离筛选或没有一套正确的评估体系，造成生产菌株退化，经常表现为起发酵迟缓；发酵力衰退（高泡站不住）；发酵不彻底，发酵度明显降低；双乙酰峰值升高，还原慢，延长后酵，贮酒后也达不到<0.05mg/L水平；酵母凝聚性变差，过滤困难；啤酒风味改变，如喝后易上头或有酯香等。这些退化表现，严重影响了啤酒的正常生产和啤酒的质量。

但这一套啤酒酵母评估体系还显得繁琐，啤酒优良菌株的评估工作十分困难，其原因是：

(1) 缺乏一个统一的尺度，各工厂由于设备工艺不同或习惯观点不同，造成对优良菌株的观点不一致，有时甚至是矛盾的。

(2) 实验室各项评估测定很难和大生产实际十分吻合。

(3) 评估缺乏指标体系，缺乏筛子，特别是有否决权的筛子（指标）。

下面介绍的评估体系主要是针对我们研究 *S. Carlsbergensis* 的新菌株，而筛选方法是针对工厂从原菌株中筛选优良菌株的方法。

2. 啤酒优良酵母的评估

(1) 形态学上的要求

①细胞的形态：*S. Carlsbergensis* 细胞为圆形、卵形和椭圆形，应该注意：典型的啤酒酵母短轴与长轴之比为1∶1.0～1.5，而且大多数优良菌株在1∶1.1～1.3之间。细胞拉长是变异的结果或发酵后期营养不足造成的。

在液体培养时，细胞是单个的或有一个子细胞，子细胞为母细胞2/3体积即脱落，若发现细胞成链，不是卡尔酵母特征。

②细胞大小：在我们研究的菌株中，细胞可以分成两类，大型细胞尺寸为6.8～8.0×8.0～9.0μm，体积大于176μm^3；中小型（3.6～6.5）×（6.0～8.0）μm，体积100～160μm^3。中、小型酵母虽有的凝聚性很好，但大多数不如大型的。中小型细胞，在相同的接种量下，细胞比表面积大，发酵速度较快。近几年人们选种倾向于挑选中小型细胞的菌株。细胞尺寸与凝聚性和发酵速度的关系见表1-5-1所示。

(2) 生理学要求

①繁殖速度：近代啤酒生产酵母使用代数低（<5代）。为了缩短酵母扩培时间和发酵前期的酵母增殖时间，希望选择繁殖速度快的菌株。

我们研究采用测定15℃和10℃两种培养温度的迟缓时间和平均世代时间（倍增时间），见表1-5-2所示。

表 1-5-1　　细胞尺寸与凝聚性和发酵速度的关系

菌株名称	细胞大小		长轴短轴	凝聚性	发酵速度
	大小/μm	体积/μm³			
青岛酵母	7.4×8.8	222	1∶1.19	+++	++
沈阳酵母	8.3×9.6	271	1∶1.16	+++	+
五星酵母	7.2×8.1	199	1∶1.13	++	++
丹麦（华光）	3.7×7.0	88	1∶1.89	−	+++
德国 G—02	6.5×7.8	173	1∶1.2	+	++++
荷兰 Q—05	5.5×8.3	155	1∶1.36	+	++++
比利时 Q—06	6.2×8.3	177	1∶1.36	++	++++

表 1-5-2　　菌株的平均世代时间（h）

菌株		青岛酵母	沈阳酵母	五星酵母	丹麦（华光）	德国 G—02	加拿大
迟缓期	0℃	2.0	4.0	6.0	2.0	2.0	2.0
	15℃	—	—	2.0	—	—	2.5
世代时间	10℃	8.5	7.0	5.5	4.3	7.2	10.1
	15℃	6.8	6.7	3.6	3.3	4.1	6.3

参考指标：

（1）15℃繁殖的滞缓期应＜2.0h。

（2）15℃平均世代时间应＜8.0h。

（3）15℃和10℃繁殖时间，两者平均世代时间相差愈小，反映菌株对温度适应性大，有利于控制。

②增殖倍数和细胞浓度：酵母的发酵速度是发酵液中细胞浓度的函数（也有人认为是细胞表面积的函数）。我们研究发现，在相同接种量下（如 1.0×10^6 个/ml），发酵液中细胞增殖级数为 2～3 次，相应发酵液中细胞最高浓度为 40×10^6～80×10^6 个/ml，细胞最高浓度越大，发酵速率也越快。但酵母代谢的各种副产物（如高级醇等），也随增殖级数的提高而增加，啤酒风味也有明显不同。如青岛酵母一般最高浓度仅为（45～50）$\times10^6$ 个/ml，而一些引进酵母常达到（60～70）$\times10^6$ 个/ml。

进一步研究发现，酵母发酵时对麦汁的α-氨基氮同化能力差异很大，青岛酵母的α-氨基氮同化率仅为 50%～60%，而引进酵母达 60%～75%。也有人研究发现，每吸收 1mgα-氨基氮形成酵母干物质波动于 12～17mg。因此，在相同麦汁和培养条件下形成细胞数量有明显差别。

我们认为：若想发酵速度快、发酵度高、双乙酰还原快、啤酒较淡爽的应选择增殖级数大（但不能超过 3）、发酵液中细胞浓度高〔（60～70）$\times10^6$ 个/mL〕的菌株。见表 1-5-3 所示。

表 1-5-3　菌株在 12°P 麦汁接种量为（10～12）×10⁶ 个/ml 以下 α-氨基氮同化率和最高细胞密度关系

菌　　株	青岛	沈阳	五星	丹麦华光	德国 G—02	荷兰 Q—05
α-氨基氮同化率/%	59.8	54.2	61.05	70.0	70.6	72.3
细胞最高浓度/$\times 10^6$ 个·mL^{-1}	50	42	58	68	62	62

(3) 发酵力的要求　酵母对糖的发酵能力包括：起酵速度、发酵最高降糖能力、啤酒发酵度、酵母对麦汁的极限发酵度。

前三种特性，应该是我们希望的发酵温度下的测定值。众所周知，酵母在 2～38℃之间，温度相差 5℃，发酵速度可差 1.5 倍。有些酵母提高发酵温度，可加速发酵，但有时会影响最终啤酒发酵度，或酵母易衰退。所以，对一株新菌株，应设计 3～4 个温度测定（如 8、10、12、14℃）。若对生产菌株分离筛选，应按照工厂习惯发酵温度测定。

我们在研究新菌株时，按照德国 Narzes 教授的观点，提高发酵温度缩短酿造周期是大势所趋，当今大家能接受的（主酵最高温度）是 12℃，主酵前期即酵母繁殖期采用高温会影响啤酒的风味。

①酵母麦汁极限发酵度的测定：酵母麦汁极限发酵度测定，是在最有利的发酵温度 25～27℃时，酵母对麦汁中可发酵性糖类的最大可能发酵程度。实际上主要反映酵母对麦汁中麦芽三糖的发酵能力和发酵极限。如表 1-5-4 所示。

表 1-5-4　各菌株外观极限发酵度和麦芽三糖发酵率（12°P 麦汁）

	青岛	沈阳	五星	德国 G—02	荷兰 Q—03	比利时 Q—06
外观极限发酵度/%	79.87	79.56	75.54	79.34	84.94	84.5
成品啤酒发酵度/%	61.9	61.3	59.6	63.5	67.9	68.1
麦芽三糖发酵率/%	68.2	69.8	66.9	72.7	94.8	95.3

近代啤酒比较倾向于高发酵度，相应也要求酵母麦汁极限发酵度高，在我们实验室用极限外观发酵度（E）＝80±3%作为第一级筛选，淘汰对麦汁糖利用率低的菌株。

②起酵速度：麦汁接种酵母发酵后，酵母适应新环境，有一个明显的滞缓期（细胞几乎不增加），以后细胞数增殖至（20～25）$\times 10^6$ 个/ml，发酵液表面有白泡沫出现，从接种至起白沫总称为起酵时间。不论采用什么温度开始发酵，一般均喜欢起酵时间短的菌株。因为酵母起酵快，滞缓期短，增殖快，容易在麦汁中形成生长优势，在生产中不易污染杂菌。

③发酵速度：啤酒酵母起酵后，进入高泡阶段（旺盛发酵阶段），此阶段每天降糖速率或释放 CO_2 的速率：相同的发酵温度下（如 12℃），发酵速率有差异，如降糖 2.0°P/d、2.5°P/d、3.0°P/d，而且各菌株维持的最高发酵度天数也有差别，有的仅 1.5d，有的 2d，有的可达 2.5～3.0d。人们倾向于追求发酵降糖快（如 2.5°P/d），并能维持 2～3d 的

快速发酵菌株。

快速发酵菌株，不但缩短发酵周期，而且发酵快，pH 降低快，有利于获得淡爽风格的啤酒，啤酒稳定性也好。

④啤酒主酵发酵度：近代成品啤酒的发酵度倾向于高发酵度，我国淡爽型 12°P 啤酒的发酵度，优秀啤酒大多在 65%～68%，而一些传统发酵、传统酵母酿制的大多在 62%～63%。低于 60%发酵度的啤酒很难成为优质啤酒。

在实验室研究菌株，用 10～12℃主酵发酵 5d，希望能达到 53%以上发酵度，在我们研究中倾向于选择 55%～58%的菌株。

⑤麦汁极限发酵度（$F_{极}$）和啤酒发酵度（$F_{啤}$）：丹麦、荷兰、比利时等国向我国推荐的优良啤酒酵母有此特性，即 $F_{极}-F_{啤}=\Delta F<1.0\%$。说明菌株在发酵温度（10～12℃）和啤酒酵母最适合发酵温度 25～28℃下发酵，对糖的发酵没有差别，ΔF 小的啤酒，口味清爽，生物稳定性好，而 $\Delta F>5.0\%$，口味粘稠并带有不爽口的甜味，则得不到消费者欢迎。

我们选育的 WLA—02、WLH—01 和 WLG—02、03，在生产现场 ΔF 均$<1.0\%$，而在实验室测定也不超过 2.0%。而一些传统酵母，形态比较大，凝聚性特别好的菌株，在实验室测定下 $\Delta F\geqslant5.0\%$。

（4）凝聚性和沉淀能力　酵母的凝聚性受酵母的遗传和外界条件的影响，我国传统啤酒生产常用凝聚性菌株，发酵后便于收集酵母，啤酒过滤快。但凝聚性太强的菌株，一般发酵慢，发酵度偏低，双乙酰还原慢。丹麦、比利时等向我国推荐的菌株多数属凝聚性差的粉末型酵母。有的虽然凝聚性差，但发酵后沉淀能力好，不使用离心机也可利用硅藻土过滤器过滤；有的沉淀性不好，只能先用啤酒离心机过滤。

我国大多数啤酒工厂均没有啤酒离心机，因此，优选啤酒酵母时，应选择凝聚性中等或强的酵母，对于粉末型酵母应选择发酵后沉淀结实（虽不结凝块，但沉淀不易摇起）的沉淀良好菌株，我们已优选的 WLA—02、WLG—03，就是属中等凝聚性，而且沉淀好，在没有离心机时工厂能顺利用硅藻土过滤啤酒。而 WLG—02 属粉末型，沉淀也较好，但工厂用棉饼过滤就比较困难。华光厂的丹麦菌株是典型粉末型酵母。

酵母在发酵麦汁中凝聚时间是指达到多少发酵度开始凝聚，在国外称此开始凝聚的发酵度称“凝聚点”。据资料报道和我们的研究发现，各菌株的凝聚点多在 35%～50%之间。凝聚点小，由于凝聚早，并不是理想的菌株。近代优良凝聚性酵母的凝聚点希望在 45%以上。而我国北京、青岛所使用的酵母，凝聚点在 30%～35%。

（5）双乙酰峰值和还原速度　世界各国优秀浅色啤酒的双乙酰含量均在 0.03～0.06g/L。从 70 年代以后，世界啤酒先进国均在优选低双乙酰的酵母菌株及改进发酵技术以后，很好地解决了此问题，而我国不少啤酒厂至今还被双乙酰能否及格所困扰。我们从丹麦、荷兰、德国、比利时等国啤酒酵母分离底物中得到的若干菌株，发现这些酵母在双乙酰方面的特点是：①双乙酰峰值低，在麦汁 α-氨基氮在 160mg/L 以上时，峰值仅为 0.3～0.4mg/L，而我国传统酵母高达 0.7～1.0mg/L，有些退化菌株高达 2.0mg/L。②双乙酰峰值出现在发酵第二至第三天。主酵第三至第四天双乙酰迅速下降，在主酵结束时，双乙酰已经下降到 0.20mg/L 以下。③在 8～12℃后酵时，双乙酰还原快，一般 5

～7d 可降至 0.10mg/L 以下。④双乙酰前驱物质（α-乙酰乳酸）在啤酒中很少残留，因此，啤酒装瓶消毒以后，不会因为乙酰乳酸氧化形成双乙酰，升高值在 0.01～0.03mg/L，我国某些工厂成品啤酒常常要升高 0.05～0.07mg/L，我们认为发酵技术也是主要原因。不同菌株峰值见表 1-5-5 所示。

表 1-5-5　　菌株双乙酰峰值和原比较

12°P 生产麦汁接种后 15×10^6 个/ml	12℃主酵双乙酰峰值/mg·L^{-1}	12℃5d 后双乙酰/mg·L^{-1}	8℃还原 5d 双乙酰/mg·L^{-1}	0℃贮藏 7d 双乙酰/mg·L^{-1}
华光传统酵母	3d/0.8	0.25	0.16	0.12
德国 G—02	2d/0.35	0.13	0.06	0.04
某厂退化酵母	2d/1.1	0.65	0.45	0.30

（6）挥发性风味物质　表 1-5-6 是国外优秀浅色啤酒的挥发性风味物质。

表 1-5-6　　成品啤酒的风味物质水平

主要挥发性物质	可能含量 /mg·L^{-1}	优秀啤酒含量 /mg·L^{-1}	允许极限值 /mg·L^{-1}	备　注
乙醛	3.0～25.0	3.5～5.5	＜10	
正丙醇	5.0～20.0	5.0～7.0	＜10	
异丁醇	5.0～30.0	5.0～7.0	＜10	
异戊醇	25.0～70.0	25.0～35.0	＜45	
β-苯乙醇	3.0～45.0	8.0～12.0	＜35	大米辅料＜30.0%
总高级醇	40～150	45～60.0	＜75	(不包括 β-苯乙醇)
乙酸乙酯	10～40	15～25	＜35	
乙酸异戊酯	0.5～5.0	1.0～1.5	＜2.5	
H_2S	0.2～2.0	0.2～0.4	＜2.0	
SO_2	2～30	3.0～5.0	＜15	
2，3-戊二酮	0.02～0.05	0.02～0.03	＜0.07	
2，3-丁二酮	0.03～2.0	0.05	＜0.05	

上述这些挥发性物质，会明显影响啤酒风味，但由于测定比较麻烦，很难在菌种筛选（初筛，复筛）时作为评估筛子，常常只作为最后鉴别时评估。也有例外，青岛啤酒厂主要出口美国，美国对啤酒中游离 SO_2 的要求特别严格，在优选青岛酵母时就应打入 SO_2 的筛子。

（7）酵母对压力的耐受性　在近代大罐发酵中由于罐高常常达 10～20m，液柱压力和 CO_2 浓度对酵母的生长繁殖和代谢产物形成均可能产生影响。

国外在研究大罐酵母菌种选育时，十分注意酵母对压力的适应性。他们用不带压、带氮气压、带 CO_2 压力，研究压力为 0.075、0.15、0.20MPa。研究发现带氮气压力对酵母生长繁殖几乎没有影响，而带 CO_2 压力对各菌株有明显不同，有的生长繁殖受抑制，有的影响较小。代谢产物中对乙酸乙酯生成的抑制有明显不同。在主酵第四天后悬浮酵母细胞也有明显不同，有些酵母受压后明显有利于凝聚和沉淀。国外研究认为，大罐啤酒酵母必须要对压力有较强的耐受性。

(8) 酵母的稳定性　在筛选优良酵母时最后应测定比较该酵母 10～12 代，若在 7 代酵母中，发酵速度、发酵度、双乙酰含量没有十分显著地变化，可以认为此酵母是十分稳定的。若 6 代以内发酵度明显降低，双乙酰含量升高，此酵母是不稳定、易退化的。

(9) 主酵液和成品啤酒的风味品尝　不论在哪一阶段筛选酵母，均应有风味品尝评价，对有特殊异香、异味的菌株有完全的否决权，而对风味的优好程度，由于实验室和大生产条件差异大，只能得到参考性意见，在 30L 以下规模很难作出有否决权的判别。

(10) 啤酒泡沫特性　在相同条件下，不同菌株进行发酵酿制的啤酒其泡沫特性差异很大，有的疏松，有的洁白细腻如奶油状，这是因为酵母吸附性能和代谢产物的影响。啤酒泡沫特性，只能在相当规模生产性试验中比较才有意义。

3. 生产菌的筛选方法

(1) 底物和处理　工厂每年至少应进行一次生产菌株的筛选，在正常情况下安排在每年停产前 2 个月（十月份）进行。

分离筛选底物为斜面保藏菌株、主发酵高泡液、沉淀酵母泥等，除非该罐酒主酵特别好时，可用该酒的发酵液或酵母泥，否则一般用保存菌株，以减少杂菌的污染。

首先将分离底物接种于 8～9°P 麦汁活化 2～3 次，于 25℃，2d 一次。活化后，用 0.05%EDTA—Na 的无菌溶液稀释至 10^{-6}～10^{-7}，浇注麦汁琼脂双重皿各三个。

双重皿于 27℃培养 2～3d，啤酒酵母正常菌落为直径 5mm 以上，乳白色，表面光滑有少量折皱纹，有光泽，易用接种针挑起，菌落向中央凸起，但菌落中心有微小凹坑，边缘较整齐。菌落背部为无色。

特别应剔除小菌落（有可能是呼吸缺陷突变株），无光泽、皱纹过多、菌落表面干燥的菌落。

(2) 单细胞分离　将上述供试菌，接一环于 10°P 麦汁中，于 25℃下培养 2～3d，使之活化，并用血球计计数，精确测定培养液的细胞浓度（为了细胞分散可先在培养液中加 0.05%EDTA—Na 无菌液 2ml。激烈振荡后测细胞浓度）。稀释倍数可按下面估算。

设：每一小滴液体积为 0.000 2ml（2×10^{-4}ml），内有细胞为 1 个。

$$\text{则稀倍数}\ n=\frac{\text{小滴中细胞浓度}}{\text{培养液细胞浓度}}=\frac{\dfrac{1}{2\times10^{-4}}}{\dfrac{5\times10^{7}}{1}}=1\times10^{-4}$$

取 1ml 培养液，注入 9ml 的 11°P 麦汁试管中，经激烈振荡后，再重复，直至稀释率为 10^{-4}。

用 1μl 的自动微量吸管，吸 10^{-4}管内液注于血球计盖玻片上，并在显微镜低倍镜下（15×8），检查每一个液滴，若此稀释倍数的五个液滴中细胞为 0～4 个之间，出现 1 个细胞的液滴，即为恰当的稀释倍数，否则，需小心调整稀释倍数。

在血球计盖玻片上，每一块可滴 6～9 滴，约需做 5～10 个盖玻片，并逐滴认真在显微镜低倍镜下观察整个液滴，并记下只有一个细胞液滴位置。将盖玻片四周涂无菌凡士林，倒扣于凹形载玻片上（液滴向下），也可以在凹形载玻片中加上 2μl 无菌水构成湿室。将凹形载玻片置于 25℃恒温箱培养。培养 6h 后，在显微镜下观察只有一个细胞的出芽情况，剔除由 2 个重叠细胞开始出芽形成 2 个芽的液滴。继续保温至 20～24h，使液滴中一个细胞生长成个 8～15 细胞。停止培养，小心用刀片取出盖玻片。用三角形灭菌滤纸，吸收确证为一个细胞生长的液滴，将三角形小组纸投于 3ml10°P 麦汁试管中，于 25℃培养 3d，加 3ml 升麦汁再培养 2d。每一次分离至少形成 30 个单细胞培养物。30 个单细胞培养物各接斜面麦汁试管保存，供复检用。取 1ml 扩大至 10ml 于 25℃培养 2d，即可作第一级筛底物。

全部稀释、滴小滴、滤纸吸收等操作应严格在超净台中操作，防止杂菌污染。

(3) 第一级筛——菌株形态和大小测量　取 30 个单细胞培养液一滴于载玻片上，用一滴 EDTA—Na 稀释，测量大小，每一供试单细胞测 50 个细胞，计算平均大小。

取一滴第二天的培养液 10μL，涂片观察。酵母出芽应单端芽殖，细胞应为单个或带一个芽，不能成串。

可参考测定值进行比较，剔除细胞大小不正常值。引进菌株剔除大型细胞。

30 个单细胞培养物，以此级可以剔除 10 个不合格菌。

(4)第二级筛——低温发酵能力的测定　取上一级 20 余个待测酵母样品各 5ml 注于 100ml11°P 麦汁瓶中，于 20℃培养 3d，培养中每天摇瓶振荡 4～5 次，全部转移至 500ml11°P 麦汁锥形瓶中。于 15℃培养 3d，离心得酵母泥（2 000r/min，10min）。

取 500ml 锥形瓶，内装 12°P 带酒花生产型麦汁 300ml，置于装有橡皮塞及发酵栓（内装浓 H_2SO_4）的锥形瓶中，每锥形瓶接种 1.8g 酵母泥。摇匀后，于试验规定温度下发酵，前 2d 每天定时摇瓶 3 次，每天称重、计算 CO_2 失重。主酵结束后，取酵母泥测定一次（进行第二代发酵）试验。

第二级筛子，可参照表 1-5-7，保留优良菌株样品 10 个。

表 1-5-7　　发酵速度参考值

发酵温度/℃	8	10	12
超始发酵速度第 1～2d 失重/g・d^{-1}	>1.3	>1.8	>2.3
最高发酵失重/g・d^{-1}	>2.3	>3.0	>3.5
总 CO_2 失重>10g 的天数/d	7～8	6	5
主酵后酒精质量分数/%	3.2	3.4	3.6
主酵后双乙酰含量/mg・L^{-1}	<2.5	<2.2	<1.8

(5) 第三级筛——凝聚性测定

①直观判别：上述发酵锥形瓶，主酵后摇动锥形瓶，观察沉淀酵母，是否形成凝聚块及凝块大小，不形成凝块的，比较酵母沉淀、发酵液变清时间，比较凝聚性和沉淀性。

②本斯值测定（Helm 改良液）

A. 取 5g 沉淀酵母泥于 30ml0.051%$CaSO_4$ 中，洗涤离心，再重复洗涤、离心。

B. 称取 1.0g 离心酵母泥于 15ml 锥底有刻度带盖离心管中，加入 10mlpH4.5 含硫酸钙的醋酸缓冲液（配制：0.510g$CaSO_4$＋6.8g 醋酸钠＋4.05g 冰醋酸溶解定容成

1.00L，校正 pH4.5），于 20℃水浴保温 20min。用振荡器充分振荡均匀后，再于 20℃下保温 10min。观察沉于锥底离心管底部沉淀的毫升数。

一般凝聚性中、强的酵母在离心管锥底形成>0.5ml 结实沉淀；离心管呈三层，清—混—沉淀。记下 10min 界面毫升数，再保温 10min 会发现：①强凝聚性酵母清—混界面下降，混—沉淀界面略有增加。②弱凝聚性沉淀在 0～0.5ml。

本斯法不能判别粉末酵母、弱凝聚性酵母，它们在本斯法测定中几乎无沉淀层，只呈明显两层，上层较清，下层较混浊。

若记下第一个 10min 的界面刻度，再静置保温 10min。界面上升的属典型非凝聚性酵母，界面下降明显的属弱凝聚性但属沉淀型酵母。

③光密度改良法：称取发酵结束的酵母泥 1.0g，用 0.01mol/L 的 EDTA—Na 洗涤、离心数次，沉淀注入 50ml 的具塞比色管中，加入 50ml 的 pH4.5 醋酸—醋酸钠缓冲液（每升缓冲液中加入 0.51g$CaSO_4$）；振荡摇匀后，立即在 670mm 下测定 OD_1 值（光密度），静置 30min（于 20℃水浴），离液面 1cm 处，吸取该液，测出 OD_2 值：

凝聚值 $F=\dfrac{OD_1+OD_2}{OD_1}\times100\%$

F 值反映酵母的凝聚性和沉淀性，F 值愈大，酵母的凝聚、沉淀性也越大。见 1-5-8 所示。

表 1-5-8　　酵母的凝聚性情况

菌　株	青岛	北京	五星	华光	德 G—02	五星丹麦	北京丹麦
F 值/%	87.31	76.62	74.0	75.30	51.66	54.0	2.7
Buns 值/ml	1.5	2.0	2.4	2.8	2.8	2.9	
凝聚评价	强凝聚	强	强	次强	中等沉淀	中等	非凝聚

根据生产菌株需要，保留 5 株左右菌株。

(6) 第四级筛——EBC 管发酵性能测定　EBC 发酵管是国际通用研究啤酒酵母的装置，它的内径 55mm，高为 1.8～2.2m，不锈钢管，底部有可折 70°锥底，具冷却夹套，配有 30L 麦汁贮槽和麦汁瞬时消毒器、自动定时取样器及样品低温浴，也有顶部有自动压力调节器（0.01MPa～0.2MPa）。我们的研究室只根据此原理用玻璃、有机玻璃及不锈钢制 EBC 发酵管，内径为 55mm，高为 2m，底部有小锥底，内装 3L 麦汁，高度为 1.6m。没有其他附属装置，置于低温恒温室（也可用夹套调温）。在离底部 0.5m 处有取样口及温度计插口。

称取 21g 酵母泥（二代），添加 300ml12°P 麦汁用振荡器振荡，充分打碎酵母泥，再倾至 2.7L12P°麦汁（9℃）充分摇动均匀，倒入 EBC 管。若用 12℃发酵，10℃繁殖 1d，12℃发酵 5～6d。

每天从取样口取样测定：①细胞密度和芽生率。②α-氨基氮。③双乙酰。④外观浓度。⑤pH。⑥总酸等。

主酵完成再加测真浓度、酒精、总酸和高级醇、挥发酯（用气相色谱测）。

从取样口取出嫩啤酒 630ml，注入无菌啤酒瓶，于 8℃开口发酵 1d，压盖后于 8℃再发酵 6d。每天降 2℃，4d 降至 0℃，在 0℃下贮存 7d。取出，按主酵规定项目，测定成口啤酒并进行品尝。

绘制曲线，按优良酵母评估项目，挑选优良菌株。

由 EBC 管底部酵母可测定该酵母麦汁极限发酵度。(麦汁应和 EBC 管发酵麦汁相同)，比较极限发酵度和成品啤酒发酵度之差。

也可取酵母泥复测酵母凝聚性。

也可再用酵母泥重新 EBC 发酵，测第三代酵母性能。

由此筛 1～2 株优良酵母菌株，即可作试产菌株。我们的研究证明，由 EBC 管发酵得到优良菌株，扩大至大生产，不论用传统主酵或大罐发酵，主酵情况均很相似，有较大的相对准确性。

上述评估和筛选麦汁技术十分重要，尽可能用实验室制备相同的配料和糖化方法所得到的麦汁。若麦汁质量不一，重复时，测定数据会有偏差。但同一级筛选时，用相同一批麦汁，各菌株测定数据之间还是有可比性的。

通过上述四级筛选，得 1～2 株性质优良的菌株，可以作为试产菌株。

若有足够时间，可以在 EBC 管收集酵母泥，反复测定至 6 代，进一步了解此菌株的稳定性。

七、啤酒酵母扩大培养

最能决定啤酒品质的因素是啤酒酵母，最能影响酿酒工艺和控制的因素也是啤酒酵母。啤酒工厂从单细胞分离得到一个酵母细胞，经鉴定确认为是本厂生产用的优良菌株，然后经过若干次扩大培养，最后制备成 10^{13}～10^{14}个细胞/ml 后供发酵用。酵母的扩大培养关键在于：第一，选择优良的单一细胞出发菌株；第二，在整个扩大培养中保证酵母品种、强壮、无污染。传统酿造啤酒，比较粗放的酵母扩培也在最后一、二级比较粗放(开口培养)。近代发酵规模越来越大，对接种酵母要求也越来越严。各工厂扩大培养方式和顺序大致相同，而扩培结果得到种酵母的纯度、强壮情况、污染情况差异很大，其原因在于有否有一个科学的扩培技术。

1. 出发菌株的选择

作为扩大培养的出发菌株，无论是实验室保藏菌株还是生产现场(主酵或酵母泥)分离得到的菌株。一般均需进行单细胞分离，并通过一系列生理特性和生产性能测定，包括酿酒口味鉴评后，确认是工厂生产需要的优良纯种后才允许投入扩大培养。此单细胞分离和菌株鉴定，必须在有丰富微生物理论和实践经验的中、高级技师或工程师指导下进行，否则可能弄巧成拙。如某厂在发酵液中分离出一株发酵力强、发酵度高的菌株，但未经过全面鉴别，冒然投产后，发现主酵结束时，酵母漂浮于液面不沉降，后酵双乙酰下降困难，啤酒虽然发酵度极高，但口味和原酒有很大不同，以后请专家鉴别酵母种，发现出发菌株中混有上面啤酒酵母。若工厂缺乏培养酵母人才和经验，建议每年换种时，应从原生产菌株供应厂购买，作出发菌株，以保证菌株的纯洁性。

2. 扩培过程的无菌操作

近代扩大培养应严格建立在纯种的基础上，扩大培养过程的无菌技术是扩培成败的关键。它包括：培养器皿、设备的无菌，移种操作的无菌，培养过程中通风调节温度的无菌。在汉生罐以后从麦汁进罐至移种结束，必须保证汉生罐处于正压操作，这是杜绝吸入有菌空气的先决条件。

3. 优良的培养基

麦汁是啤酒厂最方便的酵母培养基，但绝对不是“凡可以用来酿造啤酒的麦汁均是优良的培养基”。许多工厂，常常从大生产啤酒麦汁中分割作为任何一级扩培培养基，由于麦汁组成太差，造成扩大培养失败。无论哪级扩培，培养基均需要有特殊要求的麦芽汁。

实验室（从试管至大锥形瓶）培养用麦汁，一般应由实验室自己制备，可按如下方式制备：使用粒大皮薄的一级麦芽（如 300g），经过粗粉碎（通过 20 目筛），加 40℃热水 9200ml，于 35℃保温 30min，利用水浴升温至 45℃保温 60min，再升温至 63℃保温 30min，再升温 68～70℃保温至糖化完全。全过程均在水浴中，并在不停搅拌（100r/min）下进行，糖化结束后，即进行布袋过滤。澄清麦汁用 H_3PO_4 调整 pH 为 5.2，置于电炉加热煮沸。在煮沸时，边搅拌边加入 1～2 个预先打成泡沫的鸡蛋清，煮沸 45min，而后调整浓度为 8～9°P，pH5.2。用滤纸过滤，分装入培养器皿中，于蒸汽灭菌釜中，在 0.08MPa 下灭菌 30min，备用。

从卡氏罐至各级扩大培养，由于培养基用量太大，一般由生产车间制备，但此麦汁也应是专供培养酵母用的，剩余麦汁可供啤酒生产用。要求配料为：一级麦芽为 75%～85%，辅料用量为 15%～25%（不宜太大），酒花为 0.01%～0.013%。α-氨基氮为 200～240mg/L，总氮为 800～1 000mg/L，麦芽糖 9.0%，麦汁要澄清透明。

现在，由于许多啤酒厂生产的麦汁，α-氨基氮偏低，核苷酸、泛酸、肌醇不足，导致扩大培养中酵母营养不良，影响增殖。在扩大培养中，酵母从培养基吸收氨基酸，合成新细胞的蛋白质、RNA 等，从下面计算可知酵母增殖所需 α-氨基氮含量。

设接种细胞浓度为 10×10^6 个/ml，培养后增殖至 80×10^6 个/ml，每 1 亿个酵母细胞（含水 75%）重 7.14mg，酵母细胞中含氮为 8.54%（绝干计）。

解：每升培养液增殖细胞数

$(80\times10^6-10\times10^6)\times1\,000=700\times10^8$ 个

$\because \quad 10^8$ 个 $=7.14$mg

$\therefore \quad 700\times10^8\times\frac{7.14}{10^8}=4\,998$mg

每升新增细胞的干物质量

4998（1－75%）＝106.7mg

每升新增细胞的含氮量

1249.5×8.54%＝106.7mg

酵母培养时对麦汁中 α-氨基氮同化率为 50%左右。

为了增殖，麦汁中必需具有 α-氨基氮水平为：

106.7÷50%＝213.4mg/L

若扩培麦汁营养太差，要添加商品酵母食物。

4. 恰当的扩大比例

在逐级扩大培养过程中，正确选择扩大比，会影响到起始细胞浓度、扩大培养时间、酵母菌龄一致性以及在扩大培养中抵抗杂菌污染的能力。扩大比遵循的原则如下：在汉生罐以前各级，由于采用较高培养温度（25～27℃），酵母倍增时间短，无菌操作条件好，可采用1：10～20；反之，汉生罐以后各级，采用低温培养（不大于13℃），酵母倍增时间长，杂菌污染机会多，扩大比宜小，一般1：4～5。例如：大罐发酵，每罐麦汁量为$100m^3$，若希望发酵接种后细胞浓度为$15～20\times10^6$/ml，则汉生罐以后各级扩大比若定为1：5，可按如下安排，设每一级细胞培养后浓度为75×10^6个/ml。则 最末一级（n）罐有效容积为大罐容积。

$$V_n=\frac{18.75\times10^6}{75\times10^6}\times100m^3=25m^3$$

$n-1$：$25m^3/5=25m^3$

$n-2$：$5m^3/5=1m^3$

$n-3$：$1m^3/5=0.2m^3$（即定为汉生罐容积）

现在很多厂，酵母扩大培养增殖级数太少，常常用培养过程中追加麦汁（分次追加法）来补救，例如上例缺少$5m^3$一级，直接从$1m^3$至$25m^3$级。可用先加$5m^3$麦汁培养24h，再补$6m^3$麦汁培养8～12h，再补$13m^3$麦汁培养6～8h，但这种方法只是不得已而为之。因为最末一级酵母将长期培养于低缬氨酸麦汁中，形成双乙酰前驱物α-乙酰乳酸多，同时由此培养出的种酵母，菌龄差异大，大小不整齐，均会影响到第一次发酵。

5. 恰当的移种时间

酵母在一次培养基中培养，将经历迟缓期、对数生长期、饱和期、对数死亡期等阶段。大家都清楚在对数期移种，可获得出芽最多、死亡率最低、最强壮的种细胞，而且迟缓期最短，增殖最旺盛。困难在于如何判别接种后的对数期。

(1) 培养时间估算法　在优良麦汁培养基中，正确的扩大培养，酵母饱和期细胞数可达$90～120\times10^6$个/ml，移种在对数后期浓度一般为75×10^6个/ml

培养温度(℃)	36	33	28	18	12	10	8	6
培养时间（h）	3.8	1.8	2.4	3.7	6.0	9.0	24	40

若我们采用10℃培养，查世代时间为9h，接种后细胞浓度为15×10^6个/ml，规定移种细胞浓度为75×10^6个/ml。

求：培养时间即移种时间

酵母在对数增殖期遵循如下增殖公式：

$$2^n\cdot a_0=A$$

式中　n——为增殖次数

a_0——为起始增殖细胞浓度，它不等于起始细胞浓度，一般接种后仅有50%以下细胞能出芽增殖，余下细胞虽然可能是活细胞，但不出芽。设$a_0=15\times10^6\times50\%$

A——移种时细胞浓度

则

培养时间 $t=t_0+nt_m$

式中 t_0——迟缓期时间（h），和培养温度有关，在10℃培养一般为6～13h，取8h

n——增殖次数

t_m——酵母在培养温度下倍增时间（h）

则 $t=8+3.3222\times9.0=37.9h$

若采用12℃培养，则 $t_0=6h$，$t_m=6h$

$t=6+3.3222\times6h$

由上计算，如在10℃培养需38h，如12℃培养26h移种。

（2）降糖判别法　作者在实验室和工厂的研究发现，啤酒酵母在11～12°P麦汁中通风培养，当酵母使麦汁还原糖降至1/3～2/5时，酵母增殖曲线一般在对数的中期，或中偏后，此时外观泡沫最高并开始下降。结合镜检，汉生罐芽生率45%～50%、细胞数经通风搅拌后约（65～75）$\times10^6$个/ml，死亡率在0～1%。增殖罐芽生率在35%～45%，细胞数在（50～65）$\times10^6$个/ml，死亡率在0.5%～1.0%。对于凝聚性好的酵母，必须经通风搅拌后取样测定。

移种太早，虽然芽生率高，但细胞太嫩，不但会延迟下一级扩大培养时间，而且会增加下一级酵母死亡率；移种太迟，虽然细胞数多，但芽生率低，下一级培养后细胞大小差异大。

6. 严格控制培养条件

（1）温度　卡尔酵母最适生长温度是31.6～34℃，实际生产的扩大培养过程中，还需考虑到减少酵母的死亡率、减少染菌的可能及让酵母逐步适应发酵温度。因此，酵母扩大培养采用逐级递降温度培养法。

例如：

液体试管	→	小锥形瓶	→	大锥形瓶	→	卡尔罐	→	汉生罐	→	一级繁殖罐	→	二级繁殖罐	→	发酵
28℃		25℃		23℃		20℃		13～15℃		12～13℃		11～12℃		10℃

应指出酵母工艺发酵温度和培养温度是随酵母菌种的不同而异，上述培养温度适合于国内菌株（如青岛酵母）。目前引进的某些国外菌株，并不适应低温发酵，因为培养温度太低，也会影响菌株的繁殖，应参照该菌株的最佳发酵温度。

（2）通风　虽然啤酒酵母可以在好气或厌气条件下繁殖，但效果不同，如下反应式：

有氧呼吸：$C_6H_{12}O_6+38Pi\ 38AOP+6O_2\rightarrow6CO_2+6H_2O+38ATP+\Delta Q$

无氧呼吸：$C_6H_{12}O_6+2ADP+2Pi\rightarrow2C_2H_5OH+2ATP++\Delta Q$

式中 ADP——二磷酸腺苷

ATP——三磷酸腺苷

Pi——无机磷酸

ΔQ——废热

从反应式可知酵母菌在有氧呼吸1mol麦芽糖时可以获得较多合成细胞用的能量（38个ATP），而无氧发酵，不但得到0.5g酵母干物质，而且会积累较多抑制繁殖的酒精。在有氧呼吸中每克糖的消耗可以得到0.5g酵母干物质，而无氧发酵只得0.027 8g。酵母菌有氧呼吸按TCA代谢，同时可以和乙醛酸代谢相联，合成新的氨基酸，同时比较容易合成RNA等，供酵母细胞生长需要；若无氧无酵，当培养基缺乏某一氨基酸（虽然其他氨基酸还很多），由于氨基酸转换困难，细胞合成就受到阻遏。因此，在培养细胞为目的的扩培过程中，应把氧作为主要“营养物质”。近代研究证明，酵母细胞合成初期需有酵母甾醇，而酵母甾醇的合成，必须在有氧条件下进行，而且氧是限制性营养物质，即扩培过程必需有适当通风培养。通风不足是影响酵母增殖促进细胞衰退的主要因素。但我们培养啤酒酵母的目的是为了酵母进行后面的厌氧发酵，如果一味追求细胞数，过度通氧（特别是最后1～2级），也会造成酵母细胞呼吸酶活性太强，而酵母酶活性不足，影响以后的发酵。

实际生产中溶氧控制是：

①实验室培养阶段

A. 容器装量不超过1/2，留有空隙，有氧气。

B. 用棉塞，提供氧进入途径。

C. 灭菌后，培养基放置2～3d再接种，使培养基吸氧，最好每天振荡1～2次。

D. 在接种后的培养过程中，要定期摇动它，边排出CO_2，边使氧溶解。一般4～8h振荡一次。

②汉生罐、繁殖罐：优良培养罐应装有溶氧指示或控制通风。培养中应装有空气分布器（鼓泡管或鼓泡球），使通入的空气分布成细小气泡，提高氧的传递速度。溶氧控制水平从6.0～3.0mg/L逐级降低，即汉生罐控制水平6.0mg/L，一级繁殖罐4～5mg/L，二级繁殖罐3～4mg/L。

如没有溶氧指示，一般以通风次数、通风时间来控制。

汉生罐：培养4h后，每隔1～2h，通风10min；培养24h后，每隔3～4h通风5min。

繁殖罐：培养6h后，每隔6h通风10～15min；培养20h后，每隔6h通风10min。

在汉生罐以后，罐顶应具有超压阀，杜绝外界有菌气体进入培养罐。但应控制超压不宜过大，必要时可适当排气。由于间断式通风，不通风时，超压时会有CO_2形成，CO_2在麦汁中溶解度是与压力成正比，超压愈大，培养液中CO_2溶解度愈大，会影响酵母增殖，同时会促进凝聚性酵母细胞沉淀。沉淀的酵母细胞接触养分困难，易衰老和死亡。按规定时间通风也是为了不使酵母过早地沉淀。一般罐顶超压在培养前期仅需0.02MPa。以后略微增加，但不超过0.05MPa。

7. 汉生培养罐的留种

（1）每次更新麦汁前，汉生罐应预先通过手动搅拌或压缩空气搅拌，使已经沉淀的酵母被均匀搅拌成乳浊液，搅拌和通风必须足够打碎结实的凝聚状酵母，然后按罐实际容积放走90%～85%酵母悬浊液，留下10%～15%，再补充新的麦汁。如果留种量偏大，虽然起发酵时间可缩短，但补充新麦汁后，新生酵母细胞会偏少，酵母容易衰老。

（2）更换麦汁　汉生罐不论是否需要扩大，每月要更换一次新的麦汁。更换的麦汁如前所述，必须是优良的麦汁，通过杀菌罐，在压力0.08～0.01MPa下杀菌1h，并迅速在杀菌罐用夹套冷却至60℃以后，麦汁中必须通入无菌空气搅拌。冷却至比汉生罐培养温度高3～5℃，使重新发生凝固的蛋白质沉降，如杀菌罐底部只有一个出口，应先从罐底排出5%～10%带有大量蛋白质沉淀的混浊麦汁；如有高低2个出口，则可从高出口段把麦汁压到汉生罐中。(连接管路预先消毒后，临时接通)。

(3) 留种汉生罐培养　作为留种汉生罐培养，应注意培养时间，切勿使培养过头，否则在低温饲养酵母时，由于营养缺乏，会加速酵母的衰老。

培养方法如下：更换新麦汁，使罐内保持在12～13℃，通风20min后，保温培养，一般在6h左右可以起发酵。在起发酵后，注意冷却控温，每隔1～2h通风20min，继续培养18～24h (在12～13℃)，在18h后注意取样检查：①发酵度控制在30%～35%。②酵母细胞浓度在60×10^6个/ml。如上述两指标接近时，应开大冷却水，在4h内降至2～3℃，转入酵母饲养阶段。饲养阶段温度应尽可能均衡维持在2±1℃。汉生罐存在酵母时，不论哪一阶段，罐压均保持在+0.03MPa，以防止空气渗漏入罐内。

汉生罐饲养酵母要转入投产扩大时，最好按上述培养步骤培养一次再移种，因为饲养虽然在低温中，酵母新陈代谢大大减慢，此时酵母也会逐步衰老，如不重新培养，拿来就扩大，后一代衰老细胞会较多，繁殖时间也会延长。

如果培养麦汁营养太差，缺乏α-氨基氮和生长素，可以在麦汁中添加1%麦根(粉碎后用35℃热水萃取3h，过滤备用)浸出液，增加营养。如果长期用全麦芽汁培养酵母，酵母营养过好，酵母易长得过分肥大而影响发酵力。也可以在麦汁中加30%葡萄糖，加水调节成11°P，杀菌后培养酵母。

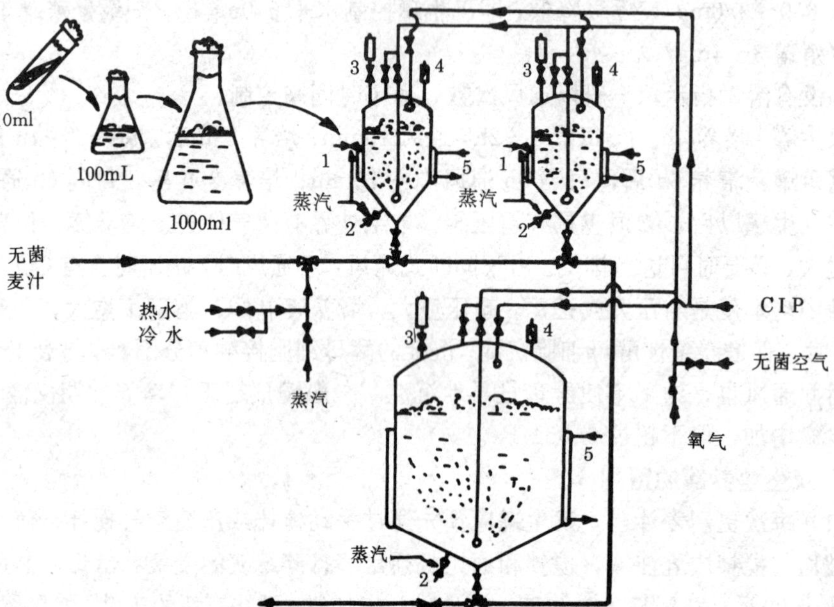

图1-5-4　啤酒酵母扩大培养体系

1—接种口　2—取样口　3—排气阀　4—安全阀　5—冷却水进口

第二节　啤酒发酵机理

啤酒是依赖于纯种啤酒酵母，对麦汁某些组分进行一系列的代谢过程，产生酒精等各种风味物质，构成有独特风味的饮料酒。

影响啤酒质量的主要因素：

（1）麦汁组成分。

（2）啤酒酵母的品种和菌株特性。

（3）投入发酵的酵母数量和质量状况，以及在整个发酵中酵母细胞的生活状况。

（4）发酵容器的几何形状、尺寸和材料，它会影响到发酵流态和酵母的分布、CO_2的排出。

（5）发酵工艺条件——pH、温度、溶氧水平、发酵时间等。

这些影响因素的重要次序，受啤酒类型和各工厂酿造情况而有显著差别。

一、糖类的发酵

啤酒麦汁的浸出物中，糖类约占90%左右，其中葡萄糖和果糖约占糖类物质的10%，蔗糖约占5%，麦芽糖约占45%～50%，麦芽三糖约10%～15%，DP4～8的寡糖约20%～25%。还有少量的戊糖和戊聚糖、β-葡萄糖、异麦芽糖（约占3%～5%）。能受到酵母发酵的糖类称“可发酵糖”，啤酒酵母的可发酵糖和发酵顺序是：

葡萄糖＞果糖＞蔗糖＞麦芽糖＞麦芽三糖

麦芽四糖以上的寡糖、戊糖、异麦芽糖等均不能发酵，它们将成为啤酒中浸出物的主体。

葡萄糖和果糖能直接透过酵母细胞壁，并受到酵母细胞壁中磷酸化酶作用而磷酸化。蔗糖必须先受到酵母细胞壁分泌的转化酶水解成葡萄糖和果糖后才能渗透进入细胞。麦芽糖和麦芽三糖要与细胞壁分泌的麦芽糖渗透酶、麦芽三糖渗透酶结合后才能输送至酵母体内，再通过细胞壁分泌的水解酶水解，然后再进入代谢途径。

当麦汁中含有高于0.2%～0.5%葡萄糖浓度时，葡萄糖会抑制酵母分泌麦芽糖渗透酶，抑制麦芽糖的发酵，只有当葡萄糖浓度低于0.2%时，抑制解除，麦芽糖才能开始发酵，这称“葡萄糖阻遏效应”。

作者发现，在大量添加蔗糖的麦汁中，发酵在旺盛期也有短时间（几小时）的突然减慢现象，啤酒酵母分泌蔗糖转化酶和麦芽糖渗透酶之间也存在竞争性抑制作用。

麦芽三糖渗透酶也受到麦芽糖的阻遏作用，当麦汁中还存在＞1%麦芽糖时，麦芽三糖就很难发酵，麦芽三糖只有在后发酵中才能显著地被发酵。啤酒酵母各菌株之间，分泌麦芽三糖渗透酶的能力有很大差异，这造成在相同的麦汁和发酵条件下，不同啤酒菌株发酵，啤酒发酵度会出现5%～10%的差异。高分散性酵母、发酵中强化对流（如大罐发酵）都可使麦芽三糖发酵比较彻底，啤酒发酵度也高。

啤酒酵母对各种可发酵性糖类的发酵，均是通过EMP途径代谢生成丙酮酸后，进入无氧酶解或有氧TCA循环。酵母在有氧下经TCA循环可获得更多的生物能（38个

ATP），此时无氧发酵代谢就会受到抑制，这种氧抑制嫌氧发酵代谢称“巴士德效应”。

在发酵基质（麦芽汁）中含有较高的葡萄糖（包括果糖）浓度（0.4%～1.0%以上）时，分子氧存在不能抑制发酵，有氧呼吸反而受到一定抑制，这称“反巴士德效应”（或称“克拉勃脱效应”）。因此，在麦芽汁接种酵母后主要是无氧酵解途径，也存在少量有氧呼吸代谢。

因此，啤酒发酵可归纳反应式如下：

$$C_{12}H_{22}O_{11}+H_2O+4ADP+4Pi \rightarrow 4CO_2+4C_2H_5OH+4ATP+\Delta Q$$

理论酒精发酵生成率：

$342:184=x:1$　　　$x=1.859$ 克麦芽糖/克酒精

在啤酒正常发酵中，不是全部可发酵糖转化成酒精，约有1.5%～2.5%糖类转化成发酵副产物——高级醇、有机酸、酯等，还有2.0%～2.5%形成酵母的碳骨架，可发酵性糖类酒精发酵效率为95%～96%。

实际麦芽糖酒精转化率　　$x'=1.859/96\%=1.937\text{g/g}$

麦芽糖自由能　　$\Delta H=-16.51\text{kJ/g}$

酒精自由能　　$\Delta H=29.85\text{kJ/g}$

每molATP转化为AMP在啤酒发酵中可释放$\Delta H=-39.71\text{kJ/mol}$。

因此，在啤酒发酵中每mol麦芽糖发酵发热

$$\Delta Q=342\times16.51-\frac{342}{1.937}\times29.85-4\times39.71$$
$$=217.21\text{kJ/mol}$$
$$=0.635\text{kJ/g}$$

若在完全封闭体系中，12°P麦汁在发酵度为65%时，没有热量损失，啤酒发酵放热会使温度升高近12℃。

二、麦汁含氮物质的转化

啤酒发酵初期，接种啤酒酵母必须通过吸收麦汁中的含氮化合物，用于合成酵母细胞蛋白质、核酸和其他含氮化合物，繁殖细胞。活的啤酒酵母只能分泌很少的蛋白酶，因此，啤酒酵母只能从麦汁中吸收氨基酸、二肽、三肽等低肽氮化合物，而且二肽、三肽吸收能力很低。

啤酒酵母吸收氨基酸和吸收糖一样，不是靠简单的浓度差的扩散作用，而是依赖于细胞壁分泌一系列的氨基酸输送酶调节吸收。发酵初期只有8种氨基酸（A组）——天冬酰氨、丝氨酸、苏氨酸、赖氨酸、精氨酸、天冬氨酸、谷氨酸、谷酰氨，很快被吸收，麦汁中其他氨基酸只是缓慢地吸收或不吸收。只有当前面8种氨基酸浓度下降50%以后，酵母才分泌其他氨基酸的输送酶，输送其他氨基酸进入细胞体内。合成酵母细胞的蛋白质，不能只有8种氨基酵，还需有其他氨基酸参与，不能很快吸收进入细胞内的氨基酸，只能靠酵母自己生物合成，尽管这些氨基酸在酵母周围大量存在。

因此，发酵初期酵母必须合成一系列的氨基酸，由葡萄糖通过EMP途径形成酮酸，酮酸接受$-NH_2$构成早期不能吸收的那些氨基酸。$-NH_2$是早期吸收氨基酸（主要是天

冬酰氨、天冬氨酸、谷酰氨、谷氨酸），经转氨酶脱下的。

表 1-5-9　　　　　　　　　　　啤酒酵母吸收氨基酸速率分组

A 组（迅速吸收）	B 组（缓慢吸收）	C 组（后期吸收）	D 组（不吸收）
天冬酰胺	组 氨 酸	丙 氨 酸	脯 氨 酸
丝 氨 酸	异亮氨酸	氨	羟脯氨酸
苏 氨 酸	亮 氨 酸	甘 氨 酸	
赖 氨 酸	蛋 氨 酸	苯丙氨酸	
精 氨 酸	缬 氨 酸	酪 氨 酸	
天冬氨酸		色 氨 酸	
谷 氨 酸			
谷 酰 氨			

注：(1) 每一组各氨基酸吸收速率随菌株而变化。

(2) C 组只有在 A 组吸收至很低水平时才吸收。D 组在发酵中无变化。

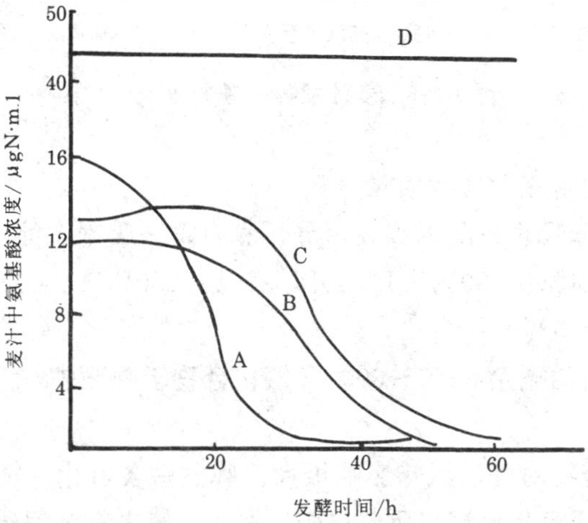

图 1-5-5　在发酵中酵母对氨基酸吸收速率

通常酵母细胞“经济”合成，只需产生“需要量”的α-酮酸，作为合成氨基酸的前驱物质。α-酮酸的合成受到细胞合成反馈控制，即在发酵前期，旺盛合成作用下，α-酮酸不积累。在发酵中后期，特别是缺乏足够氨基酸的麦汁（如高辅料比麦汁），酵母合成细胞速度减慢，对α-酮酸的反馈抑制建立不起来，产生多量的酮酸无法转化成氨基酸，酵母又无法承受高酮酸量的积累，α-酮酸则转化成高级醇。

酵母吸收氨基酸总量和酵母繁殖密度密切相关。影响酵母吸收氨基酸数量的因素，除了接种浓度、繁殖温度和酵母品种外，还与麦汁中总可同化氨基酸量（即α-氨基氮）有关，和个别氮基酸浓度关系很大。

麦汁中 NH_3，能被酵母吸收，而硝酸盐不能被吸收。核酸的降解产物，只有嘌呤、嘧啶才能被吸收，核苷酸很难被吸收。高肽和蛋白质在发酵中被吸附沉淀而减少，多肽几乎不变化。发酵后期，酵母细胞向发酵液分泌多余的氨基酸（主要是甘氨酸、丙氨酸和脯氨酸），使酵母衰老或死亡，细胞内蛋白酶被活化，分解细胞蛋白质形成多肽——蛋白质，通过被适度水解的细胞壁进入发酵液，若发酵后期，酵母细胞死亡太多，会造成啤酒消毒混浊。

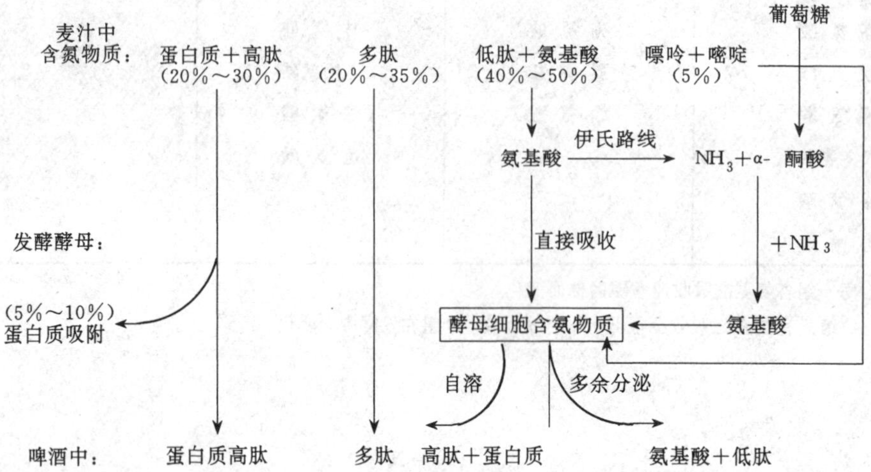

图 1-5-6　麦汁发酵中氮平衡

啤酒发酵后残留于啤酒中含氮化合物质量分数：

$N\%$＝1－酵母吸收＋酵母吸收后分泌和自溶－吸附沉淀

＝1－1×40%～50%＋1×40%～50%×30%－1×5%～10%

＝55%～65%

在高含氮麦汁发酵后约剩余55%～60%含氮化合物于啤酒中，而在低含氮麦汁中约剩余60%～65%。

啤酒中残存含氮化合物对啤酒风味影响极大。啤酒中含氮化合物（特别是肽和蛋白质），在饮用者口腔中，很容易浸润口舌、口腔、喉头，使之有湿润感，这种高含氮量的啤酒（>450mg/L），就显得浓醇，而含氮量在300～400mg/L就显得爽口，若低于300mg/L也会显得寡淡如水。啤酒浓醇性主要依赖于啤酒中含氮化合物的量。

表 1-5-10　　啤酒中总氮、α-氨基酸和风味特性

	青岛 12°P	北京五星 12°P	丹麦嘉士伯 11°P	美国百威 12°P	德国斯巴顿 12°P	国内某厂 12°P
总氮/mg·L^{-1}	630	320	305	520	720	250
α-氨基酸/mg·L^{-1}	85	65	45	65	95	75
啤酒风味特性	浓醇	淡爽	淡爽	较淡爽	极浓醇	寡淡

啤酒酵母不能全部吸收麦汁中氨基酸，对α-氨基酸的吸收率，随酵母的品种和发酵条件的不同有较大的差异，波动在50%～75%之间。残存于啤酒中的氨基酸量还取决于

酵母分泌氨基酸的情况。啤酒中氨基酸含量对啤酒风味影响的报道还不多，但可以肯定，高氨基酸含量的啤酒，并不是酿造师们所希望的，它不但会影响啤酒的生物稳定性，而且大多数氨基酸呈甜味或苦味，有的呈鲜味（天冬氨酸钠、谷氨酸钠），高氨基酸含量能降低啤酒的爽口性。

三、啤酒中风味物质的发酵代谢

啤酒麦汁没有令人愉快的风味，只有通过发酵产生一系列的代谢产物，才能构成啤酒特有的香味和口味。啤酒中酒精和CO_2对啤酒风味的影响，远远没有比它少得多的发酵副产物影响大。各种副产物的数量和配伍关系是造成啤酒之间风味差异的主要原因。啤酒发酵中副产物如超过某一限量范围，也成为人们不能接受的异杂味的主要来源。但应该认识到，随着发酵技术的进步，发酵副产物——风味物质在啤酒中含量会发生明显变化，它反过来也会引导消费者口味爱好的变化。例如典型的德国式下面发酵啤酒中，历来把啤酒明显酯香味作为不愉快风味，而近代流行北美的下面发酵啤酒——如美国米勒公司“Lite Meller”就有淡淡的酯香味，现在很多厂商做低浓度啤酒时，也追求淡雅的酯香味以弥补酒花香味的不足，引导消费者逐渐爱好有酯香味的啤酒。

很多学者测定了啤酒中微量风味物质的风味阈值（最低可感受到物质的含量），但由于各种啤酒风味物质含量不同，各风味物质之间共同作用影响某风味物质阈值的变化，造成某风味物质在啤酒中不是一个常数。

啤酒风味品尝师认为：为了啤酒具有协调的风味，应使啤酒中某风味物质不能太突出。这种就要求某发酵副产物的风味强度控制在0.5以下。

$$\text{啤酒中某风味物质强度}（Fu）=\frac{\text{某物质在啤酒中含量}}{\text{某物质的风味阈值}}$$

如果某物质Fu值＞1.0，就感到太强烈，0.5～1.0一般消费者能接受，＜0.5此物质不会影响风味。

1. 高级醇

高级醇是酒类中最主要的风味物质之一。

（1）高级醇的代谢途径　1907年，德国化学家伊里希（Felix Ehrlish）提出由氨基酸形成高级醇的途径，在50年中不断修正完善，现可归纳为：有十种氨基酸，在发酵时酵母将其氨基转移到α-酮戊二酸上，形成谷氨酸和α-酮酸，后者经脱羧、还原，形成比原氨基酸少一个碳的高级醇。

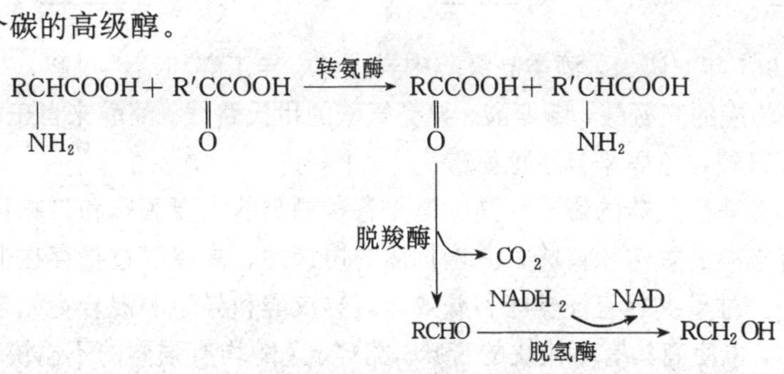

1953年，哈里斯（Harris）研究提出高级醇由糖代谢通过丙酮酸的合成的途径：

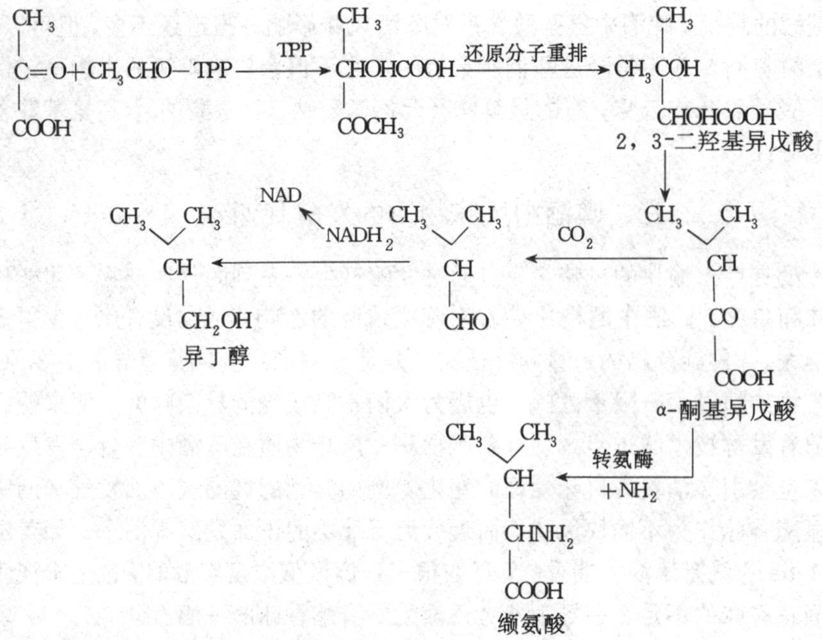

酵母在发酵中形成主要高级醇途径综合如下：

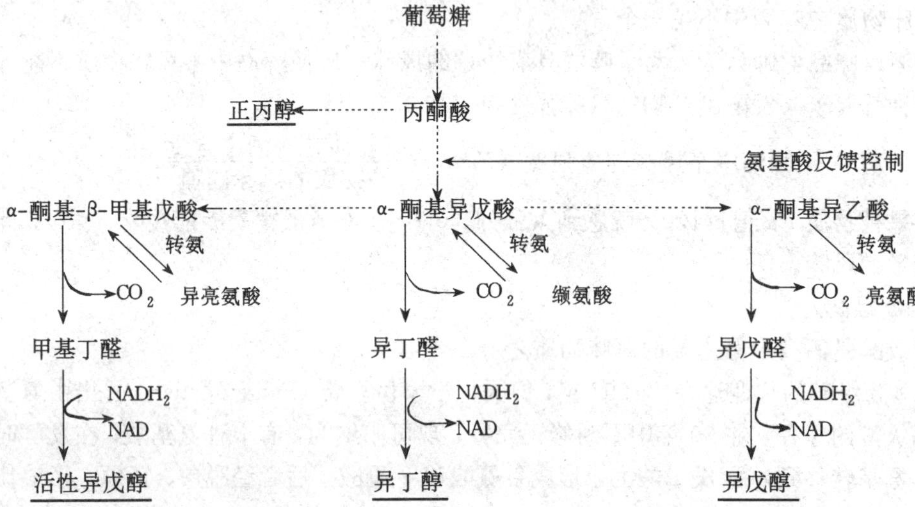

Growall（1961年）认为，酒类高级醇中异戊醇、异丁醇和活性戊醇，75％来自于糖代谢，25％来自相应的亮氨酸、缬氨酸、异亮氨酸的伊氏路线。酪醇来自于酪氨酸，β-苯乙醇来自于苯丙氨酸，色醇来自于色氨酸。

（2）高级醇对啤酒风味的影响　高级醇是各种酒类的主要香味和口味物质之一，它能促进酒类具有丰满的香味和口味，并增加酒的协调性。高级醇过量存在也是酒主要异杂味的来源之一。过量戊醇有汗臭味和腐败味，异戊醇和异丁醇混合物如超量是酒杂醇油臭的典型物质，也使酒具有不愉快的苦味。酪醇、色醇均有强烈的不愉快苦味，β-苯乙醇有玫瑰花香味，并不特别令人讨厌。德国式啤酒认为由β-苯乙醇产生的花香味和酒花的香味不协调，也是不愉快的香味。

色醇和对羟基苯乙醇，如果超过 8mg/L，会产生强烈的酚味，是啤酒中讨厌的杂味。

表 1-5-11　　啤酒中高级醇阈值和含量

高级醇	阈值/mg·L^{-1}	含量/mg·L^{-1}			
		Lager Beer	青岛啤酒	某厂一	某厂二
正丙醇	25	5～25	4.4	7.15	16.3
正丁醇	50	1～10	1.3	—	—
异丁醇	75	15～30	7.5	31.9	10.3
异戊醇	50	30～100	45（异戊醇与活性戊醇合计）	51.0	83.3（异戊醇与活性戊醇合计）
活性戊醇	75	15～30		1.5	
总高级醇	100	70～150	60	96	110
β-苯乙醇	50	5～80	35.5	19.9	未测
酪醇	10	1～3	1.5	—	—
色醇	1	0.1～1	—	—	—

注：(1) 总高级醇中不包括 β-苯乙醇

(2) 上述数据由气一质联用仪测定

啤酒中醇类物质已经检出的有 30 余种，通常只研究表 1-5-11 的几种。优秀的 Lager 型低温发酵啤酒，高级醇通常在 50～90mg/L，如超过 100mg/L 就会使啤酒带有令人不愉快的杂醇味。但近代用高温发酵、快速发酵菌株酿造啤酒，高级醇常常超过 100mg/L，过量饮用，易致醉，饮后易上头。但若经常饮用高级醇在 120～150mg/L 的啤酒，慢慢也会适应、习惯，反而感到此类酒“有劲”，但我国目前消费者还不能接受啤酒中的高级醇＞140mg/L。

(3) 影响啤酒中高级醇含量的主要因素

①酵母品种：啤酒酵母各菌株之间，高级醇生成量差异高达 50%～100%。据报道，粉末型酵母高级醇生成水平在 69～90mg/L，而絮状酵母在 49～122mg/L。我国生产中发现，传统老菌株（强凝聚型）均比近几年引进新菌株（粉末型）的高级醇要低。高发酵度菌株，倾向于形成高级醇多。

②酵母在啤酒发酵中增殖的影响：啤酒中的高级醇是酵母合成细胞蛋白质时的副产物，因此，若在发酵时酵母增殖倍数越大，合成细胞副产物高级醇一般较高。如青岛酵母当接种后浓度在 10×10^{6} 个/ml，发酵最高浓度在（45～50）$\times10^{6}$ 个/ml，增殖 4 倍。它的高级醇很少超过 100mg/L，而某啤酒厂用无锡轻工大学优选的 G-03 菌株，最高浓度可达（70～75）$\times10^{6}$ 个/ml，增殖倍数达 5 倍以上，高级醇达 96mg/L。

发酵中细胞最高浓度愈大，发酵会愈快。德国拿尔采斯教授认为，为了减少代谢副产物的增加，适当限制酵母在发酵中最高浓度是有意义的，应控制增殖倍数小于 4。

③麦汁 α-氨基氮的影响：麦汁中高 α-氨基氮能促进酵母发酵力的提高。当麦汁中缺乏可同化的 α-氨基氮时，酵母必须通过糖代谢走酮酸路线去合成必需的氨基酸，用于合成细胞的蛋白质，当缺乏合成能力或氨不足时，就会导致由酮酸形成高级醇。

当麦芽溶解不好，辅料比太大，或加蔗糖太多，常常导致麦汁缺乏 α-氨基氮，必然导致高级醇的增加，这是我国许多啤酒厂高级醇太高的主要原因。

当麦汁中α-氨基氮太高时，也会造成由氨基酸脱氨，基脱羟基形成的高级醇增加。

我们用不同配料，相似糖化工艺，制成12°P麦汁，用青岛酵母接种浓度为（10～12）$\times 10^6$个/ml，于12℃下低温发酵，嫩啤酒中高级醇情况见表1-5-12所示。

表1-5-12　麦汁α-氨基氮和高级醇的生成

配　　料	麦汁α-氨基氮含量/$mg\cdot L^{-1}$	发酵最高浓度/$\times 10^6$个$\cdot ml^{-1}$	高级醇含量/$mg\cdot L^{-1}$
100%全麦芽（麦芽α-N165mg/100g）	250	57	122
70%麦芽+30%大米（麦芽α-N165mg/100g）	185	52	107
60%麦芽+40%大米（麦芽α-N115mg/100g）	122	45	135.7

因此，调整适宜的麦汁α-氨基氮是降低高级醇的重要工艺措施。

在加辅料糖化麦汁中，每克浸出物应保证具有1.4～1.5mg的α-氨基氮，不但可以减少高级醇，而且也不会因酵母缺乏营养而变得衰弱，影响发酵。

④啤酒酵母对α-氨基氮同化率的影响：各种啤酒酵母菌株，对麦汁中α-氨基氮同化力各异，一般波动在50%～75%之间，同化率强的酵母增殖密度也大，可能使啤酒中高级醇增加，这实际上可能是影响因素①、②的另一种说法。

我们在国内优良啤酒酵母选育的研究中发现结果见表1-5-13所示。

表1-5-13　α-氨基氮同化率和高级醇关系

酵母品种	青岛	北京	北京丹麦	五星丹麦	德国G-05	荷兰Q-05	比利时G-06	比利时Q-11
α-N同化率/%	59.8	62.5	65.5	72.7	70.6	72.3	72.5	73.6
最高浓度/$\times 10^6$个$\cdot ml^{-1}$	50	50	58	58	62	62	65	68
高级醇含量/$mg\cdot L^{-1}$	95.5	98.5	104	105.5	112	104.5	124.5	145

⑤主发酵温度的影响：下面啤酒酵母能在2～33℃下繁殖，而在20℃时能有最高繁殖浓度，发酵前期是酵母的繁殖阶段，所以，当提高发酵温度，必然促进酵母的繁殖，相应也会增加高级醇的产生。据报道，在28℃发酵，高级醇有最大的生成速度，而20℃发酵，有最高的高级醇生成量。

表1-5-14　发酵温度和高级醇生成的关系

发酵温度/℃ \\ 高级醇及其含量/$mg\cdot L^{-1}$	正丙醇	异丁醇	活性戊醇	异戊醇	β-苯乙醇	总高级醇
10	9.5	8.1	15.3	30.4	9.6	72.9
25	14.5	9.3	20.7	43.5	28.5	116.5
增加百分数/%	53	15	35	43	196	60

注：发酵温度对β-苯乙醇含量影响最大，西方常用β-苯乙醇含量作为监督发酵温度的指标。

⑥麦汁充氧水平或发酵中通风搅拌的影响：麦汁充氧水平过高如大于 9mg/L，或用纯氧通风，在发酵中通风搅拌或倒池时接触空气，工厂中传统敞口池对池口强烈通冷风等，均能增加酵母的繁殖，也会导致高级醇的增加，正丙醇增加更剧烈。

表 1-5-15　　麦汁含氧量和挥发物的含量　　(mg/L)

麦汁含氧水平	0.92	1.58	9.82
乙酸乙酯	16.6	11.5	10.0
乙酸异戊酯	1.9	2.2	2.8
异丁醇	11.3	14.0	17.8
异戊醇＋活性戊醇	51.4	56.0	68.2
乙醛	15.0	2.7	1.2

高级醇是由酵母繁殖菌体代谢的结果，在不影响酵母发酵力的前提下，控制酵母的繁殖是发酵中降低高级醇的关键。

降低啤酒中“上头”物质——高级醇的主要方法是：

(1) 提供合适的麦汁 α-氨基氮水平，如 11～12°P 麦汁中 α-氨基氮在 160～180mg/L。

(2) 优选产生高级醇低的产生菌。

(3) 适当提高酵母接种浓度至 15×10^6 个/ml。

(4) 降低主酵前期发酵温度，控制酵母增殖级数<3。

(5) 控制麦汁含氧水平，防止倒罐时接触空气。

(6) 传统发酵限制后酵中的酵母细胞浓度≤25×10^6 个/ml；大罐发酵，及时排出沉淀酵母，防止酵母自溶。

(7) 适当控制啤酒发酵度（68%之内）。

2. 挥发酯

(1) 啤酒发酵中挥发酯的代谢　酯类可由醇类和羧酸通过单纯酯化反应生成：

$$RCH_2OH + R'COOH \rightleftharpoons RCH_2COOR' + H_2O$$

酯化反应速度十分缓慢，在常温下需几年才能达到酯化反应平衡。在啤酒长期贮酒中酯的增加，依赖于化学酯化反应。在发酵中酯的生成主要依赖于酵母的生物合成，它比此温度下化学反应速度快 1 000 倍。

酵母的酯类生物合成是由酵母先形成酯酰辅酶 A，在酵母酯酶催化下和醇化合形成酯。

$$RCH_2OH + R'COSCoA \rightleftharpoons RCH_2COOR' + CoASH$$

酯酰辅酶 A 的来源：

①麦汁中脂肪酸的活化

$$R'COOH + CoASH \xrightarrow[ATP \quad AMP+Pi]{} R'COOSCoA + H_2O$$

②α-酮酸的氧化脱羟

$$R'COOH + CoASH \xrightarrow[NAD \quad NADH_2]{} R'COOSCoA + H_2O$$

③脂肪酸合成的中间代谢产物——使酯酰辅酶A的碳链延长。

$$R'COSCoA + HOOC \cdot CH_2 \cdot COSCoA \xrightarrow[2NADH_2 \quad 2NAD]{} R'CH_2CH_2COHCoA + CoASH + CO_2 + H_2$$

如由乙酰辅酶A和丙二酰辅酶A作用，可形成丁酰辅酶A，再和丙二酰辅酶A作用生成已酰辅酶A，以延长碳链。

酸形成酯的规律：

①酸与酸之间存在竞争性抑制作用，如在乙酸中加入丁酸，乙酸乙酯量就会降低，这是由于竞争性抑制减少了乙酰辅酶A的量。

②随着羧酸的碳链增加，形成酯的米氏常数 Km 会降低。

③低碳链脂肪酸酯积累对酵母是有害的，可能因为形成了酯酰辅酶A，消耗了辅酶A，有害于酵母合成细胞的类酯化合物。高碳链脂肪酸酯的合成（C_8～C_{14}），有利于酵母，因为它在酵母细胞内能参与酵母脂肪合成并释放出辅酶A。

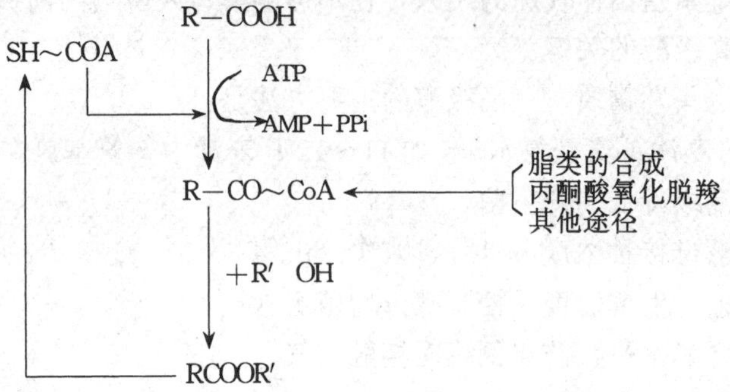

④直链脂肪酸酯类合成后与细胞壁结合。滞留在细胞壁和膜之间（仅少部分释放于发酵液中），癸酸乙酯以上的酯类几乎均在细胞内，只有在细胞自溶或带酵母蒸馏（如威士忌）才可释放出来，因此，啤酒中常常只能检出辛酸乙酯以下的低碳链脂肪酸酯。碳链愈长，被细胞壁结合愈多，释放在啤酒中就愈少。

醇形成酯的规律：

①醇类在各种条件下都能形成酯，但有侧链比直链的形成酯困难。

②醇和酸一样，在成酯生化反应中也存在明显的竞争性抑制，低碳链醇更易成酯。

（2）挥发酯对啤酒风味影响　挥发性酯是啤酒香味的主要来源之一，也是主要风味物质，啤酒中应该含有适量的挥发酯，才能使啤酒香味丰满协调。传统啤酒风味观点（欧洲大陆）认为啤酒主体香是酒花香，过高的酯含量或超过阈值酯含量，是啤酒不愉快的香味，或是异香味。

上述观点，在现代啤酒中常常被打破，由于追求啤酒不太苦，大幅度减少酒花的添加量，酒花香味常常不足。由于酵母菌株的改变，发酵技术的变化，啤酒中挥发酯含量也和高级醇一样普遍有升高的趋势，它也逐渐引导消费者接受有一定酯香味的啤酒，如北美、荷兰的啤酒中乙酸乙酯的含量大于阈值，有淡雅乙酸乙酯的果实香味，此香味也成了它们的独特风格。

但贮藏期过长的啤酒，野生酵母（汉逊酵母、柠檬型酵母）污染的啤酒有强烈的酯香味，至今还不能被接受。

一般典型 Lager Beer 挥发酯含量均小于它的阈值，但乙酸乙酯和乙酸异戊酯在啤酒中香味强度往往大于 0.5，有时可能达到 1.0 以上，这样>1.0 就会使啤酒带有明显的酯香味。

(3) 影响啤酒中酯含量的主要因素

①酯酶：属羧酸酯水解酶（E.C.3.1.1.1），由酵母产生，存在于细胞壁膜两侧。酯酶可逆性催化酯的合成和分解，在pH4.5～6.5 有利于酯合成，低于 4.5 或大于 7.5 有利于酯的分解。Mg^{2+}对酯酶有激化作用（6～8mmol/L）。

②酰基辅酶 A：凡对酰基辅酶 A 形成和消耗有影响的因素均对酯积累有影响。

如增加培养基氮源、泛酸盐、β-丙氨酸、硫辛酸、Mg^{2+}等都有利于酰基辅酶 A 的合成，因此，也有利于酯类的合成。

增加生物素 Ca^{2+}、砷酸盐的含量，均可抑制酰基辅酶 A 的合成。

表 1-5-16　啤酒中挥发酯阈值和含量范围

酯种类	阈值/mg·L⁻¹	含量范围/mg·L⁻¹	
		Lager Beer	12°P 青岛啤酒
乙酸甲酯	50	1～8	1～3
乙酸乙酯	30	15～25	12.5～22
丙酸乙酯	10	1～5	0.5～2
乙酸丁酯	8	1～5	1～2
乙酸异戊酯	2	1～5	1.0～1.5
丁酸乙酯	0.5	0.1～0.2	未检出
异丁酸乙酯	0.2	0.05～0.1	0.1
己酸乙酯	0.3	0.1～0.6	0.3～0.5
辛酸乙酯	1.0	0.2～0.6	0.1～0.5
乳酸乙酯	15	1～5	2～3
乙酸苯乙酯	5	0.2～1.5	1.0～2.0
总挥发酯		25～75	20～35

③酵母菌种：酵母菌种的酯酶活性差异很大，汉逊酵母、球拟酵母、毕赤氏酵母均能形成多量的乙酸乙酯，尤以异常汉逊酵母为甚，它能以乙醇和葡萄糖为碳源，在有氧条件下，氧化形成乙酰辅酶 A，在酯酶催化下与醇反应形成酯。但延长培养和通风，形成酯的还会水解供酵母合成类酯化合物。

酯类的合成与酵母遗传特性有密切关系，同一菌种的各菌株形成酯的遗传特性也有明显差别。现代高活性啤酒酵母（生长和发酵活性均强）往往产生较多的酯类。上面啤酒酵母比下面啤酒酵母产酯多。

④发酵温度：主酵最高温度，下面啤酒酵母 8～13℃，对酯类的积累没有明显的差别。酯类形成最适温度对大多酿酒酵母是 20～25℃。

主酵温度（℃）	乙酸乙酯（mg/L）	乙酸异戊酯（mg/L）
10	12.5	0.5
25	21.5	1.1

也有人认为在8～12℃发酵中，虽然乙酸酯和总挥发酯变化不大，但乙酸异戊酯随温度升高而增加，同时也会增加啤酒酯香味。

⑤麦汁浓度和麦汁含氮量：麦汁的浓度，影响麦汁的营养成分，必然会影响酵母的增殖，也会影响到酯的含量。

表 1-5-17　　麦汁浓度对酯含量影响

麦汁浓度/°P 酯含量/mg·L^{-1}	6.0	10.5	13	16
乙酸乙酯	4.8	14.4	19.0	27
乙酸异戊酯	0.32	0.49	1.20	1.85

现代发酵技术中高浓酿造后稀释工艺，如果采用15°P以上浓度发酵，就会使酯合成比例增加，稀释后易感到啤酒有明显酯香味，改变了此浓度啤酒传统发酵的风味。

有人认为麦汁中α-氨基氮在正常情况下，在100～300mg/L变动，此范围内对酯类含量没有明显差异。但也有人认为，氨基酸占发酵性糖的比例，对酯产生有影响，如每克可发酵性糖相对含有2.0mgα-氨基氮，对酯合成有促进作用。

⑥麦汁通风：对麦汁含氧量与酯类形成的关系，文献报道有矛盾。乙酸酯的合成，依赖于乙酰辅酶A；麦汁含氧量高，促进酵母的生长，消耗了辅酶A，所以，能抑制乙酸酯的合成。但也有报道麦汁通氧过多（如用纯氧通风）会大大促进乙酸异戊酯的生成（>2mg/L，超过阈值）。在发酵中通风、搅拌、转罐等措施，均会增加酯的含量。

表 1-5-18　　麦汁含氧量和啤酒挥发物含量的关系

麦汁含氧量/mg·L^{-1} 挥发物含量/mg·L^{-1}	0.9	1.58	9.82
乙醛	15.0	12.7	9.2
乙酸乙酯	16.6	12.7	10.0
乙酸异戊酯	1.9	2.2	2.8
异丁酯	11.3	14.0	17.8
异戊酯	51.4	56.0	68.2

⑦发酵方法：连续发酵比分批式发酵形成更多的酯类。主发酵加压有利于抑制低碳链挥发酯的合成，但高碳链酯类庚酸乙酯、癸酸乙酯不但不会减少，反而会增加。当此类酯在0.1～0.3mg/L时，不会造成不愉快的酯香味，反而增加啤酒协调的香味。

固定化酵母发酵，常常使酯含量明显升高，使啤酒带有过分强烈的酯香味。

⑧贮酒：啤酒在低温贮酒中由于化学酯化反应，会使啤酒酯含量升高，但由于酯化反应极缓慢，只有酒龄在半年以上时，才能在分析中出现差别。

3. 醛类

啤酒中被检出的醛类物质已经有20余种，甲醛、乙醛、丙醛、异丁醛、正丁醛、异戊醛、正庚醛、正辛醛、糠醛等。它们来自于麦汁煮沸中Maillard反应，或发酵中醇类的还原。对啤酒风味影响较大的是乙醛和糠醛。

乙醛主要来自于丙酮酸，它在丙酮酸脱羧酶作用下，不可逆形成乙醛和CO_2。大部分乙醛受酵母乙醇脱氢酶作用还原成乙醇。在正常发酵中，乙醛在发酵啤酒中只有很低的积累量（3.5～15.5mg/L）。

乙醛在啤酒中含量如>25mg/L，有强烈的刺激性辛辣感（在上颚近咽部感受到），也有郁闷性口感；>10mg/L有不成熟口感，腐败性气味和类似麦皮不愉快苦味；>50mg/L有无法下咽的刺激感。成熟的优质啤酒乙醛含量一般在3～8mg/L以下，在啤酒中可以检测范围一般在15mg/L以下。

乙醛在正常发酵后期迅速减少，而且后酵温度愈高，后发酵愈强烈。发酵度愈高，残留啤酒中乙醛愈少，如果后发酵由于温度突降，压力突升等原因造成发酵中断，就会有较高（>15mg/L）乙醛残留。后酵双乙酰还原后期采用CO_2洗涤，可以促进乙醛挥发（乙醛沸点为21.0℃），经过CO_2洗涤，优秀啤酒中乙醛可低于6mg/L。乙醛在贮酒期可被亚硫酸盐固定，或形成乙缩醛，游离性乙醛减少。在瓶装啤酒中由于瓶中溶氧和瓶颈空气中氧的氧化，乙醛含量会有轻微上升。

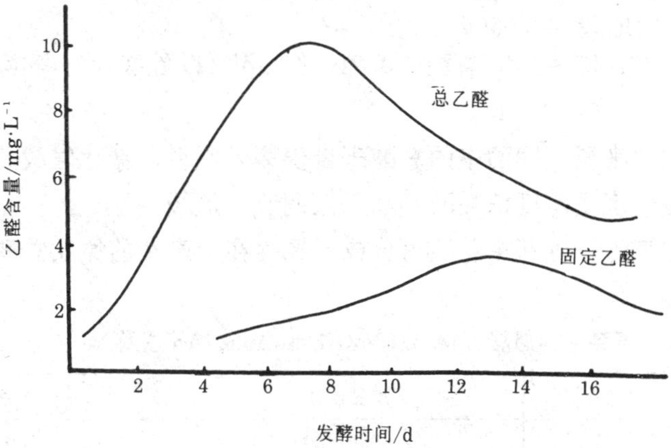

图 1-5-7　发酵期乙醛含量的变化

表 1-5-19　　啤酒中醛类化合物阈值和含量范围

醛类	阈值/mg·L^{-1}	含量范围/mg·L^{-1}	正常含量/mg·L^{-1}
乙醛	1.5	3～35	6～8
丙醛	5	0.1～0.5	0.2～0.3
异丁醛	1.0	1.0～0.5	0.2～0.3
异戊醛	0.5	0.05～0.2	0.1
正庚醛	0.1	0.05～0.1	0.05～0.07
正辛醛	0.4	0.05～0.3	0.1～0.2
糠醛	50	0.2～10	0.5～2

4. 酸类

（1）啤酒中总酸的定义　麦芽、麦汁和啤酒中含有各种有机酸，在普通生产和研究中只测定滴定总酸。我国在麦汁和啤酒中总酸的定义：用1mol/LNaOH滴定100ml啤酒，滴至pH9.0为终点，用消耗NaOH的毫升数表示总酸度。美国以滴定总酸度换算成乳酸浓度 g/100ml 表示。滴定总酸度可通过如下公式换算成某一酸的浓度：

$$W=\frac{c \cdot V \cdot \frac{M}{n} \cdot \frac{1}{1000}}{\text{被滴定样品体积}} \times 100\ (\text{g/100ml})$$

式中　W　——某酸的浓度（g/100ml）

$c \cdot V$——滴定碱液的浓度和消耗体积（ml）

M/n——某酸的摩尔克数

1/1000——升转化成毫升

由上反应计算式，每 100ml 样品，消耗 1mol/LNaOH

1ml 相当于：	乙酸	0.06g
	乳酸	0.09g
	柠檬酸	0.064g
	酒石酸	0.075g
	琥珀酸	0.059g

美国啤酒总酸标准：11～12°P 总酸≤0.21g/100ml（以乳酸计），实际上相当于我国 NaOH 毫升数＝0.21/0.09＝2.3ml。

（2）啤酒中总酸的来源　啤酒中的总酸来自麦芽等原料、糖化发酵的生化反应和化学反应、水（经常由于水质碱度消耗酸）及工艺调节外加酸。

①来自于麦芽和麦汁：麦芽中总酸可分成已经存在于麦芽的原始总酸和由于糖化中生化反应产生的两类。

表 1-5-20　　麦芽中的总酸（1mol/LNaOH ml/100g 绝干麦芽）

	浅色麦芽	深色麦芽
原始总酸	4.5～7.0	5.0～7.5
酶解总酸	10.5～13.0	7.0～12
麦芽总酸	15.0～20	12～19.5

原始总酸指粉碎麦芽用中性酒精钝化酶后用水浸出后滴定测得；酶解总酸指麦芽在 53℃糖化 3h 后测得麦芽总酸减去原始总酸得到的值。

麦芽中的总酸带入麦汁，若按我国啤酒工业的情况，100g 投料中麦芽占 65%，制成 12°P 麦汁 0.61L，则

$$\text{由麦芽糖化带入的总酸}=\frac{(15\sim20)\times65\%\times(1-8\%)}{610/100}$$

$$=1.47\sim1.96/\text{mol/L NaOH ml/100ml}$$

在麦汁制造工艺中，常常因为麦芽总酸不足，或酿造水中碱度太大，为了调节糖化、洗糟，麦汁煮沸时需外加酸（食用级乳酸、磷酸、盐酸），若每 100ml 麦汁共用纯乳酸为 0.03g，折合成麦汁总酸为 0.33ml（1mol/LNaOH）。实际上由于酿造水中碱度和上部分调节酸不能全部进入麦汁，一般要求 12°P 定型麦汁总酸为 1.4～1.5ml（不大于 1.6ml）（1mol/LNaOH）。

麦芽和麦汁中的酶解酸，主要来自于大麦中植酸钙镁盐受到麦芽磷酸酶的水解，形成磷酸和酸性磷酸盐。其次，甘油磷酸酶分解磷脂和卵磷脂中甘油磷酸脂中甘油磷酸；淀粉磷酸酶水解和支链淀粉结合的磷酸酯；蛋白质水解氨基酸后，被利用氨基后形成的羟基酸；糖类有氧呼吸中间产物（有机酸等）。但可以看到麦芽和麦汁中主要酸性物质是磷酸性盐组成的缓冲液。

②来自于发酵的酸：啤酒酵母酒精发酵中伴随形成有机酸，主要是酮酸、羟酸、二元羧酸、三元羧酸和脂肪酸。

啤酒中的挥发酸主要是脂肪酸，尤以乙酸为主。过高的挥发酸含量是啤酒酸败的标志。

啤酒中非挥发酸有丙酮酸、α-酮戊二酸、乳酸、苹果酸、琥珀酸、柠檬酸、酒石酸等，其中以琥珀酸含量为最高。过高的乳酸也是啤酒后期发酵中酸败（污染杂菌）的标志。

A. 丙酮酸：丙酮酸是糖代谢的中间产物，也是酵母各种代谢的汇集点，在啤酒发酵中，当酵母生长到最高浓度时，由于酵母分泌丙酮酸脱羧酶不足或辅酶 TPP 不足，丙酮酸呈最高积累量超过 100mg/L。随着发酵的深入，丙酮酸迅速降低。

B. α-酮戊二酸：α-酮戊二酸主要来自于酵母利用谷氨酸为氮源时，脱氨后产生的，少量来自于含氮不足时 TCA 循环分支代谢过程。在啤酒发酵中，α-酮戊二酸水平变化较小，一般维持在 6～64mg/L。

C. 乳酸：啤酒酵母在正常发酵中，由丙酮酸在乳酸脱氢酶催化下还原而得 D（—）乳酸或 L（+）乳酸。由于酵母乳酸脱氢酶活性远远低于乳酸菌和野生酵母（裂殖酵母、毕赤氏酵母、柠檬型克拉克酵母和异常汉逊酵母），在正常啤酒中酵母只形成 40～120mg/L，如麦汁含糖量过高或缺乏硫胺素，均可能使啤酒酵母产乳酸量增加。如啤酒中乳酸含量超过极限值 400mg/L，可以肯定污染了乳酸菌。由于乳酸阈值为 47mg/L，过量对啤酒风味有明显影响。

D. 苹果酸：麦汁中只有少量的苹果酸，酵母形成苹果酸的代谢途径：

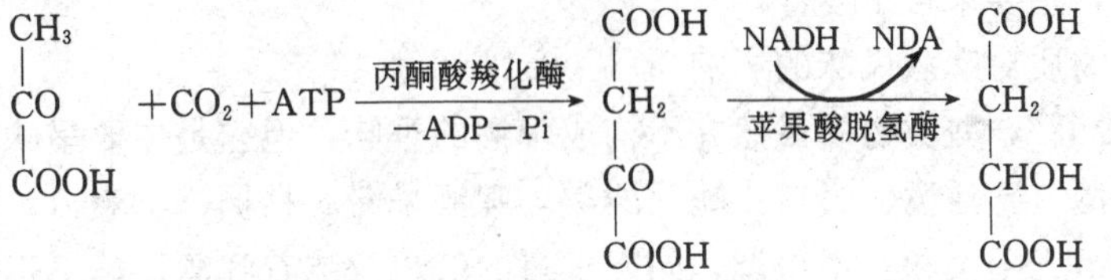

下面啤酒酵母形成的苹果酸量高于上面啤酒酵母，在 Lager Beer 中含量为 78～105mg/L 阈值为 87mg/L。

E. 琥珀酸：琥珀酸是酒精发酵中生成量最多的非挥发酸，它对酒风味有较大影响。发酵初期酵母糖代谢在 TCA 循环中形成草酰乙酸，最后转化成琥珀酸。大多数琥珀酸是由谷氨酸转化而来。

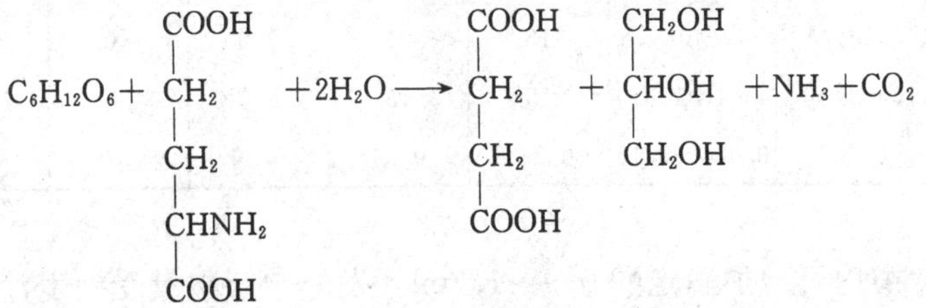

上述反应式受氢体是磷酸甘油醛，产物除了琥珀酸外，还有甘油，脱下的 NH_3 被酵母利用。

琥珀酸含量取决于发酵液中谷氨酸含量，中国黄酒、日本清酒用大米为原料，用小曲为糖化剂，糖液中谷氨酸含量特别高，黄酒和清酒有机酸中琥珀酸高达 500～800mg/L。在啤酒中一般为 36～180mg/L，但若采用高比例辅料大米时也可高达 400mg/L。

F. 脂肪酸：在啤酒中检出的脂肪酸是含 1～12 个碳原子的全部直链脂肪酸和异戊酸、异丁酸等 20 余种。

其中乙酸是脂肪酸中最多、对啤酒风味影响最高的挥发酸。啤酒酵母形成乙酸途径主要有两条：

在发酵前期麦汁含氧和贮酒中不正常通风情况下，由乙醛和乙醇氧化成乙酸。

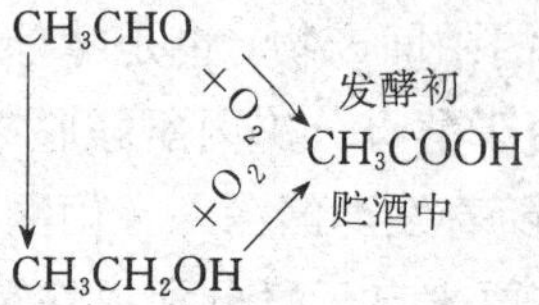

在发酵后期酵母吸收丙酮酸进行歧化反应形成乙酸和乳酸。

通常，啤酒酵母在灭菌麦汁中只形成少量的乙酸（50～80mg/L），但若在发酵前期污染野生酵母、醋酸菌、发酵后期污染异型乳酸菌，就会形成破坏啤酒风味的大量（100～500mg/L）的乙酸。因此，在酒类发酵中，检出发酵酒的挥发酸（以乙酸为主，其他有甲酸、丙酸、丁酸、异丁酸等）的含量，是检验酒类发酵是否正常的标志之一。

啤酒中挥发酸控制标准为 80mg/L 如果超过 100mg/100ml 认为明显污染发酵。

异丁酸、异戊酸主要来自于酵母氨基酸代谢形成的异丁醇、异戊醇的氧化。C_6～C_{12} 的直链脂肪酸在发酵中有少量增加，C_{14}～C_{18} 的脂肪酸在啤酒中比麦汁要低，它们可能被酵母吸收（酵母在发酵初合成细胞壁需要脂肪酸），不饱和油酸和亚油酸等上面酵母厌氧发酵生长因子，主要来自于麦汁。

（3）总酸物质对啤酒风味的影响

“无酸不成酒”，酸类物质虽然并不构成啤酒的香味，但它是主要呈味物质。啤酒中适量的酸使啤酒口感活泼、爽口。缺乏酸类，啤酒呆滞、粘稠、不爽口。而过量的酸又使啤酒口感粗糙、不柔和、不协调，同时过量的酸也意味着啤酒发酵不正常，是污染产酸菌的标志。因此，各国对各种酒类均提出总酸的最高含量。我国 12°P 浅色啤酒总酸总指标为＜2.6ml（1mol/L NaOH/100ml）。

表 1-5-21　啤酒（12°P）发酵产生酸类的阈值、极限值、正常含量

	乳酸	柠檬酸	丙酮酸	苹果酸	琥珀酸	乙酸	C_3～C_{12}
阈　值/mg·(100ml)$^{-1}$	4.7			8.7			
极限值/mg·(100ml)$^{-1}$	40	18	25	7.0	40	10	3～10
正常含量/mg·(100ml)$^{-1}$	4～12	15	15	3.5	14	6	2～5
折算成 1mol/L NaOH/ml	0.044～0.13	0.234	0.04	0.05	0.28	0.1	0.2

啤酒在发酵中均可增加滴定酸 0.9～1.2ml，发酵中产酸量受到麦汁总酸量的负影

响，麦汁总酸愈高，发酵产酸愈少。麦汁中酸除了调节酸以外，主要是磷酸和磷酸盐体系。磷酸能被酵母吸收利用，以及和麦汁 Ca^{+2}、Mg^{+2}、Fe^{+2}等生成盐沉淀消耗一部，实际上麦汁和啤酒发酵中产生酸只有 70%～80%最后残留在啤酒中。

（4）啤酒中总酸的控制　我国啤酒国标（GB4927—91）规定总酸的上限值，11～12°P 啤酒，总酸<2.6ml（1mol/L NaOH），应严格遵守。低于上限值，在何范围内啤酒风味最好？

作者认为：根据啤酒总氮、发酵度、啤酒原麦汁浓度的不同，总酸要求也应不同，当然还得顾及当地消费者的习惯。原麦汁浓度愈高、啤酒总氮水平愈高、发酵度愈低，适当提高总酸含量就更协调。反之，淡爽型高发酵度啤酒，啤酒总酸高一些，就会酸露头，不协调。

表 1-5-22　　11～12°P 啤酒总酸推荐值（1mol/LNaOH ml/100ml）

	浓醇型啤酒		淡爽型啤酒	
	低发酵度（60%～63%）	高发酵度（>65%）	低发酵度（63%～65%）	高发酵度（65%～70%）
不加或很少辅料	2.3～2.5	2.1～2.3	—	—
加辅料>30%	2.0～2.3	1.9～2.1	2.0～2.2	1.7～1.9

控制啤酒总酸，首先要控制麦汁总酸。现在国内啤酒厂，由于酿造水碱度太大（如>8 度德国度），工艺中为了调节糖液中 pH，在麦汁制造中大量添加调节酸，麦汁总酸有时达 1.8～2.1ml。麦汁总酸抑制了正常发酵的产酸，即使啤酒总酸在上述范围内，由于酸太单调，风味也不会协调。

正常啤酒发酵产酸量和发酵温度有关，高温发酵产酸多。但在正常情况下，一般使啤酒维持在 pH4.0～4.5 之间，任其自发调节。

非正常发酵、污染杂菌的发酵将导致啤酒酸败。发酵前期主要是醋酸菌和野生酵母，发酵后期和贮酒阶段主要是乳酸菌。特别在工艺卫生条件差的啤酒厂，降低主酵温度，后酵低温和贮酒必须降至 2℃以下，才能避免酸败。灌装啤酒如消毒不彻底（条件差的厂，消毒单位应在 Pu>35），也会引起瓶装啤酒酸败和混浊。

有些啤酒，总酸并不高〔如 2.2～2.3ml（1mol/L NaOH）〕，但饮用时，酸刺激感强，酸露头。其原因除了麦汁总酸太高外，经常是因为啤酒中挥发酸太高。啤酒中挥发酸应控制在（以醋酸计）<80mg/L。若挥发酸>100mg/L，就意味着啤酒已经酸败了。

5. 连二酮类（VDK）

（1）VDK 和啤酒的风味　在 50 年代欧洲啤酒工业大发展期，工业界为了日益扩大，增加啤酒产量，广泛采用缩短啤酒酒龄，对啤酒成熟指标的研究，发现当啤酒中双乙酰<0.1～0.15mg/L，H_2S<5μg/L，CH_3SCH_3<20μg/L，乙醛<30mg/L，高级醇<75～90mg/L，乙偶姻<15mg/L，啤酒就成熟了。而其中双乙酰（$CH_3COCOCH_3$）又是较为突出的成熟限制性指标。戊二酮（$CH_3CH_2COCOCH_3$）几乎和丁二酮（双乙酰）有相同的风味影响。50 年代后，啤酒界几乎把此两种化合物（连二酮类）看成啤酒成熟与否的决定性指标。我国在 70 代引入此理论，把它列入啤酒标准中。

双乙酰是挥发性的、有强烈刺激性的化合物，它是多种香味物质的前驱物质，是黄油、奶酪等乳制品的主要香味物质，也是白酒等蒸馏酒的重要香味物质。

双乙酰在啤酒中味阈值在0.1～0.2mg/L，戊二酮约在1.0mg/L。

啤酒中双乙酰和戊二酮的气味是十分接近的，当含量＞0.5mg/L时有明显不愉快的刺激味，似馊米饭味；当含量＞0.2mg/L时有似烧焦的麦芽味。在淡爽型啤酒中当含量＞0.15mg/L，也能辨别出不愉快的刺激味，而在浓醇啤酒中，特别是深色啤酒酒花香和麦芽香强烈时即使达到0.2～0.3mg/L，双乙酰刺激味被掩盖，也是能接受的。因此，常常有些啤酒双乙酰测定为接近0.20mg/L，品尝时没有双乙酰味，而某些低于0.20mg/L啤酒（如0.15mg/L），反而有时会有双乙酰味。

优秀淡爽型啤酒双乙酰应该控制在0.10mg/L以下。我国国标规定：成品啤酒用水蒸气蒸馏液与邻苯二胺反应，形成2，3-二甲基喹喔啉，在紫外线335nm下比色测量。此法测定值，实际上包括了全部双乙酰，大部分2，3-戊二酮和部分残留于啤酒中的双乙酰前驱物质——α-乙酰乳酸在蒸馏等操作中氧化形成双乙酰的总和，测定值是连二酮类，以双乙酰表示。

若啤酒中残留较多的α-乙酰乳酸，而测定操作中氧化程度不同，会造成测定值波动很大，没有重现性。作者在研究中发现，若把待测瓶或罐啤酒置于63℃水浴中，保温2h，每半小时小心摇动瓶（注意爆炸），冷却至室温，再用上法测定，可基本上将残留啤酒中α-乙酰乳酸全部氧化，此测定值是包装啤酒贮藏可能出现的最高值。

正常啤酒中双乙酰和戊二酮之比一般为3～6∶1，但有时也会2～3∶1。由于戊二酮在紫外光比色法中，不如双乙酰吸收值大，因此，当戊二酮含量较高时，比色法测定会小于气相色谱法。

（2）连二酮类代谢途径

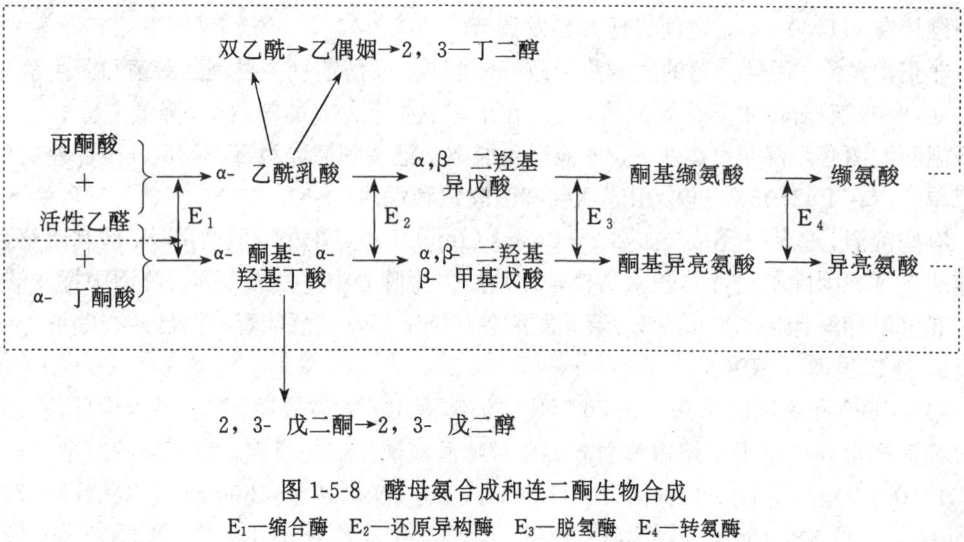

图1-5-8 酵母氨合成和连二酮生物合成

E_1—缩合酶 E_2—还原异构酶 E_3—脱氢酶 E_4—转氨酶

连二酮类化合物的生物合成是酵母的含氮物质生物合成的旁路产物。其中起点物质是丙酮酸和α-丁酮酸，而关键酶是E_1—活性乙醛和酮缩合酶（简称缩合酶），E_1缩合酶又受到麦汁中缬氨酸和异亮氨酸的反馈抑制。

α-乙酰乳酸和α-酮基α-羟基丁酸是双乙酰和2，3-戊二酮的前驱物质。

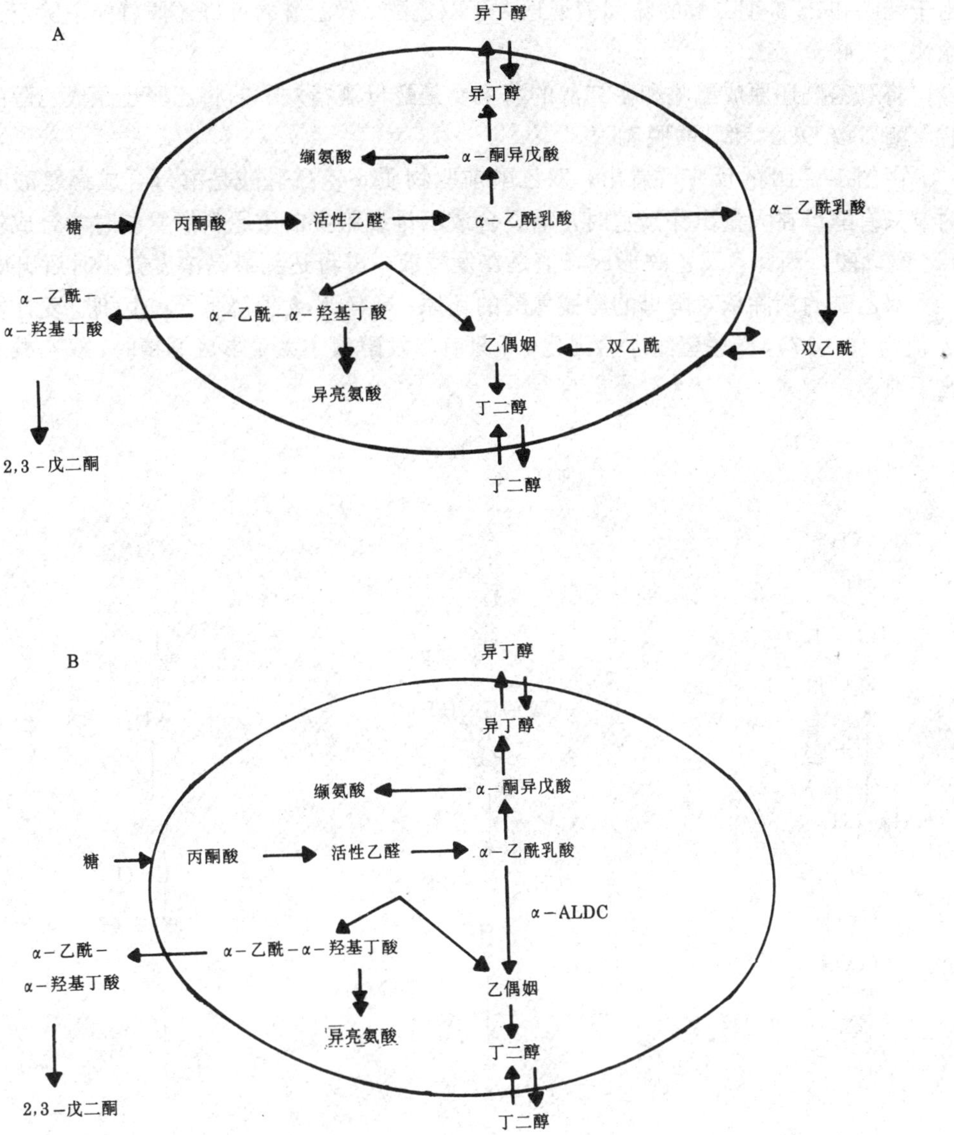

图 1-5-9　酵母 VDK 代谢图

A—正常啤酒酵母　B—基因工程（有 α-乙酰乳酸脱羧酶）啤酒酵母

从图 1-5-10 的反应式可知，双乙酰是由 α-乙酰乳酸氧化脱羧形成的。这一步反应至今未找到相应的催化酶，因此，此反应被证实为非酶氧化分解反应。此反应在啤酒发酵正常 pH 范围（3～6）内随温度升高而加速。游离氧的存在能加速此反应，但并非绝对必要。当缺乏氧时，反应放出 $2H^+$，$2H^+ + 2e \longrightarrow 2H \longrightarrow H_2$，如反应中有 Fe^{3+}、Cu^{2+}，在反应中还伴随还原 $Fe^{3+} + e \rightleftharpoons Fe^{2+}$，也可促进反应进行。在低 pH（<3）下，α-乙酰乳酸能越过双乙酰直接脱羧形成醋嗡（3-羟基丁酮）。

形成的双乙酰在酵母还原酶催化下，首先还原成醋嗡，进一步还原成 2，3-丁二醇，由于醋嗡和 2,3-丁二醇的味阈值远远大于双乙酰。双乙酰的良好还原就能消除双乙酰不愉快的气味。

将双乙酰还原成醋嗡和丁二醇的酶主要是酵母酒精发酵的将乙醛还原成乙醇的“醇脱氢酶”（ADH）和乳酸脱氢酶。

由图 1-5-10 的反应可看出，双乙酰前驱物质 α-乙酰乳酸是酵母合成缬氨酸时形成的，只有酵母在大量出芽繁殖时，需要合成酵母细胞蛋白质原料缬氨酸时才合成较多的 α-乙酰乳酸，因此，双乙酰形成峰值是在发酵液中酵母达到最高浓度数小时后出现的。

双乙酰的消除依赖酵母的醇脱氢酶的还原，只有当 *rh* 值降低至<10 时（麦汁发酵前 *rh* 值为 16～17），醇脱氢酶才会强化，即只有当发酵液中大量形成酒精时，双乙酰才会迅速还原。

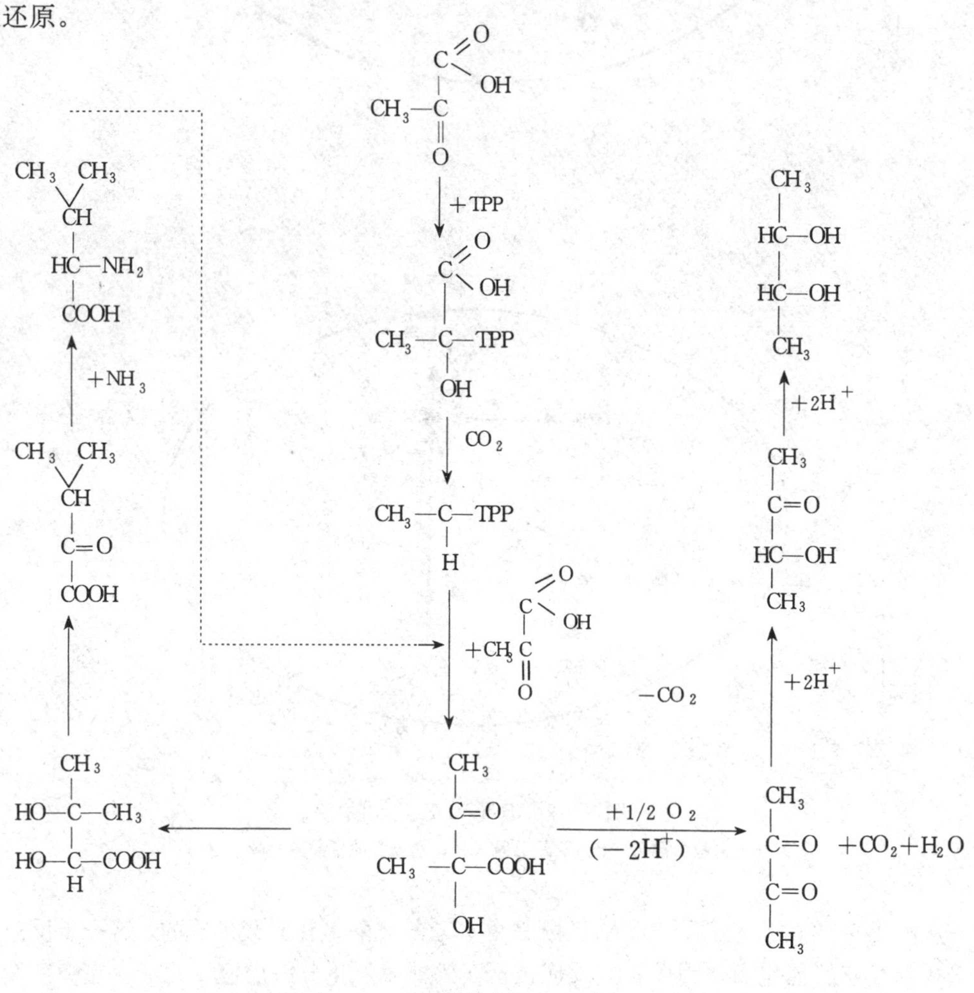

图 1-5-10　双乙酰的生物合成和消除途径

（3）影响和消除双乙酰的方法

①减少 α-乙酰乳酸的生成：

A. 酵母菌株：现代研究发现，酵母菌株不同，由活性乙醛和酮酸合成 α-乙酰乳酸的缩合酶活性差异很大。作者在“国内优良菌株选育”的研究中发现，相同发酵条件（包括接种量）下，双乙酰值有的（大多传统菌株）峰值达 0.8～1.2mg/L，有的仅 0.3～0.4mg/L，这也证明前驱物质 α-乙酰乳酸合成量有很大差别。这一些低双乙酰峰值菌株，可以用化学诱变法获得，也可以从传统菌株自然变异中优选出来。德国和美国生物学家还用基因修饰技术选育不形成缩合酶的基因工程菌株，此菌株几乎不形成双乙酰。

B. 提高麦汁中 α-氨基氮水平：由实验证实把麦汁中缬氨酸水平从 85mg/L 增加到 160mg/L，双乙酰峰值便从 0.85mg/L 降低至 0.40mg/L。

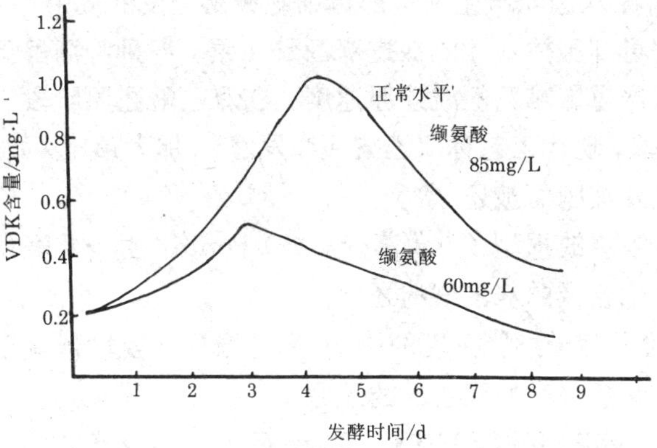

图 1-5-11　缬氨酸含量和 VKD 峰值

在生产实践中证实，提高麦汁 α-氨基氮水平也能降低双乙酰峰值。

表 1-5-23　　麦汁 α-氨基氮和 VDK 值峰值关系

α-氨基氮含量/mg·L^{-1}	100	120	140	160	180	220
VDK 峰值/mg·L^{-1}	1.4	1.10	0.90	0.80	0.60	0.45

②加速 α-乙酰乳酸的非酶氧化分解：由于 α-乙酰乳酸是双乙酰的前驱物质，它的非酶促氧化分解速度远远低于酵母对双乙酰的酶促还原速度（有人研究认为差 100 倍）。

$$\alpha\text{-乙酰乳酸}\xrightarrow{\text{非酸氧化}}\text{双乙酰}\xrightarrow{\text{酶促还原}}2,3\text{-丁二醇}$$

这总反应速度取决于非酶氧化分解速度，加快此速度也能最终加速降低啤酒中双乙酰的含量。若 α-乙酰乳酸不能在发酵前期迅速氧化分解，在发酵后期乃至贮酒期，由于发酵液中氧化还原电位降低，α-乙酰乳酸氧化更困难，它就不能彻底转化成双乙酰而残留于啤酒中，在罐装以后，由于瓶和罐中存在空气和溶氧，此氧化分解反应会继续发生，而此时已经不存在酵母还原酶，导致在包装啤酒中，双乙酰含量回升。

加速 α-乙酰乳酸氧化分解的技术为：提高麦汁溶氧水平，发酵前期适当进行通风搅拌，酵母在发酵前期有强发酵力（生产 CO_2）和产酸能力，迅速降低发酵液 pH（从 pH5.4 降低至 4.4～4.3）。

③控制和降低酵母的增殖浓度：α-乙酰乳酸是酵母繁殖细胞的伴随产物，控制增殖浓

度是降低α-乙酰乳酸产生量的重要因素。

提高酵母接种量，降低酵母在发酵液中繁殖温度，控制麦汁中α-氨基氮水平不高于220mg/L，均能抑制酵母增殖浓度，从而控制α-乙酰乳酸的生成量。

现代工艺采用较低接种温度（低于主酵最高温度3～4℃接种），接种后浓度在（15～20）$\times 10^6$个/ml，主酵中酵母最高浓度控制在（60～70）$\times 10^6$个/ml，（即增殖级数＜3），均能有效地降低α-乙酰乳酸的产量。

④加速双乙酰的还原

A. 酵母菌株影响：双乙酰产生后被酵母细胞分泌至发酵液中，双乙酰还原必须依赖于双乙酰渗透进入酵母细胞体，才能促进双乙酰还原。各种啤酒酵母，细胞壁透过双乙酰的能力差异很大，严重影响双乙酰还原速度。在双乙酰还原阶段（麦汁外观浓度降至3.6°P以下的发酵阶段，现代工艺称双乙酰还原发酵），加大罐压（如表压0.16MPa），也能促进双乙酰渗透进入细胞而被还原。

酵母变异株——呼吸缺损型（小菌落变异株）Petite，由于此酵母缺乏琥珀酸脱氢酶和细胞色素氧化酶，也会减弱双乙酰的还原。

B. 双乙酰还原阶段酵母细胞浓度的影响：双乙酰还原阶段依赖于酵母分泌的醇脱氢酶，过低酵母细胞数必然会影响双乙酰的还原。

表1-5-24　　后酵初期酵母浓度和双乙酰还原（10℃后酵开始）

后酵初期细胞浓度（$\times 10^6$个/ml） 双乙酰含量/mg·L^{-1} 后酵时间/d	20	10	7	3
0	0.711	0.718	0.69	0.70
2	0.54	0.628	0.65	0.69
5	0.28	0.356	0.52	0.60
8	0.15	0.22	0.39	0.55
12	0.10	0.15	0.225	0.43
15	0.08	0.10	0.13	0.35
20	0.06	0.08	0.10	0.30

在传统发酵中，主酵结束，外观浓度降至4.2～4.0°P时，即分离酵母，转罐进入后酵，此后酵阶段酵母细胞浓度一般在（5～7）$\times 10^6$个/ml，不利于双乙酰的还原。在现代大罐发酵中，外观浓度降至3.8°P，一般不分离酵母，悬浮在发酵液中，酵母细胞浓度取决于酵母的凝聚性，但不论酵母的凝聚性如何，其细胞浓度可维持在（40～10）$\times 10^6$个/ml，远高于传统发酵，因此，能加速双乙酰还原。

C. 双乙酰还原阶段温度的影响：醇脱氢酶对双乙酰还原速度是温度函数，提高还原温度是促进双乙酰迅速降低的有效措施。

表 1-5-25　双乙酰还原阶段温度和双乙酰含量的关系

双乙酰含量/mg·L^{-1} 还原温度/℃ 还原时间/d	18	10	4	0
0	0.74	0.74	0.74	0.74
3	0.20	0.44	0.56	0.68
5	0.08	0.32	0.46	0.62
10	0.03	0.16	0.31	0.45
15	0.03	0.10	0.16	0.36

注：还原阶段初酵母细胞浓度 10×10^6 个/ml。

6. 含硫化合物

啤酒中存在多种含硫化合物，其中 94%是不挥发性硫化物，主要是 SO_4^{2-}、-S-S-、含硫氨基酸和含硫蛋白质，它们和香气关系不大。6%是挥发性含硫化合物，主要是 SO_2、H_2S、CH_3SCH_3、CH_3-S-S-CH_3、CH_3SH、HSC_2H_5 等，它们在啤酒中含量十分低，均在 10^{-6}～10^{-9}级，但由于它们的特殊气味，会影响啤酒风味，是近代关心的焦点。

麦汁中的含硫化合物，主要来自麦芽、辅料、酒花和酿造水。酿造水和水质调整会带来 100～200mgSO_4^{2-}，从麦芽糖化中带入蛋氨酸 6mg/L、半胱氨酸 10mg/L、生物素 10μg/L、硫胺素 500μg/L，谷胱甘肽和蛋白质中有机硫 50～100mg/L。在麦芽和麦汁制造中产生少量的 H_2S、SO_2、CH_3SCH_3 等挥发性硫化合物，但大多数在麦汁煮沸和冷却中挥发，只有少量（10～50μg/L）留在麦汁中。

酵母在合成蛋白质和某些酶及辅酶时，需要消耗硫，酵母细胞干物质约含 0.2%～1.0%的硫元素。硫对酵母生长和发酵起着重要作用。酵母中的硫几乎全部来自麦汁中的含硫氨基酸。一般麦汁中只需要有 25～40mg/L 含硫氨基酸就足够了，大多数麦汁含有足够酵母需要的硫，若含硫氨基酸不足，酵母也能从无机硫（主要硫酸盐）中获得硫元素。酵母对无机硫的代谢，也能促进啤酒中含硫化合物（挥发硫）量的升高。

(1) H_2S　麦汁制造中形成的 H_2S，在煮沸中大多已挥发，只残留 10～40μg/L。啤酒中的 H_2S 主要来自胱氨酸经半胱氨酸，再经半胱氨酸脱硫酶作用而产生。

硫化氢的生成量，受酵母菌株特性、麦汁中含硫氨基酸、发酵温度的左右。近代优选菌株常常采用含 PbAc 培养基（0.05%PbAc），当产生 H_2S 较多，菌株变成黑色或深褐色（PbS），然后剔除。在发酵时形成 H_2S 随 CO_2 排出而减少；在贮酒阶段，如果酵母自溶，酵母蛋白质水解，形成的酵母臭中，H_2S 是主要成分。

H_2S 在啤酒中气味阈值为 5～10μg/L。当啤酒中 H_2S>10μg/L，啤酒有生酒味（类似洋葱的异味）；当>50μg/L，啤酒有坏鸡蛋的气味。成熟的优秀啤酒中只有 1～5μg/LH_2S。啤酒用 CO_2 洗涤工艺，是降低挥发性 H_2S 的有效方法。

(2) SO_2　如果麦芽和酒花采用硫熏蒸，麦汁制造时添加 $NaHSO_3$ 等盐抗氧化剂，会给麦汁带来过高的 SO_2（每升几十毫克），但随着煮沸的氧化和挥发，麦汁（发酵前）一般只有游离 SO_2 每升几毫克。

在发酵时形成的 SO_2，是由酵母从硫酸盐还原形成的，最高含量 5～20mg/L。在贮酒和装瓶后，游离 SO_2 能被醛、酮、糖等结合，形成不挥发硫，不影响口味。

长期以来在贮酒和过滤时，酿造师为了抑制杂菌繁殖，增加啤酒的抗氧性，还添加 $NaHSO_3$ 或 H_2SO_3 或液态 SO_2，使啤酒中在装瓶初游离 SO_2 达到 25～35mg/L。一般认为啤酒在品尝时 SO_2 只要低于 10mg/L，不会带来不愉快的风味。我国发酵酒卫生标准中规定，游离 $SO_2<50$mg/L。

80 年代以来，美国对进口啤酒中规定游离 SO_2 必须低于 8mg/L，人们发现在不添加任何含 SO_2 抗氧剂啤酒中的 SO_2 含量波动于 5～12mg/L，有时会超过美国规定值。

减少啤酒酿造水中 SO_4^{2-}，避免高压（>0.1MPa），采用 CO_2 洗涤工艺，均能有效降低啤酒中的游离 SO_2。

（3）硫醇（R-SH）、硫醚（R-S-R）、甲硫醇 CH_3SH、乙硫醇 CH_3CH_3SH，气味阈值在 5～10μg/L，有臭鼬味。二甲硫（DMS）有腐烂卷心菜味，气味阈值为 30～50μg/L。

啤酒中二甲硫是人们关心的焦点，它也是啤酒生酒味物质之一。

麦芽制造时，在绿麦芽阶段就形成二甲硫的前驱物质，大多数二甲硫前驱物质在绿麦芽焙焦时蒸发损失，少部分在焙焦和麦汁煮沸时形成二甲硫。二甲硫主要由胱氨酸、半胱氨酸在麦芽焙焦时形成的，所以，二甲硫属麦芽香气组成之一。啤酒中二甲硫也有人认为可能是酵母生物合成的结果。

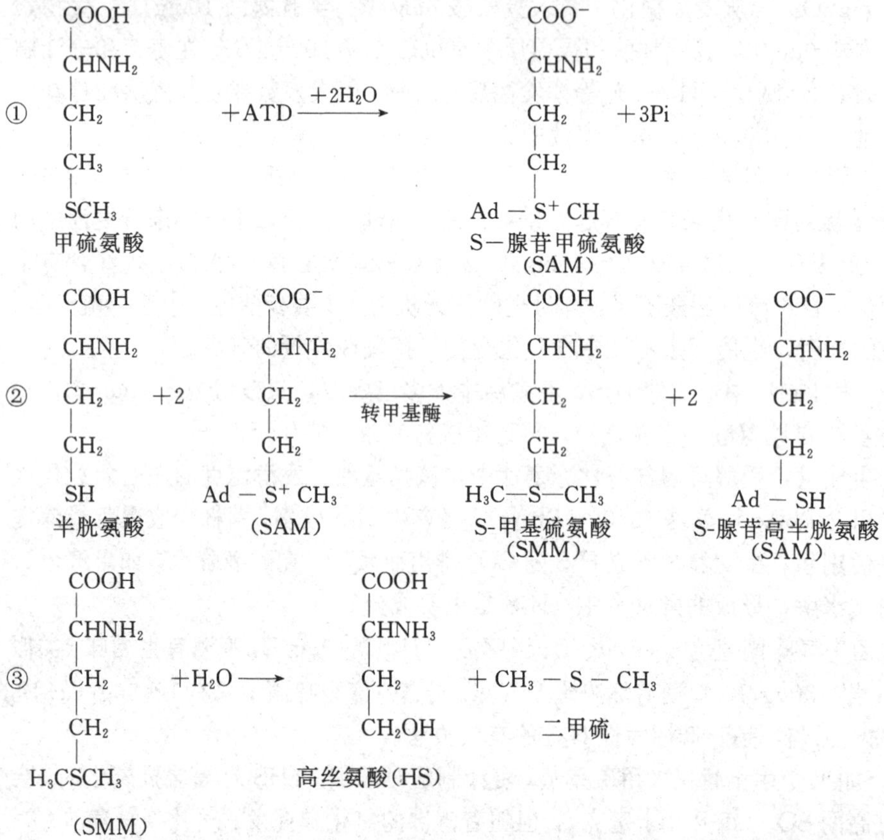

但现代许多学者研究证实，啤酒酵母在正常发酵中并不形成二甲硫，啤酒中二甲硫除了麦芽带入以外，主要由污染细菌形成。他们认为控制麦芽焙焦时生成二甲硫量就能

控制正常啤酒中二甲硫的量（<30μg/L），美国、加拿大已经把麦芽中二甲硫纳入标准（成品麦芽二甲硫<2mg/L）。

酵母形成硫醇代谢机制还很不清楚。

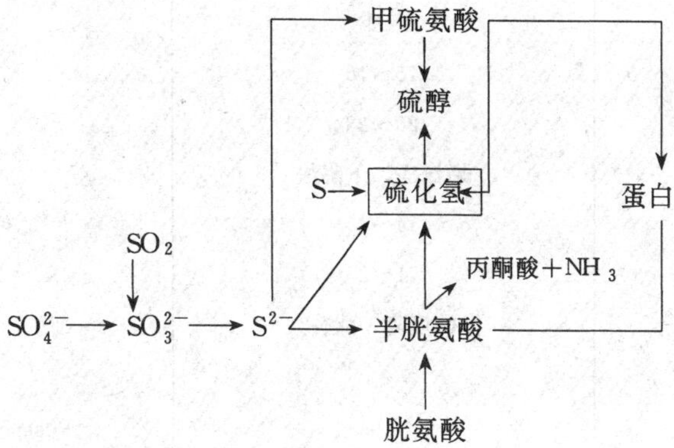

由酵母硫代谢图可知，硫醇是代谢副产物，但日本和美国至今未检测到啤酒中的硫醇，在其他酒中已检测到。有人检测到啤酒中仅含二甲硫1～2μg/L，所以，实际意义也不大。

第三节　啤酒发酵技术

一、概　　述

古代啤酒的发酵均是自然发酵，19世纪生物科学得到发展，认识到发酵是由酵母引起的，并收集、分离酵母，逐步走向纯种发酵，当时采用的酵母和发酵技术均属“上面发酵”。19世纪中叶，德国巴伐利亚地区首先秘密分离出下面啤酒酵母（*S. Carlsbergensis*），并研究出下面发酵法。此酵母和技术被带到捷克，并建立了比尔森啤酒中心，所以，至今用下面发酵法生产淡色啤酒，被称做“比尔森”型，下面发酵法生产淡色啤酒称做“慕尼黑”型。下面发酵法被带入丹麦，在汉逊等不少啤酒科学家在丹麦卡尔斯伯中心研究和推广下，逐渐在世界上取代了上面发酵法，现今下面发酵法生产啤酒占世界总产量90%左右。英国至今还保留较多的上面发酵法，除英国外，澳大利亚、加拿大、比利时、美国等也有上面发酵法啤酒生产，近20年来流行“小型”啤酒厂，也有较多的采用上面发酵法。我国（如1900年建立的第一家啤酒厂）一直采用下面发酵法，最近才有个别厂研制少量上面发酵啤酒。

近代，由于微生物分类把啤酒酵母已归并为一个种——啤酒酵母，其他各种发酵方法均在互相靠近，如下面发酵在升高发酵温度，上面发酵则在降低；酵母回收技术，现在均喜欢用絮凝性酵母，采用离心机回收；下面发酵法的贮酒缩短至2～8d，啤酒的发酵度也在提高，风味也有人喜欢酯香味。所以，实际上两种方法，现在是互相靠近，界限淡化，乃至逐步统一。本章讨论发酵以下面啤酒发酵为代表。

表 1-5-26　**典型上面、下面发酵技术比较**

	上面发酵法	下面发酵法
菌　种	*S. Cerevisiae*	*S. Cerlsbergensis*
糖化方法	以浸出法为主	以煮出法为主
酒花用量	较少	较多
起发酵温度/℃	15～16	6～8
主酵最高温度/℃	20～23	8～12
酵母回收方法	撇沫法、下落法	底面收集
后发酵起始温度/℃	14～15	传统 4～5
贮酒时间/d	1～2	30～120
啤酒风味特点	发酵度高、酯香大	细腻、柔和、泡沫好
典型啤酒类型		
淡色	Ale	Pilsener Dortmundoe
浓色	Stout Porter	Munich Vienna

啤酒发酵方法可分成：

- 分批式发酵
  - 传统发酵
  - 大罐式发酵
    - 单酿罐发酵
    - 多罐式发酵
- 连续式发酵
- 固定菌体式发酵
  - 分批式
  - 连续式

世界啤酒工业主要的发酵方法，依旧为分批式发酵，在60年代推出连续式发酵，后为分批式大罐发酵所取代。我国和世界各国均致力于研究固定化菌体发酵，但还未取得工业规模的突破，至今还停留在研究阶段。

我国中、小型啤酒厂尚有较多的传统式分批发酵，70年代推行大罐发酵，已经广泛为中、大型啤酒厂采用。

二、啤酒发酵工艺技术控制

啤酒发酵工艺技术控制，至今尚未深入到发酵代谢控制，所谓工艺控制多数停留在外界影响因素的选择性（非定量）控制，它包括如下几方面：

（1）啤酒酵母的菌株选择。

（2）麦汁组分。

（3）酵母接种量和接种技术。

（4）起酵温度和发酵温度。

（5）发酵设备和酵母在发酵中的流态。

（6）后酵（或双乙酰还原）条件选择。

（7）酵母分离时间和方法。

(8) 贮酒条件和时间。

(9) 发酵中压力或CO_2浓度。

上述诸方面的控制技术，不但影响发酵工艺过程，而且深刻影响到啤酒风味物质的代谢。由于发酵工艺的多变性，造成啤酒风味千差万别。

1. 酵母菌株选择

如前所述，啤酒菌株特性深刻影响到糖类的发酵，氨基酸的同化、酒精和副产物的形成、啤酒的风味、啤酒的稳定性等方面，在优选良种条件下还必须注意啤酒酵母菌株对发酵过程控制的影响。

(1) 发酵速度　酿造现场外观浓度下降速率影响工艺操作。

(2) 发酵限度　主发酵终了发酵度和啤酒发酵度，保留足够可发酵性糖在后发酵。

(3) 凝聚性　酵母凝聚性的易变性，会影响发酵工艺操作。

(4) 回收性　主发酵酵母回收条件和回收量，不单会影响到再次利用，也深刻影响到后酵工艺。

(5) 稳定性　分批式发酵，在麦汁组成、工艺条件、有害微生物污染诸方面均易波动，而酵母菌株特性的稳定性、可操作弹性会影响发酵技术。

2. 麦汁组成

啤酒是发酵后直接饮用的饮料酒，因此，麦汁的颜色、芳香味、麦汁组成有一些会直接影响啤酒的风味，有一些将影响发酵，最终也影响啤酒的风味。

麦汁组成中通过它影响发酵的主要因子是：原麦汁浓度、溶氧水平、pH、麦汁发酵性糖含量、α-氨基氮（游离氨基酸浓度)、麦汁中不饱和脂肪酸含量等。

(1) 原麦汁浓度　原麦汁浓度是指发酵前麦汁中含可溶性浸出物的质量分数，它主要通过酵母营养因子和渗透压，影响酵母的生成量，从而影响发酵。原麦汁浓度在10%～15%，一般发酵正常。过低（<9%)，麦汁中氨基酸、核苷酸、酵母生长素不足，酵母增殖受到抑制；过高（>15%)，由于渗透压太高和代谢产物积累太快，会减弱酵母的增殖，降低发酵强度，减弱麦汁发酵时pH的下降速率。

(2) 麦汁溶氧水平和不饱和脂肪酸含量　麦汁中含溶解氧水平会影响发酵过程中酵母的增殖速度和增殖量，影响发酵速率，影响VDK前驱物质——α-乙酰乳酸的生成量和氧化速度，影响高级醇、挥发酯等代谢产物的生成量。

麦汁溶氧水平首先影响发酵前期酵母的增殖，溶氧高，酵母增殖快和多，在3～9mg/L正常溶氧水平下，酵母增殖浓度可差50%。发酵速率也因酵母增殖速率和数量而变化，酵母的增殖数量不同，会引起高级醇、挥发酯量的变化。这也可由α-氨基氮同化速率得到证明。

在麦汁溶氧缺乏时，酵母前期增殖受到麦汁中不饱和脂肪酸含量的调节，不饱和脂肪酸含量从0.5～10.0mg/L，明显会促进酵母增殖。麦汁不饱和脂肪酸可从测定麦汁中热凝固物含量来反映。

3. 接种量

啤酒在生产过程中常用上一批回收酵母泥接种，接种量是以每百升中的千克数表示，一般为0.4～1.0kg/hL，而酵母泥中细胞浓度常为（15～20）$\times 10^8$个/g，（受到酵母凝

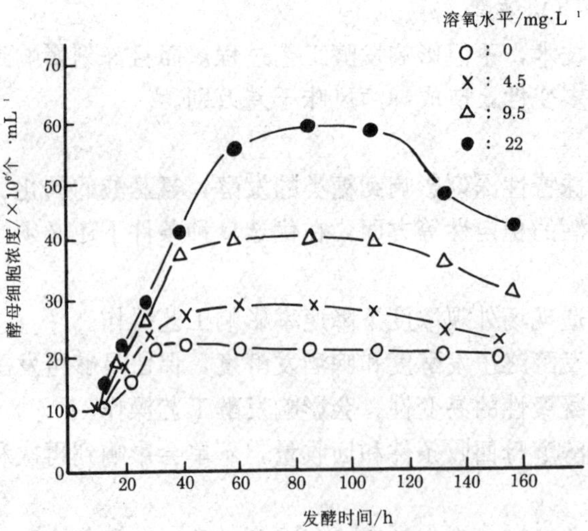

图 1-5-12　麦汁溶氧水平和发酵中酵母的增殖

聚性影响)。

提高酵母接种量即起酵浓度，可以加快发酵，但由于在分批发酵中，酵母营养成分(主要是氨基酸、核苷酸和生长素）不变，因此，提高接种量，发酵时酵母最高细胞浓度相应增加，但新生酵母细胞浓度反而减少，增殖倍数显著降低。

表 1-5-27　　发酵接种量和细胞增殖

接种量（A）（$\times10^6$ 个/ml）	发酵最高浓度（B）（$\times10^6$ 个/ml）	增殖量（$B-A$）（$\times10^6$ 个/ml）	增殖倍数（$\frac{B-A}{A}$）
5.0	49.0	44.0	8.8
10.0	55.0	45.0	4.5
20.0	56.0	36.0	1.8
30.0	58.0	28.0	0.93

注：发酵温度为 9℃。

提高酵母接种量，由于发酵最高浓度增加，主发酵速度可明显提高。由于新细胞增殖减少，所以，VDK 峰值降低，高级醇生成减少，乙酸乙酯增加。

接种量过高，由于新生成细胞减少，导致后发酵不彻底，酵母增殖倍数减少。

4. 发酵工艺条件控制

（1）发酵温度　啤酒发酵是采用变温发酵，发酵温度是指主发酵阶段的最高发酵温度。

由于传统原因，啤酒发酵温度远远低于啤酒酵母的最适温度。上面啤酒发酵采用 18～22℃，下面啤酒发酵采用 7～15℃。因为，采用低温发酵可以防止或减少细菌的污染，

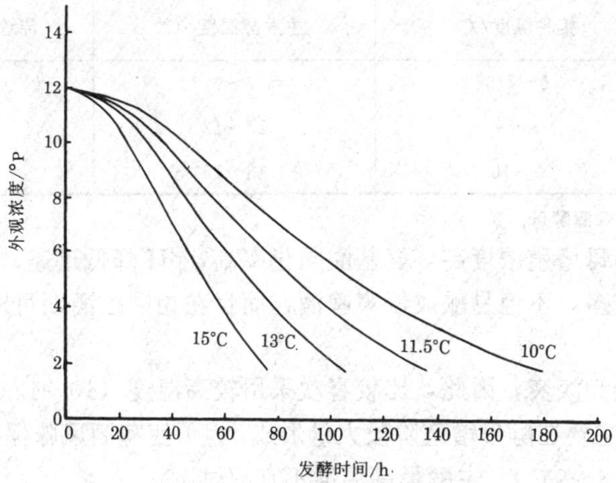

图 1-5-13　发酵温度和发酵速率

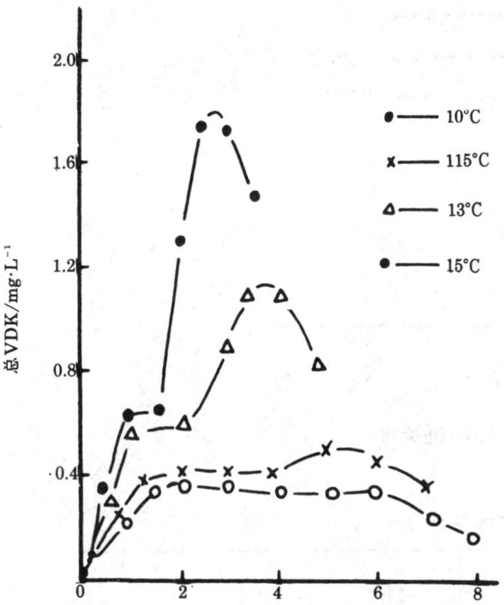

图 1-5-14　发酵温度和 VDK 的关系

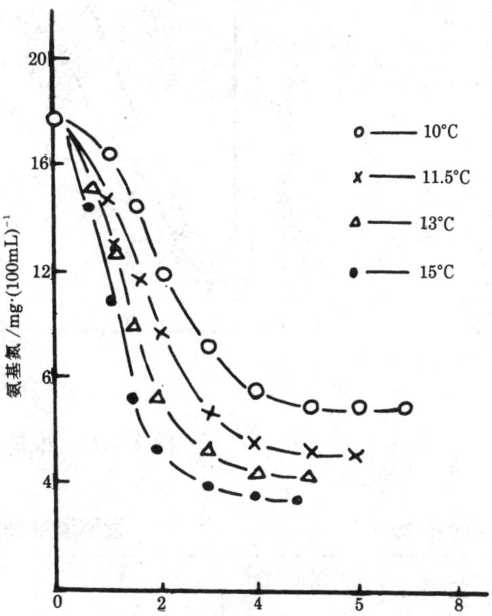

图 1-5-15　发酵温度和氨基氮的同化

代谢副产物减少，有利于啤酒的风味。下面啤酒发酵，习惯上主发酵最高温度（即发酵温度）分成三类。

低温发酵，酵母增殖慢，最高浓度低（如图 1-5-16），发酵中形成高级醇等代谢副产物少，同化氨基酸少，pH 降低缓慢，酒花香气和若味物质损失少，酿成的啤酒细腻，柔和，浓醇性好。酵母自溶少，酵母使用代数高。

表 1-5-28　　下面啤酒发酵温度分类

发酵类型	接种温度/℃	主发酵温度/℃	传统主发酵天数/d
低温发酵	6～7.5	7～9	8～12
中温发酵	8～9	10～12	6～7
高温发酸	9～10	13～15	4～5

注：非快速发酵正常下面啤酒酵母。

发酵温度较高，酵母增殖浓度高，氨基酸同化率高，pH降低迅速，高分子蛋白质、多酚和酒花树脂沉淀较多，不但易酿成淡爽啤酒，而且在相同贮酒期可以酿成非生物稳定性好的啤酒。

近代，啤酒类型崇尚淡爽，因此，比较喜欢采用较高温度（10～12℃）发酵。很多学者认为，啤酒副产物主要在酵母增殖阶段大量形成，为了使啤酒风味保持原有风格，应该采用较低接种温度（8～9℃），主酵最高温度不宜超过12℃。

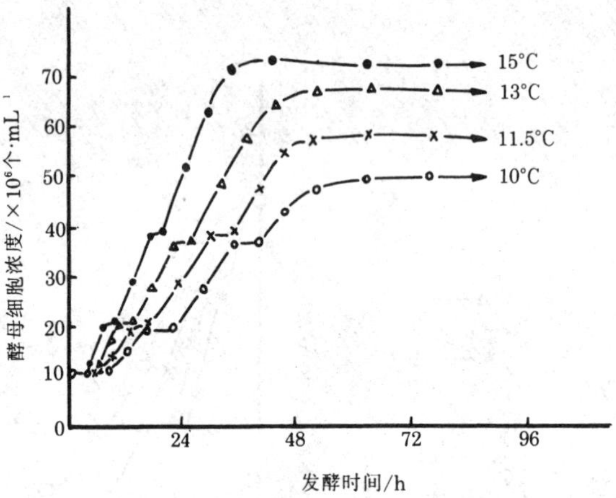

图 1-5-16　发酵温度和酵母浓度

表 1-5-29　　发酵温度和副产物形成

副产物含量/mg·L⁻¹ \ 发酵温度/℃	9.0	10.0	11.5	13	15
乙酸乙酯	38.5	40.0	40.7	42.3	42.8
正丙醇	9.0	9.6	11.6	13.6	16.2
异丁醇	11.0	12.8	16.8	21.1	25.5
活性戊醇	3.0	3.1	4.4	5.0	5.3
异戊醇	45	68	82	86	96

注：原麦汁浓度为13°P。

（2）罐压、CO_2浓度对发酵的影响　过去传统发酵均为敞口式发酵（主），近代不论大罐还是传统发酵池均采用密闭式发酵。为了回收CO_2，主酵采用带压发酵，人们发现绝大多数现在采用的啤酒酵母菌株，在有罐压下发酵，均发现酵母增殖浓度减少，发酵滞缓，代谢副产物也减少。用 N_2 和 CO_2 加压证明，带罐压发酵主要是 CO_2 浓度对酵母的影响。

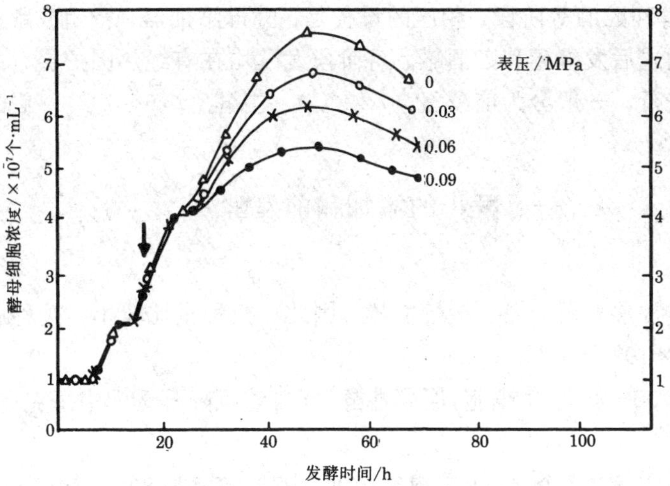

图 1-5-17 罐 CO_2 压力和发酵细胞的增殖

表 1-5-30 啤酒发酵时 CO_2 浓度对酵母增殖的影响

罐压/MPa	CO_2 浓度/g·(100g)$^{-1}$	发酵麦汁中酵母最高浓度/×10^6 个·ml^{-1}
0	0.25	77
0.3	0.31	67
0.6	0.37	61
0.9	0.44	53
0.9（N_2 压）	0.1	73

注：发酵温度为 12℃。

表 1-5-31 啤酒发酵初 CO_2 浓度对风味物质形成影响

风味物质/mg·L^{-1} \ CO_2 浓度/g·(100g)$^{-1}$	0.20	0.40	0.56
乙酸乙酯	56.2	44.2	38.5
正丙醇	16.1	16.3	16.6
异丁醇	23.7	23.4	23.5
活性戊醇	6.4	5.6	5.1
异戊醇	102.0	90.0	81.0

注：原麦汁浓度为 15°P，发酵温度为 12℃。

发酵初，CO_2 浓度对发酵速率略有影响，但明显会抑制风味物质中乙酸乙酯和异戊醇的生成，这是加压发酵的基础。

第四节　传统啤酒发酵

传统式分批发酵，每批（一锅或二锅）定型麦汁，经过添加酵母、前发酵（酵母增殖）、主发酵、后发酵和贮酒等阶段。相应的设备是：酵母添加器、密闭或敞口式前发酵池和主发酵池，密闭式后发酵罐和贮酒罐。各阶段发酵均在有绝热围护层，并具有室温调节装置的厂房内进行，一般分为前酵室（7～8℃）、主酵室（6～7℃）、后酵和贮酒室（2～0℃）等部分。

一、酵母的添加和前发酵

1. 酵母接种量

传统式分批发酵常常采用低温、缓慢发酵，因此，接种量比较小，接种后细胞浓度常控制在（5～12）$\times 10^6$ 个/ml。

压榨酵母每克有 30～40 亿个细胞，凝聚性酵母、自然沉降酵母泥中每克有 18～25 亿个细胞。

若酵母泥浓度为 20×10^8 个/g，工艺规定接种后酵母浓度为 8×10^6 个/ml，每公斤麦汁接种酵母泥克数（n）：

$$n=\frac{8\times 10^6\times 1000}{20\times 10^8}=4\text{g}$$ 即接种量为 0.4%

2. 酵母添加方法

（1）干道和湿道添加法

①干道添加法：在酵母添加器中加入每批麦汁所需的酵母泥，再加上二倍量的冷却麦汁，用无菌压缩空气充分混合，压到前酵池麦汁中，再用无菌压缩空气搅拌均匀，即可。

②湿道添加法：酵母泥预先加 5 倍量麦汁（温度为 13～15℃），预先保温培养 10～12h，使休眠态酵母能完全进入出芽繁殖阶段，然后均匀混入发酵麦汁，直接进入主发酵池。此法较麻烦，现在传统发酵几乎均不采用，而大罐发酵中有些工厂采用。

当今传统式发酵酵母均采用干道添加法，在不同场合，常采用如下添加法。

（2）倍量添加法　在二批（锅）麦汁装一个发酵池时，第一锅麦汁中，用干道添加法加入全部满池使用的酵母泥，经无菌压缩空气搅拌充分后，发酵 6～8h，再加入第二锅麦汁（温度比第一锅高 0.3～0.5℃），再用无菌压缩空气搅拌，发酵 10～15h，转入主发酵。

（3）分割法　当接种酵母泥不够生产使用时，采用分割法，可分割 1～3 次。

前酵池用干道法接种后，发酵 24～30h，待酵母浓度增加到 20×10^6 个/ml 时，用压缩空气充分搅拌后，一池分成二池，再补满同温度的冷却麦汁，然后发酵 18～24h，可再分割或转入主发酵。只能分割 1～2 次，多次分割，会影响发酵啤酒风味。

（4）递加法　若首次培养酵母不够一池的接种量，可采用逐步（分数次）递加麦汁，每次递加麦汁间隔时间为 6～10h。

分割法和递加法的要点是在前酵池麦汁中应具有足够的酵母细胞浓度（8×10^6 个/ml），使麦汁中有足够的酵母优势，防止杂菌的繁殖，分割和递加时间，均应在酵母繁殖达到一定浓度后进行。

3. 前发酵

所谓前发酵，实际上是接种酵母泥处于休眠阶段（芽生率为0%），酵母和麦汁接触后，有较长（数小时至十小时）生长滞缓期，才能进入出芽繁殖，当酵母克服生长滞缓期，出芽繁殖细胞浓度达到 20×10^6 个/ml，发酵麦汁表面开始起沫，此阶段为前发酵。

前发酵时间，随接种温度、接种量变化。一般低温发酵常在16～20h，中温发酵在12～14h。前发酵阶段糖降不明显，外观浓度降在0.5～1.0°P，温度自然升高0.7～1.0℃。

前发酵室一般在主酵室上方，下酒可用自然位差法。前酵池平底，设有高于池底3～5cm酵母挡，用于阻挡自然沉降的死酵母和冷凝固蛋白质。

由于前发酵是酵母启动阶段，室温一般控制比接种温度略高（1～2℃），无菌要求比主发酵室更严格，发酵池内不设冷却排管。

二、传统啤酒的主发酵

主发酵前期酵母吸收麦汁中氨基酸和营养物质，利用糖类发酵释放自由能（ATP）合成酵母细胞。此阶段糖降较缓慢，而α-氨基氮下降迅速。由于有机酸产生和麦汁缓冲物质（磷酸盐和氨基酸）减少，麦汁pH下降迅速。酵母达到最高浓度时，糖降最快，每天外观浓度降可达1.5～2.0°P。VDK峰值出现在最高酵母浓度后12～24h。此阶段大量释放出发酵废热，必须冷却以保持最高发酵温度。

当发酵度达到酵母凝聚点时（一般发酵度在35%～45%），酵母开始凝聚，发酵液中悬浮酵母细胞数开始下降，发酵糖降速率也随之降低。为了促进凝聚和保存凝聚酵母的活性，发酵后期逐步降低温度，使发酵温度逐步趋近于后酵温度。

当主发酵后期每日糖降小于0.3°P时，发酵缓慢，泡沫消失，逐步形成泡盖。泡盖是由 CO_2 带至发酵液表面的多酚、酒花树脂、高分子蛋白质接触空气氧化、聚合而形成的。在主酵结束前，小心捞去泡盖，即可下酒至后发酵和回收沉于池底的凝聚酵母泥。

完成主发酵下酒的工艺条件是根据酵母发酵能力和后发酵时间而有变化。对12°P浅色啤酒，一般在外观浓度3.6～4.0°P，温度为4.2～5.5℃。

表 1-5-32　　典型低温发酵实例

发酵天数/d	1	2	3	4	5	6	7	8	9	10	11
泡高/cm	1.5	7.5	18	25	19	7	3	2	1	泡盖	
品温/℃	6.7	7.1	7.8	8.5	8.5	8.1	7.4	6.5	5.0	4.5	4.0
外观浓度/°P	11.7	11.2	10.5	9.7	8.3	7.0	6.1	5.4	4.9	4.5	4.2
α-氨基氮/mg·L^{-1}	183	178	156	132	102	92	90	85	85	85	84
酵母浓度/$\times10^6$ 个·ml^{-1}	9.5	13.8	23	45	55	44	40	35	31	29	15
酵母耗率/%	6	10	50	40	30	10	5.5	3	3	1	0.5
VDK/mg·L^{-1}	0.10	0.32	0.51	0.72	0.85	0.80	0.72	0.51	0.32	0.25	0.20

当今为了酿制淡爽型啤酒，经常采用发酵力强、双乙酰峰值低、双乙酰还原快的啤

酒酵母，发酵温度也偏高（属中温发酵 10～12℃）。

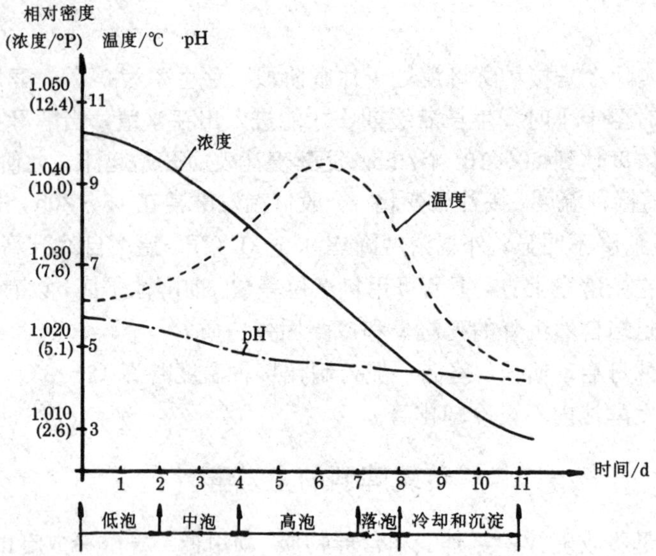

图 1-5-18 典型低温下面发酵曲线

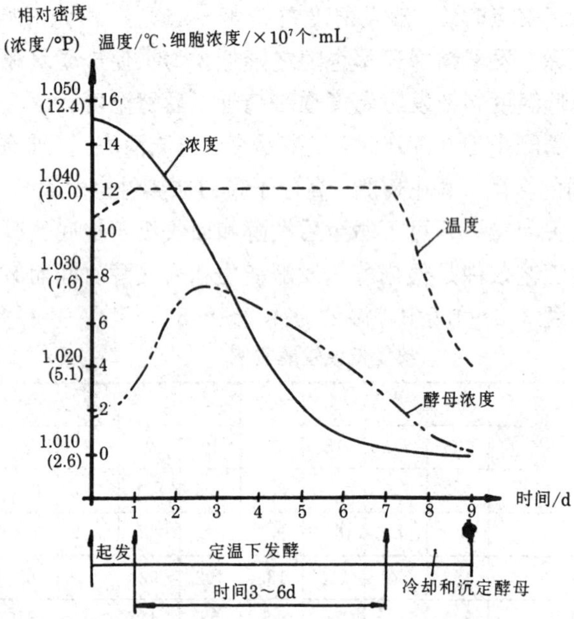

图 1-5-19 典型高温下面发酵曲线

无锡轻工大学选育的 WIL—G—03 实例见表 1-5-33。

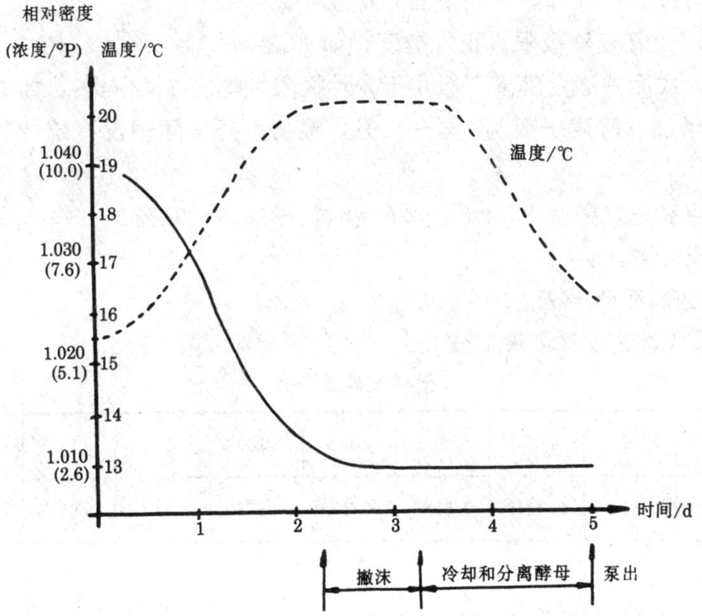

图 1-5-20　典型上面发酵曲线

表 1-5-33　　WIL—G—03 快速发酵实例（第二代）

发酵天数/d	1	2	3	4	5	5.5	6
泡高/cm	2	12	20	10	2	泡盖	下酒
品温/℃	9.5	11.0	12.0	11.0	7.0	4.0	3.8
外观浓度/°P	11.5	10.1	7.6	6.0	4.5	3.7	3.6
α-氨基氮/mg・L^{-1}	170	120	80	65	54	50	48
酵母浓度/$\times 10^6$ 个・ml^{-1}	15	30	75	60	45	30	15
酵母芽生率/%	10	40	55	30	15	10	3
VDK/mg・L^{-1}	0.10	0.25	0.32	0.25	0.22	0.15	0.16
pH	5.0	4.5	4.3	4.25	4.25	4.2	4.2
高级醇/mg・L^{-1}	20	47	85	95	98	100	102

主发酵下酒的条件控制，实际上决定了后发酵开始的条件和后发酵。结束时主发酵的指标，根据实际情况有很大不同。

1. 下酒的可发酵性糖

保留足够又不过剩的发酵糖并能在后发酵全部发酵，一般保留在后发酵中增加10%发酵度的糖类。如保留可发酵性糖太少，后发酵不充分，CO_2 不足，异杂味排除不彻底，啤酒非生物稳定性就差。如保留过多的可发酵性糖，由于后发酵库温低，啤酒品温在 7～10d 会和室温一致，酵母凝聚，导致发酵结束时残留较多的可发酵性糖，使啤酒风味变差

（甜、粘味），生物稳定性也变差。

作者认为可按如下计算，控制下酒外观浓度。

预先测定，12°P 麦汁极限真正发酵度，如 $F_{max}=68\%$

传统发酵，成品啤酒发酵度一般小于麦汁极限发酵度 2%～4%，如 $F_R=65\%$。

在后酵中增加发酵度一般为 8%～12%，根据工厂实际情况（统计）若定为 $\Delta F=10\%$。

则主酵结束真正发酵度 $F_{主}=F_R-\Delta F=64\%-10\%=54\%$

根据巴林氏计算式：

啤酒外观发酵度 $F_{外}=E_{真}\div r$

r 为计算系数，随麦汁浓度而变化。

表 1-5-34　　巴林氏换算系数

麦汁浓度	5	6	7	8	9	10	11	12	13	14
r	0.8167	0.8157	0.8149	0.8143	0.8138	0.8130	0.8123	0.8117	0.8109	0.8104

$F_{外}=54\%\div0.8117=66.53\%$

按巴林氏计算式：

外观浓度 E_A = 原麦汁浓度（1－外观发酵度）

$=12\%(1-66.53\%)$

$=4.02\%$

真正浓度 E_R = 原麦汁浓度－（原麦汁浓度－外观浓度）×r

$=12\%-(12\%-4.02\%)\times0.8117$

$=5.52\%$

即此麦汁适宜下酒外观浓度为 4%。

2. 下酒的温度

传统下面啤酒酵母可在 2℃以上发酵，过去为了防止在后发酵中酵母自溶，破坏啤酒的风味，常常采用低温后发酵，即下酒温度在 4.5℃左右，这样低温后发酵时间要 10～15d 才能完成。现在为了加速双乙酰还原，常常采用较高后发酵温度 5～8℃。因此，下酒温度应根据下酒时双乙酰的含量和后发酵时间而定。若下酒时双乙酰比较高（>0.3mg/L），应采用较高温度（如 5～6.5℃），可缩短后发酵时间。

3. 下酒的酵母细胞浓度

有了可发酵性糖，有适宜的发酵温度，后发酵能否顺利进行，还必须依赖于有相当数量的活性啤酒酵母。过去传统的长时间后发酵，为了保持啤酒风味，常采用低浓度酵母（5×10^6 个 ml）。根据双乙酰还原理论，提高酵母浓度，可加速双乙酰还原，因此，现在下酒酵母浓度常控制在（10～20）$\times10^6$ 个/ml。但若酵母比较衰老，不但不能加速双乙酰还原，而会增加啤酒中酵母的自溶味。为了避免此缺点，在后发酵中可以采用加高泡酒后发酵的技术。

三、主发酵沉淀酵母收集和饲养

当发酵糖降小于 0.2～0.3°P/d，发酵液比较澄清，无明显气泡产生，主发酵结束时，小心捞去液面泡盖，用位差法将嫩啤酒送入后发酵。主发酵池底沉结一层酵母泥沉淀（靠酵母挡阻挡）。

酵母泥数量，随酵母最高浓度和凝聚性而有差别，通常每百升发酵液有 1.75～2.5L 酵母泥。此酵母泥上层，带有较多泡盖物质和衰老酵母，下层有较多热凝固蛋白质和死酵母，中层是正常凝聚酵母，应分层刮出酵母，留中层酵母（约占 75%）作为种酵母。

传统种酵母泥回收方法，取中层酵母泥，用齿轮泵，泵送至无菌酵母饲养室，边加无菌的 1～2℃的水，边经 100 目振荡筛，除去夹杂酒花树脂和热凝固蛋白质。筛下酵母泥再用 1～2℃无菌水漂洗 2～3 次（每隔 2～3h 换水一次）。此酵母保存在 1～2℃冰水下（称做“饲养”），1～3d（不超过 5d）。每天换 1～2 次冰水。

此饲养无菌冰水，必须具有适宜离子浓度（>300mg/L 总无机离子），特别 Ca^{2+} 浓度应大于 50mg/L。缺乏无机离子会加速酵母死亡，缺乏钙离子会影响酵母的凝聚特性。

过去认为，通过漂洗饲养，可减少酵母泥死细胞和污染微生物。现在研究证明，饲养时间过长会减少酵母肝糖，使酵母衰老，因此，应尽可能缩短酵母在水中（0～2℃）的饲养时间（不超过 3d）。

回收酵母泥作种酵母的条件：

(1) 镜检　细胞大小正常，无异常细胞（细胞拉长是衰退标志），液泡和颗粒物正常。

(2) 肝糖染色　酵母泥用 0.1%EDTA—Na 稀释后，再用 2%刘哥氏碘液染色 5～6min，镜检十个视野有大颗粒肝糖细胞，有红棕色颗粒，反之，无肝糖细胞为黄色。有肝糖细胞应大于 70%～75%。

(3) 死亡率测定　适当稀释酵母泥，用 0.1%美蓝染色 3min 被明显染上深蓝色的细胞为衰老或死亡酵母。美蓝染色率<5%为健壮酵母泥，<10%尚可使用，>15%不能使用。

(4) 杂菌检查　用 0.1%EDTA—Na 适当稀释酵母泥，使之每一个显微镜（中倍）镜检视野有酵母细胞 50 个左右，检查 20 个视野其共 1 000 个酵母细胞周围，含杆菌应≤1 个。

(5) 其他　无异常酸味和酵母自溶味。凝聚性正常（过强或过弱均为变异）。酵母代数，新扩大培养得到的酵母，生产上称“零”代，此酵母每参与一次发酵，收集酵母泥就增加一代。现在传统发酵以七代之内为好。

四、主发酵池和主发酵室

1. 主发酵池

(1) 外型和尺寸　主发酵池大多为方形（个别也有立式圆桶形），主酵池容积为 10～100m^3（相当于 1～3 次冷却麦汁容积的 1.2 倍），池高 1.5～3m，池充满系数为 80%（冷却麦汁高度加上 0.35m 泡沫高度）。国内大多为高 2.2～2.4m 形敞口槽，国外现有敞口槽大多装有可移动的有机玻璃拱形盖。

(2)材料　最古老的发酵池为木制的，国内大多数为混凝土浇注、碳钢、不锈钢、铝及个别有搪瓷等材料制成。钢筋混凝土及碳钢制造必须有内壁涂料。传统发酵池喜欢用沥青石蜡涂料，沥青石蜡涂料表面带有强正电荷，能吸引带负电荷 CO_2 汽泡沿壁排出，也有利于吸附带负荷的蛋白质、酵母的沉降。但沥青（5 号沥青）涂料，每年需修补，并因毒性问题，现很少采用。

国内曾经采用过不饱和聚酯树脂、7535 环氧树脂，也因牢度和毒性（固化剂）不令人满意。应用夏布衬里、中国改良漆涂料，在很多厂使用比较满意。“七五”期间我国研制的涂料，虽然价格比较高，但无毒性，使用寿命长，已开始推广。

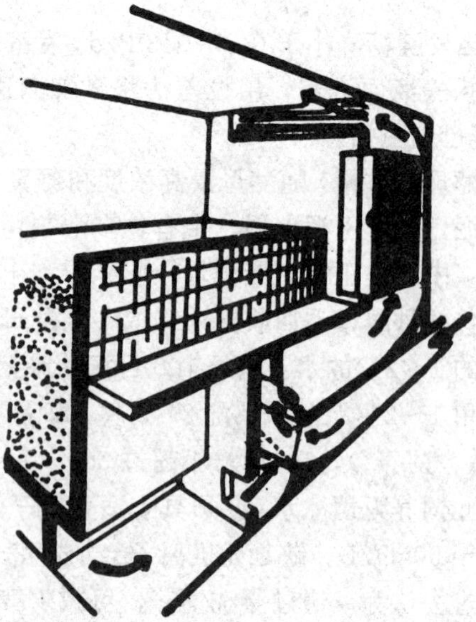

图 1-5-21　传统啤酒主发酵池

(3)冷却　每公斤糖类的发酵，将释放出 605kJ 热量，若在完全绝热容器内，啤酒主发酵将放热使品温增加 10℃。在传统发酵池均装有浸沉式冷却蛇管。

冷却蛇管有镀锡铜管，或不锈钢管制作，冷却介质用 1～2℃低温水，或－3℃乙醇水溶液。传统低温缓慢发酵需要较少的冷却面积，每立方米发酵麦汁只需 $0.2m^2$ 冷却面积，现在快速发酵，主发酵温度高（10～12℃），并要求冷却迅速，必须增加冷却面积（1～2℃水冷却介质，$F=0.45m^2/m^3$ 麦汁，－3℃乙醇水 $0.35\sim0.40m^2/m^3$ 麦汁）。若采用高浓发酵，后稀释工艺，还需增加冷却面积。

2. 主酵室

（1）有良好隔水绝热层围护厂房，主发酵室内墙和天花板贴磁砖或涂防霉涂料。

（2）有良好调温设施，使主发酵能维持在 6～8℃。

调温方式：
- 直接冷排式－5～－7℃酒精水溶液或氨直接蒸发冷排
- 冷风式：
  - 集中空调，冷风道
  - 吊顶式

上述各种空调方式各有优缺点，现在较多采用冷风式，大型工厂多用集中空调、冷风道，而中小型厂用吊顶式冷风机更方便。

(3) 主发酵若采用敞口式，发酵中产生大量 CO_2，每 m^3 发酵液在发酵时将形成 $14m^3$（或 27.8kg）CO_2。为了操作工人健康平安，发酵室 CO_2 浓度应 $<20mg/m^3$，因此，发酵室必须有通风换气设施，室内空间换气系数每小时为 3～4。

五、后酵和贮酒

传统式发酵在主发酵结束后，下酒至密闭式后发酵罐，前期进行后发酵，后期进行低温贮藏。后发酵和贮酒目的是：糖类继续发酵、促进啤酒风味成熟、增加 CO_2 的溶解、促进啤酒的澄清。

1. 糖类继续发酵

主发酵后期由于大量酵母凝聚沉淀于器底，悬浮在发酵液中的酵母大多也凝聚成 10^2～10^3 个细团颗粒，虽然尚有较多的可发酵性糖，但发酵滞缓。通过下酒至后发酵，发酵液受到外力冲击，悬浮于发酵液中的酵母凝聚团，受到分散，重新均匀分布于发酵液，发酵又可获得加强。

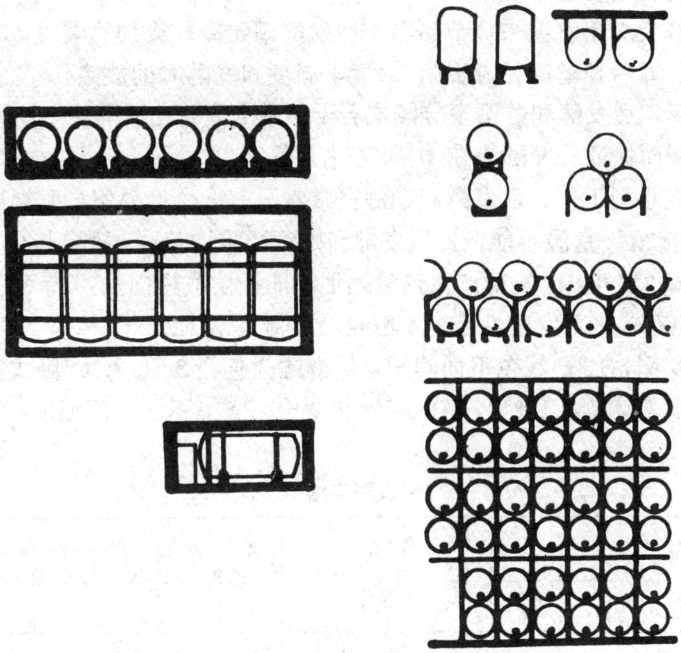

图 1-5-22 传统啤酒后酵和贮酒

表 1-5-35 12°麦汁嫩啤酒、成品啤酒中的糖类

	麦汁	嫩啤酒	成品啤酒
原浓度/°P	12	12	12
真正浓度/°P	/	5.1～5.8	3.8～4.1
酒精质量分数/%	/	3.2～3.5	3.7～4.2
真正发酵度/%	/	51.6～57.5	60～68
总糖类/%	10.8～11.1		
戊糖、聚戊糖含量/%	0.2～0.3	0.2～0.25	0.2～0.25
β-葡聚糖含量/mg·L⁻¹	200	180	150
葡萄糖、果糖、蔗糖含量/%	1.5～2.0	0.1～0.15	0.05～0.1
麦芽糖含量/%	5.5～6.2	1.0～1.5	0.2～0.4
麦芽三糖含量/%	1.5～1.8	1.3～1.5	0.3～1.0
麦芽四糖含量/%	0.5～0.1	0.5～0.7	0.45～0.1
DP=4%～8%	1.5～2.0	1.5～2.0	1.45～1.95
DP=9%～12%	0.1～0.2	0.1～0.2	0.1～0.2

由表 1-5-35 可见，在后发酵中发酵糖类主要是残余麦芽糖和主发酵中大多未发酵的麦芽三糖。12°P 麦汁中约有 1.0%～1.4%糖类未被发酵。

酵母对麦芽三糖的发酵能力，有较大差异。作者对国内酵母调研中发见，传统强凝聚性酵母，麦芽三糖发酵只有 45%～55%，而快速发酵絮状酵母及粉末酵母，麦芽三糖发酵可达 85%～90%。

不论用什么啤酒酵母，只需控制麦汁极限发酵度和下酒嫩啤酒真正发酵度之差，就能保留足够的糖类在后发酵中发酵。

传统式后发酵大多用室温来调节品温，即发酵罐无冷却或加热装置，影响后发酵品温的是下酒温度（即后发酵起始温度）、后酵室温度和发酵时的放热。

中、大型工厂，后发酵和贮酒室分隔成若干的独立室，在后酵 7～10d，可以控制室温偏高 3～4℃，从而保证后发酵能在 4.5℃左右。在 7d 以后逐步降至 0～1℃使酒能进入低温贮酒阶段。在小型工厂，后发酵和贮酒室常常只有一个低温室，室温既要顾及到后发酵，又要顾及到贮酒。室温不能依据后发酵和贮酒要求调节，一般控制在 2±0.3℃。后发酵每天糖降至 0.3°P 以内，发酵产生热量远远不能抵偿散热损失，（特别是小罐）。若品温低于 2℃，即使有较多可发酵性糖，发酵也会停滞。

作者在某厂实测，12°P 浅色下面啤酒，后酵罐为直径 2m、30m³ 卧式密闭罐，青岛啤酒酵母，下酒外观糖度为 4.2°P，室温控制在 2±0.2℃，不同下酒温度，后发酵结果见表 1-5-36 所示。

表 1-5-36　　后发酵实绩

后发酵天数/d	0	1	2	3	4	5	6	7	8	9	10
品温/℃	7.5	7.0	6.4	6.0	5.5	4.8	4.1	3.5	3.1	2.7	2.5
外观浓度/°P	4.3	4.0	3.8	3.6	3.45	3.2	3.1	3.0	2.9	2.85	2.8
酵母细胞数/$\times10^6$ 个·ml^{-1}	15	10	8	5	4	3	1.5	0.8	0.3	0.2	0.2
罐压力/MPa	0	0	0	0.01	0.03	0.04	0.07	0.08	0.08	0.08	0.08
品温/℃	4.5	4.3	4.0	3.7	3.6	3.4	3.0	2.8	2.6	2.5	2.3
外观浓度/°P	4.0	4.1	4.0	3.8	3.7	3.6	3.55	3.5	3.45	3.4	3.4
酵母细胞数/$\times10^6$ 个·ml^{-1}	10	8	5	3	2	1	1	0.8	0.5	0.2	0.1
罐压力/MPa	0	0	0.02	0.03	0.04	0.05	0.07	0.07	0.07	0.07	0.07

由表 1-5-36 可知，在后酵室库温比较低，提高下酒温度和酵母浓度能促进后发酵的进行。

2. 增加 CO_2 的溶解

CO_2 是啤酒的重要组成分，它能赋予啤酒起泡性泡沫和杀口性，也能增加啤酒的防腐性和抗氧化，CO_2 在啤酒中溢出能拖带啤酒芳香味散发。没有 CO_2 的啤酒，只是一杯苦水。近代优质的瓶装啤酒 CO_2 的质量分数常达 0.45%～0.53%，CO_2 密度为 1.977g/L，啤酒中 CO_2 体积比为 2.2～2.7L/L。

传统主发酵是敞口容器，发酵时大多CO_2溢散在室内，溶解在嫩啤酒中CO_2的质量分数仅为0.20%～0.28%。

根据Henry定律：在一定温度下，气体在液体中溶解度和气体平衡压力成正比。

根据本生氏研究：CO_2在水中溶解度是温度函数，符合下公式。

CO_2体积分数 $\phi=1.7967-0.7761t+0.0016424t^2$

式中 t——溶液温度（℃）。

啤酒工厂常用如下经验式，预测在贮酒阶段，啤酒中CO_2的含量和罐压、温度的关系。

CO_2的质量分数（%）$=0.298+0.4p-0.008t$

式中 p——贮酒罐气压（压力表读数）（MPa）

t——啤酒品温

CO_2在水中和在酒精中的溶解度不一样，较精细计算，可根据表1-5-37所列数据计算。

表1-5-37　CO_2在不同温度下在0.098MPa下在纯水和酒精中的溶解度　(ml/ml)

t/℃	H_2O	C_2H_5OH	t/℃	H_2O	C_2H_5OH
0	1.7067	4.3295	16	0.9753	3.1438
1	1.7207	4.2368	17	0.9419	3.0908
2	1.6481	4.1466	18	0.9318	3.0402
3	1.5787	4.0589	19	0.9150	2.9921
4	1.5126	3.9736	20	0.9104	2.9465
5	1.4497	3.8908	21	0.8900	2.9034
6	1.3901	3.8105	22	0.8860	2.8628
7	1.3378	3.7327	23	0.8710	2.8477
8	1.2809	3.6573	24	0.8630	2.7890
9	1.2311	3.5844	25	0.8560	2.7558
10	1.1847	3.5140	26	0.8505	2.7251
11	1.1416	3.4461	27	0.8460	2.6969
12	1.1016	3.3807	28	0.8420	2.6711
13	1.0613	3.3177	29	0.8390	2.6478
14	1.0321	3.2573	30	0.8370	2.6270
15	1.0020	1.1993			

例：某啤酒含有酒精3.65%，真浓度4.63%，啤酒品温4℃，CO_2表压为0.05MPa，啤酒中CO_2的含量为多少？计算100g啤酒中CO_2的克数。

① 酒精体积：$V=m/d=3.65/0.794=4.60$ml，查表可知在4℃每ml酒精可溶解3.9736mlCO_2。

则 $3.9736\times4.60=18.28$ml

② 每 100g 啤酒中含水量

100－（3.65＋4.63）＝91.72g

查表得水中 CO_2：91.72×1.5126＝138.74ml

在表压为 0 下，啤酒中 CO_2＝18.28＋138.74＝157.02ml

在表压为 0.05MPa 下 CO_2 ＝157.02×（1＋0.5）

＝235.53ml

③ CO_2 的密度在 0℃，0.098MPa 下为 1.9767g/L。

则啤酒中 CO_2＝0.23553×1.9767＝0.466g

啤酒中 CO_2 呈三个状态：

气态 CO_2：存在于水分子的空隙中

和水结合：$CO_2+H_2O \rightleftharpoons H_2CO_3$

和乙醇结合：$CO_2+H_2O+C_2H_5OH \rightleftharpoons C_2H_5OCOOH+H_2O$

$C_2H_5OH+C_2H_5OCOOH \rightleftharpoons (C_2H_5)_2CO+H_2O$

综合：CO_2（气态）$\rightleftharpoons H_2CO_3 \rightleftharpoons RCO_2$

在低温下，随着贮酒时间的延长，反应向右方进行，CO_2 在啤酒中愈稳定。

根据麦芽糖酒精反应方程可知，每克麦芽糖发酵可形成 0.511gCO_2，啤酒在后酵中发酵 1.0%～1.2%糖类，罐压保持在 0.078MPa，啤酒中 CO_2 就可＞0.5%。

3. 促进啤酒的成熟

啤酒风味成熟是复杂过程，它包括还原、氧化、酯化、聚合等过程。我们研究只是在对风味有明显影响的物质变化。

（1）联二酮类的还原　联二酮类物质包括：双乙酰（2，3-丁二酮）、2，3-戊二酮，以及它们的前驱物质-α-乙酰乳酸和 α-乙酰丁酸。在主酵结束时总双乙酰（包括前驱物质），水平在 0.20～0.30mg/L 之间，通过后发酵和贮酒（主要是后发酵），由酵母的醇脱氢酶还原而降低。联二酮的还原速度和水平，主要取决于：活性酵母浓度，还原温度、pH 和氧化还原电位。其中关键是酵母的醇脱氢酶的活性，酵母在后发酵中降糖能力也显示了醇脱氨酶活性，也就是只有在后发酵中有充分发酵，才能迅速降低双乙酰。酵母出芽会形成双乙酰前驱物质。若后发酵中由于接触氧过多，酵母自溶等原因，导致后发酵中酵母出芽率＞3%，会发现双乙酰还原停滞。

啤酒发酵成熟指标之一：

双乙酰＜0.1mg/L，或更低 0.05mg/L。

乙偶姻由嫩啤酒 10～15mg/L 还原到 1～1.5mg/L 以下。

应该指出，发酵完全停止后，由于醇脱氢酶存在，双乙酰会继续缓慢还原，即使品温在 0℃也能进行。

（2）游离乙醛降低　乙醛是乙醇的前驱物质，乙醛在后发酵中还原能使啤酒风味柔和。乙醛在后发酵中减少还有如下反应：

$CH_3CHO+CH_3CHO \rightarrow CH_3 \cdot CHOH \cdot CH_2 \cdot CHO$

$CH_3CHO+2C_2H_5OH \xrightarrow{(H^+)} CH_3CH\ (OC_2H_5)_2+H_2O$

歧化

$2CH_3CHO+H_2O \rightarrow CH_3CHOH+CH_3COOH$

成熟啤酒中乙醛含量<30mg/L，一般在5～7mg/L。

(3) 酯化　长期后发酵和贮酒会增加啤酒的贮藏香味，在后发酵和贮酒过程中，挥发酯将增加30%～100%，其中乙酸乙酯增加最多。

$RCHO+R_1CHO \rightleftharpoons RCOOCH_2R_1$

$RCH_2OH+R_1COOH \rightleftharpoons R_1COOCH_2R+H_2O$

(4) 挥发性含硫物质的变化　挥发性含硫物质，包括H_2S、SO_2、CH_3SCH_3等，它们超过味阈值含量，是啤酒风味的有害物质，成熟啤酒指标是：

$H_2S<5.0\mu g/L$

$SO_2<20mg/L$

$CH_3SCH_3<0.1mg/L$

挥发性含硫化合物在后发酵中，主要靠排出CO_2或CO_2洗涤的拖带而减少。

表 1-5-38　嫩啤酒因下酒吸收氧量对H_2S变化

下酒吸收O_2 /$mg\cdot L^{-1}$	后发酵物 $H_2S/\mu g\cdot L^{-1}$	后发酵中极大值 $H_2S/\mu g\cdot L^{-1}$	贮酒结束 $H_2S/\mu g\cdot L^{-1}$
<0.01	8	8	4
0.04	8	20	16
0.12	8	40	25
0.30	8	85	35（CO_2洗涤）

4. 促进啤酒的澄清

在发酵全部结束后，啤酒中还存在悬浮酵母、大分子蛋白质、酒花树脂、多酚、β葡聚糖等悬浊物质。过去啤酒的过滤只有简单的粗滤，最终包装后啤酒的透明度、非生物稳定性主要取决于过滤前啤酒的澄清度。因此，啤酒在后发酵和贮藏过程的澄清极为重要。现在，啤酒工业有各种高技术澄清方法，相对来说，在后发酵和贮藏过程"自然澄清"意义要小得多。

(1) 影响澄清的主要因素

①酵母絮凝性和酵母细胞浓度：发酵结束以后，啤酒中最大量悬浮物质是啤酒酵母。若啤酒酵母凝聚性强，后发酵结束酵母浓度只有（0.2～2）$\times 10^6$个/ml，低温度贮藏后更少，绝不会引起过滤困难。粉末型酵母，后发酵结束后常维持在（10～20）$\times 10^6$个/ml，而且沉降很慢，造成过滤困难。

由于酵母衰老和贮酒温度太高，造成酵母自溶，使啤酒浑浊。

②后发酵度：良好的后发酵，产生较多的CO_2气泡，能促进高分子蛋白质和多酚结合、沉淀，能促进酵母凝聚沉淀，能加速澄清。

③贮藏温度：贮藏温度愈低，愈能减少大分子物质的溶解，促进澄清。特别是冷凝固蛋白质的析出，贮酒温度愈低（－1～－2℃），成品啤酒抗冷雾浊能力愈强。

当然，在贮酒期内，温度和罐压的恒定，可防止啤酒的对流，以保持啤酒的澄清。

表 1-5-39　　贮藏温度和啤酒含氮化合物的变化

贮酒温度/℃	4	2	0	−2
总氮/mg·L^{-1}	828	827	824	816
$MgSO_4$ 沉淀氮/mg·L^{-1}	176	175	174	172
热凝固氮/mg·L^{-1}	29	28	27	26
相对分子质量区分/mg·L^{-1}				
>2 600	230	235	233	225
>4 600	79	78	76	74
>12 000	24	24	25	25.5
>30 000	17	17	17.5	18
>60 000	14	13	13	12
泡沫Σ值/s	123	125	127	130

④啤酒成分的影响：啤酒中高分子氮的含量、β-葡聚糖含量、啤酒粘度、糊精含量（碘值）和原麦汁浓度，均影响啤酒的澄清。

⑤贮酒容器：啤酒贮藏容器愈小，垂直高度愈小，愈有利于啤酒的澄清。在传统式发酵中，均采用直径为 2～3m 的卧式圆筒形的后发酵贮酒罐。

（2）澄清啤酒过滤前的条件　多数啤酒厂，啤酒的初级过滤，均采用硅藻土助滤过滤。能保证正常过滤的条件是：

①啤酒中悬浮酵母浓度（0.2～2.0）$\times 10^6$ 个/ml

②啤酒粘度≤1.85mPa·s

③啤酒过滤前浊度<60EBC

④β-葡聚糖含量<150mg/L

⑤碘值 0.20ΔE

（3）加速澄清的措施　影响啤酒澄清的因素，从原料选择到整个酿造工艺均有深刻影响，在这里仅讨论在贮酒工序促进澄清的方法。

美国 Anheuser—Bush 公司在贮酒罐添加山毛榉木片(BeechWood Chips)，放至卧式罐高的 1/4 处增加悬浊物吸附、沉淀表面积，促进澄清。

有些工厂常采用如下添加物质，促进澄清或改善过滤性能。

①添加五倍子单宁（鞣酸）：单宁和啤酒中某些大分子蛋白质具有强烈的亲合作用（主要依赖单宁大量氢氧根基团），它和蛋白质结合后，能通过沉淀或过滤除去。

在啤酒中加入五倍子单宁的量为 20～80g/m^3，常用 25～35g/m^3，在过滤前 3d 以上加入，最佳澄清温度为 0～2℃。

②添加明胶或鱼膘胶：明胶（骨胶层）和鱼膘胶，相对分子质量≥30 000 由三个螺旋多肽形成长链，在 pH4.4 以下，带有大量正电荷和负电荷，并在啤酒中形成无规律线形（网状），可以吸附带负电荷的酵母细胞和高分子蛋白质，形成较大颗粒，自然沉降于贮酒罐底。

精制鱼膘胶切成小块 20g+3g 酒石酸+30g5%H_2SO_4 使胶膨胀后，强烈搅拌制成乳浊液，用细麻布过滤，加入 10m^3 贮存啤酒中，静置澄清数天，即可过滤。

③添加蛋白酶：国外作为啤酒澄清剂的蛋白酶有：

Collupulin （美国，胃蛋白酶等复合酶）

Collerls Scintillase （英国，木瓜酶等复合酶）

Malilyase （德国，麦芽蛋白酶）

Molsin （日本，霉菌蛋白酶）

上述这些酶均能在贮酒温度下，分解大分子蛋白质，它们的加入量和作用时间，必须根据酶的性质和活性，加入量过高或过低，反而会使啤酒更浑浊。

我国常用菠萝蛋白酶、木瓜蛋白酶的单一酶制剂，用量为 0.5～1.0g/m^3。由于这些酶制剂作用温度较高（最适作用温度为 45℃、pH5.0）。所以，贮酒期加入效果更佳，它们的作用只是在啤酒巴氏消毒过程中。此两酶制剂使用对澄清无明显作用，但能提高啤酒非生物稳定性，特别是抗冷雾浊。

表 1-5-40 贮酒期加入蛋白酶的作用

	对照		菠萝蛋白酶		*As. Niger* 酸性蛋白酶	
	蛋白质含量 /g·(100g)$^{-1}$	占总蛋白质 /%	蛋白质含量 /g·(100g)$^{-1}$	占总蛋白质 /%	蛋白质含量 /g·(100g)$^{-1}$	占总蛋白质 /%
啤酒总氮 其中隆丁区分	0.443 8	100	0.495 1	100	0.438 3	100
A	0.069	15.3	0.069 7	14.07	0.042 9	9.18
B	0.075 2	16.9	0.080 8	16.31	0.071 6	16.33
C	0.300 6	67.7	0.344 6	69.6	0.323 8	73.87

也有工艺主酵带压发酵（见后面带压发酵法）。

近代也有工艺主发酵后期升至>0.1MPa，在双乙酰还原中间，采用突然降压（分 2～3 次），降至 0.2MPa，在过滤后补充 CO_2。此法原理是，使用凝聚性强的酵母菌，由于主发酵末酵母过多凝聚，发酵液中酵母浓度过低（<5×10^6 个/ml），影响 VDK 的还原，利用降罐压，使过饱和溶解 CO_2 大量急速释放，促进凝聚酵母分散和浮起，加速双乙酰的还原，同时，还具有 CO_2 洗涤功能，即依赖于 CO_2 快速排出，拖带发酵液中双乙酰、硫化物等影响风味的副产物排出，改善啤酒的风味。

第五节 啤酒大型发酵罐发酵

一、概 述

早在 70 年前，德国酿造师（L.Nathan）发明了立式圆筒体锥底发酵罐，$H:D=2:$

1，夹套冷却，密闭式（罐压在0.05MPa），这种型式发酵罐称“奈当罐”。发酵结束后，先从锥底排放酵母，再用CO_2充气洗涤啤酒，后降温至O～1℃冷藏，过滤。

由于当时德国啤酒工厂生产规模小（数千千升/年～数万千升/年），此发明未获得重视和推广。

本世纪50年代，由于二次大战后经济普遍得到迅速发展，啤酒需要量激增，啤酒工厂不断扩大产量，发酵设备容积从10～30m^3逐步走向大型化100～500m^3，如此大型发酵罐从冷藏库走向室外（露天、户外），奈当罐技术得到改进和发展。在50年代后期新建大型化啤酒厂（3～5万千升/年以上），啤酒发酵型式有：圆筒体锥底发酵罐（我国常称锥形罐）、塔式发酵罐、联合发酵罐等。我国在70年代中期，广州啤酒厂和北京啤酒厂先后采用室外圆筒体锥底发酵罐发酵。此发酵罐发酵方法现在几乎已经遍及全国中、大型啤酒工厂，逐步取代了传统冷藏库内的传统发酵。

二、圆筒体锥底发酵罐（C.C.T）发酵

1. 发酵方法分类

C.C.T发酵
- 单酿罐发酵：前发酵、主发酵、后发酵、贮酒全部在一个罐中完成
- 两罐法发酵
  - ①前发酵、主发酵在发酵罐完成，后发酵和贮酒在贮酒罐完成
  - ②前、主、后发酵在发酵罐完成，贮酒在另一贮酒罐完成

国内多数厂采用单酿罐发酵法，国外和国内特别注意啤酒质量的厂均喜欢采用两罐法发酵，特别是把所有各段发酵均放在一个罐，将贮酒移至贮酒罐的两罐法。

2. 设备的结构特点

C.C.T发酵最大特点在于大型化，容积从100～600m^3（国内也有60m^3小型的）。

(1) 设备的外型特点　外筒体蝶形或拱形盖，锥形体底，罐筒体壁和锥底有各种形式的冷却夹套。

筒体直径（D）和筒体高度（H）是主要特性参数。对单酿罐一般是$D:H=1:1\sim2$。对两罐法的发酵罐$D:H=1:3\sim4$，对两罐法的贮酒罐$D:H=1:1\sim2$，也有采用直径为3～4m的卧式圆筒体罐作贮酒罐。增加H有利于加速发酵，降低H有利于啤酒的自然澄清。

发酵罐锥底角，考虑到发酵中酵母自然沉降最有利，取排出角为73～75°（一定体积沉降酵母在锥底中占有最小比表面积时摩擦力最小），对于贮酒罐，因沉淀物很少，主要考虑材料利用率常取锥角为120～150°。

(2) 罐材料　大型C.C.T均采用碳钢加涂料或不锈钢两种材料制成。啤酒是酸性液体，能造成铁的电化学腐蚀，啤酒发酵时产生的H_2S、SO_2对铁材料会造成氧化还原腐蚀。

不锈钢是一种含铬（>8%、>9%、>12%）较多的合金，它之所以能够抗腐蚀，原因在于其表面能形成铬含量高、化学性质稳定的氧化层。铬钢中常加入镍、钼、钛、锰等元素，可以改善耐腐蚀性和工艺性能。啤酒厂（包括发酵罐）常用的是8Cr18Ni的不锈钢。提高铬、镍、钼含量可增加抗腐蚀性。在啤酒厂，麦汁、啤酒输送管道，盐水冷

却管需用17Cr12Ni2Mo的不锈钢。由于国内不锈钢价格是碳钢的8倍左右，因此，推荐碳钢加涂料为材料。我国在“七五”期间研制“T－541”无毒环氧涂料系列，在涂布良好时可使用10年以上，而且表面光滑，与酵母和蛋白质间属非浸润性表面，更易于清洗。

(3) 冷却夹套　先进的C.C.T均采用换热片式（爆炸成型）一次性冷媒直接蒸发式换热，一次性冷媒（如氨蒸发温度为－3～－4℃）蒸发后的压力在1.0MPa～1.2MPa，也就是说换热片需耐高压，制作困难。国内大多用低温低压（－3℃、0.03MPa）液态冷媒在半圆管、弧形管的夹套，或米勒板式夹套内流动换热。

冷却夹套的发酵罐或单酿罐内一般分成三段，上段距发酵液面15cm向下排列，中段在筒体的下部距支撑裙座15cm向上排列，锥底段尽可能接近排酵母口，向上排列。

啤酒冰点温度可按如下经验式计算：

$t_{冰}=-(A\times0.42+P\times0.04+0.2)$（℃）

式中　A——为啤酒中酒精质量分数%

P——为发酵前原麦汁浓度（°P）

如12°P Lager Beer，酒精含量为4.1%，其$t_{冰}=-(4.1\times0.42+12\times0.04+0.2)=-2.4$℃

由于啤酒冰点温度为－2.0～－2.7℃。为了防止啤酒在罐内局部结冰，冷媒温度应在－3℃左右。国内常用20%～30%酒精水溶液，国内更多用20%丙二醇水溶液为二次冷媒。一次冷媒常用NH_3。

罐体冷却面积由复杂传热计算求得。冷媒移走热量由三部分组成：发酵罐环境（露天）太阳的辐射热和环境传导热；啤酒发酵时，糖的有氧呼吸和厌氧发酵热；啤酒降温(0.4℃/h）放热。

啤酒发酵最大放热量为0.15g糖/h产生的热量。啤酒冷却（从＋5℃→0℃）最大放热（0.3℃/h）并不重叠，而且由于降温放热大，实际计算是由第一部分和第三部分组成。

对于单酿C.C.T发酵，一次冷媒直接蒸发冷却〔冷却面积（F），发酵啤酒体积（V）〕$F/V=0.25\sim0.30$，用二次冷媒冷却$F/V=0.35\sim0.40$。

作者设计的通用单酿罐直径4.2m，圆筒体高6.3m，锥角为70℃，锥底高3.0m，发酵t_{max}12℃，还原$t=8$℃，单酿16d完成。

用20%乙醇水溶液做二次冷媒，$t_{进}=-3$℃，全容积（不计顶盖）为101.3m^3，锥底容积为13.85m^3，糖化冷却麦汁每批产量为13.4m^3，六批满罐，接种量为0.5%酵母泥，满罐体积为80.8m^3（充满系数为80%左右）。

经传热计算，冷却总面积为32.4m^2，$F/V=0.4$，上段冷却面积按计算布置为10.2m^2，占总面积的31.5%，中段冷却面积17.43m^2，占53.8%，锥底段4.8m^2，占14.7%。

(4) 隔热层和防护层　绝热层材料应具有：导热系数低、体积质量低、吸水小、不易燃等特性。啤酒C.C.T常用如下材料：绝热材料聚酰氨树脂，可现场喷涂发泡，施工方便，价格中等，但易燃。自熄式聚苯乙烯泡沫塑料是最佳绝热材料，但价格贵。采用上述两种绝热材料只需厚度150～200mm。膨胀珍珠岩粉和矿渣棉价格低，因吸水性大需

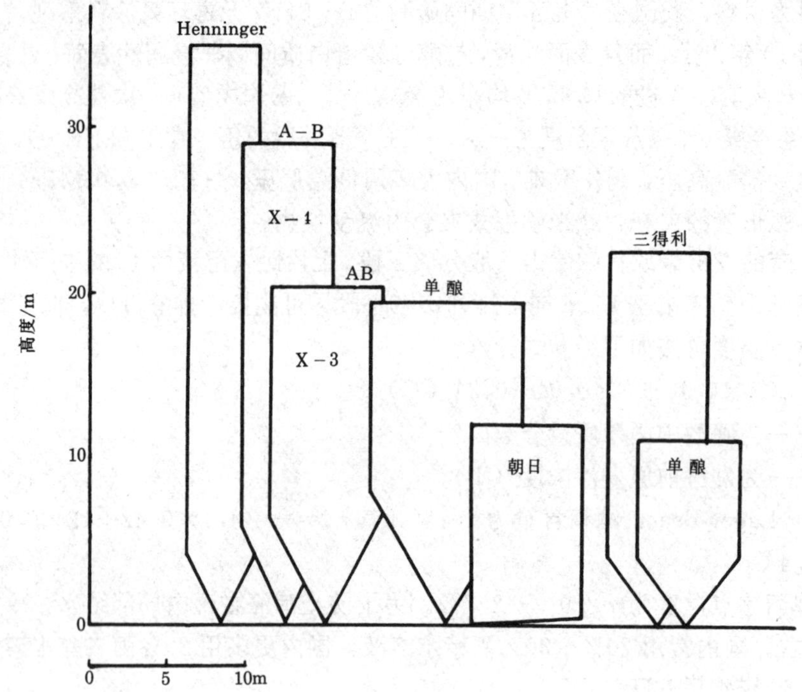

图 1-5-23　大罐罐型

增加厚度 200～250mm。

外防护层一般采用 0.7～1.5mm 厚的合金铝板或 0.5～0.7mm 的不锈钢板，特别是瓦楞型板更受欢迎。

表 1-5-41　　C.C.T 常用绝热材料

绝热材料名称	体积质量/kg·m^{-3}	导热系数/kJ·m^{-1}·h^{-1}·℃$^{-1}$	吸水性
自熄式聚苯乙酰			
泡沫塑料	20～30	0.105～0.125	极小
聚酰胺树脂	30～40	0.074～0.151	较小
膨胀珍珠岩	40～130	0.125～0.167	易吸水
矿渣棉	70～120	0.146～0.188	较小

(5) 罐主要附件　在上中下三段冷却介质进口位置下装智能型铂温度传感器。在圆筒形下部装可清洗取样阀。温度传感器和取样管均需深入罐中 300mm。罐顶部应有安全阀、真空破坏阀，CIP 执行机构应装在液面上 150mm。还应装上视镜、灯镜、空气和二氧化碳排出管等装置。

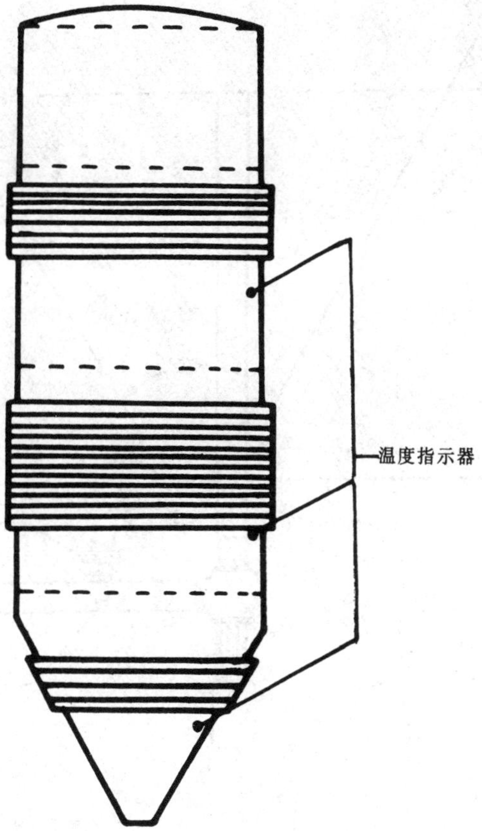

图 1-5-24　C. C. T 冷却面积分布

锥底有直径 500mm 的快开入孔。如做单酿罐应具有深入锥底 800～1200mm 的出酒管和排酵母底阀及四通视镜。

3. 圆筒体锥底发酵罐发酵的优点

(1) 加速发酵　C. C. T 发酵和传统发酵相比，由于发酵基质（麦汁）和酵母对流获得强化，可加速发酵。

C. C. T 发酵由于罐高度要大于传统 5～10 倍，发酵液对流的三个推动力得到强化。①发酵罐底部产生 CO_2 汽泡上升，对发酵液拖曳力大。②在发酵阶段，由于底部酵母细胞浓度大于罐上部，底部糖降快，酒精生成快，造成罐上、下部间密度差而造成对流。③在发酵时控制罐下部温度高于上部（差 1～2℃），由于温差引起热对流，特别在发酵后期第一、二推动力减小后，温差对流更能发挥作用。

在 C. C. T 发酵技术中，主发酵结束不排酵母，全部酵母参于后发酵中 VDK 的还原，特别是凝聚性差的酵母，发酵液有高浓度酵母参于 VDK 还原，大大缩短了还原时间。发酵温控自由，可以灵活采用各种温度（大多较高温度）下 VDK 的还原，更可以缩短后发酵周期。

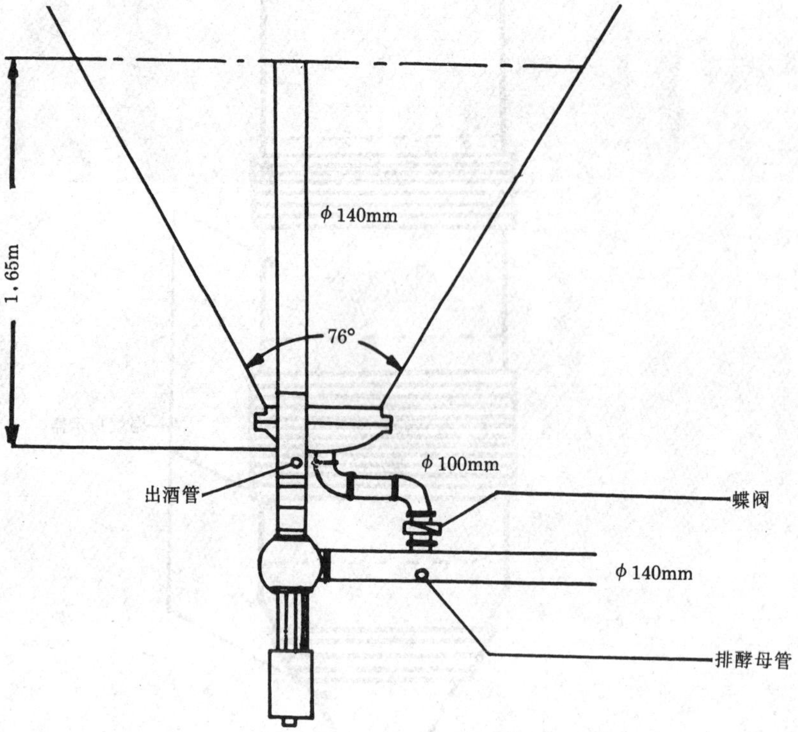

图 1-5-25　C.C.T 底部结构

表 1-5-42　　**发酵技术和酿造周期比较**

	传统发酵			C.C.T 发酵		
	主发酵	后发酵	贮酒	主发酵	后发酵	贮酒
低温发酵				单酿罐		
温度/℃	8.5	4.5→0	0	9	9	1～0
时间/d	8～9	14～21	30 以上	6～7	7～9	5～8
快速发酵						
温度/℃	12	6→0	0	12	12	
发酵时间/d	7	10～14	8～10	5	5～7	5～7

传统发酵酿造周期，低温发酵需 50d 以上，快速发酵需 25～30d，而 C.C.T 发酵如单酿罐发酵，酿造周期一般为 16～22d，如两罐法发酵一般 20～30d，即酿造周期可缩短⅓～½倍。可大幅度减少罐数，节省投资。

(2) 厂房投资节省　传统发酵必须在有绝热层的冷藏库内发酵和贮酒。C.C.T 发酵可以大部分或全部在户外，而且罐数、罐总容积减少，厂房投资节省。

(3) 冷耗节省　C.C.T 发酵冷却是直接冷却发酵罐和酒液，而且冷却介质在强制循环下，传热系数高。传统发酵和贮酒，冷量多消耗在冷却厂房、空气、操作人员和机器(如泵、电动机)、发酵罐支座等。根据计算和测定，C.C.T 发酵比传统可节省 40%～55% 冷耗。

(4) 发酵罐清洗、消毒　传统发酵罐和贮酒罐基本上依赖人工清洗和消毒，根本无法实现自动化程序化。C.C.T 发酵可依赖 CIP 自动程序清洗消毒，工艺卫生更易得到保证。

当然 C.C.T 发酵也有弱点。由于罐体比较高，酵母沉降层厚度大，酵母泥使用代数一般比传统低（只能使用 5～6 代）；贮酒时，澄清比较困难（特别在使用非凝聚性酵母)，过滤必须强化；若采用单酿发酵，罐壁温度和罐中心温度一致，一般要 5～7d 以上，短期贮酒不能保证温度一致。

在大、中型啤酒工厂用 C.C.T 发酵取代传统发酵法是必然趋势。

三、圆筒体锥底发酵罐发酵工艺

C.C.T 发酵工艺，由于各厂使用的酵母特性、啤酒风格有差别，工艺差异比较大，本文只讨论一些共性。

1. 进罐方法

以前比较喜欢采用冷却麦汁混合酵母后每二批到三批麦汁用一繁殖罐，使酵母克服滞缓期，进入对数生长期（一般要 16～20h）再泵入 C.C.T。

现在喜欢采用直接进罐法。即冷却通风后的麦汁用酵母计量泵定量添加酵母，直接泵入 C.C.T 发酵。如酵母凝聚性强，在进罐时用文丘里管或静态混合器，使空气、酵母、麦汁混合均匀。

2. 接种量和起酵温度

麦汁直接进罐法，为了缩短起发酵时间，大多采用较高接种量，0.6%～0.8%，接种后细胞浓度为 (15±3) $\times 10^6$ 个/ml。

直接进罐法，麦汁是分批进入 C.C.T 的，为了减少 VDK 前驱物质 α-乙酰乳酸的生成量，要求满罐时间在 12～18h 之内。

麦汁接种温度是控制发酵前期酵母繁殖阶段温度的，一般低于主发酵温度 2～3℃。目的是使酵母繁殖在较低温度下进行，减少酵母代谢副产物过多积累。

若某发酵 C.C.T 罐，四批麦汁满罐每批间隔 4h，接种量为 0.7%，主发酵温度为 12℃，接种可如下控制：

麦汁批数	麦汁温度（℃）	接种量（%）	溶氧（mg/L）
1	9.0	0.15%	8～9
2	9.3	0.25%	8～9
3	9.5	0.3%	5～6
4	9.7	/	3

注：接种量为满罐体积（%）；第四批麦汁不通风，为自然溶氧量。

3. 主发酵温度

大罐发酵就国内采用的啤酒酵母菌株而言，大多采用低温（9～10℃）发酵和中温发酵（11～12℃）。

低温发酵主要用于<11°P 麦汁浓度或发酵周期（单酿）大于 20d 的啤酒。

中温发酵普遍用于新引进菌株和新培育快速发酵菌株，酿制淡爽啤酒。单酿发酵周期小于 18d。

原麦汁浓度为 12°P，对于高发酵度啤酒（>65%），外观浓度<3.6～3.4°P；中等发酵度啤酒（62%～64%），外观浓度<3.9～3.7°P，均认为主发酵结束。

4. VDK 还原

在大罐发酵中，后发酵一般称做“VDK”还原阶段。VDK 还原初期一般均不排放酵母，也就是发酵全部酵母参与 VDK 还原，这可缩短还原时间。还原阶段温度控制有三种：

（1）低于主发酵温度 2～3℃　这是模拟传统发酵控制，有利于改善啤酒风味，但还原时间较长，一般要 7～10d。酵母也不易死亡和自溶。

（2）和主发酵相同温度　实际上发酵不分主、后发酵，操作容易，还原时间短，许多工厂在旺季大多采用此法。

（3）高于主发酵温度 2～4℃　高温还原，还原时间可以缩短至 2～4d，此法是近代快速发酵法的一大特点。

许多研究证明，啤酒风味物质的形成，主要在酵母繁殖和主发酵阶段，采用高温还原并不增加很多的代谢副产物，如高级醇、挥发酯等。

能否采用高温还原，主要取决于酵母的特性。虽然任何啤酒酵母菌株，提高还原温度均可加速 VDK 还原，但实际上不是所有酵母菌株均选能于高温还原，其原因是：

①若为发酵度偏低的酵母菌株，在主发酵后糖降很少，放热少，温度升不起来（有的仅能升 1～2℃）。

②某些酵母菌在主发酵后，由于嫩啤酒中营养物质大幅度消耗，酵母比较衰弱，还原阶段高温会引起酵母死亡加速，VDK 虽然下降较快，但很难降至最低值（如<0.06mg/L）。酵母死亡率增加，不单影响回收种酵母的质量，而且会使啤酒带有明显的自溶酵母的臭味。

③若工厂卫生不好，麦汁和嫩啤酒中杂菌较多，采用高温还原，促进杂菌（兼性嫌氧细菌）繁殖，挥发酸升高，啤酒风味恶化。

5. 冷却、降温

VDK 还原阶段的终点，是根据成品啤酒应控制 VDK 的含量而定。现在优质啤酒希望 VDK 含量为 0.06mg/L，则要求 VDK 低于 0.1mg/L，才称还原阶段基本结束，可降温。在降温、排酵母、贮酒中，VDK 有少量下降，则可达到要求。

啤酒降温依赖于 C.C.T 冷却夹套。控制冷媒进入量可调节降温速率，降温速度应控制在 0.2～0.3℃/h，据资料报道，在不同温度下啤酒最大浓度在 3℃。因此，前期冷却主要依赖于筒体上段，其中段冷却夹套流型是近罐壁啤酒降温后向下流动，罐中央啤酒向上流动，进行热交换。降至 3℃以后，主要依赖锥底，其次是筒体下段冷却夹套冷却。

单酿法排放酵母的时间，原则上是 VDK 还原至某一水平（比还原终点略高）后，尽可能早排放酵母，这样有利于改善种酵母泥的品质。但实际上受酵母菌株凝聚或沉淀条件的控制，某些酵母菌株，除了要达到一定发酵度外，还必须降温至某一较低温度下才能凝聚或絮凝沉淀。

下面是几种酵母菌株，单酮法发酵曲线。

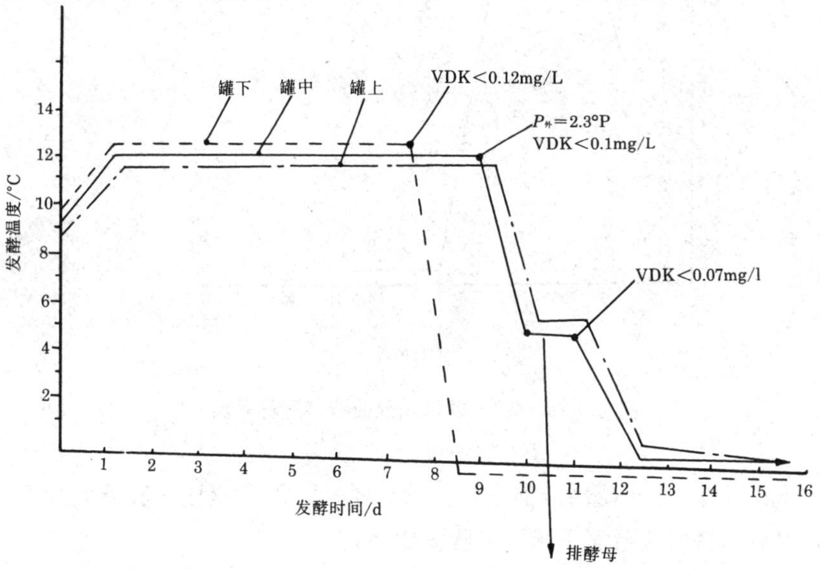

图 1-5-26　G-03 酵母单酮发酵（主、后酵恒温）

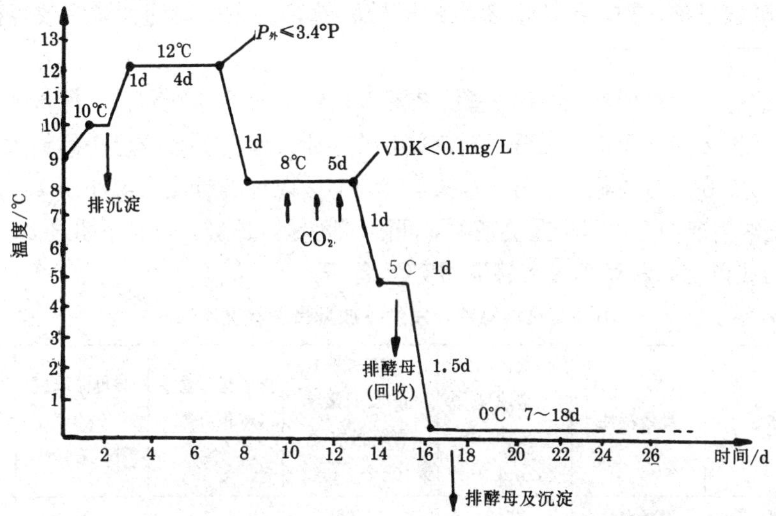

图 1-5-27　Q-05 菌株单酮发酵（后酵降温）

6. 罐压控制

在传统式发酵中，主发酵是在无罐压（敞口式）或微压（密闭、回收 CO_2）下进行的。发酵液中 CO_2 是酵母的毒物，会抑制酵母繁殖和发酵速率。因此，大多数 C. C. T 发酵主发酵阶段均采用微压（<0.01MPa～0.02MPa），主发酵后期才封罐逐步升高，还原阶段

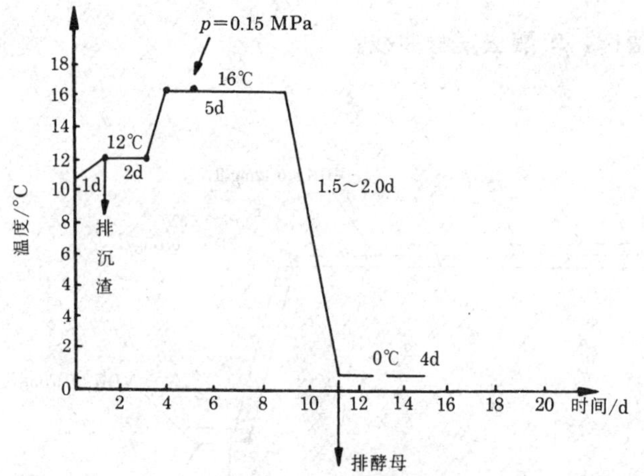

图 1-5-28 Q-06 酵母发酵曲线（后酵升温）

1～2d 才升至最高值。由于罐耐压强度和实际需要，C.C.T 罐压一般最大控制在 0.07～0.08MPa，以后保持（或略有下降）至啤酒成熟。

发酵大罐在排放酵母前，酵母收集罐先在夹套通入冷却介质，使罐温降至 2～4℃，并用压缩空气对接受罐备背压至 0.1～0.14MPa。发酵大罐锥底沉淀酵母也像传统的一样，酵母的质量不一致的，即锥底最底部先排放的酵母泥，沉淀过早的衰老和死酵母较多，此酵母泥排至废酵母罐，取中层酵母泥至种酵母罐，这部分种酵母为大罐有效容积的 1.5%～2.5，上、下层为 2～3%。

酵母排放速度应缓慢些，使锥底壁沉结酵母慢慢下滑的速度和排出酵母速度相同，这样才能收集到更多的酵母泥，还需间断排放，以保证大罐内沉结酵母得到最大的排放量。

中层酵母泥在种酵母罐，只需冷却夹套冷却，保证种酵母泥品温小于 4℃，即可保存 1～2d。在正常生产中，种酵母重复使用，间隔时间越短越好，一般不超过 2d。若想在种酵母罐停留 2d 以上，种酵母收集罐需用 CO_2 备压。

表 1-5-43　不同凝聚性菌株，发酵排放酵母泥状况比较

菌株名称	凝聚特性	发酵最高细胞浓度 /$\times10^6$ 个·mL^{-1}	VDK≤0.1 mg/L 时嫩啤酒细胞浓度 $\times10^6$ 个·mL^{-1}	排放酵母总量（体积分数）/%	酵母泥浓度 /$\times10^9$ 个·mL^{-1}	酵母泥含挥发物的质量分数 /%
无锡轻工大学杂交株	强凝聚性	67.0	5.0	2.1	28	78
青岛酵母	强凝聚性	53.0	7.0	2.2	21	81
WIL—G—03	絮状沉淀型	65.0	12.0	2.9	18	83.5
丹麦（华光）酵母	粉末型	64.0	24.0	3.1	13	88

表 1-5-43 上列出的三株酵母，均可直接排放分离酵母，而丹麦（华光）酵母应采用

离心机分离，否则排放和过滤损失太大。

大罐直接排放收集酵母，应采用酵母接收罐，一般每一组发酵罐需 3 只。酵母接收罐是有夹套和保温层的小型锥罐，前 2 只全容积为发酵锥罐的 5%，作为种酵母接收，后 1 只为发酵罐全容积的 8%左右，作为废酵母收集罐。

过高的罐压是多余的，相反由于减少了 CO_2 排放，不利于发酵有害挥发物的排放和提高啤酒非生物稳定性。

7. 酵母的排放和收集

凝聚性啤酒酵母，啤酒发酵度达到凝聚点（一般在发酵度 35%～45%），啤酒酵母就逐步凝聚沉淀于器底，而且沉淀紧密。温度和压力影响不大。如上所述，当 VDK 还原至某规定值（如＜0.1mg/L）时，即可顺利地从锥底排放泥状酵母。

絮凝性和粉末性啤酒酵母，虽然随着发酵度（＞35%）提高，悬浮在发酵液中细胞浓度也在减少（较慢），但只有当发酵趋于停滞和品温降至较低（如 3～5℃）时，酵母才会絮凝在器底，而且沉淀疏松，如此时酒液发生对流，沉淀酵母很容易重新漂起来，而且再沉淀就十分困难。对于粉末性或絮凝性特别差的酵母，当发酵结束时，悬浮在啤酒中酵母细胞的浓度如超过 10×10^6 个 · ml^{-1}，就需要用离心机分离酵母。

收集酵母后，用酵母泥的 1～1.5 倍的无菌低温酿造水（1～2℃）覆盖并控制存放温度不超过 2℃，每天换一次无菌水。

8. 单酿罐发酵贮酒

单酿罐发酵法一般适宜制造淡爽型啤酒，此类啤酒追求新鲜口感，因此，贮酒期较短。发酵啤酒在 3～6℃左右排放酵母，罐内继续降温至 0℃，（约需 1d），在 0℃左右下贮酒 2～7d，若理化和感官指标达到标准，即可过滤、包装。

单酿罐发酵和贮酒在同一个发酵罐内进行，罐内啤酒酵母常常排放不够彻底，罐内啤酒的品温、罐壁和中心，上、中、下段之间不易均衡降至 0℃以下，很容易引起酵母自溶，增加杂味，因此，单酿法贮酒不宜采用长时间。

四、两罐法发酵

典型比尔森型啤酒常称作 Lager Beer，即陈贮啤酒。此啤酒特点为有较长陈贮后熟期（传统发酵长达 50～90d），啤酒风味特性有陈酿香味，口味柔和、醇厚、细腻，泡沫细腻和稳定，啤酒浓度一般为 11～13°P，在啤酒中属高级酒。

大罐酿造 Lager Beer，国内外较多采用两罐法发酵技术。

啤酒在低温（0～－1.5℃）下贮酒期，一般可分三类：

7～10d　　普通型

8～20d　　国内销售高级酒

18～30d　　外销高级酒

长贮酒期是它们的共同特点，在贮酒期中，酒的化学和生物化学变化并不大，而物理化学变化很大，促使酒体更成熟、完美、稳定性更好。

两罐法技术常有两大类。

1. 典型两罐法

嫩啤酒在 VDK 降至 0.1mg/L 以下，发酵基本完成后，酒品温降至 4～6℃，采用凝聚性酵母直接排放酵母后，嫩啤酒中啤酒酵母浓度降至（2～3）$\times 10^6$ 个/ml 下，嫩啤酒通过薄板冷却器串联，急速降至 0～－1℃，进入贮酒罐。

若采用粉末或絮凝性差酵母，啤酒降温至 4～6℃以后，锥底少量排放沉淀酵母后，嫩啤酒先进入啤酒离心机，分离大部分酵母，使嫩啤酒中酵母浓度降至（3～5）$\times 10^5$ 个/ml，再进入板式换热器，急冷至 0～－1℃进入贮酒罐。

啤酒离心机分离出的酵母泥常常比较稀薄（含固形物 25%～28%），为了回收其中的啤酒，再通过一台滗析式卧式离心分离机（Decanter centrifage），可使酵母泥固形物含量提高到 40%～45%。

啤酒进入贮酒罐，发酵已结束，再加上已分离酵母，此时啤酒不能和空气接触，因此，全过程（管道、设备、贮酒罐）均需在 CO_2 背压下操作。

若贮酒罐全容积为 200m^3，发酵罐在排酒前压力为 0.6MPa（顶空压力），罐高为 16m 酒液高。

$$贮酒罐备压=发酵罐顶空压+\frac{发酵罐酒液高}{100}\times 1/2+0.01$$

$$=0.06+\frac{16}{100}\times 1/2+0.01=0.15\text{MPa}$$

在此压力下进酒才可使发酵中 CO_2 不溢散损失。贮酒罐先从罐底打入$\frac{1}{4}$罐容积的 CO_2（如上罐 50m^3＝100kg）后，再在贮酒罐顶打入无菌压缩空气，使空罐压力为 0.15MPa，静置数小时，使 CO_2 下沉，再导入分离酵母和冷却至 0～－1℃的嫩啤酒，使啤酒可在 CO_2 活塞层下，防止氧化。当然若有足够的 CO_2，大罐背压全部采用 CO_2 更好。嫩啤酒导入，贮酒罐逐步排气，但应始终保持背压为 0.15MPa。

此法的最大困难在于防止啤酒和空气接触，工厂应有充足的 CO_2 回收装置。贮酒罐宜采用 $D:H=1:1\sim1.5$，大直径，120°大锥角的立式圆筒圆锥罐。

2. 模拟传统两罐法

在立式圆筒圆锥罐发酵至主发酵结束，约 50%～55%真正发酵度时，此时啤酒降温至 5～7℃，（提前 1～1.5d 慢慢降温），从锥底直接排放酵母（必须是凝聚性较好的酵母），嫩啤酒酵母细胞浓度在 10～15$\times 10^6$ 个/ml，嫩啤酒直接进入卧式圆筒体或立式圆筒锥底贮酒罐后发酵 7～10d。在后发酵中根据 VDK 下降速率，逐步降温至 0℃（此时 VDK 应＜0.07mg/L），罐压也逐步升高至 0.07MPa～0.1MPa。啤酒在 0℃和此罐压下贮酒 8～25d。开始几天在罐底小心排放沉淀酵母。

此法后发酵和贮酒在同一贮酒罐（有较大冷却面积）中进行，因此，在转罐时，不必严格隔绝空气操作。但此法后发酵、双乙酰还原在分离酵母后进行，双乙酰还原酵母浓度较低（10～15）$\times 10^6$ 个/ml，若为双乙酰还原力差的菌株，需要较长时间的后发酵。虽然后发酵贮酒罐有较大冷却夹套面积（0.3m^2/m^3），但降温较慢。

此法，应使用凝聚性较强的酵母。

不论卧式或立式后发酵贮酒罐，不论罐在室内或室外，罐壁均应该有冷却夹套。

某些厂采用室内卧式大罐，罐容量在数百立方米，采用低温库，冷却室内由冷空气控制罐温，啤酒后发酵后降至0℃常常要数十天以上才能平衡，这是不经济的。

第六节　啤酒酿造过程中微生物的质量保证

一、概　　述

自古以来，酿造业就是建立在利用有益微生物的发酵和控制有害微生物的污染基础上的。过去啤酒酿造微生物的控制主要建立在：

（1）发酵麦汁通过强烈煮沸灭菌。

（2）在煮沸麦汁中添加较多（0.3%～0.5%）酒花，酒花中的α-酸，对啤酒酿造中革兰氏阴性细菌和部分野生酵母有较好抑菌能力。

（3）大量接种种酵母，取得种酵母生长优势。下面啤酒发酵采用低温12～4℃发酵。

（4）啤酒发酵后生成酒精、CO_2、有机酸（pH4.5以下），对好氧、不耐酸、不耐酒精的微生物有抑菌能力。人类多数致病性微生物，不能在啤酒中繁殖。

（5）啤酒工厂一般建立在空气新鲜，水源纯净的地区。啤酒工厂对环境、工艺设备、管道、车间、操作人员有严格的卫生管理。

啤酒生产微生物的质量保证（安全性），历来受到重视，而且不断地科学化。过去在上述前提下，把酿造中的污染分成两大类，即有害于啤酒的和无害于啤酒的。

有害于啤酒的是指人类致病菌（如大肠菌群）的污染。发酵中引起啤酒酸败、异臭、变味、粘稠、生物混浊的微生物。实际上过去的微生物管理，只是努力做到不让这些有害微生物在酿造中繁殖到危害啤酒质量的程度。

无害于啤酒的微生物是指不能在酿造中繁殖，如一些好氧产孢子杆菌，不引起啤酒变味、浑浊，如一些小球菌、微球菌。

过去和现在的多数啤酒厂的微生物质量控制，只求“不危害”啤酒质量，只是相对纯净。实际上许多啤酒厂的发酵或多或少受到有害啤酒微生物的污染，只是没有认真检验。

现代啤酒生产，由于总酿造周期从2～4个月缩短至十几天至二十几天，一些污染菌生长，如产酸菌，还不至于使啤酒总酸超过标准，过滤技术的发展和成品啤酒普遍使用巴氏热消毒（我国瓶、易拉罐啤酒几乎100%热消毒），使啤酒生物稳定性得到保证。由于上述原因，啤酒微生物质量保证体系得不到进一步的重视。

事实上，现代啤酒生产，由于环境进一步的恶化，原料、空气、水中污染微生物更严重；由于啤酒风味变化，添加酒花量大幅度减少，淡爽啤酒、低酒精度啤酒的发展；由于非热消毒，纯生型过滤除菌啤酒发展；由于工厂规模扩大，设备大型化，输送距离增加，微生物污染更容易；消费者对啤酒品质，更追求纯净等原因，啤酒生产中对微生物的污染控制应更严格。

例如，对接种前冷却麦汁。过去微生物控制是，麦汁24h内不混浊，或麦汁总细菌小于50个/ml，而近来国外控制每100ml冷却麦汁总细菌不得大于5个，两者相差1000倍。可见，近代啤酒酿造，要求更加纯净，才能保证大型生产的安全性，才能酿造出符合现代人口味要求的新一代饮料酒。

酿造过程污染微生物，将使产品引起如下缺点：

(1) 异味　污染微生物的各种代谢产物，多能造成异味，即使污染微生物死亡或被除去，但异杂味仍然会留在啤酒中。

(2) 混浊和沉淀　污染微生物在发酵和贮酒中繁殖，常常使啤酒贮陈、澄清发生困难，由污染微生物引起啤酒的混浊，也使啤酒过滤发生困难。过滤、包装以后若经过热消毒，杀死污染微生物，被杀死微生物细胞的沉淀，也会影响啤酒的澄清透明。

(3) 粘度提高　某些污染细胞能分泌微生物多糖，使啤酒粘度提高，啤酒丧失爽口性。

(4) 压力升高　瓶装和罐装啤酒中繁殖某些产气微生物（多数野生酵母和乳酸菌），使瓶和罐压力升高，会引起容器的爆炸，对消费者有潜在的危险性。

啤酒的发酵技术已经从自然发酵、培养种酵母发酵发展到纯净发酵。也就是近代啤酒发酵应进入纯种纯净发酵阶段。除了纯培养啤酒种酵母参与发酵外，排除一切其他微生物参与酿造过程。

特别是采用过滤除菌生产纯生型啤酒，过滤除菌主要对象是啤酒酵母，若发酵带有众多污染细菌，会使过滤除菌更加困难，运转费用高，产品质量得不得保证。

二、啤酒酿造过程中污染微生物的分类

污染啤酒酿造过程的微生物主要是各种野生酵母和某些属的细菌。由于麦汁为酸性(pH5.4～4.0)，发酵为厌气条件，霉菌和放线菌很难在啤酒中生长和繁殖。能在麦汁和啤酒中生长和繁殖的微生物，才会危害啤酒的质量。

根据这些微生物的需氧性，可以分成四类：

(1) 好氧微生物。

(2) 微好氧微生物。

(3) 兼性嫌氧微生物。

(4) 绝对嫌氧微生物。

啤酒中污染微生物常常是以微好氧和兼性嫌氧微生物为主。

在糖化过程污染的微生物，主要是耐热性细菌（如乳酸菌）。

在麦汁沉淀后冷却过程、接种酵母初期，污染微生物主要是所谓“麦汁细菌”，如变形肥大杆菌、大肠菌群、醋酸菌等好氧和微好氧菌。

在啤酒发酵、贮酒、清酒过程中污染为微生物主要是微好氧、兼性嫌氧、专性嫌氧菌。如各种乳酸菌（戴氏乳酸杆菌、巴氏乳杆菌）、啤酒球菌（八叠球菌、足球菌、粘质极恶足球菌）和发酵单孢菌等。

野生酵母可以污染发酵、贮酒各个阶段。

霉菌和放线菌一般只污染制麦发芽阶段和发酵、贮酒容器表面，很少会在啤酒中繁殖。

三、麦汁和啤酒酿造中的污染细菌

1. 麦汁污染细菌

(1) 肠道菌群　工厂麦汁中常可检出有14个属的肠道细菌如产气杆菌属、埃希氏杆菌属、欧氏杆菌属、克氏杆菌属、多变杆菌属等。

它们多属革兰氏阴性，无芽孢，好气或半好气，短杆菌（0.5～0.8）×（1～2）μm。它们广泛存在植物、土壤和水中，也可以通过人进入啤酒麦汁中。对啤酒危害大多属具有氧化酶阴性，过氧化氢酶阳性菌。它们在麦汁中繁殖迅速，能产生荷兰芹或烂白菜的气味，甚致有 H_2S 的味。它们在没有接种酵母麦汁中繁殖迅速，最适生长温度为30～37℃，最适pH为5.0～7.5，但在pH4.3以下，或有2%乙醇的啤酒中不能繁殖。它们在麦汁冷却后，未及时接种酵母（如3～4h）和种酵母带入，很易在麦汁和发酵初迅速繁殖，危害啤酒的风味。

埃杀氏杆菌属主要产物是乙醇、乳酸、CO_2，少量双乙酰、乙偶姻、2，3-丁二醇。产气杆菌（大肠菌）的产物是2，3-丁二醇、乙酸、乙醇、甲酸、乳酸，若污染量大（>100个/ml），也会形成DMS（二甲硫）及丙醇。大肠菌代谢产物还能使啤酒有酚臭味（药房味）。

(2) 变形肥大杆菌（变形黄杆菌）　革氏阴性、宽杆状，（1～1.2）×（4～5）μm无芽孢，不活动，在纯粹培养时形态多变，属好气和半嫌气，最适温度30～32℃，最适pH6.0，当麦汁pH<3.9时不能生长，但可耐6%的乙醇。它对啤酒风味的影响是形成欧洲防风草气味和DMS味。

在英国上面啤酒酵母泥中常能分离到这种菌，而由于在pH4.3以下不能繁殖，所以，下面啤酒中不成为啤酒的杂菌。

麦汁中主要危害菌是上述两大类，有时也能分离到革兰氏阴性的非发酵性细菌，如节杆菌属、假单孢菌属和黄细菌属等属的菌。

麦汁污染好氧菌，在发酵前1～3d，密度会增加，但发酵3d以后，pH降至4.4～4.5，*rh*降至<12时，它们不能再繁殖，密度反而逐步下降。

2. 啤酒污染细菌

(1) 乳酸菌　在啤酒中污染的乳酸菌，主要有乳酸菌和足球菌两个属。

乳酸菌革氏阳性、不运动、微好氧（半嫌气），中长杆状存在于麦汁中，在啤酒中呈长杆状。它们对酒花和酸不敏感，至少可耐5%乙醇，而且有强发酵糖的能力，但蛋白质分解能力很弱。在啤酒中污染均为异型发酵菌，最适生长温度是30℃，最适pH4～5。啤酒中常分离出多种异型发酵乳杆菌，如短乳杆菌、布氏乳杆菌、发酵乳杆菌、林氏乳杆菌等，最有代表是巴氏乳杆菌，它在发酵啤酒中呈短杆、长杆、弯曲杆等形状，它在有 CO_2 存在，有酵母（特别是自溶酵母）存在时生长良好，异型乳酸发酵，把单、双糖转化成具有旋光性的乳酸、酒精和 CO_2，同时有20%～50%的糖转化成甘油、乙酸乙酯，少量形成双乙酰和2，3-丁二醇，使啤酒混浊。它是啤酒发酵中最常见污染细菌，幸好此菌不耐热，在啤酒巴氏消毒时，一般均能灭死。

在啤酒糖化中，常遭到同型发酵戴氏乳杆菌等污染。它们也称糖化嗜温菌，它们能在 50～55℃生长，所以，在麦芽醪糖化中，过滤槽滤板下极易污染，产物是D（—）乳酸，由于它不耐酒花和在低温下生长缓慢，所以，不污染啤酒发酵过程。

足球菌属也是乳酸菌这组的一种，最初由路易·巴斯德研究啤酒病害菌时发现，是典型四联体细胞（1979 年错误认为它是八叠球菌），啤酒厂分离到的足球菌几乎都是四联足球菌（也称啤酒足球菌）。它们是革兰氏阳性，微好氧至厌氧，对啤酒花不敏感，具有乳酸杆菌相似的营养和生理要求，最适 pH3.5～5.5。最近的研究将四联足球菌分成三组，第一组可形成较大群落；第二组最高生长温度为 30℃，最适生长温度较低，可在 9～12℃生长，需在严格厌氧条件下生长，而且能形成更多的双乙酰，在污染浓度达 6×10^4 个/ml 能形成 0.7mg/L 双乙酰；第三组菌最适 pH 高达 7.0，不形成双乙酰。

足球菌是同型乳酸发酵菌，它的污染会使啤酒酸化，产生双乙酰味（当啤酒中污染浓度达 2×10^3 个/ml，就会使啤酒双乙酰超标 0.3mg/L 以上），也会分泌荚膜多糖，使啤酒粘稠、混浊。

乳酸菌和足球菌是啤酒工厂最主要的污染细菌，它们可存在于发酵罐、管道、阀门污垢和啤酒残液中，以及回收种酵母泥中。

工厂中消除污染的根本途径是良好的清洗和消毒，如 1%～3%NaOH、0.1%漂白粉、66℃以上、pH1.5～2.0 酸性 2h 均能杀死这些污染微生物。由于这类污染菌不耐 SO_2，所以，也可在污染啤酒中添加 $SO_2$40～80mg/L，抑制这些菌的进一步繁殖。

乳酸菌在啤酒发酵中生长繁殖条件和啤酒酵母很相近，所以，很难避免，幸好乳酸菌繁殖需要复杂的氨基酸（达 11 种），若啤酒发酵有良好的酵母繁殖，至少可耗尽乳酸菌必需的 6 种氨基酸，可以抑制乳酸菌的繁殖，但若酵母不够强壮、或后发酵和贮酒中大量自溶，就会给乳酸菌的繁殖提供营养源。

（2）醋酸菌　醋酸菌多数通过空气污染啤酒，它通常为好氧菌，但有些可能是微好氧（受发酵条件控制）。醋酸菌能把乙醇氧化成醋酸。醋酸菌对酒花不敏感，革兰氏阴性、杆状、无芽孢、耐酸耐酒精强。

这组菌分类很混乱，在啤酒的污染的有两个属，醋酸杆菌属（纹膜醋酸菌、恶臭醋酸菌、巴氏醋酸菌）它属过氧化细菌，它可以把酒精氧化成醋酸，如果有氧存在下能把醋酸进一步氧化成 CO_2 和 H_2O，它可以在以乙醇、甘油、乳酸钙为唯一碳源的培养基上生长良好。细胞形态短杆状（0.4～1.0）×（1.0～0.2）μm，有周边鞭毛。

这组菌在啤酒麦汁中易污染，在贮藏啤酒也会污染，使啤酒中醋酸含量＞0.07%，形成明显的酸醋味。

另一属是醋酸单胞菌属的弱氧化菌，它们能把乙醇转化成醋酸，它需要游离氨基酸和维生素，啤酒是它良好的培养基，较多污染在啤酒贮酒桶和售酒机等。

严重的醋酸菌污染，会使啤酒带有明显醋味，挥发酸和总酸升高，啤酒混浊。若为醋酸单胞菌污染，由于它会形成荚膜，所以，会使啤酒变得粘稠，并有臭味。

（3）发酵单胞菌　它曾被命名为嫌气无色杆菌，现称做运动性发酵单胞菌亚种。

它们的特性为：杆菌革氏阴性、有 1～5 根鞭毛，对酒花不敏感，嫌氧菌（但并不怕氧），pH 范围广（可在 3.5～7.0 下生长），耐酒精（6%～10%），可在 4～32℃下生长（最适 30℃）。

发酵单胞菌能像酵母一样，可在嫌气条件下，经ED代谢途径把葡萄糖、果糖、蔗糖、麦芽糖发酵形成酒清和CO_2及乙醛、硫化氢等产物。

由于发酵单胞菌生长和发酵条件与啤酒酵母一样，所以，一经污染，很难在发酵中除去，它的感染途径是土壤、尘土、洗瓶刷、回收啤酒瓶等。由于它的次级代谢产物是乙醛和H_2S，能使啤酒变味。

(4) 革兰氏阴性的绝对厌氧菌　1976年有两株绝对厌氧菌在啤酒中发现，它们能造成啤酒混浊和异味。其中一株称：*Pectinatus cerevisiiphilus*，它开始被当成发酵单胞菌，(革兰氏阴性,能产生H_2S),但它不同于发酵单胞菌,它严格绝对厌氧,在一般厌氧条件下如Gas Pak罐中不生长，发酵糖类不产生酒精，周生鞭毛。它需用乳酸铅-醋酸（LL）琼脂培养基上（并需加入抗坏血酸等强还原性物质），在绝对厌氧Lee氏管中培养形成黑色的菌落，(32℃培养2～3d)。如有好氧和微好氧菌共生时，可在培养中添加苯乙醇抑制。

*Pectinatus cerevisiiphilus*的代谢产物，包括丙酸、CO_2、醋酸、琥珀酸，乙偶烟等。大量产生丙酸是这类微生物的一个特征,它可以在酒精质量分数4.5%和pH4.5下繁殖，因此，常污染啤酒。幸好它不耐热，60℃1min即可杀死。它对含氧、含碘的消毒剂敏感。

另一类革兰氏阴性厌氧细菌是：啤酒巨形球菌，它是直径为1.3～1.6μm，单个，双个或成短链，革兰氏阴性，不生孢子，不运动，绝对厌氧。可以生长在蛋白胨-酵母膏培养基上,在无糖含有蛋白质水解物培养基上生长良好,耐酒花,耐乙醇(质量分数5.5%)。它喜欢利用果糖和乳酸，能形成各种脂肪酸（乙酸、丙酸、丁酸、戊酸、己酸）和H_2O、CO_2。啤酒巨形球菌污染能使啤酒变得恶臭难闻。幸好它不耐热，啤酒巴氏消毒可以将它杀灭。

此两类绝对厌氧污染细菌，过去很难发现，现在随着厌氧培养技术的提高，有可能被检出。过去啤酒生产，不存在严格厌氧条件，而现在，啤酒中含氧量从过去1.0～2.0mg/L下降到0.1～0.3mg/L，也给这类绝对厌氧细菌存在创造了条件。

四、啤酒酿造过程中污染微生物的来源

污染微生物的来源有如下多种可能：

(1) 冷却麦汁。

(2) 酿造用水。

(3) 空气（通入物料无菌空气和环境空气）。

(4) 各种酿造用器具和操作人员。

(5) 物料输管道，阀门，发酵、贮酒、清酒罐等容器。

(6) 种酵母（或种酵母泥）。

(7) 硅藻土和啤酒发酵贮酒中使用的各种添加剂。

(8) 包装容器、瓶盖等。

在传统式敞口发酵方法中，发酵和酵母室环境经常是污染微生物存在和传播的主要途径，现代大罐密闭发酵方法中，发酵罐大型化，物料输送管道，愈来愈长，而且趋向固定管道,它们给清洗消毒带来困难,污垢是造成污染微生物存在和繁殖的良好环境,这就成为近代啤酒厂的积累性污染源。种酵母特别是回用酵母泥，历来是污染微生物进入

酿造过程的主要途径。空气和水是酿造染菌的第一（最初）污染源。

1. 冷麦汁

麦汁通过煮沸 60～90min，能杀灭造成啤酒酿造污染的微生物，从这个意义上讲麦汁应该是“无菌”的。

在未接种前的冷却麦汁，是各种微生物的良好培养基。麦汁在冷却和输送过程中，接触空气、水、管道阀门等，很容易造成污染，带菌麦汁就成为酿造过程的第一污染源。

冷麦汁带菌可以是各种污染微生物，好氧、微好氧、厌氧的都可能存在，但由于麦汁存在氧，所以，实际测定只控制好氧细菌（总细菌数）和大肠菌群。

总细菌数控制，过去认为＜10 个/ml，现在国外先进工厂控制为＜5 个/100ml。

大肠菌群近似数应控制在每 100ml 为 0。

2. 酿造用水

在这里讨论水是用于顶麦汁和发酵液的水、引导啤酒的水、硅藻土过滤预涂用水和洗涤酵母用水，即可能和麦汁、啤酒接触的水，有时也包括管道、罐最后清洗用水。国内多数工厂均用所谓“酿造用水”实际上它不同于投料和洗槽用水，它的特殊要求是“无菌”。由于这部分用水量大，用水场合多，控制无菌困难，在先进啤酒厂，均是通过总酿造用水，微生物量（如＜10 个 ml）来控制。有必要时，这部分水应通过砂滤除菌，洗酵母用水，管道、罐最后洗涤水还需通过紫外线二级除菌，尽可能达到无菌水（＜10 个/100ml）的要求。

3. 空气

空气指环境空气和压缩空气。啤酒工厂使用压缩空气，大多数经过总过滤器除菌，但输送至各用户点（如麦汁充氧、大罐、清酒罐背压、酵母培养罐），由于输送距离远，常需配以精良二级过滤器，可采用多层无菌过滤膜（孔径 0.2μm）或钛过滤器。

环境空气，指啤酒酿造车间内的空气。在敞口式传统发酵中，发酵车间内空气和发酵液直接接触，由于料管、发酵罐等存在空间，其中的空气也来自于环境，因此，环境空气微生物的多少也会影响到半成品和成品，车间内空气消毒也十分重要。

环境空气中微生物的测定可用营养琼脂培养基和 LMDA 多级选择性培养基的培养皿，在测定室暴露 5～10min 后，营养琼脂培养皿于 37℃培养 2～3d，LMDA 培养皿在厌氧培养箱 28℃培养 5d，计数菌落，并可按如下公式计算，每立方米空气中杂菌数 n：

$$n=1000\div\left(\frac{A}{100}\cdot t\cdot\frac{10}{5}\right)\cdot N$$

式中 A——为培养皿面积（cm^2）

t——暴露空间时间（min）

N——培养皿中细菌菌落数（个）

本式意义：100cm^2 培养皿暴露空气中 5min，相当于 10L 空气中细菌数。过去要求每 m^3 空气中杂菌小于 1500 个，现在应更严格一些。

环境空气微生物的多少，取决于工厂厂区的地区环境和车间内的环境卫生，对于敞口发酵车间要定期（每周或每月一次）进行空气消毒。工厂常用甲醛熏蒸（10ml/m^3 空间）和硫磺燃烧气熏蒸（2～3g/m^3 空间）。

4. 发酵物料连续管道和容器设备

在现代大型啤酒工厂，微生物污染来源是和物料连料的管阀和容器设备中污垢中滋生的微生物群，它们是污染微生物的大本营，它们的微生物质量保证，取决于CIP（原位清洗）系统，详细内容在下节阅述。

5. 啤酒酵母和种酵母泥

在现代啤酒工厂中的酵母扩大培养体系，是为了保证获得足够数量、纯培养、强壮的种酵母。纯培养要求非常严格，整个扩大培养体系中，只允许种酵母单一微生物存在。但由于从试管菌种至发酵种酵母，历经近10次扩大培养过程，做到绝对无杂菌污染也是很困难的。常常因为车间扩大培养麦汁（一般不进行杀菌）带菌、连接管道和扩大培养设备存在污垢、扩大培养转移和培养设备保压不好、通入无菌空气的不好等导致种酵母带菌。

在啤酒生产中，从主发酵液回收酵母泥（可使用5～6次）作种酵母，由于发酵染菌，回收种酵母泥必然带菌。种酵母带菌，常常是导致发酵失败的一个主要原因。

工厂通常是把种酵母经过无菌0.01%EDTA-Na稀释至中倍显微镜下，每视野有50个左右酵母细胞，检查20个视野，即1 000个酵母，在其检查酵母周围，仔细观察杆菌、大型球菌、四联球菌数目。若1 000个酵母周围有一个上述菌即为染菌率1/1 000（10^{-3}）。这个染菌率看来似乎很低，实际上我们接种浓度为10^7个/ml，按此接种率计算，每毫升麦汁，接种带进的杂菌就达10^4个，此杂菌的浓度当然非常高了。

若回用种酵母泥杂菌1或1以上$\times 10^{-3}$时，最好不用，至少要用酸洗，以减少杂菌。

具体方法如下，用食用级H_3PO_4，无菌水稀释至5%浓度，添加至酵母泥中，调节酵母泥pH为2.2～2.5（每升酵母泥添加5%H_3PO_4约50ml），搅拌后置放3～4h，弃去上层酸水，立即用大量麦汁中和后，即可作为种酵母立即使用。此法可杀灭大量污染细菌。

五、设备和管道原位清洗系统（C.I.P）

C.I.P（Cleaning In Place）采用一系列的清洗剂和消毒剂，对食品工业的生产装备，装置和管道，对装置在无须进行拆卸和安装下就能进行周期清洗和消毒的系统称C.I.P。

C.I.P系统包括：

清洗剂站——各种清洗、消毒剂的调配、制造、过滤、贮存体系。

循环调节体系——高压输送泵、输送管路和回流泵等。

执行装备——在设备和装置中预先安装好的清洗器（如喷嘴、洗球、回转式洗臂等）。

啤酒工厂对物料接触设备和管路清洗的基本要求：

物理清洁度——被清洗表面不存在感官能感受到的污垢、酒石结晶等。

细菌学清洁度——经过清洗、消毒后，被清洗表面或最后残余清洗水中，污染细菌浓度低于工艺控制允许值。如啤酒发酵罐、酵母扩倍罐、清酒罐等。国外要求最后残余洗涤水中总细菌数<1个/10ml。

化学清洁度——被清洗表面上，清除一切化学污染物，特别是不允许残留清洗剂，pH应为6.8～7.2。

1. 清洗剂的选择原则

清洗剂的选择对洗净效率起到关键作用。选清洗剂应考虑到污染物的性质和污染特点，也必须考虑到清洗剂自身的安定性，设备的腐蚀要求，清洗剂的耐热性，当前更应该注意清洗剂对环境公害和操作的安全性。

以前的选择原则：

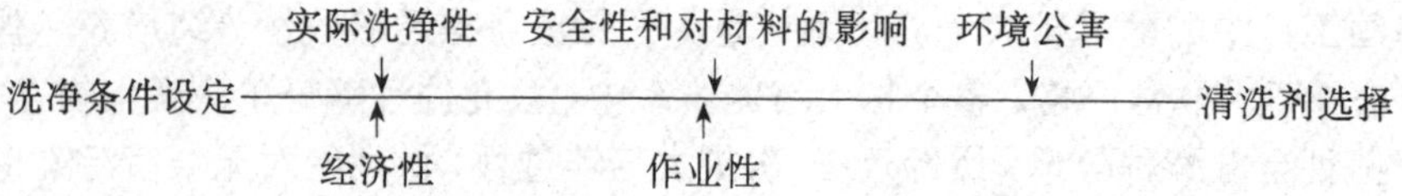

现代选择原则：

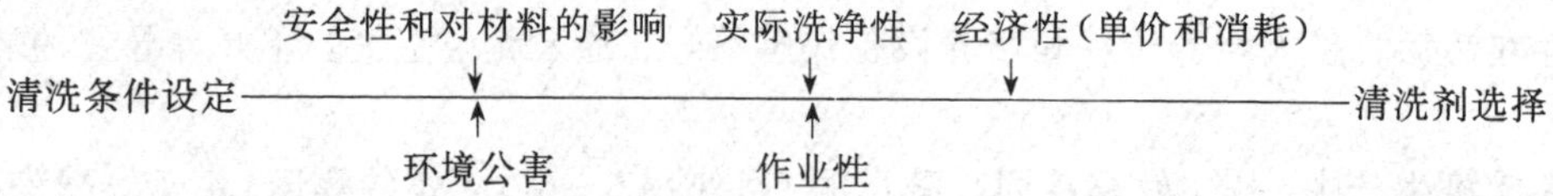

2. 啤酒工厂污染物的特性

啤酒工厂糖化设备的污染物，有麦芽和辅料中粉尘（以淀粉为主），由糖的焦化形成的垢层，蛋白质的变性、凝固形成的垢层，酒花树脂氧化聚合形成的垢层。特别是糖在加热表面由于局部过热炭化形成的垢层特别紧密，粘着力强。

若投料水质暂时硬度大，由于加热形成 $CaCO_3$ 水垢和糖焦化复合形成垢层强度更大。

酵母扩大培养、发酵、清酒罐的污染物，主要是酵母菌体和啤酒中蛋白质絮凝物，呈酸性，带负电荷，由于表面温度低（0～10℃），此污染物也较紧密，比较容易在容器上部粘着。

在发酵和清酒罐，由草酸钙（啤酒石）结晶附着在容器底部，结构特别紧密。

在发酵罐和清酒罐上部，由酒花树脂受到氧化聚合形成褐色多酚——酒花硬树脂络合物垢层。

3. 啤酒工厂清洗剂

啤酒工厂清洗剂选择应考虑如下特性：

（1）安全性　对使用者健康不造成危害，对被清洗设备不造成腐蚀、啤酒工厂设备和管路，现代大多采用不锈钢，或有涂料的碳钢，对清洗剂低或高 pH 有一定耐性，但不锈钢不耐 Cl^-。

（2）浸润性和渗透性　清洗剂依赖润湿性和被清洗表面上污染物的接触，并依赖于对污染物内部的渗透性，促进污染物崩解。

（3）溶解性、悬浮性、乳化性　清洗剂能溶解污染物，或能使污染物分散成微粒并悬浮或乳化于清洗剂中，才能促进污染物离开被清洗表面。

（4）杀菌效果

（5）溶解钙的能力对 CaO、$CaCO_3$、草酸钙的溶解能力。

啤酒工厂使用清洗剂，根据使用场合（如糖化车间、发酵车间、包装车间等）污染物的特性，以及清净效果的经验，在清洗剂生产厂采用多种清洗剂复配后，形成“专用清洗剂”。我国目前只有回收瓶的专用清洗剂，而生产装备、容器、管路等还没有专用清洗剂生产，啤酒厂常用一种或多种清洗剂复合使用。

表 1-5-44　　啤酒工厂常用清洗剂原料

无机原料		有机原料
碱性	NaOH	葡萄糖酸钠
	硅酸钠	EDTA—钠
	磷酸盐	柠檬酸盐
	碳酸盐	
酸剂	硝酸	阴离子表面活性剂
	盐酸	阳离子表面活性剂
	硫酸	非离子型表面活性剂
	磷酸	

表 1-5-45　　主要清洗剂的洗净特性

洗净特性＼种类	表面活性剂	NaOH	碳酸钠	硅酸钠	磷酸三钠	葡萄糖酸钠
降低表面张力	+++	+++	−	−	+	+
扩张系数	+++	+++	−	−	+	+
乳化力	+++	+++	−	+	++	+
悬浊力	+++	+++	+	++	++	+
再附着防止	++	++	+	++	++	+
解凝结、解胶	++	++	+	+++	+++	+++
水的转化力	+	+	++	++	+++	+++
铁络合力	−	−	−	−	+++	+++
钙盐溶解力	++	+	−	−	+++	+++
水中溶解性	+++	+++	+++	+++	+++	
pH						
缓冲作用	中性/碱性	碱性	碱性	碱性	碱性	碱性
水溶液安定性						
碱安定性	+++	−	−	−	+	+
硬水安定性	++	−	−	−	+++	+++
高温安定性	+++	+++	+++	+++	+++	+++

注：+++非常良好，++良好，+一般，−不好。

国内啤酒工厂的 C.I.P，由于缺乏商品专用清洗剂，常常采用简单的 3%～5% NaOH，不锈钢大罐有时用 0.5%～1.0%HNO_3，洗涤效果不太理想。

发酵大罐推荐洗涤剂配方如下：

A：

NaOH　2.5～3.0%　　（渗透、溶解、杀菌）

Na_2SiO_3　0.5%　　（溶解、浸提、润湿、分散）

葡萄糖酸钠　0.5%　　（金属封锁钙盐溶解）

中性无泡表面活性剂 0.1%（润湿、渗透、悬浊）

B：

Na_2SiO_3　77%

Na_3PO_4　20%　—使用时稀释成 0.5%～2.0%

非离子型表面活性剂　3%

4. 洗净效果的影响因素

（1）清洗剂组分的物理、化学作用力。

（2）清洗剂的温度（热力作用力）。

①促进污染物与污染表面的物理结合力下降。

②降低清洗剂的粘度，提高雷诺数。

③提高污染物与清洗剂的化学反应速度。

④提高清洗剂对污染物的溶解度。

如：脂肪在 30℃处于固态结合，很难被清洗。

牛奶污染物，最佳清洗温度为 35～85℃。

温度每增加 10℃，洗净效果可提高 1.6 倍，但如果超过 85℃，牛奶中蛋白质受热变性，絮凝和被清洗表面粘着力增加，洗净效果反而降低。

（3）物理作用力　洗净效果的物理作用力，有两方面组成：

第一，洗净剂喷射力对污染物的机械撞击力，取决于清洗剂喷射压力，一般在 0.15MPa～0.6MPa，随喷射压力的提高，洗净效果增强，如果超过 0.6MPa，液体会形成雾状，洗净效果反而下降。

第二，由清洗剂流量、流速、洗净表面积、粘度等因素构成的雷诺数决定。

$Re=V\cdot d/V=\rho\cdot\nu\cdot \mathrm{d}/\mu$

式中　V ——平均流速＝流量 W/截面积（cm/s）

　　d ——在管路中为管路当量直径（cm）

在开路中，为液流的流通面积和湿润周壁长之比

　　ν——清洗剂动力粘性系数（cm^2/s）

　　μ——清洗剂粘度（g/cm·s）

　　ρ——清洗剂密度（g/cm^3）

清洗剂洗净最佳效果的 Re 准数应大于 30 000 即达到稳定湍流。Re＝25 000 是洗净效果的突变点，即 Re＜25 000 洗净效果很差。

（4）洗净时间　洗净效果随时间延长而增大，洗净时间取决于清洗剂组成的效果、清洗剂的流量、污染物脱离被污染物体所需时间。从作业性而言，人们均希望清洗时间短一些（数分钟），但实际清洗时间（如发酵大罐需 10～20min）在相同清洗剂下洗净效果综合评价：

取决于　①清洗剂抗冲击力（即喷射压力）占 10%。

②清洗剂 Re 准数　　占 30%～35%

③洗净时间　　　　　　占 40%～45%
④清洗温度　　　　　　占 15%～20%

5. 消毒

在生物学上的清洁度，取决于除菌效果，虽然消洗剂大多有消毒效果（如 NaOH），但并不彻底，在啤酒工厂从麦汁冷却至成品的各生产装备和输送管路中不能满足要求，我们希望达到消毒效果即存活或热率 $D=10^{-4}\sim10^{-8}$。

通常在清洗后对设备和管路还需要进行最后消毒。

工厂习惯上清洗完毕后用蒸汽消毒，虽然在其他发酵工厂、食品工厂、蒸汽消毒十分流行，但在啤酒工厂应用不多，特别是发酵大罐很不适用。其原因是，啤酒工厂属低温发酵，发酵罐、管路大多处于低温下运转，蒸汽消毒会使罐、管升温，在使用前还要冷却，并不经济。特别是大罐周壁冷却夹套在消毒时还残留较多冷却介质（－3℃）。另外蒸汽一般属碱性，蒸汽消毒易形成碱性水垢，增加污染物。

啤酒工厂较多使用化学消毒剂。使用化学消毒剂安全性也常受到非议。

消毒剂的安全性，可以口服半致死量 LD_{50}=mg/kg 体重，来区分。

＜5	剧毒物	分类 1
5～50	强毒	2
50～500	中等毒性	3
500～5 000	轻毒	4
5 000～15 000	微毒	5
＞15 000	基本无毒	

啤酒工厂常用甲醛为消毒剂，它属剧毒（1 类），很不安全，国外普遍用 LD_{50}＝500～5 000 之间的轻毒物作为食品工业消毒剂更为安全。

氯系统——如漂白粉溶液（含 1%～2%有效氯），但不宜在不锈钢设备和管路中应用。

四价季铵盐 $\left[\, R_4-\overset{\displaystyle R_1}{\underset{\displaystyle R_5}{N}}-R_2 \,\right] Cl^-$ 0.3%水溶液，此消毒为无腐蚀性，对酸、碱稳定，对酵母，细菌四联球菌消毒效果好，但对革兰氏阴性细菌效果效差，而且易起泡，但应用较广泛。

过氧乙酸，0.1%～0.3%，市售 10%～40%的过氧乙酸溶液稀释即成。它毒性小，消毒效果较好。但过氧乙酸易分解，不易贮存。

国外对容器内表面的消毒，经常用消毒气体消毒，如环氧乙烷、环氧乙烷 12%加二氯二氟甲烷 88%，在环境湿度＞35%，温度＞7℃，每 m^3 容积用 50～200g 消毒剂，污染菌存活率可＜10^{-4}。国内外啤酒发酵大罐、酵母扩培罐也有用甲醛蒸汽熏蒸消毒的。将甲醛贮存于密闭容器中，加热促进汽化，待罐内超过 0.2MPa。压送至发酵大罐，每 m^3 容积汽化 10～20ml 甲醛连续熏蒸 2～3h，用无菌压缩空气压出，即可进麦汁或酒，应用消毒蒸汽消毒效果比液体更好，穿透力强，不易造成消毒死角。

6. 啤酒工厂 C.I.P 的应用

中型和大型啤酒工厂，一般配置 3～4 套 C.I.P 装置，如麦汁制造车间、啤酒发酵车间、啤酒过滤车间和啤酒包装车间等。

(1) 麦汁制造车间　担负湿式粉碎机、糊化锅、糖水锅、过滤槽、麦汁中间槽、煮沸锅、回旋沉淀槽等设备内表面及连接管路、泵等的清洗，有加热设备的加热面蒸汽水垢的清洗。

C.I.P 清洗站一般仅配有两种清洗剂，碱性清洗剂为 3%～5%NaOH＋0.2%EDTA；酸性清洗剂用 3%H_3PO_4 或 0.5%HNO_3。碱性清洗剂用加热器加热至 85℃。

工厂一般每生产 15～20 批次（3d 内）用 85℃热碱性清洗剂，循环清洗一次，每 15～30d 天，用酸性清洗剂对设备内表面和蒸汽加热面清洗循环一次。

(2) 发酵车间 C.I.P 清洗站　发酵车间清洗站担负麦汁冷却薄板换热器及麦汁输送管路、种酵母扩培车间、发酵大罐及发酵车间输送管路、酵母压滤设备等的清洗。

发酵车间 C.I.P 清洗站如图 1-5-29 所示。

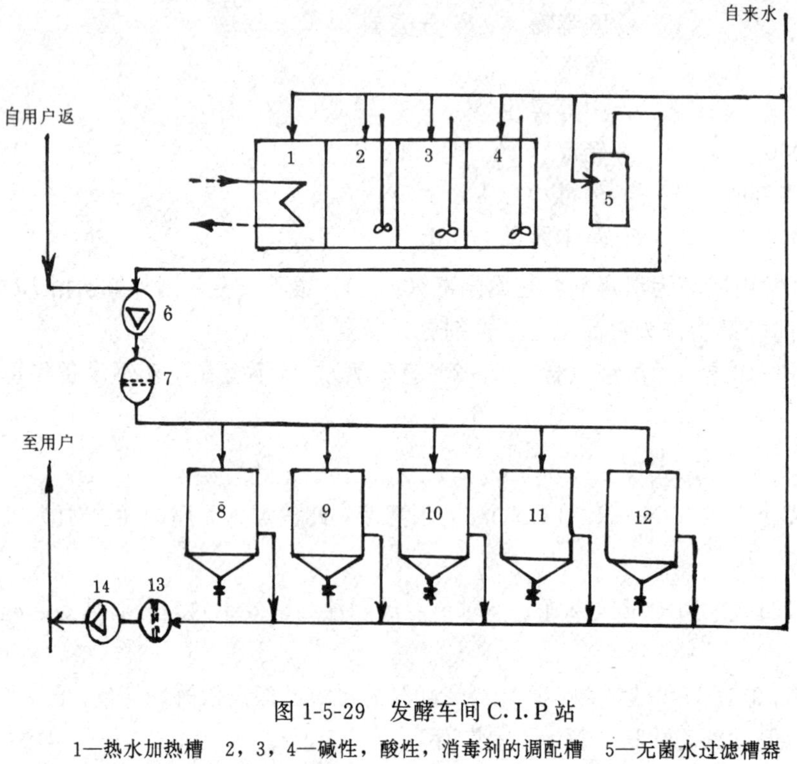

图 1-5-29　发酵车间 C.I.P 站

1—热水加热槽　2，3，4—碱性，酸性，消毒剂的调配槽　5—无菌水过滤槽器
6，14—泵　7，13—过滤器　8—热水（85℃）槽　9—碱性清洗剂贮槽
10—酸性清洗剂槽　11—消毒剂贮槽　12—无菌水贮槽

麦汁自回旋管沉淀槽→薄板换热器→发酵罐的管路体系清洗：

每批次：走麦汁前用 85℃热水循环回流清洗 30min，用无菌空气顶出清洗水即走麦汁。

每 15～20 批次后：85℃热水循环清洗 20min，碱性清洗剂循环清洗 30min 无菌空气顶出清洗剂 5min，消毒剂循环清洗 15min，无菌水清洗 15min，无菌空气顶走无菌水即可走麦汁。

每月用酸性清洗剂代碱性清洗剂按上流程走。

发酵大罐清洗：

①80℃热水清洗 20min，加热污垢。

②停 5min，排走热水。

③碱性清洗剂，清洗 30min，应同时补入无菌空气。

④泵回碱性清洗剂 5min。

⑤消毒剂消毒 15min。

⑥泵回消毒剂 5min。

⑦无菌水清洗 10min，边清洗边排走残余水。

⑧保压 0.01MPa 备用（在整个清洗中）。

每季度在④后再加酸性清洗剂清洗 20min，除去大罐的草酸钙结晶。

六、啤酒的野生酵母病害

1. 引起啤酒病害的野生酵母存在的普遍性及其特征

50 年代前，对于产生混浊或怪味而引起啤酒变质的酵母鉴定知识比较缺乏，威尔斯从酿造车间与器材、酒桶变质啤酒、接种酵母等，分离与鉴定了一系列的野酵母，他把野生酵母定义为“任何未经严密选用与控制的酵母。”但同时指出，并非所有的野生酵母都对啤酒有害，然而，即使是存在无害野生酵母，啤酒也已经受到感染。

下面这些酵母是由变质的啤酒中分离检出的：酵母属、克勒克氏酵母属、汉逊氏酵母属、假丝酵母属、毕赤氏酵母属、圆酵母属、红酵母属、及酒香酵母属的酵母，总的讲来，这些都是引起啤酒混浊的酵母，其中还包括葡萄酒酵母、混浊酵母、糊精酵母、魏氏酵母、强壮酵母、葡萄汁酵母及巴氏酵母。

威尔斯认为使英国啤酒发生混浊的最普遍而危险的是混浊酵母与卡尔斯伯酵母，爱立生与陶伦认为只要有一个混浊酵母混入 1600 万个接种酵母，啤酒就会发生混浊。引起混浊的啤酒酵母株往往影响风味，使啤酒口味淡薄。另一方面，有人也发现有些啤酒酵母株在麦汁中发酵时生成超过正常量两倍的醋酸乙酯与醋酸异戊酯，造成啤酒有不正常的风味。

能在啤酒中生成混浊的尚有柠檬形克氏酵母、糊精酵母、魏氏酵母。糊精酵母是 1952 年安特罗和奇利兰发现的，它能发酵可溶性淀粉与糊精，使啤酒达到不正常的发酵度，影响风味。后来的研究者发现，这个酵母的分布，比原来想象的普遍。

1985 年勃拉弟用赖氨酸琼脂从各种培养酵母中分离和鉴定了不少野生酵母，普遍存在的是膜醭毕赤氏酵母、菌膜假丝酵母，偶尔发现的有克柔氏假丝酵母、皱摺假丝酵母、异常汉逊氏酵母、胶红酵母和白色隐球酵母。其他研究者在生啤酒和接种酵母中也有类似的发现。

假丝酵母、毕赤氏酵母和汉逊氏酵母都是产膜酵母。在空气存在下生长很快，也能产生混浊，近来还报道使啤酒感染的假丝与毕赤氏酵母多于任何其他野酵母；认为柔氏假丝酵母与膜折毕赤氏酵母使啤酒产生怪味。

圆酵母属、红酵母属、与克拉克氏酵母属的酵母也是好气性酵母，但不产膜，一般对啤酒危害不大，除非是长期暴露在空气中。

根据报告，啤酒中可能有各种酒香酵母存在，最重要的两个品种是布鲁塞尔酒香酵母和香台尔酒香酵母，它们生长速度极慢，六个星期之后才能检出，故对生啤酒不成问题，长期自然后熟的一般浓度啤酒中可能会生成怪味，而在高浓度瓶装酒中产生受人欢迎的特殊香与味。

最重要的啤酒病害酵母见表 1-5-46。

表 1-5-46　　最重要野生酵母的形态和生理特征

酵母种类	形态性质				生理性质								
							发酵						
	假菌丝	细胞形态	细胞大小/μm	孢子形成	液体基质表面皮膜	葡萄糖	半乳糖	麦芽糖	蔗糖	乳糖	棉子糖	密二糖
混浊酵母	＋	圆、椭圆或腊肠形	(2.5～8)×(5～12)	＋	＋	＋	＋	＋	＋	＋	＋	＋
卡氏酵母	－	圆、椭圆或短椭圆	a.(5～10)×(5～13) b.(4～8.5)×(5～15.5)	＋	－	＋	＋	＋	＋	＋	＋	＋
魏氏酵母	＋	椭圆长形	a.(2.2～5.5)×(6.14～33) b.(3～6.5)×(6.14～33) c.(4～7)×(8～16～22)	＋	＋(薄)	＋	＋	＋	＋	＋	＋	＋
葡萄汁酵母	＋	椭圆长腊肠形或线状	(2.5～6.5)×(5～15～28)	＋	＋	＋	＋	＋	＋	＋	＋	＋
糊精酵母	－	长、椭圆或卵形	(3～7)×(4～10)	＋	－	＋	＋	＋	＋	＋	＋	＋
巴氏酵母	＋	卵形、长或腊肠形	(2.5～4)×(7～26)	＋	偶尔	＋	－	＋	＋	－	＋	－
克氏酵母	－	柠檬或卵形	(2～4.5)×(5～8)	－	偶尔薄而粘	＋	－	－	－	－	－	－
异常汉逊酵母	＋	圆到椭圆或圆柱形	(2.5～6)×(4.5～2.0)	＋	＋	＋	＋	－	＋	－	＋	－
菌膜假丝酵母	＋	圆形柱形	a.(1.7～4)×(4.3～9.5) b.(1.7～4)×(5.5～12) c.(3～5)×(4.5～10)	－	＋	＋	－	－	－	－	－	－
膜折毕赤氏酵母	＋	卵或长卵形圆筒形	3.5×(5～12)	＋	＋	＋	－	－	－	－	－	－
圆酵母 T. *Cojjic UJoSa*	－	圆至卵形	(3.5～5.55)×(4～6.5)	－	－	＋	－	＋	－	＋	＋	－
圆酵母 (*Ttnaco spjcma*)	－	卵形	a.(2～3.5)×(3～6) b.(3～4.5)×(4～7)	－	偶尔薄	＋	－	－	－	－	－	－
胶红酵母	－	短卵形	(2.5～5)×(4～7)	－	－	－	－	－	－	－	－	－
酒香酵母	＋	卵形或橄榄形	(2.5～4)×(3～9)	－	薄	＋	－	＋	＋	－	＋	－

注：只有异常汉逊酵母和布鲁塞尔酒香酵母能同化硝酸盐。

2. 野生酵母的检出方法

从啤酒或接种酵母中检出野生酵母有许多方法，当然两者的操作方法不同。因为对于接种酵母，是从数百万或成亿培养细胞中检出少数感染酵母，而在啤酒中感染细胞对培养细胞的比例似乎要大得多。一般来说，对各种不同类型野生酵母的检出法并无区别，但是鉴定个别野生酵母常常要完全不同的试验方法，而且这种试验必需在感染的野酵母已经得到纯粹培养物之后。应该强调指出，没有一种试验方法能够在培养酵母存在下，检出各种类型的野生酵母，因为产生混浊的酵母本身属于酵母属，而且有些是啤酒酵母株。

3. 从酿造啤酒的酵母中检出野生酵母

目前啤酒感染的主要原因，无疑大部分来是自接种酵母，当麦芽汁接种时，每毫升加入500～1 000万个酵母细胞，即使是极微小的感染，到了发酵完毕亦有明显的发展。在发酵期间，培养酵母趋向衰老死亡，任何感染酵母常常获得优势，导致啤酒变质。来自厂房及容器的感染远远没有接种酵母重要，因此，用纯培养酵母发酵是首要的。

识别野酵母的第一要点是从可以看到的特点把它们和啤酒酿造酵母区别开来，有实际意义的特性是：①显微镜检查形态。②对热的抵抗。③形成子囊孢子。④发酵糖类的能力。⑤在选择性培养基上的生长能力。⑥血清学的区别，其他比较次要的特点。⑦凝集性能。⑧巨大菌落形态。⑨澄清性质。⑩对生长素的需要。我们将要看到这些试验对于检出微量和大量的感染酵母的能力是不一样的。

（1）镜检形态　一般来说，用显微镜检查啤酒酵母很难获得有用的数据，因为，如果感染酵母已达到可检出的程度，这种大量的感染早已表现在发酵反常、啤酒混浊和口味不正上。另一方面，许多场合也很难从形态上辨别正常啤酒酵母与病害酵母。但是有些酵母如毕赤氏酵母、圆酵母、假丝酵母与酒香酵母只要有足够的细胞数量，在显微镜下不难和培养酵母区别。

（2）抗热能力　一个有效的筛别方法是根据某些野生酵母能够抵抗高温，大部分培养酵母在53℃热水中经过10min将全部死亡。将一定数量〔（1～5）$\times 10^6$个/ml〕的接种酵母悬浮液放在密闭式管中用该温度处理10min，再将试管冷却，振荡均匀，取1ml悬浮液涂布在固体培养基上（明胶或琼脂麦芽汁），存活的细胞大都是野生酵母，其中主要是圆酵母、汉逊氏酵母、毕赤氏酵母及假丝酵母，同时也有些产生混浊的酵母菌株，包括糊精酵母。

（3）子囊孢子的形成　和啤酒培养酵母相反，有些野生酵母很易生成子囊孢子，所以孢子形成试验可以用来检出野生酵母的存在。将接种酵母样品涂布在孢子试验培养基，如石膏块或醋酸盐琼脂上，在水分存在下培养，经过每日检查，早期生长完善的子囊孢子，表示有野生酵母存在，这个试验实际价值不大，因对任何无孢子酵母（例如克勒氏酵母、假丝酵母、圆酵母等）无法检出。通过改良的试验方法更加灵敏，即先按上节近讲抗热能力方法将大部分培养酵母杀死，只有野生酵母存活下来，然后进行孢子形成试验。据说本法可以测出接种酵母中葡萄酒酵母的存在，即使浓度低到1∶5 000 000。

（4）糖类的发酵　有时可以根据酵母对各种不同糖类的发酵能力来进行区别，例如上面啤酒酵母属的酵母能够正常发酵葡萄糖、果糖、甘露糖、蔗糖、麦芽糖、棉子糖（1/3）和麦芽三糖，但不能发酵蜜二糖。啤酒麦芽汁一般发酵到一定的密度，没有必要达到最后发酵度，使糖类全部消失。测定极限发酵度是一种有用的试验方法，假使其中有不正常发酵糖类的酵母存在。据奇利兰报道，不发酵麦芽三糖的酵母菌株比一般正常，啤酒酵母具有较低的极限发酵度，因为这些菌株有的繁殖率比培养酵母高，所以，可能在接种酵母中成为主要菌株，以致引起粘质，发酵达不到满意的发酵度。不发酵麦芽三糖的酵母的检出，可以将样品在麦芽三糖琼脂上培养 3d，然后用三苯基四唑（嗡）盐覆盖在上面，经过 3h，发酵麦芽三糖酵母菌呈鲜红色，不发酵的菌落呈明显的淡红色。

啤酒厂曾遇到极限发酵度非常高的酵母，例如糊精酵母能够发酵糊精，所以，最后发酵度极高，幸亏到目前为止分离出来糊精酵母株，繁殖速度赶不上培养酵母，不可能在接种酵母中占据很大数量，不过在自然后发酵的啤酒中会造成危害性很大的感染，产生不良风味。另一个会造成高发酵的野生酵母是布鲁塞尔酒香酵母，这是一个生长慢的酵母，从它橄榄状的细胞形态颇易识别，往往给自然后熟的啤酒常来不正常风味。

除了常见的酵母属野生酵母之外，象假丝、毕赤氏和圆酵母属的酵母只能利用极少量（或完全不）葡萄糖，不过菌膜假丝酵母能利用酒精，柠檬状克氏酵母只能发酵葡萄糖，而异常汉逊酵母和平常圆酵母则能够发酵和酵母属酵母同样的糖类。有人提出用选择性培养基进行野生酵母分离，采用培养酵母不能利用的糖类，例如：阿拉伯糖、甘露糖、鼠李糖、清凉茶糖、各种配糖体等，检出了假丝酵母、圆酵母和几个酵母属的菌株。

（5）选择性培养基

啤酒野酵母检出常用的主要选定基质如下：

A. 含放线菌酮的培养基。

B. 以赖氨酸为唯一氮源的培养基。

C. 含结晶紫的培养基。

培养基可以用液体或固体的对啤酒酵母中感染野酵母的检出，用明胶或琼脂麦芽汁，比较方便。

A. 放线菌酮培养基：放线菌酮是一种抗生物质，对于培养酵母的致死量为 0.2mg/L. 但许多野生酵母（如毕赤氏酵母、圆酵母、酒香酵母）对它有较大的抵抗力，例如酒香酵母能经受 100mg/L 的放线菌酮。用放线菌酮（100mg/L）的固体或液体培养基，可以作为很有用的检验多种野生酵母的选择性培养基。

B. 赖氨酸培养基：有一系列啤酒酿造中常常出现的野生酵母能够在以 L-赖氨酸为唯一氮源的合成培养基上生长，而酵母属菌株则不能生长。赖氨酸培养基的应用现在已广泛普及到全世界啤酒厂的分析室，为检验接种酵母是否纯粹，提供了极其简单有效的方法，但是存在着一个很大的缺点是无法检出生成混浊的酵母属菌株，而它在英国上面啤酒中往往是主要的病害酵母。

C. 结晶紫培养基：含结晶紫 20mg/L 的鉴别培养基，根据道，该基质阻止培养酵母的生长，但能让巴氏酵母、葡萄酒酵母及糊精酵母生长，这些是赖氨酸试验中无法检出的，小部分赖氨酸试验阳性的，结晶紫试验是阴性，所以，交替使用这两种鉴别基质，可以检出所有常见的感染野生酵母。

（6）血清学的鉴别　用血清法鉴别细菌已有多年的实践历史，但直到最近还没有一个合适的检出酵母感染的技术，因此，控制野生酵母感染显得极端困难。

不过，近来的研究指出，可以用免疫萤光法从啤酒酵母细胞检出以 1∶1 000 000 比例存在的野生酵母细胞，操作法的特点是建立在应用一个只对野生酵母有反应的抗血清上面，由于萤光素和细胞蛋白质抗体的化学结合，从细胞的萤光显示反应，酿造酵母样品中有萤光的感染细胞可以通过显微镜检查，在 3h 内得到结果。

除了在啤酒厂化验室常常使用的上列 6 种检别野生酵母的试验方法之外，用得较少的尚有凝聚性能、巨大聚落形态、对生长素的需要及澄清性质等。

4. 啤酒中野生酵母的检查

啤酒和来自啤酒酿造的各种样品的日常微生物检验或感染的检出，采用的手段必须和接种酵母所用的不同，首先须考虑样品是不是只含极少量酵母，还是有大量细菌存在。

对无菌过滤或巴氏杀菌的啤酒只含极少量活细胞，这种样品一般用薄膜过滤，然后培养在麦芽汁琼脂或明胶上，任何出现的细胞必须用前面讲过的方法鉴别是培养酵母还是野生酵母。

如果样品含相当少的细胞，如过滤时的啤酒，一般先离心使酵母浓缩，然后用显微镜检查，再在不同培养基培养，例如，①麦芽汁（好气状态）。②麦芽汁，添加放线菌酮（10mg/L）。③啤酒＋糖液（满瓶，不让上面有空隙）。这三种基质可以在培养酵母与野生酵母之间作出初步的鉴别。例如，麦芽汁中所有酵母都生长，放线菌酮基质中只有酵母属以外的酵母能生长，而在完全满瓶的培养基中只有那些在少量氧中发育的酵母能生长，经过培养的样品接种到平血固体培养基上，用已述方法区别培养和野酵母菌落的形态。

另一有效方法是将试料澄清后培养 7～14d，如果出现混浊，说明有病害酵母存在，因为培养酵母都已在澄清时除去。

如果样品极其混浊，无须浓缩，可以直接用各种培养基质进行培养。

5. 野生酵母的鉴定

检出野生酵母的试验当然不必对感染酵母作出鉴定，因为许多场合，啤酒酿造微生物控制的目的是早期发现病害，及时采取防治措施，除非想弄清楚感染酵母的本体（至少它的属别），从上文叙述的，检出试验可能对侵入啤酒的感染酵母类型已形成某些看法，例如产膜酵母最容易识别，而且是产生混浊的类型，有时从显微镜检查可以得到鉴定酵母的线索。

不过假使要对酵母作出全面鉴定，无疑最好得依照一定系统程序，这里介绍威尔斯操作程序。这是一个非常细致的有名操作法，每一个分离的酵母组进行 18 个项目特征鉴定，其中只有下列 6 个项目具有重要性。

（1）无性繁殖。

（2）细胞的大小与形状。

（3）子囊孢子形成。

（4）菌膜形成。

（5）糖类发酵的性质。

（6）碳水化合物的同化。

依照上列程序，同时可对 20 个样品进行鉴定，每一次鉴定约需 2 星期。

鉴定培养酵母用两个基本程序，一个是形态检索，另一个是生物化学检索。孢子形

表 1-5-47　　啤酒中主要野生酵母的特征

菌名	细胞	孢子		培养特征	发育温度及pH	糖类发酵及其他特征	病害
		形态,大小	形成的最适温度				
巴氏酵母	麦芽汁 25℃培养 24h,幼细胞圆至卵圆形(3～7)μm×(4～15)μm,单独生长或出芽连接生长,细胞或沉底或上浮成岛状,培养 3d 后细胞呈伸长形(3～6)μm×(8～17)μm,15d 后细胞沉淀	圆形、平滑。25～30℃下 40h 内形成 1～4 个孢子。1.5～5μm	5～35℃ (27.5℃)	琼脂斜面培养菌落呈白色,湿润光滑,边缘变曲,液体培养 13～15℃15～30d,26～28℃7～10d,即生成皮膜及环	5～34℃ 4.7～8.5	下面发酵,野生,发酵葡萄糖、半乳糖、半乳蔗糖、棉子糖,不能同化硝酸盐,对乙醇于培养基能稍稍发酵	为(下面发酵)啤酒厂危害性大的野生酵母之一,阻碍啤酒贮藏期的澄清,产生讨厌的苦味及不愉快气味
啤酒酵母混浊变种	以麦汁新鲜培养,细胞呈形至长卵形(4～4.5)μm×(6～12)μm。单独生长或二个连接	圆形、滑面、25～30℃下 40h 内形成 1～4 个孢子。1.5～5μm	4～35℃ (29℃)	琼脂斜面培养菌落是淡黄色,软质,润湿光滑边缘为锯齿状。液体培养 13～15℃8～19d 形成皮膜,同时使麦芽汁脱色 26～28℃约 4～5d 形成皮膜。	5～40℃	上面发酵,野生,能发酵葡萄糖、半乳发酸葡萄糖、半乳糖、蔗糖、麦芽糖及 1/6 棉子糖,不能同化硝酸盐,以乙醇为碳源发育良好	在(上面发酵)啤酒厂常找到,能引起啤酒很强的混浊及刺鼻难闻的气味
强壮酵母	细胞呈伸长至腊肠状(2～3)μm×(9～10)μm。1～2 个连接,菌膜细胞较长	球形,40h 内形成 2～3 个孢子 2～4μm	4～29℃ (25℃)	琼脂斜面培养菌落呈淡黄色,软质,湿润,光滑波纹状。边缘为锯齿状 13～15℃10～25d,26～28℃7～10d 形成菌膜	5～40℃ 4.7～8.5	上面发酵,野生,能发酵葡萄糖、蔗糖、麦芽糖棉子糖,不发酵乳糖,以乙醇为碳源能良好发育。	为(下面发酵)啤酒危害性较大的野生酵母,能使啤酒产生混浊
魏氏酵母	细胞长卵圆形(4～8)×(9～18)μm,单独生长或 2 个连接,老年培养呈长链	球形、滑面,培养 11h 便形成孢子	4～11℃ (34℃)	琼脂斜面培养菌落软泥状,有光泽,而稍皱,边缘弯曲,液体中数天后出现沉淀及环		下面发酵,野生,能发酵葡萄糖、半乳糖、蔗糖、麦芽糖、棉子糖,以乙醇为碳源难发育	使啤酒产生特殊的涩味、烂水果味,产生混浊。

续表

菌名	细胞	孢子		培养特征	发育温度及pH	糖类发酵及其他特征	病害
		形态，大小	形成的最适温度				
啤酒折酵母	细胞呈卵形至圆筒形(3～4.5)μm×(6.5～10)μm，常出芽接合，在特殊条件下形成拟菌丝，每个细胞中有数个油滴			麦芽汁表面迅速形成鲜黄色皮膜，初平滑，后成褶皱。麦芽汁琼脂菌落灰色、软质、平滑、粗面、平坦，但中央部分略高起，周缘部分有微细皱纹	2～33℃ 麦芽汁中60℃便死灭	此菌无发酵力，能同化葡萄糖、果糖、有机酸，以乙醇为碳源发育良好	它在啤酒比麦芽汁中更易发展，能使啤酒混浊和产生不适当的气味
异常汉逊酵母	细胞圆至椭圆，形或圆柱形(2.5～6)μm×(4.5～20)μm。多边出芽繁殖，能形成假菌丝	草帽形，孢子1～4个	25℃	麦芽汁25℃培养3d，液面有白色菌膜，培养液混浊，有菌体沉于管底。麦芽汁琼脂上菌落平坦乳白色，无光泽，边缘丝状	4～40℃ 4.0～8.0	此菌有发酵力，能发酵葡萄糖、麦芽糖、半乳糖、蔗糖和棉子糖，不能发酵蜜二糖和乳糖，能利用乙醇	啤酒感染机会大，使啤酒混浊和发生怪味
菌膜假丝酵母	细胞卵圆形，柱形(1.7～5)μm×(4.3～12)μm。多边出芽繁殖，能形成假菌丝	不形成孢子	30℃	菌落白或奶油色，在基液表面长皮膜	5～40℃ 4.0～8.0	微发酵性菌，有的能发酵葡萄糖。能利用乙醇	在啤酒中感染机会大，使啤酒产生怪味
膜折毕赤氏酵母	细胞卵形成或长卵形，圆筒形(3～5)μm×(5～12)μm，多出芽繁殖，能形成假菌丝	球形、半圆形或帽形1～4个	25℃	菌落白或奶白色，无光泽，在基液表面长白色干燥皮膜	5～40℃ 4.0～8.0	只发酵葡萄糖，有的称微发酵菌，能利用乙醇。	在啤酒中感染机会大，使啤酒产生怪味

成一般不易诱发，虽然对酵母鉴定具有头等重要性，另一方面，比较稳定的特征，如无性繁殖、多糖类形成、产生色素、发酵与糖的同化和硝酸盐的同化，都包括在程序之内。

应用形态检索，初步分离根据显微镜检验的形态和个别菌落（菌丛）在麦芽汁或琼脂上生长的速度，生物化学检索应用在比较少数的分离品种上，首先是根据它们的发酵与同化模式，形态特征在这里不是最重要的。

七、啤酒生产过程中微好氧杂菌的检测方法

啤酒生产中常遇到的细菌有：乳酸菌、啤酒足球菌、醋酸杆菌、醋酸单胞菌、发酵单胞菌、多变黄杆菌、大肠菌群等。目前，国内大多数啤酒厂只对总细菌数（好气条件下）及大肠菌群进行测定，但对其中微好氧的细菌（如乳酸杆菌、啤酒足球菌、发酵单胞菌等）却不能进行检测，而这些微好氧的细菌对啤酒质量的影响又相当大，轻者影响啤酒口味，重者造成啤酒混浊、沉淀。

我们采用 EBC 微生物分析法，结合国内实际情况进行适当的改进，检测上述微好氧杂菌。

1. 材料

（1）主要试剂

①无菌放线菌酮溶液（100mg/L）200ml：称取 20mg 放线菌酮溶于蒸馏水中，定容至 200ml，然后，用无菌的真空过滤器加 0.20μm 的无菌滤膜过滤，滤液放于无菌试剂瓶中于冰箱中保藏，或用过滤头（市售）接于注射器头，也可过滤。

②厌氧指示剂

50ml3%四硼酸钠（1.5g 四硼酸钠＋50ml 蒸馏水）

120 滴（50ml）9%的巯基乙醇（10ml99%巯基乙醇＋90ml 水）

30 滴（1.5ml）酚红溶液（0.05g 酚红＋50ml95%酒精）

100～150 滴（5～7.5ml）1%标准次甲基蓝溶液＋100ml 蒸馏水

100ml2.5%琼脂溶液（2.5g 琼脂＋100ml 蒸馏水）

最后，将上述液依次混和，煮沸后用注射器注入安瓿瓶（医药商店有售）中，用喷灯封口，冷却，颜色为（无色至浅绿色），然后灭菌（0.1MPa，15～20min），此指示剂有氧时为蓝色，无氧时为无色。

③番茄汁（用来替代 DIFCO 番茄汁）：买市售的西红柿 4～5 只，去皮，用家用打浆器均浆，然后用布氏漏斗过滤，得清液即为番茄汁（可得 200～300ml）。另若没有上述设备，可用八层纱布将去皮剪碎的西红柿包于其中，用力挤压也可得。

（2）培养基

①Kissel&Dakin 法（pH5.0）（乳酸菌）

酵母浸膏	2.5g
酒花麦芽汁（10°P）	50ml
磷酸二氢钾	0.25g
氯化钙	0.075g
氯化钾	0.2g

三氯化铁	0.0025g
琼脂	7.5g
硫酸锰	0.2g
水	500ml

②UBA 培养基（pH4.2）（乳酸菌）

蕃茄汁（DIFCO 的替代品）	120ml
葡萄糖	10g
琼脂	12g
自来水	750ml
蛋白胨（代替 DIFCO 胨化牛奶）	15g

上述物质灭菌后再加入 250ml 杀过菌的啤酒（也可直接加入 250ml 啤酒后再灭菌）。

③LMDA 多级选择培养基（各类微好氧菌）

蕃茄汁（DIFCO 替代品）	120ml
蛋白胨（DIFCO 胨化牛奶替代品）	20g
酵母浸膏	10g
泛酸钙	2g
柠檬酸	1.1g
磷酸二氢钾	0.5g
磷酸氢二钾	0.5g
硫酸镁	0.2g
硫酸锰	0.01g
硫酸亚铁	0.5g
吐温 80	0.5g
溴甲酚绿	0.022g
琼脂	15g
蒸馏水	1000ml
碳酸钙	5g

④MYGP 培养基（20ml）（发酵单胞菌）

麦汁浸出物	0.6g
酸母浸膏	0.6g
葡萄糖	4.0g
蛋白胨	1.0g
蒸馏水	200ml
pH	4.0g

⑤四联球菌培养基

酵母浸膏	2.5g
葡萄糖	10g
琼脂	10g

苯乙醇	0.3ml/100ml
pH	4.8

2. 主要设备及仪器

（1）将真空干燥器改造成厌氧培养罐　如图 1-5-30 所示。

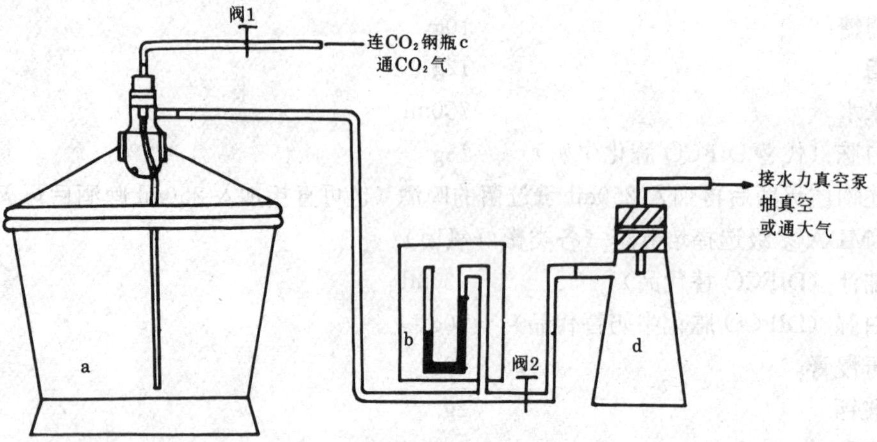

图 1-5-30　微好氧菌简易培养装置

a—真空干燥器　b—水银真空压力表　c—二氧化碳钢瓶　d—缓冲瓶

（2）所需仪器（每一种样，一种培养基，培养一批所需仪器）

10ml 移液管	1 根
1ml 移液管	4 根
试管	4 根
培养皿	4 根
注射器（5ml）	1 个
三角瓶（200ml 内装蒸馏水）	1 个

上述仪器均需灭菌。

3. 实验方法及具体操作步骤

利用厌氧培养罐造成无氧环境，再利用特殊的选择性培养基，对啤酒生产过程中污染的微好氧细菌进行检测

（1）对于麦汁中细菌的检测　麦汁细菌多数是好气菌，因此，只需用牛肉汤培养基或 Mac. conkey 培养基好气培养即可。

（2）对于主发酵液中细菌的检测

①取样：先用酒精棉球将取样口清洗几遍，然后打开取样口放醪液，放一段时间后，接瓶取样，装二分之一取样瓶即可。

②取四只无菌试管，用 10ml 移液管向每个试管中移取 9ml 无菌水，再取 1ml 主发酵液（取上清液）做浓度梯度 10^{-1}、10^{-2}、10^{-3}、10^{-4}。

③取四个培养皿，用注射器（无菌）注入 2.5ml 左右的 100mg/L 放线菌酮溶液。

④将已融化的培养基（温度不能太高，45℃左右，温度过高会使放线菌酮的抑菌作用失效）倒入培养皿中，将每个浓度的稀释液 1ml 注入还未凝固的培养基中，摇匀。

⑤将凝固的培养基倒置于厌氧培养罐中，并将厌养指示剂的安瓿瓶打破，将指示剂迅速放入培养罐中。

⑥充二氧化碳气。

A. 将 1、2 两阀门打开，开启钢瓶，通入二氧化碳 5～10min。

B. 关闭钢瓶，再关伐 2、阀 1. 接着开阀 2，接水力真空泵抽真空，至水银压力表 10～11kPa 真空度，关阀 2。

C. 开阀 1，再慢慢充入二氧化碳，使压力回复至 0（此时一定要避免压力为正压，因为真空干燥器无紧固件，正压后易充顶起盖）。

D. 再将 2 阀打开，通大气，充二氧化碳 20～30min，最后关闭 1、2 两阀，即可，若第二天后，厌氧指示剂变成蓝色，应重复前面的操作。

⑦于 30℃下培养 4～5d。

⑧挑菌落，用革兰氏染色法做镜检片，镜检。

（3）对于后发酵液中的细菌的检测　操作步骤同（2）。

（4）对于已混浊的酒样的检测　由于酒样的混浊程度不同，其中细菌的数量差异也很大，因此，浓度梯度需因混浊程度不同而改变，一般仍做梯度 10^{-1}、10^{-2}、10^{-3}、10^{-4} 即可，其余操作同（2）。

（5）对种酵母的检测

①用接种勺，取一勺种酵母于无菌试管中，用无菌水稀释至 5ml，取 1ml 液用血球计数板数酵母。

②将剩余的稀释液用无菌水稀释至 50ml。

③用真空过滤器＋0.20μm 的无菌滤膜过滤富集。

④取一培养皿，将滤膜放于其中，加入 3ml 无菌的放线菌酮。

⑤倒入（45℃左右）融化的 LMDA 培养基，摇匀，即可。

⑥放至厌氧条件下培养。

⑦厌养条件的操作同前。

⑧结果表示：4ml 中的细菌数/4ml 液中的酵母数。

（6）对成品清酒样的检测　由于成品酒经巴氏灭菌，只有很少量的菌存在于酒中，所以，必须用滤膜富集培养。

①用灭过菌的真空过滤器，过滤清样 150～200ml，使杂菌富集于无菌滤膜（0.20μm）上。

②将无菌滤膜放至培养皿底。

③用注射器注入 2～3ml 无菌 100mg/L 放线菌酮溶液（注：此处可以不加放线菌酮，因为清样中酵母已被过滤除去，但为了保险起见，还是加入一些为好）。

④再倒入（45℃左右）的融化的培养基，摇匀，冷却。

⑤放于厌养条件下培养。厌氧条件操作同前。

4. 结论

(1) 通过实验得结论，在检测乳酸杆菌时，用 UBA 培养其及 Kissel&Dakin 法的培养基培养效果好。

(2) 当需测总的微好氧菌总数时，用 LMDA 多级培养基。对工厂来说，一般仅需了解杂菌的污染程度及是什么菌，因此，认为用 LMDA 多级培养基为最好。

(3) 由于啤酒生产过程中，微好气细菌的微生物生长环境只有在种酵母阶段、主发酵阶段、后发酵阶段及成品酒。所以，在此只对这几个阶段的检测进行讨论，另外，如酿造用水、无菌空气等的检测，应用的是好气培养，在此就没有叙述。

(4) 对于乳酸杆菌、啤酒足球菌、大肠杆菌、发酵单胞菌，前两种为革兰氏阳性菌，在显微镜下，一种为杆状，一种为球装，极易区别。后两种为革兰氏阴性菌，在显微镜下，一种为细杆状，一种为短粗杆状，也非常好区别。

(5) 对于发酵单胞菌的检测需用 MYGP 液体培养基。操作方法如下：

①取 MYGP 培养基装入杜氏管中（4 只），放入 4 只带盖的试管 10ml 中，然后加入 6ml 的培养基，进行灭菌。

②然后向每个试管中加入 1ml 过滤除菌的放线菌酮液。

③再加入 1ml 样品（主发酵液、后发酵液或混浊酒样）。

④最后，加培养基（灭过菌）至 10ml，旋紧盖，28℃培养 5d。

结果若有菌，4 只杜氏管中均有气泡产生。若要计数，还需取此液于 LMDA 培养基上作固体培养。

(6) 由于后发酵液中细菌繁殖旺盛，因此，浓度梯度可适当做大一些。

(7) 对啤酒生产过程中杂菌的一般检出路线

①生物混浊样品

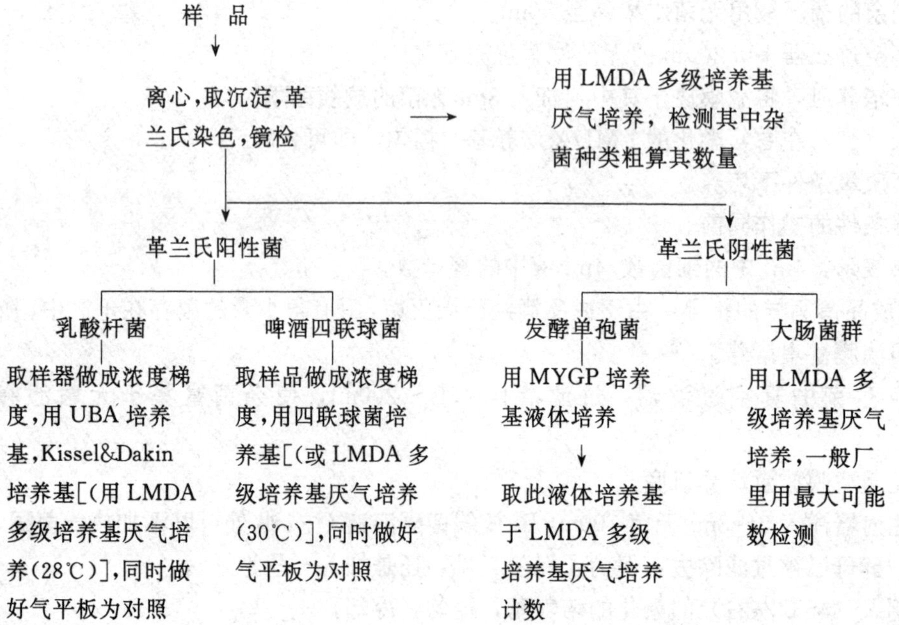

②澄清啤酒样品

样品

↓

取酒样做梯度（以体积为准）

↓

用滤膜过滤富集

↓

用 LNDA 多级培养基厌气培养，检测其中杂菌种类及粗算其数量

↓

再根据检测出的菌，用 Kissel& Dakin 培养基、UBA 培养基、四联球菌培养基等专性培养基，按上述步骤进行厌气培养，精确计算其数量

第七节　高浓酿造法

一、概　　述

1. 历史

传统德国式啤酒酿造法，麦汁煮沸和冷却后称“定型麦汁”。近代欧洲税率规定是以此麦汁的浓度和容积为收税标准，因此，定型麦汁浓度在发酵和成品制造过程中是不允许改变的。成品啤酒计算的“原麦汁浓度”应和制造时麦汁浓度一致。麦汁浓度是由原料与加水比确定的。有人提出在糖化时加水和在发酵时加水或在啤酒过滤前加水有什么不同？70 年代（The Brewer1977，No2），美、加等国啤酒厂推出“高浓酿造，后稀释工艺”。采用高浓度〔西方喜欢用密度（Gravity）〕麦汁糖化和发酵。啤酒成熟以后，在过滤前用饱和 CO_2 的无菌水稀释成传统浓度的成品啤酒。

表 1-5-48　　**国内外稀释啤酒产品**

厂　　商	国　家	冷麦汁浓度/°P	成品啤酒后麦汁计算浓度/°P	稀释度/%
Anheuser-Busch	美国	15.0	11.0	30.0
Stroh	美国	18.0	10.5	71.4
BSN	法国	13.0	11.4	14.0
Molson	加拿大	15.4	11.8	30.5
Courage	英国	13.0	10.7	12.1
Caauhtemoc	墨西哥	14.5	11.0	31.8
华光啤酒厂	中国	12.0	10.5	14.3
某厂	中国	14.0	10.0	40.0

传统型浅色下面发酵啤酒的浓度，习惯上在14°P以下，对于超过15°P以上酿造（糖化和发酵），以后再稀释传统8～12°P（原麦汁计算浓度）的啤酒，在工艺上称“高浓酿造稀释法”。由于商业原因，人们讨厌稀释法，所以，此工艺常称“高浓酿造法”。

$$稀释度（\%）=\frac{高浓酿造时啤酒原麦汁浓度-成品啤酒原麦汁浓度}{成品啤酒的原麦汁浓度}\times100\%$$

国外较普遍采用稀释度为20%～40%，除德国外，国外许多大公司生产啤酒均采用“高浓酿造稀释法”。

2. 高浓酿造法的特点

（1）优点

①糖化和发酵设备的利用率提高，节省工厂建设投资。

②生产费用的降低，热能和冷量的显著降低，成本的降低。

③实物劳动生产率的提高。

④啤酒非生物稳定性提高。

⑤香味稳定性提高。

⑥淡爽风格更突出。

（2）缺点

①糖化时原料浸出物收率下降。

②酒花α-酸的利用率下降。

③不易制造浓醇风格的啤酒。

（3）工艺关键

①和常规传统酿造啤酒风味的差别。

②原料配比十分重要。

③发酵工艺对高浓的适应性。

④稀释水的制备技术。

⑤定比混合。

3. 进展

当前啤酒发展的特点：生产日趋垄断化、大型化、旺季销售量的猛增、啤酒浓度逐步淡化和多样化、啤酒风味日趋淡爽化等，这些都对高浓酿造法注入了巨大的生机，现在北美和北欧的国家已经把高浓酿造法作为正常生产技术。

稀释方法有三种：

（1）麦汁稀释　糖化麦汁采用高浓度，在回旋沉淀槽稀释。此法仅使用在糖化能力不足的工厂。

（2）前稀释　主发酵用高浓度，后发酵（双乙酰还原）时稀释。此法对稀释水脱氧要求低。

（3）后稀释　啤酒发酵、贮酒结束，成熟酒在后处理或过滤前稀释。此法是典型的高浓酿造后稀释法。

我国在60～70年代，就有麦汁稀释和前稀释工艺。华光啤酒厂在80年代初，首先推出，由12°P酿造，成熟后稀释后10.5°P的工艺。现在许多啤酒企业均采用13～12°P

酿造成熟后稀释成10～8°P，此工艺从原则上还不属于高浓酿造法。近几年国外致力于高浓酿造法的研究，发酵麦汁浓度已经提高到18～24°P，乃至30～36°P的酿造，稀释度从60%～300%。如此高浓度酿造，糖化工艺、酵母选育、发酵技术、稀释水的处理均有特殊的要求，难度更大，而经济意义更显著，不过，投入生产的还是较多采用稀释度为30%～60%的工艺。

二、高浓酿造法

高浓麦汁的酿造，为了不影响实际生产，提出如下目标：①典型六器组合糖化设备要求日生产批次不低于6次。②在C.C.T发酵中主发酵周期少于8d、后发酵和贮酒周期少于18d。③啤酒过滤机能力和常规相似。

1. 高浓麦汁制备

(1) 增加投料量　每锅多投入麦芽和辅料，即减少加水比，此法受到物料吸水和流动性的限止。加水比不能少于1∶2.7。

若麦芽和辅料的混合无水浸出率$A=80\%$，加水比为$M:W=1:2.8$头号麦汁浓度为P_0。

则 $P_0=\frac{A}{A+W}=\frac{80\%}{80\%+2.8}=22.2\%$

若按此方法可以直接调制18～20°P浓度的麦汁。实验证明，此浓度醪的糖化并没有太大的困难。

糖化醪的过滤发生一系列问题，首先是由于投料量增加30%～40%，麦糟层厚度也增加30%～40%，麦汁浓度增加，过滤时间要延长30min。头号麦汁过滤后，麦糟中吸附浸出物增加，而洗糟又受到时间和煮沸锅容量限止，洗糟终点提高，残余麦汁浓度从0.5～0.7°P，将提高到2.5～3.5°P，若不考虑淡麦汁的回收利用，终将影响糖化收得率。

为了不影响收率，一般在洗糟到5.5～7.0°P以后，淡的洗糟麦汁，单独收集，并经过活性炭吸附过滤后，作为第一次洗糟用水。

(2) 煮沸时加糖或糖浆　用糖或糖浆作辅料，已经流行多年，若用它们来提高麦汁浓度，方法简便且不会影响前面糖化和过滤。国内很多啤酒厂在常规啤酒酿造中加投料量的6%～8%蔗糖代替大米辅料，能降低麦汁色度，但大量添加糖类，会改变麦汁组成，减少麦汁中α-氨基氮、维生素等酵母生长营养物质，以致影响酵母的生长和发酵。

如：常规12°P麦汁α-氨基氮为180mg/L，相当于1.5mg/g浸出物。

若用蔗糖把麦汁浓度提高至18°P，添加蔗糖量Wkg/100L，可按下式计算：

$$12\%\times1.0484\times100+W=18\%\times1.07416\times(100+0.626W)$$

$$W=7.684\text{kg}/100\text{L}$$

煮沸时加糖，由于蔗糖相对密度大（1.587），易沉于器底，应先加水加热溶解，化成糖浆，在煮沸结束前30min加入。

浸出物浓度提高，并不提高其他营养成分。如α-氨基氮从1.5mg/g，降低至1.0mg/g。因此，用蔗糖和糖浆提高麦汁浓度必须配“酵母食物”(Yeastfood)，补充酵母营养和调整麦汁组分。酵母食物在国外已商品化。

表 1-5-49　世界商品化的酵母食物

商品名称	厂商	性质	组分含量/mg·L^{-1}			无机离子含量/μg·g^{-1}						
			蛋白质	氨基氮	氨	S	P	Zn	Cu	Mg	Ca
1. Amberex-1003	Vniversal Foods	酵母自溶喷雾干燥	340	16	3	6.2	18.5	93	3	3.8	1.6
2. Bio faotor AB	Siebelsons schwary	混合制品	380	/	0.93	7.3	9.3	5.7	15	3.8	2.2
3. Biofood	Bicom Canad lnc	无机、有机养料混合物	40	48	14.2	未			测		
4. Casamino Acids	Difco Lab	干酪素酶水解物	64	29	2.6	5.8	18.6	94	22	2.7	1.3
5. Amber Ehc	Fisher	干酪素酶水解物	660	23	14.2	10	260	7	2	60	22
6. Taslone-50	Vniveresal Foods	酵母自溶转鼓干燥物	468	8	2.5	4.1	12.3	148	9	1.3	76
7. 酵母浸膏	Difco Lab	酵母自溶的水溶部分	100	46	168	25.5	155	10	5	52.5	7.0
8. Yeaster-61	Difco Lab	维生素、磷铵等配合养料	256	5	16.75	19.2	29	13.4	15	2.3	3.7
9. Yeaster-82	Siebelsons Schwary	蛋白质、氨基酸、矿物质配合	254	28	0.78	7.44	14.5	130	7	389	158

(3) 大麦全酶法糖浆的应用　当今生物技术的发展，有各种商品酶制剂可选择，用不能发芽的大麦（比啤酒大麦价格低1/3～1/2），用外加多种酶制剂制造“大麦麦汁”，经浓缩、脱色。工艺流程如下（无锡轻工大学研究流程）：

大麦→除杂（↓石铁糠灰）→回潮（↑水）脱壳（↓皮壳）粉碎→大麦粉碎物→加45℃热水调成30%干物质浓度→（↑加啤酒酿造复合酶0.3%（大麦量））45℃分解90min

→（↑耐高温α-淀粉酶0.6‰（大麦量））加热至95℃，于95℃保温20min→冷却至55℃，并调pH5.6→（↑加蛋白酶0.3‰（大麦））53～55℃保温2h

→升温至62℃，并保温6h（↑加β-淀粉酶0.2%）→升温至75℃，保温至碘不呈色（↑加耐高温α-淀粉酶0.3‰）→加入大麦皮壳，板框压滤（↓滤糟）→

滤液→真空浓缩至70°Bx→脱色→成品大麦糖浆

大麦麦汁糖浆组成：

浓度：70°Bx

DE值：75%

极限发酵度：70%

总可溶性氮：≥600mg/100g浸出物

α-氨基氮：≥110mg/100g浸出物

色度，稀释成12°P：8EBC

工艺中使用酶：

啤酒酿造复合酶——内含β-葡聚糖酶300u/ml、蛋白酶7 000u/ml、（中性）α-淀粉酶500u/ml，是无锡轻大学研制，连云港酶制剂厂生产。

耐高温α-淀粉酶，中性蛋白酶——无锡酶制剂厂生产。

β-淀粉酶——甘薯或麸皮提取（10×10^4u/ml）

大麦糖浆组成分非常接近麦芽汁，用它在煮沸麦汁时添加，提高浓度，不会造成发酵困难。国内对此有待于开发，以代替日益昂贵的大米辅料。

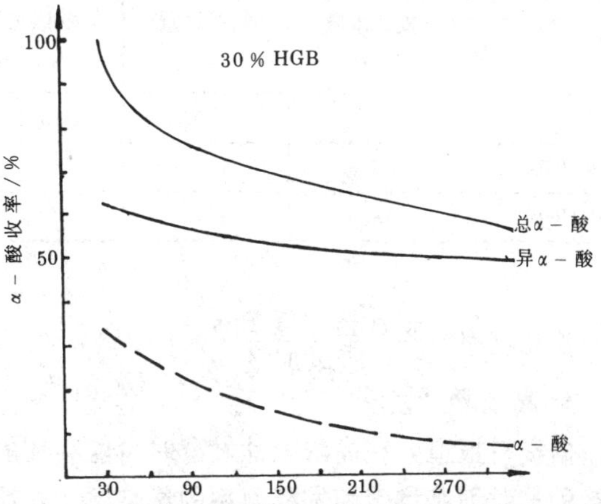

图1-5-31　α-酸收率和添加量的关系

2. 高浓麦汁煮沸时添加酒花的变化

传统的酒花，国外高浓麦汁制造中发现，酒花利用率下降，其原因：

(1) α-酸的溶解度随着酒花添加量增加而降低（如图1-5-31所示）。

(2) 总α-酸和α-酸收率随凝固物增加而减少，但异α-酸收率几乎保持不变。（如图1-5-32所示）。

(3) 高浓酿造麦汁的 pH 要低于正常浓度（如 18°P，pH5.0），α-酸和异 α-酸的收得率有明显下降。（如图 1-5-33 所示）。

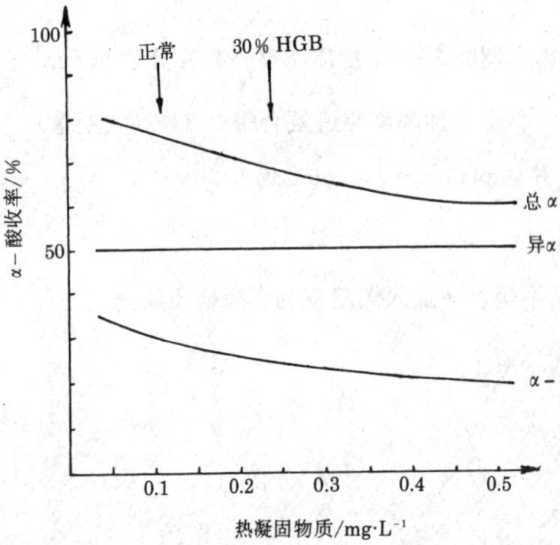

图 1-5-32 α-酸收率和热凝固物关系

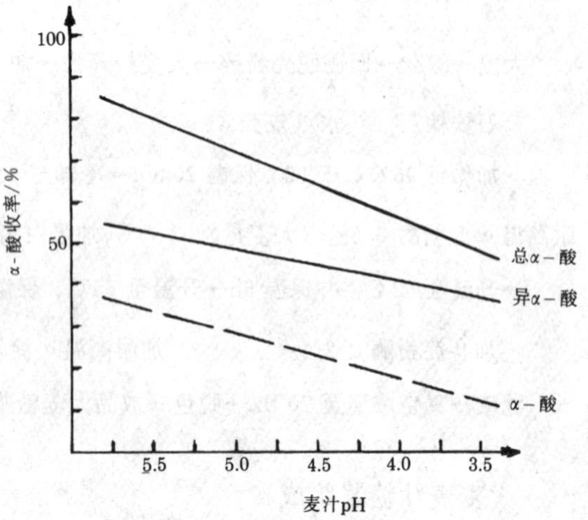

图 1-5-33 α-酸收率和麦汁 pH 的关系

因此，在高浓酿造中，酒花添加量要增加才能达到正常浓度酿造的风味值。

表 1-5-50 酒花添加和苦味值收率

	麦汁浓度 /°P	酒花添加量 /g·L^{-1}	α-酸添加量 /mg·L^{-1}	麦汁苦味值 /Bus	苦味收率 /%	收率比 /%
正常麦汁	12.0	1.05	43.1	36.2	84.0	100
30%HGB	15.6	1.76	72.1	50.0	69.5	82.7
50%HGB	18.0	2.55	104.6	59.7	57.1	68

$$苦味收率=\frac{麦汁苦味值\ Bus}{α\text{-}酸添加量}\times 100 \qquad (\%)$$

3. 高浓麦汁发酵

据资料报道，在高浓麦汁发酵时可能存在的问题是：①麦汁含氧水平的影响。②酵母接种量对细胞增殖和发酵速率的影响。③麦汁 α-氨基氮水平对发酵的影响。④发酵对风味物质的影响。⑤发酵温度和压力对发酵速率和风味物质的影响。无锡轻工大学和青岛啤酒股份有限公司联合研究所在研究高浓酿造方面初步得到了如下实验数据。

(1) 溶解氧对发酵的影响 由于麦汁浓度提高，麦汁溶氧水平降低，若通入纯氧可提高麦汁含氧量。

表 1-5-51 不同浓度麦汁通入空气饱和含氧水平（10℃）

麦汁浓度/°P	12	14	16	18	20	22	24	26	28
饱和含氧量/mg·L^{-1}	9.3	8.6	8.1	7.8	7.5	7.1	6.9	6.4	6.0

表 1-5-52　　不同浓度麦汁通入纯氧后饱和含氧量（10℃）

麦汁浓度/°P	12	14	16	18	20	22	24	26	28
饱和含氧量/mg·L⁻¹	33.2	32.4	31.8	30.5	29.3	27.8	26.0	24.7	23.3

表 1-5-53　　麦汁含氧水平对发酵的影响　　(mg/L)

麦汁浓度/°P 和接种量/个·ml⁻¹	空气 一	空气 二	纯氧 一	纯氧 二	25℃发酵时间/h	发酵度/%	细胞密度/×10⁶个·ml⁻¹	α-氨基氮同化率/%
28	6.0	/	/	/	144	44.6	88	36.8
37×10⁶	6.0	3.8	/	/	144	52.8	122	51.8
	/	/	23.7	/	144	59.5	114	46.8
	/	/	13.3	8.1	128	64.1	142	58.6
24	6.7	/	/	/	136	58.4	82	40.7
31×10⁶	6.0	3.8	/	/	136	64.3	114	51.3
	/	/	23.7	/	136	61.8	94	47.1
	/	/	13.3	8.1	120	65.4	136	59.1
18	7.8	/	/	/	112	63.8	69	45.8
23×10⁶	6.7	4.5	/	/	104	65.1	89	53.8
	/	/	26	/	112	64.8	81	51.2
	/	/	26	10.6	96	65.8	96	57.0

实验研究注：(1) 麦汁含α-氨基氮 1.51mg/g 浸出物。

(2) 麦汁充空气或氧第一次接种物充 30min，第二次接种后 12min 充 30min。

(3) 发酵在 25℃下进行。

由于表 1-5-53 可知，在高浓酿造中用纯氧两次通风，可提高发酵度，增加细胞密度。在低温发酵时也同样如此。

表 1-5-54　　一次和二次通纯氧对低温发酵的影响（24°P 麦汁）

发酵时间/h	外观浓度/°P 一次	外观浓度/°P 二次	真浓度/°P 一次	真浓度/°P 二次	酒精质量分数/% 一次	酒精质量分数/% 二次	真正发酵度/% 一次	真正发酵度/% 二次
12	23.5	23						
24	22.5	22						
36	21.5	20.9						
48	20.0	19.4						
60	18.5	17.5						
72	15.2	14.5						
96			14.93	13.45	4.4	5.17	37.8	43.96
120			13.66	12.17	5.0	5.76	43.1	49.3
148			12.77	11.4	5.43	6.08	46.8	53.3
172			121.3	10.7	5.64	6.45	48.8	55.5
196			11.9	10.1	5.82	6.7	50.5	57.75

注：本研究实验(1) 接种浓度为 31×10⁶个/ml，接种温度 12℃，发酵 14℃。

(2) 一次通氧、接种后通纯氧 30min，二次发酵 12h 后再通纯氧 30min。

(2)接种量对发酵的影响　常规 12°P 麦汁发酵时接种量为 12×10^6 个/ml，即每毫克浸出物有 0.1×10^6 个细胞，发酵高潮时细胞浓度增至 60×10^6 个/ml，即每毫克浸出物有 0.5×10^6 个细胞。若想保持发酵降糖速率，接种量和最高浓度一定要增加。

表 1-5-55　　24°P 麦汁在不同接种量下增殖细胞浓度和发酵速度

单位：〔$\times10^{-8}$mg 糖/（h・细胞）〕

发酵时间/d	接种浓度/10^6 个・ml^{-1}					
	19×10^6		31×10^6		42×10^6	
	增殖浓度	发酵速率	增殖浓度	发酵速率	增殖浓度	发酵速率
0.5	53	0.79	66	1.26	84	1.49
1.0	71	0.85	88	0.95	96	1.3
1.5	84	1.56	105	1.0	118	1.1
2.0	95	1.67	118	1.06	131	1.27
2.5	100	1.71	126	1.26	141	1.43
3.0	106	1.82	132	1.35	148	1.57
3.5	104	0.96	128	0.82	142	0.8
4.0	101	0.48	124	0.71	135	0.4
4.5	103	0.48	119	0.32	128	0.32
5.0	98	0.48	115	0.32	126	0.28
5.5	94	0.4	115	0.24	121	0.28
6.0	89	0.4	99	0.16	115	0.21
7.0	85	0.4	91	0.16	99	0.14
8.0	76	0.2	85	0.16	/	/
9.0	75	0.10	/	/	/	/

注：接种温度 12℃，发酵温度 14℃，恒温，两次充纯氧。

由表 1-5-55 可看出，提高接种量，发酵细胞浓度可增加，虽然每细胞的发酵速率（每小时每细胞降糖）并不提高，但由于细胞浓度提高，发酵时间可以缩短。若接种浓度为 30×10^6 个/ml，发酵最高浓度可达 130×10^6 个/ml，发酵至 58%真正发酵度可在 8d 内完成。

(3) 麦汁不同 α-氨基氮对 VDK 和高级醇的影响　在正常麦汁中每克浸出物有 α-氨基氮为 1.5～2.0mg，α-氨基氮减少会使有害副产物增加。

表 1-5-56　　24°P 麦汁中 α-氨基氮对风味物质产生的影响

α-氨基氮量/（mg・g^{-1}浸出物）	1.21		1.37		1.51	
风味物质量/mg・L^{-1}	VDK	高级醇	VDK	高级醇	VDK	高级醇
发酵时间/d						
4	1.17	/	1.08	/	0.91	/
5	0.89	145	0.83	120	0.71	110
6	0.67	/	0.61	/	0.44	/
7	0.48	/	0.46	/	0.31	/
8	0.39	2.45	0.33	231	0.20	210

注：高级醇为化学分析法测定。

(4) 不同稀释度高浓酿造中的风味物质　虽然在发酵中、发酵麦汁浓度升高会使代谢副产物增加，但若经稀释成正常浓度后，风味物质变化不大，而且是可以接受的。

表 1-5-57　不同稀释率啤酒风味物质

风味物质量/mg·L⁻¹	正常 11°P	HGB30%	HGB50%	HGB80%
乙酸乙酯	12.3	14.5	17.2	18.1
乙酸异戊酯	2.5	3.1	2.7	2.5
正丙醇	13.2	10.0	9.5	8.5
异丁醇	17.26	16.7	12.9	13.1
活性戊醇	2.9	2.7	2.0	2.8
异戊醇	56.7	52.7	64.0	68.1
15dVDK	0.04	0.05	0.035	0.03

注：风味物质为气相色谱分析测定。

不同稀释度均回复至11°P，发酵条件均是14℃，恒温发酵至发酵结束，0℃贮存2d。

在实际发酵中，发酵泡沫高度，随浓度提高，按种量提高和发酵温度提高而增大，据报导在CCT中充满系数只能到70-75%，损失罐容积。

三、稀 释 用 水

1. 稀释用水的基本要求

在高浓酿造啤酒中稀释用水（以下简称水）占很大比例(10%～50%)。稀释用水质量对啤酒风味和稳定性带来巨大的影响。

(1) 此水应是完全可靠的、无生物量存在的可饮用水。生物量指动植物、微生物和病毒的数量。一般均需经过2～3级除生物操作（如砂滤、紫外线消毒，臭氧消毒法、无菌过滤等)。也有采用巴氏热消毒法，水经过板式热交换器加热至80℃，维持25～30s，再冷却。

(2) 此水必须是无任何气味和异杂口味，而且必须是清沏、透明、无色的。

(3) 如果此水含有消毒的余氯，必须经过严格的脱氯处理（如用二级活性炭过滤)。

(4) 水中可溶性铁和锰离子应十分低，总铁离子应小些0.04mg/L，铁加锰离子应小于0.05mg/L。

(5) 此水中溶解氧应该十分低。不同稀释度对氧含量要求也不同。当稀释度在10～20%，要求在0.2～0.3mg/L，当稀释度30%时，要求小于0.1mg/L，当稀释度更大时，要求小于0.04mg/L。

(6) 此水中一般无机离子应该符合饮用水的标准，应该是低钠离子、低总盐量的软水。

(7)此水中总碱度应比较低，至少要比糖化投料水和洗糟水更低(一般要求碱度+2～−2度)。此水中钙离子应低于正常啤酒中含有钙离子（一般11～12°P浅色啤酒含Ca^{2+}为20～40mg/L)，避免和草酸结合，形成草酸盐沉淀和喷涌病。

(8) 此水的温度和混合啤酒的温度一致，水中CO_2含量应接近和略高于混合啤酒中的含量。

2. 稀释用水处理流程

饮用水→水处理和调整离子→除生物→脱氧→冷却和充二氧化碳→稀释用水。

3. 水脱氧技术

(1) 享利 (Henrg) 定律　在一定温度下，溶解在一定溶剂中的气体质量 (m) 与压力 (p) 成正比。即：$m=kp$。

享利定律另一个说法：溶解在一定溶剂中气体的体积一定，或溶液的气体浓度和该气体分压力成正比。

$$D —— K \cdot \frac{p}{p_0}$$

式中 D ——某气体的溶解度 (mg/L)

K ——某气体的溶解常数 (mg/L)，空气在水中溶解度和温度成反比

p ——某气体在温合气体中分压 (MPa)

p_0 ——混合气体的总压力 (MPa)

表 1-5-58　　水中含氧量和温度、压力的关系

含氧量/mg·L⁻¹ 绝对压力/MPa \ 水温/℃	0	10	20	30	40	50	60	70	80	90	100
0.1	14.5	11.2	9.1	7.5	6.4	5.5	4.7	3.8	2.8	1.0	0
0.08	11.0	8.5	7.0	5.7	5.0	4.2	3.4	2.6	1.6	0.5	0
0.06	8.7	6.4	5.3	4.3	3.7	3.0	2.3	1.7	0.8	0	0
0.04	5.7	4.0	3.8	2.7	2.2	1.7	1.1	0.4	0	0	0
0.02	2.8	2.0	1.6	1.4	1.2	1.0	0.4	0	0	0	0
0.01	1.2	0.9	0.8	0.5	0.2	0	0	0	0	0	0

道尔顿分压定律：在一定温度下，混合气体的总压力，等于各组分的分压力之和。即：$p_0=p_1+p_2+p_3+\cdots\cdots$。

混合气体中某组分气体之分压 (p_1)，等于该气体的摩尔分数 (m) 和总压力 (p_0) 之乘积。

即：

$$p_1=p_0 \cdot \frac{m_1}{m_1+m_2+m_3\cdots}$$

如果，各种气体同时存在于水面上，每一种气体的溶解度，与自已气体的分压力成正比。

(2) 水中脱氧方法

①水加热除氧法：由图 1-5-34 可知，在 0.1MPa，水只有加热至 100℃ (煮沸)，才能除去水中溶解氧，但由于表面张力、粘度等影响，100℃加热并不能立即除去水中氧。

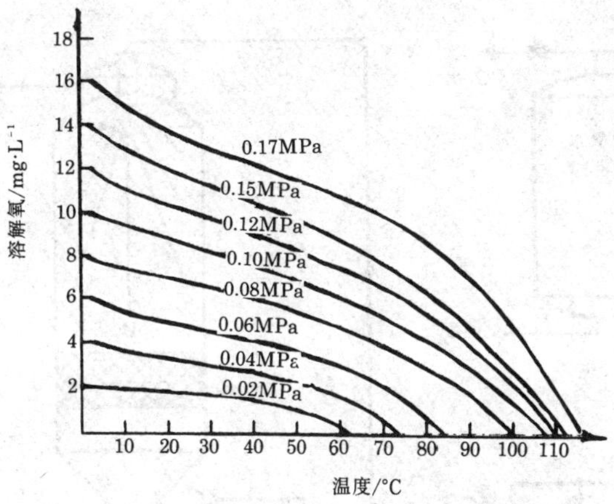

图 1-5-34　不同压力水中的溶解氧

表 1-5-59　　持续煮沸时间与水中含氧量的关系

持续煮沸时间/min	0	5	10	20	30	45	60
水中含氧量/mg·L^{-1}	1.08	0.10	0.056	0.017	0.006	0.003	0

②真空脱氧法：由图 1-5-34 可知，当在平衡体系中，降低水面上总气压（真空），即可减少氧分压力，使水中平衡溶解氧向水面溢散，从而降低水中含氧量。由图 1-5-34 可知，当水温在 40℃，真空度达到 90%（水面上绝对压力为 0.01MPa）时，水中含氧量可达 0.2mg/L。

真空脱氧法，除了保证较高的真空度外，还要有一定温度，如 40～50℃。真空脱氧装置，处理水经过温度调节装置加热至 40～50℃，泵送至填料塔，在填料中形成薄膜下降，塔顶用水力真空泵（或机械真空泵）抽真空，维持填料塔顶绝对压力<0.01MPa，塔底排出水含氧量<0.2mg/L，经板式换热器冷却至 2～4℃，用文丘里管混入 CO_2，并使 CO_2 含量达到质量分数 0.5%，至贮存罐备用。

在国外，脱氧水含氧量要求<0.1mg/L 时，常常采用二级真空脱氧。

③CO_2 置换法脱氧：由上享利定律：$b=K\times p_1/p_0$

$$p_0=p_1+p_2+p_3+\cdots\cdots=p_{O_2}+p_{N_2}+p_{CO_2}+p_{H_2}$$

$$p_{O_2}=p_0\frac{M_{O_2}}{M_{O_2}+M_{N_2}+M_{CO_2}+M_{H_2O}},$$

$$\frac{p_{O_2}}{p_0}=\frac{M_{O_2}}{\Sigma M}$$

在平衡体系中，如不改变 p_0 总压力，向水中注入 CO_2，提高 CO_2 的物质的量，而水中溶解气体总物质的量提高，CO_2 物质的量占总气体物质的量降低，就可降低气体 p_{O_2}的

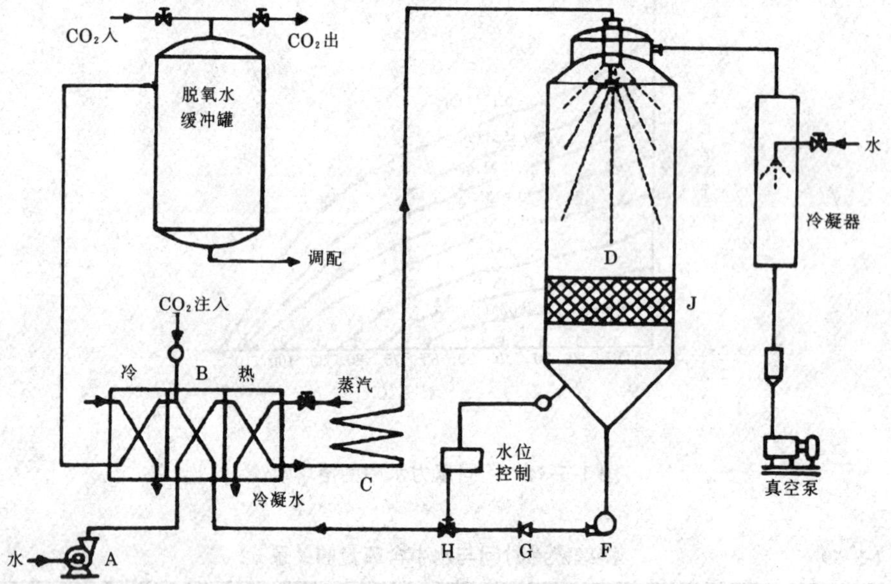

图 1-5-35 水真空脱氧流程图

氧分压，从而降低氧在水中溶解度：

$b_{O_2}=Kp_{O_2}/p_0$

设：水和空气平衡体系，在水温 20℃，$p_0=0.1$MPa 大气压下

$b_{O_2}=Kp_{O_2}/p_0=9.1$mg/L

设此平衡体系物，仅在水中溶解有氧 9.1mg/L 和氮 15.18mg/L，平衡体系总压力 $p_0=0.1$MPa。

$$p_{O_2}=p_0\cdot\frac{M_{O_2}}{M_{O_2}+M_{N_2}}=0.1\times\frac{9.1/32}{9.1/32+15.18/28}=0.0344\text{MPa}$$

在此水中通入 CO_2 的物质的量为 O_2 的 400 倍，即通入：

$M_{CO_2}=9.1/32\times400=113.75\mu$mol

若 p_0 不变

则

$$p_{O_2}=p'_0\cdot\frac{M_{O_2}}{M_{O_2}+M_{N_2}+M_{CO_2}}$$

$$=0.1\times\frac{9.1/32}{9.1/32+15.18/28+113.75}$$

$$=0.000248\text{MPa}$$

$$b'_{O_2}=b_{O_2}\times\frac{p'_{O_2}}{p_{O_2}}=9.1\times\frac{0.000248}{0.0344}=0.066\text{mg/L}$$

通入每升水中 113.75μmolCO_2 即 $113.75\times44=5005$mg/L，CO_2 密度为 1.977g/L，

所以，每升水应通入 2.53L 标准工况的 CO_2。

我国近几年引进丹麦、美国的脱氧水装置，大多数属此类。处理水通过文丘里管通入 CO_2（纯度为 99.9%），经过填料塔，塔顶维持一定总压力（p_0），水即可脱氧和饱和 CO_2。

啤酒厂大多数有 CO_2 回收装置，此法相对较经济。由于填料塔需排气维持压力，实际上需要更多的 CO_2。

由上计算，脱氧水的含氢量实际上取决于通入 CO_2 量，还取决于原水中的含氧量，上述计算是在 20℃水中饱和氧时进行的。若原水是地下水，或经过加热水中含氧量为 4.5mg/L，在工艺中经常采用通过薄板换热水杀菌（如 75～80℃）脱氧，后再冷却，CO_2 消耗量可大大减少。用上述方法通相同的 CO_2 量，水中含氧量就可降低至 0.03mg/L。

④混合式：用 CO_2 取代法和真空脱氧法结合，可减少 CO_2 消耗和降低真空度（降低能耗）。待处理水先用文丘里管通入 CO_2（如水：CO_2 体积比为 1∶1），注入真空填料塔，维持一定真空度（如 80%，可用水力真空泵组成），脱氧后再用板式换热器降温至 2℃，再经文丘里管补充 CO_2 至 $CO_2 \geqslant 5g/L$。此法已经在国内生产中使用，水中含氧量可达到 0.1～0.3mg/L，能耗低 CO_2 使用少。

四、定比混合（混合兑比系统）

此系统是将高浓酿造的成熟啤酒按比例和脱氧过饱和 CO_2 的稀释用水均匀混合的系统。它由两台高精度流量计、过程控制微机和自控阀组成。

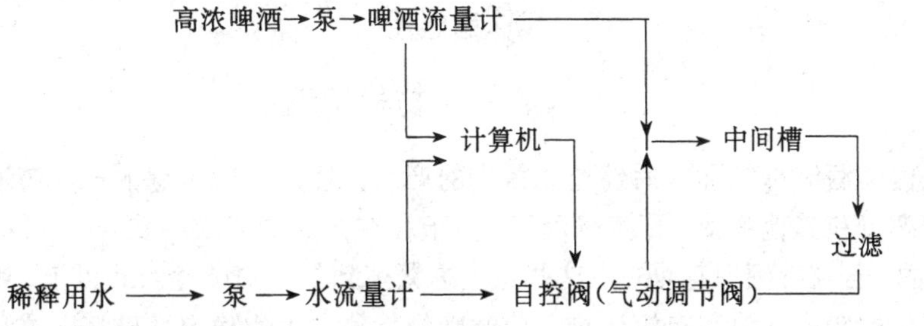

在啤酒流量范围内不调节。两台流量计分别测出啤酒和稀释水瞬时流量。通过微机的处理，和事先输入配比进行比较，将所得误差信号处理后送出，通过交换器进入 I/P 转换器，转换成 4～20mA 的电流变化，对应压力为 0.02～0.1MPa，来控制稀释水的气动调节阀开启度，从而控制稀释水的流量，要求混合后浓度误差范围为 0.05～0.1°P。

经过中间贮罐，再通过正常过滤系统，即为成品。

第六章　成品啤酒

第一节　啤酒的稳定性

一、概　　述

随着玻璃工业的发展，啤酒广泛采用玻璃瓶包装和玻璃杯饮用以后，人们对啤酒的澄清、透明要求愈来愈高；啤酒工业的大型化（每年数十万吨）和集团化，啤酒销售距离的扩大，生产者对啤酒保质期（或称货架寿命）的延长愈来愈重视；人们消费的水平提高，饮用者对啤酒风味的追求愈来愈高。这一切都要求啤酒有高的质量，也即啤酒的稳定性。

啤酒丧失原有的澄清透明，变成失光、混浊及有沉淀，称“外观稳定性的破坏”。啤酒丧失原有风味，风味恶化，称“风味稳定性的破坏”。

啤酒的稳定性
- 外观稳定性
  - 生物稳定性
  - 非生物稳定性
- 风味稳定性

二、啤酒的生物稳定性

啤酒是由啤酒酵母发酵，后经过滤得到的产品。经过一般过滤的成品啤酒中或多或少存在培养酵母和其他细菌、野生酵母等，由于存在数量少（10^2～10^3 个/ml），啤酒还是澄清、透明的。若在啤酒保存期中，这些微生物繁殖到 10^4～10^5 个/ml 以上，啤酒就会发生口味的恶化，变成混浊和有沉淀物，此时啤酒就称“生物稳定性破坏”或称“生物混浊”。

包装啤酒如不经过除菌处理称“鲜啤酒”，其生物稳定性仅能保持 7～30d。经过除菌处理的啤酒，能保持长期的生物稳定性。

啤酒除菌的方法，目前允许使用的有两种，低热消毒法（杀菌法）和过滤除菌法。经过低热消毒的啤酒称“熟啤酒”。经过除菌过滤的啤酒，日本称“纯生啤酒”。50～60 年代，国外曾采用药物消毒除菌，如没食子酸正辛酯 20mg/L，但不久就遭到各国和世界卫生组织的否决。现在还有很多人在研究其他除菌方法。

啤酒热消毒的原理：

温度是有机体生长和存活的主要环境因素之一，微生物在受到某一高于生长温度的作用下，微生物中蛋白质、核酸、酶就会逐步不可逆的变性、失活、导致微生物的死亡。

我国早在 14 世纪时，广泛采用煎酒技术来保存黄酒。1850 年法国路易・巴斯德在研究葡萄酒酸败时，发现把葡萄酒加热到 65℃，保持数十分钟，就能杀死导致葡萄酒酸败的大多数微生物。后来把用温热处理保存发酵酒、牛奶和果汁等的方法称“巴斯德消毒法”。巴氏消毒法，是指上述产品中致病性细菌——布鲁氏病菌、伤寒病病原菌、大肠菌等杀灭和影响产品质量的酵母菌、乳酸菌、醋酸菌、发酵单孢菌等杀灭到不致于重新繁殖的程度。

巴氏热消毒，不同于彻底灭菌，它杀灭对象仅仅是上述微生物的营养菌体，它也不要求全部杀死一切微生物，仅要求减少到不致于在产品中重新繁殖起来的程度。

啤酒由于酸性（pH3.8～4.5）、CO_2浓度高、氧含量低，还存在具有抑菌作用酒花成分。在啤酒能存在的主要是兼性厌氧、厌氧和微好氧微生物。肉、蛋类食品中可能存在肉毒芽孢杆菌、沙门氏菌等。肉毒芽孢杆菌孢子需在120℃数分钟才能杀灭，所以鱼、肉、蛋等食品，必需采用高温灭菌，而啤酒、黄酒、葡萄酒，可以采用温热巴氏消毒灭菌。

表 1-6-1　　啤酒中常见微生物生长和死灭温度

	最低生长温度/℃	最适生长温度/℃	最高生长温度/℃	死灭温度及时间	
				温度/℃	时间/min
啤酒酵母	2	25～30	37	52～54	5～10
其它酵母	0.5	25～32	39～40	52～57	10
乳酸菌	5	35～40	55	58	10
醋酸菌	4～10	28～37	33～45	55	10
大肠菌群	5～10	30～40	45～55	55	10
足球菌	4～6	25	40～45	55	10
野生酵母孢子	/	/	/	56	10
青霉菌	−5～1.5	25～27	31～36	120	5

热对微生物的破坏，当温度超过最高生长温度后，致死性影响变得明显起来。如图1-6-1所示。

热致死是一个一级指数函数，温度愈高，死亡出现愈快即所需时间愈短。以杀灭时间为横坐标，以细胞残存对数百分率为纵坐标，细胞致死率呈直线。在一定杀灭温度下可有下式：

$$-\frac{\mathrm{d}c}{\mathrm{d}t} = Kc \text{ 或 } -\frac{\mathrm{d}c}{c} = K\mathrm{d}t$$

设：时间 t_1 时菌体浓度为 c_1，时间 t_2 时菌体浓度为 c_2，将上式积分：

$$-\int_{c_1}^{c_2}\frac{\mathrm{d}c}{c} = K'\int_{t_1}^{t_2}\mathrm{d}t$$

$$-\ln c_2 - (-\ln c_1) = K(t_2 - t_1)$$

$$t_2 - t_1 = \Delta T = \frac{2.303}{K'}\ln\frac{c_1}{c_2}$$

式中　K'——反应常数，它和微生物种类、消毒温度有关的常数，可实验测得

c_1、c_2——消毒前、后细胞浓度

ΔT——消毒所需时间 min

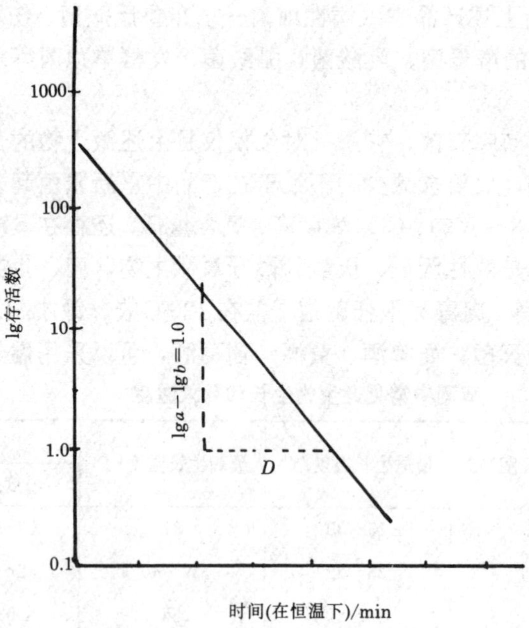

图 1-6-1　由方程 $t=D$（llg$a$−lg$b$）表示的对数存活曲线

由上式可知：

（1）啤酒消毒所需时间，首先和反应常数 K 有关，K 取决于消毒采用温度、微生物种类、反应基质的状况。如啤酒 pH、浓度（特别是低糖、高蛋白质含量微生物有抗热效果）。

（2）和起始浓度有关。若啤酒生产污染微生物较多，过滤质量不好、啤酒就需较长的消毒时间。

（3）消毒时间和终了浓度有关。实际上，巴氏消毒，终了浓度不可能为零，一般消毒达到 10^{-1}～10^{-2}个/ml 即符合要求。

实际上在寒冷的冬天，残存率可高一些，炎热的夏天应低一些，或者说，冬天消毒时间可以短一些，夏天应长一些。

1954 年 Baselt 等提出了啤酒巴斯德消毒时，温热对微生物（啤酒酵母、乳酸菌等）的致死效应。在最高生长温度以上，温度每升高 7℃，热致死率可以增加 10 倍，并提出在 60℃，经历 1min 热处理为 1 个巴斯德单位（即 1Pu）。巴氏热消毒单位，是消毒时间（min）和温度对数函数值的乘积：

$$Pu=T\times 1.393^{(t-60)}$$

式中　T——在消毒某温度下维持时间 min

1.393——温度每增加 7.1℃热致死率可以增加 10 倍的常数，即每升高 1℃，致死效率提高 1.393 倍

t——热消毒温度（℃）

Pu——巴氏消毒单位值

为了便于计算，化简成一张国际通用计算表。

表 1-6-2　　啤酒温热消毒 1min 的温度和 Pu 值的关系

温度/℃	Pu 值	温度/℃	Pu 值	温度/℃	Pu 值	温度/℃	Pu 值
46	0.01	53	0.1	60	1.0	67	10
47	0.014	54	0.14	61	1.4	68	14
48	0.019	55	0.19	62	1.9	69	19
49	0.027	56	0.27	63	2.7	70	27
50	0.037	57	0.37	64	3.7	71	37
51	0.052	58	0.52	65	5.2	72	52
52	0.072	59	0.72	66	7.2	73	72

瓶装啤酒温热消毒需要多少 Pu 值？各工厂采用 Pu 值是不相同的，它受到如下因素影响：

（1）消毒前啤酒含菌量和含菌种类。

（2）啤酒过滤质量，啤酒澄清透明程度。如过滤不清，有微颗粒，影响热传递，导致消毒滞后。

（3）介质性质。啤酒 pH 愈低、异 α-酸和 CO_2 愈高，致死效果愈好。而蛋白质含量、糖（5%以下）含量，均对微生物抗热性有正影响。

（4）啤酒消毒后的保存条件。

国外啤酒先进生产国，均采用较低 Pu 值如 15～20。我国条件好的大型工厂采用的 Pu 值为 20～25，小型工厂特别是在夏天采用的 Pu 值为 30～45。

在相同 Pu 值下，温度和时间，哪一因素强化更好？

从啤酒风味影响而言，在温度下延长时间和采用提高温度相比，延长时间对啤酒风味损害更大。

但瓶装啤酒在热消毒时，由于啤酒热膨胀系数（0.000 33）大于瓶玻璃热膨胀系数（0.000 021），啤酒中 CO_2 溶解系数又和温度成反比，所以，在啤酒消毒时，瓶内压力升高。若留有瓶颈空隙率过低（如<2.3%），瓶内压力会升高至超过瓶盖紧锁压力或瓶受压，会导致漏气或炸瓶。

表 1-6-3　　瓶颈空隙率和消毒瓶压的关系

瓶颈空隙/%	1.7	2.3	3.6	4.5	5.1
瓶内压力/（MPa）	1.04	0.82	0.58	0.5	0.41

注：$CO_2$0.35%。消毒温度为 60℃。

我国目前瓶啤消毒均采用装瓶压盖后，带瓶采用隧道式喷淋消毒。

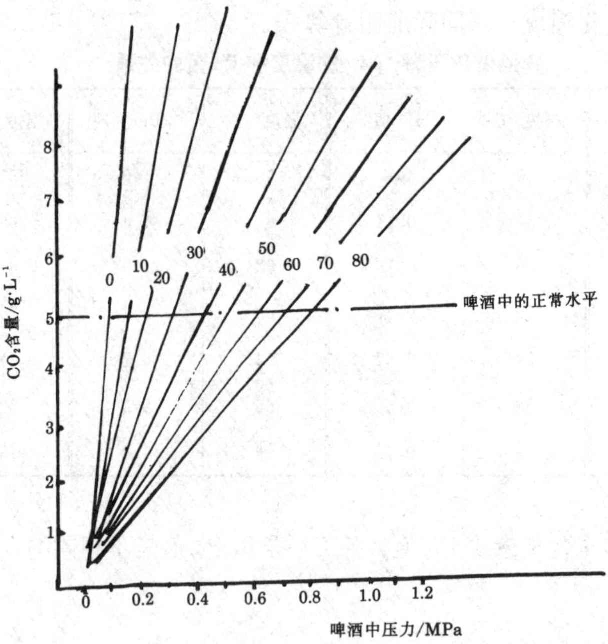

图 1-6-2　在不同温度和 CO_2 含量下啤酒的压力

三、啤酒的非生物稳定性

经过过滤澄清透明的啤酒并不是“真溶液”，而是胶体溶液，它还含有颗粒直径大于 $10^{-3}\mu m$ 的大分子物质，如糊精、β-葡聚糖、蛋白质和它的分解产物多肽、多酚、酒花树脂，还有少量的酵母等微生物。这些胶体物质，在 O_2、光线和振动及保存时会发生一系列变化——化合、凝聚等使胶体溶液稳定性破坏，形成混浊乃至沉淀。啤酒的澄清、透明是暂时的，有时间限制的，而混浊、沉淀终究将会发生，啤酒之间的差别，仅仅在于稳定时间的长短。

啤酒生产者在生产啤酒时，都把主要精力放在减少成品啤酒中这些不稳定的大分子物质，使啤酒在保质期内始终是稳定的，即保持澄清、透明。这些大分子胶体物质又是口味物质，非生物稳定性长的啤酒并不一定口味最好。

1. 混浊啤酒的系统判别法

取一至数瓶混浊啤酒，用精密滤纸过滤或滤心机（6 000r/min）离心 20min，可将啤酒分成两大类：

（1）过滤能除去混浊或沉淀的　此混浊或沉淀物质是颗粒大于 1μm 的。

①将试验混浊啤酒 100ml，加 10%NaOH5ml，如混浊能消除，这可能是热凝固蛋白质混浊。因为热凝固蛋白质，颗粒直径可能在 10～100μm，过滤可以除去它，而且可以溶解在 10%NaOH 溶液中。一般热凝固混浊，常常在啤酒消毒以后数天就出现絮状物。

②若加 NaOH 不能消除：取试验混浊或沉淀啤酒 100ml 加 0.5mol/LHCl 溶液，混浊或沉淀就消失，这可判别为是草酸钙混浊或沉淀。因为草酸钙结晶的大小常在数微米，可以过滤除去或溶解在 HCl 溶液中。也可用过滤或离心沉淀物在 15×40 倍显微镜下观察，可以看到菱形结晶。

③若碱和酸均不能消除：取过滤或离心沉淀物，在 15×40 倍显微镜下镜检，若发现酸母，可发判别是酵母混浊。

(2) 若过滤或离心不能消除混浊或沉淀

①取试验混浊或沉淀啤酒，水浴加热至 50℃以上，如果混浊能消除或明显减少，再冷却到 20℃以下，混浊又恢复，而且温度愈低混浊度愈大。

这可判别是：冷雾浊——β-球蛋白和多酚氢键结合混浊物。因为此冷雾浊物颗粒直径在 0.1～1μm，普通过滤和离心均不能除去，而且此混浊物在加热至 50℃以上，β-球蛋白和多酚连接氢键气断裂，和水连接的氢键能恢复，所以，混浊可以减少。

②若不是①：取 100ml 混浊啤酒，加 10%NaOH10ml，若混浊或沉淀可以消除，此可能是永久混浊，或称“氧化混浊”。氧化混浊物是多酚氧化聚合物和大分子蛋白质、高肽氧化聚合物结合的颗粒，它在初始阶段为 1～10μm，并逐步增大，所以，过滤或离心不能完全消除它，而此混浊物 60～70%属蛋白质，可以溶解在碱溶液中。

氧化混浊，一般出现二至数周或更长，开始是混，逐步形成沉淀，长时间后，瓶底有沉淀，而酒液又变成透明。

③若不是①、②：取 10ml 混浊啤酒置于比色管中，逐步滴入无水酒精，将比色管对准阳光，若发现在无水酒精滴进酒液逐步下沉途中，如发现有拉出不透明白丝，瞬即消失。可初步判别是糊精混浊。进一步将 10ml 混浊啤酒加 25ml 无水酒精倒至蒸发皿，在沸水浴上蒸发至快干时，再加入 2～3 滴蒸馏水，再加 2ml0.1mol/L 碘液，如呈红色，可以判别为糊精混浊。

④若不是①、②、③：取 10ml 混浊啤酒，加 20ml 乙醚于分液漏斗中，充分振荡，静置，若两层液体中均为透明，可以判别是酒花树脂混浊。但现代啤酒中加酒花量很少，很少会出现酒花树脂混浊，而经常会出现在瓶装啤酒消毒后，在瓶颈泡沫上有褐色至黑色颗粒。若小心取出此颗粒，能溶解于乙醚中，此颗粒物可以判别为从清酒罐，输酒管道或灌装机带入的氧化酒花树脂，在消毒时进一步氧化而形成的。

⑤若以上均不能消除：取一瓶上述混浊啤酒，在无菌操作下吸取 1ml，用厌氧培养法，检查啤酒微好氧细菌，当微好氧细菌＞10^3 个/ml 会造成啤酒混浊，品尝此啤酒也必有异味。

⑥若以上均不能证明：取 10ml 混浊啤酒，加 0.1g 维生素 C，使其溶解，再加入 5%硝酸溶液 5ml 振荡能消除混浊，可判别为铁蛋白混浊。

⑦若以上均不能证明：取上述混浊啤酒 100ml 用稀 NaOH 调节 pH 至 5.6～5.8，再加入 1mlβ-葡聚糖酶于 55℃水溶保温 1h，若混浊消失，可以判别属 β-葡聚糖混浊。

或测定此混浊啤酒中β-葡聚糖的含量，若超过150mg/L，啤酒就会出现β-葡聚糖混浊。

啤酒出现混浊，经常不是单一因素，而是多种混浊的综合反映，判别法只能提供一些思路，还需综合考虑和经验。

综上所述，啤酒主要混浊物质为蛋白质和高肽、多酚、β-葡聚糖、糊精、铁离子等，氧是混浊的催化物质。下面就经常遇到的蛋白质一多酚引起混浊的防止、消除方法进行阐述。

2. 高分子蛋白质是啤酒非生物混浊的主要因素之一

(1) 蛋白质混浊的分类　蛋白质混浊是啤酒非生物混浊中最常见的混浊，它可以分成如下四类：

①消毒混浊（或称杀菌混浊，热凝固混浊）：过滤后澄清的啤酒，经过巴氏低热消毒后，啤酒中立即出现絮状大块或小颗粒（肉眼可见的）悬浮性物质，此称“消毒混浊”。

此类混浊主要是啤酒中存在大分子蛋白质或高肽（平均相对分子质量为6万以上）含量高，如大于30mg/L。此高肽或蛋白质在啤酒加热中，低pH下（4.5左右），水膜破坏，失去电荷（等电点），变性、絮凝，又和多酚结合，聚合形成的。

②冷雾浊（可逆混浊）：麦汁和啤酒中存在较多的β-球蛋、δ-醇溶蛋白（平均相对分子质量为3万左右）。此类蛋白质在20℃以上可以和水形成氢键，成水溶性，但在低于20℃下，它又可以和多酚以氢键结合，和水结合氢键断裂，就会以0.1～1μm颗粒（肉眼不可见）析出，造成啤酒失光，浊度上升。如将此啤酒加热到50℃以上，和多酚结合的氢键会断裂，又恢复和水结合的氨键，变成水溶性，失光消除，浊度恢复正常，所以，称“可逆混浊”。

③氧化混浊（永久混浊）：啤酒中若存在较多的大分子蛋白质，在包装以后（如装瓶、装罐），保存数周至数月，啤酒中首先出现颗粒混浊，然后颗粒变大，慢慢沉于器底，在器底出现薄薄一层较松散的沉淀物质，而啤酒液中又恢复澄清、透明，这种混浊和沉淀物质本质是：大分子蛋白质中发生 $R-SH+R'-SH \xrightarrow{+\frac{1}{2}O_2} R-S-S-R'+H_2O$ 反应，有巯基蛋白质氧化聚合，形成更大的分子。

总多酚中花色苷、花色素原，也发生二聚、三聚化反应，变成聚多酚。

聚多酚又和氧化聚合蛋白质结合，它们在啤酒中先以小颗粒析出（混浊），随着存放时间的延长，聚合度愈变愈大，颗粒也随之增大，最后变成较紧密的颗粒，沉于器底。此类混浊是由氧化促进，而且加热啤酒无法消除，所以称“氧化混浊”或“永久混浊”。可逆混浊也常常是永久混浊的先兆。

④铁蛋白混浊：若啤酒中含有大于0.5mg/L的铁，就容易引起铁蛋白混浊。当啤酒中含铁在0.5～0.8mg/L，过滤啤酒可能是澄清的，但消毒以后，不久就会有褐色至黑色的颗粒出现，此是 Fe^{2+} 变为 Fe^{3+}，并和高分子蛋白质结合形成铁——蛋白质络合物。

当啤酒中含铁大于1.2mg/L，过滤后啤酒浊度也会在0.7EBC单位以上，消毒以后很快超过1.5EBC单位。

由上可知，高分子蛋白质（包括高分子多肽）是造成啤酒非生物混浊的主要因素，而啤酒风味物质中含氮物质是赋于啤酒浓醇性、柔和性、亲润性及啤酒泡沫、泡持性、挂杯等特性不可缺少的物质。若以蛋白质平均相对分子质量区分，啤酒中从几千至数万相对分子质量的含氮物质，几乎是连续分布的（某些相对分子质量段有不明显的峰）。也就是说正常酿造啤酒中，不可能没有潜在混浊的大分子蛋白质或多肽；某些多肽也会在长期贮存中发生聚合、氧化，使分子增大；蛋白质的亲水性（水溶性）也会由于物理、化学因素而破坏，使亲水胶体溶液破坏，形成疏水颗粒，因此，混浊是绝对的，终将发生，澄清、透明是相对的，暂时的。我们酿造工作者，致力于不同保质期要求的啤酒研究，设法延长啤酒澄清、透明的时间。实际上是如何减少啤酒中高分子含氮物质的绝对含量和相对比例。

（2）常规工艺中减少啤酒中的高分子氮措施

①选择易溶解、蛋白质含量适中（9.5%～11.0%）的大麦制麦芽。

②成品麦芽中蛋白质溶解充分、蛋白酶活性强、焙焦充分的麦芽。

如：库值43%～45%，45℃V_E值>40%，83℃焙焦不少于3h，出炉水分为4.3%～4.5%。

③配料中适当添加玉米、大米或糖类辅料，使麦汁中总含氮物质控制在5～7mg/g浸出物。

④糖化工艺中努力做到促进蛋白进一步分解

麦芽糖化工艺库值/麦芽协定法糖化库值＝1.2

⑤过滤洗糟采用pH<6.0的75℃热水洗糟。洗糟强度适可而止，如洗到残余麦汁3.5°P。尽可能提高过滤麦汁和洗糟麦汁的透明度，减少进入麦汁的大分子蛋白质。

⑥麦汁煮沸、添加适量酒花、调节pH5.2、增加Ca^{2+}等使麦汁中高分子蛋白质变性絮凝充分，通过良好的回旋沉淀分离后，使定型麦汁中热凝固性氮含量降至最低，如0.2mg/g浸出物。

⑦用强壮酵母发酵，发酵降糖快，在短时间（1.5～2.5d）内，发酵液pH迅速降低为4.3～4.4。由于pH迅速降低，发酵液中不安定大分子蛋白质在急剧变化的pH容易形成沉淀。

⑧啤酒在低温下（0℃～－1.5℃）贮酒时间愈长，大分子蛋白质沉淀愈充分。温度愈低愈有利于冷凝固蛋白质沉淀，将来啤酒抗冷雾浊能力也愈强。

⑨啤酒在后酵，特别是在贮酒阶段，减少酵母浓度，防止酵母死亡自溶，也可杜绝酵母体大分子蛋白质进入啤酒。

⑩采用恰当的硅藻土过滤、纸板精滤，也可以有效地除去部分大分子蛋白质。

（3）减少啤酒蛋白质混浊的处理方法

①单宁沉淀法：单宁又称鞣质，在啤酒中使用的是天然单宁的一种称“没食子单宁”（棓酸单宁），它能和啤酒中可溶性蛋白质中高子蛋白质形成络合物沉淀。一般在后发酵贮酒过滤前的啤酒中加入6～16g/hL的没食子单宁作为啤酒蛋白质去除剂，可延长啤酒非生物稳定4～12周。

啤酒用单宁作为沉淀剂是传统的方法之一，关键在于使用单宁的纯度应>92%，添加时应防止接触氧和氧化。加入剂量应通过小试确定，要充分又不过多。加入太少会使沉淀细小，难于过滤；加入过多，会导致啤酒残留涩味。

添加方法是在过滤前啤酒中，用脱氧无菌水溶解单宁，在罐上部加入，用CO_2搅拌，静置3～7d，再通过常规硅藻土过滤法除去。

②蛋白酶水解法：早在本世纪初，从麦芽，动物胰脏中提取的蛋白酶作为啤酒稳定

剂，现代从木瓜、菠萝中提取木瓜蛋白酶，作为啤酒稳定剂。木瓜蛋白酶相对分子质量为 20 700，它的活性中心有 R-SH，它作用于蛋白质多肽键（精氨酸和赖氨酸，亮氨酸和甘氨酸相连的酰氨键），作用最适 pH 为 4.3～7.0，最适温度为 40～45℃。

从麦芽、酵母、动物胰脏得到的蛋白酶制剂可以加在后发酵和贮酒中，它们可以在低温下，缓慢水解高分子蛋白质。从木瓜、菠萝或微生物得到的蛋白酶制剂应加在过滤后的啤酒中，它们只有在啤酒巴氏消毒从 30～50℃阶段，才有较强的活力。

我国近来较多采用木瓜或菠萝蛋白酶制剂作为啤酒的稳定剂，加入量为每千升啤酒 20～40 万单位，它对啤酒抗冷雾浊有明显作用。

添加时常用脱氧无菌水溶解，配合维生素 C 等抗氧化剂，添加在过滤后的啤酒中。

表 1-6-4　　蛋白酶处理对啤酒含氮区分的变化　　单位：$mg \cdot L^{-1}$

酶来源	对照	米曲霉蛋白酶	细菌蛋白酶	菠萝蛋白酶	土曲霉蛋白酶
啤酒总氮量	597.8	581	570.5	595.3	570.5
尤丁区分					
A 区分	120.9	26.3	113.5	102.8	32.3
B 区分	28.2	112.0	34.6	43.6	97.2
C 区分	449.6	442.7	451.2	443.8	451.1

由表 1-6-4 看出，米曲霉蛋白酶效果最好，菠萝蛋白酶效果不明显，细菌蛋白酶基本没有效果。

现在不少酿造师反对使用蛋白酶作为啤酒的澄清剂，其理由是这些酶制剂在巴氏低热消毒时并不能完全破坏，还会残留在啤酒中，既不利于卫生（某些人对蛋白酶过敏），又可能在包装贮存时，进一步分解可溶性蛋白质，导致啤酒泡沫恶化（泡持性减少，不挂杯）。

③吸附法：为了减少啤酒中蛋白质，可使用蛋白质吸附剂，过去用皂土、硅藻土，现代用硅胶。由于皂土的非选择性吸附，会减少啤酒中泡沫蛋白，现代都采用硅胶。

硅胶（$H_2Si_2O_5$）含 Si30%～40%。硅胶粉剂是高研磨产品，平均粒度只有数十微米。每克硅胶有 $700m^2$ 的比表面积，而且是多孔性的，孔径为 40～90μm。可以利用它的微孔和堆积架桥形成孔及巨大的比表面积，使大分子蛋白质(相对分子质量大于 60 000) 镶在孔中或吸附在表面上使啤酒中的蛋白质减少。

硅胶可以配合硅藻土使用，在第二次预涂硅藻土时添加硅胶，或在过滤前的啤酒中添加硅胶（停留 20～40min），再通过硅藻土过滤法除去，此方法更有效。添加量一般需 200～500g/kL 啤酒。

由于硅胶不吸附低、中分子的蛋白质，不影响啤酒泡沫，故得到酿造师的青睐，特别配合 PVPP 使用，可提高啤酒非生物稳定性一年以上。

表 1-6-5　　添加吸附剂后啤酒含氮物质的减少量

	对照（硅藻土过滤）	硅藻土（1 400g/m³）	皂土（1 400g/m³）	硅胶（500g/m³）
总氮量/mg · L⁻¹	26	84	164	60
其中相对分子质量 /mg · L⁻¹				
<2 600	4	21	70	15
2 600～4 600	7	19	34	11
4 600～12 000	10	23	22	16
12 000～30 000	0.5	6.0	5.0	4.0
30 000～60 000	1.5	5.0	5.0	4.5
>60 000	3.6	10	8.0	9.5

3. 多酚物质是啤酒非生物混浊的主要因素之二

大量的研究证明，在非生物混浊啤酒中，主要是多酚—蛋白质形成的混浊。在混浊物测定中，蛋白质和高肽占 45%～75%，多酚占 20%～35%，此外还有 α-和 β-葡聚糖、戊聚糖、甘露聚糖以及铁、锰等金属离子。

多酚主要来自于麦芽和酒花以及大麦、小麦等辅料。麦芽中含有多酚物质 0.1%～0.3%，酒花中含有 4%～14%。在 12°P 煮沸麦汁中含有总多酚物质常在 75～200mg/L，它对啤酒有复杂的影响，如它对啤酒的色泽、泡沫、口味、杀口性、风格等有显著影响，且会引起啤酒的非生物混浊和啤酒喷涌病。麦汁在煮沸时总多酚特别是单宁类化合物能和高分子蛋白质结合形成热凝固物，在麦汁冷却后，也能和 β-球蛋白等形成冷凝固物，在分离热、冷凝固物时被除去或减少。但不管这样或那样的工艺，总多酚会或多或少（每升几十至几百毫克）地保留在发酵液乃至成品啤酒中。多酚是指同一苯环上有 2 个以上的酚羟基的化合物。

（1）引起啤酒混浊的多酚物质：

①儿茶酸类化合物

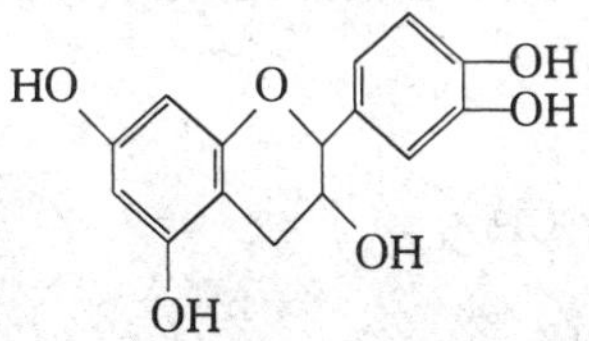

儿苯酸

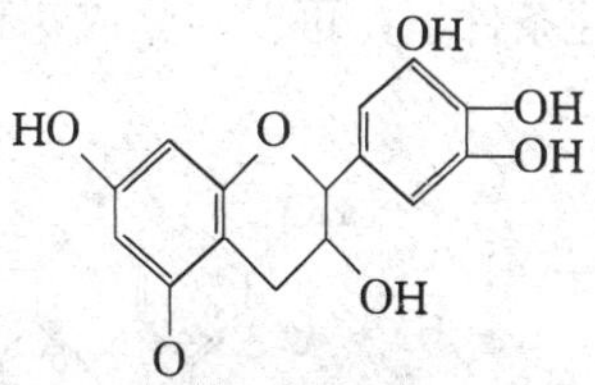

没食子儿苯酸

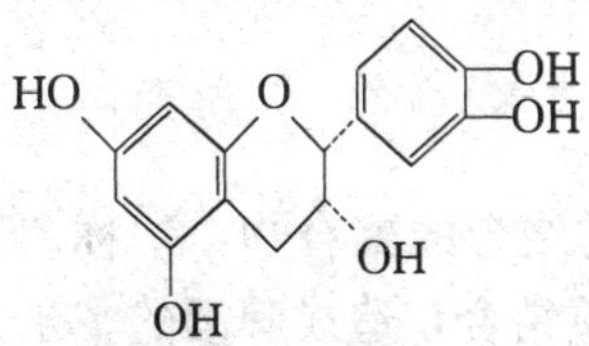

表儿苯酸

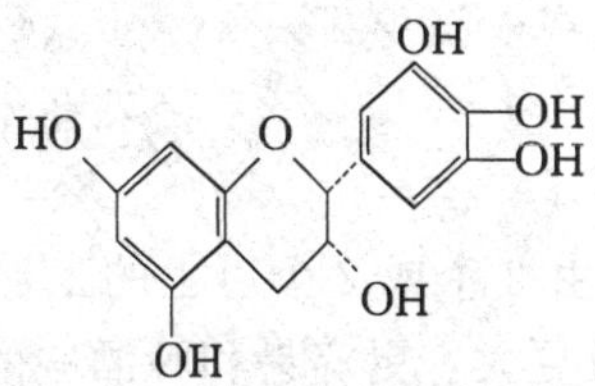

表没食子儿苯酸

大麦和酒花中存在较多的儿茶酸和少量的没食子儿茶酸、表儿茶酸及表没食子儿茶酸。这四类儿茶酸除游离存在外，还常常以结合态存在。

②花色素原：花色素是一大类水溶性的植物色素，如花青素、花翠素。花色素在植物中常以糖苷形式存在，称“花色苷”。如大麦果皮中存在的花青素阿拉伯糖苷。

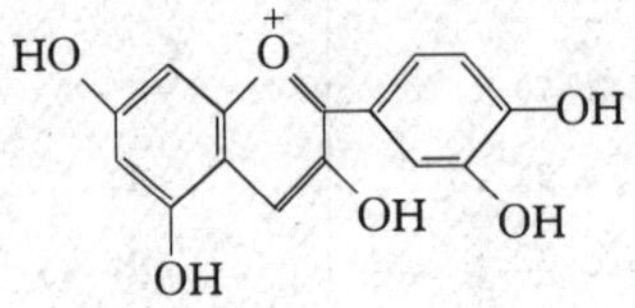

花青素

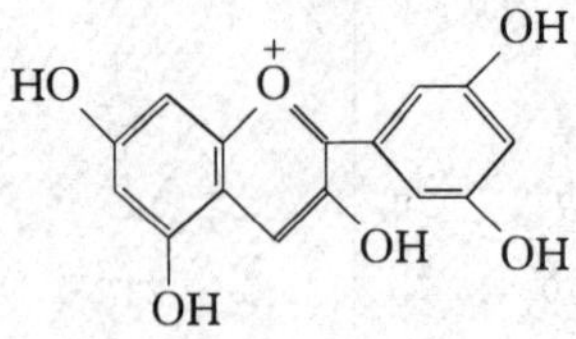

花翠素

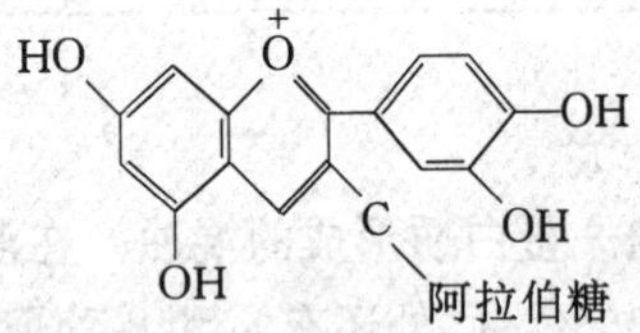

花青素苷

在酒花中存在的主要是花色素的前体物质，它在现代酿造文献中称“花色素原”。花色素原可分成两类，一类是单体，如白花青素、白花翠素。

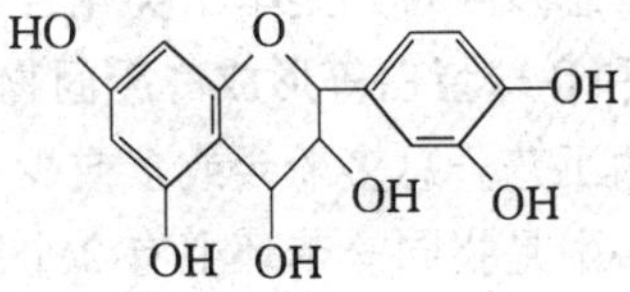

白花青素

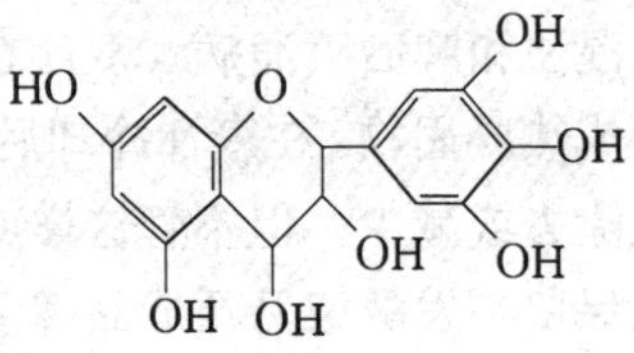

白花翠素

白花青素在有氧和酸性条件下，可以转化成花青素。所以，它们是同一类的花色素原。

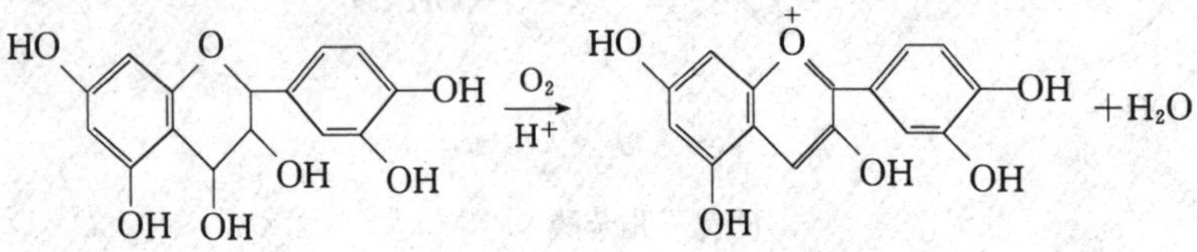

白花青素　　　花青素

另一类花色素原，是由 2 个或 2 个以上的上述化合物结合的聚合物，常称“聚多酚”，它们的相对分子质量更大，更容易和啤酒中的蛋白质结合，造成啤酒的“永久混浊”。

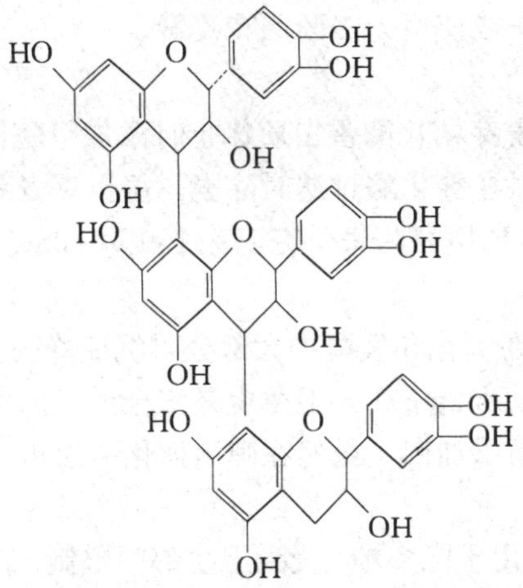

儿茶酸的二聚化合物

酸性和有氧存在促进此聚合反应，多酚聚合指数（Polymerization indes of Polyphenol）是指麦芽和啤酒中总多酚物质与花色苷类之商。聚合指数愈高，说明多酚物质聚合度愈高，更易和蛋白质结合形成沉淀。

在制麦和麦汁糖化时，由于存在多酚氧化酶和过氧化氢酶，此两酶亦能催化聚合。

由儿茶酸类、花色素原和高分子蛋白质的结合，造成啤酒的“冷雾浊”。由多酚的聚合物和蛋白质结合，造成啤酒的“永久混浊”。冷雾浊物也会缓慢聚合，造成啤酒的永久混浊。

（2）常规工艺中减少啤酒中的多酚物质

①在选择啤酒大麦时，应选择皮壳含量低的大麦，因为大麦多酚物质主要集中于大麦谷壳及皮层，大麦品种不同，谷壳含量可以波动于7%～13%（干物质）。粒形短、腹径大、千粒重高的春播大麦，一般谷壳含量可以低于9%，若将它在发芽前或后经过擦皮，谷壳含量可以降至7%～8%，有利于减少大麦及麦芽的总多酚。

国外也用遗传工程技术，在大麦育种中培育无花色苷的白大麦用于制麦。

②制麦时，在浸麦水中用NaOH的碱性水（pH10.5）浸麦，有利于多酚物质在浸麦中溶解。若用大麦重的0.03%～0.05%甲醛水浸麦，可使大麦中总多酚下降50%以上。

③麦芽充分地焙焦，可大幅度减少多酚氧化酶的活性，也可减少在麦芽贮藏和糖化工艺中，由于多酚氧化酶的催化，形成更容易混浊的二至四聚聚多酚。

④在啤酒糖化配料中，增加无多酚物质的大米和糖类或多酚含量低的玉米等，可减少麦汁中总多酚含量。

⑤在糖化工艺，使用pH6.5的酿造水，控制糖化、洗糟、煮沸工艺合适的低pH，可减少多酚的溶解。用脱氧水做投料水、密闭隔氧操作，可减少多酚的氧化聚合。

麦芽粉碎时，尽可能使皮壳裂开而不碎，尽可能采用回潮粉碎或连续浸渍湿法粉碎法。

在保证麦汁组成合理的情况下，尽可能减少糖化、过滤作业时间，也可减少多酚的溶解。

⑥糖化醪过滤、洗糟时，洗糟终点浓度适当提高，减少因洗糟而增加多酚的溶解。

⑦煮沸时添加酒花，尽可能用不受氧化的酒花或使用无多酚酒花浸膏。

（3）减少多酚的特殊工艺措施

①添加甲醛：50年代国内外的研究发现，在麦芽糖化醪蛋白质休止时添加甲醛，甲醛可以和多肽结合后能和多酚形成不溶性络合物，在糖化醪过滤时除去。每千克麦芽加100mg甲醛，可使麦汁多酚降低10%以上，一般添加甲醛为每千克麦芽150～350mg，可使麦汁总多酚水平降低20%～40%。

用同位素C^{14}甲醛跟踪，添加甲醛90%以上，在糖化和发酵中大部分可沉淀降去，少量转化成甲酸等化合物，残留在啤酒中，其量低于0.2mg/L，卫生上是安全的。但由于甲醛是剧毒化学品，在卫生法中是不允许作为食品添加剂。虽然在啤酒糖化中应用，有效果也安全，但国内卫生法是禁止使用的。

②过氧化氢的应用：由于甲醛毒性，在糖化中用于除多酚，受到卫生部门限制。1968年，波洛得研究用过氧化氢（H_2O_2）替代甲醛除多酚。它的机制是在麦芽糖化醪中由麦芽带入一系列氧化酶，如过氧化氢酶可以催化H_2O_2，形成初生态氧，由氧和多酚氧化酶催化多酚迅速氧化聚合，形成聚多酚，它和可溶性蛋白质形成的聚多酚—蛋白质络化物为不溶性大分子，可以在过滤中除去，从而减少麦汁中可溶性多酚。

在糖化醪中的每千克麦汁添加10～50mgH_2O_2可以减少麦汁中花色苷1/3～3/4。

用过氧化氢除多酚虽然有效，但存在影响蛋白酶和淀粉酶活性和加速糖化醪还原物质氧化而造成损失的缺点，另外成本也会提高。因此，使用并不普遍。

③PVPP吸附法：PVPP是一种不溶性的高分子交联的聚乙烯聚吡咯烷酮，商品名称“Polyclar”。

PVPP是聚酰胺化合物，分子中有大量酰胺键（ $-\overset{\overset{\displaystyle O}{\|}}{C}-NH-$ ），酰胺中氢键能高度选择性地吸附和蛋白质交联的多酚。

PVPP相对分子质量为70万。它不溶于水、酸、碱、乙醇等溶剂，性质极为稳定。颗粒大小为37～70μm，比表面积为1.2m^2/g，内部有微空，为白色粉末，体积质量为0.125～0.18kg/L，能在水中吸水，体积膨胀2.2～2.5倍。

PVPP能吸附40%以上形成蛋白质—多酚混浊物中的多酚——儿茶酸类、花色素原和聚多酚，而且对易引起混浊的二至四聚聚多酚吸附能力更大。所以，啤酒经PVPP吸附过滤后，能降低啤酒中多酚聚合指数，能预防冷雾浊，推迟永久混浊的出现，使啤酒获得更长的保质期。

商品PVPP有两大类，一类为非回收型（一次使用型），它的价格较低，另一类为可回收型，可用1%NaOH再生，可使用50～100次。

PVPP吸附法可减少啤酒中的多酚，也会减少由于多酚氧化也造成的“纸板味”（即老化味）。

PVPP在使用前，先要在脱氧水中吸水膨胀1h以上。PVPP吸附需要一定时间，而且要很好、充分地和啤酒中多酚接触。各种牌号的PVPP和啤酒接触时间不一，如Polyclar ®10，要求接触时间为5～10min。

PVPP的添加方法：

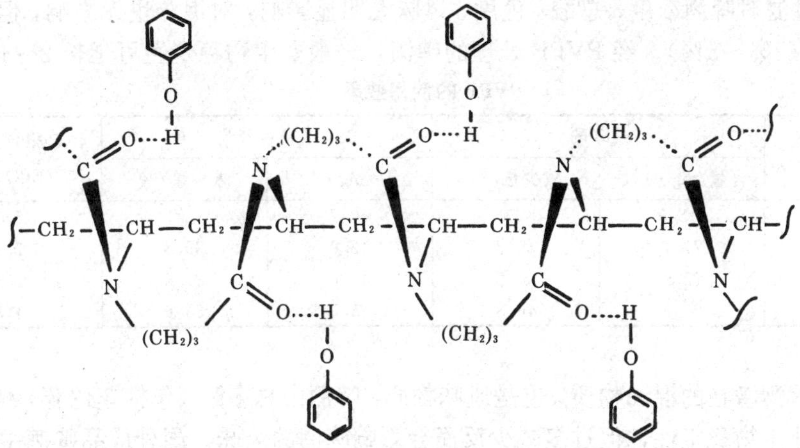

图 1-6-3　PVPP 的分子式及其对多酚的吸附

A. 中间贮槽法

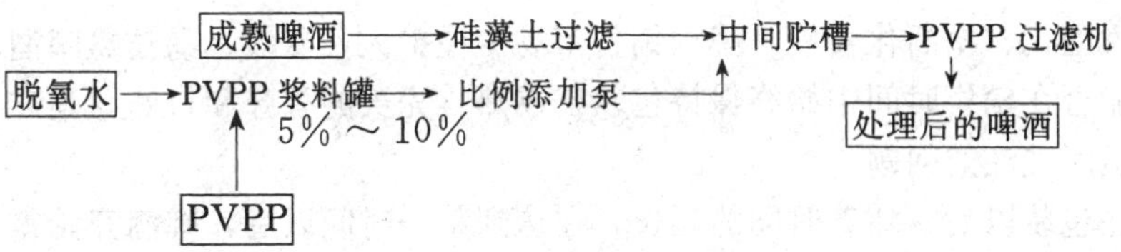

中间贮槽法可以保证添加均匀和一定的吸附时间，有利于减少 PVPP 的添加量。

B. 非回收型添加法：由于 PVPP 价格较贵，一般可回收、再生重复使用 50 次以上，但需有一套 PVPP 过滤机，大多用筛网密的水平叶滤机。若工厂不常用 PVPP，也可采用非回收型 PVPP，直接用比例泵，将 PVPP 定比例添加至正在进行硅藻土过滤的啤酒硅藻土过滤机中。

此法接触时间短、啤酒又太混浊，使用效果不好。

C. 直接使用旋转圆盘过滤机：旋转圆盘过滤机，筛网孔径为 80～90μm。先用 PVPP 加脱氧水膨胀后、预涂 100～200g/m²。啤酒经硅藻土过滤后，再串联 PVPP 过滤，并在管道中用比例添加泵，从混浆桶中，泵入 PVPP（按需要量）。啤酒过滤结束，用 3.0% NaOH，80℃，再生循环 30min，再用 70℃热水冲洗至 pH6～7，从圆盘过滤机排出至贮罐，备用。

不论采用什么方法，在 PVPP 使用后应有纸板精滤机或聚丙烯袋式过滤器孔径 1.5μm，捕集 PVPP 细粒。

PVPP 使用量一般为每立方米啤酒 150～500g，使用量和儿茶酸、花色素原去除率成非线性正比关系，一般去除率可在 25%～70%，推荐用量为：200～350g/m³。

PVPP 的再生每次自然流失损失约 1.5%～3.0%。PVPP 对花色素原（花色苷）去除率可高达 35%～65%，而对儿茶酸类去除率仅为 15%～35%。再生的 PVPP，短期内并不影响去除率，若30～50次以后，去除率会降低。

PVPP过滤对啤酒浓度、总酸、色度、风味无明显影响，对泡沫也无影响，但苦味物质略有降低（3%～5%）。经PVPP处理的啤酒，一般非生物稳定性可延长2～4个月。

表1-6-6　　PVPP的使用效果

PVPP添加量/g·m⁻³	总多酚		花色苷		40℃2d0℃1d浊度/EBC单位
	含量/mg·L⁻¹	减少量/%	含量/mg·L⁻¹	减少量/%	
0	118.9	/	60.7	/	5.1
400	77.1	35.2	42.9	29.3	2.4
500	72.9	38.5	41.6	31.6	2.1
600	70.5	46.3	38.0	35.6	1.8

多酚是啤酒潜在的混浊物质，也是风味物质。啤酒中总多酚（包括花色苷）减少，可增加啤酒的非生物稳定性，但过多减少反而会影响啤酒的风味。国外成品啤酒中一般控制总多酚为100mg/L以内，花色苷在30～50（mg/L）以内，这才能不影响风味又延长保质期。

四、啤酒的风味稳定性

随着啤酒生产向大型化、垄断化发展，啤酒销售市场半径扩大，瓶装、易拉罐啤酒货架寿命延长，啤酒能否在销售时间中始终保持包装初成熟、完美的香味和口味，是广大啤酒生产及科研人员所关注的问题。

人们发现，啤酒在包装以后，随着时间的延长，在达到某一时间以后，啤酒开始丧失原有的香味和口味，风味开始变坏，而且在某一阶段（数月），随时间的延长，风味变坏程度加强。尽管此时啤酒还保持原有澄清透明的特点，常规理化指标变化也不明显。

这种风味恶化，首先从酒花新鲜香味减少和消失开始，接着啤酒产生类如面包和焦糖的味道，然后产生纸板味。60年代初的研究认为这是由于啤酒风味物质不断氧化引起的，所以，称“氧化味”，也称“老化味”。

当今啤酒的酿造技术，可使啤酒非生物、生物稳定性保持6～12个月，个别可达2年。但风味稳定期还远远达不到如此长。一般均在1个月左右就能品尝到风味的恶化——老化味出现。最优质的啤酒也只能保持3～4个月，若不注意此风味老化的厂的啤酒，可以在7～10d就明显的老化感。

把啤酒（从包装出厂至品尝）能保持啤酒新鲜、完美、纯正、柔和风味而没有因氧化而出现的老化味的时间称“风味稳定期”。

当今啤酒生产和研究部门均致力于老化味代表物质的检出、老化机制的研究和抗老化技术的研究及其应用。

1. 老化的基本机理

（1）风味老化的过程　啤酒在保质期内风味变化如图1-6-4所示。

（2）老化风味形成的机理　啤酒生产从制麦到发酵过程，形成大量的风味老化物质的前体，如杂醇、脂肪酸（尤其是不饱和脂肪酸）、α-氨基酸、还原糖等，以及一些本身无风味活性，但其可以通过氧化还原作用和催化活性来影响风味老化的物质（如类黑色

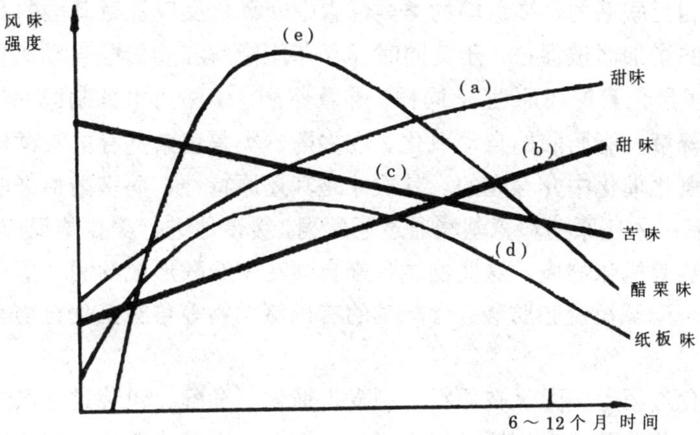

图 1-6-4 保质期内风味的变化

(a) 比较弱的不正常甜味发生，总体口味仍属正常

(b) 极重甜味（如葡萄甜味）

(c) 极重的带有蜂蜜甜味和焦味

(d) 刺激性气味产生，口味如厚纸板味、皮革味，此时常称做“明显老化味”。能维持数周至数月，但再延长存放时间，此不愉快气味和口味会减小

(e) 极重的甜味，如威士忌味、浓氧化物味

素、多酚等)。

在麦芽中的脂肪经脂肪氧化酶体系氧化形成过氧化物。同时麦芽中的还原糖和α-氨基酸在高温下形成大量类黑色素。在麦汁煮沸过程中，制麦过程中形成的大量挥发性物质（脂肪酸、羰基化合物、呋喃、吡嗪等）热挥发损失，而氢过氧化物和一部分脂肪酸吸附或包埋于冷凝固物中随同不挥发性物质（如类黑色素、多酚等）进入发酵液中。

在发酵过程中，醪液中的还原糖经 EMP 途径，氨基酸经酵母脱氨作用均可形成酮酸，酮酸在脱羧酶作用下进一步分解产生高级醇和杂醇。高级醇或杂醇和其他的酵母代谢产物（如不饱和脂肪酸酯、脂肪酸等）与醪液中不被发酵的多酚、类黑色素、氢过氧化物一起随酒液进入成品中，影响啤酒的风味。

成品啤酒经过一段时间的贮存，酒液中的溶解氧以成品中的抗坏血酸或醇类为引物，在铜离子参与下产生 H_2O_2 或 $\cdot OOH_2$。H_2O_2 可以在金属离子（如 Fe^{2+}）的作用下分解形成 $\cdot OH$。$\cdot OOH$ 与 $\cdot OH$ 在成品中作为氧的活性形式，可以催化大量的物质形成具有风味活性的羰基化合物，如高级醇在 $\cdot OH$ 自由基作用下生成饱和醛。不饱和脂肪酸、不饱和脂肪酸酯与 $\cdot OH$ 或 $\cdot OOH$ 反应形成过氧化物或羟基酸，这些羟基酸和过氧化物并同麦汁中带人的过氧化物一起在自由基的作用下进一步分解形成不饱和羰基化合物。此外，高级醇的类黑色素中介氧化反应、氨基酸的 Strecker 降解反应、醇醛缩合反应（饱和醛在氨基酸作用下进行）、不饱和脂肪酸通过光活性体（核黄素、类黑色素、黄素衍生物）的光氧化反应、来自酒花的异草葎酮的光氧化反应等均能形成饱和或不饱和的羰基化合物。

而上述这些氧基酸、不饱和脂肪酸、高级醇、异葎草酮的氧化又是可以通过类黑色素及多酚物质相互联系的。高级醇的类黑色素中介氧化反应及氨基酸的 Strecker 氧化降解随类黑色素的增加而被促进。于此同时异草葎酮降解和脂肪酸自动氧化却被类黑色素所抑制（由于类黑色素的还原性），同样，异草葎酮、多酚可以抑制醇的类黑色素中介氧化、氨基酸的降解及脂肪酸的自动氧化。在多酚、类黑色素共存的啤酒体系中，类黑色素首先是作为氧化催化中介存在的，其次才是其还原特性，而多酚恰好的相反。

另外，成品中的还原糖和氨基酸通过还原酮，缓慢地进行美拉德反应，形成呋喃、吡咯、噻吩、吡嗪等风味物质，这些物质和来自酒花中酚酸形成的酚、酮、类胡萝卜素氧化形成的β-紫罗酮及短链脂肪酸、含羰基的有机硫化物等与羰基化合物一起产生啤酒的老化风味。

啤酒的老化过程，实际上在原料、制麦、糖化、发酵、包装过程已经开始，而成品酒贮存过程是这些前驱老化物质进一步变化，而使啤酒风味恶化，啤酒风味变化中物质的变化如图 1-6-5 所示。

2. 氧和氧化

氧参于啤酒的老化。老化是由各种风味物质复杂氧化和分解、化合的结果。因此，除了发酵初的氧有利于酵母细胞合成以外，在其他酿造过程中把氧和氧化作为啤酒风味和稳定性破坏的头号敌人。

国外用$^{18}O_2$示踪，发现氧在老化啤酒中分布如下：

65%进入多酚，参于多酚氧化聚合，5%进入异 α-酸，形成氧化裂解产物，35%进入挥发性羰基化合物，改变啤酒风味。

（1）氧和氧化对啤酒的损害

①促进啤酒胶体混浊：麦汁和啤酒中含有大量有巯基的蛋白质和多肽，受到氧化后形成双硫键，促进了蛋白质和多肽聚合，开成混浊物质。

$$R-SH-R'+SH \xrightarrow{+1/2O_2} R-S-S-R'+H_2O$$

②促进多酚物质氧化、聚合：多酚物质受到氧化、聚合会促进胶体混浊，也将增加啤酒的色泽和形成涩味、后苦味、辛辣味，使啤酒协调的风味破坏。

③使 VDK 回升：包装啤酒中或多或少地存在 VDK 的前驱物质——α-乙酰乳酸，它可能是在发酵前期酵母形成的，一般在 0.01～0.03mg/L；也可能是在发酵后期细菌污染而形成的；也可能是酵母在发酵后期出芽重新合成或酵母自溶时释放的。若包装啤酒中有较多的氧，能促进氧化脱羧反应形成 VDK。

④破坏酒花香味和苦味：氧能促进酒花不饱和帖烯化合物氧化，形成饱和烃，丧失酒花的新鲜香味，形成烷烃臭和苦味。

氧也能促进 α-酸的氧化，形成氧化 α-酸，β 至 γ′-树脂，这些产物多给啤酒带来粗糙的苦味和后苦味。

⑤产生老化味：促进啤酒中多种化合物的转化而形成老化味。

⑥诱发喷涌病。

⑦促进生物混浊。

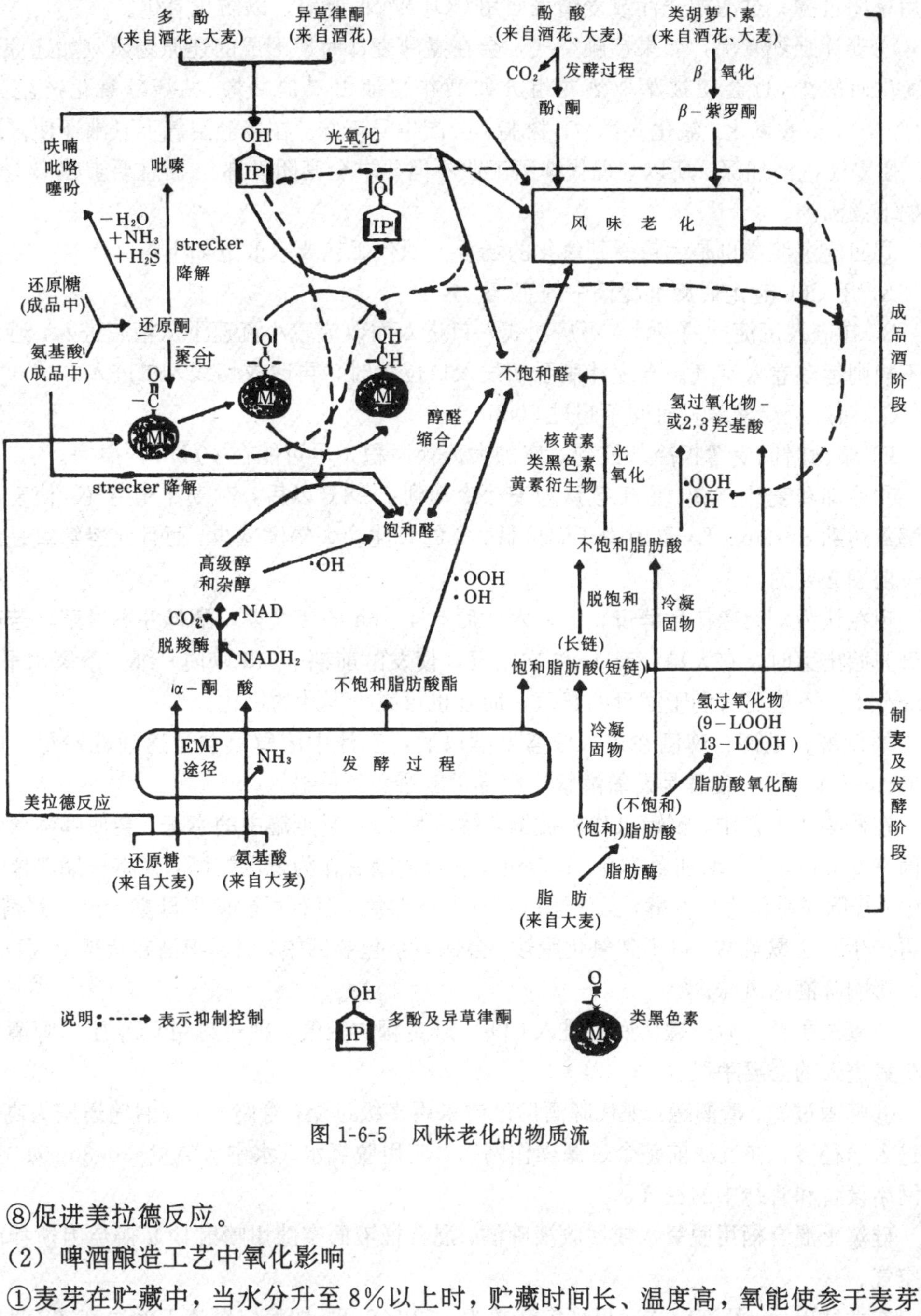

图 1-6-5 风味老化的物质流

⑧促进美拉德反应。

（2）啤酒酿造工艺中氧化影响

①麦芽在贮藏中，当水分升至 8%以上时，贮藏时间长、温度高，氧能使参于麦芽中氧化酶体系活跃，使麦芽色泽加深。

②原料粉碎和接触水开始，糖化初期，氧和麦芽酶体系特别是蛋白酶接合会影响酶活力。因此，现代工艺上要求酿造水应脱氧，糖化在密闭隔氧下操作。

③在糖化醪过滤时氧会延长过滤时间，并使过滤麦汁色泽加深、不饱和脂肪酸氧化。

传统工艺用麦汁承接盘，接受麦汁，接触空气和产生大量泡沫，氧化迅速；现代工艺均采用密闭过滤，过滤槽麦汁或麦糟表面用CO_2或N_2掩盖，以防止氧化。

④麦汁强烈煮沸，如果接触空气，会在煮沸麦汁时使形成的还原物质（如还原酮）被氧化而减少，也会使被萃取酒花组分如酒花精油由双键帖烯、帖烯醇氧化产生异味（虫胶味），α-酸氧化。氧化α-酸、γ-树脂，会产生异苦味。在接触空气下煮沸还使多酚氧化，使麦汁色泽加深。所以，现代啤酒工业不但要求全密闭煮沸，而且要求在CO_2、N_2保护下煮沸。

⑤回旋沉淀槽也是大量受到氧化的场合，现代工艺要求改进如下：

A. 用CO_2赶走回旋沉淀槽中的空气。

B. 初进入沉淀槽的麦汁，不从切线入口进入而改成较小流速下从槽底进入，避免由于不规则运动卷入空气。当麦汁满至切线入口位置时，再改成切线入口进入。

C. 回旋沉淀槽静置时间不超过20min。

D. 泵出时间受薄板冷却控制，应加大薄板面积，尽可能在40min内泵完。

⑥冷却和麦汁充氧：原工艺认为麦汁冷却到7～8℃以后，对麦汁充空气，使麦汁含溶解氧达到8～9mg/L，这时由于温度低，氧的氧化会大幅度减少，而且此溶解氧是酵母生长前期必要的。

现在认为，大罐接种酵母，进入麦汁后有4～6h的滞缓期，酵母并不增殖，若改成酵母开始出芽时，在大罐补充1～3次空气，使发酵前期（24h以内）维持溶氧水平在6～8mg/L，不但更有利于酵母的繁殖，而且也可减少麦汁的氧化。

⑦发酵、贮酒：啤酒在进入旺盛发酵以后，麦汁中溶解氧被迅速消耗殆尽（降至0.05mg/L以下），发酵是无氧酵解，应尽可能避免氧的进入。

在两罐法工艺中，倒罐操作若被倒入罐不用CO_2赶走罐中的空气，会使啤酒含氧量从原来0.05mg/L，增加至1.0～1.5mg/L。若倒罐后作为低温贮酒，氧将长期滞留在啤酒中；若倒罐后作为后发酵，虽然酵母可利用此溶氧，但有可能使酵母重新出芽繁殖，此时再产生α-乙酰乳酸，得不到氧化脱羧，会保留至包装酒中，引起啤酒在货架上VDK回升，影响啤酒的风味。

两罐法工艺，后一罐从底部进入CO_2，赶走罐内空气，前一罐用CO_2压出啤酒，是减少氧进入的必要手段。

⑧啤酒过滤、清酒罐：现代啤酒厂过滤采用多级过滤，管路长，啤酒输送压力高，空气进入途径多，在过滤前整个过滤操作网络，应用脱氧水（水中含氧量<0.3mg/L），赶尽网络设备和管线中的空气。

硅藻土混合桶用脱氧水或回收淡啤酒，混合桶液面空隙用喷射CO_2避免因搅拌而进入空气。

在发酵以后，酒液输送应保证雷诺数$Re<2\,300$下，即稳定顺流下输送酒液，湍流必然形成泡沫，泡沫就意味着氧化的加剧。$Re<2\,300$，进出罐流速约为0.7m/s，管中输送约为0.7～1.0m/s。

对于清酒罐，我国中小厂常用0.2MPa的空气背压，过滤后澄清啤酒如喷泉一样进入罐内，大量产生泡沫，为了灌装稳定，清酒罐需要停留6～12h。据测定溶氧变化如下：

贮酒成熟啤酒	0.1mg/L
硅藻土过滤初（5hL）	0.1mg/L
过滤中	0.2～0.3mg/L
用0.2MPa空气背压的清酒罐：	
进入初（5hL）	1.5mg/L
满罐初	0.35mg/L
8h停留后（罐内）	0.40mg/L
清酒放出后（5hL）	2.1mg/L

现代大型啤酒厂，清酒罐又称压力罐，有如下特点：

A. 清酒罐有足够大（和大罐容积相似或1/2）。

B. 完全采用CO_2背压。

C. 边过滤边送至压力罐，当充满2/3后，即边过滤边送出灌装。灌装车间多台灌装从一根网络输酒管中分流，若某台灌装机暂时停机，输酒管有回流管和压力罐相连，保证输酒管网压力始终保持恒定。

D. 清酒罐（压力罐），每周停产时清洗消毒一次。

⑨灌装时减少氧的措施：灌装（瓶）中增加的氧，主要是溶氧和瓶颈空隙中空气中氧。

A. 从清酒罐至灌装车间距离尽可能短，罐和灌装机尽可能在一个平面上，输酒管线尽可能减少弯头，必要时也应采平滑弧形弯头。

B. 灌装机应采用预抽真空（1～2次预抽真空），CO_2背压灌装机。若没有预抽真空装置，应尽可能采用长管灌装机，长管离底＜20mm。据测定用空气背压短管灌装可使啤酒溶氧达到0.5～0.6mg/L，而长管仅为0.3～0.4mg/L。

C. 减少瓶颈空气。我国玻璃大瓶全容积为670±10ml，装啤酒容积为640±10ml（20℃测定），标准空隙率为4.5%，极端空隙率为7.5%。瓶颈空隙太大，瓶颈空气就会增加。若灌装后无泡沫，可形成30～50ml空隙，最高可达30ml以上的空气量。此空气中氧缓慢进入啤酒，若全部溶解可使啤酒中溶氧增加14mg/L。减少瓶颈空气量是最重要的技术措施。常用方法如下：

（a）合理的空隙率。我国标准670ml瓶装640ml啤酒空隙率为4.5%，某些国家要求我们此瓶出口酒装650ml空隙率为3.1%。控制空隙率在3～4%，也可减少瓶颈空气量。

（b）保证一定灌装压力，过低灌装压力不利于引出泡沫，驱赶空气。

（c）引沫法。灌装后，瓶颈空隙中若被啤酒产生的细密泡沫全部充塞，即可以排出瓶颈空气。一般灌装以后自然形成的气泡常常比较粗大，气泡之间空隙腔带有空气还较多。要形成细密泡有几种方法：金属锤轻击瓶壁，使瓶壁振动刺激引泡，用25W21kHz的超声波引泡；现代装瓶机大多装喷射水（滴沫）引泡装置，瓶灌酒后在输送至压盖机途中被0.3mm喷嘴喷出高压（0.8MPa）无菌水射入瓶中，水量为0.1～0.5ml细密水滴微粒在啤酒中就成CO_2气聚集中心，就能引出细密CO_2气泡，此法效果很好；用高压CO_2气体，喷射至啤酒液面下6mm左右，刺激啤酒中CO_2聚集溢出。

（3）现代啤酒对氧控制目标　现代大型工厂对啤酒中溶氧和瓶颈空气折算总含氧量

控制目标如下：

含氧量（mg/L）<0.2	安全
0.2～0.5	较安全
0.5～1.0	最低要求
1.0～1.5	有害
1.5～2.9	有明显损害
3.0 以上	短期（数天）就有明显损害

对于瓶装啤酒，要求溶氧<0.1mg/L，瓶颈空气量<0.5ml/瓶，同时要求 $Fe^{3+}+Cu^{2+}$ <0.1mg/L，此要求用最先进灌装设备可以做到。

空气中含氧为 20.9%，氧气的密度为 1.432mg/ml

按上述要求，总含氧量＝0.1＋0.5×20.9%×1.432/0.64

＝0.33mg/L

按上述计算，也只能在较安全范围。

若装瓶机械差，不用 CO_2 背压，不预抽真空，一般溶解氧水平在 0.4～0.6mg/L，瓶颈空气在 5～8ml/大瓶，瓶内总含氧量在 2.74～4.34mg/L，此啤酒短期就会出现明显的老化味。

（4）抗氧化剂应用　从以上所述，在最佳技术和装备下，氧还存在，氧的潜在损害还存在。解决途径有两个方向：一是增加啤酒本身的还原物质，减少氧化先驱物质；二是外加入法律允许的抗氧剂。

①维生素 C 和异维生素 C：世界各国均允许在食品和饮料中添加 V_C，作为抗氧剂。欧洲共同体市场规定啤酒中允许添加量为<50mg/L。

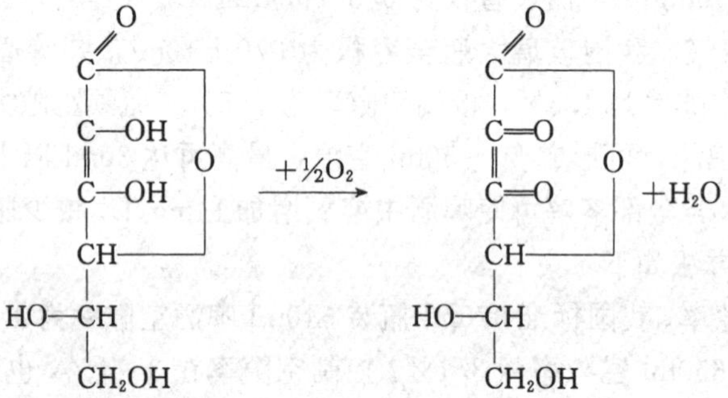

Vc　　　　　　　　脱氢 Vc

按反应方程可知　　176∶16＝x∶1

x＝11　　即 11mgV_C 可除去 1mgO_2。

但实际上 V_C 在氧化时，同时还有一半 V_C 催化促进啤酒中还原物质氧化——偶联氧化，潜在改变风味。

$$AH_2+RH_2+\frac{1}{2}O_2 \longrightarrow A+R+H_2O$$

式中　AH_2——V_C

RH_2——还原物质

A——脱氢 V_C

R——已氧化的有机物质

V_C 还有明显的酸味，一般在不改变啤酒口味的前提下适宜添加量为 20～35mg/L。在适宜添加量下，它潜在吸氧量为 2mg/L，即啤酒必须含氧量十分低时，添加 V_C 才有明显作用。

②SO_2、亚硫酸、亚硫酸盐、偏重亚硫酸盐：在食品和饮料中广泛允许使用 SO_2 系列抗氧剂。SO_2 系列抗氧化剂曾在葡萄酒工业中广泛应用。

$$SO_2+1/2O_2+H_2O \longrightarrow H_2SO_4$$

4mgSO_2 可以消除 1mgO_2。

应用比较方便的是液态亚硫酸和偏重亚硫酸钾，添加量为 15～25mg/L。但有些啤酒加入后易产生 SO_2 的不愉快风味，加 SO_2 啤酒在灌装以后，立即（1～3d 内）品尝，均能发现 SO_2 的刺激味（如酵母臭）。美国最近也规定，啤酒中游离 SO_2 应＜8mg/L，这样也限制了它的应用。

③葡萄糖氧化酶：葡萄糖氧化酶（EFAD）实际上是一种去氢酶，它可以去氢，而使氧作为受氢体，所以，实际上它应称“葡萄糖好氧去氢酶”。

$$\text{葡萄糖}+O_2+\text{乙醇}\xrightarrow{EFAD}\text{葡萄糖酸}+\text{乙醛}+H_2O$$

它可以由 A_S. Niger. P. notatum 等微生物发酵制备，它在温度 30～60℃下作用，而且由于它的专一性，可将β-D-葡萄糖、α-D-葡萄糖去氢，因此，在不消毒饮料（如葡萄汁、可乐等）中和过氧化氢酶联合使用，已经有工业化的前途。

在啤酒中每瓶（640ml）加入 10 单位 EFAD，但此啤酒中还必须有 10g 葡萄糖，就可以有很好的除氧效果，可以使含总氧从 2.5mg/L 降为 0.05mg/L。

由于啤酒中几乎没有葡萄糖，EFAD在啤酒消毒时被破坏，所以，现在企图把EFAD＋葡萄糖固定在瓶盖上，专用于吸收瓶颈空气中氧。

第二节　啤酒的过滤与分离

经过后发酵的成熟酒，大部分蛋白颗粒和酵母已沉淀，少量悬浮于酒中，须滤除方能包装。常用的方法有：①滤棉过滤法。②硅藻土过滤法。③离心分离法。④板式过滤法。⑤微孔薄膜过滤法。较合理的工艺是联合方式处理。②法和③法常作粗滤。④法和⑤法作精滤。单用①法或②法一次处理可制鲜啤酒，但不能达到无菌水平。①法较古老，国外已被淘汰。

对啤酒的分离要求是：产量大，质量高（透明度高），损失小，劳动条件好，CO_2 损失小，不易污染，不影响风味，啤酒不吸收氧。实际上不论何种方法要达到十全十美的效果很困难的。

一、过滤介质及过滤原理

棉花、芦苇等植物纤维是迄今为止一直沿用的重要过滤介质之一。至 1886 年 Heddle

等申请了硅藻土过滤专利。1890年纸浆过滤法用于酿造业，大约在同一时期，石棉也用作助滤剂。从此人们开始掌握了近代过滤介质的实践基础，并用纤维素加石棉或硅藻土，组合成各种不同性质的过滤介质和过滤方式，广泛用于包括啤酒在内的多种生产工艺。

大约在1857年之前，Darcy提出过滤公式，他认为过滤速度与液体流速、压力、过滤面积、液体粘度及介质厚度等因素有关。

$$Q=\phi pA/L\mu$$

式中 Q——流速（m/s）

ϕ——可透性系数（Darcy系数）

p——压差（Pa）

A——过滤介质面积（cm^2）

μ——液体粘度（Pa·s）

L——介质厚度（cm）

上式表明过滤速度与液体粘度成反比，与压差和过滤面积成正比。

将上式改写成

$$\phi=QL\mu/pA$$

对任何一种过滤板，都可通过实验测出可透性系数。应当看到上述两式都未考虑溶液中悬浮颗粒的阻塞因素，所以，只适合透明溶液，对啤酒过滤在多数情况下不实用，但对于制造过滤板系列可作为理论根据，具有实用价值。对任何一种特定的设备和一定的滤板重量，只要密度增加，则可透性必然减少，因而可以对照板的密度来划定滤板的系列等级。

在悬浮液中的颗粒被滤除的机制，可以分三种情况。

（1）阻挡作用（筛分作用或表面过滤） 这是一种物理过程，常见的薄膜式滤片和金属网的过滤都属此类型。当然其他型号滤机都包括阻挡作用。比过滤介质孔隙大的颗粒不能通过，被阻挡在介质一侧。这些颗粒可能增加也可能减少过滤能力。如果是硬质或多孔性颗粒，它便附着于滤层进滤液面一侧形成粗滤层，以减少滤层内部结构的负担。这就是硅藻土滤机的预涂层及随后向酒液中渗和硅藻土的理论根据。由于硅藻土滤层长期保持相对的通透性而增加了过滤能力。如果酒液中颗粒是可变形或粘性的，则附着于过滤介质间隙形成阻塞，降低过滤效率，酒液中的混浊物大多属于此种性能。

（2）深度效应（机械网罗作用） 过滤介质中细长曲折的微孔途径对悬浮粒子产生阻滞作用，因此，要求介质充满迷宫式的槽沟，它对微小颗粒也能网罗。它除了机构网罗还有静电滞留效应。棉饼和硅藻土都有深度效应。

（3）静电吸附作用 比介质微孔更小的粒子，也可能由于多种分子间力产生的吸附作用而滞留。其中最重要的是ζ-电位。在多数酒的pH范围内，石棉的ζ-电位为阳性，即石棉带有阳电荷，故酒液中的带阴电荷的粒子能被吸附，正常微生物带阴电荷，能被石棉吸附一部分。

据电子显微镜研究，在许多情况下，酒液中的微粒不是直接被纤维吸附，而是粒子间相互吸引，形成链状或团块。如细菌（*E. Coli*）就是在滤板上互相粘连。因为具阴电荷的粒子是极性粒子，即粒子的一端具阴电荷，另一端具阳电荷。

酒液中除悬乳物之外，其他凡是有较高表面活性的物质如蛋白质、酒花树脂、色素、高级醇、酯等都能被吸附一定的量，这就是滤过的酒液总是口味和色泽显得淡薄些的原因。

二、棉饼过滤法

棉饼（滤棉）是一种精制木浆添加1%～5%的石棉组成的，19世纪末用于酿造业。作为过滤介质的石棉须经煅烧和化学处理，其化学成分为钙镁二硅酸盐。石棉吸附性很强，加量多，则棉饼吸附力强，但滤速慢。由于滤棉具有很多缺点，从本世纪30年代后，逐渐被硅藻土法所取代。在德国，由于有历史悠久的老厂强调自己产品的传统风味而不愿更新过滤方式，至1971年仍保留相当数量的棉滤机。

棉滤法除了阻挡作用和深度效应之外，滤棉中的石棉的吸附作用对酒体有重要影响。从表1-6-7可以看出，同一台棉饼过滤机，不同时间滤出的酒液其组分和理化性能有差异。

表1-6-7 棉饼过滤机的酒质变化

	固形物浓度/°P	色度 0.1mol/L 碘 ml	pH	比导电率（$\times10^{-4}$）	相对表面张力
		弱吸附力滤棉			
未滤酒液	4.45	2.35	4.25	14.49	61.24
初滤酒液	4.40	1.70	5.00	15.30	66.51
10×100L	4.45	2.05	4.29	14.57	63.08
25×100L	4.44	2.10	4.26	14.51	62.69
100×100L	4.44	2.20	4.26	14.51	61.24
		强吸附力滤棉			
未滤酒液	3.42	0.85	4.64	13.61	64.22
初滤酒液	3.31	0.65	4.92	13.81	66.51
5×100L	3.41	0.75	4.71	13.75	65.07
15×100L	3.41	0.80	4.69	13.68	64.83
50×100L	3.41	0.80	4.67	13.61	64.72
250×100L	3.41	0.85	4.66	13.61	64.22

滤酒初期，由于棉饼中吸收的洗涤水含有碳酸氢盐随酒液流出，并溶于酒液中，所以，初滤酒液pH稍上升。其他各项数据都随着过滤的进行而稍有升降，最后达到平衡。所以，同一批酒最好是将全部滤完并混匀后再行包装。表1-6-7为40片棉饼滤机，棉饼干重4kg，每片棉饼滤酒约250L。棉饼对色素和某些表面活性物吸附作用很明显。

表 1-6-8　　几种滤棉的比较

	日本	英国	中国
灰分/%	0.1	0.45	0.28
水分/%	5.8	6.51	6.5
水溶物量/%	0.17	0.16	0.35

滤棉的质量要求最重要的是水溶物含量不能过高，因为它直接溶于酒液中。

棉饼过滤机的操作要点：

1. 洗棉

新棉和回收棉都需漂洗，最后用 80～85℃热水杀菌。补添新棉的原则是每 40 块棉饼补 0.5～2.0kg 滤棉，石棉 15～30g。

2. 压棉

压棉机压力 0.35MPa～0.50MPa，棉饼厚 4.0～4.5cm。压好的棉饼于 0～2℃下存放，存放时间不得超过 24h。

3. 过滤

正常过滤能力为 500L/m²，滤速为 1 500～5 000L/（h·40 块）。酒液入滤机之前必须冷却至 0～－1℃。滤酒方法有两种：其一是在贮酒罐中通入 CO_2 或无菌空气；其二为用滤酒泵将酒液送入滤机，后者生产能力大，对罐体损伤较小。滤出酒液的浊度应小于 0.5EBC 单位，无明显悬浮粒和短纤维。

表 1-6-9　　滤棉过滤条件

	CO_2 或压缩气体加压	滤酒泵输送
贮酒罐压/MPa	0.14～0.18	0.04～0.06
清酒罐压/MPa	0.06～0.08	0.06～0.08
合流器压/MPa	0.14～0.18	0.04～0.06
滤酒泵压/MPa	—	0.04～0.06

装好棉饼，先通清水 20～30min，排出水应不带短纤维。送酒液顶残水 5～10min，接着滤酒。初始压差 0.02MPa～0.03MPa，压差升至 0.1MPa～0.15MPa 时，过滤结束，用压缩气顶出残酒。

三、硅藻土过滤法

硅藻土是藻类——硅藻的化石，是一种较纯的二氧化硅矿石，可作绝缘材料、清洁剂和过滤介质。

早期曾用硅藻土加入啤酒混匀，然后进入棉饼过滤，这样可以增加滤速和提高效率。

大约于 1930 年，英国开始用硅藻土单独过滤啤酒，本世纪中叶美国普遍推广此法。

硅藻土过滤的特点是可以不断地添加助滤剂，使过滤性能得到更新、补充，所以，过滤能力强，可以过滤很混浊的酒，没有像棉饼那样洗棉和拆卸的劳动，省汽省水省工，酒损失也低。

硅藻土密度小，约 100～250kg/m^3，而表面积却很大，约 1～2 万 m^2/kg，粒度 2～100μm。此种颗粒提供了极大的吸附和渗透能力，能滤降 0.1～1.0μm 的粒子，而且化学性能稳定。

天然硅藻土含各种可溶性无机物和有机杂质，须经 800～1 100℃烧炼除去或变成不溶性盐后，再粉碎分级。

我国进入 80 年代开始推广硅藻土过滤机，而且正在开辟国产硅藻土生产基地。

硅藻土过滤机型号很多，其设计的特点在于体积小，过滤能力强，操作自动化。关键性部件是硅藻土的支承单元，根据此单元可分为三种类型：

板框式过滤机、加压叶片式过滤机（垂直式和水平式）、柱式（烛柱式）过滤机。

1. 板框式硅藻土过滤机

这是比较早期的产品，由于操作方便且稳定，至今仍流行。它由不锈钢制成，滤板和滤框交替排列，旧式的在框上包滤布，新式的则用金属丝网再覆盖一层纤维滤板，此种滤机有双重功能，即先经硅藻土精滤，再经纤维板精滤。混浊酒液经滤框进入，从滤板流出。过滤能力对啤酒为 350～370L/（m^2.h）（德国 ORION－AIOO），台机产量为 10 000～50 000L。

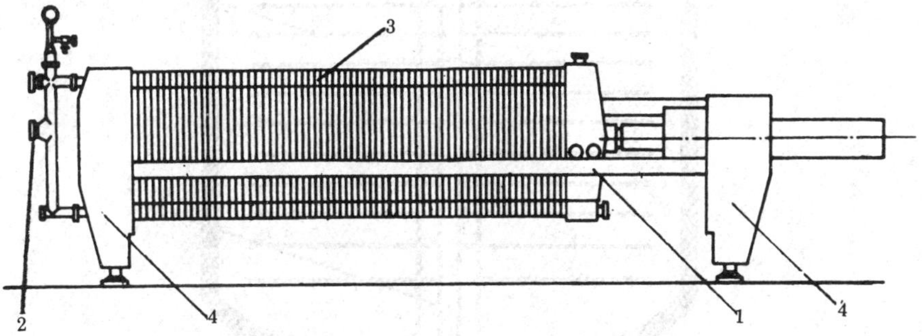

图 1-6-6　板框式硅藻土过滤机

1—板框支承轨　2—混酒入口　3—板和框　4—机座

板框式滤机的优点是结构简单，活动部件少，维修方便，过滤能力可通过增减板框数而变更，排出的滤饼干实。

2. 叶片式硅藻土这滤机

叶片式过滤机可装在卧式罐体或立式罐体中，基本结构如图 1-6-7 所示。立式罐流量较小，约 25m^3/h以下；卧式罐产量较大，为 50m^3/h 以上。过滤面积为每台 6～34m^2，滤速为 600～1 000L/（m^2·h）。

立式叶片过滤机的优点是过滤介质在叶片两侧沉积，效率高，滤机容积相对减少，从罐顶喷水用湿法清除滤饼，叶片可进出移动。该机的缺点是必须打开机壳方能清洗干净，滤床的稳定性不如板框式和水平叶片过滤机，过滤进行之际，若压力有波动将造成滤饼

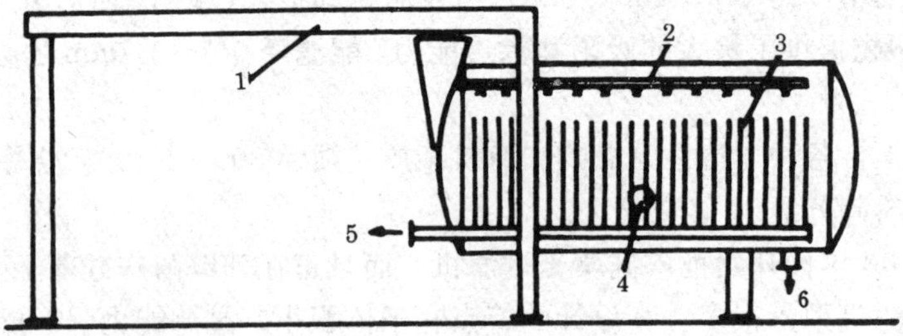

图 1-6-7　立式叶片硅藻土过滤机（卧式罐）

1—机台框架　2—摆动喷水管　3—过滤叶片　4—啤酒进口　5—清酒出口　6—滤渣出口

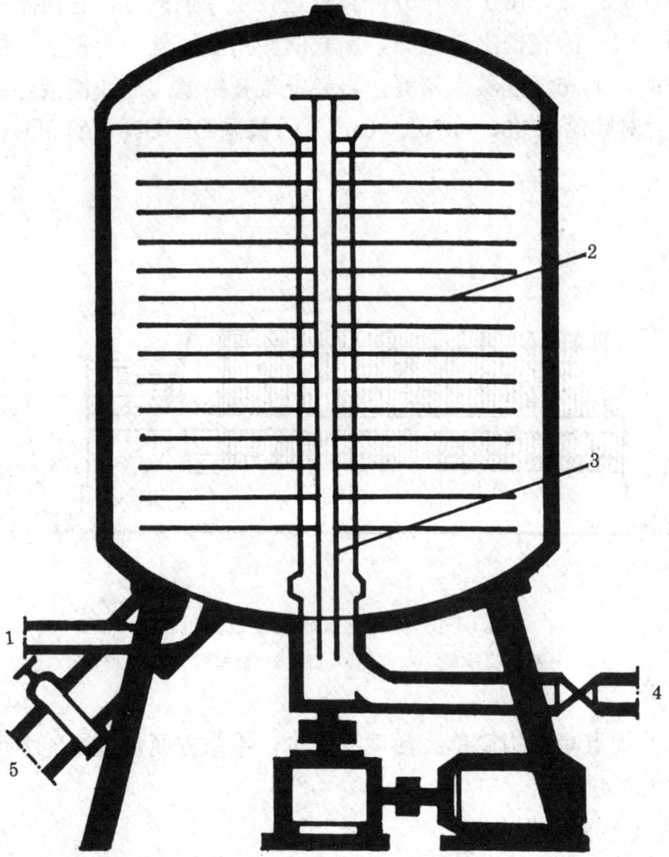

图 1-6-8　圆形叶片水平硅藻土过滤机（立式罐）

1—啤酒进口　2—过滤叶片　3—空心轴　4—清酒出口　5—滤泥出口

脱落。图 1-6-8 所示。是圆形叶片水平过滤机，其清洗方法是先向罐中冲少量水，将滤饼稍浮起，然后开动搅拌使叶片和中心轴一起转动，滤饼脱落，向罐内加压，形成泥状而被挤出。

水平叶片过滤机过滤面积为每台 20～100m²，滤速 600～1 000L/（m²·h），每 6～7h 排泥一次。排泥之前先用 CO_2（0.6MPa）压出酒液，接着进水排泥。该机优点是滤层较平稳，不易脱落。其缺点是单位容积内的过滤面积不如立式大，因为它只有一面能沉积滤泥。

3. 柱式硅藻土过滤机

机体外形如图 1-6-9 所示，过滤单元似蜡烛状，每根柱中 28mm，长 1 067mm，台机

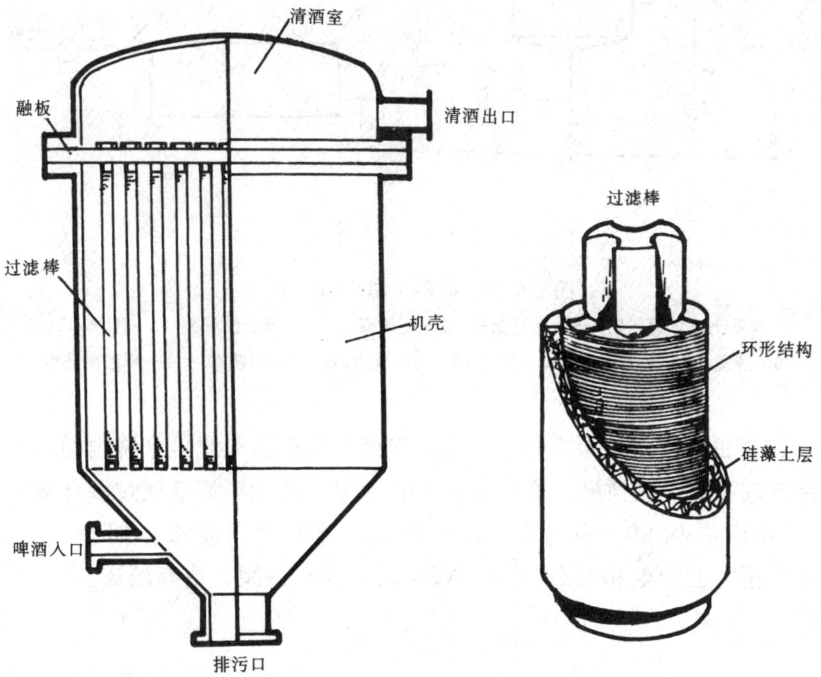

图 1-6-9　柱式硅藻土过滤机

过滤面积 93～150m²，滤速 75 000～130 000L/h。蜡柱棒心为一根 Y 形金属棒，棒上重叠装配环形盘，酒液从环形盘之间透过，沿中心孔之间的狭缝和 Y 形金属棒的凹形槽沟流至清酒室，再流出机外，滤泥则附于滤棒外层。该机可连续工作 8h 以上。含酵母 $0.5\times10^5\sim1.5\times10^6$ 个/ml 的啤酒，可一次滤清，浊度为 0.4～0.6EBC 单位或更低，清酒酵母数 10～20 个/L。

该机优点是滤层在蜡柱上，不易变形脱落，滤柱为圆形，过滤面积随滤层增厚而增加。

硅藻土过滤机的操作：

图 1-6-10 是板框式滤机的工作原理图，过滤前必须预涂，通常涂两次，第一次预涂 400～500g/m² 粗粒，第二次涂粗细混合粒 400～500g/m²。先在混合罐内将硅藻土和脱氧

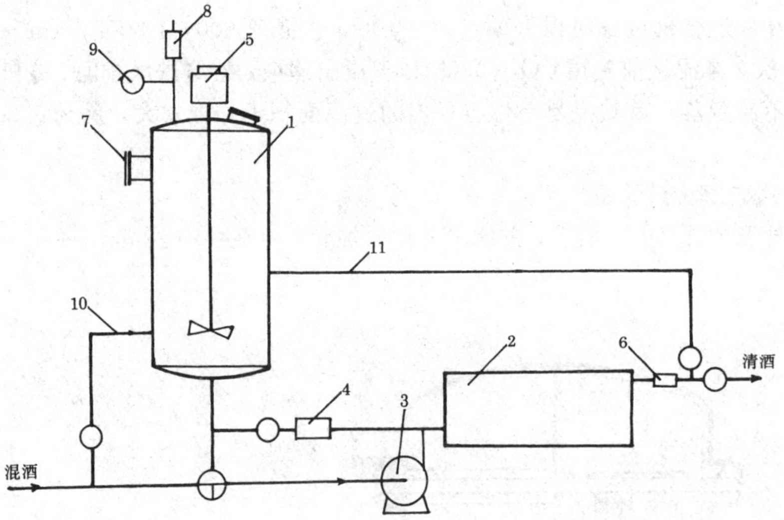

图 1-6-10　硅藻土滤机预涂工艺

1—硅藻土混合罐　2—硅藻土过滤机　3—啤酒泵　4—硅藻土供料泵　5—搅拌电动机
6—视镜　7—硅藻土进料口　8—通风　9—压力表　10—啤酒管　11—啤酒循环管

水配成10%浓度的悬浮液，泵入滤机，并让溶液在混合罐和滤机系统内循环至无微粒流出为止；接着进行第二次预涂。每次涂1～2mm厚。预涂毕酒液通过混合罐入滤机，可根据酒的混浊度添加80～300g/100L 硅藻土。过滤时压差每小时上升0.02MPa～0.04MPa，待压力上升至0.3MPa～0.4MPa时，停止进酒，更新滤床。

四、板式过滤机

板式过滤机是精制木材纤维和棉纤维掺和石棉或（和）硅藻土等吸附剂压制成的滤板作过滤介质，是棉饼过滤机的发展。其配料比滤棉有改进，有相当强度的耐用性，因而排除了车间现场制饼清洗设施。所用纤维素约30～50μm宽，用以形成骨架结构，以包埋石棉和硅藻土。要求纤维素具有良好的抗腐能力和强度。石棉起吸附作用，硅藻土可提高通透性。精滤板的石棉所占比例稍大，粗滤板则硅藻土所占比例稍高。板式过滤机理是阻挡作用、深度效应和吸附作用三者的结合。图1-6-11为板式过滤机的结构。机体和槽沟板由不锈钢制成，滤板固定在槽沟之间，槽沟板和滤板的组装很似板框过滤机。此种滤机多作精滤之用，滤出的为无菌酒。滤板的等级主要取决于配料比及其物理性能，例如改变石棉纤维的长度和比表面积，改变硅藻土颗粒的大小。纤维素则可修正其吸湿性能。

滤板被悬浮物饱和之后，用反冲法清洗，热水逆流而入。也可用蒸汽杀菌，温度为83～94℃。应当注意刚杀菌后的滤板必须冷却至与酒温相同的温度方能滤酒，否则可能出现滤板味。还应当注意不能超压、超负荷，以防滤板破裂。通常最大容许压差为0.2～

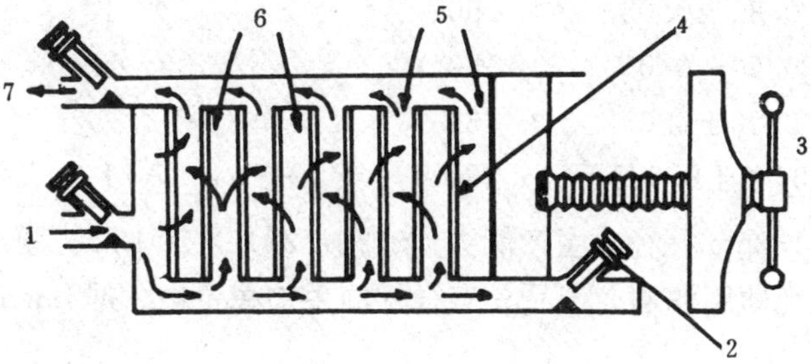

图 1-6-11　板式过滤机

1—混酒入口　2—排污口　3—压紧螺杆　4—滤板　5—出酒面　6—进酒面　7—清酒出口

0.3MPa，杀菌时容许压差为 0.15MPa。滤酒时要适当施反压，以防 CO_2 在板内膨胀游离，伤害板的强度。适合啤酒过滤的板含灰分 15%～25%，其中主要为石棉和少量硅藻土。

1964 年有人提出在胃肠管道肿瘤中发现有石棉纤维，从此人们对过滤介质中石棉脱落造成的污染引起重视，并提出限制石棉纤维用于食品工业作助滤剂的建议。因此，1975 年以来，市场上出现了无石棉过滤板；有的则在滤板的流出一面涂一层树脂以防石棉和硅藻土的脱落；还有用氧化铝（Al_2O_3）和氧化锆（Zr_2O_3、ZrO_2）代替石棉；此外为了提供滤板对多酚的吸附能力，在滤板中添加 PVPP 填充。所有这些说话明了滤板的性能在不断地更新之中。

用板式过滤可滤出无菌啤酒，因而可省去巴氏杀菌机，但必须严格包装系统的无菌操作。所有管道、空瓶、瓶盖及环境都应采取灭菌措施。

板式过滤机用作精滤，正常产量为 100～200L/m^2，使用寿命为（75～125）×100L/m^2。一般都是先经硅藻土或离心机粗滤后再入精滤。

五、微孔薄膜过滤法

微孔薄膜是用生物和化学稳定性很强的合成纤维和塑料制成的多孔膜，如美国 Millipore 公司产品是以醋酸纤维、尼龙和聚四氟乙烯为主体的，膜厚 150nm。德国的 Gelmen 公司以聚乙烯碳酸盐为主体，用尼龙 66 补强，膜厚 131～135nm，开孔率约 80%。微孔以垂直方向通过膜表面，膜滤是简单的筛分过程。以下为几个产品型号的规格：

型号	孔径（nm）	开孔率（%）
HA	0.45±0.02	79
AA	0.80±0.05	82
BA	1.20±0.3	82

薄膜抗浓酸、浓碱，耐 125～200℃高温。下面是 Millipore 公司部分产品的流量规格：

种类号	孔径（nm）	膜厚（nm）	流量〔水 ml/（min·cm^2）〕
1	14.0±3	150	1 020

11	1.20±0.3	150	300
15	0.80±0.05	150	212
19	0.50±0.05	130	67
26	0.20±0.05	130	21
29	0.05±0.003	130	1

啤酒过滤可用1.2nm孔径，生产能力为（20～22）$\times 10^3$L/h，膜寿命为（5～6）$\times 10^5$L。用0.8nm孔径薄膜滤酒，产品具有很好的生物稳定性。据Bush报道，装瓶后18个月未发生混浊。

此法多用于精滤生产无菌鲜啤酒，先经离心机或硅藻土过滤机粗滤，再入膜滤除菌。薄膜先用95℃热水杀菌20min。杀菌水则先用0.45nm微孔膜过滤除去微粒和胶体，用无菌水顶出滤机中杀菌水，加压检验，若压差小于规定值，是为破裂之兆，应拆开检查，重新装。压差规定值如下：

微孔径（nm）	压力差	
	（MPa）	（lb/in^2）
3.0	0.071	10
1.2	0.085	12
0.8	0.114	16

微孔过滤的优点是可以直接滤出无菌鲜酒，若配合无菌包装可省出巴氏杀菌机而生产出生物稳定性可靠的成品酒，从而有利于啤酒泡沫稳定性，成品酒无过滤介质污染，产品损失率减少。

微孔薄膜过滤机外形似钟形罩，内部是薄膜支承架和薄膜。钟形罩φ300mm，高约1 200mm，结构精巧。

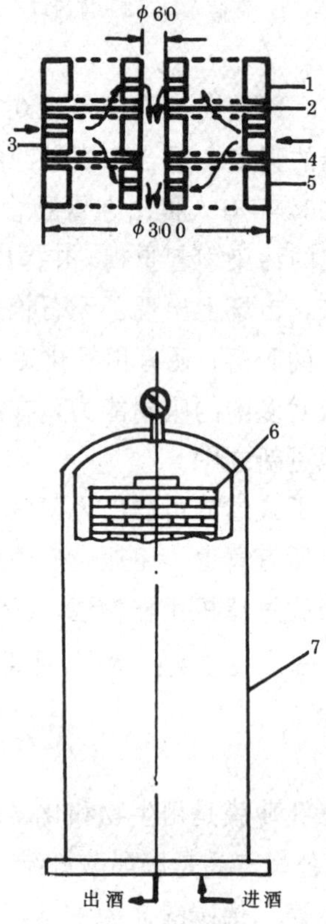

图 1-6-12 微孔薄膜过滤机

1，5—不锈钢支承网 2，4—微孔薄膜

3—滤板 6—过滤圆盘 7—外罩

六、离心机分离法

酿造业使用离心机始于本世纪初，1939年之后瑞典人对离心机的改进作出了贡献，此后逐渐推广。离心分离是用离心力代替重力。通常的自然沉降速度公式为：

$$沉降速度\ V_S=\frac{D^2\times\Delta P\times G}{18\times\eta}$$

式中 D——固体粒子直径

G——重力

ΔP——相对密度差

η——溶液动力粘度

上式表明，沉降速度与固体粒子直径的平方、重力及相对密度差三者成正比，与溶液的粘度成反比。式中 D、ΔP、η 三项是由溶液本性所决定的，不易改变。若用离心机代替沉降，则重力 G 将被（$r\times\omega^2$）所取代，离心机的沉降速度为：

$$V_2=\frac{D^2\times\Delta P\times r\times\omega^2}{18\times\eta}$$

式中　r——离心机半径

　　　ω——角速度

多数盘式离心机，其（$r\times\omega^2$）/G 之比值为 4 000～6 000，不难理解离心机的沉降速度为自然沉降速度的数千倍之多。

啤酒厂常用的离心机有三类：

(1) 倾析式离心机，用以回收麦汁和麦槽压榨液。

(2) 盘式除渣式离心机，多用于麦汁分离。

(3) 密封除渣式离心机，分离啤酒和冷却麦汁。

分离啤酒和分离麦汁的离心机结构不同，前者有多层重迭的锥形盘，转速为 7 000r/

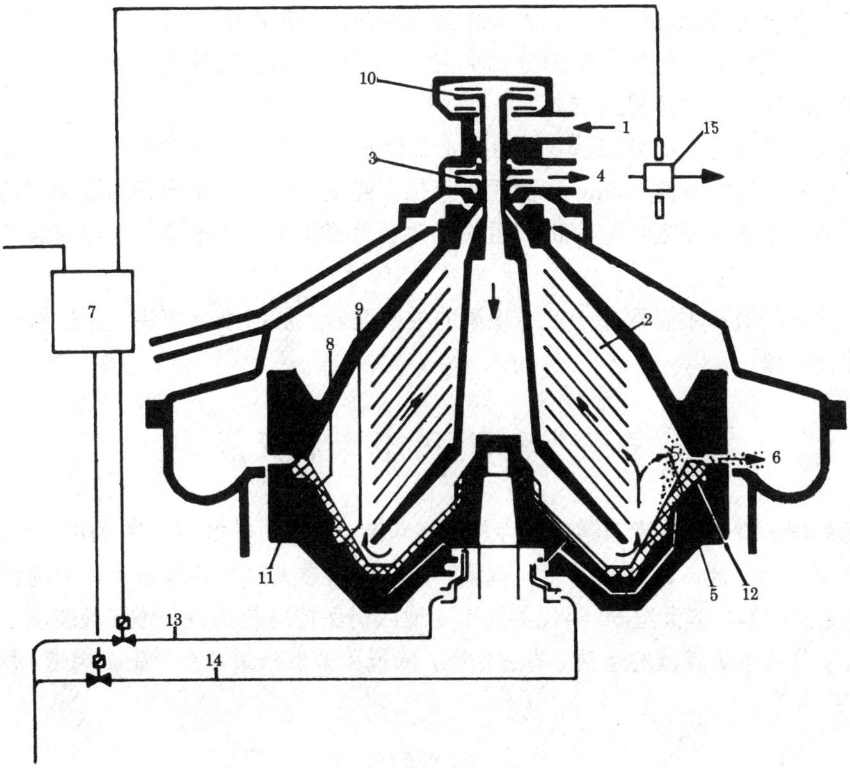

图 1-6-13　Westfalia 喷嘴式离心机（密封式）

1—混酒入口　2—锥形盘　3—中心泵　4—清酒出口　5—沉渣室　6—沉渣排出口　7—控日掸元　8—出口密封水室　9—内部密封水室　10—进料泵　11—碗形机壳　12—滑动活塞　13—开口供水管　14—封闭供水管　15—光电元件

min。图 1-6-13 是 Westfalia 离心机示意图，其核心部件是机内有多层重叠的 0.5mm 不锈钢制锥形盘，盘间距 0.5mm，根据被分离物料中颗粒含量之多少及粒度大小，间距可以增减。每一间距形成各自的离心空间。酒液经泵从顶部送入中心转鼓分配器，由于离心高速旋转，酒液被这些平行的各自分隔的离心空间分成许多薄层。固体粒子因相对密度大而被迫往上层壁上移动，由于间距十分小，粒子很快沉积在壁上，再缓缓下滑，最后进入泥浆集结室。当泥浆达到一定量，进料口自动封闭，转鼓自动开启卸泥。分离嫩啤酒酵母时，大约每 1～3min 开启一次，每次持续 2～3s，再自动封闭，然后自动进料分离。开启的频率可根据物料固体含量进行调节。

运转过程中全系统密闭，啤酒出口施反压，以防 CO_2 外泄而起泡沫。高速离心使啤酒受到了 6～7MPa 压力，但不影响酒的质量。

离心分离法的优点是：酒损失降至最低限度，无酒水混合之误，运转过程不会出现过滤中的失调现象，几乎无污染，啤酒风味物质无损失，无过滤介质的排污，运转费用低。

主要缺点是：由于高速转动与空气磨擦生热，使已经降温的啤酒升温，当出口流速为 1000L/h 时，酒液升温 3.5℃。升温导致已凝固的冷凝固物重新溶解，因此，离心分离的啤酒具有明显的冷混浊敏感性。如果作为夏季销售的鲜啤酒，对此不用当心，但冬季不行。有人建议在离心机的转动部分抽真空以防磨擦升温。此外离心机有时由于泥浆进入转鼓造成阻塞，必须停机清洗。

北欧国家很流行离心分离法，而且离心机制造业很发达。瑞典几乎全用离心机过滤啤酒，一台机可连续分离 150m^3 啤酒而不停机，连续工作 24h 不出任何故障，离心后直接灌装鲜酒。挪威和丹麦用离心机作粗滤，然后用棉滤或板式过滤，从而克服了冷混浊的缺点。

离心分离的效率主要取决于贮酒罐酒的透明度，上层清酒分离快，下层接近罐底的混浊物分离较慢。

第三节　啤酒的包装和灭菌

过滤完毕的啤酒，在清酒罐低温存放准备包装，通常同一批酒应在 24h 内包装完毕。包装容器可分为瓶装、罐装和桶装。瓶装产品占比重最大。桶装较古老，目前世界很流行，主要是鲜啤酒，本世纪 50 年代英国 1/4 地区仍保持桶装销售习惯。罐装虽然容器成本高，由于节省包装容器的运费，省去贴标，降低灭菌蒸汽量，便于旅游携带，所以，一时流行。

一、空瓶的洗涤

新旧瓶均须洗涤，回收瓶还须经挑选，检出油瓶、毛口瓶等。回收瓶一般不装出口酒或优质酒。图 1-6-14 是新式洗瓶机工作图。大生产能力洗瓶机可达 5～10 万瓶/h。洗瓶要求瓶内外无残存物，瓶内无菌，瓶内滴出残存水无碱性反应。洗涤剂可用 3%的 NaOH 水溶液或配加葡萄糖酸钠、连二亚硫酸钠等。洗涤剂要求无毒性。排污水必须经严格处理。

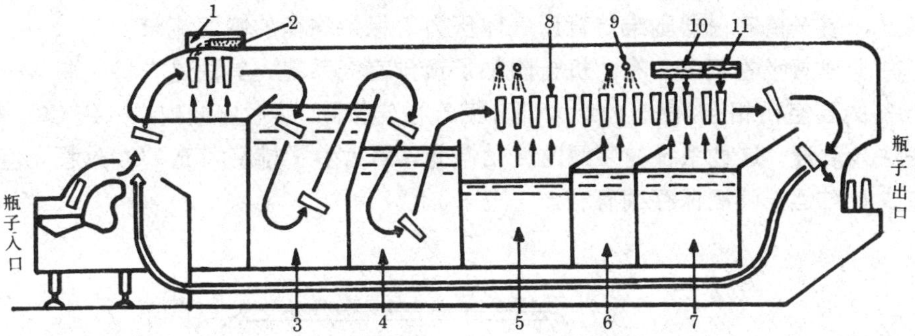

图 1-6-14　洗瓶机工作原理

1—一次喷洗（25℃）　2—二次喷洗（50℃）　3—一次洗涤剂浸瓶（70℃）　4—二次洗涤剂浸瓶（70℃）　5—洗涤剂喷（70℃）　6—水喷（50℃）　7—水喷（25℃）　8—高湍流洗涤剂喷射（70℃）　9—水喷射（50℃）　10—水喷射（25℃）　11—最后水喷洗

二、装　瓶

1. 概述

装酒必须做到严格的无菌，尽量减少酒损失，防止 CO_2 泄漏，尽量避免酒液与空气接触，防止酒液吸收氧气。

大约到 1870 年，实现了机械化制瓶操作，从而生产出符合包装啤酒的玻璃瓶之后，才有可能实现大规模的生产瓶装啤酒。近 40 年来，啤酒包装机的技术性能和生产能力不断更新。1950 年每台机的注酒阀最多为 40 头，至 1983 年已达到 165 头，最高生产能力有的达到每台每小时 120 000 瓶。按当前的设计能力和技术水平，完全可以制造出更大规模的高速装酒机。但是先进的装酒机不单是表现在高速度，还必须是酒损失少，空气吸收量少，维修方便。高速包装机常带来车间噪音水平上升。高速包装机必须有相应的洗瓶、灭菌、贴标等相应的高速机械配合，必须有大批量的包装容器和成品堆放场地及输送设施；高速包装机的短暂停车事故都将造成整体生产线失调，所以说高速是有限的。

当前许多国家规定包装车间最高噪音为 90 调整分贝（dBA）。改进机械设计，设置装酒作业线屏罩，可使噪音降至 85～90（dBA）以下；同时控制最合理的高速机为每台每小时 60 000 瓶。一般装酒机的标准系列为每台每小时 24 000、36 000、48 000 瓶。

目前最流行的环形槽式装酒机的每“酒阀定位”每分钟能完成 6～7 瓶酒的灌装，因此，装酒机的转速应该是6～7r/min。假如设计能力每台每小时60 000瓶，即每分钟 1 000 瓶，应装配注酒阀数为 140～150 个。

2. 装酒机类型

当前的装酒机都用无菌空气或 CO_2 气体背压，但按其环形槽内部结构则可分为单室和三室两类。

(1) 单室备排风管装酒机（短管式）　如 Meyer、Holstein Kappert、Seitz-Venta、Bell-

crown、Simonazzi 等型号。这类装酒机备有一个环形槽，槽内盛啤酒，酒液与背压气体有小面积接触。酒液从近底部进入环形槽，背压气体于酒液上方。由控制系统确保酒液面维持恒定，另一精密仪器则维持背压气体压力，保持均衡的啤酒流量。

为了减少啤酒吸收氧气，有的机台附加了预排空气系统，具法是先将空瓶与一个真空度为 90%的真空槽相连，使瓶内绝大部分空气预先排除，然后向瓶内送入纯 CO_2 背压，再按常法注入酒液。这种系统的装酒速度稍慢些，因为多了排空和充 CO_2 过程，但吸氧量明显减少，对延长啤酒保存期有利。

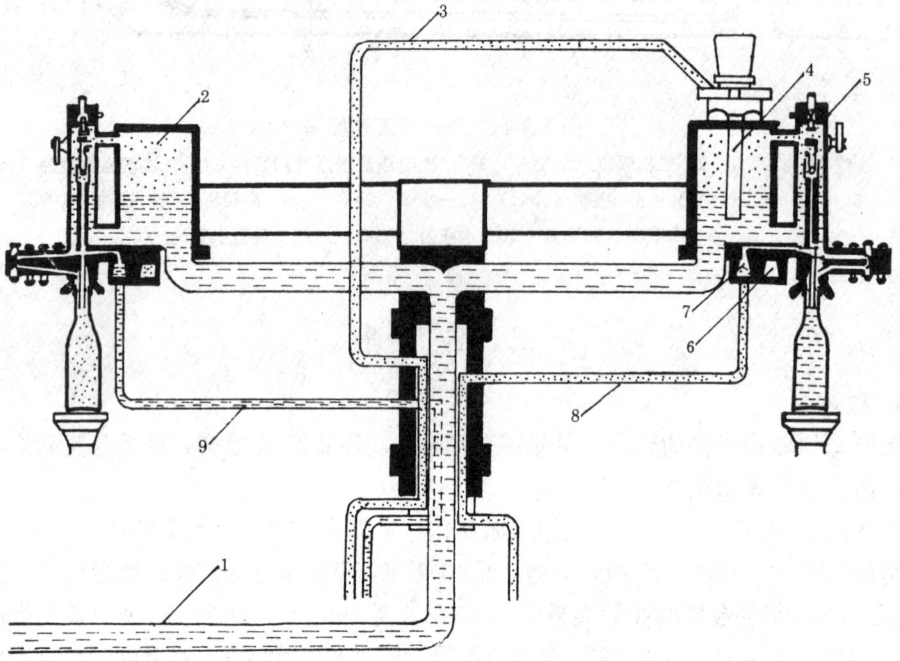

图 1-6-15　赛茨单室 Trinox 注酒阀装酒机

1—酒液输入管：成品酒经该管入星形分配管，再入环形槽

2—环形贮酒槽

3—背压和气体释放管道：配有背压阀和气体释放阀，此两阀控制环形槽液面水平，若酒液上升，背压阀开启，由于气压增加而进料停止；差酒液下降，吸入阀开启，由于气压下降，酒液进入环形槽

4—水平探针：控制背压阀和吸入阀，从而控制环形槽内液面水平。可借助电位差计改变探针控制点，使液面水平能适应最佳流速。

5—Trinox 注酒阀：短管式，其工作过程可参考图 1-6-16

6—供 CO_2 冲洗和解除压力的环形槽

7—供充 CO_2 的环形槽

8—充 CO_2 管道

9—CO_2 冲洗和压力释放管道

装酒机的最核心部件是注酒阀。酒阀的设计必须充分考虑进酒、清洗、维修、密封保 CO_2 及微生物工艺诸方面的要求。单室装酒机常配备短管式（排风管）注酒阀，此种注酒阀有的可以预排空气，有的则无排空装置，但通常都用 CO_2 背压。图 1-6-15 是赛茨单室背压装酒机，配 Trinox 注酒阀。

短管式注酒阀的工作程序大体可分为五个步骤，如 1-6-16 所示。

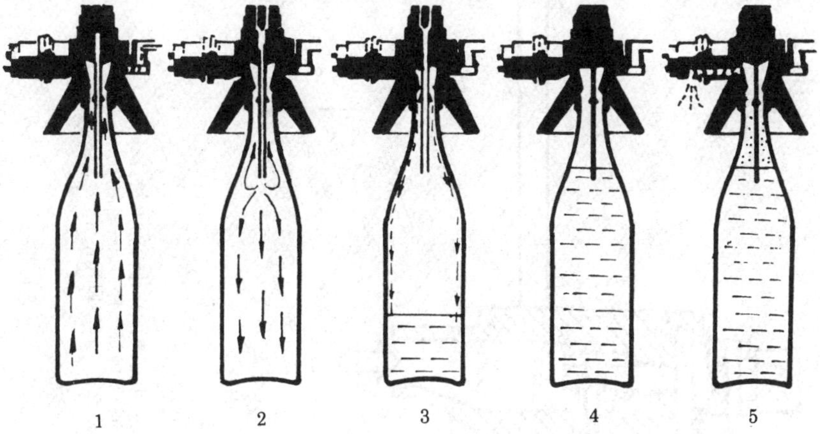

图 1-6-16　短管式注酒阀工作原理（H&K）

1—瓶子对准酒阀，立即密封，经真空排出瓶内空气，以防酒液吸氧

2—经由中心进气管向瓶内充 CO_2 作为背压，使瓶内气压和贮酒槽气压相等

3—酒液经由中心管的外壁入瓶，刚进瓶口由管子外壁的撒布器，将酒液分撒成倒锥形瀑布沿瓶壁下落，酒液面逐渐上升，瓶内背压的 CO_2 气体经由中心管外排返回贮酒槽

4—酒液面上升至与管子末端接触，停止进酒

5—所有与瓶子相通的气液阀门关闭。

短管式注酒阀的优点是酒损失小，管子上下移动距离小，因而机件磨损小。管子短不易弯曲。酒液经撒布器成倒锥形瀑布入瓶，从而使得“暴露面/酒容积”比值较大，但是若采用 CO_2 背压仍可减少氧的吸收。短管式注酒阀的另一缺点是由于排气和充 CO_2 从而延长了灌瓶时间。

（2）三室长管式装酒机　此类装酒机有 Seitz-Rola、Enzinger、Semco、Simonazzi 等型号。此类装酒机设有啤酒槽、背压气箱、回气箱（或压力解除箱）。在环形槽内并排设置。这类装酒机完全避免了背压气体（或空气）与啤酒的混合，从而减少了啤酒的吸氧量。正常都用无菌空气背压而不用高价的纯 CO_2。当瓶内充满酒液后，酒阀封闭，然后瓶子下落。由于进酒管抽出瓶外而形成瓶内酒液面下降，产生了瓶顶空间。进酒管配有一个脚阀，从而防止了酒液外流。

三室装酒机常配备长管注酒阀，酒液经长管从瓶底注入，逐渐上升，回风则经长管上端的回风管（如图 1-6-17）进入单设的环形槽（回气箱）。三室装酒机的工作原理可参见图 1-6-18。

长管式注酒阀与短管式的不同，通常不预先排空瓶内空气，也无 CO_2 背压，而是用无菌空气背压。酒液从长管直接送入瓶底，从瓶底至瓶颈一段，酒液快速入瓶，接近瓶颈后，进酒速度放慢。当酒液从下往上升的过程，类似活塞移动，将背压气体从下往上

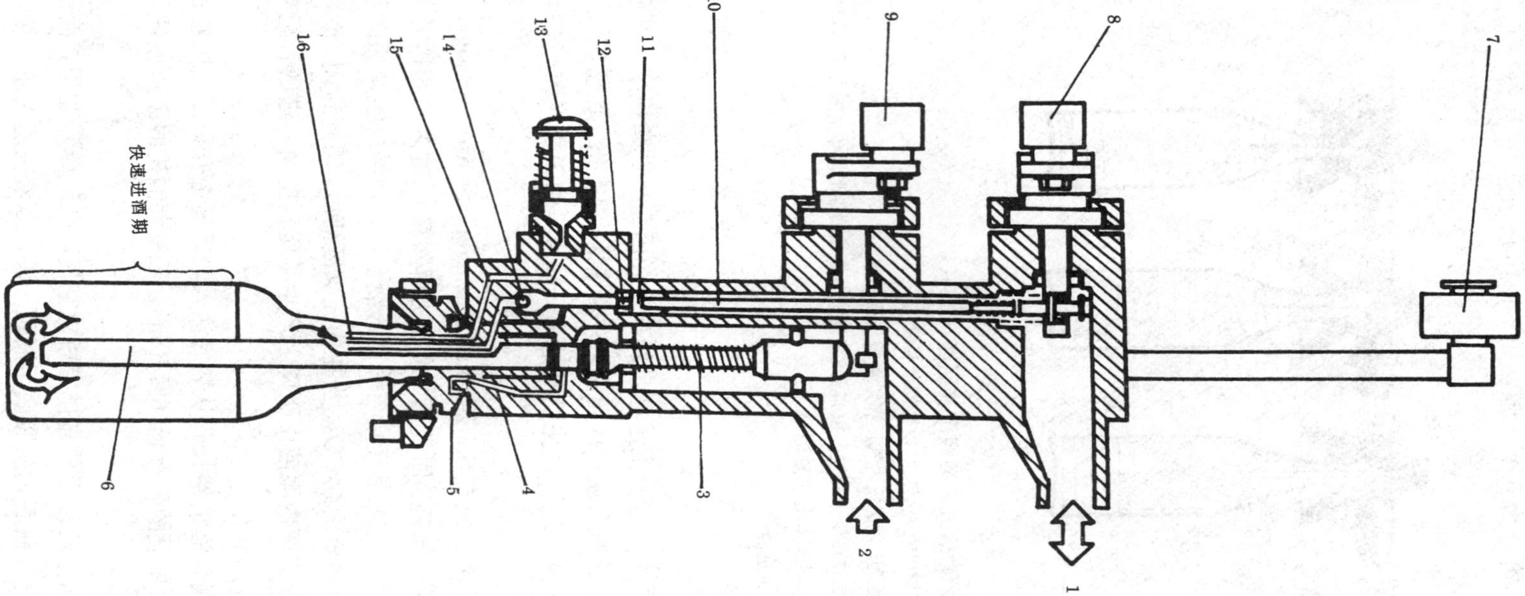

图 1-6-17　长管式注酒阀

1—气体出进口　2—酒液进口　3—补偿式弹簧酒阀　4—进酒管排空管　5—中心罩　6—插入式长管式酒管　7—中心罩凸轮　8—气阀控制杆总成　9—酒阀控制杆总成　10—补偿弹簧气针　11—密封　12—气体节流阀　13—自动清洗阀吸入旋钮　14—酒止回阀　15—移位管　16—回气管

挤出，被挤出的气体经由进酒管上端的回气管排至回气箱。此小管的预定高度即控制着酒液面水平，当酒液上升至回气管口时停止进酒。整个进酒过程，瓶内酒液无波动，从而保证了酒液和空气的接触面很小。长管式注酒阀进酒时，瓶内酒液与空气“暴露面/酒液容积”比值比短管式小，但无预排空和 CO_2 背压，吸氧量可能高于短管式。长管式注酒阀的进酒管长而粗，对瓶子口径大小要求严格，不合格者易造成管子入瓶故障，甚至出现管子弯曲。

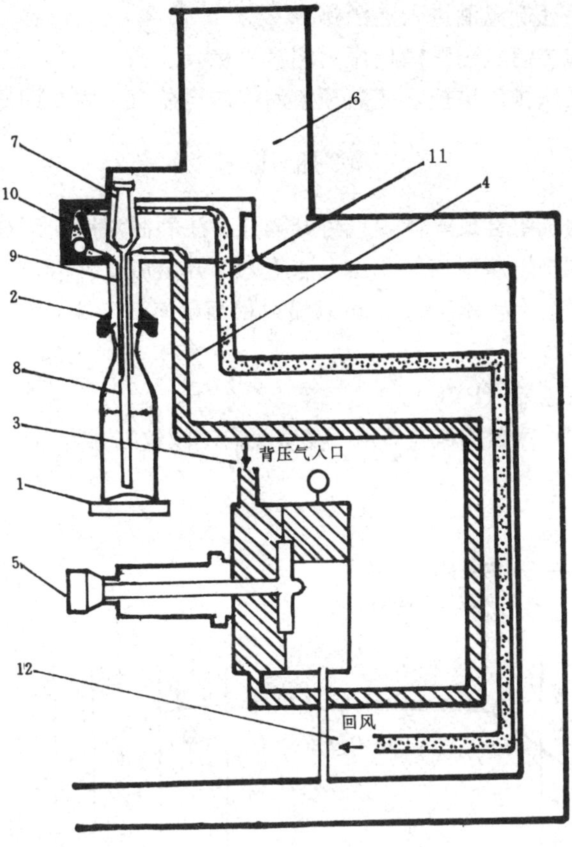

图 1-6-18　三室装酒机工作原理

1—瓶托：送瓶对准注酒阀　2—酒阀密封环：将瓶口密封　3—背压气体：(无菌空气或 CO_2) 经管路 4 入瓶　4—背压气体管路　5—背压气体压力调节阀　6—啤酒环形槽　7—啤酒阀：启开，酒液经管 8 入瓶，瓶内气体经回气管 9 和单向阀门 10，回路管 11 入回气箱　8—进酒管　9—回气管　10—单向阀门　11—背压气体回路管　12—回风

先进装酒机当注酒阀遇到破瓶、不合格瓶及“无瓶”等情况，都将自动封闭气阀和酒阀；可自动检出不合格瓶或用气流吹出破碎玻璃片；还可以按程序控制对破瓶之后的空瓶停止进酒，以防玻璃片进入酒液。

3. 装酒机的选择及其操作注意事项

装酒机的选择应当根据国情和本厂经验及技术水平而定，如酒瓶规格不符标准，则不宜用长管式酒阀；维修和管理水平不高则不宜选用高度自动化的机台。长管或短管不是选择的唯一标准，各厂家的型号和质量有别，且更新换代很快，应当先考查后选择。

机台生产能力应与全厂生产规模适应。通常每台机每日工作一个班次为宜，合理的方案必须并列两台机组以上，以便轮班作业。每班之后及时保养检修。

良好的机台装瓶后的酒液溶解氧应＜1mg/L；装酒损失＜0.6%；装瓶量均匀。

装酒时必须保持酒温3～－1℃，若清酒罐与装酒机距离过长，应当在装酒机前增设小型薄板冷却器，以保证低温酒进入贮酒槽。

必须保证清酒罐和装酒机的贮酒槽压力相对平稳。

满瓶后必须采取激沫排氧措施，使瓶顶空涌泡沫至瓶口，并立即压盖。

三、酒瓶压盖

压盖机通常与装酒机组合成一体，也可分隔开。注满酒液后向酒液面喷射微细无菌水流，使啤酒产生泡沫挤出瓶顶空气。当泡沫正好上升至瓶口外沿，形成钮扣状隆起泡盖，紧接着压盖。喷水压力为1MPa，也可以喷射稀酒精溶液激沫。此种方法可使瓶顶空气降至1ml。

瓶盖垫片多用聚氯乙烯（PVC）。

为方便消费者，有一种螺旋瓶盖，用“浅多头启动螺纹”，此种瓶盖启开和重新拧紧都很方便。

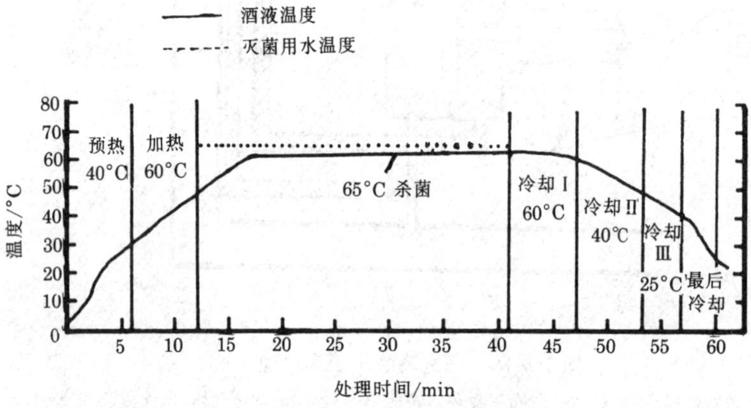

图1-6-19 灭菌温度曲线

四、灭　菌

当今流行隧道式杀菌机（或称喷淋式），隧道式又分为下列两种：

（1）单层轨道　瓶子进口和出口分设在隧道的两端。

（2）双层轨道　瓶子先经上层加热和灭菌，降温则在下层。进出口都在隧道的同一端。

杀菌用水应尽可能用低硬度水，以防钙镁盐沉积喷咀。必要时水中可添加多价络合剂，如聚磷酸盐，用量为5～10mg/L。为防止破瓶中的酒液降低杀菌水的pH，以致腐蚀瓶盖，可在水中加适量碱液，降低酸度，使pH保持8.0。灭菌后的啤酒接着贴标、验酒、装箱。

五、罐装啤酒

1. 技术衍变

大约于1930年美国出现了罐装啤酒，当时用马口铁制罐，由于没有解决金属防腐和灭菌时罐体承受0.6～0.7MPa压力等技术问题，而且成本高，产量少，故发展很慢。后来罐体结构发展至三片罐，即罐身、罐底和罐面三片。罐身用锡焊接，罐底用机械封闭。至1935年美国生产罐装啤酒的厂家已超过36家，而且都是平顶形。美国于1935年开始生产锥形顶罐装啤酒，采用玻璃瓶同一型号螺旋盖子，获得了15年的专利权。

马口铁罐必须预先涂料防腐，否则将造成金属离子溶入啤酒，使啤酒过早混浊。早期用过的涂料有瓷釉、乙烯共聚物、硬腊等。以环氧树脂防腐能力最好，但在焊接时都遇到熔化的缺点。后来用含油树脂（Oleoresin）或化石树脂（fossil resin）涂于马口铁内侧，制成罐后再用涂料修补焊缝和受热损伤部位，但是最后成功的涂料是环氧—酚醛树脂。

由于涂料工艺的改进，50年代马口铁制罐普遍推广，罐装啤酒的铁含量降至0.3mg/L以下（存放6个月）。

1958年后，美国生产铝合金三片罐，1963年又试制成功铝合金两片罐，即“冲拨和薄壁拉深罐（简称DWI罐），其制作工艺包括先将一圆形铝合金片冲成帽子形，然后用压薄拉伸法，分几个步骤，逐步使罐壁向上伸长成无缝罐体。至1966年此项工艺在美国取得了全面成功，这是近代制罐工艺上的新的突破，至此省去了三片马口铁罐的焊接和涂料等工艺。当然马口铁也可以制成DWI罐。

减轻罐体自重仍然是制罐工艺的奋斗目标，这意味着包装单位啤酒所需的金属材料应尽可能少。减轻的途径首先是材料自身薄而且耐压强度高，装罐后的罐顶空容积应尽可能小。因为罐装酒一般都需经巴氏灭菌，因而要求能抗内压0.6～0.7MPa。80年代以来，马口铁制的DWI罐壁厚已减至0.27mm，据报道目标是0.24mm。铝罐的重量也有所减轻。减轻后的罐体必须保证在巴氏灭菌过程不产生罐端的凸起和凹陷或其他变形。装罐后的顶空容积应合理，顶空增加有利于提高罐体耐压强度，但不利于降低啤酒的吸氧量。80年代的罐顶空容积是啤酒容量的10%～12.5%。

现行罐容积有454ml（16OZ）、440ml和355ml（12OZ）。国内多为355ml罐（净容量）。罐体耐压强度不低于0.7MPa。

以铝合金罐体为最轻，例如1933年的330ml的马口铁罐重约为100g，而现在相应的铝罐仅13g。

灌酒机的基本结构与瓶装机相同，但罐头装酒机的特点是罐口较瓶口大，易产生酒损，酒与空气接触面积大，所以，在罐酒时都采用CO_2背压，并在封口前喷CO_2于罐口引沫，以减少啤酒的吸氧量。

罐装啤酒的另一特点是开启方便。1960年出现了铝片“软顶”罐，开启方便，但仍需专用开罐工具。1962年发明了拉环铝顶盖罐，至1965年终于出现了至今大家所熟悉的拉环式易开罐（简称EO罐）。易开罐方式有多种，在这不再一一介绍。

由于罐装啤酒的空罐制造工艺复杂精细，因此包装过程的检验工作必须严格。

2. 国外推荐的检验项目和方法

表 1-6-10　　国外推荐的检验项目和方法

取样点	检验内容	检验方法	检验次数
空罐运送过程	破损/空罐质量	目检	每批次
空罐运送过程	装璜	目检	每批次
空罐运送过程	涂料质量	电解法	每天20次
注酒阀	EO端润滑剂	目检	每批次
注酒阀	封罐气体	目检	每批次
装酒阀抽样	封口	测微仪 投影	每天每头一次
装酒阀抽样	CO_2	测压计 CO_2测定仪	每小时一次
装酒阀抽样	空气/CO_2	Zahm仪 溶氧测定仪	每小时一次
装酒阀抽样	装酒量	称量	每天每头一次
灭菌机	区域温度	目检	每小时一次
灭菌机	区域温度	传送记录仪	每班4次
灭菌机	水泵的运转	目检	每小时一次
装酒水平	仪器功能	用罐核实	每小时一次
检测仪			
印标	质量	目检	每小时一次

3. 罐装啤酒的工艺

空罐经80℃水冲洗、淋干、达到无菌水平。

用CO_2置换空罐内空气，装罐后喷CO_2引沫至罐口，迅速封口。

自动称量，每罐重量要求基本相同。

表 1-6-11　　罐装啤酒巴氏灭菌的温度和时间

区域	处理时间/min	喷淋水温/℃	备注
预热	3	40	进机罐温2℃
加热	7.5	63	
巴氏灭菌	15.5	60	60℃
预冷却	3	39	
再冷却	4	31	
最后冷却	2	25	出机罐温35℃

灭菌后的罐体外表水分经鼓风干燥，同时冷却。

4. 罐装啤酒的优缺点

优点：不必回收空罐，节省运费1/2；罐体比瓶子小而轻，便于携带；罐体只要求水洗，而洗瓶工艺要复杂得多；罐壁传热快，灭菌时间短而省热；罐体预先印刷商标，取消了贴标机。

缺点：空罐只能使用一次，从而增加了包装成本；罐酒损失稍大；制罐工艺和材料较严；包装后的检测较复杂。

第四节　成品啤酒的质量

一、啤酒的类型

1. 根据酵母性质分类

（1）下面发酵啤酒　用下面啤酒酵母进行发酵，用煮出糖化法制备麦汁。它是世界上最流行的酒种，产量最大。代表性产品有如下几种：

①比尔森啤酒（Pilsenerbeer）：起原于捷克的Pilsen，是淡色啤酒的代表，色度约0.5ml碘液，平均原麦汁浓度11～12°P，酒花用量较高，为400g/100L或更高。麦芽为低温发芽，80℃培焦4～5h。糖化用水硬度较低，采用二次或三次煮出法工艺。发酵度高，贮藏期3个月，并且加高泡酒。我国啤酒基本属此类型，但酒花用量低，工艺细节有许多不同。

②慕尼黑啤酒（Munich beer）：起源于德国Munich，属棕色芳香型啤酒，麦汁浓度约12°P，出口酒达16～18°P。原料大麦总氮含量高。大麦发芽温度较高，时间长，使蛋白质得到充分溶解。焙焦温度100℃。糖化用水碳酸盐含量高，用长时间的浓醪糖化工艺，酒花用量较低，以突出麦芽香味。低温发酵，成品略带甜味。贮酒期3个月。

③多特蒙德啤酒（Dortmund beer）：以德国多特蒙德市命名，类似比尔森啤酒，但苦味稍低。大麦发芽时间较长，溶解度稍高于比尔森麦芽，焙焦条件二者类似。糖化用水含碳酸盐和氯化钙较高，用二次煮出糖化法。酒花用量介于比尔森和慕尼黑啤酒之间。低温发酵，发酵度高，贮酒期间加木片。

④青岛啤酒：青岛啤酒的最大特点是水质软而甜，以驰名中外的崂山泉水作糖化用水，采用二次煮出糖化法，原麦汁浓度12°P，酒花用量低于比尔森啤酒，但高于国内一般产品。低温发酵，发酵度适中，按传统的贮酒时间为70～90d。

（2）上面发酵啤酒　用上面啤酒酵母发酵，多用浸出糖化法进行麦汁制备。英国最流行这种啤酒，其次有比利时、加拿大、德国、澳大利亚。从全球看，上面发酵啤酒所占比例不大，而且越来越小。主要的上面发酵啤酒有以下几种：

①爱尔（Ale）淡色啤酒：是英国的上面发酵酒，在世界上有代表性。这种啤酒用淡色、溶解充分的麦芽酿造。英国曾经用全麦芽做原料，最有名的是巴登爱尔（Burton Ale）。酿造用水的硫酸钙含量高。在煮沸锅加糖，下酒时加干酒花，其量为100～200g/100L，而且选用香型酒花。它有淡色爱尔（或苦味型爱尔）和浓色爱尔之分，前者苦味

重，酒花香浓，酒精分高，口味淡爽；后者色深味甜，麦芽香浓，酒精分较前者低，口味略甜而醇厚。平均浓度 11～12°P，出口酒浓度 16～17°P。

②司陶特（Stout）黑啤酒：是英国的黑啤酒，或称烈性酒。用中等糖化力的淡色麦芽，再加 7%～10%的焙焦麦芽或焙焦大麦（有时加焦糖）作原料。用浸出糖化法工艺，没有蛋白分解温度区。酒花用量高达 600～700g/100L。在煮沸锅加焦糖或其他糖。根据焦香麦芽、酒花、焦糖及发酵度的不同，可分甜味和干味两种司陶特。原麦汁浓度一般为 12°P，高者达 20°P。

③波特（Porter）黑啤酒：也属英国名酒，实际为司陶特的低浓度产品，此名已不多见。我国有小量产品外销，原麦汁浓度 14°P。

2. 根据啤酒色度分类

(1) 淡色啤酒　按碘液浓度表示的色度，一般为 0.4～0.7ml。我国绝大部分啤酒都属此类型，外观呈淡黄色、金黄色或棕黄色，故常称黄啤酒，口味淡爽醇和，比尔森和青岛啤酒都属此类型。

(2) 浓色啤酒　它呈红棕色或红褐色，色度为 1～3.5ml 碘液之间，其产量所占比例较小。此种酒要求麦芽香味突出，口味醇厚，苦味较轻。上面发酵的浓色爱尔啤酒是典型的浓色啤酒，原料都用部分深色麦芽。

(3) 黑色啤酒　它呈深红褐色至黑色，色度范围为 5～15ml 碘液，它的产量不多。原麦汁浓度高，麦芽香味突出，口味醇厚，泡沫细腻，是这种啤酒的特点。它的苦味有轻有重。它的典型产品是慕尼黑啤酒。

3. 根据原麦汁浓度分类

(1) 低浓度啤酒　原麦汁浓度 2.5～8°P，含量为 0.8%～2.2%。近 10 余年来产量日增，以满足低酒精饮料之需求。还有一种所谓无醇啤酒，乙醇含量 0.5%以下，也应属此类型。

(2) 中浓度啤酒　原麦汁浓度 9～12°P，乙醇含量为 2.5%～3.5%，几乎都属淡色啤酒。我国多为此类型。

(3) 高浓度啤酒　原麦汁浓度 13～22°P，乙醇含量 3.6%～5.5%，多为浓色啤酒。

二、啤酒的化学成分

啤酒的化学成分很复杂，也很难得出一个平均值，因为它随原料配比、酒花用量、麦汁浓度、酵母菌种、发酵条件及糖化用水诸因素的不同而变化。尽管如此，某些重要成分仍然有国际或国家标准。研究啤酒成分，目的在于提高质量。表 1-6-12 列举了一部分啤酒的理化分析数据。

1. 乙醇和 CO_2

大部分可发酵性糖经过发酵变成乙醇和 CO_2，部分构成酵母细胞，部分生成甘油、有机酸和酯类等副产物。这些产物很难根据化学反应式来计算。迄今为止，巴林公式一直为公认的计算和检验啤酒原麦汁浓度的唯一公式。此公式在啤酒成分检验手册中有介绍，不再赘述。至于 CO_2，由于在发酵过程中，大部分向外挥发，所以，通常测出的啤酒中 CO_2 含量，并非发酵过程中，全部 CO_2 的产量。

表 1-6-12 啤酒理化分析结果

	英国澄清鲜啤酒	英 Ale、Layer		Pilsen urquell	德国 Premium	美洲贮藏酒	美国贮藏酒	澳大利亚啤酒	巴伐利亚透明酒
		桶装	瓶、罐装						
原麦汁浓度/°P	7.5～11.2	7.5～11.2	7.5～21.5	12.1	11.5～12.4	11.5	—	—	11.8
实际浓度/°P	2.8～5.0	2.8～5.0	2.8～7.5	5.4	—	—	3.7～4.8		—
真发酵度/%	53～67	50～67	38～67	55.0	—	—	—	—	—
乙醇含量/%	2.22～3.50	2.06～3.68	1.98～3.61	3.45	3.72～4.25	2.86	3.42～3.93	3.48～3.96	2.90
还原糖含量/%	—	—	(2.4～4.5)	1.4	—	—	0.8～1.5	1.09～2.44	—
pH	3.9～4.2	3.9～4.2	3.9～4.2	4.6	4.2～4.6	4.32	3.8～4.7	—	4.51
酸度/mg·L^{-1}	—	—	2.2	—	1.9～4.4	—	—	0.9～1.5	—
双乙酰含量/mg·L^{-1}	—	0.2～0.5	0.2～0.5	0.15	0.02～0.15	0.04	0.8	—	0.12
苦味值/Bu	28～38	17～35	17～40	43	20～37	18	10～23	—	27
N×6.25/%	0.25～0.4	0.25～0.4	0.25～0.4	0.45	0.45～0.62	0.30	0.25～0.37	0.21～0.39	0.44
α-N 含量/mg·L^{-1}	40～80	40～80	40～100	—	93～197	32	—	34～109	87
CO_2 含量/%	0.18～0.26	0.22～0.45	0.30～0.60	—	—	0.11	0.47～0.55	—	0.09
溶解氧含量/mg·L^{-1}	—	<0.5	0.5	—	0～0.76	—	—	—	—
色度/EBC	15～60	6～90	6～90	10	7～11.5	5.3	2.4～3.8 (SRM)	—	8.6
浊度/EBC	2	0.5～1.5	0.5～1.5	—	0.12～0.45	—	—	—	—
泡持性/半衰期(s)	—	>95	>95	—	112～146	—	—	—	—

2. 浸出物（真浓度）

这里所述的浸出物是指发酵后在啤酒中尚存的固形物浓度，称为真浓度，通常为4%左右。其中约80%为糖类，以糊精为主，还有微量三糖、四糖和戊糖等。气相色谱分析啤酒中的糖类，结果见表1-6-13，其中主要是三糖以上的低聚糖。

表1-6-13　啤酒中的糖类　(g/100ml)

啤酒类型	原麦汁浓度/°P	啤酒真浓度/°P	果糖	葡萄糖	蔗糖	麦芽糖（含水）	麦三糖	麦四糖	总糖
淡爱尔	12.60	2.81	0	0.06	0	0.54	0.28	0.04	0.92
棕爱尔	8.01	3.07	1.0	1.0	痕	痕	0.2	0.4	2.6
司陶特	8.29	3.22	0.53	0.61	痕	痕	0.08	0.06	1.28
甜司陶特	11.20	5.58	0.6	1.2	痕	痕	0.6	0.3	3.6
淡爱尔	16.60	4.83	0.01	0.1	0	0.7	1.7	0.4	2.9
强爱尔	20.66	6.57	痕	痕	0	0.16	0.21	0.12	0.49
贮藏酒	8.01	1.80	0	0	0	痕	痕	痕	痕
出口贮藏酒	12.39	2.05	0	痕	0	痕	0.28	0.18	0.46
老熟司陶特	10.96	2.05	0	0	0	0	痕	0	痕

3. 含氮物

浸出物中含氮物约占8%～10%。含氮物中高分子氮占20%～30%，中分子氮占40%～50%，低分子氮如多肽、氨基酸、酰胺等占20%～30%。表1-6-14是啤酒中氨基酸的离子交换层析数据，共得17种氨基酸，但不是每种啤酒都齐全。

通常按凯氏定氮法测出的啤酒中总氮为300～1 000mg/L，此值乘以6.25相当于蛋白质0.19%～0.63%。但是英国的巴登烈性爱尔酒（麦汁浓度20°P以上）含总氮1 840mg/L，相当于蛋白质1.15%。实际上啤酒中只有相对分子质量＞17 000者才能算蛋白质成分。测氨基氮应该用茚三酮比色法。

麦汁经发酵后，由于酵母同化及部分蛋白质沉淀，含氮物明显下降。例如一个麦汁（10.96°P）含总氮728～862mg/L，发酵后的啤酒含氮为342～426mg/L。通常经过发酵总氮下降1/3～1/2。大部分氨基酸被同化。从表1-6-14看出，脯氨酸基本不被同化，所以，它的含量最高，现在各种啤酒都有，它占总氮的4%～10%。苦味型鲜啤酒含α-氨基酸最全面，只缺少组氨酸。各种啤酒都含游离氨。

啤酒中另一个引人注意的含氮物质是二甲胺（DMA），它能与氧化氮反应形成致癌物，即N-亚硝化胺（NDMA），这在麦芽制备中已有阐述。下面列举某些啤酒中检出NDMA的情况。

表 1-6-14　　　　　　　　　　**啤酒中氨基酸含量**

啤酒品种 氨基酸及其含量/mg·L⁻¹	印度淡色爱尔（10.67°P）	棕色爱尔（7.93°P）	苦型鲜啤酒（10.19°P）	适口型爱尔（9.02°P）	司陶特（12.39°P）	
丙氨酸	—	0.19	0.43	—	0.2	—
氨	1.07	0.92	1.88	1.36	1.7	1.8
精氨酸	—	—	0.18	—	—	—
冬氨酸	—	0.04	0.16	0.04	0.2	0.2
谷氨酸	—	0.04	0.14	0.02	—	—
甘氨酸	0.21	0.01	0.08	0.19	—	—
组氨酸	0.14	—	—	—	—	—
异亮氨酸	—	—	0.01	—	0.4	—
亮氨酸	—	—	0.03	—	0.4	—
赖氨酸	0.42	0.31	0.50	0.32	0.2	0.6
蛋氨酸	—	—	0.24	—	—	—
苯丙氨酸	—	0.04	0.49	0.07	—	—
丝氨酸	—	—	0.15	0.05	0.2	0.3
苏氨酸	—	—	0.66	—	0.2	0.2
色氨酸	1.77	1.62	2.66	1.62	0.5	1.2
酪氨酸	—	0.50	0.35	0.07	—	—
缬氨酸	—	—	0.03	—	0.4	0.7
总氨基氮	3.61	3.74	7.39	3.88	4.4	5.0
脯氨酸	28.25	13.32	28.53	22.05	38.0	40.1
氨基氮+脯氨酸	31.86	17.06	35.92	25.93	42.4	45.1
总氮	276	336	459	—	—	—

德国啤酒	0～68ng/L	德国黑啤酒	47ng/L
美国啤酒	0～14ng/L	德国 Rauch 啤酒（因烟熏麦芽）	68ng/L

我国啤酒中有的发现有微量。

美国规定啤酒中 NDMA 不得超过 5ng/L。

NDMA 完全可以通过改进麦芽干燥工艺得以控制，但也必须注意不得使用任何变质原料和被污染的水源。

4. 无机盐

啤酒浸出物中，无机盐类占 3%～4%，其含量与水质有关。表 1-6-15 列出了一部分英、德等国啤酒分析数据。不难看出灰分中钾和钠约占 1/3，磷占 1/3，其余为钙、镁、氯化物和硫等。砷和铅也有检出。英国规定砷（1959）和铅（1979）不得超过 0.2mg/L。

英国食品标准委员会建议葡萄酒和啤酒中的铜和锌限量为7.0mg/L以下。

表 1-6-15　　啤酒中的无机物　　(mg/L)

钾	220～1 100	铅	0.06
钠	9～230	砷	0.02
镁	34～250	氯化物	143～984
钙	4～140	硫酸盐	107～400
铁	0.02～0.84	磷酸盐	260～995
铜	0.01～0.80	亚磷酸盐	90～400
锌	0.01～1.48	硝酸盐	1.4～101.3
锰	0.04～0.51	氟化物	0.08～0.64

5. 啤酒中的风味物质

Harrision (1970) 用气相色谱研究啤酒风味物质，提出了一部分成分的风味界限值，并提出了风味指数的概念。所谓风味指数即指该成分的风味界限值与该成分在啤酒中的实际含量的比值。他还指出凡是风味指数较小的成分，对啤酒风味影响就大，应该控制其量。但也有人认为这种界限值不科学，因为许多成分互相制约，而啤酒又是一个多成分的复杂溶液。表1-6-18则列举了部分名酒的高级醇含量。

(1) 醇类　醇类中对风味影响大的是异戊酯、苯乙醇、2-甲基丁醇，这些杂醇油成分过高，将产生刺激性口味。表1-6-16列举了一部分挥发性醇类的含量。

表 1-6-16　　啤酒中的挥发性醇类

		含量/$mg \cdot L^{-1}$	风味界限值/$mg \cdot L^{-1}$
C_1	甲醇	—	10 000
C_2	乙醇	5 000～40 000	14 000
C_3	丙醇	(15)	800
C_4	丁醇	(<1)	450
	2-甲基丙醇	4.8	200
C_5	戊醇	0.15	—
	2-甲基丁醇（活性戊醇）	} 84.0	70
	3-甲基丁醇（异戊醇）		65
	糠醇	1.20	3 000
C_6	已醇	0.33	4.0
	已-2-乙烯醇	0.025	13
	已-3-乙烯醇	0.020	15
C_7	苯甲醇	—	900
C_8	辛-2醇	0.005	0.04
	辛-1-烯-3-醇	0.030	0.2
	2-苯乙醇	1.8	125
	酪醇	—	200
	4-乙烯基苯醇	0.025	—
C_9	壬-2-醇	0.01	0.075
	4-乙烯愈创木酚	0.01	0.30
C_{10}	癸-2-醇	0.005	0.015

（2）醛类　醛类是啤酒中不受欢迎的呈味物质。澳大利亚啤酒中的总醛含量按乙醛计为2.3～8.8mg/L，美国为3.0mg/L，欧洲啤酒中醛含量稍高。醛类中以乙醛占优势，乙醛是生酒味的成分之一。各种醛在啤酒中的水平可参见表1-6-17。某些高级醇在瓶装酒存放过程中能被类黑素氧化生成相应的醛，这种醛使啤酒产生一种不良的老化味。陈啤酒的纸板味是由于2-反-壬烯醛和2-甲基糠醛等产生的。据报道，调查了300个以上的德国啤酒，都含有5-羟甲基糠醛，范围值为0.5～4.0mg/L；还发现随着啤酒色度的增高，此种醛类随之上升，一个德国黑啤酒的含量高达71.5mg/L。糠醛也随着存放时间的延长而增加，经巴氏灭菌后会明显增加。糠醛最低水平为<15ug/L，经巴氏灭菌和40℃存放后，最高水平达1843ug/L。

表1-6-17　　啤酒中的挥发性醛类

		含量/mg·L^{-1}	风味界限值/mg·L^{-1}
C_2	乙醛	0～37.2	10
C_3	丙烯醛	1.6	15
C_4	丁醛	10.9	—
	丁烯醛	1.33	8
C_5	戊醛	2.7	0.5
	3-甲基丁醛	7.0	0.6
	戊-2-烯醛	0.59	—
	糠醛	25.0	150
C_6	已醛	1.6	0.3
	已-2-烯醛	0.36	0.5
C_7	庚醛	1.2	0.05
	庚-2-烯醛	0.08	0.0 005
	苯甲醛	10	2
C_8	辛醛	1.4	0.04
	辛-2-烯醛	0.03	0.0 003
	2-苯乙醛	(5)	1.6
C_9	壬醛	3.7	0.015
	壬-2-烯醛	0.07	0.0 003
C_{10}	癸醛	0.9	0.005
	癸-2-烯醛	痕	0.001
C_{11}	十一醛	0.4	0.002
C_{12}	十二醛	0.2	0.002

（3）挥发酸　啤酒中挥发酸主要是醋酸，贮藏酒含量为57～145mg/L。啤酒酸度的测定可用碱液滴定按每100ml消耗1.0mol/L碱液的毫升数表示，但美国常用乳酸的百分数表示。从C_3至C_{18}的各种有机酸在啤酒中含量一般都为10^{-7}以下。这些酸对啤酒风

味影响不十分明显。

（4）挥发酯　酯类是啤酒的香味成分，以乙酸乙酯、已酸乙酯、乙酸异戊酯为最重要，它们的风味界限值分别为30、0.3、2mg/L。酯类是发酵过程中生物合成的产物，对它们的含量没有具体限度。由于高浓度发酵过程中，乙酸乙酯的过多积累，使得啤酒出现了明显的水果香味，所以，提出了限制高水平酯含量的工艺措施。至今发现的酯类从C_3至C_{17}的挥发性酯76种以上，以乙酸的酯类为最多，含量都很低，多数都在10^{-7}以下。某些名酒所含主要酯类可参见表1-6-18。啤酒中的酯类还有少量来自酒花成分。

表1-6-18　　啤酒中主要挥发酯和高级醇含量　　单位（mg/L）

	沸点/℃	司陶特	淡色爱尔	棕色爱尔	贮藏酒
乙醇含量/%	78	1.59～7.12	2.7～3.18	1.67～3.58	2.22～2.54
正丙醇	97	13～60	31～48	17～29	5～10
2-甲基丙醇	108	11～98	18～33	11～33	6～11
2-甲基丁醇	128	9～41	14～19	8～22	8～16
3-甲基丁醇	131	33～169	47～61	28～77	32～57
β-苯乙醇	220	20～50	36～53	19～44	25～32
乙酸乙酯	77	11～69	14～23	9～18	8～14
乙酸异戊酯	139	1.0～4.9	1.4～3.3	0.4～2.6	1.5～2.0

（5）酮类　酮和醛同属羰基化合物，但主要的不是发酵产物。有的来自酒花油或酒花树脂的降解物。酮类最引人注意的是联二酮（VDK），它包括双乙酰（丁二酮）和2，3-戊二酮。双乙酰的前躯物质是α-乙酰乳酸，2，3-戊二酮的前躯物是α-乙酰α-羟基丁酸。在联二酮中又以双乙酰最重要，它的风味界限值为0.15mg/L，超过此值啤酒将出现馊饭味。2，3-戊二酮的风味界限值大约是双乙酰的10倍，一般不加注意。从α-乙酰乳酸形成双乙酰的过程是非酶反应，而双乙酰的消除则由酵母的还原酶来完成。我国规定啤酒中的双乙酰水平为0.15mg/L以下。表1-6-19列举了某些啤酒的双乙酰和2，3-戊二酮的水平。至今已发现啤酒中挥发性酮类从C_4至C_{11}大约十九种之多，其含量多在10^{-8}以下。而对啤酒风味起决定性作用的仍是双乙酰，它是啤酒成熟度的标志，人们一直在为发酵过程中尽快使双乙酰达到规定指标而努力改进工艺。

表1-6-19　　啤酒中联二酮含量　　单位：mg·L^{-1}

	双乙酰	2，3-戊二酮
大麦酒（Barley wine）	0.11～0.40	0.04～0.08
贮藏酒	0.02～0.08	0.01～0.05
爱尔酒	0.06～0.30	0.01～0.20
司陶特	0.02～0.07	0.01～0.02
司陶特	0.58	0.26

6. 啤酒中的挥发性含硫化合物

表 1-6-15 中列举了啤酒中含硫酸盐为 107～400mg/L。文献报道啤酒中的挥发性硫化物有 26 种，其浓度多数都用 10^{-9}级计算。较引人关注的是 H_2S，后二甲基硫（DMS）成为又一个受到重视的风味成分。表 1-6-20 列举了一部分啤酒的二甲基硫水平。它的风味界限值为 33ng/L，带洋葱味。

表 1-6-20　　啤酒中二甲基硫含量　　单位：ng/L

英国爱尔酒	14
英国贮藏酒	16～27
欧洲大陆贮藏酒	44～114
绿麦芽啤酒	80
德国贮藏酒	32～205
Diet 啤酒	46～98
加拿大爱尔酒	92
加拿大贮藏酒	114
加拿大低醇啤酒	82
美国啤酒	59～106

有机硫化物主要来自原料中的含硫氨基酸，少量来自酒花。H_2S 在啤酒中本不应当检出，但也偶然存在，却没有达到风味界限值（Ale 30ng/L，Lager 10ng/L）。SO_2 在啤酒中比其他含硫化合物都高，多以结合态存在。英国啤酒中允许用 SO_2 作保藏剂，其限量为不大于 70mg/L。二甲基硫的前躯物是来自大麦和麦芽的硫甲基蛋氨酸，要降低其含量应当从制麦开始就注意。

三、啤酒的营养价值

啤酒的营养价值主要由能发热的糖和蛋白质与维生素组成。表 1-6-21 列举了一部分啤酒的发热成分和热值，表 1-6-22 列举了啤酒中所含维生素的情况。

表 1-6-21　　啤酒发热成分和发热量

成分和发热量 / 酒名	乙醇 /g·(100ml)$^{-1}$	固形物 /g·(100ml)$^{-1}$	碳水化合物 /g·(100ml)$^{-1}$	蛋白(N×6.25) /g·(100ml)$^{-1}$	热量 kcal·(100ml)$^{-1}$	热量 kJ·(100ml)$^{-1}$
棕色爱尔酒	2.2	4.2	3.0	0.3	28	117
鲜啤酒(苦味型)	3.1	3.3	2.3	0.3	32	132
贮藏酒	3.2	2.4	1.5	0.2	29	120
淡色爱尔酒	3.3	3.3	2.0	0.3	32	133
司陶特(特制)	4.3	3.6	2.1	0.3	39	163
烈性爱尔	6.6	8.0	6.1	0.7	72	301

表 1-6-22　　　　　　　　　　**啤酒中的维生素**

维生素种类 \ 酒种及其维生素含量 /ng·L^{-1}	贮藏酒	爱尔酒
生物素	7～18	11～12
烟酸	4 494～8 607	7 500～7 753
遍多酸	1 093～1 535	1 375～1 808
吡哆醇（B_6）	329～769	341～546
核黄素（B_2）	219～420	331～575
硫胺素（B_1）	15～58	59～181
叶酸 B_c	有	有
B_{12}	有	有

四、啤酒的泡沫

啤酒与其他饮料最大的区别是倒入杯中具有长久不消的、洁白细腻的泡沫。泡沫的性能在一定程度上决定了啤酒的质量。用凝胶层析法并通过免疫电泳研究泡沫的成分，得出三个蛋白组分，其相对分子质量分别为 150 000、90 000、10 000，它们来自大麦，但经过麦芽分解，已不是原封不动的蛋白质，而且这些蛋白质的大部分都含有结合紧固的糖类，故可看成是糖蛋白。实际上在泡沫成分中已发现的糖有木糖、阿拉伯糖、葡萄糖。Wenn 报道了泡沫中葡萄糖占 32%～52%，另有报道泡沫中含蛋白质 56%。糖蛋白聚合物是麦芽焙焦和麦汁煮沸过程中产生的。泡沫成分中还含有酒花成分异 α-酸。

关于泡沫形成的理论及其影响因素，各国做了很多的研究。良好的泡沫性能必须表现在泡沫持久性（泡持性）长、泡沫体积大、泡沫附着力（挂杯性能）强、细腻洁白。要达到上述良好的泡沫性能，啤酒必须含有充分的表面活性物质，如糖蛋白聚合物是最主要的表面活性物质，其次是酒花树脂异 α-酸等。表面活性物质显著地降低了啤酒的表面张力，例如，普通气水虽然有充分的 CO_2 起泡剂，但是引起的泡沫瞬时全部消失，是因为气水中缺少足够的表面活物质来降低表面张力。低表面张力保证了泡沫薄膜不易破裂。表面张力对泡沫的体积影响不大，泡沫的持久性主要受表面张力大小的影响。CO_2 含量直接影响泡沫体积，高水平的 CO_2，当启瓶后大量气体挥发往上涌，由于大量表面活性物质的存在而形成占玻璃杯 1/2～1/3 体积的泡沫，CO_2 越充足，泡沫体积越大。异 α-酸有益于泡沫的挂杯能力，乙醇和高级醇属表面活性物质，其含量达到某一定值，啤酒的起泡能力将达到最高值。

影响泡沫的主要因素除了上述之外，还与其他物理条件或化学成分相关。相实验证明泡持性与温度直接相关。同样的 10mm 厚的泡沫，于 15℃、20℃、25℃条件下，其消失时间分别为 100s、93s、77s。即温度越高，泡持性越短。所以，测定泡性必须在规定的恒温条件下进行。供测定泡持性的玻璃器皿必须用清洁剂彻底洗净。如果用玻璃杯注酒方式测泡持性，则应特别注意倒酒方式、倒酒快慢和瓶口与杯口的距离，因为它们直接影响泡沫体积。Hartong（1941）发明了一种专用倒酒器具，从而使倒酒方式规范化，但未能推广。

泡沫性能的测定方法是研究较多的课题，欧、美、日等国和地区都曾设专题小组，研究内容包括泡沫体积、泡沫密度、起泡能力、泡沫附着力（挂杯能力）、泡沫粗细、洁白程度、泡沫持久性（泡持性）等。研究的目的在于改进泡沫性能，提供啤酒泡沫质量的可比数据。迄今至少有 80 种不同的测定方法。1971 年 EBC 推荐的方法是测泡沫的半衰期，其法要点是取 40～50ml 酒液，于 20℃恒温条件下，在规定距离下向酒液中加入 2.5g100 目过筛的金钢砂，使酒液起沫，在指定时间记录泡沫体积二次，最后通过公式计算半衰期，以秒计。通常

大于 110s	最好
90～110s	好
71～90s	正常

我国目前流行的简便方法是将啤酒于 20℃水浴中恒温，于 20℃室温倒杯，满杯后目测记录泡沫消失时间，通常泡沫持续 4.5min 以上较好，此时间称为“泡持性”。

改进泡持性的方法，必须从提高麦芽质量开始，要保证麦芽有正常的溶解度，麦汁有准确的煮沸时间，酒花用量不能过少，尽量减少工艺过程起泡而造成泡沫损失。据调查，从麦汁至成品啤酒，大约损失泡沫 30%。损失主要发生在主发酵阶段。若用密闭发酵容器（如锥型罐），泡沫损失将大大下降。在贮酒阶段过多地添加蛋白酶，将有损泡持性。为了提高泡持性，也可以人为地添加琼脂、藻朊酸及其衍生物，但必须注意不能带入混浊性物质。

第七章　啤酒工厂三废治理和副产物利用

20世纪以来，人口的迅速增长和集中化，工业、交通的大规模发展，伴随了“公害”日趋严重。公害危及了人类健康生存的环境及地球的生态。人类对公害从认识到管理、控制和治理。特别在近20年来取得了很大的进步，但公害还在漫延，问题依旧十分严峻。

啤酒生产，虽然并不产生有毒害的废水、废气、废渣（除工业锅炉三废以外），但由于啤酒工厂生产规模大，废水、废渣又特别多（和产品之比为1∶30以上），严重污染了生态环境。因此，减少、治理和利用三废，日益受到社会和企业的重视。

第一节　麦芽与啤酒厂的废水治理

一、国内外废水排放标准

我国1974年颁布GBJ4-73，工业废水排放标准的第三章第12条规定：麦芽与啤酒厂的废水属二类废水，其长远影响小于第一类有害物质，工厂排放水质应符合14项细则，其中，对啤酒工业有限制性的仅前面四项：

	最高允许排放浓度
1. pH	6～9
2. SS	500mg/L
3. BOD（20℃，5d）	60mg/L
4. COD（Cr法）	100mg/L

有一些国家的城市，对无毒物的废水，主张由城市污水站统一收费处理后排放。如丹麦哥本哈根市规定，废水的SS≤400mg/L，COD≤600mg/L，水温35℃以下，pH6～9，若超过此标准，还应收取附加费。城市集中处理后，排放标准是根据接受污水的“容水体”情况而有不同。

表1-7-1　　丹麦规定废水的排放标准　　单位：$mg \cdot L^{-1}$

项目	容水体		
	湖、河	江河入海口	海峡
pH	6.5～8.5	6～9.0	
温度/℃	30	30	35
BOD	20	100	400

续表

项目	容水体		
	湖、河	江河入海口	海峡
SS	0.5	0.5	1.0
铬	0.2	0.2	0.2
铜	0.1	0.2	0.5
锌	0.5	1.0	1.0
铅	0.1	0.5	0.5
镍	0.2	0.5	0.5
银	0.05	0.05	0.1
砷	0.5	0.5	0.1
氰化物	0.1	0.1	0.2

二、麦芽与啤酒厂的废水情况

废水来源：

(1) 洗麦废水。

(2) 浸麦更换水。

(3) 设备、容器、管道清洗水。

(4) 设备、容器、管道内残留麦汁、啤酒。

(5) 糖化过滤槽出糟排放带的水。

(6) 糖化回旋沉淀槽热凝固物。

(7) 发酵池、罐残留废弃酵母。

(8) 硅藻土过滤机硅藻土排放。

(9) 洗瓶机碱性废水、啤酒巴氏消毒机热废水。

(10) 车间地面、墙壁、设备外表清洗水。

(11) 麦汁、啤酒冷却器冷却水。

(12) 冷冻机、空压机冷却水。

(13) 锅炉排渣、烟道除尘废水。

(14) 啤酒工厂非工艺生活污水。

(15) 厂区雨雪水。

其中 (11)、(12) 冷却水和 (15) 雨雪水很少受污染，其余均受到不同程度的污染。如洗麦、浸麦水，它受到大麦表面污染物的污染，还受到大麦内容物的溶解污染，污染物质要占大麦重的 0.5%～1.5%。导致此废水为褐色，偏酸性 (pH<6)，极易起泡，有强腐化倾向，并有不良气味。

啤酒生产废水主要污染物来自于设备、管道中残留的麦汁、啤酒、废酒花糟、废麦糟、废冷和热凝固物、废酵母、废硅藻土、废纸板、洗瓶碱性水、废商标纸等。由这些污染物形成的废水含有易消化的有机物，偏酸性（pH5～6，除洗瓶机碱性水以外）。

虽然啤酒生产的废水属有害而无毒性废水，但由于每生产 100t 啤酒，排放废水中 BOD 量相当于 1.4 万人的生活污水，每瓶啤酒的 BOD 相当于 1 个人每天生活的污水。因此，由于啤酒废水污染环境的严重状况，随着啤酒生产的日益集中化、大规模化，污染环境的问题愈来愈不能忽视。

我国的啤酒工业，发展起步较晚，投资费较低，在生产中对形成废渣、废水的控制还不很得力。因此，造成废水量大，污染也较为严重。

表 1-7-2　国内外啤酒生产废水状况

	麦芽工厂		啤酒工厂	
	国外先进	国内平均	国外先进	国内平均
每吨产品废水量/t	3.0～5.0	15.0～30.0	5.0～8.0	10.0～25.0
废水：BOD 量/mg·L^{-1}	200	400～500	600～1 200	800～1 200
COD 量/mg·L^{-1}	300～400	800～1 000	800～1 500	1 000～1 500
SS 量/mg·L^{-1}	400～700	4 000～5 000	300～1 000	60～300
pH	6.9	6.5～8.5	6.0～7.5	5.5～6.8

表 1-7-3　我国某啤酒厂废水实例

废水来源	水量/ m^3·d^{-1}	pH	COD(Cr)量/ mg·L^{-1}	BOD(5d)量 /mg·L^{-1}	BOD 量/ COD	SS 量/ mg·L^{-1}	NH_3-N 量/ mg·L^{-1}	PO_4^{3-} 量/ mg·L^{-1}
浸麦废水	500	6.5～7.5	600	270	0.15	300～500	0.35～1.0	0.1～0.5
糖化车间废水	600	6.0～7.0	1 500～2500	1 000～1 900	0.75	200～1 000	3.0～10.0	1.7～9.0
发酵过滤废水	300	5.0～5.5	1 000	800	0.8	500	4.5	0.5
灌装车间废水	500	6.0～9.0	100～600	70～450	0.75	100～200	1.7	0.2
其他废水	100	6～7.0	800					
全厂混合废水	2 000	6.0～8.0	800～1 000	600～750	0.74	200～400	3～6	0.3

注：该厂每天生产啤酒 100t（瓶装 12°P 熟啤占 70%），每天生产浅色麦芽 22t。

表 1-7-4　（丹麦报导）啤酒工厂与其他工厂废水比较

废水性质	单位	家庭废水	啤酒工厂	果蔬罐头厂	造纸厂	纺织厂
BOD（5d）	mg/L	300	600	1 000	600	200
COD（Cr）	mg/L	450	900	1 200	2 000	1 000
SS	mg/L	5	3	1	65	—
pH		7～8	6～10	5～7	6～8	6～9
总磷	mg/L	20	5	1～2	6	—
总氮	mg/L	75	15	6	1	—

我国某年产 6.0 万 t 的啤酒厂（含 8 000t/a 麦芽），每天排放废水为 3 600t，其中生

产废水 2 800t、生活废水 800t。废水平均 COD2 000mg/L、BOD1 200mg/L、SS60mg/L、pH5.8～6.6。

BOD/COD　=0.6～0.67

BOD/P　=100∶0.5

BOD/N　=100∶20～3.0

废水生物处理之最佳比值为：

BOD∶N∶P=100∶5.0∶1.0

由此可见，啤酒工业废水中氮、磷处于低水平，应和生活污水混合处理效果更好。

三、麦芽与啤酒工厂减少废水污染的途径

1. 减少生产用水

（1）浸麦废水重复利用　大麦经过洗麦后，浸麦时需换水 6～8 次，每吨大麦按传统生产方式，浸麦耗水约 10～15t。延长空气休止时间，采用长断水加喷雾浸麦的方法可减少浸麦水 50%。浸麦水一般污染比较少，可通过回收、沉淀、过滤、充氧（通入空气）等手段，可重复用于洗麦和作浸麦水，这样可减少麦芽生产用水 80%。

（2）糖化车间洗锅、洗管道水作投料水　分批式糖化中，每批次结束后将用锅容积 5%～10%水冲洗设备及管道，这部分水完全可以作投料水回收利用。

（3）干式排麦糟法　很多工厂为了加速过滤槽排麦糟速度，采用水力冲洗法，用水量约为原用量的2～5倍，造成麦糟中可溶性有机物流失，降低麦糟的饲料价值，并增加污水量。如果将过滤槽麦糟排出口增加到 2～4 个，耕糟机转速可调节，用脉冲式气流输送，同样可用干式快速排麦糟。

（4）过滤棉洗涤水的减少　传统啤酒过滤采用滤棉饼过滤法，每吨啤酒过滤棉洗涤用水为 0.2～0.5t。实际上滤棉饼被啤酒酵母、酒花树脂、蛋白质污染仅仅为滤饼一侧表面，如果洗涤滤饼时，撕下被污染表面的薄薄一层，单独洗涤，则滤棉洗涤用水可节约 50%以上，洗滤时间也可缩短一半。

当然，啤酒过滤用硅藻土过滤机取代后，也可大大减少此项废水量。

（5）水啤酒回收　在啤酒过滤、清酒罐、装瓶机等形成的水和啤酒混合物，可通过适当处理全部回收，以减少污水量。

2. 啤酒厂严重污染物的预处理

啤酒生产形成的麦糟、酒花糟、热凝固物、废酵母、硅藻土滤饼等污染物的预处理，可参阅《啤酒工业手册》（上）或其他资料，这是大大降低啤酒废水污染源的重要途径。

四、啤酒工业废水处理的途径

啤酒工业废水性质十分接近生活污水的性质，处理方法也很接近。

废水中污染物	处理方法
悬浮固体	（1）沉淀法
	（2）各种过滤法
	（3）浮选法

（4）投入化学药品凝聚法

可生物降解的有机物　（1）各种活性污泥法

（好氧悬浮生长处理法）

（2）生物滤池法（好氧附着生长法）：滴滤池、生物接触转盘、填充状反应器、固定化反应器

（3）各种生物氧化塘法

（4）厌氧消化法

（5）土地灌溉处理系统

啤酒工厂废处理方法比较	效果 BOD（5d）降低率
（1）机械处理	10%～20%
（2）化学处理	20%～40%
（3）生物厌氧消化	60%～80%
（4）生物需氧处理	80%～98%

其中机械处理，主要是消除悬浮固体，在各种处理中均作为首级处理。其它可以根据废水性质任意组合使用。

啤酒工厂废水处理通常采用的方法如下：

1. 初级沉淀池

当含有悬浮固体的废水处于相对静止状态时，相对密度大于水的固体趋于沉降，相对密度小于水的趋于上浮，以此减少水中的悬浮固体。设计和运行良好的初级沉淀池可减少啤酒废水的悬浮固体50%～70%，BOD（5d）降低20%～25%。

初级沉淀池一般设计矩形（25～40）m×（6～10）m×（3.0～4.0）m或圆筒形直径12～45m，深3.0～4.5m。废水在池中停留时间为1.5～2.5h（后接生物处理也可短至0.5～1.0h）。

沉淀池效率通常以表面负荷为基础、即每平方米表面积，每天流过废水的体积，一般设计平均流量为32～48m^3/（m^2·d），高峰流量为80～120m^3/（m^2·d）。

初级沉淀池底部有机械括板，定期清除沉淀物。

2. 活性污泥法

废水生物需氧处理法，应用最广泛的是活性污泥曝气处理法（悬浮生长生物处理法之一）例如：中等污泥负荷设计参数如下：

曝气池工艺控制：

最佳温度/℃	20～25
有机物负荷/kgBOD·kg^{-1}SS·d^{-1}	0.2
悬浮物浓度/kg·m^{-3}	4
需氧量/kg·kg^{-1}BOD	2.6
污泥产率/kg·kg^{-1}BOD	0.5

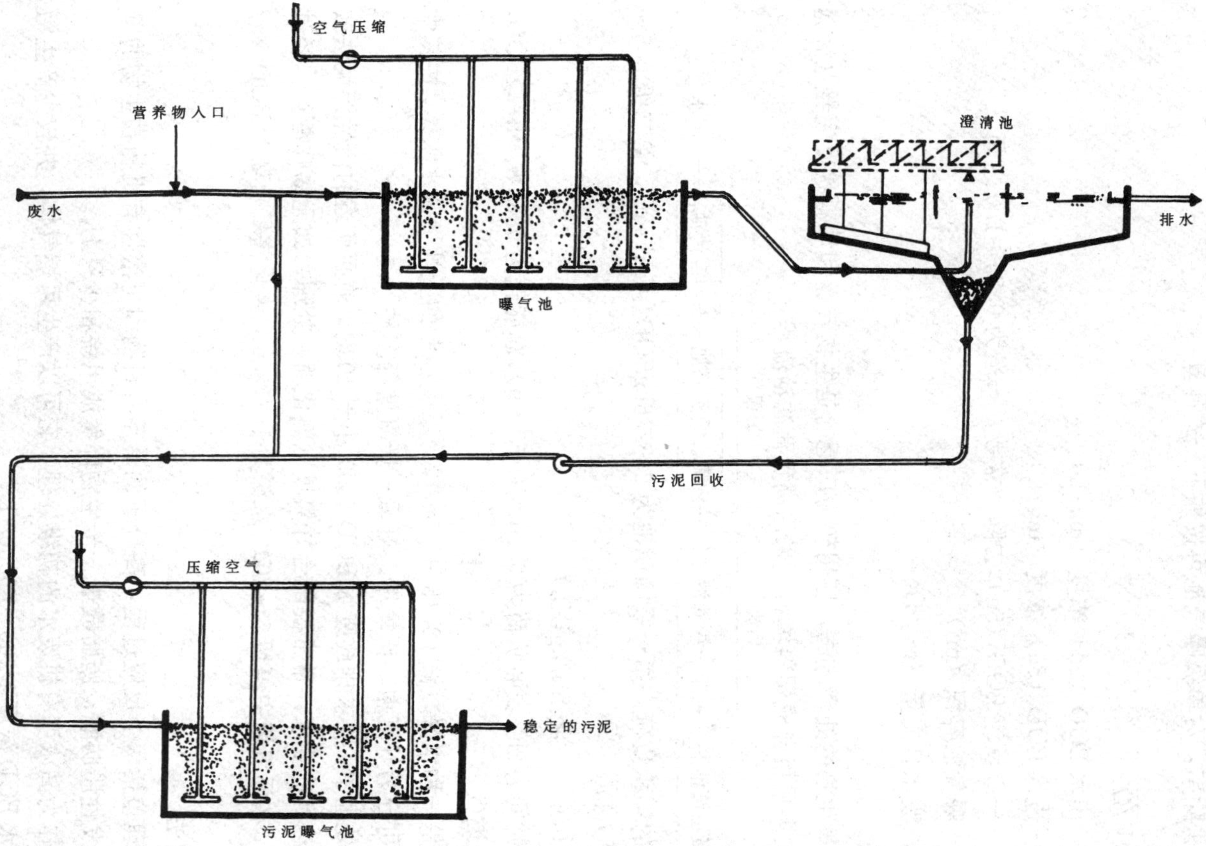

图 1-7-1　活性污泥处理法

澄清池

液体表面负荷/$m^3 \cdot m^{-2} \cdot h^{-1}$　　　　0.7

总电源消耗水平/$kW \cdot h \cdot kg^{-1}BOD$　　　　1.2

生物需氧量去除率，对单级曝气池可按如下公式计算：

$$\frac{S}{S_0}=\frac{1}{1+K\ (V/Q)}$$

式中 S ——出水 BOD（5d）浓度（mg/L）

S_0——进水 BOD（5d）浓度（mg/L）

K——一级反应 BOD（5d）去除率常数，一般为 0.25～1.0 之间

V——曝气池容积（m^3）

Q——废水日流量（m^3/d）

3. 滴滤池法

附着生长好氧生物的处理方法，应用较为广泛的是生物转盘和填料状反应器（滴滤池）。填料现在大多采用合成塑料填料，采用高负荷滤池流程：

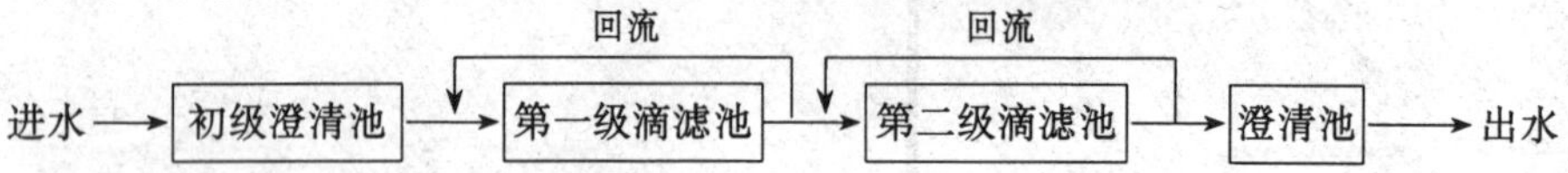

二台串连池的容积负荷，第一级滴滤池为 2～2.6kgBOD/（$m^3 \cdot d$），第二级 0.5～1.0kgBOD/（$m^3 \cdot d$）。

污泥产量为 0.6～0.9kgSS/kgBOD。

澄清池滞留时间为 2h，表面负荷为 0.7m^3/（$m^{-2} \cdot h$），总能耗为 0.3kW·h/kgBOD。

4. 生物氧化塘法

生物氧化塘是一种水深较浅（0.15～2.0m），形状受控制的土池塘蓄水水体。按其中生物活动性质，可分为好氧塘、厌氧塘、好氧—厌氧塘等多种。

啤酒厂废水处理中，要求排放废水 BOD（5d）小于 10 时，前面所述的活性污泥法或生物滤池法均难达到此要求，常常要配合好氧塘（熟化塘）处理，如无锡啤酒厂，经过曝气处理的废水，在好氧塘中停留 5～20d，水深为 1～1.5m，生化需氧负荷为 BOD5kg/（ha·d）。

5. 厌氧处理法

生物厌氧处理包括两个反应过程：高分子的悬浮有机物和可溶性有机物在生物的降解下形成各种挥发性脂肪酸；脂肪酸进一步生物降解成甲烷和少量 H_2。

厌氧处理常作为高浓度有机废水的初级处理，它可以产生可燃气体，并较少产生污泥，但该处理排水 BOD 浓度≥200～400mg/L。

厌氧反应器参数如下：

有机物容积负荷/$kgCOD \cdot m^{-3} \cdot d^{-1}$　　　　3～6

厌氧消化温度/℃　　　　47～50

产气量/$m^3CH_4 \cdot kg^{-1}COD$　　　　0.3

污泥产量/$kgSS \cdot kg^{-1}COD$　　　　0.2～0.3

总能耗/$kW \cdot h \cdot kg^{-1}COD$　　　　0.2

啤酒厂废水处理实例：

珠江啤酒由比利时引进“ARJOIS”两段曝气可逆转工艺及设备，带程控电脑自动操作。

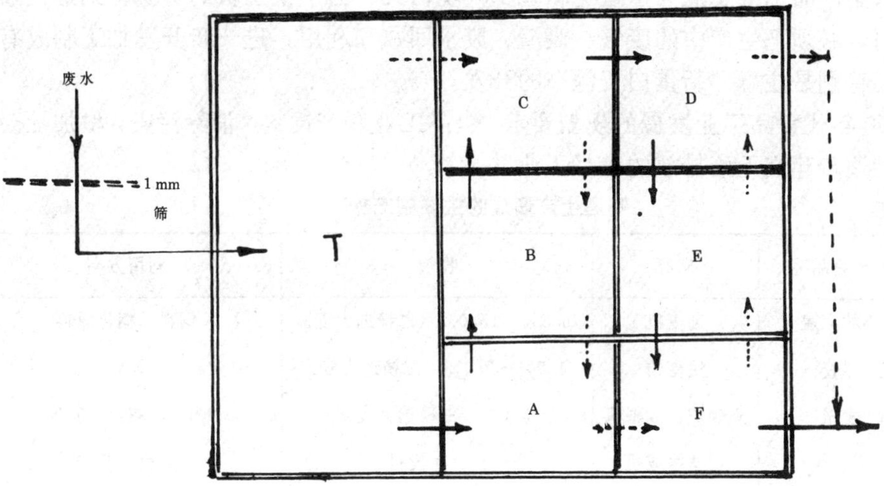

图 1-7-2　珠江啤酒厂废水处理流程

全厂生产废水及生活污水合流，经过 1mm 网筛过滤，进入缓冲池（T），泵出，首先进入第一程序（以→），先入曝气池（A），由池底流入曝气池（B），再由底部流入池（C），不曝气进行第一次沉降，然后从上部溢流至第二段的曝气池（D），曝气，从底部流入曝汽池（E），曝气，最后流入（F），不曝气，进行第二次沉降，后从（F）溢流排入珠江。

运转 4h 后，自动逆转，进入第二程序（…→），此时 A、D 池不曝气，C、B、E、F 曝气处理。运行 4h 后再回到第一程序。每 4h 的前 45min 为不进废水阶段，此时全部池均需曝气再生，后 15min 停止 C、F（或 A、D）池，开始进废水，进入运行。

每周从 B、E 池括出污泥，经过浓缩池浓缩，再加入聚凝剂，经带式压滤机压滤，可以将污泥压缩物添加至颗粒饲料中出售。

设计能力为日处理废水 1 755m^3，排水的水质平均为 COD（Cr）84.3mg/L，BOD（5d）41.36mg/L。运行能耗为 0.8kW·h/m^3，耗聚凝剂为 3g/m^3。

6. 啤酒工厂高浓废水处理

啤酒工厂可从洗麦水、糖化设备洗涤水、麦糟压滤水、废酵母、灌装车间滴漏啤酒等方面可搜集到高浓废水（它总废水 1/15 左右），其 COD（Cr）可达 10 000～15 000mg/L，BOD（5d）平均达 10 000mg/L。用此废水调整 BOD：N：P=100：5：1 以后，可在通风发酵罐中培养热带假丝酵母，每吨废水可生产蛋白质含量为 45%的干酵母 4.5kg，用作动物饲料。培养酵母后的二次废水可使 BOD（5d）降到 300～500mg/L。COD（Cr）降为 1 000mg/L，再并入低浓度废水中，进行第二级生物需氧处理，可降低废水处理的费用。

第二节　啤酒生产副产物的利用

现代农副产品加工工业为了避免和减少环境污染、为了使宝贵的资源得到最大限度地有效利用，必须把生产中的废气、废渣、废水回收和利用，进一步开发加工制成有价值的产品，特别是注意“新蛋白资源”的开发。

我国90年代食品工业发展的规划要求“食品工业联产饲料、消除污染，增加社会有效供给”，“逐步建立无废排放的食品工业”。

表1-7-5　　啤酒生产形成的主要副产物

序号	副产物品称	来源	收量	利用方向
1	小粒大麦	选麦机	6.5%～15.0%（占精选大麦）	饲料、糖化原料
2	浮麦	浸麦槽	1.5%～2.0%（占精选大麦）	饲料
3	麦根	干燥炉，除根机	5.0%（占精选大麦）	饲料、制药、其他
4	湿麦糟	过滤槽或机	1.3t/t投料	饲料、养菇
5	热凝固物	沉淀槽	1.5～4.0kg/t投料	饲料、食品
6	酵母泥	发酵罐	1.0～1.5kg/t啤酒	制药工业原料、饲料
7	二氧化碳	发酵罐	120kg/t投料	饮料工业、铸造、干冰
8	硅藻土	硅藻土过滤机	1.2～2.0kg/t啤酒	饲料添加剂

一、麦糟的利用

麦糟是由麦芽和不发芽谷物原料在啤酒糖化中不溶解物质构成的，主要是由麦芽的皮壳、叶芽、不溶性蛋白质、半纤维素、脂肪、灰分及少量的未分解淀粉和未洗出的可溶性浸出物等组成，麦糟收率是随原料浸出物收率提高而降低，例如我国啤酒配料用70%麦芽（无水浸出率为75%，水分为5%）、30%大米（无水浸出率为90%，水分为14%），糖化料利用率为98.5%，则每吨投料可得麦糟干物质可有下计算：

〔700×（1－5%）×（1－75%）＋300×（1－14%）×（1－90%）〕÷98.5%

≐195kg（干物质）

若采用过滤槽过滤，干式排麦糟，麦糟含水分为83%，则可得湿麦糟为：

195/（1－83%）＝1 147kg

若采用压滤机过滤，麦糟含水分为72%～76%则可得湿麦糟：195/（1－75%）＝780kg

麦糟历来是有价值的饲料，它含有较高的蛋白质，并受到适度分解，作为饲料它的消化率极高，特别适合作牛、马饲料。若作为猪饲料，由于无氮浸出物中主要是纤维素、半纤维素、β-葡聚糖，而猪对这类物质消化率低，糖和淀粉仅占干物质5%～6%，因此，作为猪饲料需配合淀粉质原料后才能使用。

表 1-7-6　　　　干麦糟的化学组成

组　分	含量/%	麦糟中主要灰分之素	含量/%
干物质	92.0	钙	0.27
灰　分	3.6	镁	0.14
粗纤维	15.0	铁	0.025
类　脂	6.2	磷	0.5
无氮浸出物	41.4	钾	0.08
粗蛋白	25.9	钠	0.26
其中牛马消化蛋白质	19.9	铜	0.021
羊可消化蛋白质	19.1	钴	0.0001
猪可消化蛋白质	20.4		
总可消化营养	62.7		
发热值/$kJ \cdot kg^{-1}$	2056.6		

表 1-7-7　　　　干麦糟中维生素和氨基酸的含量

维生素	含量/$mg \cdot kg^{-1}$	氨基酸	占干物质/%
胆碱	15.87	精氨酸	1.3
叶酸	0.22	组氨酸	0.5
		酪氨酸	1.2
烟酸	43.4	异亮氨酸	1.5
		亮氨酸	2.9
冷酸	8.6	赖氨酸	0.9
核黄素	1.5	蛋氨酸	0.4
硫胺素	0.7	苯丙氨酸	1.3
维生素 B_6	0.66	苏氨酸	0.9
		缬氨酸	1.6
		色氨酸	0.4

国内外啤酒厂的麦糟绝大多数以湿态（未经加工或压滤脱水）出售，由于富含营养，水分高，极易变质，故不能贮存。大型啤酒厂（如年产 5 万 t 以上），麦糟量大、集中（旺期），为了运输和贮存，常经过脱水、烘干，制成干麦糟。

湿麦糟贮仓（含水分83%）⟶ 螺旋输送机或脉冲气流输送 ⟶ 螺旋压榨机 ⟶ 50%～60%水分 ⟶ 脱水麦糟
螺旋压榨机 └→ 废水①

麦糟烘干机 ⟶ 12% 水分的干麦糟 ⟶ 压制造粒 ⟶ 干麦糟贮仓
↑
蒸汽②

注①有一些工厂在糖化过滤时，洗麦糟仅洗至残糖 5～6°P，这样经螺旋压榨机压榨废水可以做投料水，缩短过滤时间，减少废水排放。

②此流程，每 100kg 湿麦糟脱水至 55%，再烘干至水分 10%～12%，即还需烘干脱水 43～45kg，烘干机热效率低，一般需耗蒸汽 60～65kg，最终得水分 12%的干麦糟仅 19.3kg，即每吨干麦糟耗蒸汽 3 368kg。

最近欧洲向我国转让的技术和设备是用啤酒厂各种废料，制成混合饲料（据珠江啤酒厂介绍)。

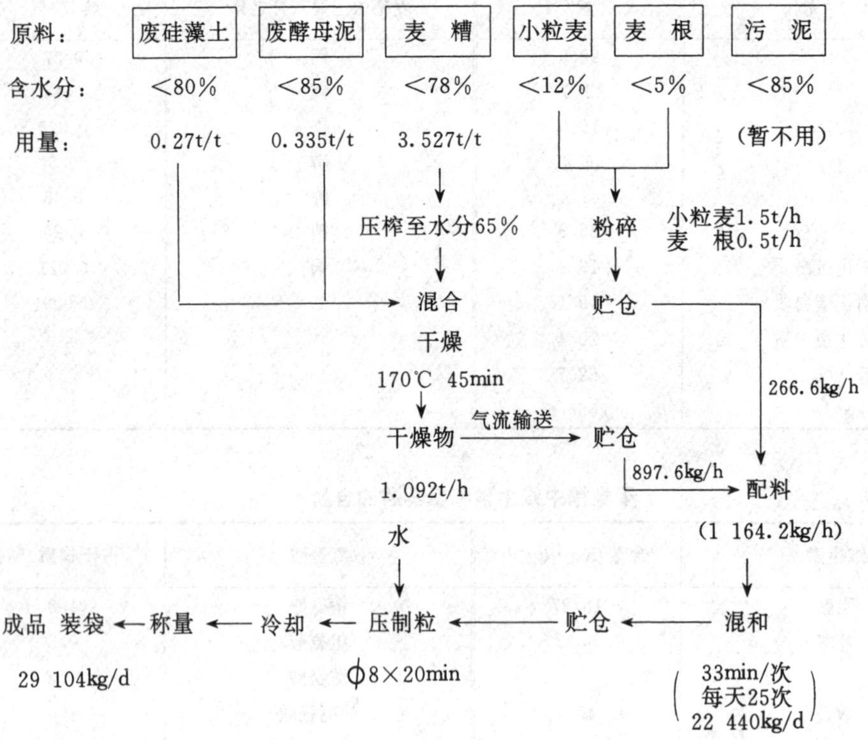

啤酒副产物干燥颗粒饲料规格:

挥发物≤13.0%,粒形 8×20mm,体积质量 650kg/m³

粗蛋白≥14%, 粗纤维≤17%,灰分≤5.0%

年产 8000t 干燥颗粒饲料主要设备:

(1) 螺旋压榨机 麦糟进水分为 75%~78%,压出水分 60%~65%,台时产量湿麦糟 4.0t2 台。

(2) 盘式干燥机 台时能力 4.0t,出干燥粉 897kg/h,用 0.7MPa (170℃) 蒸汽间接干燥,蒸汽需要量 3t/h。

(3) 混和机 间歇螺旋,容量 2 000L,每 38min 混和排料一次。

(4) 压粒机 由压制环模、滚桶、刮刀组成,台时产量 2t。

年产 8 000t 干燥颗粒饲料,水耗 8 000t,电耗 243kW·h 煤耗 1 248t (每吨饲料约耗蒸汽 3t),国际市场价约 100~120US $/t。

二、二氧化碳的回收

二氧化碳是啤酒发酵中最主要的副产物,近代啤酒酿造技术中二氧化碳又是必不可少的重要原材料。二氧化碳合理应用对改进酿造工艺、提高啤酒的质量起着重要作用。

在过滤后的清啤酒中,直接充入二氧化碳,使之在短时间内溶解和过饱和,简单和有效地控制成品啤酒中二氧化碳的含量。

在高浓酿造稀释啤酒技术中，利用二氧化碳置换稀释用水中氧，并使之饱和，造成“稀释用碳酸水”。

在上述两途径中使用二氧化碳，直接进入啤酒成分中，必需要高纯度　（含量>99.9%），一般应由液化二氧化碳，蒸发成气态后再应用。

在使用凝聚性酵母、锥形大罐发酵中，在啤酒发酵后期——双乙酰还原期，常常采用从锥底通入二氧化碳，洗涤啤酒，促使啤酒中溶解的挥发性双乙酰、硫化物、醛类等被二氧化碳拖带排走，使已经发生凝聚的酵母重新悬浮，促进双乙酰的还原，加速啤酒的成熟。

在近代啤酒转罐、过滤、清酒罐及装瓶、装桶等操作中，为了避免啤酒接触空气中氧，减少啤酒中溶解氧、均需要用二氧化碳作背压、备压、以提高啤酒的非生物稳定性和风味稳定性。

在上述各用途中使用二氧化碳，需要有一定压力（>0.2MPa），纯度>99.5%。可以直接使用回收的二氧化碳，经过处理，压缩后再应用。

1. 啤酒发酵中二氧化碳的回收量

$$C_{12}H_{22}O_{11}+H_2O\xrightarrow{\text{发酵}}4C_2H_5OH+4CO_2$$

当发酵效率为96%时，每100g麦芽糖发酵可形成49.4g二氧化碳。

若年产3万t啤酒的工厂，当每天麦芽汁最高产量为150m³时，理论可回收二氧化碳：

麦汁量×相对密度×浓度×发酵度×CO_2产率－啤酒量×啤酒中CO_2含量

＝150×1.0484×12%×60%×0.494－150×1.04×0.5%

＝4.81t/d

实际上，刚开始发酵1～2d，由于罐内有空气，不能回收；在发酵中为了赶走挥发性代谢产物，发酵中还需适度排气，啤酒离开发酵罐后，罐内残留气体（二氧化碳），因此，实际回收率仅45%～70%，经验数据每立方米麦汁发酵可回收二氧化碳为20～22kg。

对日产150m³麦汁的工厂，当回收率为65%，每天回收工作时间为21h，需配备回收能力：

4.81×1 000×65%÷21≐150kg/h

配备150kg/h回收能力装置，日回收能力为3 150～3 600kg之间。

表1-7-8　　二氧化碳在啤酒生产中的需要量　　(g/m³)

CO_2 使用场	需要量/$g\cdot m^{-3}$	CO_2压力/MPa
麦汁压力混合酵母	30	0.05～0.1
锥形罐CO_2洗涤啤酒	1 500	0.35～0.4
啤酒过滤	2 800	0.4
啤酒调整CO_2浓度	2 500	0.1
清酒罐备压	2 300	0.07
灌瓶机背压	3 000	0.25
CO_2取代瓶空气装瓶机	2 800	0.15

高浓稀释啤酒生产工艺，若全部啤酒稀释率为15%～20%，稀释水用CO_2取代法除

氧及碳酸化，则每立方米啤酒需消耗 20～22kgCO_2。

按上述计算，实际啤酒发酵每立方米 12°P 啤酒仅仅能回收 CO_2 为 14.5～15.0kg。

2. 二氧化碳的基本性质

(1) 啤酒发酵中释放二氧化碳中的杂质

啤酒发酵回收 CO_2 原始纯度：99.2%～99.5%

CO_2 中杂质：乙醇　0.45%～0.59%

O_2　0.01%

挥发酸　0.00 053%

挥发酯　0.001 39%

挥发醛、硫化物　0.002 39%

水分　0.01～0.05%

N_2　0.02%

啤酒中回收的二氧化碳纯度较高，含杂质少，只需通过简单吸附过滤就可制得高纯度（99.9%）的二氧化碳。

(2) 二氧化碳的物理性质　与空气相比，二氧化碳气体相对密度为 1.529。在 1MPa、0℃下体积质量为 1.977g/L。

表 1-7-9　二氧化碳的压缩特性

二氧化碳状态	温度/℃	表压力/MPa
气态	>31.0	
临界点	31.0	7.282
液态/气态共存	30	7.110
	25	6.334
	20	5.628
	15	4.984
	10	4.398
	5	3.864
	0	3.380
	−5	2.942
	−10	2.545
	−15	2.188
	−20	1.868
	−30	1.327
	−40	0.903 8
	−50	0.581 8
	−55	0.453 5
三态点	−56.6	0.416 6
固态/气态共存	−60	0.308 4
	−70	0.096 8
	−75	0.033 2
	−78.5	
固态	<−78.5	/

工业上采用压缩液化回收二氧化碳，可以在＋30～－55℃和相应压力 7.110MPa～0.453 5MPa下完成，此时二氧化碳是液态和气态共存，其密度是变化的，从接近临界点 0.468kg/L 至接近三态相的 1.18mg/L 之间，可以贮存在高压容器或钢瓶中。当温度降低到＜－78.5℃时，二氧化碳完全变成白色固态（干冰），密度为 1.57kg/L。

当贮存于压力下的液态二氧化碳放入大气时，排出的只能是白色烟状气态（大气中水分冷凝混合）和白雪状固态二氧化碳（干冰）。

3. 啤酒生产中二氧化碳的回收方法

现代回收二氧化碳，包括如下单元操作：

收集→洗涤→压缩→净化→干燥→冷却→液化→贮存或装瓶

从表 1-7-9 中可知。在液化回收二氧化碳时，常采用三种方法。

(1) 高压回收　即在 25～30℃和相应 6.334MPa～7.110MPa 压力下回收，此回收方法，目前广泛应用于我国酒精工业中。特点是：不需要用致冷机冷却（一般深井水即可）；用于高压一般需 3～4 级压缩，压缩后，必须贮存于小型钢瓶中，大容器贮存耐如此高的压力是不经济的。

(2) 低压回收　现代我国啤酒工厂广泛应用低压回收系统，即将二氧化碳经过二级压缩至 1.6MPa～2.2MPa，并冷却到－25～－15℃，使之液化。

此流程压力低，设备维护费低，安全性高。液化二氧化碳可以贮存在数立方米至 20m^3 的保温高压贮罐中，也可以装钢瓶，应用方便。但必需配有高压气态二氧化碳冷却系统，(致冷系统)。流程如图 1-7-3 所示。

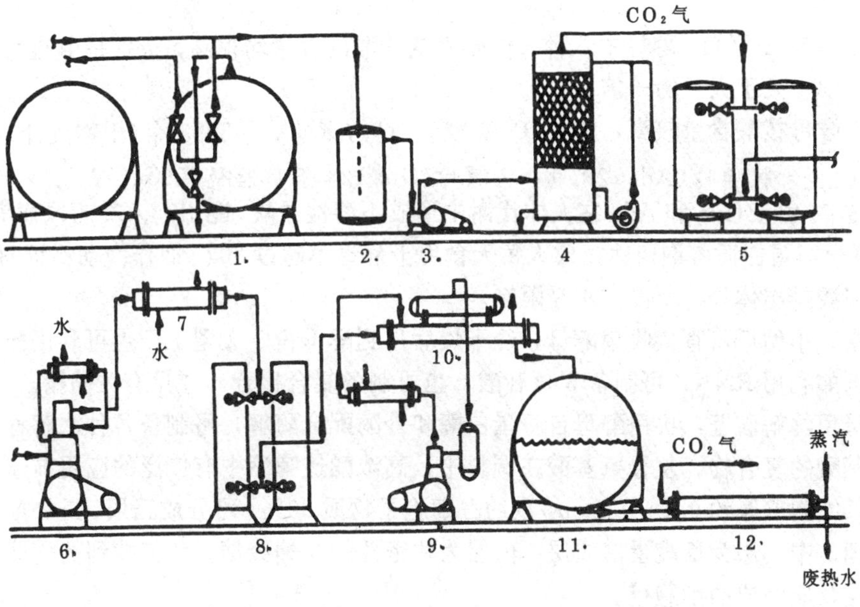

图 1-7-3　低压回收 CO_2 流程

1—发酵罐　2—除沫器　3—压缩机　4—水洗塔　5—CO_2 气罐　6—压缩机　7—冷却器
8—干燥塔　9—氨压缩机　10—氨蒸发冷却器　11—液态 CO_2 贮罐　12—CO_2 蒸发器

三、啤酒酵母的回收和利用

啤酒酵母是啤酒生产重要的副产物，现代大罐发酵，每生产 $1m^3$ 啤酒可得到含水82%的湿酵母泥 20kg（3.6kg 干物质）或 3.9kg 干燥酵母。全世界生产啤酒 1.3 亿 t，全部回收可得到 50 万 t 的干酵母，我国全部回收也可得到 5.8 万 t 干酵母。在全世界资源紧缺的今天，无疑是一笔很大的财富。

表 1-7-10　　啤酒酵母干物质含量

成分	粗蛋白	碳水化合物	粗脂肪	灰分
含量/%	45～60	25～35	4～7	6～9

表 1-7-11　　啤酒酵母蛋白质中氨基酸的组成

氨基酸	含量/g·(100g)$^{-1}$	氨基酸	含量/g·(100g)$^{-1}$	氨基酸	含量/g·(100g)$^{-1}$
色氨酸	0.036	精氨酸	0.261	苯丙氨酸	0.245
苏氨酸	0.318	组氨酸	0.119	天门冬氨酸	0.338
异亮氨酸	0.336	丙氨酸	0.181	谷氨酸	0.776
亮氨酸	0.446	赖氨酸	0.451	甘氨酸	0.230
酪氨酸	0.334	甲硫氨酸	0.115	丝氨酸	0.286
缬氨酸	0.345	半胱氨酸	0.06		

由表 1-7-11 可知，酵母中八种人体必需氨基酸的含量均很高，特别是甲硫氨酸含量为 1.1g/100g 高于大豆的一倍。

啤酒酵母核酸含量较高，其中 DNA 为 0.31%，RNA 为 3.95%（干物质计）。RNA 的碱基比是：腺嘌呤(Ade)28.9：鸟嘌呤(Gua)24.5：胞嘧啶(Cgt)21.2：尿嘧啶(Vra)25.7。由于Gua 和 Ade 在人体代谢中形成不溶性尿酸，能引起人类痛风症等疾病，因此，联合国蛋白质咨询组建议成人每天食用干酵母不超过 30g。而作为动物饲料，因动物能将尿酸排出体外，所以，不受限制。

在中、小型厂可直接收集酵母，经干燥后得到酵母粉。大型工厂也可利用酵母制备各种制剂如利用 RNA，可制备 5′核苷酸，也可制备复合核苷。详见有关书籍。

酵母用酶解破壁，再用酵母自身蛋白酶和外酶配合酶解，可制备各种水解程度的多肽和氨基酸的复合物。复合氨基酸在调料中、高浓酿造啤酒中有广泛的应用前途。

酵母细胞壁厚约 0.1～0.4μm，重约占细胞干物质 30%，可分成三层，最外层为磷酸甘露聚糖、中间层为稀疏蛋白质层，内层为致密性的β-葡聚糖。我们找到的酶即能打破由这三层物质组成的细胞壁。

酵母体内含有四种蛋白酶，两种肽酶，羧肽酶 a 和内肽酶 β，能水解各种肽类。还有水解肽类的氨肽酶Ⅰ、Ⅱ。

利用酵母自身的蛋白酶，调节一定 pH6.5～7.0，保持在 45～47℃下经过 36h 酶解，

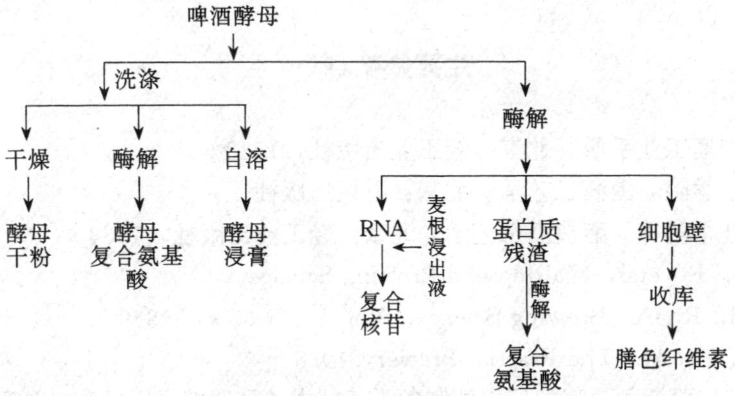

就可使酵母细胞中70%以上蛋白质水解成氨基酸。

水解以后，经过热处理、钝化酶，再经离心分离可得未水解的细胞壁和水解液。水解液经真空浓缩和脱色，即成浸膏。而未水解细胞壁收集，干燥就制得膳食纤维素。

每1 000kg湿酵母泥，可制得100kg复合氨基酸粉。

表 1-7-12　　酵母水解液，氨基酸粉组成

氨基酸名称	水解液氨基酸含量/g·100ml^{-1}	氨基酸粉中氨基酸含量/g·100g^{-1}
Asg	0.311	5.203
Thr*	0.226	3.372
Ser	0.115	2.622
Glu	0.866	14.094
Gly	0.191	3.118
Ala	0.315	5.209
Val*	0.283	4.468
Met*	0.104	1.608
Lle*	0.246	3.944
Leu*	0.371	5.986
Tyr	0.172	2.674
Lys*	0.050	0.158
His	0.105	1.615
Trp*	0.054	0.683
Arg	0.024	0.583
Pro	0.124	2.117
合计	3.766	61.34

注：有*的为人体必需氨基酸（自动氨基酸分析仪分析，其中色氨酸不出峰）。

主要参考文献

〔1〕管敦仪．啤酒工业手册．北京：轻工业出版社，1982

〔2〕无锡轻工业学院．酿酒工艺学．北京：财经出版社

〔3〕大连轻工业学院等．酿造酒工艺学．北京：轻工业出版社，1982

〔4〕Briggs，D. E. etal，Malting and Brewing Science.

〔5〕Pollock，J. R. A. Brewing Science. Vol Ⅰ. Ⅱ. Ⅲ，1979

〔6〕Broderick，H. M. The Practial Brewer，1978

〔7〕〔德〕L·纳尔蔡斯著．啤酒厂麦汁制备工艺技术．孙明波泽．北京：轻工业出版社，1991

〔8〕袁惠民、杜禄君．啤酒技术与管理．北京：中国轻工业出版社，1994

第二篇　葡萄酒工艺学

第一章　概　　述

第一节　葡萄酒的发展

我国 2000 年以前就有了葡萄与葡萄酒。古人称葡萄为蒲桃，有蘡薁、葛藟等原生葡萄种。

我国汉代（公元前 138 年）张骞出使西域带回葡萄，引进酿酒艺人，开始有了葡萄酒。经东汉，到唐朝时有了较大的发展，葡萄酒的饮用也日趋广泛。13 世纪，元朝统治期间，葡萄酒已是一个重要商品。意大利传教士马可·波罗在《中国游记》中有记载有关太原葡萄园与葡萄酒之事，明朝李时珍的《本草纲目》中，对葡萄酒有了较详细的介绍，但由于受历史条件的限制，始终停留在作坊式的生产水平，产量也不大。

1892 年华侨实业家张弼士在山东烟台开办张裕酿酒公司，并从国外引进葡萄品种，这是我国第一个近代的新型葡萄酒厂。

解放后，葡萄酒工业得到了国家重视，有了迅速发展，不仅老厂如张裕酿酒公司等进行改造与发展，还在河北、天津、青岛、黄泛区（河南、安徽、江苏）、通化、长白山等地建立了新厂，引进国外优良葡萄品种和酿酒先进设备，现已生产出优质葡萄酒，在国内外有一定的声誉。

葡萄酒是一种国际性饮料酒，产量在世界饮料酒中列第二位。由于葡萄酒酒精含量低，营养价值高，所以它是饮料酒中主要的发展品种。世界上许多国家如意大利、法国、西班牙等国的葡萄酒产量居世界前列。1988 年，世界葡萄酒产量为 3 058 万 t，其中意大利为 690 万 t，法国为 648 万 t，西班牙 324 万 t，中国为 27 万 t。

随着我国人民生活水平的提高和改革开放的深入，我国的葡萄酒工业将有新的发展与提高。

第二节　葡萄酒的分类

以新鲜葡萄或葡萄汁为原料，经酒精发酵酿制而成的酒精含量不低于 8.5%的饮料酒称葡萄酒。

葡萄酒品种繁多，有各种不同的分类方法，一般按颜色、含糖量的多少、酒精含量的高低、含不含二氧化碳及采用的加工方法来分。国外也有用以产地、原料品种名称来分类的。

一、按酒的颜色分类

1. 红葡萄酒

红葡萄酒用果皮带色的葡萄制成，酒色呈深红、鲜红、紫红或宝石红。干红葡萄酒含酒精 9%～13%。

2. 白葡萄酒

白葡萄酒用白葡萄或红皮白肉葡萄的果汁制成，酒色呈浅黄、禾秆黄、金黄或近似无色。干白葡萄酒含酒精 9%～13%。

3. 桃红葡萄酒

桃红葡萄酒用带色红葡萄短时间浸提或分离发酵制成，酒色呈桃红或浅玫瑰红色。

二、按含糖的多少分类

1. 干葡萄酒

由于酒色不同，又分为干红葡萄酒、干白葡萄酒和干桃红葡萄酒。

含糖量（以葡萄糖计）≤4.0g/L，品评感觉不出甜味，具有洁净、爽怡、和谐怡悦的果香和酒香的葡萄酒为干葡萄酒。

2. 半干葡萄酒

由于酒色不同，又分为半干红葡萄酒、半干白葡萄酒和半干桃红葡萄酒。

含糖量 4.1～12g/L，微具甜感，酒的口味洁净、舒顺，味觉圆润，并具和谐怡悦的果香和酒香的葡萄酒为半干葡萄酒。

3. 半甜葡萄酒

由于酒色不同，又分为半甜红葡萄酒、半甜白葡萄酒和半甜桃红葡萄酒。

含糖量 12.1～50g/L，具有甘甜、爽顺、舒润的果香和酒香的葡萄酒为半甜葡萄酒。

4. 甜葡萄酒

由于酒色不同，又分为甜红葡萄酒、甜白葡萄酒和甜桃红葡萄酒。

含糖量≥50.1g/L，具有浓甜、醇厚、舒适的口味及和谐的果香和酒香的葡萄酒为甜葡萄酒。

天然的半干、半甜葡萄酒是采用含糖量较高的葡萄为原料，在主发酵尚未结束时即停止发酵，使糖分保留下来。我国生产的半甜或甜葡萄酒常采用调配时补加转化糖以提高含糖量的办法。亦有采用添加浓缩葡萄汁以提高含糖量的方法。

三、按酿造方法分类

1. 天然葡萄酒

葡萄原料在发酵过程中不添加糖或酒精，即完全用葡萄汁发酵酿成的葡萄酒称天然葡萄酒。

2. 加强葡萄酒

用人工添加白兰地或脱臭酒精，以提高酒精含量的葡萄酒称加强干葡萄酒；除了提高酒精含量外，同时提高含糖量的葡萄酒称加强甜葡萄酒，在我国称浓甜葡萄酒。

3. 加香葡萄酒

按含糖量不同可将加香葡萄酒分为干酒和甜酒。甜酒含糖量和葡萄酒含糖标准相同。开胃型葡萄酒采用葡萄原酒浸泡芳香植物，再经调配制成，如味美思、丁香葡萄酒等；或采用葡萄原酒浸泡药材，制成滋补型葡萄酒，如人参葡萄酒等。

四、按含不含二氧化碳分类

1. 平静葡萄酒

不含二氧化碳的葡萄酒称静酒，即静止葡萄酒。

2. 起泡葡萄酒

酒中所含二氧化碳是以葡萄酒加糖发酵产生或用人工压入，酒中二氧化碳含量在20℃时保持压力0.35MPa以上。

3. 葡萄汽酒

葡萄酒经加糖发酵产生的二氧化碳或是人工方法压入酒中二氧化碳，其压力20℃时在0.051～0.25MPa之间的酒称葡萄汽酒。

第二章　葡　　萄

葡萄属葡萄科（Vitaceae）葡萄属（Vitis）。葡萄科共有11个属，约600余个种，其中经济价值最高的是葡萄属，它有70多个种，我国约有35个种，它分布于北纬52度到南纬43度的广大地区。一般按地理分布和生态特点，可分东亚种群、欧亚种群和北美种群三个群，其中欧亚种群具有最大经济价值，绝大多数栽培的种均属此种群。

葡萄可以生食，也可以加工成葡萄干、葡萄汁、果酱、罐头等，但主要用途是酿制葡萄酒。世界葡萄总产量中的80%以上用于酿酒、15%左右用于鲜食，5%左右制成葡萄干等。各国具体情况有所不同。

第一节　主要酿酒用葡萄品种

不同类型的葡萄酒对葡萄的特性要求也不同。制佐餐红、白葡萄酒、香槟酒和白兰地的葡萄品种含糖量约为15%～22%，含酸量6.0～12g/L，出汁率高，有清香味。对制红葡萄酒的品种则要求色泽浓艳。

制酒精含量高或含糖量高的葡萄品种，含糖量高达22%～36%，含酸量较低，为4.0～7.0g/L，香味浓。对制红葡萄酒的品种则要求色泽浓艳。

供酿酒用葡萄品种多达千种以上，多数为欧亚种。现将我国的主要品种简述如下。

一、酿造白葡萄酒的优良品种

1. 龙眼

龙眼别名秋子、紫葡萄等，属欧亚种，原产中国，在我国具有悠久的历史，是我国古老的栽培品种。我国河北昌黎、张家口、山东平度、山西徐清等地均有栽培。它的生长期为160～180d，有效积温3 300～3 600℃，为极晚熟品种。浆果含糖量120～180g/L，含酸量8～9.8g/L，出汁率75%～80%。它所酿之酒为淡黄色，酒香纯正，具果香，酒体细致，柔和爽口。

该品种适应性强，耐贮运，是我国酿造高级白葡萄酒的主要原料之一。

2. 雷司令（*Gray Riesling*）

雷司令属欧亚种，原产德国，是世界著名品种。1892年我国从西欧引入，在山东烟台和胶东地区栽培较多。它的生长期为144～147d，有效积温3 200～3 500℃，为中熟品种。浆果含糖170～210g/L，含酸5～7g/L，出汁率68%～71%。它所酿之酒为浅禾黄色，香气浓郁，酒质纯净。

该品种适应性强，较易栽培，但抗病性较差，主要酿制干白、甜白葡萄酒及香槟酒，具典型性。

3. 贵人香（*Italian Riesling*）

贵人香别名意斯林、意大利里斯林，属欧亚种，原产法国南部。1892 年我国从西欧引入山东烟台，目前山东半岛及黄河故道地区栽培较多。它的生长期为 147～155d，有效积温 3 400～3 500℃。浆果含糖 170～200g/L，含酸 6～8g/L，出汁率 80%。它所酿之酒为浅黄色，果香浓郁，味醇爽口，回味绵长。

该品种适应性强，易管理，是酿造优质白葡萄酒的主要品种之一，是世界古老的酿酒品种。

4. 白羽（Ркацители）

白羽别名尔卡齐杰利、白翼，原产格鲁吉亚。1956 年引入我国，目前山东、河南、江苏、陕西等地均有大量栽培。它的生长期为 144～170d，有效积温 3 200～3 500℃，为中晚熟品种。浆果含糖量为 120～190g/L，含酸量 8～10g/L，出汁率 80%。它所酿之酒为浅黄色，果香协调，酒体完整。

该品种栽培性状好，适应性强，是我国目前酿造白葡萄酒主要品种之一，同时还可酿造白兰地和香槟酒。

5. 李将军（*Pinot Gris*）

李将军别名灰品乐、灰比诺，属欧亚种，原产法国。1892 年我国从西欧引入，目前在烟台地区有栽培，它的生长期为 133～148d，有效积温 2 700～3 100℃。浆果含糖量 160～195g/L，含酸 7～10g/L，出汁率 75%。它所酿之酒为浅黄色，清香爽口，回味绵延，具典型性。

该品种为黑品乐的变种，故其有黑品乐相似的品质，适宜酿造干白葡萄酒与香槟酒。

适宜于酿制白葡萄酒的品种尚有：

季米亚特（Димят）	欧亚种，原产保加利亚。
米勒（*Muller Thurgau*）	欧亚种，原产德国。
巴娜蒂（*Banati Riesling*）	欧亚种，原产匈牙利。
长相思（*Sauvignon Blanc*） 又名素味浓	欧亚种，原产法国。
红玫瑰（Периеи МускаТ） 又名契尔文玫瑰	欧亚种，原产保加利亚
琼瑶浆（*Traminer*）	欧亚种，原产中欧
白诗南（*Chenin Blanc*）	欧亚种，原产法国
赛美容（*Semillon*）	欧亚种，原产法国
露多丽（*Chardonnay*）	欧亚种，原产法国
白雷司令（*White Rieslling*）	欧亚种，原产德国
白玉霓（*Ugni Blanc*） 又名圣爱利翁	欧亚种，原产法国
白福儿（*Folle Blanche*）	欧亚种，原产法国
鸽笼白（*Colombard*）	欧亚种，原产法国

二、酿造红葡萄酒的优良品种

1. 法国兰（*Blue French*）

法国兰别名玛脑红，属欧亚种，原产奥地利。1892 年引入我国的山东烟台后，1954 年再次从匈牙利引入北京。目前烟台、青岛、黄河故道和北京等地均有栽培。它的生长期为 126～140d，有效积温 2 800～3 300℃，为中熟品种。浆果含糖 160～200g/L，含酸 7～8.5g/L，出汁率 75%～80%。它所酿之酒具宝石红色，味醇香浓。

该品种适应性强，栽培性能好，丰产易管，是我国酿制红葡萄酒的良种之一。

2. 佳丽酿（*Carignane*）

佳丽酿别名法国红，属欧亚种，原产西班牙。1892 年引入我国，目前山东烟台、青岛、济南及黄河故道及北京栽培较多。它的生长期为 150～168d，有效积温 3300～3600℃，为晚熟品种。

浆果含糖 150～190g/L，含酸 9～11g/L，出汁率 75%～80%，它所酿之酒为深宝石红色，味纯正，酒体丰满。

该品种适应性强，耐盐碱，丰产，是酿制红葡萄酒的良种之一，亦可酿制白葡萄酒。

3. 汉堡麝香（*Muscat Hamburg*）

汉堡麝香别名玫瑰香、麝香，属欧亚种，原产英国。我国于 1892 年引入山东烟台，目前我国各地均有栽培。它的生长期为 130 ～155d，有效积温 3 000～3 300℃，为中晚熟品种。浆果含糖 160～195g/L，含酸 7～9.5g/L，出汁率 75%～80%，它所酿之酒呈红棕色，柔和爽口，浓麝香气。

该品种适应性强，各地均有栽培，除作甜红葡萄酒原料外，还可酿制干白葡萄酒。

4. 赤霞珠（*Cabernet Sauvignon*）

赤霞珠别名解百纳，属欧亚种，原产法国。1892 年由西欧引入我国烟台，目前山东、河北、河南、陕西、北京等地区有栽培。它的生长期为 148～158d，有效积温 3 200～3 500℃，为中晚熟品种。浆果含糖 160～200g/L，含酸 6～7.5g/L，出汁率 75%～80%。它所酿之酒呈宝石红，醇和协调，酒体丰满，具典型性。

该品种耐旱抗寒，是酿制干红葡萄酒的传统名贵品种之一。

5. 蛇龙珠（*Cabernet Gernischet*）

蛇龙珠属欧亚种，原产法国。我国 1892 年引入，目前烟台、青岛、河北昌黎等地栽培较多。它的生长期为 150d 左右，有效积温 3 300～3 400℃。浆果含糖 160～195g/L，含酸 5.5～7.0g/L，出汁率 75%～78%。它所酿之酒为宝石红，酒质细腻爽口。

该品种适应性强，结果期较晚，产量高。与赤霞珠、品丽珠共称酿造红葡萄酒的三珠。是酿制高级红葡萄酒的品种。

6. 品丽珠（*Cabernet Franc*）

品丽珠别名卡门耐悌，属欧亚种，原产法国。我国烟台、河南、北京等地都有栽培。它的生长期为 150～155d，有效积温 3 200～3 400℃，为中晚熟品种。浆果含糖 180～210g/L，含酸 7～8g/L，出汁率约 70%，是优良红葡萄酒品种。

7. 黑品乐（*Pinot Noir*）

黑品乐别名黑彼诺、黑美酿，属欧亚种，原产法国。

我国早年从日本引进，1980 年后又从法国引入，山东、河北、陕西和辽宁等地有栽培。它的生长期为 128～160d，积温 3 000～3 100℃，为中熟品种。

浆果含糖 170～195g/L，含酸 8～9g/L，出汁率 75%，它所酿红葡萄酒呈宝石红色，果香浓郁，柔和爽口。

该品种栽培性状好，适应性强，是法国古老品种，除酿造高级红葡萄酒外，还可酿造优质白葡萄酒与香槟酒。该品种尚有几个变种如灰品乐、白品乐（*Pinot blanc*）。

适宜于酿制红葡萄酒的品种尚有：

味儿多（*Verdot*） 又名魏天子	欧亚种，原产法国
梅鹿辄（*Merlot*）	欧亚种，原产法国

三、山　葡　萄

山葡萄是我国特产，盛产于黑龙江、辽宁、吉林等省。

1. 公酿一号

公酿一号别名 28 号葡萄，原产中国，山欧杂种，是汉堡麝香与山葡萄杂交育成。它的生长期为 123～130d，有效积温 2 700～2 900℃。浆果含糖 150～160g/L，含酸 15～21g/L，出汁率 65%～70%，它所酿之酒呈深宝石红，色艳、酸甜适口，具山葡萄酒的典型性。

该品种具山葡萄的特性，抗寒性、抗逆性强，是山葡萄酒的新育良种。

2. 双庆

双庆别名长白十一号。1963 年从野生山葡萄植株中选育而成。它的生长期 134d。浆果含糖 104～163g/L，含酸 18～25g/L，出汁率 50%～60%。它所酿之酒呈宝石红色，醇和爽口，具浓郁山葡萄果香。

3. 左山一

左山一原产中国，1973 年从野生山葡萄中选育而成。它的生长期为 125～130d。浆果含糖 100～115g/L，含酸 25～33g/L，出汁率 50%，它所酿之酒呈深宝石红，果香浓郁，口味纯正，典型性强。

四、调 色 品 种

调色品种其果实颜色呈紫红至紫黑色。这种葡萄皮和果汁均为红色或紫红色。按红葡萄酒酿造方法酿酒其酒色深可达黑色，专作葡萄酒的调色用。

1. 紫北塞（*Alicante Bouschet*）

紫北塞属欧亚种，原产法国，目前我国烟台有少量栽培。它的生长期为 130～150d，有效积温 3 000～3 300℃。浆果含糖 140～170g/L，含酸 6～6.8g/L，出汁率 70%。

该品种是世界古老品种，适应性与抗病性弱，所酿之酒经陈酿后色素易沉淀。

2. 烟 74

烟 74 属欧亚种，原产中国，烟台张裕公司用紫北塞与汉堡麝香杂交而成。山东半岛栽培较多。它的生长期为120～125d，有效积温2 800～2 900℃。浆果含糖160～180g/L，含酸6～7.5g/L，出汁率70%。它所酿之酒呈紫黑色，色素极浓。

该品种为目前优良调色品种，不但颜色深而鲜艳，且长期陈酿不易沉淀。

其他调色品种尚有：

晚红密（*Canepabu*）又名沙别拉维	欧亚种，原产格鲁吉亚
红汁露	欧亚种，原产中国
巴柯（*Bacco*）又名紫浆美	欧亚种，原产法国
黑赛必尔（*Seibel Noir*）	欧亚种，原产法国

第二节　葡萄的构造及其成分

葡萄包括果梗与果实两个不同的部分，这两部分的质量分数如下：

果梗　　4%～6%

果实　　94%～96%

葡萄品种不同，两者的比例有较大出入，收获季节多雨或干燥亦影响两者的比例。

葡萄颗粒结构如图2-2-1所示。

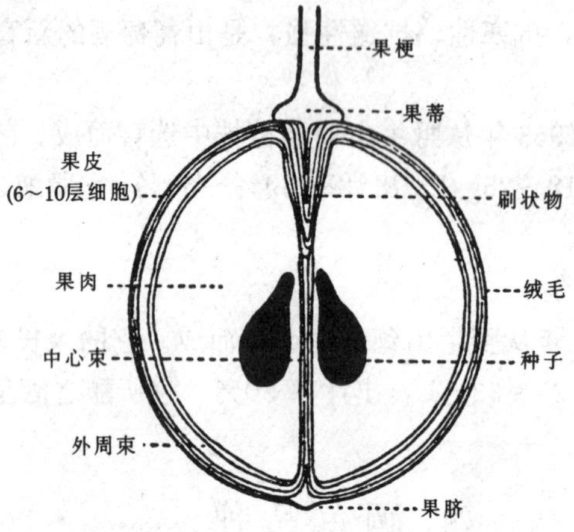

图2-2-1　葡萄颗粒剖面图

一、果　　梗

果梗是果实的支持体，由木质素构成，含维束管，使营养流通，并将糖分输送到果实。

果梗含大量水分、木质素、树脂、无机盐、单宁，和果实相反，只含少量糖和有机酸。一般葡萄果梗的平均成分见表 2-2-1 所示。

表 2-2-1　　葡萄果梗成分表

水分	75%～80%
木质素	6%～7%
单宁	1%～3%
树脂	1%～2%
无机盐（钙盐为主）	1.5%～2.5%
有机酸	0.3%～1.2%
糖分	0.3%～0.5%

葡萄酒都不带果梗发酵。果梗富含单宁和苦味树脂及鞣酐等物，常使酒产生过重的涩味，故一般在葡萄破碎时除去。

二、葡萄果实

葡萄果实包括三个部分，它们的质量分数如下：

果皮　6%～12%

果核（子）　2%～5%

果肉（浆液）　83%～92%

1. 果皮

果实外面有一层果皮，果实发育成长时，果皮的重量几乎很少增加，果实长大后，果皮成为有弹性的薄膜。葡萄完全成熟时，果皮变得非常薄，使空气能够渗入，保持果实的呼吸。由于雾露或雨水，果皮易破裂。天气炎热干燥时，果肉水分会通过果皮而蒸发。

果皮由好几层细胞组成，表面有一层蜡质保护层，阻止空气中的微生物侵入细胞，尤其是附在果皮上的酵母菌。

表 2-2-2　　果皮的化学成分　　单位：质量分数

水分	72%～80%
纤维素	18%～20%
有机酸	少量
无机物	1.5%～2%

果皮中含有单宁和色素，这两个成分对酿制红葡萄酒很重要。大多数葡萄，色素只存在于果皮中，往往因品种不同，而形成各种色调。白葡萄有青、黄、金黄、淡黄、禾秆、或接近无色；红葡萄有淡红、鲜红、深红、宝石红等；紫葡萄有淡紫、紫红、紫黑等色泽。果皮尚含芳香成分，它赋于葡萄酒特有的果香味。不同品种，香味不一样。

2. 果核

一般葡萄含有 4 个果核，每一个子房有 2 个核。有些做葡萄干的品种，核已完全退化，如新疆无核葡萄。

果核中含有有害葡萄酒风味的物质，如脂肪、树脂、挥发酸等。这些东西如带入醪液，会严重影响品质，所以，在葡萄破碎时，须尽量避免将核压破。

表 2-2-3 列出了果核的化学成分。发酵完毕，酒糟中的葡萄核可用来榨油。

表 2-2-3　　果核的化学成分　　单位：质量分数

水分	35%～40%
脂肪	6%～10%
单宁	3%～7%
挥发酸	0.5%～1%
无机盐	1%～2%
纤维素及其衍生物	44%～57%

表 2-2-4　　果肉、果汁的成分　　单位：质量分数

水	65%～80%
还原糖	15%～30%
其他成分 酸 无机酸 含氮物 果胶质	5%～6%

3. 果肉和汁（葡萄浆）

果肉和果汁是葡萄的主要成分（占 83%～92%）。不同品种，其组成很不一样。果肉和果汁的成分见表 2-2-4 所示。浆果中不同部位所含成分有所差异。

葡萄浆是果肉与果汁的总称。

（1）糖分　葡萄的糖分，全部由葡萄糖与果糖构成，成熟时两者的比例几乎相等。这两种糖在酵母作用下，发酵生成酒精和二氧化碳。

由于葡萄品种、土壤和气候、栽培方法的不同和病虫害等原因，葡萄的含糖量有很大的差异。

（2）酸度　葡萄的酸度主要来自下列两种有机酸。

酒石酸　COOH-CHOH-CHOH-COOH

苹果酸　$COOH\text{-}CH_2\text{-}CH(OH)\text{-}COOH$

在成熟葡萄中，有少量的柠檬酸，约 0.01%～0.03%。

葡萄中的酸一部分游离存在，一部分以盐类存在，例如中性或酸性酒石酸钾，或酸性苹果酸钾等。游离酸和结合酸的比例，随 pH 值的不同而改变，表 2-2-5 列出了葡萄浆

pH 值对游离酸和结合酸比例关系。

表 2-2-5　　葡萄浆 pH 值对游离酸和接合酸比例的关系（上下约 2～3%）

葡萄浆的 pH 值		3.0	3.3	3.7	4.0
酒石酸	游离酸	47%	30%	8%	痕迹
	酒石酸盐	53%	70%	92%	98%～99%
苹果酸	游离酸	70%	56%	30%	14%
	苹果酸盐	30%	44%	70%	80%

注：本表对于葡萄酒也适用

pH 值的大小对发酵影响很大，pH 在 3.3～3.5 时最适宜发酵。

(3) 果胶质　果胶质是一种多糖类的复杂化合物，因葡萄品种不同，含量也高低不等。酒中有少量的果胶存在，能起改善口感的作用，增加葡萄酒的柔和味，含量多时，对葡萄酒稳定性有影响。

(4) 含氮物　葡萄浆含氮物 0.3～1g/L，一部分以氨态存在（10%～20%），易被酵母同化，其他部分以有机氮存在（氨基酸、肽类、蛋白质），发酵时在单宁与酒精的影响下，形成沉淀。

(5) 无机盐　无机盐主要来自土壤。根据土壤、气候、栽培方法、肥料种类的不同而有差异。主要有钾、钠、钙、铁、镁等，这些元素常与酒石酸及苹果酸形成各种盐类。为了有利于葡萄酒的稳定性，常采用自然澄清与人工冷冻逐步除去。葡萄浆中无机盐的一般含量为：

钙　0.075～0.250g/L

镁　0.050～0.150g/L

钠　0.030～0.300g/L（因含 NaCl 多少而不同）

铁　0.005～0.012g/L

第三节　葡萄的生长特性与环境因素

一、葡萄的生长特性

葡萄的生长和成熟过程可分为 4 个阶段。

1. 花期

从花蕾破绽到落花。

2. 发育期

受粉以后，子房开始增大，形成浆果。这期间消耗大量的养分，浆果生长很快，期末果粒大小已形成，但果肉仍是硬的，果皮青绿色，糖分少，酸度高。

3. 成熟期

果粒不再增大，但重量增加，酸度降低，糖分增加，果肉由硬逐渐变软，与此同时白葡萄由绿色变成淡黄色，红葡萄出现红色，葡萄即已成熟，并表现出品种特有的果香。

这里必须将葡萄的生理成熟与工艺成熟区分开来。生理成熟指葡萄果粒达到最大且糖分含量最高；而工艺成熟是指采摘葡萄的最佳时期，两者往往有差异。

4. 过熟期

葡萄成熟后，让它留在枝上，水分逐渐蒸发，果汁浓缩，成为干葡萄状态。若受葡萄孢霉的感染，发生“贵腐”现象，产生特殊香味。如“贵腐”期间，天气阴雨，就有吸收水分，降低品质的危险。

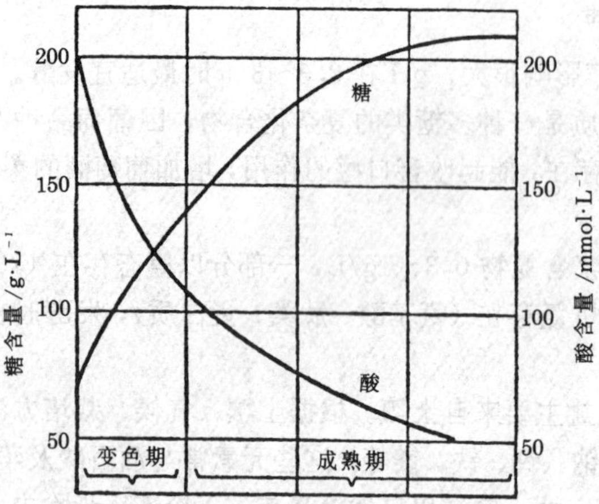

图 2-2-2　葡萄成熟的最后八周内糖增加及酸度下降情况

试验所用葡萄为波尔多地区的赤霞珠葡萄。

本图是葡萄园中葡萄的平均变化情况。

二、环 境 因 素

环境因素主要是指温度、光照、湿度和降水量及土壤。

1. 温度

温度是影响葡萄生长的主要因素之一。葡萄生长的各个时期对温度的要求是不同的。例如，在浆果成熟期，需要较高的温度，在超过 20℃的情况下，成熟过程进行迅速。成熟期的最适温度是 30℃左右。

不同品种对温度高低的要求差别很大。根据成熟期的早晚，可分为：早熟品种、中熟品种、晚熟品种。

“有效积温”是指葡萄开始生长，一直到成熟为止，昼夜平均温度在 10℃以上日数的温度总和。炎热地区，有效积温高，葡萄早熟，酸度低，糖分高。

同一品种的葡萄，栽种在积温不同的地区，果实的含糖量、含酸量的高低和色泽深浅都不一样，酿出的酒质也不一样。因此，了解不同品种的有效积温可作为各地区选择品种的依据。一般早熟品种有效积温为 2 500℃，中熟品种 2 900℃，晚熟品种 3 300℃以上。北京地区有效积温为 4 000℃，适合于绝大多数葡萄品种的生长。

2. 光照

葡萄是喜光植物，对光照非常敏感。光照不足，葡萄生长纤弱，组织不充实。光照对果实的色泽和化学成分也有影响，光照不足时，有色品种的着色不良，香味减少，品质降低。葡萄开花期、浆果着色期及成熟期的光照充足与否，对葡萄的产量和质量影响很大。

日照多的年份收获的葡萄，酿出的酒质量好，因此，国际上的葡萄酒贸易，常严格挑选葡萄酒的生产年号。

3. 湿度与降水量

欧洲种葡萄，成熟期间需要干燥，凡湿度太大，雨水过多，均影响质量。

凡是夏季多雨，湿度明显增加的地区，容易引起霉菌感染。但干旱的夏天也会影响葡萄的生长与成熟。

4. 土壤

土壤是保证葡萄正常发育的重要条件之一。葡萄从土壤中吸取水分和营养物质，它与葡萄的质量、产量有密切关系。

葡萄对土壤的适应性较强，一般砂土、石砾土、轻粘土均可栽培。具耐盐、耐碱性能。它要求土壤透气性好，积贮热量多，昼夜温差大。

世界各国酿制优良葡萄酒的葡萄，大都在砾质土壤上栽培。

三、我国葡萄生产地区的分布

1. 沿海平原地区

这一地区包括华北大平原北半部，山东半岛和辽南地区。这些地区土壤、气候条件宜种葡萄，果农有长期而丰富的栽培经验，是我国酿酒优良品种的栽培基地，也是我国葡萄酿酒业的发达地区。栽培品种有龙眼、玫瑰香、雷司令、意斯林、赤霞珠、佳利酿等。

2. 黄河故道及淮河流域地区

包括河南、苏北、皖北、鲁西南等地的黄河故道及淮河流域地区，这是解放后新建的葡萄基地。栽培品种有白羽、玫瑰香等。

3. 黄土高原干旱地区

包括山西、陕西、甘肃西南的黄土高原。栽培品种有龙眼、黑鸡心等。

4. 东北中北部及内蒙古地区

主要包括辽宁北部、吉林、黑龙江及内蒙古的东北部。主要品种是山葡萄。

5. 甘肃、新疆干旱地区

这里气候干旱，是我国葡萄的主要产区，生产制葡萄干的“无核白”、马奶子、红葡萄、黑葡萄著称，近年来引入了不少酿酒良种。

6. 长江流域及江南丘陵地带

本地区包括苏南、皖南、赣北、湖北、湖南、浙江、闽北及四川盆地。

第四节　葡萄的采摘与运输

一、采摘时间

决定葡萄最适当采摘时间，对酿酒具有重要的意义，一般视酿造产品的要求而定，即“工艺成熟度”（当然参照葡萄生理成熟度）。

葡萄成熟的检验：

（1）外观检查　成熟葡萄果粒发软，有弹性，果粉明显，果皮变薄，皮肉易分开，籽也很容易与肉分开，梗变棕色，有色品种完全着色，表现出品种特有的香味。

（2）理化检查　主要检查葡萄的含糖量与含酸量。可用糖度表、比重表、折光仪来测定糖分。测糖时必须采集足够的葡萄样品，挤出葡萄汁，经纱布过滤后测定。

表 2-2-6　　葡萄汁的相对密度、糖分、酒精对照表（20℃）

相对密度	波美度/(Bé)	每升葡萄汁中含糖量/g	酿成酒后含酒精量/%	相对密度	波美度/Bé	每升葡萄汁中含糖量/g	酿成酒后含酒精量/%
1.081	10.88	186	10.9	1.101	13.2	239	14.0
10.82	109	188	11.0	1.102	13.3	242	14.2
1083	11.0	191	11.2	1.103	13.5	244	14.3
1.084	11.1	194	11.4	1.104	13.6	247	14.5
1.085	11.3	196	11.5	1.105	13.7	250	14.7
1.086	11.4	199	11.7	1.106	13.8	252	14.8
1.087	11.5	202	11.9	1.107	13.9	255	15.0
1.088	11.6	204	12.0	1.108	14.0	258	15.1
1.089	11.8	207	12.2	1.109	14.2	260	15.3
1.090	11.9	210	12.3	1.110	14.3	263	15.4
1.091	12.0	212	12.5	1.111	14.4	266	15.6
1.092	12.1	215	12.6	1.112	14.5	268	15.7
1.093	12.3	218	12.8	1.113	14.6	271	15.9
1.094	12.4	220	12.9	1.114	14.7	274	16.1
1.095	12.5	223	13.1	1.115	14.8	276	16.2
1.096	12.6	226	13.3	1.116	15.0	279	16.4
1.097	12.7	228	13.4	1.117	15.1	282	16.5
1.098	12.9	231	13.6	1.118	15.2	284	16.7
1.099	13.0	234	13.8	1.119	15.3	287	16.8
1.100	13.1	236	13.9	1.120	15.4	290	17.0

葡萄的酸度测定，对于深色葡萄可用酚红或溴百里蓝作指示剂。酸度常以每升中酒

石酸的克数表示，法国用每升中硫酸的克数表示。

葡萄的含糖量和含酸量常因栽种地区气候条件及品种不同而变化，同一品种也因地区和气候水土不同而有差别。一般不能按固定的含糖量来鉴别葡萄是否成熟。可采用在葡萄成熟期前半个月定期取样分析，作出曲线，根据不同酒种而决定采摘期。

制造佐餐葡萄酒（干酒）需要在适宜的糖度和酸度下采摘，以便得到要求的酒精含量。酿干白葡萄酒的葡萄采摘期要比酿干红葡萄酒的葡萄采期为早，因为收获早时，葡萄不易产生氧化酶，则酒不易氧化，而且当葡萄含酸量稍高时，具有新鲜感。制造甜酒或酒精含量高、味甜的酒时，则要求在完全成熟时才进行采摘。干酒的工艺成熟度，酿白葡萄酒的在糖度16～18°Bé，酿红葡萄酒的在18～20°Bé，酸含量6.5～8.0g/L较合适。

二、葡萄的运输

采摘后放入木箱、塑料箱或筐内，不要过满，以防止挤压，但也不宜过松，以防运输途中颠破。葡萄不宜长途运输，有条件处可设立原酒发酵站，再运回酒厂进行陈化与澄清。

第三章　葡萄酒酵母

葡萄酒是新鲜葡萄或葡萄汁通过酵母的发酵作用而制成的，因此在葡萄酒生产中酵母占有很重要的地位。

第一节　葡萄酒酵母的特征

葡萄酒酵母（*Saccharomyces ellipsoideus*）在植物学分类上为子囊菌纲的酵母属，啤酒酵母种。该属的许多变种和亚种都能对糖进行酒精发酵，并广泛用于酿酒、酒精、面包酵母等生产中，但各酵母的生理特性、酿造副产物、风味等有很大的不同。葡萄酒酵母除了用于葡萄酒生产中以外，还广泛用在苹果酒等果酒的发酵上。世界上葡萄酒厂、研究所和有关院校优选和培育出各具有特色的葡萄酒酵母的亚种和变种。如我国张裕 7318 酵母，法国香槟酵母，匈亚利多加意（Tokey）酵母等。

葡萄酒酵母繁殖主要是无性繁殖，以单端（顶端）出芽繁殖。在条件不利时也易形成 1～4 个子囊孢子。子囊孢子为圆形或椭圆形，表面光滑。在显微镜下（500 倍）观察，葡萄酒酵母常为椭圆形、卵圆形，一般为（3～10）μm×（5～15）μm，细胞丰满，如图 2-3-1 所示。在葡萄汁琼脂培养基上，25℃培养 3d，形成圆形菌落，色泽呈奶黄色，表面光滑，边缘整齐，中心部位略凸出，质地为明胶状，很易被接种针挑起，培养基无颜色变化。

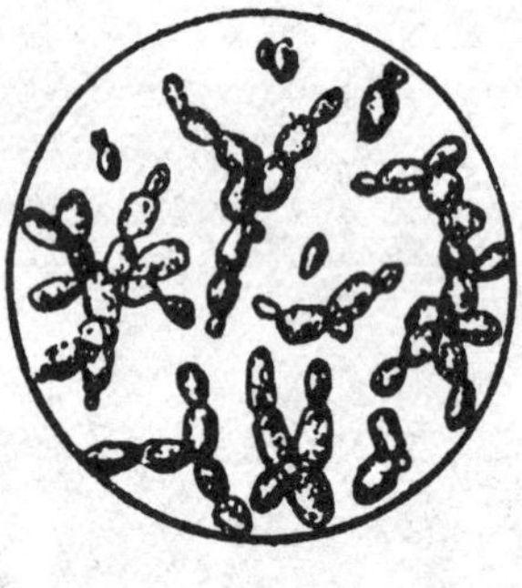

图 2-3-1　葡萄酒酵母

葡萄酒酵母可发酵葡萄糖、果糖、蔗糖、麦芽糖、半乳糖，不发酵乳糖、蜜二糖，棉子糖发酵 1/3。

优良葡萄酒酵母具有以下特性：

（1）除葡萄（其他酿酒水果）本身的果香外，酵母也产生良好的果香与酒香。

（2）能将糖分全部发酵完，残糖在 4g/L 以下。

（3）具有较高的对二氧化硫的抵抗力。

（4）具有较高发酵能力，一般可使酒精含量达到 16%以上。

（5）有较好的凝集力和较快沉降速度。

（6）能在低温（15℃）或果酒适宜温度下发酵，以保持果香和新鲜清爽的口味。

葡萄和其他水果皮上除了葡萄酒酵母外，还有其他酵母，如尖端酵母（俗称柠檬形

酵母 *S. apicutatus*）、巴氏酵母（*S. pastorianus*）、圆酵母属（*Torulas*）等，统称野生酵母，如图 2-3-2 所示。野生酵母的存在对发酵是不利的，它要比葡萄酒酵母消耗更多的糖才能获得同样的酒精（需 2.0～2.2g 糖才能生成 1%酒精），发酵力弱，生成酒精量少。

通常可通过添加适量的二氧化硫来控制野生酵母，因为葡萄酒酵母对酒精与二氧化硫的抵抗力大于其他酵母。

最合适的是将葡萄酒酵母经过纯粹培养和扩大培养，然后加入到果汁中酿成葡萄酒，这是在我们可能控制的条件下保证产品质量的有效措施。

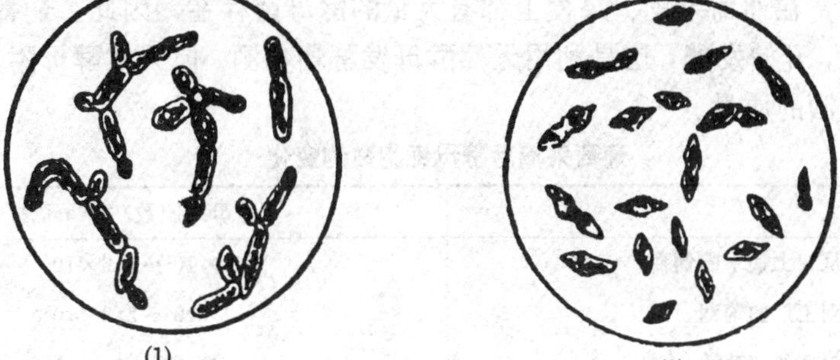

(1)　　(2)

图 2-3-2　1—巴氏酵母　2—尖端酵母

影响葡萄酒酵母发育的外界因素：

（1）温度　葡萄酒酵母最适宜的繁殖温度是 22～30℃。当温度低于 16℃时，繁殖很慢，如在 22℃温度下已经开始发酵，再将发酵的果汁温度降低到 11～12℃或更低一些，发酵还会继续下去。

酵母能忍受低温，从天然的葡萄酵母中，可分离出低温发酵的葡萄酒酵母。

当温度超过 35℃，酵母呈瘫痪状态，在 40℃完全停止生长和发酵。

表 2-3-1　　香槟酵母在 7～37℃下酒精生成情况

温度/℃	7	10	16	20～22	25	28	31	34	37
酒精生成量/%	16.5	16.4	16.7	16.5	13.9	13.3	12.2	8.6	6.3

（2）酸度　在 pH3.5 时，大部分酵母能繁殖，而细菌在 pH 低于 3.5 时就停止繁殖。当 pH 降到 2.6 时，一般酵母停止繁殖。

（3）酒精作用　酒精是发酵的主要产物，对所有酵母都有抑制作用。葡萄酒酵母比其他酵母忍耐酒精的能力较高，尖端酵母当酒度超过 4%时，就停止生长和繁殖。在葡萄破碎时带到汁中的其他微生物，如产膜菌、细菌等，对酒精的抵抗力更小，因此，它阻止了有害微生物在果汁中的繁殖。但有些细菌就不一样，如乳酸菌，在含酒精 26%或更高情况下，仍能维持其繁殖能力。

（4）二氧化硫作用　不同的二氧化硫量对酵母的作用不同，当加入 50～100mg/L 二氧化硫时，已明显有抑制作用，为了杀死酵母或者停止新鲜果汁的发酵，可添加二氧化硫 1g/L。

第二节　葡萄酒发酵的酒母制备

一、葡萄酒酵母的来源

1. 天然葡萄酒酵母

葡萄成熟时，在葡萄果皮、果梗上都有大量的酵母菌存在，因此，葡萄破碎后，酵母就会很快繁殖，开始发酵，这是利用天然酵母发酵葡萄酒。但天然酵母附着其他杂菌，往往会影响葡萄酒的质量。

表 2-3-2　　葡萄采摘后酵母细胞数的变化

	酵母细胞数/个·ml^{-1}
刚从树上摘下的葡萄	$1\times10^3\sim1.6\times10^5$
送到工厂的葡萄	$2\times10^3\sim2.8\times10^5$
破碎后的葡萄汁	$4.6\times10^5\sim6.4\times10^6$

大量研究的结果表明，葡萄上酵母的种类，构成比和菌数，受产地、风土、气候、年份、葡萄品种、成熟期、葡萄园的管理状况、葡萄受伤受害程度、农药使用情况等因素的影响。

2. 优良葡萄酒酵母的选育

为了保证正常顺利的发酵，获得质量优等的葡萄酒，往往从天然酵母中选育出优良纯种酵母。目前大多数葡萄酒厂都已采用了优良纯种酵母进行发酵。

优良酵母也可从国内外有关的菌种保藏供应机构获得。

3. 酵母菌株的改良

选育出的优良酵母也不可能一切特性都符合理想的要求，适合所有场合使用，加之生产的发展，不断对酵母提出新的要求，因此，排除它们的不良性能，提高优良性能，增添新的有用特性，以适应生产发展的需要。

最常用手段为人工诱变，用同宗配合、原生质体融合、基因转化等遗传工程方法现已在研究进行中。

二、葡萄酒酵母的扩大培养

1. 天然酵母的扩大培养

在利用自然发酵方式酿制葡萄酒时，每年酿酒季节的第一罐醪一般需要较长的时间才开始发酵，它们起着葡萄皮上天然酵母菌的扩大培养作用。第二罐后，由于附着在设备上的酵母较多，醪液的发酵速度就快得多。(有些工厂为了调节发酵步调，也采用添加天然种母的方法)。

在葡萄开始采摘前一周，摘取熟透的、含糖高的健全葡萄，其量为酿酒批量的 3%～

5%，破碎、榨汁并添加亚硫酸（含量100mg/L），混合均匀，在温暖处任其自然发酵，待发酵进入高潮期后，酿酒酵母占压倒优势时，即可作为首次发酵的种母使用。另外，正常的第一罐发酵醪也可作为种母使用。

2. 纯种酵母的扩大培养

从斜面试管菌种到生产使用的酒母，需经过数次扩大培养，每次扩大倍数为10～20倍。其工艺流程各厂不完全一样，下面为实例之一。

斜面试管菌种 $\xrightarrow{\text{活化}}$ 麦芽汁斜面试管培养 $\xrightarrow{\text{10倍}}$ 液体试管培养 $\xrightarrow{\text{12.5倍}}$ 三角瓶培养 $\xrightarrow{\text{12倍}}$ 玻璃瓶（或卡氏罐） $\xrightarrow{\text{14～25倍}}$ 酒母罐培养 $\longrightarrow$ 酒母

(1) 斜面试管菌种　由于长时间保藏于低温下，细胞已处于衰老状态，需转接于5Bé麦芽汁制成的新鲜斜面培养基上，25℃培养4～5d。

(2) 液体试管培养　取灭过菌的新鲜澄清葡萄汁，分装入经干热灭菌的试管中，每管约10mL，用0.1MPa的蒸汽灭菌20min，放冷备用。在无菌条件下接入斜面试管活化培养的酵母，每支斜面可接入10支液体试管，25℃培养1～2d，发酵旺盛时接入三角瓶。

(3) 三角瓶培养　往500ml经干热灭菌的三角瓶注入新鲜澄清的葡萄汁250ml，用0.1MPa蒸汽灭菌20min，冷却后接入两支液体培养试管，25℃培养24～30h，发酵旺盛时接入玻璃瓶。

(4) 玻璃瓶（或卡氏罐）培养　往洗净的10L细口玻璃瓶（或卡氏罐）中加入新鲜澄清的葡萄汁6L，常压蒸煮（100℃）1h以上，冷却后加入亚硫酸，使其二氧化硫含量达80mg/L，经4～8h后接入两个发酵旺盛的三角瓶培养酵母，摇匀，换上发酵栓（棉栓），于20～25℃培养2～3d，其间需摇瓶数次，至发酵旺盛时接入酒母培养罐。

(5) 酒母罐培养　一些小厂可用两只200～300L带盖的木桶（或不锈钢罐）培养酒母。木桶洗净并经硫磺烟熏杀菌，过4h后往一桶中注入新鲜成熟的葡萄汁至80%的容量，加入100～150mg/L的亚硫酸，搅匀，静止过夜。吸取上层清液至另一桶中，随即添加1～2个玻璃瓶培养酵母，25℃培养，每天用酒精消毒过的木耙搅动1～2次，使葡萄汁接触空气，加速酵母的生长繁殖，经2～3d至发酵旺盛时即可使用。每次取培养量的$\frac{2}{3}$，留下$\frac{1}{3}$，然后再放入处理好的澄清葡萄汁继续培养。若卫生管理严格，可连续分割培养多次。

(6) 酒母使用　培养好的酒母一般应在葡萄醪加二氧化硫后经4～8h再加入，以减小游离二氧化硫对酵母的影响。酒母用量为1%～10%，视情况而定。

第三节　葡萄酒活性干酵母的应用

随着生物技术的进步，国内外已利用现代酵母工业的技术来大量培养葡萄酒酵母，然后在保护剂共存下，低温真空脱水干燥，在惰性气体保护下，包装成商品出售。

这种酵母具有潜在的活性，故被称为活性干酵母。它解决了葡萄酒厂扩大培养酵母的麻烦和鲜酵母易变质不好保存等问题，为葡萄酒厂提供了很大的方便。目前德国、法国、荷兰、美国、加拿大及我国等均已有优良的葡萄酒活性干酵母商品生产，产品除基本的酿酒酵母外，还有杀伤性酿酒酵母、二次发酵用酵母、增果香酵母、耐高酒精含量酵母等许多品种。

葡萄酒活性干酵母一般是浅灰黄色的圆球形或圆柱形颗粒，含水分低于5%～8%，含蛋白质40%～45%，酵母细胞数（20～30）$\times 10^9$/g；保存期长，20℃常温下保存1年失活率约20%，4℃低温保存1年失活率仅5%～10%。它的保质期可达24个月，但起封后最好一次用完。

活性干酵母的用量视商品的酵母菌株、细胞数、贮存条件及贮存期、使用目的、使用方法等而异。力求适当，过少起酵慢，不安全；过多易给酒带来酵母味。以加拿大LALLEMAND公司提供的LALVINR2活性干酵母（细胞含量20×10^9/g）复水后直接使用时的使用量范围为例，见表2-3-3所示。

表2-3-3　　葡萄酒活性干酵母的用量实例

使用目的	法国等地使用/g·$(100L)^{-1}$	意大利使用/g·$(100L)^{-1}$
生产白葡萄酒	5～20	10～20
生产红葡萄酒	10～25	15～25
中断发酵后的再发酵	20～50	30～50
起泡酒的二次发酵	15～30	15～30

活性干酵母不能直接投入葡萄汁中进行发酵，需抓住复水活化、适应使用环境（尤对特殊用途的酵母），防止污染这三个关键。正确的用法如下：

1. 复水活化后直接使用

活性干酵母必须先使它们复水，恢复活力，才可投入发酵使用。此法简便，工厂常用。

做法是在35～42℃的温水（或含糖5%的水溶液，未加二氧化硫的稀葡萄汁）中加入10%的活性干酵母，小心混匀，静置使之复水、活化，每隔10min轻轻搅拌一次，经20～30min（此活化温度下最多不超过30min），酵母已经复水活化，可直接添加到加二氧化硫的葡萄汁中去进行发酵。

2. 活化后扩大培养制成酒母使用

由于活性干酵母有潜在的发酵活性和生长繁殖能力，为了提高使用效果，减少活性干酵母的用量，也可在复水活化后再进行扩大培养，制成酒母使用。并使酵母在扩大培养中进一步适应使用环境，恢复全部的潜在能力。

做法是将复水活化的酵母投入澄清的含80～100mg/L二氧化硫的葡萄汁中培养，扩大比为5～10倍。当培养至酵母的对数生长期后，再次扩大5～10倍培养。为了防止污染，每次活化后酵母的扩大培养不超过3级为宜。培养条件与一般的葡萄酒酒母相同。

1hL ——→5hL ——→25hL ——→125hL ——→供发酵用

（30min）　（12h）　（12h）　（12h）　（用量10%～20%）体积计

活化 —‖——— 酒母制备 ———‖— 投入发酵

第四章　葡萄酒发酵前的准备工作

一年一度的葡萄酒酿造季节开始之前，必须做好一切准备工作。

(1) 清理车间用房，一切非酿酒用的器具全部出清（包括暂时贮存在酿酒室的各种产品、原料、器材等)。

(2) 墙壁及水泥发酵池外表面用石灰刷白，以清洁卫生为准。

(3) 检查容器是否漏水，尤其是长期未装酒的容器，须装水检查，是否漏裂。

(4) 新容器及新除去酒石沉淀的容器，内部重新涂料。装过坏酒的容器，须进行杀菌。

(5) 检查发酵池（罐）的阀门、橡皮衬里等，是否完好，有无漏水现象。

(6) 检查所有管道，橡皮管等。

(7) 检查所有酿酒机器设备，电动机、破碎机、除梗机、压榨机、过滤机、输送泵、冷却设备等。

(8) 检查所有木制容器，是否长霉、脱箍或漏水现象，并应涂一遍清漆。

(9) 准备好一切附属设备，如压板、篦子和各种仪表。

(10) 整理好酒室，并准备一定数量的酒母。

(11) 事先准备好各种添加剂：二氧化硫、酒石酸、单宁、下胶材料等。

第一节　葡萄的破碎与除梗

不论酿制红或白葡萄酒，都须先将葡萄去梗。新式葡萄破碎机都附有除梗装置，有先破碎后除梗，或先除梗后破碎两种形式。

一、破 碎 要 求

(1) 每粒葡萄都要破碎

(2) 籽实不能压破，梗不能压碎，皮不能压扁。

(3) 破碎过程中，葡萄及汁不得与铁、铜等金属接触。

二、除梗破碎设备

除梗破碎机可分卧式除梗破碎机、立式除梗破碎机、破碎—去梗—送浆联合机、离心破碎去梗机。

1. 卧式除梗破碎机

这种破碎机是先除梗后破碎，葡萄穗从受料斗落入，整穗葡萄由螺旋输器输入除梗装置内，由除梗器打落或打碎的葡萄粒，从筛筒孔眼落入破碎辊中，葡萄梗从尾部排出，排出的葡萄梗用鼓风机吹至堆场，葡萄破碎后，用泵经出汁口输出。

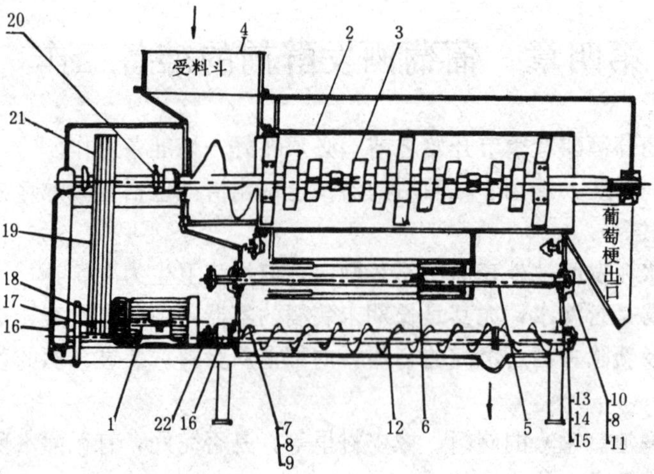

图 2-4-1　卧式葡萄除梗破碎机

1—电动机　2—筛筒　3—除梗器　4—输送螺旋　5—破碎辊轴　6—破碎辊　7，8，9，10，11—轴承　12—旋片　13，14，15—轴承　16—减速器　17，18，19，21—皮带传动　20—输送轴　22—联轴器

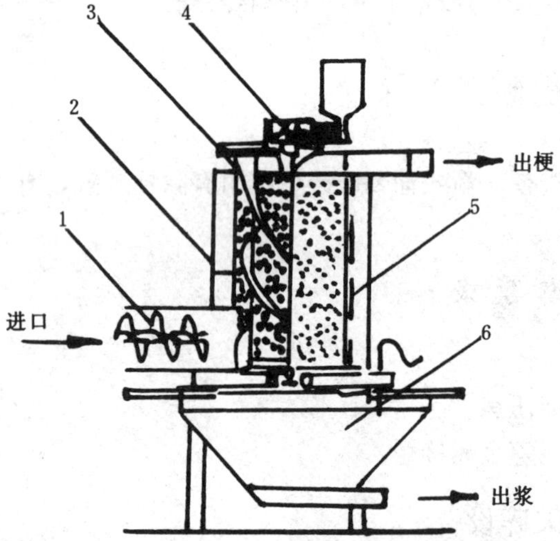

图 2-4-2　立式除梗破机

1—螺旋输送机　2—机体　3—除梗器　4—传动装置　5—筛筒　6—破碎装置

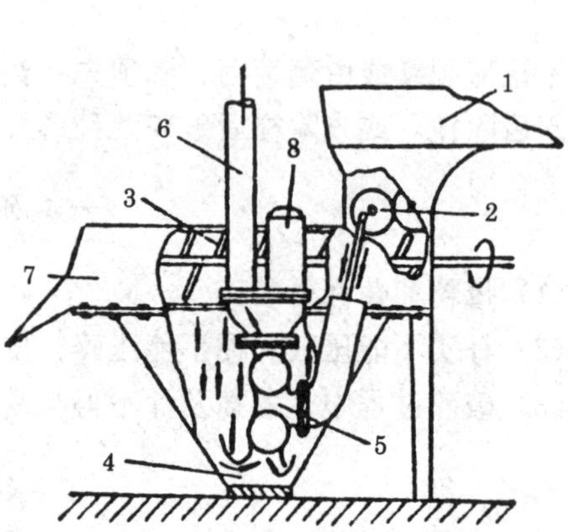

图 2-4-3　破碎—去梗—送浆联合机

2. 立式除梗破碎机

机身为立式圆筒形，装有固定圆筛板和除梗推进器。葡萄浆则由筛孔流出，未击碎的葡萄粒则落入下部的破碎辊中进行破碎，葡萄汁从上部排出。

3. 破碎—去梗—送浆联合机

如图 2-4-3 所示，成穗的葡萄装入进料斗 1，经成对的破碎辊 2 进行破碎后，即进入去梗部分了，果梗自出口 7 处排出，破碎去梗后的果浆汇总漏斗 4 中，流入活塞式或刮板式送浆泵 5，由泵的推动经输送管 6 分别送到发酵罐或压榨机，8 为平衡输送葡萄浆的气室。

4. 离心式破碎去梗机

生产能力大，未广泛使用。

第二节　葡萄汁的改良

优良的葡萄品种，如在栽培季里一切条件合适，常常可以得到满意的葡萄汁。但由于气候条件、栽培管理等因素，使压榨出的葡萄汁成分不一，遇到这种情况，就要对葡萄汁的成分进行调正，然后再发酵。其目的是：

(1) 使酿成的酒成分接近，便于管理。

(2) 防止发酵不正常。

(3) 酿成的酒质量较好。

葡萄酒的改良常指糖度、酸度的调整。

一、糖分的调整

以每 1.7g 糖可生成 1%（即 1ml）酒精，按此计算，一般干酒的酒精在 11%左右，甜酒在 15%左右，若葡萄汁中含糖量低于应生成的酒精含量时，必须提高糖度，发酵后才能达到所需的酒精含量。

1. 添加白砂糖

用于提高潜在酒精含量的糖必须是蔗糖，常用 98.0%～99.5%的结晶白砂糖。

(1) 加糖量的计算　例如：利用潜在酒精含量为 9.5%的 5 000L 葡萄汁发酵成酒精含量为 12%的干白葡萄酒，则需要增加酒精含量为 12%－9.5%＝2.5%。

需添加糖量：2.5×17.0×5 000＝212 500g＝212.5kg

(2) 加糖操作的要点

①加糖前应量出较准确的葡萄汁体积，一般每 200L 加一次糖（视容器而定）。

②加糖时先将糖用葡萄汁溶解制成糖浆。

③用冷汁溶解，不要加热，更不要先用水将糖溶成糖浆。

④加糖后要充分搅拌，使其完全溶解。

⑤溶解后的体积要有记录，作为发酵开始的体积。

⑥加糖的时间最好在酒精发酵刚开始的时候。

若考虑到白砂糖本身所占体积，加糖量计算也可这样：

因为 1kg 砂糖占 0.625L 体积。

需添加糖量：

生产 12%的酒需糖量　$12\times1.7=20.4$

每升汁增加 1 度糖度所需糖量

$$\frac{1\times1}{100-(20.4\times0.625)}=0.011\,46$$

潜在酒精含量为 9.5%的相应糖量为 16.2%

应加入白砂糖

$5\,000\times0.011\,46\times(20.4-16.2)=240.66\text{kg}$

世界很多葡萄酒生产国家，不允许加糖发酵，或加糖量有一定限制。遇上葡萄含糖低时，只有采用添加浓缩葡萄汁。

2. 添加浓缩葡萄汁

浓缩葡萄汁可采用真空浓缩法制得，使果汁保持原来的风味，有利于提高葡萄酒的质量。

加浓缩葡萄汁的计算：首先对浓缩汁的含糖量进行分析，然后用交叉法求出浓缩汁的添加量。

例如：已知浓缩汁的潜在酒精含量为 50%，5 000L 发酵葡萄汁的潜在酒精含量为 10%，葡萄酒要求达到酒精含量为 11.5%，则可用交叉法求出需加入的浓缩汁量。

浓缩汁　　　　50%↖　　↗1.5

要求酒精含量　　　11.5%

发酵用葡萄汁　10%↙　　↘38.5

即在 38.5L 的发酵液中加 1.5L 浓缩汁，才能使葡萄酒达到 11.5%的酒精含量。

根据上述比例求得浓缩汁添加量为：

$1.5\times5\,000/38.5=194.8\text{L}$

采用浓缩葡萄汁来提高糖分的方法，一般不在主发酵前期间加入，因葡萄汁含糖太高易造成发酵困难。都采用在主酵后期添加。添加时要注意浓缩汁的酸度，因葡萄汁浓缩后酸度也同时提高。如加入量不影响葡萄汁酸度时，可不作任何处理；若酸度太高，需在浓缩汁中加入适量碳酸钙中和，降酸后使用。

二、酸度调整

葡萄汁在发酵前一般酸度调整到 6g/L 左右，pH3.3～3.5。

1. 添加酒石酸和柠檬酸

一般情况下酒石酸加到葡萄汁中，且最好在酒精发酵开始时进行。因为葡萄酒酸度过低，pH 值就高，则游离二氧化硫的比例较低，葡萄易受细菌侵害和被氧化。

在葡萄酒中，可用加入柠檬酸的方式防止铁破败病。由于葡萄酒中柠檬酸的总量不得超过 1.0g/L，所以，添加的柠檬酸量一般不超过 0.5g/L。

C.E.E 规定，在通常年份，增酸幅度不得高于 1.5g/L；特殊年份，幅度可增加到 3.0g/L。

计算举例：葡萄汁滴定总酸为5.5g/L，若要提高到8.0g/L，每1 000L需加酒石酸或柠檬酸为多少？

（8.0－5.5）×1 000＝2 500g＝2.5kg

即每1 000L葡萄汁加酒石酸2.5kg。

1g酒石酸相当于0.935g柠檬酸

若加柠檬酸则需加2.5×0.935＝2.3kg

2. 添加未成熟的葡萄压榨汁来提高酸度

计算方法同上。

加酸时，先用少量葡萄汁与酸混合，缓慢均匀地加入葡萄汁中，需搅拌均匀（可用泵），操作中不可使用铁质容器。

一般情况下不需要降低酸度，因为酸度稍高对发酵有好处。在贮存过程中，酸度会自然降低约30%～40%，主要以酒石酸盐析出。但酸度过高，必须降酸。方法有生物法苹果酸—乳酸发酵和化学法添加碳酸钙降酸。

碳酸钙法降酸：

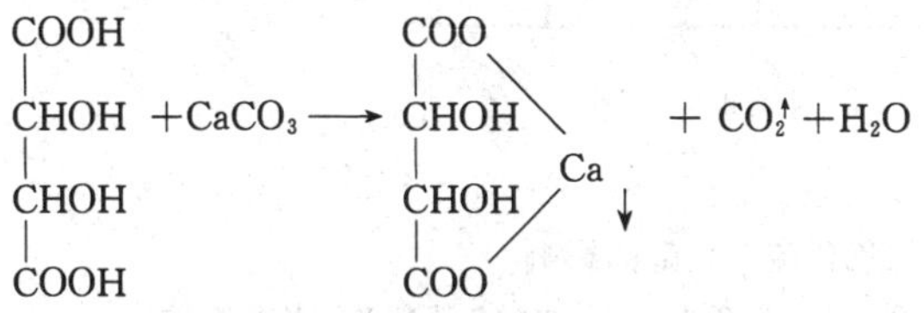

酒石钙沉淀会吸附葡萄汁中的色素，放出二氧化碳时也会带走部分芳香物质。

碳酸钙用量计算如下：

$$W=0.66\,(A-B)\,L$$

式中 W——所需碳酸钙量（g）

0.66——反应式的系数

A——果汁中酸的含量（g/L）

B——降酸后达到的总酸（g/L）

L——果汁体积（L）

第三节　二氧化硫的应用

二氧化硫处理就是在发酵基质中或在葡萄酒中加入适量的二氧化硫，以便发酵能顺利进行或有利于葡萄酒的贮存。

一、二氧化硫的作用

1. 杀菌作用（选择作用）

二氧化硫是一种杀菌剂，它能抑制各种微生物的活动（繁殖、发酵）。微生物抵抗二氧化硫的能力不一样，细菌最为敏感，其次是尖端酸母，而葡萄酒酵母抗二氧化硫能力较强（250mg/L）。通过适量的二氧化硫加入，能使葡萄酒酵母健康发育与正常发酵。

2. 澄清作用

添加适量的二氧化硫，抑制了微生物的活动，因而推迟了发酵开始，有利于葡萄汁中悬浮物的沉降，使葡萄汁很快获得澄清，这对酿造白葡萄酒、桃红葡萄酒及葡萄汁的杀菌均有很大的好处。如图 2-4-4 所示。

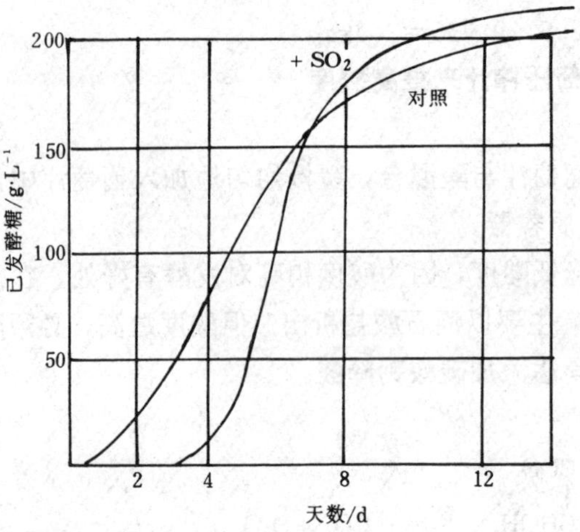

图 2-4-4 二氧化硫对发酵的影响

少量二氧化硫（50～100mg/L）的存在推迟了发酵开始，但后来加速了酵母繁殖和糖的转化

3. 抗氧作用

二氧化硫能防止酒的氧化，特别是阻碍和破坏葡萄中的多酚氧化酶，包括健康葡萄中的酪氨酸酶和霉烂葡萄中的虫漆酶，减少单宁、色素的氧化，二氧化硫不仅能阻止氧化浑浊，颜色退化，并能防止葡萄汁过早褐变。

4. 溶解作用

由于二氧化硫的应用，生成的亚硫酸有利于果皮中色素、酒石、无机盐等成分的溶解，可增加浸出物的含量和酒的色度。

5. 增酸作用

增酸是杀菌与溶解两个作用的结果，一方面二氧化硫阻止了分解苹果酸与酒石酸的细菌活动，另一方面亚硫酸氧化成硫酸，与苹果酸及酒石酸的钾、钙等盐类作用，使酸游离，增加了不挥发酸的含量。

二、结合二氧化硫与游离二氧化硫

1. 游离二氧化硫

二氧化硫加入葡萄汁（酒）中后，与水结合成亚硫酸。亚硫酸不稳定，易分解，挥发而消失。

$SO_2+H_2O \rightleftharpoons H_2SO_3 \rightleftharpoons HSO_3^- \rightleftharpoons SO_3^=$

以上化合物中所含二氧化硫总称游离二氧化硫，其中溶解态二氧化硫即亚硫酸具有挥发性或刺激味，它们具有杀菌作用，称活性二氧化硫。活性二氧化硫的比例决定于酒中的 pH 值。pH 值愈小，活性二氧化硫愈多。

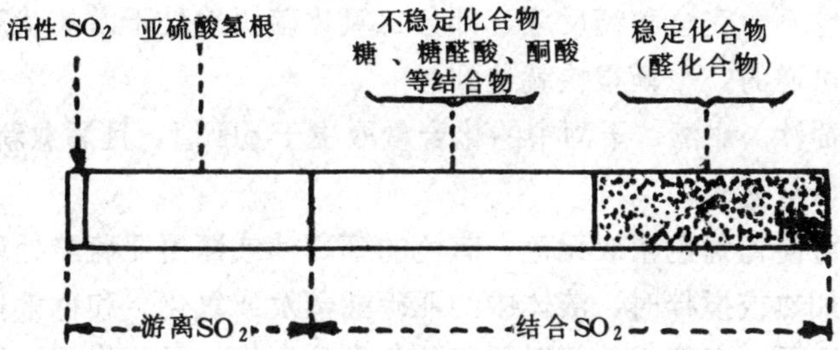

图 2-4-5　二氧化硫的存在形式

2. 结合二氧化硫

二氧化硫可以与葡萄酒（汁）中的乙醛、糖、色素等化合物结合成稳定的结合二氧化硫，结合二氧化硫在很大程度上已失去了防腐性。当酒中游离二氧化硫减少时，不稳定的结合二氧化硫能自动分解，产生新的游离二氧化硫，因此，可把它看做游离二氧化硫的储备库。

结合二氧化硫生成的速度开始较快，以后就慢下来。例如葡萄汁在亚硫酸处理后 5min，几乎一半二氧化硫变为结合态；以后经两昼夜，结合态二氧化硫为 60%～70%，经过 10d，结合态二氧化硫约为 90%，二氧化硫完全结合是不可能的。

（1）二氧化硫在酒中与乙醛化合生成乙醛亚硫酸：

$$CH_3CHO + HSO_3H \rightleftharpoons CH_3CH(OH)SO_3H$$

它是一种较稳定的化合物。乙醛是糖发酵的中间产物，亚硫酸化后促使乙醛被掩盖起来，如甜白葡萄酒再发酵后，经亚硫酸处理，与乙醛结合的二氧化硫会大大提高，使二氧化硫在酒中积累。对空气中氧产生的氧化作用也较稳定，但在酸或碱的作用则易分解。

乙醛亚硫酸所具有的酸性活力超过葡萄酒本身的那些酸，其中包括酒石酸在内。佐餐葡萄酒中，亚硫酸与乙醛化合，从而减少了游离乙醛所具有的味道。因此，在干酒中适当使用二氧化硫对酒的风味是有利的。

相反，在蒸出的原白兰地贮存过程中，乙醛起着重要作用，并且乙醛必须呈游离状态，故乙醛变成乙醛亚硫酸是不适合的。

（2）二氧化硫也能与糖化合成葡萄糖亚硫酸。与糖反应速度比与醛反应速度要慢得多，并且得到的化合物很快分解（离解常数很大）。如果溶液中亚硫酸、乙醛和葡萄糖同时存在，亚硫酸首先与乙醛化合生成乙醛亚硫酸，直到乙醛全部反应后，葡萄糖才参加反应。

在不含乙醛的情况下，开始阶段二氧化硫和糖化合很快，但即使在大量糖存在的情况下，所有亚硫酸也不会完全和糖反应，部分二氧化硫仍然处于游离状态，这说明二氧化硫与糖的化合是可逆的，平衡很快就达到。

二氧化硫在葡萄汁、甜酒、干酒中的化合量取决于 pH 值，且酒愈新（含乙醛愈多）和含糖愈高，则化合量愈多。

（3）二氧化硫可使葡萄色素成无色，有色的葡萄汁或酒用亚硫酸处理后，颜色变淡或成无色。当液体加热或搅拌时，液体中的亚硫酸蒸发或氧化，和色素化合的亚硫酸分解，液体中色素被还原。空气中的氧对亚硫酸色素化合物的氧化作用比游离态的色素要小得多，也可以说亚硫酸处理对葡萄汁（酒）的色泽起保护作用。但在酿制红葡萄酒时，过多地使用二氧化硫也是不当的，因为色泽减弱以后要恢复原来的色泽需很长时间。

二氧化硫与花色素苷的作用，说明了为什么在颜色较深的葡萄酒中测定二氧化硫困难的原因。

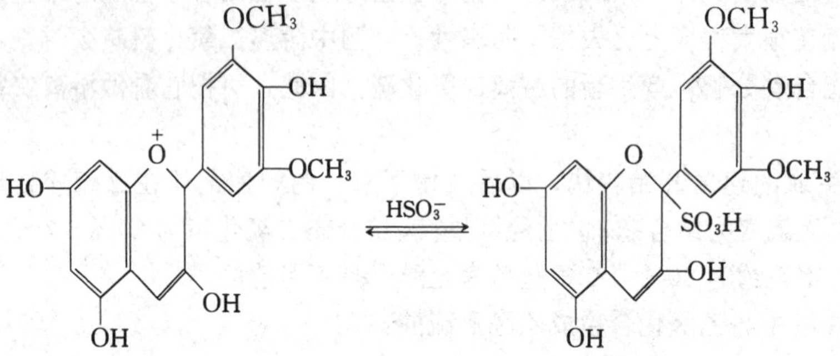

花色素苷（红色）　　亚硫酸氢盐加成物（无　色）

三、二氧化硫的添加

1. 添加量

各国法律都规定了葡萄酒中二氧化硫的添加量。

1953 年国际葡萄栽培与酿酒会议提出参考允许量：成品酒中总二氧化硫含量（mg/L）为：

干白　350　干红　300　甜酒　450

我国规定为 250

游离二氧化硫含量（mg/L）为：

干白　50　干红　30　甜酒 100

我国规定为 50

二氧化硫的具体添加量与葡萄品种，葡萄汁成分、温度、存在的微生物和它的活力、酿酒工艺及时期有关。

葡萄汁（浆）在自然发酵时二氧化硫的一般参考添加量见表 2-4-1 所示。

表 2-4-1　　破碎和发酵时二氧化硫用量　　单位：mg/L

葡萄状况	红葡萄酒	白葡萄酒
清洁、无病、酸度偏高	40～80	80～120
清洁、无病、酸度适中（0.6%～0.8%）	50～100	100～150
果子破裂、有霉病	120～180	180～220

2. 添加方式

添加方式有添加气体、液体、固体。

（1）气体　燃烧硫磺绳、硫磺纸、硫磺块，产生二氧化硫气体，一般仅用于发酵桶的消毒，使用时需在专门燃烧器具内进行，现在已很少使用。

（2）液体　一般常用市售亚硫酸试剂，使用浓度为5%～6%。它有使用方便、添加量准确的优点。

（3）固体　常用偏重亚硫酸钾（$K_2S_2O_5$），加入酒中产生二氧化硫。

$$K_2S_2O_5 + 2H_2(C_4H_4O_6) \rightarrow 2KH(C_4H_4O_6) + 2SO_2 + + H_2O$$

酒石酸

固体 $K_2S_2O_5$ 中二氧化硫含约57.6%，常以50%计算。使用时将固体溶于水，配成10%溶液（含二氧化硫约为5%左右）。

二氧化硫在葡萄汁中的均匀程度关系到二氧化硫作用的发挥。

第五章　红葡萄酒生产工艺

酿制红葡萄酒一般采用红皮白肉或皮、肉皆红的葡萄品种。我国酿造红葡萄酒主要以干红葡萄酒为原酒，然后按标准调配成半干、半甜、甜型葡萄酒。

红葡萄酒的生产工艺如下：

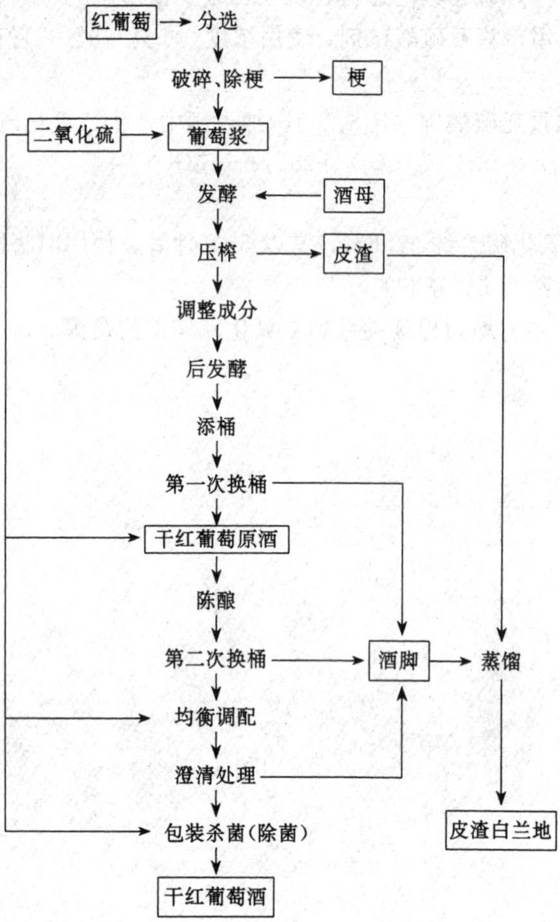

第一节　红葡萄酒的传统发酵

葡萄经破碎后，果汁和皮渣共同发酵至残糖 5g/L 以下，经压榨分离皮渣，进行后发酵。

一、前发酵（主发酵）

葡萄酒前发酵主要目的是进行酒精发酵、浸提色素物质和芳香物质。前发酵进行的好坏是决定葡萄酒质量的关键。

红葡萄酒发酵方式按发酵中是否隔氧可分为开放式发酵和密闭发酵。

发酵容器过去多为开放式水泥池，近年来逐步被新型发酵罐所取代。发酵容器如图2-5-1、2-5-2所示。

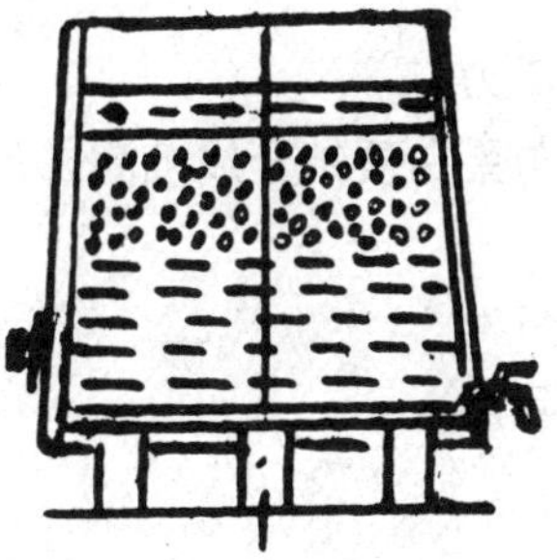

图 2-5-1　带压板装置开放式发酵池

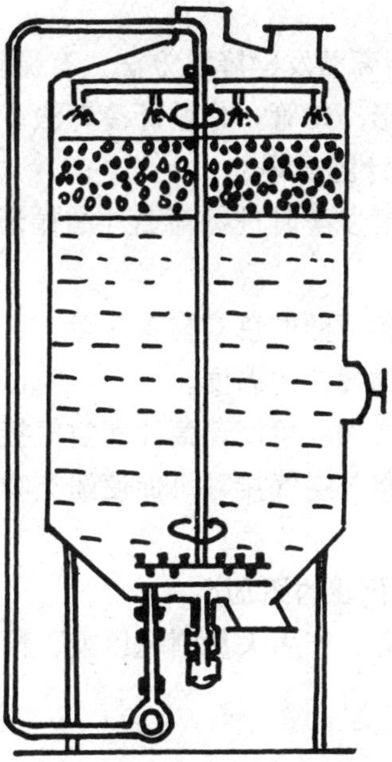

图 2-5-2　新型红葡萄发酵罐

传统发酵法生产中应注意的问题如下。

1. 容器充满系数

葡萄浆在进行酒精发酵时体积增加。原因是发酵时本身产生热量，发酵醪温升高使体积增加，二是产生大量二氧化碳气不能及时排出，也导致体积增加。为了保证发酵的正常进行，一般容器充满系数为80%。

2. 皮渣的浸渍

葡萄破碎后送入敞口发酵池，因葡萄皮相对密度比葡萄汁小，再加上发酵时产生的二氧化碳，葡萄皮渣往往浮在葡萄汁表面，形成很厚的盖子，这种盖子亦称“酒盖”或“皮盖”。因皮盖与空气直接接触，容易感染有害杂菌，败坏葡萄酒的质量。为保证葡萄酒的质量，并充分浸渍皮渣上的色素和香气物质，须将皮盖压入醪中。

压盖方式有两种，一种是人工压盖，每天次数视葡萄醪温度和发酵池容量而定。可用木棍搅拌，将皮渣压入汁中。也可用泵将汁从发酵容器底部抽出，喷淋到皮盖上，循环时间视发酵池容量而定。另一种方式是在发酵池四周制成卡口，装上压板，压板的位置恰好使皮盖浸于葡萄汁中。

3. 温度控制

(1) 温度对红葡萄酒质量的影响，发酵温度是影响红葡萄酒色素物质含量和色度值大小的主要因素。一般讲，发酵温度高，葡萄酒的色素物质含量高，色度值高。从红葡萄酒质量考虑，如口味醇和、酒质细腻、果香酒香等综合考虑，发酵温度控制低一些为好。红葡萄酒发酵温度一般控制在25℃～30℃。

(2)红葡萄酒发酵降温方法　有循环倒池法；发酵池内安装蛇形冷却管；外循环冷却法。

图 2-5-3　葡萄汁循环

4. 葡萄汁的循环

红葡萄酒发酵时进行葡萄汁的循环可以起以下方面的作用：

①增加葡萄酒的色素物质含量。

②降低葡萄汁的温度。

③开放式循环可使葡萄汁和空气接触，增加酵母的活力。

④葡萄浆与空气接触可促使酚类物质的氧化，使之与蛋白质结合成沉淀，加速酒的澄清。

5. 二氧化硫的添加

在破碎后，产生大量酒精以前，恰好是细菌繁殖之际加入。

二、压　　榨

当残糖降至5g/L以下，发酵液面只有少量二氧化碳气泡，“皮盖”已经下沉，液面较平静，发酵液温度接近室温，并且有明显酒香，此时表明前发酵已结束，可以出池。一般前发酵时间为4～6d。

出池时先将自流原酒由排汁口放出，放净后打开人孔清理皮渣进行压榨，得压榨酒。

前发酵结束后各种物质的比例如下：

皮渣	11.5%～15.5%
自流原酒	52.9%～64.1%
压榨原酒	10.3%～25.8%
酒脚	8.9%～14.5%

自流原酒和压榨原酒成分差异较大，若酿制高档名贵葡萄酒应单独贮存。

葡萄酒的压榨设备，常用有以下几种。

1. 卧式转筐双压板压榨机

操作时当转筐缓慢转动时，压板与转筐作同向转动的同时，由于转动的中间螺杆轴的导向，使双压板作相反方向的快速移动，即为压紧与松开。双压板压榨机压榨过程中可分几次加压（一般分为6次）。当压力达到规定的最高点时停止压榨，这时汁液仍从筐中流出，使筐内压力逐渐下降。当降到规定压力最低点时，重新压榨。从允许最高压力停止加压的点到最低压力的点，这个过程称为“保压”。

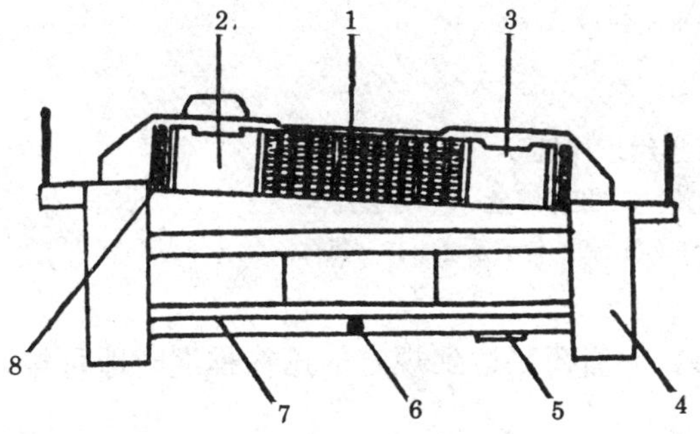

图 2-5-4　卧式双压板压榨机

1—转动压筐　2—进料口　3—皮渣出口　4—机架
5—排渣口　6—出汁口　7—接汁筒　8—传动装置

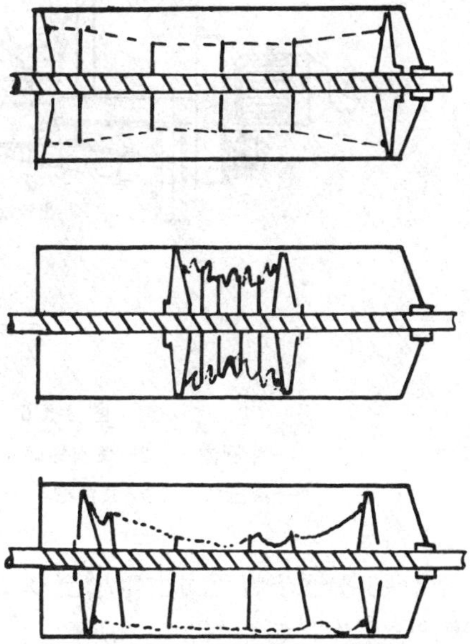

图 2-5-5　压板示意图

该机的优点：

(1) 生产能力大，工作效率高。

(2) 压榨时压力均匀，缓慢，使榨出的汁含固形物少，质量好。

(3) 设备采用玻璃纤维材料，既防腐蚀又易清洗。

缺点：设备成本高，一次性投资大。

2. 连续压榨机

广泛应用于葡萄浆和前发酵醪的皮渣压榨。

优点：连续进料、出料，生产效率高，日处理量大，出汁比例大，质量好。适宜于规模较大的工厂。

缺点：不适于少量单品种葡萄加工。

3. 气囊压榨机

气囊压榨机是由机架、转动罐、传动系统和电脑控制系统组成。机架由机座、接汁盘和出渣挡板三个部分组成。

待葡萄浆装满罐后，气泵开始工作，将气囊充空气，向葡萄浆施加压力。在压榨过程中，加压是逐步进行的，先用 0.04MPa 压力，然后放压，旋转罐体，疏松葡萄浆后。再重新升压至 0.09MPa，然后再放压，旋转罐体，疏松浆渣后再升压。加压一般在 1～

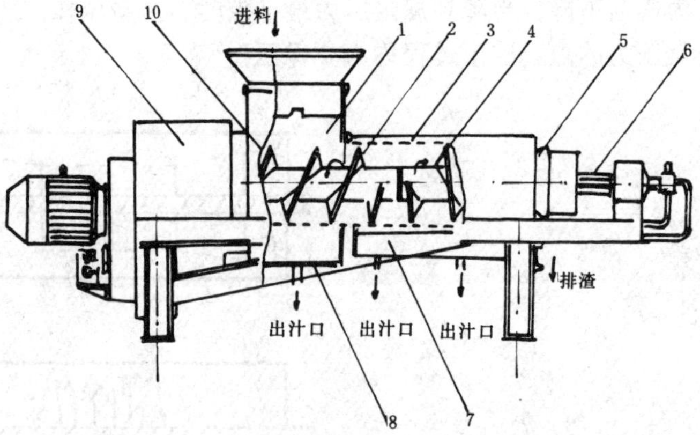

图 2-5-6　5t/h 连续压榨机

1—半圆滤板　2—输料螺旋　3—筛筒　4—压榨螺盘　5—排渣锥体
6—液压系统　7—集汁槽　8—自流汁集槽　9—传动系统　10—机体

2h 内分 4～5 次逐步将压力由零增至 0.2MPa。待葡萄浆达到规定的压榨程度时即可排渣。罐体的工作状态如图 2-5-7 所示。

排渣时，打开人孔门，快速旋转罐体，罐内的葡萄渣即可甩出。

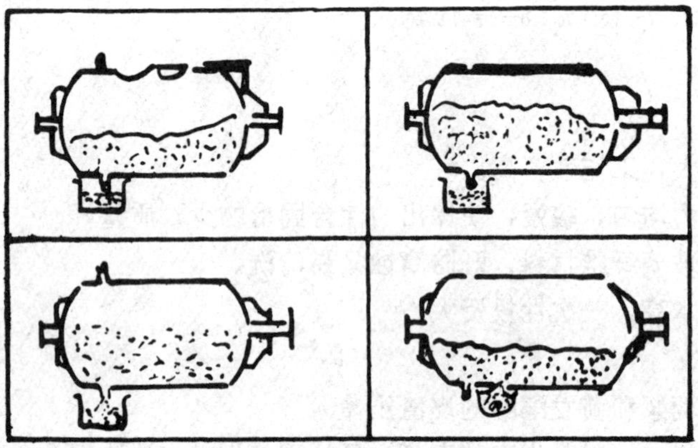

图 2-5-7　罐体的正常工作状态

优点：气囊压榨机的压榨介质为空气。空气具有柔软和可压缩的特点，因此，对果肉较柔软的葡萄进行压榨，可制取高档葡萄酒所需的葡萄汁。压榨过程中，因各压力的工作时间间隔分明，可制取不同档次的葡萄汁。气囊压榨机具有果汁分离机和葡萄压榨机的功能，可节省果汁分离机。

缺点：价格昂贵，一次性投资大。

三、后　发　酵

1. 后发酵目的

(1) 残糖的继续发酵　前发酵结束后，原酒中还残留 3～5g/L 的糖分，这些糖分在酵母作用下继续转化成酒精与二氧化碳。

(2) 澄清作用　前发酵得到的原酒，还残留部分酵母及其他果肉纤维悬浮于酒液中，在低温缓慢的发酵中，酵母及其他成分逐渐沉降，后发酵结束后形成沉淀即酒泥，使酒逐步澄清。

(3) 陈酿作用　新酒在后发酵过程中，进行缓慢的氧化还原作用，并促使醇酸酯化。理顺乙醇和水的缔合排列，使酒的口味变得柔和，风味上更趋完善。

(4) 降酸作用　有些红葡萄酒在压榨分离后诱发苹果酸—乳酸发酵，对降酸及改善口味有很大好处。

2. 后发酵的管理

(1) 补加二氧化硫　前发酵结束后，压榨得到的原酒需补加二氧化硫，添加量（以游离计）为 30～50mg/L。

(2) 温度控制　原酒进入后发酵容器后，品温一般控制在 18～25℃。若品温高于 25℃，不利于新酒的澄清，给杂菌繁殖创造条件。

(3) 隔绝空气　后发酵的原酒应避免与空气接触，工艺上常称为隔氧发酵。后发酵的隔氧措施一般在容器上安装水封。

(4) 卫生管理　前发酵的原酒中含有糖类物质、氨基酸等营养成分，易感染杂菌，影响酒的质量。搞好卫生是后发酵的重要管理内容。

正常后发酵时间为 3～5d，但可持续一个月左右。

第二节　旋 转 罐 法

旋转发酵罐是当前一种比较先进的红葡萄酒发酵设备。利用罐的旋转，能有效地浸提葡萄皮中含有的单宁和花色素。由于在罐内密闭发酵，发酵时产生的二氧化碳使罐保持一定的压力，起到了防止氧化的作用，同时减少了酒精及芳香物质的挥发。罐内装有冷却管，可以控制发酵温度，不仅能提高质量，还能缩短发酵时间。

目前世界上使用旋转罐有两种形式，一种为法国生产的 Vaslin 型旋转罐，一种是罗马尼亚的 Seity 型罐。两种罐型传动方式稍有不同，发酵方法也有差异。目前我国已有这两种型号的旋转发酵罐。

一、Seity 型旋转发酵罐

工艺流程为：

葡萄→精选→破碎→入旋转罐→浸提发酵→出罐→压榨→果汁→发酵→贮存

（破碎前添加SO_2；压榨→皮渣→发酵→蒸馏）

葡萄破碎后，输入罐中。在罐内进行密闭、控温、隔氧并保持一定压力的条件下，浸提葡萄皮上的色素物质和芳香物质，当诱起发酵、色素物质含量不再增加时，即可进行分离皮渣，将果汁输入至另外发酵罐中进行纯汁发酵。前期以浸提为主，后期以发酵为主。

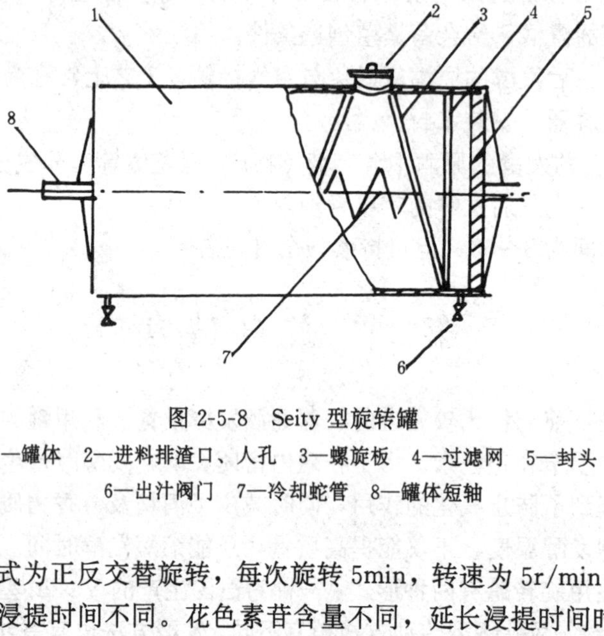

图 2-5-8　Seity 型旋转罐

1—罐体　2—进料排渣口、人孔　3—螺旋板　4—过滤网　5—封头
6—出汁阀门　7—冷却蛇管　8—罐体短轴

旋转罐转动方式为正反交替旋转，每次旋转 5min，转速为 5r/min，间隔 55min。不同葡萄品种在罐内浸提时间不同。花色素苷含量不同，延长浸提时间时，超过一定时间后不一定能增加花色素苷的含量。浸提还和温度有关。罐体两端各设过滤板一块，使皮渣分离，待皮渣滤干后，利用罐体内两条螺旋导板由入料口排出，通过螺旋输送机送至压榨机。

二、Vaslin 型旋转发酵罐

工艺流程：

葡萄→精选→破碎→入罐浸提发酵

↓

压榨→皮渣→发酵→蒸馏

↓

原酒

↓

贮存

葡萄破碎后，输入罐中，在罐内进行色素物质和香味成分的浸提，并同时进行酒精发酵。当残糖为5g/L时排罐压榨。

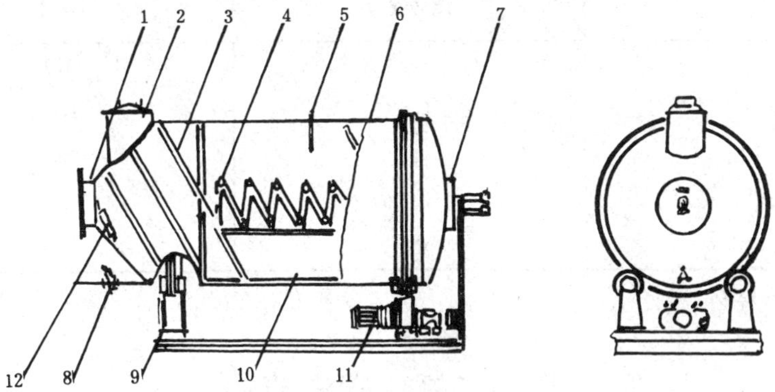

图 2-5-9 Vaslin 型旋转罐

1—进料口 2—进料口 3—螺旋板 4—冷却管 5—温度计 6—罐体 7—链轮 8—出汁阀门 9—滚轮装置 10—过滤网 11—电动机 12—出料双螺旋

罐体为卧式，用4个滚轮托架支持。在罐肩位置有过滤板，发酵后的发酵液由滤板孔经出汁口排出，剩下的浆料由出料口排尽。

正转5min，停25min，反转5min，方向、时间、间隔可自行调节，每天旋动若干次。

三、旋转罐法与传统法葡萄酒质量对比

旋转罐法生产的红葡萄酒质量上有明显提高，表现在以下几个方面。

1. 色度升高

色度是衡量红葡萄酒的主要外观指标。红葡萄酒要求清澈透明，呈鲜红的宝石红色。花色素苷对新酿出的葡萄酒的颜色起主要作用，这种作用反应在520nm波长时吸光值增加，色度升高。

2. 单宁含量适当

红葡萄酒颜色的稳定性在很大程度上取决于单宁。单宁在无氧条件下呈黄色，氧化后则变为棕色，这种氧化受Fe^{3+}的催化。单宁也是呈味物质。旋转罐生产的葡萄酒单宁含量低于传统法，因此，质量较稳定，减少了酒的苦涩味。

3. 干浸出物含量提高

葡萄酒中干浸出物含量高，口感浓厚。传统法皮渣浮于表面，虽时间长，浸渍效果差。旋转罐提高了浸渍效果。

4. 挥发酸含量降低

挥发酸含量的高低能衡量酒质的好坏，是酿造工艺是否合理的重要指标。旋转罐生产的葡萄酒挥发酸含量低。

5. 黄酮酚类化合物含量降低

由于旋转罐法皮渣浸渍时间短，黄酮酚类化合物含量大大降低，增加了酒的稳定性。

表 2-5-1　　两种方法生产的葡萄酒理化指标对比

项　目	旋转罐法	传统法
色　度	8.23	1.1
单宁含量/$g \cdot L^{-1}$	0.59	1.03
干浸出物含量/$g \cdot L^{-1}$	22	20.8
挥发酸含量/$g \cdot L^{-1}$	0.62	1.13
黄酮酸含量/$mg \cdot L^{-1}$	290	800

第三节　二氧化碳浸渍法

二氧化碳浸渍法 (Carbonic Maceration) 简称 CM 法，就是把整粒葡萄放到一个密闭罐中，罐中充满二氧化碳气体。葡萄经受二氧化碳的浸提后进行破碎、压榨，再按一般方法进行酒精发酵。

工艺流程：

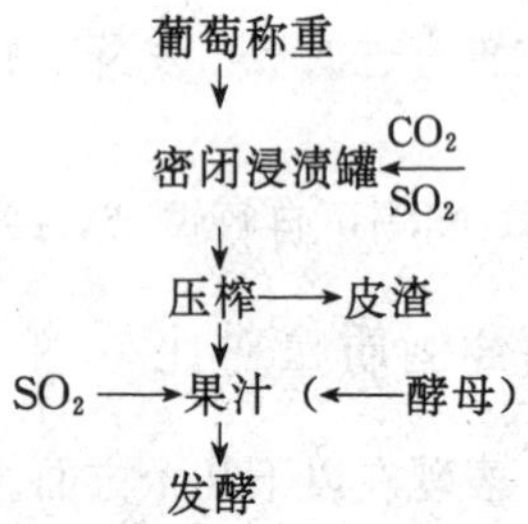

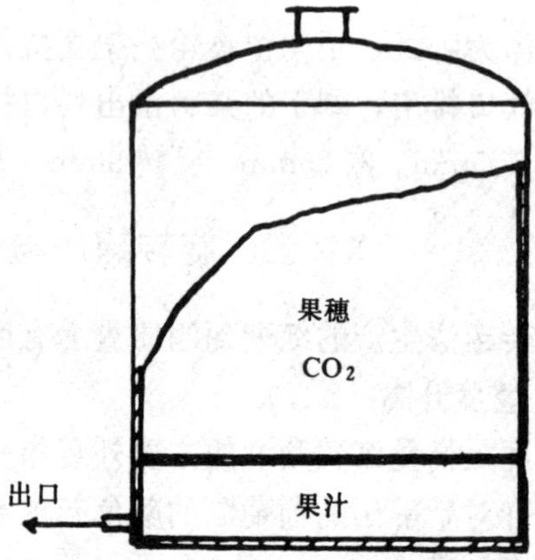

图 2-5-10　二氧化碳浸提罐

工艺要点：

(1) 葡萄进厂称重后，整粒葡萄置于预先充满二氧化碳的罐中，在放葡萄的过程中继续充二氧化碳，使其达到饱和状态。

(2) 酿制红葡萄酒时浸渍温度为 25℃，时间为 3～7d；酿制白葡萄酒时浸渍温度为 20～25℃，时间为 24～48h。

(3) 浸渍后进行压榨，用纯汁发酵（加入二氧化硫 50～100mg/L）。

一、二氧化碳浸渍法的生物化学变化

二氧化碳浸渍过程其实质是葡萄果粒厌氧代谢过程。浸渍时果粒内部发生一系列生化变化。如乙醇及香味物质的生成，苹果酸的分解，氮类物质分解等。同时还有酚类化合物如色素、单宁的浸提。

浸提过程中的生化变化发生在两个环境中，一种环境是果粒在空间受二氧化碳作用的厌氧代谢；另一种是葡萄汁在酵母作用下进行发酵。

1. 乙醇的生成

在厌氧代谢过程中，一是在自身酶体系作用下进行缓慢的酒精发酵；二是苹果酸在厌氧条件下由彭贝酵母（*Schizosaccharomyces pombe*）作用下生成乙醇。这种酵母最适温度为27～28℃，二氧化碳浸渍过程一般在25～30℃，故上述酵母代谢旺盛。

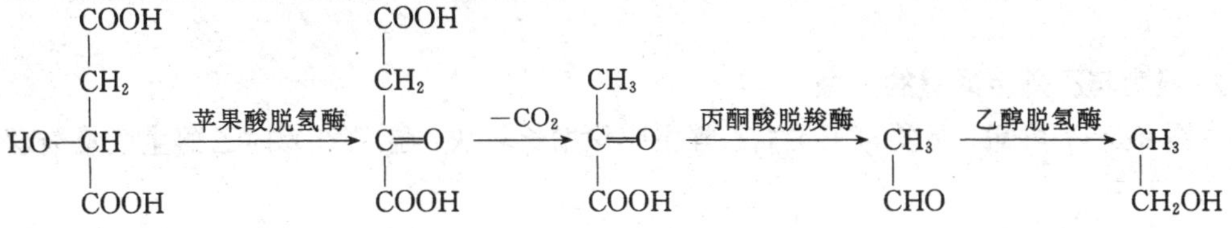

L-苹果酸　　草酰乙酸（酮式）　　丙酮酸　　乙醛

果粒中由于葡萄本身酶体系产生的少量乙醇有向果粒外扩散的趋势，而果皮阻止乙醇的扩散，从而浸渍了果皮上的部分色素和香味物质。随时间的推移，乙醇量不断增加，果皮的易溶物质被溶解，果皮的细胞失去了对乙醇的阻碍作用，果皮破裂，果汁流出。果汁流出量取决于葡萄品种、葡萄成熟度、葡萄质量、运输条件、浸渍罐容量、装满程度、浸渍温度及浸渍技术等因素。以佳丽酿品种为例，浸渍罐容量2.7m^3，浸渍温度25℃，浸渍时间和果粒破碎率关系如下：

浸渍时间 24h　　果粒破裂率 15%

浸渍时间 120h　　果粒破裂率 60%

浸渍时间 168h　　果粒破裂率 80%

破裂后的葡萄汁在酵母参与下进行缓慢酒精发酵。

2. 酸组分的变化

葡萄酒中酸的含量是组成口味的一项重要指标。葡萄酒中的酒石酸、苹果酸主要来源于葡萄。在二氧化碳浸渍过程中，酸组分的变化如下：

（1）苹果酸减少　在厌氧代谢中，苹果酸—乳酸发酵菌（明串珠菌、乳酸杆菌等）繁殖较快，有助于苹果酸脱羧转化成乳酸，苹果酸明显减少。如佳丽酿品种在35℃时，浸渍8d，苹果酸减少50%。此反应仅发生在破裂葡萄中。

（2）琥珀酸增加　琥珀酸是酒精发酵的副产物之一。葡萄酒中琥珀酸含量相当于酒精重量的0.68%～2.25%。其含量增加一是α-氨基戊二酸经一系列变化生成琥珀酸；另一是乙醛加水缩合成琥珀酸。

3. 改善了酒的香气和口味

二氧化碳浸渍法酿造的葡萄酒经短期贮存，总酯含量明显增加，双乙酰、乙醛、甘油的生成量高于传统法的，因而酒体柔和，香气悦人。

二、二氧化碳浸渍和温度的关系

1. 温度与二氧化碳吸收的关系

浸渍初期，不同温度下葡萄果粒吸收二氧化碳的量不同，随着时间的延长，果粒细胞吸收二氧化碳和排出二氧化碳的速度相同，达到平衡。

表 2-5-2　　温度与二氧化碳吸收量关系

温度/℃	果粒吸收二氧化碳与总体积的比/%
35	10
25	30
15	50

2. 温度与乙醇生成量的关系

由图 2-5-11 可知，温度 35℃时，乙醇生成量增长较快，温度 25℃时乙醇生成量最理想。

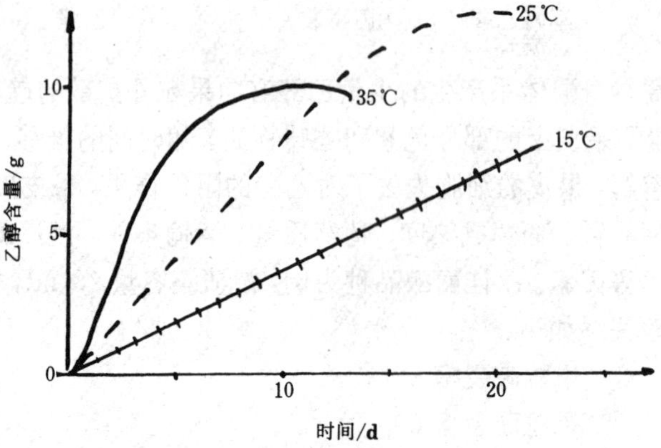

图 2-5-11　乙醇生成量与温度的关系（1 000g 葡萄）

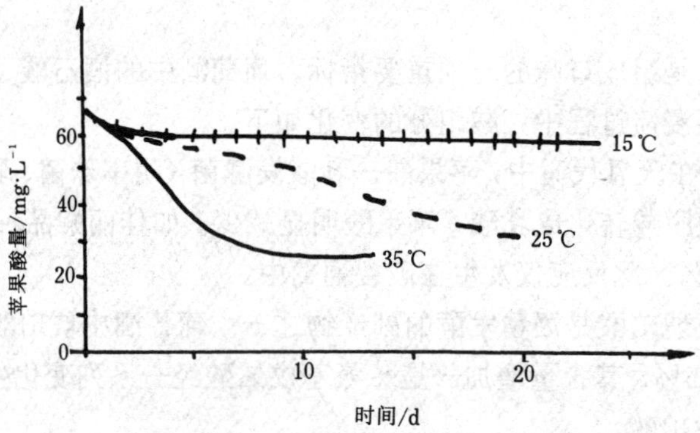

图 2-5-12　苹果酸含量变化与温度的关系

3. 苹果酸含量变化与温度的关系

浸渍过程中苹果酸含量变化与温度的关系如图 2-5-12 所示。浸渍温度高，苹果酸含量明显减少。

4. 酚类物质的浸提与温度的关系

由图 2-5-13 可知，温度高，酚类物质浸提速度快，且浸提出的酚类物质含量高（酚类物质的含量以没食子酸计，mg/L）。

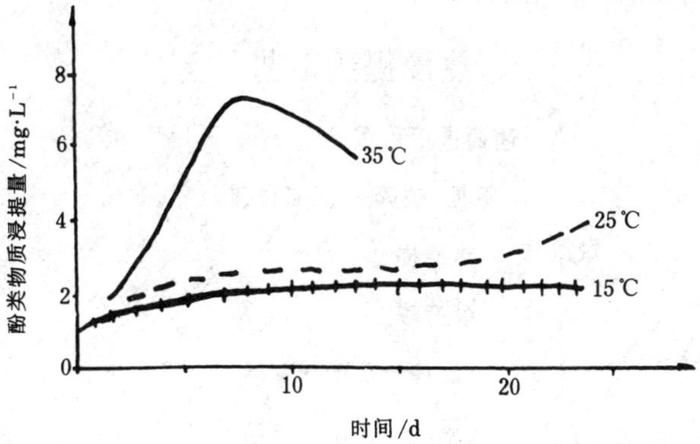

图 2-5-13　酚类物质的浸提与温度的关系

三、二氧化碳浸渍法生产葡萄酒的优缺点

1. 优点：

（1）有明显降酸作用。

（2）单宁浸提量降低。

（3）生产的干红葡萄酒果香清新，酸度适中。

（4）此法生产的葡萄酒口味成熟快，陈酿期短，不需要外部能源和特殊设备，对降低成本，提高经济效益有特殊意义。

表 2-5-3　贮存 4 个月的原酒对比

项　　目	传统法	二氧化碳浸渍法
干浸出物含量/g·L^{-1}	24.8	18.5
总酸含量/g·L^{-1}	7.03	5.59
挥发酸含量/g·L^{-1}	0.3	0.4
苹果酸含量/g·L^{-1}	2.98	0.15
色度	1.38	1.38
单宁含量/g·L^{-1}	3.64	2.4

注：干浸出物指酒中非挥发性物质。

2. 缺点

（1）葡萄选择性强，必须是新鲜无污染的葡萄。

（2）保存期短，不能很好地经受陈酿，会失去特有的水果香味。

我国目前原料的含酸较高，开发这方面的研究，对改善酒质具有现实意义。

第四节　热浸提法

热浸提法生产红葡萄是利用加热果浆，充分提取果皮和果肉的色素物质和香味物质，然后进行皮渣分离，进行纯汁酒精发酵。

一、热浸提法工艺

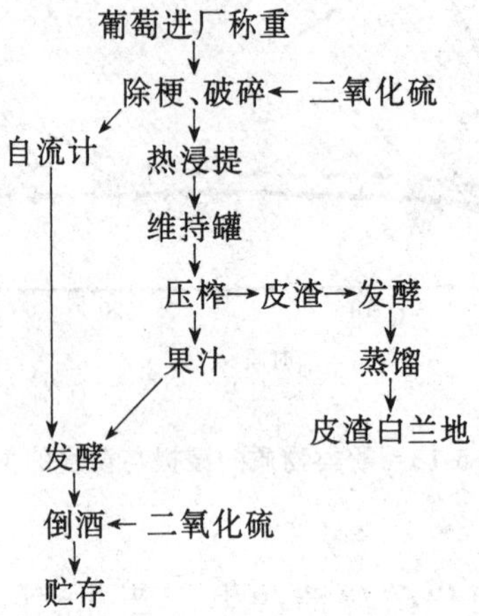

工艺要点：

（1）热浸提法分为全果浆加热（全部果浆都经过热处理）、部分果浆加热和整粒加热三种方式。

（2）加热工艺条件有两种，一种是低温长时间（40～60℃，0.5～24h）；另一种是高温短时间（60～80℃，5～30min）。

（3）加热热源一是蒸汽，二是热水。

加热设备及形式有多种，如罐式热浸提设备、管道式热浸提设备等。以管道式热浸提设备为例说明。

管道式热浸渍设备工艺条件：

（1）热浸提温度 50～52℃，采用全果浆加热。

（2）热浸提时间 1h。

（3）二氧化硫使用量 80～100mg/L。

二、热浸提法的生物化学变化

1. 色素的变化

传统法酿造葡萄酒，果皮上的色素和香味物质通过果皮与果汁共同发酵浸泡达到浸提的目的。这种生产方法有其不利的一面，如葡萄成熟度差、葡萄感染某些病害、污染杂菌、葡萄果粒沾污农药、泥土等，与果汁接触时间长，必然给成品酒带来不良影响。有

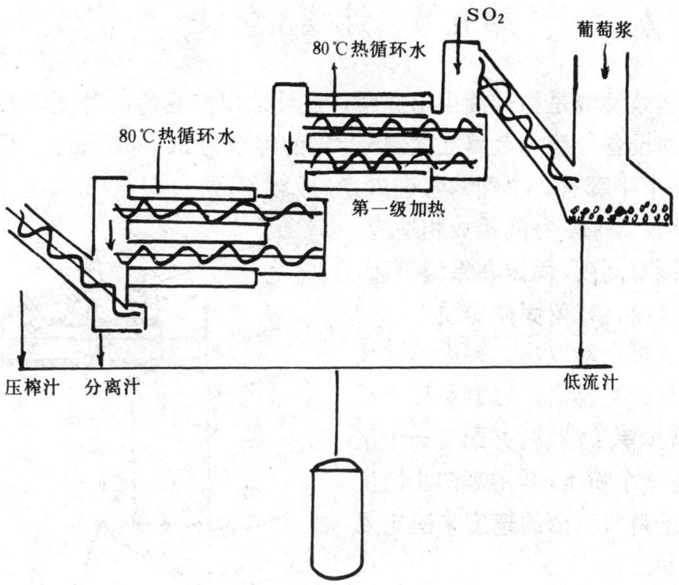

图 2-5-14　管道式热浸提设备

时因果皮不能充分接触果汁而影响浸提效果。

用热浸提法，果皮上的色素靠高温快速浸提，由于浸提时二氧化硫的添加量较传统法大，有利于色素的浸提。

当浸提温度 60℃，浸提 30min，色素浸提率为 90%～95%，浸提温度 25～30℃，浸提 7d，色素浸提率为 60%～65%。若热浸提法色素浸提率为 100%，而传统法仅为 60%。

2. 微生物及其酶的变化

(1) 酵母菌的变化　葡萄酒酒精发酵主要是由葡萄酒酵母来完成，其繁殖最适温度为 22～30℃，当温度高于 35℃时，酵母处于瘫痪状态，40℃时完全钝化。若果浆加热至 40～45℃，保持 1～1.5h，或果浆加热至 60～65℃，保持 10～15min，则酵母菌完全死亡。

(2) 多酚氧化酶的变化　多酚氧化酶又称儿茶酸氧化酶或苯酚酶。多酚氧化酶的活力随温度升高而下降，当果浆加热到 45℃以上时，氧化酶失去活性，这对于防止酒的棕色破败病和口味的氧化效果极佳。

(3) 果胶酶的变化　果胶酶的作用温度 20～50℃，若温度低于 20℃，或高于 50℃，果胶酶活性下降，加热到 70～75℃，果胶酶完全失去活性。经处理的果浆分离后较难澄清。一般工艺上采取以下几种方法来改善澄清。一种是全果浆热浸提后，维持在罐中，待果浆温度降至 50℃时添加果胶酶。另一种方法是采用整粒葡萄热浸提，使果粒内果汁温度不超过 45℃。第三种是葡萄破碎后，分离出一定比例的“冷汁”，不经热处理以保持果胶酶和酵母的活性。

3. 热浸提的果汁酒精发酵速度明显加快

主要原因是果浆加热时氮、磷、脂肪酸等成分增加，有利于酵母的繁殖与发酵。

第五节　连续发酵法

红葡萄酒的连续发酵是指连续供给原料，连续取出产品的一种发酵方法。

连续发酵法的设备一般为金属立式罐形，罐的容量为80～400m^3。如图2-5-15所示。安置在室外。设备下半部有一个葡萄浆进口，每日进料必须与酒、果渣、籽的排放相适应。酒的出口管可以调节高度，固定在果渣下面，通过过滤网使酒流出，残留固体物质。

果渣通过螺旋机自动取出，罐底形状使部分籽易积累，每天可排出，以避免任何涩味，原因是定期减少单宁溶解。并配有一个洗涤系统。在罐外有一个喷水环，用来防止温度上升。通过改进进料与出酒的速度来决定果渣浸提所需的时间。

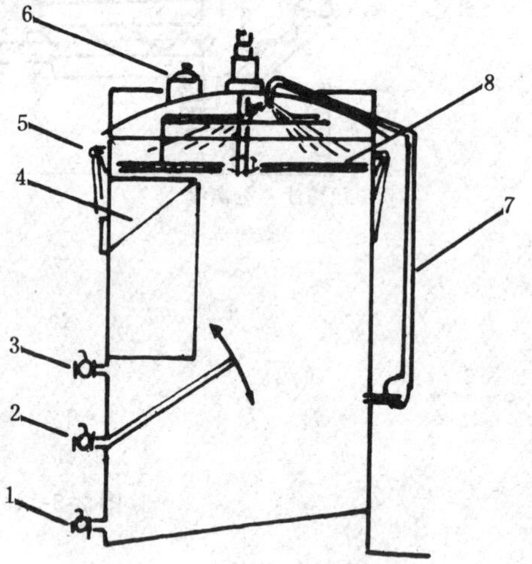

图2-5-15　连续发酵罐

1—葡萄籽排出口　2—浮动式葡萄酒排出口　3—果浆进料口　4—皮渣排出口　5—调温用淋水器　6—维修人孔　7—果浆发酵液循环管　8—皮盖表面搅拌器

连续发酵罐的构造有各种形式，但大同小异。

几个值得注意的技术：

(1)选育适合于连续发酵的优良酵母，凝集性要强。发酵醪必须控制一定的细胞数(约150×10^6～200×10^6个/ml)。

(2) 在连续发酵罐中既要浸提色素又要排渣，同时发酵。为解决这一难题可考虑采用“热浸提—连续发酵法”，即果浆在70～75℃加温浸提3～5min，压榨，榨后进行连续发酵。

(3) 连续发酵灭菌较困难，可考虑选用杀伤性酵母，以防野生酵母的污染。

连续发酵法的优缺点：

优点：

(1) 可集中处理大量葡萄。

(2) 空间与材料都较经济。

(3) 整个生产设备如泵、输送机等数量上要少。

(4) 产品成熟快。

缺点：

(1) 设备投资大。

(2) 连续发酵投料量大，不适于单品种发酵。

(3) 杂菌污染概率大。

第六章　白葡萄酒生产工艺

白葡萄酒选用白葡萄或红皮白肉葡萄为原料，经果汁分离、澄清、控温发酵而成，其工艺流程如下：

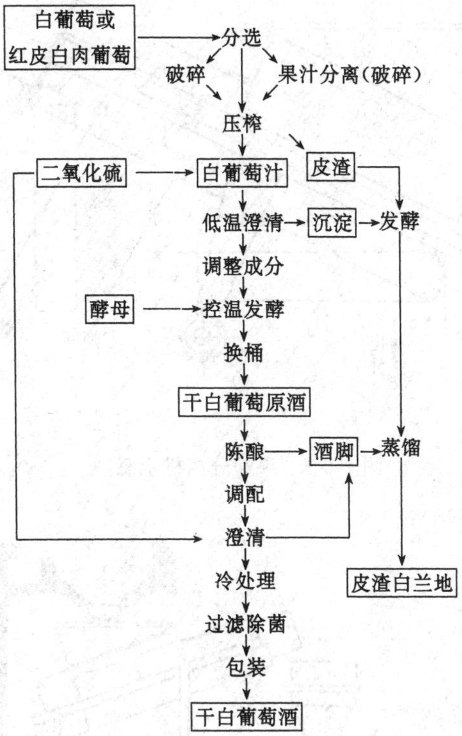

第一节　果 汁 分 离

白葡萄酒与红葡萄酒前加工工艺不同。白葡萄经破碎（压榨）或果汁分离，果汁单独进行发酵。也就是说白葡萄酒压榨在发酵前，而红葡萄酒压榨在发酵后。

果汁分离是白葡萄酒的重要工艺。葡萄破碎后经淋汁，取得自流汁，再经压榨取得压榨汁，方法与红葡萄酒发酵后果渣分离相似，压榨机已在前面叙述过，自流汁与压榨汁分别存放。

这里特别提到的是用果汁分离机来分离果汁。将葡萄除梗破碎，果浆直接输入果汁分离机进行果汁分离。采用连续螺旋式果汁分离机，低速而轻微施压于果浆。

表 2-6-1　　自流汁、一次压榨汁和二次压榨汁分量

汁别	按总出汁量为100%	按压榨出汁率为75%	用　途
自　流　汁	60～70	45～52	酿制高级葡萄酒
一次压榨汁	25～35	18～26	单独发酵或与自流汁混合
二次压榨汁	5～10	4～7	发酵后作调配用

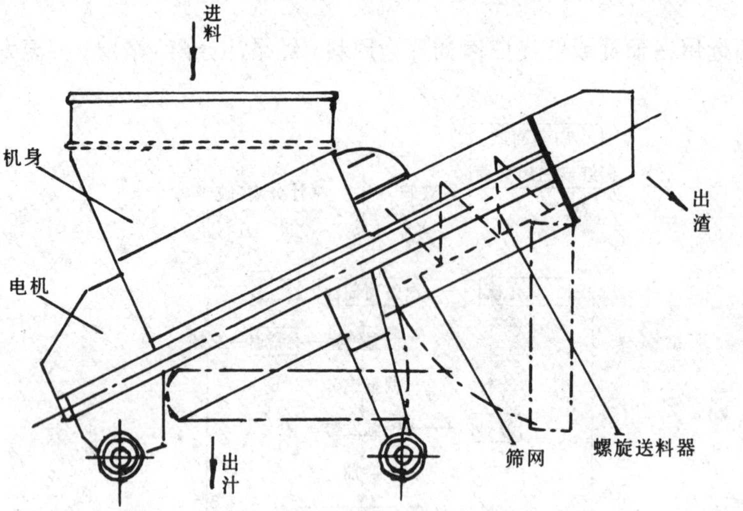

图 2-6-1　果汁分离机示意图

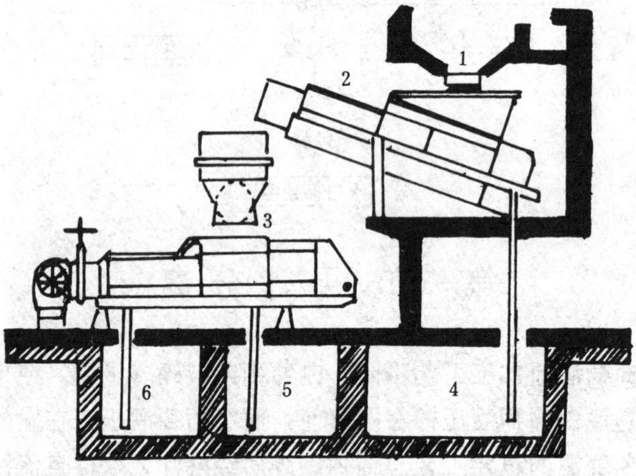

图 2-6-2　现代化酒厂中的白葡萄压榨设备

1—破碎机　2—果汁分离器　3—连续压榨机　4—自流汁　5—一次压榨汁　6—二次压榨汁

采用果汁分离机提取果汁的方法有以下优点：

（1）葡萄汁与皮渣分离速度快，生产效率高。

(2) 缩短葡萄汁与空气接触，减少葡萄汁的氧化。

(3) 葡萄汁中残留的果肉等纤维物质较小，有利于澄清处理。

果汁分离机出汁率可达60%，皮渣内尚含有果汁，需与压榨机配合使用。目前大型葡萄酒厂常用果汁分离与压榨联用设备，如图2-6-2所示。

果汁分离后需立即进行二氧化硫处理，以防果汁氧化。

第二节 果汁澄清

果汁澄清的目的是在发酵前将果汁中的杂质尽量减少到最低含量，以避免葡萄汁中的杂质因发酵而给酒带来异杂味。

为了获得洁净、澄清的葡萄汁，可采用以下澄清方法：

1. 二氧化硫静置澄清

采用适量添加二氧化硫来澄清葡萄汁，其操作简单，效果较好，在澄清过程中二氧化硫主要起三个作用：

(1) 可加速胶体凝聚，对非生物杂质起到助沉作用。

(2) 葡萄皮上长有野生酵母、细菌、霉菌等微生物，在采收加工过程中也可能感染其他杂菌，使用二氧化硫起到抑制杂菌的作用。

(3) 葡萄汁中酚类化合物、色素、儿茶酸等易发生氧化反应，使果汁变质，当葡萄汁中有游离二氧化硫存在时，首先与二氧化硫发生氧化反应，可防止葡萄汁被氧化。

具体采用低温澄清法。根据二氧化硫的使用量和果汁总量，准确计算加入二氧化硫的量。加入后搅拌均匀，然后静止16～24h，待葡萄汁中的悬浮物全部下沉后，以虹吸法或从澄清罐高位阀门放出清汁。如果有制冷条件，可将葡萄汁温度降至15℃以下，不仅可加快沉降速度，而且澄清效果更佳。

2. 果胶酶法

果胶酶可以软化果肉组织中的果胶质，使之分解生成半乳糖醛酸和果胶酸，使葡萄汁的粘度下降，原来存在于葡萄汁中的固形物失去依托而沉降下来，以增强澄清效果，同时也有加快过滤速度，提高出汁率的作用。目前果胶酶已有商品出售。

使用方法：

(1) 果胶酶使用量的选择　果胶酶的活力受温度、pH、防腐剂的影响。澄清葡萄汁时，果胶酶能在常温下进行酶解作用。一般情况下24h左右可使果汁澄清。如果温度低，酶解时间需延长。根据以上特性，在使用前应做小试验，找出最佳的使用量。

(2) 果胶酶粉剂的使用　确定使用量后，将酶粉放入容器中，用4～5倍的温水（40～50℃）稀释均匀，放置2～4h，输送到葡萄汁中，搅拌、静止数小时后，果汁开始出现絮状物，并逐渐沉于容器底部，取上层澄清果汁即可。一般用量在0.5%～0.8%范围内。

果胶酶法优点：

(1) 保持原葡萄果汁的芳香和滋味，降低果汁中总酚和总氮的含量，有利于干酒质量的提高。

(2) 果汁分离前或澄清时加入果胶酶能够提高出汁率3%左右，并且易于分离过滤。

3. 皂土澄清法

皂土（Bentonite），亦称膨润土，是一种由天然粘土精制的胶体铝硅酸盐，以二氧化硅、三氧化二铝为主要成分，其他还有氧化镁、氧化钙、氧化钾等成分。它为白色粉末，溶解于水中的胶体带负电荷，而葡萄汁中蛋白质等微粒带正电荷，正负电荷结合使蛋白质等微粒下沉。它具有很强的吸附力，用来澄清葡萄汁可获得最佳效果。各地生产的皂土其组成有所不同，因此，性能也有差异。

由于葡萄汁所含成分和皂土性能不同，皂土使用量也不同，因此，事前应做小型试验，确定其用量。

以10～15倍水慢慢加入皂土中，浸润膨胀12h以上，然后补加部分温水，用力搅拌成浆液，然后以4～5倍葡萄汁稀释，用酒泵循环1小时左右，使其充分与葡萄汁混和均匀。根据澄清情况及时分离，若配合明胶使用，效果更佳。

用皂土澄清后的白葡萄汁干浸出物含量和总氮含量均有减少，有利于避免蛋白质浑浊。注意皂土处理不能重复使用，否则有可能使酒体变得淡薄，降低酒的质量。一般用量为1.5g/L。

4. 机械澄清法

利用离心机高速旋转产生巨大的离心力，使葡萄汁与杂质因密度不同而得到分离。离心力越强，澄清效果越好。它不仅使杂质得到分离，也能除去大部分野生酵母，为人工酵母的使用提供有利条件。

使用前在果汁内先加入皂土或果胶酶，效果更好。

机械澄清法优点是短时间内达到澄清，减少香气的损失。全部操作机械化、自动化，既可提高质量又降低劳动强度。但价格昂贵，耗电量大。

第三节　白葡萄酒发酵

白葡萄酒发酵多采用人工培育的优良酵母（或固体活性干酵母）进行低温发酵。温度高有其危害：

（1）易于氧化，减少原葡萄品种的果香。

（2）低沸点芳香物质易于挥发，降低酒的香气。

（3）酵母活力减弱，易感染醋酸菌、乳酸菌等杂菌，造成细菌性病害。

白葡萄酒发酵温度一般在16～22℃为宜，主发酵期为15d左右。

白葡萄酒发酵目前常采用密闭夹套冷却的钢罐。亦有采用密闭外冷却后汁回到发酵罐发酵的。

主发酵后残糖降低至5g/L以下，即可转入后发酵。后发酵温度一般控制在15℃以下。在缓慢的后发酵中，葡萄酒香和味形成更为完善，残糖继续下降至2g/L以下。后发酵约持续一个月左右。

第四节　白葡萄酒的防氧

白葡萄酒中含有多种酚类化合物，如色素、单宁、芳香物质等，这些物质具有较强的嗜氧性，在与空气接触时，他们很容易被氧化，生成棕色聚合物，使白葡萄酒的颜色变深，酒的新鲜感减少，甚至造成酒的氧化味，从而引起白葡萄酒外观和风味上的不良变化。

白葡萄酒氧化现象存在于生产过程的每一个工序，如何掌握和控制氧化是十分重要的。

形成氧化现象需要有三个因素：

(1) 有可以氧化的物质，如色素、芳香物质等。

(2) 与氧接触。

(3) 氧化催化剂的存在，如氧化酶、铁、铜等。

凡能控制这些因素的都是防氧行之有效的方法，目前国内在生产白葡萄酒中，采用的防氧措施见表 2-6-2 所示。

表 2-6-2　　防氧措施

防氧措施	内　　容
选择最佳采收期	选择最佳葡萄成熟期进行采收，防止过熟霉变
原料低温处理	葡萄原料先进行低温处理（10℃以下），然后再压榨分离果汁
快速分离	快速压榨分离果汁，减少果汁与空气接触时间
低温澄清处理	将果汁进行低温处理（5～10℃），加入二氧化硫，进行低温澄清或采用离心澄清
控温发酵	果汁转入发酵罐内，将品温控制在 16～20℃，进行低温发酵。
皂土澄清	应用皂土澄清果汁（或原酒），减少氧化物质和氧化酶的活性
避免与铁铜等金属物接触	凡与酒（汁）接触的铁、铜等金属工具、设备、容器均需有防腐蚀涂料
添加二氧化硫	在酿造白葡萄酒的全部过程中，适量添加二氧化硫
充加惰性气体	在发酵前后，应充加氮气或二氧化碳气密封容器
添加抗氧剂	白葡萄酒装瓶前，添加适量抗氧剂，如二氧化硫、维生素 C 等

第七章　桃红葡萄酒生产工艺

桃红葡萄酒是近年来国际上新发展起来的葡萄酒类型。

桃红葡萄酒的色泽和风味，介于红葡萄酒与白葡萄酒之间，一般可分淡红、桃红、桔红、砖红等。桃红葡萄酒不能仅通过色泽来定义，它的生产工艺不同于红葡萄酒，又不同于白葡萄酒，确切地说是介于果渣浸提与无浸提之间。

表 2-7-1　　桃红葡萄酒的特征

与红葡萄酒相似之处	与白葡萄酒相似之处
(1) 可利用皮红肉白的生产红葡萄酒的品种	(1) 可利用浅色葡萄生产
(2) 有限浸提	(2) 采用果汁分离、低温发酵
(3) 酒色呈淡红色	(3) 要求有新鲜悦人的果香
(4) 诱导苹果酸—乳酸发酵	(4) 保持适量的苹果酸

桃红葡萄酒大多是干、半干、半甜型酒。

生产桃红葡萄酒的葡萄品种有：

玫瑰香（*Muscat Hamburg*）、法国蓝（*Blue French*）、黑品乐（*Pinot noir*）、佳丽酿（*Carignan*）、玛大罗（*Mataro*）、阿拉蒙（*Aramon*）

目前桃红葡萄酒生产方法有四种：

（1）桃红色葡萄带皮发酵

桃红葡萄→破碎→葡萄浆→静置→分离→果汁→发酵→倒酒→原酒→贮存

（葡萄浆←二氧化硫；分离→皮渣）

（2）红葡萄和白葡萄混合发酵

红葡萄＋白葡萄→破碎→果浆→静置→分离→果汁→发酵→倒酒→原酒→贮存

（果浆←二氧化硫；分离→皮渣）

（3）冷浸法生产

葡萄（皮红白肉）→破碎→果浆→静置冷浸（5℃，24h）→分离→果汁→发酵→倒酒→原酒→贮存

（果浆←二氧化硫；静置冷浸→皮渣）

（4）二氧化碳浸出法　见第五章第三节。

第八章　山葡萄酒生产工艺

东北山葡萄主要生长在长白山脉积温较低的地区，它的抗寒能力极强。人工培育的“双庆”“左山一”等优良酿酒品种，既具有野生山葡萄的特点，又有果香好的优点，其酿酒质量优于野生山葡萄。山葡萄酒其色泽浓艳，余味绵长，酒体丰满，在葡萄酒中独树一帜，为我国特产。

第一节　山葡萄酒酵母的驯养

原料与酵母是决定酒质的重要基础。为使酵母适应山葡萄酸高(20g/L)、糖低(100g/L)、单宁多的特点及适应含二氧化硫的环境，需对酵母进行驯养。

驯养方法：

(1) 取优质山葡萄，除梗挤汁，置三角瓶中煮沸无菌棉塞口，自然冷却。另用含糖140～150g/L 的麦汁作培养基。用 5 支试管分装：1 号试管装入麦芽汁，2 号试管装入葡萄汁与麦芽汁各 1/2，3 号试管内的麦芽汁减为 1/3，按这样增减，到 5 号试管便全用葡萄汁。

(2) 培养基经杀菌，将欲驯养的酵母移入 1 号试管内，25～30℃培养 24h。如此类推，一直移至 5 号试管内，若在 5 号试管内山葡萄酒酵母繁殖良好，证明此酵母能适应山葡萄浆的环境。

(3) 取果香好的新鲜山葡萄汁，调整糖度达 100～120g/L。高压灭菌，冷却后加入按葡萄汁量 0.1%～0.15%的 6%的亚硫酸。4～6h 后，加入 5 号试管内的酵母，反复摇匀，塞上棉塞。每日摇动 2～3 次，4～5d 内出现旺盛发酵，扩大培养，一部分做酒，一部分做菌种。

驯养酵母是山葡萄发酵中的重要一环，经驯养的酵母发酵力强、产酒精量较高，酒液挥发酸低、发酵时间短。酒母经镜检其要求为：

细胞数　　7×10^{7} 个/ml

芽生率　　不少于 40%

死细胞率　0.1%

发现杂菌，要立即更换

第二节　山葡萄酒发酵

1. 以干红为例

干红山葡萄酒发酵工艺流程为：

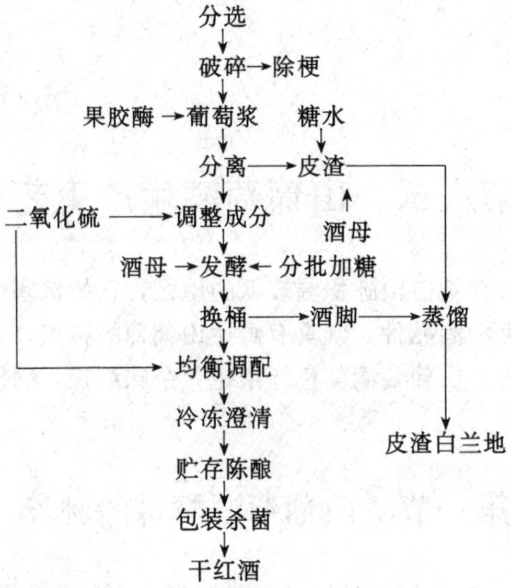

2. 发酵方法

（1）山葡萄浆加果胶酶0.1%～0.2%，控制温度30～35℃，保持3h，分离自流汁入板式热交换器，73℃30s进行瞬时消毒。用酒石酸钾降酸，添加活性干酵母，分期加入砂糖，使酒精含量达到12%～13%，冷处理澄清后进入贮存，这种方法适用于酿制全汁酒或秋季雨淋葡萄的酿酒。但对工艺设备卫生要求严格。它的优点是果香明显，纯汁率高。酒质成熟快，圆润爽口。缺点是容器壁热量不均，投料需及时搅拌。

（2）山葡萄浆加适量果胶酶，控制温度30～35℃，保持3h，压榨分离取汁，添加亚硫酸，以碳酸钙和苹果酸调正酸度，添加山葡萄酵母，分期补加砂糖使酒精含量达12%～13%，残糖5g/L时发酵终止。冷冻澄清处理后贮存。其优点是酒呈宝石红色，澄清，柔和爽口，清新幽雅，山葡萄果香典型突出。

发酵过程中，无论采取哪种发酵方法，一次葡萄汁应在室温16～24℃分批加入砂糖，使原汁含酒从6%～7%达到12%～13%。

3. 山葡萄浆的改良

山葡萄皮厚，果汁少，含糖量低，为达到酿酒要求，采用加砂糖、脱臭食用酒精的方法进行改良。

（1）补加砂糖　将砂糖直接撒入葡萄浆中，搅拌均匀，使总糖达120～140g/L。

（2）添加脱臭食用酒精　用脱臭食用酒精将葡萄浆酒精含量调整到4%～5%，此法适用于成熟度较高的山葡萄。

4. 山葡萄酒的贮存

干红葡萄酒地下贮存2～3年，温度8～16℃，甜红山葡萄酒地上贮存2～5年，温度16～28℃。

山葡萄酒的pH较低，单宁含量较高，原酒抗氧化，贮存时游离二氧化硫控制在10～15mg/L。

山葡萄酒酿造工艺与红葡萄酒酿造工艺相似。

第九章　苹果酸—乳酸发酵

葡萄酒在酒精发酵以后或贮存期间，有时会出现似二氧化碳逸出的现象，酒质变混，色度降低（红葡萄酒），如进行显微镜检查，会发现有杆状和球状细菌。这种现象表明可能发生了苹果酸—乳酸发酵。

苹果酸—乳酸发酵（Malolactic fermentation）简称苹—乳发酵（MLF），可使葡萄酒中主要有机酸之一的苹果酸转变为乳酸和二氧化碳，从而降低酸度，改善口味和香气，提高细菌稳定性的作用。

苹果酸—乳酸发酵在所有生产葡萄酒的地区都会发生，但它并不是各种产地各种葡萄酒都需要，要视当地葡萄的情况、酿酒条件、对酒质的要求而定。一般气候较热的地区葡萄或葡萄酒的酸度不高，进行苹果酸—乳酸发酵会使酒的pH值升高，酒味淡薄，容易败坏，大多数白葡萄酒和桃红葡萄酒进行苹果酸—乳酸发酵会影响风味的清新感。对于以上情况要注意采取措施抑制这种发酵。但对气候寒冷的地区，如瑞士、德国、法国、澳大利亚、美国等国的一些地区的葡萄酸度偏高，一般需要进行苹果酸—乳酸发酵，特别是对法国波尔多地区的优质红葡萄酒和高酸度白葡萄酒，苹果酸—乳酸发酵是十分重要的。

一、苹果酸—乳酸发酵的细菌

现已知道苹果酸—乳酸发酵主要由下面三属的微生物引起的，即乳杆菌属（*Lactobacillus*）、明串珠菌属（*Leuconostoc*）及足球菌属（*Pediococcus*）。

这些微生物可来自葡萄皮和叶，但主要来自葡萄酒厂的酿酒设备，如发酵罐、木桶、泵、阀门、管道等。

进入葡萄汁或果醪中的乳酸菌生态分布受到二氧化硫、pH、温度、酒精含量、酿造工艺等因素的影响。

这里特别要注意的是在葡萄酒酿造中存在两种不同类型的乳酸菌。

(1) 有用乳酸菌，这类乳酸菌主要分解苹果酸，其次可分解糖，有的也分解柠檬酸，但不能分解酒石酸和甘油。它们广泛存在于葡萄酒中，是正常引起苹果酸—乳酸发酵的细菌。可是它们也能引起甜葡萄酒变质，但不危险，只有在糖分很高，未加二氧化硫，且pH值很高时才

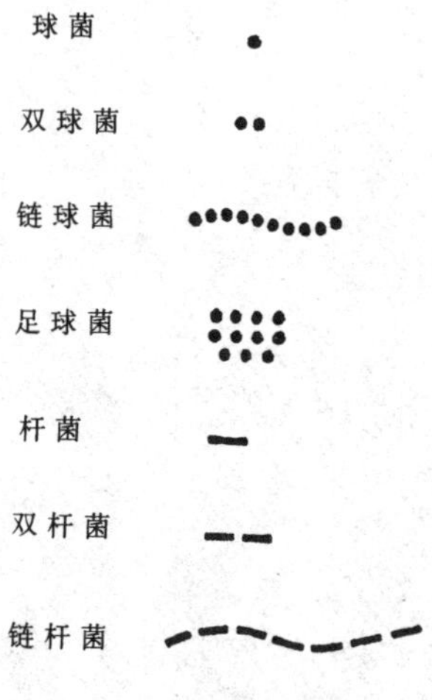

图 2-9-1　苹果酸—乳酸发酵细菌

有危险。

(2) 有害乳酸菌　这类乳酸菌主要在酸度较低条件下活动，它们能分解戊糖、酒石酸、甘油，且分解糖的能力比分解葡萄酒中其他成分的能力更强，从而引起挥发酸显著升高。它们虽然不太普遍，但危险性很大，能引起葡萄酒的各种病害和变质，常常是由于环境不够清洁而引起的。

二、苹果酸—乳酸发酵的机理

苹果酸—乳酸发酵是在乳酸细菌的作用下，将苹果酸分解成乳酸和二氧化碳。

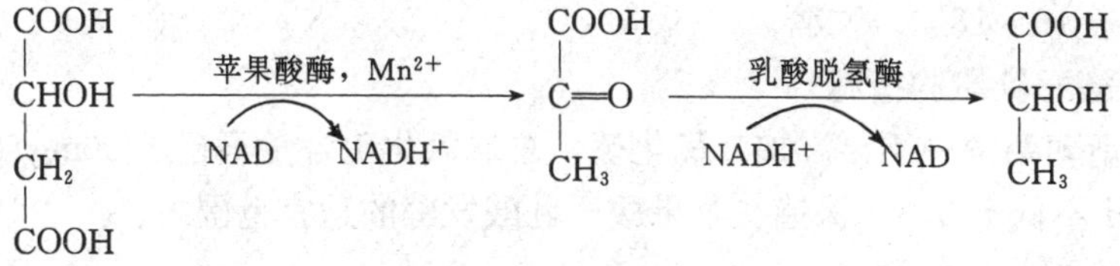

苹果酸　　　　丙酮酸　　　　乳酸

这一反应主要有两种酶参加：在苹果酸酶作用下，苹果酸首先转化为丙酮酸并放出二氧化碳。丙酮酸则在乳酸脱氢酶的作用下被转化为乳酸。

在这一反应中，1g 苹果酸只能生成 0.67g 乳酸还放出 0.33g 二氧化碳。这是葡萄酒降酸的直接原因。因为苹果酸含有两个酸根，而乳酸只有一个。因此，将苹果酸转化为乳酸就能使苹果酸的滴定总酸度降低一半。

苹果酸—乳酸发酵可使葡萄酒的挥发酸稍有增加（0.1～0.2g/L），并能生成其他副产物。这是由于乳酸细菌，特别是球状细菌分解残糖和柠檬酸造成的。

影响苹果酸—乳酸发酵的因素：

(1) pH 值　对苹果酸—乳酸发酵来说，pH 低于 3.2 时较难发生，最适自然苹果酸—乳酸发酵的 pH 范围在 pH3.6～3.9。

(2) 温度　在 14～20℃范围内，苹果酸—乳酸发酵随温度升高而发生得越快，结束得也越早；高于此温度范围，虽然苹果酸—乳酸发酵迅猛进行，但会给一些葡萄酒造成缺陷；低于 10℃对乳酸菌的生长和苹果酸—乳酸发酵的进行产生抑制作用。

(3) 酒精　从葡萄中分离出的乳酸菌由于主要在葡萄酒中生长繁殖，所以，具有一定的抗酒精能力。但如果酒精含量达到 10%以上，就成为苹果酸—乳酸发酵的限制因素。

(4) 二氧化硫　二氧化硫对乳酸菌有强烈的抑制作用。一般来说，总二氧化硫 100mg/L 以上，或结合二氧化硫 50mg/L 以上，或游离二氧化硫 10mg/L 以上，就可抑制葡萄醪中乳酸菌繁殖。往酒精发酵后的葡萄酒中添加二氧化硫 30～50mg/L，就能阻止苹果酸—乳酸发酵。

(5) 酿造工艺　如带皮浸渍发酵，可促进乳酸菌生长和苹果酸—乳酸发酵的产生。澄清操作愈彻底就愈难引发苹果酸—乳酸发酵。

三、苹果酸—乳酸发酵的抑制与诱发

1. 抑制苹果酸—乳酸发酵的主要措施

①高度注意工艺和环境卫生，减少乳酸菌的来源；不用曾发生过苹果酸—乳酸发酵的木桶贮酒，要用时，须彻底灭菌处理。

②新酿制葡萄酒在酒精发酵结束后应尽早倒池，除渣，分离酵母。

③采取沉淀、过滤、离心、下胶等澄清手段，减少或除去乳酸菌及某些促进苹果酸—乳酸发酵的物质。

④添加足够的二氧化硫（总二氧化硫 100mg/L 或游离二氧化硫 30mg/L）。

可考虑的配合措施：

①在不影响酒质的前提下调节葡萄酒的 pH 到 3.3 以下。

②在低温下（低于 16～18℃）贮酒。

2. 自然诱发苹果酸—乳酸的措施

①酒精发酵后的新葡萄酒中不再添加二氧化硫，总二氧化硫含量不超过 50mg/L。

②不加酸，使 pH 不低于 3.3，保持在苹果酸—乳酸发酵的适宜范围内。

③少澄清，不精滤。

④适当延长带皮浸渍、发酵的时间。

⑤适当控制酒精含量，不超过 12%。

⑥酒精发酵后不马上除酒脚，延长与酵母的接触时间，增加酒中酵母自溶的营养物质。

⑦在 20℃左右贮酒。

促进自然发酵的措施：

①利用正在进行苹果酸—乳酸发酵的葡萄酒接入待诱发的新酒中，接种量要大，一般在 15%～50%。

②将正在进行苹果酸—乳酸发酵的葡萄酒脚接入待诱发的新酒中。

③用离心机等回收苹果酸—乳酸发酵末期葡萄酒中的乳酸菌细胞，接入待诱发的新酒中。

3. 苹果酸—乳酸发酵的人工诱发

利用筛选的乳酸优良菌种人工培养后添加到果醪和葡萄酒中，人为地使之发生苹果酸—乳酸发酵，可以克服自然乳酸菌存在状况差别大，不稳定，诱发及质量难控制等问题。有利于提高苹果酸—乳酸发酵的成功率，便于控制苹果酸—乳酸发酵的速度、时间和质量。

人工诱发的基本条件是选育出优良的苹果酸—乳酸发酵菌株。作为苹果酸—乳酸发酵的优良菌株最基本的标准是能在葡萄酒中良好生长；有较强的苹果酸降解能力；有利于葡萄酒感官质量的提高。

有了足够量的活性强的纯培养苹果酸—乳酸发酵菌体后，在什么时期添加到葡萄酒中去为好是人工苹果酸—乳酸发酵另一个重要的问题。目前没有得出一致性的结论，还是应根据葡萄酒的种类、汁的组成、酵母菌种、作业条件等灵活掌握。如可在酒精发酵后添加，或与酒精酵母同时添加等。

四、苹果酸—乳酸发酵对葡萄酒的主要作用

(1) 降低酸度　一般能降低酸度0.1%～0.3%，约占滴定酸度的$\frac{1}{3}$，pH值随之上升0.1～0.3。

(2) 提高酒的细菌稳定性　主要指苹果酸含量降低后，瓶装葡萄酒不会再发生苹果酸—乳酸发酵而造成商品葡萄酒的浑浊变质，但不排除其他生物浑浊出现的可能性。

(3) 改善风味　由带两个羧基的苹果酸转化成单羧基的乳酸，能使酒的酸味变得柔和圆润；苹果酸—乳酸发酵的副产物如双乙酰、乙偶姻、2，3-J二醇等。不仅增加香气，也有改善口味的作用。

表 2-9-1　　苹果酸—乳酸发酵前后的葡萄酒分析（mmol/L）

项目	发酵前	发酵后	差别
总酸	100	78	－22
挥发酸	4.3	5.6	＋1.3
不挥发酸	96	73	－23
苹果酸	48	8	－40
乳酸	1.4	20	＋19

第十章　葡萄酒的贮存管理

新鲜葡萄汁（浆）经发酵而制得的葡萄酒称为原酒。原酒不具备商品的质量水平，还需要经过一定时间的贮存（或称陈酿）和适当的工艺处理，使酒质逐渐完善，最后达到商品葡萄酒应有的品质。

贮酒一般需在低温下进行，老式葡萄酒厂贮存过程是在传统的地下酒窖中进行，随着近代冷却技术的发展，葡萄酒厂的贮存已向半地上、地上和露天贮存方式发展。

贮存容器通常有三种形式，即橡木桶、水泥池和金属罐，当今除高档红葡萄酒及某些特种酒外，不锈钢罐及露天大罐正在取代其他两种容器（优质白葡萄酒用不锈钢罐最佳）。

贮酒室条件：

（1）温度　一般以 8～18℃为佳。干酒 10～15℃，白葡萄酒 8～11℃，红葡萄酒 12～15℃，甜葡萄酒 16～18℃，山葡萄酒 8～15℃。

图 2-10-1　橡木桶贮酒

（2）湿度　以饱和状态（85％～90％）为宜。

（3）通风　室内有通风设施，保持室内空气新鲜。

（4）卫生　室内保持清洁。

葡萄酒在贮存过程中发生一系列的物理的、化学的、生物化学的变化，以保持果香味和酒体醇厚，提高酒的稳定性。

合理的葡萄酒贮存期，一般白葡萄原酒贮存期为1～3年。干白葡萄酒则更短，为6～10个月。红葡萄酒由于酒精含量较高，同时单宁和色素物质含量也较多，色泽较深，适合较长时间贮存，一般为2～4年。其他生产工艺不同的特色酒，更适宜长期贮存，一般为5～10年。

第一节　换桶和满桶

一、换　　桶

1. 定义

将酒从一个容器换入另一个容器的操作称换桶。

2. 目的

(1) 分离酒脚，使桶（池）中澄清的酒和底部酵母、酒石等沉淀物质分离，并使桶（池）中酒质混合均一。

(2) 起通气作用，使酒接触空气，溶解适量的氧，促进酵母最终发酵的结束。

(3) 新酒被二氧化碳饱和，换桶可使过量的挥发性物质挥发逸出。

(4) 亚硫酸化，加亚硫酸溶液来调节二氧化硫的含量（100～150mg/L）。

干红葡萄酒在发酵结束后8～10d进行第一次换桶，除去大部分酒脚。在第一次换桶后的1～2个月，即当年11～12月份，进行第二次换桶，采用开放式换桶，让酒接触空气，有利于葡萄酒的成熟，又起匀质作用。第二次换桶后三个月，即第二年春季进行第三次换桶，这次采用密闭式操作，尽量使葡萄少接触空气，以免引起氧化。干白葡萄酒换桶必须与空气隔绝，以防止氧化，保持酒的原果香。

换桶次数取决于葡萄酒的品种、葡萄酒的内在质量和成分。

二、满　　桶

满桶也称添桶。满桶的目的是为了避免菌膜及醋酸菌的生长，必须随时使贮酒桶内的葡萄酒装满，不让它的表面与空气接触。

贮酒桶表面产生空隙的原因为：

(1) 由于贮酒温度低，葡萄酒的容积收缩。

(2) 由于溶解在酒内的二氧化碳气体缓慢逸出。

(3) 由于微量的液体通过容器四壁而蒸发（主要是橡木桶）。

从第一次换桶时起，第一个月，应该每星期满桶一次，以后在整个冬季，每两个星期满桶一次。满桶用的酒，必须非常干净，最好质量相同，而且应酌加二氧化硫。

到了春季及夏季，外界温度升高，贮酒桶里的葡萄酒容积膨胀，往往从上部和底部缝溢出，应该及时从桶中取出少量的酒，以免酒桶涨坏。现在可安装自动满桶装置，来减少这种麻烦。

第二节　葡萄酒的澄清

正常葡萄酒的外观品质需要澄清透明，出现浑浊现象即使很小程度都被认为是质量不合格，因此，在贮存和加工以后，都力图制成完全透明的葡萄酒。

但是，葡萄酒在外界条件作用下，要求无限期保持其透明度是不可能做到的，因为葡萄酒是不稳定的胶体溶液，其中会发生物理、化学和生物学特征的变化，影响到它的透明度。采用人工方法，加速澄清，使酒在相当长时间内稳定。

一、下胶净化

下胶净化就是在葡萄酒内添加一种有机或无机的不溶性成分，使它在酒液中产生胶体的沉淀物，将悬浮在葡萄酒中的大部分浮游物，包括有害微生物在内一起固定在胶体沉淀上，下沉到容器底部。

1. 下胶澄清的机理

葡萄酒从原料葡萄中带来了蛋白质、树胶及一部分单宁色素等物质，使葡萄酒具有胶体溶液的性质，它们是葡萄酒中的主要不稳定因素。

下胶澄清过程可分为两个阶段：酒中物质与澄清剂反应，一般是酒中单宁与下胶材料共聚产生不溶物；后一阶段是澄清剂的沉淀，即澄清剂或絮凝物携带杂质一起沉降。

下胶机理简单说来可以理解为中和微粒上的电荷，参看图 2-10-2。下胶物质一般为蛋白质胶体物质，它在葡萄酒中带正电荷。另一方面，单宁在葡萄酒中也有一部分呈胶体状态，它和形成雾浊的粒子都带有负电荷，当它们互相靠近时，会发生吸引，这样就开始了絮凝过程。

形成雾浊的粒子在下胶澄清过程中并不是被动的，它们与絮凝物反应而加速了它的沉降速度。澄清剂在雾浊葡萄酒中沉降较快。在被处理的葡萄酒中加入惰性物质，可以加速沉降速度，某些复合澄清剂就含有这类促进下胶过程的物质。

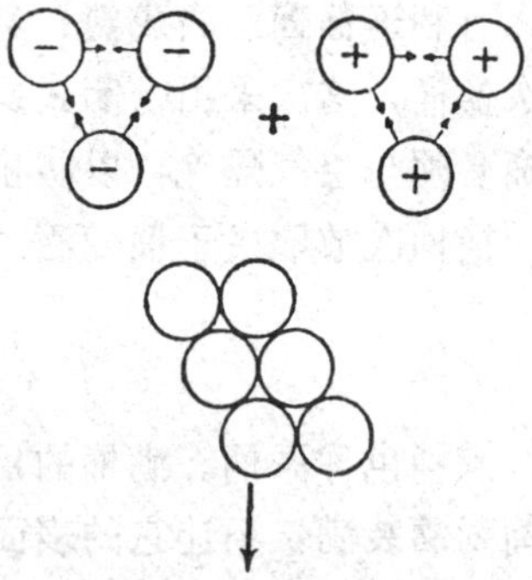

图 2-10-2　下胶澄清机理
带负电的悬浮微粒（雾浊微粒）与带正电的有机澄清剂相互吸引；电荷消失，微粒聚集沉淀（絮凝沉淀）

下胶澄清机理也可以解释为单宁使蛋白质“变性”，也就是说把它由亲水胶体转化憎水胶体，后者能被葡萄酒中盐类聚沉。下胶只有在无机物如钙、镁、钾和铁盐存在下，才能起有效作用。

2. 下胶材料

下胶材料即澄清剂，分动物性、植物性和矿物性三种，常用下胶材料有：

(1) 明胶（又称骨胶）　明胶从动物的皮、软骨、骨骼等加压经长时间烧煮而得。它是去单宁的氧化性澄清剂。这种胶无臭无色或略带黄色或褐色，呈透明或半透明状，有片状、粒状、粉状等。它具有良好的絮凝性和吸附力，溶于 70～80℃的温水中。

另外硅酸-明胶复合澄清剂，常用于白葡萄酒的澄清，可代替单宁。

(2) 鱼胶　这种胶由鱼膘制成，尤其是鳇鱼的膘，是白葡萄酒的高级澄清剂，它对酒中的组分消耗最少，又不会使酒受到污染，且速度慢，效果好，但价格昂贵。一般先用冷水浸泡2～3昼夜，除去腥味，尽可能多换水。此后加蒸馏水，使溶液中干胶含量为5%～8%，在25℃水浴上加热直至完全溶解。1L酒约用0.02g胶。

(3) 蛋清　一般用鸡蛋的蛋清（每个鸡蛋相当于3～4g活性蛋白），可制成粉状或干片。具有除单宁和色素的性能。它的澄清作用快，适于优质红葡萄酒的下胶，但由于加工不纯而带异味，故用得较少。一般100L红葡萄酒中加入2～4个蛋清，用时先将蛋清与蛋黄分开，强烈搅拌至起泡沫，然后与葡萄酒搅拌均匀。

(4) 干酪素（酪朊）它从牛奶中提取，呈黄色粉末，具有在酸性中凝絮的特性，能去酒中不稳定的色素物质，是白葡萄酒的重要澄清剂，主要用于处理铁浑浊的白葡萄酒。

(5) 皂土　它是一种胶质粒子，吸附性强，澄清效果好。一般用于澄清蛋白质浑浊或下胶过量的葡萄酒，效果很好。皂土常与明胶一起用（明胶用量为皂土10%）可提高澄清效果。

葡萄酒发生下列情况时，常常使用皂土澄清，使酒稳定：

①由于酒中含有酵母细胞及悬垂的蛋白质等有机成分，妨碍酒的自然澄清。

②葡萄酒因含有金属而混浊，特别是铜的沉淀。

③曾受微生物感染的葡萄酒。

(6) 亚铁氰化钾　它能与某些金属如铁生成不溶性化合物而沉淀。

3. 下胶操作

下胶过程是以加到葡萄酒中的澄清剂和酒中胶体物质相互作用为基础，要提高澄清效果，必须按一定的工艺操作进行。

(1) 准备酒　将要澄清处理的葡萄酒，除去悬浮杂质，搅拌待用。有发酵现象或污染乳酸菌等有害微生物的酒不能下胶。如原酒中含有残糖，应加适量二氧化硫（5～10g/100L）防止发酵。

(2) 下胶试验　下胶前应先测定葡萄酒中单宁含量，以确定下胶用量。或通过小样试验来确定单宁和明胶用量。

例如：取600ml白葡萄酒，分装6瓶编成号码，依次倒入下列浓度及数量的单宁液与明胶液。

单位：ml

下料	浓度 \ 瓶号	1	2	3	4	5	6
单宁	4g/L	0.5	1.0	1.5	2.0	2.5	3.0
明胶	4g/L	3.0	2.5	2.0	1.5	1.0	0.5

每次添加之后，经过强烈振荡，放置48h，然后找出其中最澄清透明，且使用明胶最少的一瓶。假如第3号效果最佳，则说明100ml葡萄酒消耗2.0ml 0.4%的明胶溶液，含

干明胶 2.0×0.004＝0.008g，加单宁 1.5×0.004＝0.006g。一般参考用量为 0.2 ～0.5g/L。

（3）下胶与分离　根据上述试验，准确、缓慢、均匀加入单宁后再加明胶溶液，及时充分搅匀。下胶经 2～3 周后，将清酒抽出（并进行过滤），迅速与酒脚分离。方法如图 2-10-3 所示。

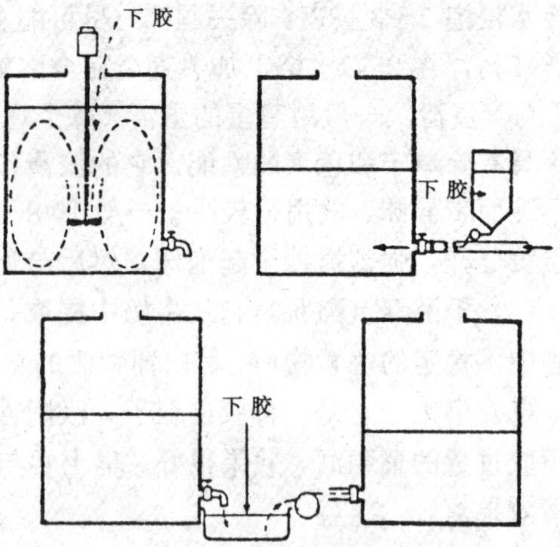

图 2-10-3　不同的下胶方式

4. 影响下胶效果因素

（1）添加单宁　当酒中单宁含量过低时，影响下胶效果（未做单宁试验），一般讲沉淀 1g 明胶需 0.8g 单宁。白葡萄酒因单宁含量少，常需添加。其他下胶方法，不需要添加单宁。

（2）盐的作用　下胶只有在无机物钙、镁、钾和铁盐存在下，效果才好。葡萄酒酸度高，不含二价铁盐，不利于下胶。有人认为在下胶前强烈通风，使酒中 Fe^{2+} 转化为 Fe^{3+}，可提高下胶效果。

（3）下胶温度　下胶温度过高或过低，影响下胶效果。温度愈低，促进絮状体形成，加速澄清。温度高于 25℃以上，澄清剂的凝聚性质降低，下胶后可能呈溶解状态留在酒中，当温度低或大气压低时，将会重新出现沉淀。一般在冬末春初，室温 8～20℃的气候条件下下胶效果好。

（4）蛋白质过多，难以澄清的葡萄酒，下胶前可加硅藻土或皂土，能提高澄清效果。

5. 下胶过量

保证添加到葡萄酒中用于澄清的蛋白质在酒中完全沉降下来而无残留是很关键的。下胶过量的葡萄酒其澄清度是不稳定的。瓶装后，当温度变化时会发生浑浊沉淀，危害极大。

当葡萄酒中含有过量的单宁时，澄清剂的聚沉是完全的，红葡萄酒中的情况一般如此。但白葡萄酒中很可能出现下胶过量，特别是在使用明胶的情况下。

要检查是否下胶过量，当葡萄酒加入 0.5g/L 商品单宁，24h 后，根据出现雾浊的程度，可判断出过量的多少。

其处理措施一是添加适量单宁，将酒中过量的明胶沉淀除去；二是加适量（40～50g/100L）皂土除去。

二、离心澄清

离心设备已用来大规模处理葡萄汁和葡萄酒。

当处理浑浊的葡萄酒时，离心机可使杂质或微生物细胞在几分钟内沉降下来。有些设备能在操作的同时，把沉渣分离出来。进入离心机中的浑浊酒液出来时已相当澄清，至少除去了较重的杂质。

离心机有多种类型，可以用于不同目的。大致可分鼓式、自动出渣式和全封闭式。

在实践中离心机多用于下述情况：

(1) 高速离心机对于新葡萄酒澄清很有用，因新酒含大量杂质，若用过滤很快会堵塞孔眼。

(2) 在发酵后短时间内进行新酒的澄清是为了除去酵母细胞，经过这样的处理之后，酒在贮存中败坏的可能性就较小。

第三节 葡萄酒的冷热处理

一、葡萄酒的冷处理

1. 葡萄酒的冷处理有利于成熟及稳定性的提高

①使过量的酒石酸盐与不安全的色素析出沉淀。新酒经冷处理可显著地改善口味。因酒石酸氢钾的折出，酸味降低，口味变得柔和。

②使发酵后残留于酒中的蛋白质、死酵母、果胶等有机物质加速沉淀。

③在低温下，溶入较多量的大气氧。由于氧化作用，加速新酒的陈酿，使酒中某些低价铁盐氧化为高价铁盐，并降低其含量。

因为冷处理仅仅是物理变化，微生物活力会暂时下降，若不排除暂时休眠的酵母和细菌，在温度回升时会重新活跃起来，因此，不能指望冷处理会带来持久的微生物稳定性。当然这样处理有利于所有澄清操作。

2. 冷处理温度

一般冷至葡萄酒的冰点以上0.5℃，因各类葡萄酒的酒精含量和浸出物含量不同，其冰点也不同。

下式可计算不同葡萄酒的冰点：

$$T=-(0.04P+0.02E+K)$$

式中 T——葡萄酒的冰点（℃）

P——每升葡萄酒所含酒精的克数（g/L）

E——每升葡萄酒所含浸出物的克数（g/L）

K——校正系数，酒精含量10%时为0.6，12%时为1.1，14%时1.6。

若近似计算

$$冰点=\frac{葡萄酒酒精含量}{2}$$

表 2-10-1　　酒精水溶液结冰温度

酒精含量/%	9	10	11	12	13	14	15	20	22	29
冰点/℃	−3.7	−4.2	−4.7	−5.2	−5.7	−6.2	−6.9	−8.4	−9.0	−14

3. 处理时间

冷处理时间应根据冷冻方式和所采用的不同设备而定，一般在－4～－7℃下冷处理5～6d，由于冷处理时间长，形成的晶体大，容易过滤，因此，可延长到10～15d。

4. 冷处理的要求

(1) 应迅速强烈降温，使酒很快达到需要冷处理的温度。

(2) 处理完毕，应在同温下过滤。

为此常采取快速冷却法，在较短的时间内（5～6h）达到所要求的温度，可使结晶的形成时间短，形成的晶体大，沉淀效果好，并可缩短保温期5～6d。在同温下过滤，可将不溶性物质全部滤去，取得较好效果。若慢速冷却，虽能形成较大的晶体，但不完全稳定。

另外常需添加晶体，当酒经冷却到要求温度时，将经过一次结晶并用酒精洗过的粉末状酒石酸氢钾加入酒中，可加速结晶，有利于酒的澄清和沉淀的分离。接种用量一般为0.05g/L。

冷处理过程中，在葡萄酒中溶入二氧化碳，可防氧化，尤其是白葡萄酒，低温时空气极易溶解，必须采取“气体清洗”，防止空气进入（二氧化碳在葡萄酒中溶解系数高于空气）。

二、葡萄酒的热处理

葡萄酒适当的热处理不仅可改善葡萄酒的品质，而且还能提高葡萄酒的稳定性。热处理也称马德拉（Madeira）化，经热处理酒具马德拉酒的风味。

(1) 新酒经热处理，色、香、味都有所改善，挥发酯增加，氧化还原电位下降。热处理时，一部分蛋白质凝固析出，冷却时又形成沉淀而可除去。这些都和葡萄酒风味的改善有密切关系，可使酒的口味变得柔和醇厚，具有老酒味，也提高了酒的稳定性。

(2) 产生保护胶体，使酒变得更为澄清。这是因为葡萄酒中含胶体状态的树胶，经加热膨胀变大而形成保护胶体，从而增强了酒的稳定性，同时这种保护胶体还可抑制酒中硫化铜的沉淀，防止铜的破败病。

(3) 防止酒石酸氢钾沉淀。酒是这些盐类的饱和溶液，有时是过饱和溶液。要使过饱和溶液结晶，就必须加入一些小晶体作晶种，没有这些晶种葡萄酒可以维持过饱和状态而不产生结晶，葡萄酒加热后，原来存在于酒中的小晶体溶解，如再遇到低温时，酒石酸盐也不会沉淀。

(4) 可除去有害物质，如酵母、细菌、氧化酶等，达到生物稳定和酶促稳定。

这里要指出，热处理后也会对酒的色、香、味产生不利的一面，如酒色变褐，果香新鲜感变弱，严重时会出现氧化味。

热处理方法：一般在一个密闭容器内，将酒间接加热到67℃，15min或70℃，10min进行热处理。有人认为采用50～52℃处理25d为佳。而处理甜葡萄酒以55℃更好。如把冷、热两种处理结合会得到较好的效果。

表 2-10-2　　　　葡萄酒热处理条件

处理方法	处 理 目 的	处理温度和时间
巴氏灭菌	葡萄酒的灭菌	55、60 或 65℃数分钟
瞬时巴氏灭菌	灭菌、酶学稳定化	90℃数分钟
热装瓶	葡萄酒的灭菌	加热到 46 或 48℃，在瓶中自然冷却
热稳定化	除去白葡萄酒中的蛋白质	75℃，15min 或 60℃，30min
	除去过量的铜	75℃，15～60min
调节空气的陈化	某些类型葡萄酒的陈化	在 30～45℃，有或没有空气存在下处理几天
	瓶中陈化	根据酒的类型在 19～22℃下储存几周

第四节　葡萄酒的离子交换处理

葡萄酒在酿造过程中，有时金属离子如 Fe^{2+}、Cu^{2+}、Ca^{2+}、Mg^{2+}、Pb^{2+}、K^{+}等含量较高，导致酒的混浊和沉淀，如酒石酸氢钾沉淀析出。若葡萄酒经过离子交换树脂处理，可以去掉过多的金属离子和酒石酸盐类，并能吸附细菌，抵抗微生物活动，提高酒的稳定性。当然，如果处理不当，会影响葡萄酒的质量。因此，只适应处理一般品质的葡萄酒。

常用阳离子交换树脂如强酸性阳离交换树脂 732H^{+}型（Na^{+}）、天津强酸一号和多孔性树脂等，可除去 K^{+}、Ca^{2+}、Mg^{2+}、Fe^{2+}等离子。H^{+}型树脂可明显降低酒的 pH 值。而 Na^{+}型则对酒的 pH 值影响极微。由于离子交换树脂常不能充分去铁与铜，因此，不能完全保证酒的金属混浊不发生。常用来除钾与钙，费用较冷冻法低。

以 Z 代表树脂，则：

$$CaSO_4 + Na_2Z \rightarrow CaZ + Na_2SO_4$$

$$2KH\ (C_4H_4O_6) + Na_2Z \rightarrow K_2Z + 2NaH\ (C_4H_4O_6)$$

用阴离子交换树脂如强碱性阴离子交换树脂 OH^{-}型 717、711 等，一般用于除去酒中过高的酸，对于染菌而酸败的葡萄酒，经树脂处理，可降酸，并能除去大部分的细菌。

第五节　葡萄酒的过滤

过滤是一种常见的澄清方法，欲获得清亮透明的葡萄酒，除采用本章第一、二节所述处理工艺外，过滤是一项必不可少的技术手段。

过滤是通过过滤介质的孔径大小和吸附来截留微粒与杂质的。

葡萄酒工业中常用过滤机有棉饼过滤机、硅藻土过滤机、膜（也称纸板或除菌过滤）过滤机等。

具体应用如下：

第一次过滤：在配酒下胶澄清后，用硅藻土过滤机进行粗滤，以排除悬浮在葡萄酒中的细小颗粒和澄清剂颗粒。

第二次过滤：酒经冷处理后，在低温下用棉饼（或硅藻土过滤机过滤，以分离悬浮状的微结晶体和胶体。

第三次过滤：酒在装瓶前，采用膜除菌过滤，以进一步提透明度，防止发生生物性浑浊。

为了达到理想的过滤效果，得到清澈透明的葡萄酒，一般需要多次过滤。

在实践中，常遇到对待葡萄酒的澄清，是下胶好，还是过滤好的问题。

过滤的最大优点是它能保证快速地澄清葡萄酒，不管是很浑浊的幼龄葡萄酒，还是富含粘性物质的葡萄酒。对于酒的稳定性或将来的澄清度，下胶则更具优点。由于下胶材料的絮凝作用，下胶能除去能通过滤层的某些很细微的粒子。同一葡萄酒既过滤，又下胶，两者互相补偿，可获得两方面优点。

第六节 瓶　贮

瓶贮是指酒装瓶后至出厂的一段过程，它能使葡萄酒在瓶内进行陈化，达到最佳的风味。

1. 瓶贮机理

（1）葡萄酒在瓶中陈酿，是在无氧状态即还原状态下进行的，据测酒在装瓶几个月后，其氧化还原电位达到最低值。而葡萄酒的香味，只有在低电位下形成。所以，经过瓶贮的葡萄酒显示出特有的风格。

（2）葡萄酒在装瓶时偶尔带入的氧消耗之后，将促进香味的形成，但氧并非是瓶中陈酿的促进剂。因此，装瓶软木塞必需紧密，不得漏气。

（3）瓶贮时，酒瓶应卧放，木塞浸入酒中，可起到类似木桶的作用，以改善陈酒的风味。

2. 瓶贮存期

瓶贮的周期，因酒的品种，酒质要求不同而异。最少 4～6 个月。若在净化处理时，采取必要的措施，预防氧化，瓶贮时间可以缩短。有些高档葡萄酒，瓶贮时间可达 1～2 年。

综上所述，葡萄酒在不同情况下用相应的处理方法才能收到较好的效果见表 2-10-3 所示。

表 2-10-3　不同目的的处理方法

处理目的	处理方法
澄　清	沉降法处理：下胶、离心 过滤法处理：过滤、吸附或除菌过滤
稳定化和澄清	物理处理：加热、冷冻 化学处理：抗坏血酸、柠檬酸①、偏酒石酸、消旋酒石酸、皂土、离子交换剂①、亚铁氰化钾、阿拉伯树胶、氧气、植酸钙
增加微生物学稳定性	物理处理：加热 化学处理：二氧化硫、山梨酸①
改善色泽	色深时用炭脱色，马德拉化的酒用干酪素脱色

注：①这些处理方法在有些国家不准许。

第十一章　世界著名的特种葡萄酒

一、天然甜葡萄酒

1. 定义

用新鲜葡萄汁酿造，其甜味来源于添加酒精停止发酵而保留下来的葡萄汁中的糖分。一般酒精含量为15％～16％，含糖70～125g/L，总酸4.6～5.4g/L。

2. 酿造方法

表 2-11-1　　天然甜葡萄酒酿造的几种工艺流程

无浸提法	浸　提　法	二氧化碳浸提法
原料 ↓ 破碎 ↓ （果汁分离） ↓ 压榨 ↓ 二氧化硫处理 ↓ （澄清） ↓ （用酵母接种） ↓ 部分发酵 ↓ 用酒精停止发酵 ↓ （二氧化硫处理） ↓ 换桶	原料 ↓ 破碎 ↓ （除梗） ↓ 二氧化硫处理 ↓ 部分发酵 ↓ 浸提 ↙　↘ 压榨 → 用酒精停止发酵 → （二氧化硫处理） → 换桶 用酒精停止发酵 → 浸提 → 压榨 → （二氧化硫处理）	完整葡萄 ↓ 放入充有二氧化碳的压力罐中 ↓ 浸提和细胞内部发酵 ↓ 部分发酵 ↓ 用酒精停止发酵 ↓ 换　桶

注：加括号的操作是任选，有时是不妥的

对于白葡萄酒，发酵时无皮渣浸渍，葡萄酒较清爽，贮存8～18个月就可出厂。

对于红葡萄酒，发酵时用皮渣浸渍，葡萄酒的果香味浓，干物质含量高，适于陈酿。

用二氧化碳浸渍法酿造的自然甜红葡萄酒，果香最佳。

陈酿过程中，必须保持贮存容器始终盛满葡萄酒。白葡萄酒的最佳消费期为贮存2年后，而红葡萄酒则为3年或更长。

3. 高糖分葡萄的来源

（1）采用含糖量高的葡萄品种，如麝香、马尔卢瓦西（*Malvoisie*）、灰品乐等。

（2）为了提高葡萄含糖量，在葡萄成熟后不立即采摘，留在枝条上自然萎缩。为加速萎缩及挥发水分，可采用特别的剪刀将葡萄梗扭剪，但不剪断。

二、素丹（Saurternes）酒

法国波尔多地区的素丹，盛产世界著名的素丹甜白葡萄酒，它是利用灰腐病的“贵腐”作用，提高果浆含糖量后，再行采收，酿造葡萄酒的。

常用名贵酿造品种赛美蓉（*Semillon*）、米士加得尔（*Miscadolle*）等含糖量极高的葡萄为原料，采用自然发酵，在发酵尚未结束时添加葡萄蒸馏酒精或二氧化硫停止发酵，再经较长时间的贮存，酒的口味浓厚，酒体丰满，带有特殊香味，是一种具有特殊典型性的甜白葡萄酒。

三、马尔萨拉（*Marsala*）酒

马尔萨拉是意大利西西里岛上的一个港口，这里盛产优良的干白葡萄酒而闻名于世界，另外尚有半干酒与甜酒。

这种酒的工艺特点：

(1) 这种白葡萄酒绝大部分用红葡萄制造，采摘后尽快破碎、压榨、果汁分离，避免带入过多的色素。

(2) 无论怎样小心，必然会带入一部分色素，需用亚硫酸脱色，所以，做出来的酒具有漂亮的颜色。

(3) 由于采用了亚士匹南（*Aspignan*）等品种，含糖量都不太高，故需加糖发酵。每升葡萄汁加糖 51g。发酵完毕，分离换桶。换桶时加入马尔萨拉葡萄酒蒸馏并经陈酿的酒精，每次添加量为 1%～2%，分次添加，直到成品酒酒精含量达 15%为止。

(4) 换桶都在春秋两季。利用换桶机会将酒倒换几次，尽量接触空气，以引起氧化作用，加速陈酿。

(5) 贮存期较长，最长达 5 年，同时加入 0.01%的树脂（一种烧焦了的松树），使酒产生一种特殊的风味。

四、谐丽（Sheery）酒

谐丽酒是世界闻名葡萄酒之一，原产于西班牙南部赫雷斯—德拉弗安特拉（Terez de la Frontera）地区，在西班牙称 Zerez（惹拉兹）、英国称 Sheery（谐丽）。

谐丽酒可分成干和甜两类。它是用特殊地区白葡萄，采用独特工艺酿制而成的。酒的色泽呈金黄色，有强烈和独特的酒香味和幽长的回味。

酿谐丽酒的葡萄种植土壤有三种，微白土壤、矿泉泥和沙土。葡萄品种巴洛米洛（*Polomino*）和彼得罗—希门涅斯（*Pedro-Ximens*），前者主要酿制干谐丽，后者主要酿制甜谐丽。

干谐丽酒用含糖分 18～20%的巴洛米洛葡萄，按一般白葡萄酒工艺酿成含酒精 12%左右的原酒，然后添加葡萄酒精使酒精含量达到 15%～15.5%，然后移至 500～600L 的橡木桶中进行独特的“生物陈酿”。“生物陈酿”是指酒桶留有 40～80 的空隙，原酒在桶中，受到特殊酵母后发酵。此酵母在酒面繁殖后，形成一层菌膜，菌膜中的微生物（以酵母为主），以酒精为养料进行微好气发酵，产生醛、乙偶姻、2，3-丁二醇等代谢产物。

“生物陈酿”可以长达数年，每 2～3 年从桶中取出一部分酒，再加上新酒，继续陈酿。谐丽酒独特的芳香味，主要来自陈酿，所以，属氧化型陈酒。干谐丽酒，酒精含量为 17%，挥发酸 0.7g/L，乙醛高达 500～700mg/L。

甜谐丽和干谐丽不同点在于采用葡萄为彼得罗—希门涅斯品种，采摘后放在塑料棚内，棚的两端自然通风，使葡萄风干半个月，得到半干葡萄，然后按干谐丽方法酿制，甜谐丽酒精含量也在 16%，但糖分高达 30%以上。

五、波尔特（Port）酒

波尔特酒产于葡萄牙杜洛河流域，原始类型为甜酒，现在通常有绝干、干（常为白葡萄酒）、半干和甜酒（常为红葡萄酒）。生产中用酒精终止正在发酵的葡萄汁。它带有一种特殊香味，酒精含量 18%～20%。

主要葡萄品种是巴士特尔多（Bastardo）。

酿造技术：

（1）发酵与浸提　传统酿造其破碎用脚踏葡萄，其目的是彻底浸提皮中组分，特别是多酚。发酵过程中注意“压盖”与“捣盖”，增加酒度以 4%～8%为标准。

（2）净化与陈酿　贮存是在 500L 橡木桶中进行的，酒不满桶，留有 3%～4%空隙，以促进酒的陈酿，氧化陈酿一般持续 2 年以上。澄清与稳定作用通过净化与过滤来得到。

六、多加意（Tokay）酒

多加意酒是世界著名的甜葡萄酒，产于匈亚利多加意市。

此酒采用匈亚利胡尔曼（*Furmint*）葡萄。这种葡萄含糖量高，出汁多，有细致的果香。另外匈亚利兰（*Hungarian Blue*）也是生产中常用品种。

其生产工艺要点如下：

（1）葡萄成熟后留在藤上任其萎缩，近于发干状态，至 10 月底采摘，这种自然风干的葡萄给酒带来特殊的风味。

（2）葡萄破碎压榨后，葡萄汁呈糊状。经静置去除沉淀，放入橡木桶中发酵。桶中先放入用 95%酒精浸泡过的肉豆蔻，以增加香气。接入酵母，在 25℃下发酵二周，低温长时间的发酵能更好地保持果香。用自流汁生产出的酒称多加意精酒，用于调配。用压榨汁调入少量精酒生产出的酒叫选酒，可直接饮用。

（3）生产出的酒在地下酒窖中贮存 2～3 年。贮存时桶口不加木塞，只简单地用盖盖住，实际上是防尘，任其与空气接触，每年换桶两次，自然澄清后装瓶出售。很少采用人工澄清即下胶与过滤。

多加意葡萄酒酒液棕红，香气浓郁，果香、酒香协调，口味醇甜，酸度适中，具有独特的风格。由于葡萄品种、生产工艺不同，其酒精和糖的含量一般为 10%～20%。

七、蜜甜尔（Mistelle）酒

这类酒为兑制葡萄酒，用含糖量较高的葡萄汁中加入酒精的方法获得。生产红蜜甜尔葡萄酒，酒精添加到经破碎、除梗后的葡萄中；生产白蜜甜尔葡萄酒，则在葡萄汁中加入酒精。酒精加入量一般为16%～17%。由于没有经过发酵，所以，葡萄酒不含甘油、琥珀酸等副产物。世界著名的蜜甜尔酒有法国夏郎德皮诺（Pineau de charentes）葡萄酒。

八、马德拉（Madeira）酒

马德拉酒产于大西洋中葡萄牙的马德拉岛。马德拉酒有不甜、甜、极甜之分，其中以不甜最著名。它的工艺特点为：

采用加热方法缩短贮存期。将装在桶中的葡萄酒或装在瓶中的葡萄酒放在太阳下曝晒，或放在大暖室中，经过8～10个月，酒就具备了要经过多年陈酿（10多年）才能产生的风味。

另一种方法是在新葡萄酒中加入10%～15%预先在烘炉中加热过的酒。准备加热的酒装在陶瓷坛中，在55℃（不宜超过此温）的烘炉中加温。

不甜的马德拉酒其酒精常超过20%，酒精的添加是采用逐次加入的方法。

九、马拉加（Malaga）酒

马拉加酒产于西班牙的马拉加地区，以出产极甜的酒而著名于世。

马拉加酒的特点是将葡萄汁直接用火浓缩，然后根据酒的性质在葡萄酒中加入10%～15%的葡萄浓缩汁。

马拉加原甜葡萄酒的酿造，选用的葡萄越熟越好，采摘后曝晒2～3d，经破碎取一次压榨汁在橡木桶中发酵。这种酒的酒精含量一般为15%～17%，葡萄原酒保留糖分100g/L左右，再用这种原酒作酒基配制各种类型的马拉加酒。

十、阿斯蒂（Asti）起泡葡萄酒

阿斯蒂葡萄酒是一种在压力罐中制造的带甜味及芳香的起泡酒。其原酒由白麝香葡萄酿成，生产区域是意大利阿斯蒂山麓。这种酒的酒精含量为6%～9%，含还原糖为6%～10%。它的酿造方法为：

破碎→压榨→亚硫酸处理→用单宁及明胶澄清→亚麻布过滤或离心→低温贮存→二次发酵→过滤→装瓶。

用这种方法，大部分酵母与被吸收的硝酸盐一起排除，降低了可被酵母利用的氮源，使酒具有足够的生物稳定性。

第十二章　葡萄酒的稳定性与病害

第一节　葡萄酒的稳定性

一、酒石酸盐的稳定性

在酿酒葡萄中含有大量的酒石酸，占全部有机酸总量的50％以上，葡萄酒中也富含钾、钠、钙等离子。在葡萄酒中存在一定浓度的酒石酸盐类，其主要的酒石酸氢钾和酒石酸钙由于溶解度小，常形成沉淀而析出俗称酒石，更重要的是它们影响到葡萄酒的稳定性。

1. 酒石酸氢钾的稳定性

酒酸酸氢钾的溶解度与溶液的温度、酒精含量有密切关系，见表2-12-1所示。

表2-12-1　　酒石酸氢钾在酒精溶液中不同温度下的溶解度　　单位：mmol/L

温度/℃	水	酒精含量/％					
		10	11	12	13	14	15
－4	10.6	5.6	5.2	4.8	4.6	4.3	3.7
0	11.9	6.7	6.2	5.9	5.4	5.2	4.6
5	14.1	8.4	7.9	7.4	7.0	6.6	5.9
10	18.4	11.7	10.2	9.6	9.1	8.6	7.8
15	22.2	13.0	12.5	11.9	11.3	10.8	9.7
20	26.2	16.4	15.5	14.7	14.0	13.3	12.0
25	30.1	18.7	18.4	17.0	16.1	15.3	13.8

由此可见，酒石酸氢钾的溶解度随着葡萄酒中酒精含量的增加而减少，随着温度的升高而增加。在酒精发酵后，由于酒精含量的增加和温度的降低，而使酒石酸氢钾的溶解度减少，往往以沉淀析出。

pH与酒石酸氢钾的溶解度的关系是在pH值接近3.6时，酒石酸氢钾很快大量沉淀。因此，凡pH值小于3.6的葡萄酒，如有降低葡萄酒酸度的因子，可能会引起酒石酸氢钾的沉淀。如在酒石酸氢钾溶液中添加酒石酸，就会降低其溶解度。

当苹果酸—乳酸发酵时，由于苹果酸的消失，使结合于苹果酸的“钾”释放出来，加上pH值升高，酒石酸氢钾可能再度沉淀析出。

在红葡萄酒中，酒石酸氢钾晶体有时会重新溶解，这是由于多酚和酒石酸盐反应或钾与胶体色素反应的结果。

酒石酸氢钾稳定性的预测：在－4℃条件下保持8d（白葡萄酒）或15d（红葡萄酒），如果出现酒石，则不稳定。

2. 酒石酸钙的稳定性

葡萄酒经过长期贮存，一部分右旋酒石酸钙变为外旋酒石酸钙，溶解度减小很多，有时会造成酒的沉淀。

表 2-12-2　　几种酒石酸钙的溶解度

类　型	溶解度/mg·l^{-1}
外旋酒石酸钙	30
D-酒石酸钙	230
L-酒石酸钙	250

葡萄酒中钙的来源可来自原料葡萄、水泥发酵池或贮酒罐中涂料的脱落、过滤介质或澄清剂的带入等。

酒石酸钙因酒中酒精含量的增加而降低；pH值降低时，其溶解度显著增加；温度影响不像酒石酸氢钾那样大。

酒石酸钙的辨别：酒石酸钙在水溶液中加热不易溶解，稍微酸化，结晶便立刻溶解。如在溶液中含有酒石酸钙，加入几滴草酸铵，生成草酸钙沉淀，便可使溶液变为混浊。

3. 酒石酸盐沉淀的预防

（1）冷冻法　见第十章第三节。

（2）离子交换法　见第十章第四节。

（3）加入偏酒石酸法　每100L葡萄酒加5～15g。

由于吸附作用，酒石酸盐的晶体表面都吸满了偏酒石酸的颗粒，使那些微小的酒石酸晶体之间不能相互结合变成大的晶体，因而它们可处于分散溶解状态而不致产生沉淀。

二、蛋白质的稳定性

葡萄酒中的蛋白质是引起葡萄酒尤其是白葡萄酒混浊和沉淀的主要原因之一。因此，必须在装瓶前对酒中蛋白质进行处理，以保证装瓶后的酒长期稳定。

葡萄是葡萄酒中蛋白质的主要来源，不同品种的葡萄其蛋白质含量也不相同。琼瑶浆蛋白质含量高，而雷司令蛋白质含量就低。

酒中蛋白质的含量还与酿酒工艺有关，如酶制剂、皂土的使用，会降低其含量。

蛋白质不稳定性的预防：由于蛋白质相对分子质量较大，添加适量的皂土可除去汁中的蛋白质。将白葡萄酒加热至75～80℃，保持10min，然后过滤除去，此法会影响酒的风味，常作为蛋白质稳定性的预测。加入蛋白酶，分解酒中蛋白质。

三、颜色的稳定性

1. 葡萄酒中的呈色物质

葡萄酒中的色泽主要来自葡萄的各部分及木桶中的呈色物质。不同的呈色物质给红葡萄酒与白葡萄酒以不同颜色。

葡萄酒中的呈色物质是多种酚类化合物，包括来自葡萄的比较简单的化合物和来自木桶的比较复杂的单宁，它们相互间具有一定的转变关系，它们对葡萄酒的色泽、口感及氧化还原等方面具有重要作用。

表 2-12-3　　葡萄酒中的酚类物质

类　别	存　在　形　式
花色素苷	葡萄糖苷、二葡萄糖苷等
黄酮类化合物	花白素苷、儿茶酸、黄酮酸、黄烷酮等
非黄酮类化合物	苯甲醛、苯甲酸、肉桂醛、肉桂酸等
水解单宁类	单宁酚等

葡萄酒中总酚浓度受发酵温度、皮渣浸提时间、酒精含量、搅拌或泵送、葡萄品种等的影响。

(1) 花色素苷　花色素苷是红葡萄酒的主要色素，以单配糖体（糖苷）或双配糖体形式存在。花色素苷依葡萄品种不同而含量各异，葡萄中色素含量直接影响到酒的颜色。

花色素苷主要存在于果皮中，葡萄中五种花色素糖苷的配基存在于不同苷式中。

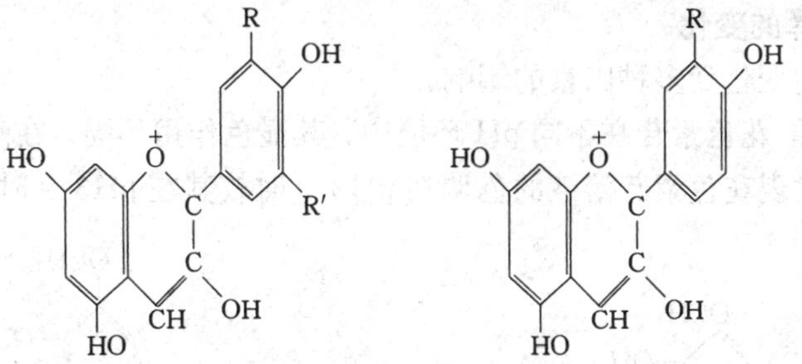

(1) R=R′=OH：花翠素　　(4) R=OH：花青素

(2) $R=OCH_3$，R′=OH：3′一甲花翠素　　(5) $R=OCH_3$：甲基花青素

(3) $R=R'=OCH_3$：二甲花翠素

图 2-12-1　五种糖苷配基相对应的五种花色素及酰化了的花色素苷

表 2-12-4　　花色素与糖苷的关系

糖苷＼糖苷配基＼个数	花翠素	3′-甲花翠素	二甲花翠素	花青素	甲基花青素
双糖苷	1	2	3	4	5
酰化了的双糖苷	6	7	8	9	10
单糖苷	11	12	13	14	15
酰化了的单糖苷 (1)	10	17	18	19	20
酰化了的单糖苷 (2)			18		20

(2) 单宁　单宁是一类特殊的酚类化合物，具有收敛性，能和蛋白质或多糖物质聚合。它分水解单宁和缩合单宁，水解单宁来自贮存橡木桶，缩合单宁来自葡萄。

黄烷（$C_{15}H_{14}O$）分子的聚合作用是单宁结构的本质，单宁的性质与其缩合程度有密切关系，葡萄与葡萄酒中的单宁是各种聚黄烷的混合体。由于单宁的缩合状态的变化，引起葡萄酒的颜色及相应口感的变化。

白葡萄酒的色泽形成主要与单宁有关。

单宁的平均相对分子质量表示其缩合程度，在新酒中单宁平均相对分子质量为500～700，在陈酿酒中则为2 000～3 000。

表 2-12-5　　葡萄酒总酚、花色素和单宁含量

品种名称	总酚/mg·L^{-1}	花色素/mg·L^{-1}	单宁/g·L^{-1}
玫瑰香	547.2	420～507	0.668～1.1
佳丽酿	380	304～677	0.288～0.385
黑品乐	989.84	261.83	0.6
品丽珠	939.4	234.8	0.8
蛇龙珠	1107.5	238.18	0.88

2. 葡萄酒色泽的变化

葡萄酒色泽的变化受多种因素的影响。

(1) pH 作用　花色素苷在不同 pH 环境中，其显色作用不同。在酸性状态下，花色素苷为红色，并发现花色素苷溶液的色调在 pH2.9 时较其在 pH3.9 时深 6 倍。

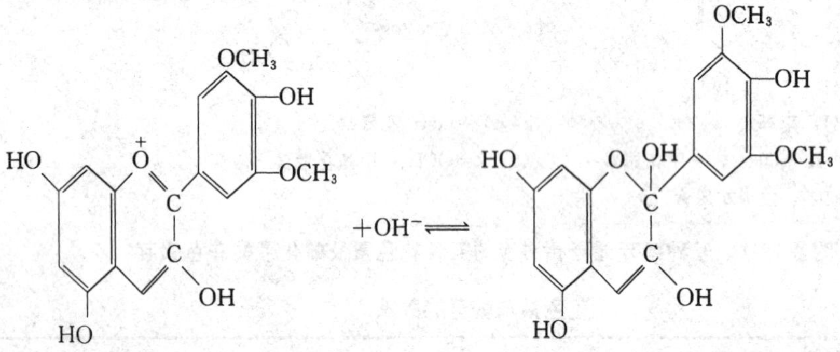

(2) 亚硫酸的作用　亚硫酸能与花色素苷起缩合，形成无色化合物（见第四章第三节）。

(3) 花色素苷也能被还原退色，反应也是可逆的。这反应说明某些新从发酵槽流出的红葡萄酒之所以色浅是由于槽底部较强还原作用所致。随着花色苷的氧化，颜色将变深。

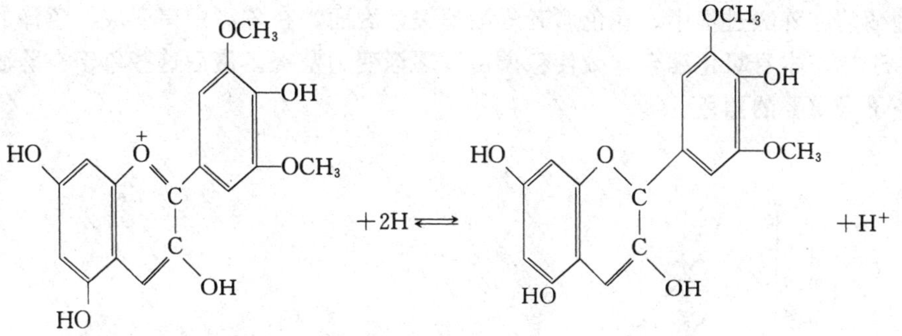

(4) 花色素苷如在侧边的芳香环的邻位带 2 个—OH 基（如 3′-甲花翠素、花翠素、花青素）能与重金属（铁与铝）复合形成蓝色化合物，这一反应在酸性条件下进行不快，若酒中有二价铁氧化成三价铁时，能促成这些化合物的形成。在葡萄酒贮存过程中花色素苷有所破坏，其原因在于氧化作用，并受 Fe^{3+} 催化。温度增高，则加快反应。

(5) 黄烷分子的缩合也可能是氧化过程，儿茶酸由空气的氧或多酚氧化酶的氧化，以致形成一 种醌式结构的多聚体，这种多聚体是黄棕色的，随缩合作用的进行而加深，这是白葡萄酒变褐的原因，这个反应受 Fe^{3+} 的催化。

以儿茶酸为例：

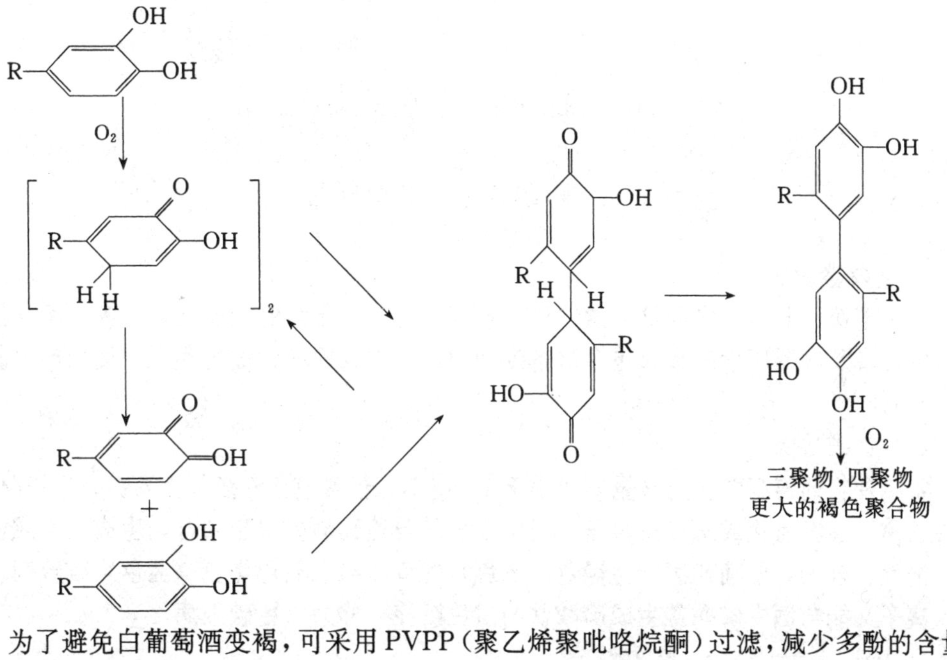

为了避免白葡萄酒变褐，可采用 PVPP（聚乙烯聚吡咯烷酮）过滤，减少多酚的含量，是一个有效的办法。

(6) 在新酒中，花色素苷对红葡萄酒的色泽形成影响很大。单宁也对增加新酒的颜色有作用。花色素苷在发酵时由于还原作用，一部分成为无色。

(7) 在葡萄酒酿造过程后数周，同时发生两类反应：①被还原的花色素又重新氧化，致使颜色增加。②还原型或氧化型的花色素苷都可能被不同的化学反应部分地破坏；或因与单宁缩合而被部分破坏。在此期间酒色的增加与减退取决于酒类反应的相对速度。

（8）葡萄酒在陈酿过程中，花色素苷逐渐消失，因而，在陈酒中单宁成了色泽的主要作用。由于单宁本身氧化缩合，致使色调由黄逐渐变为橙褐。最后这些单宁在陈酒的色泽中扮演了最重要的角色。

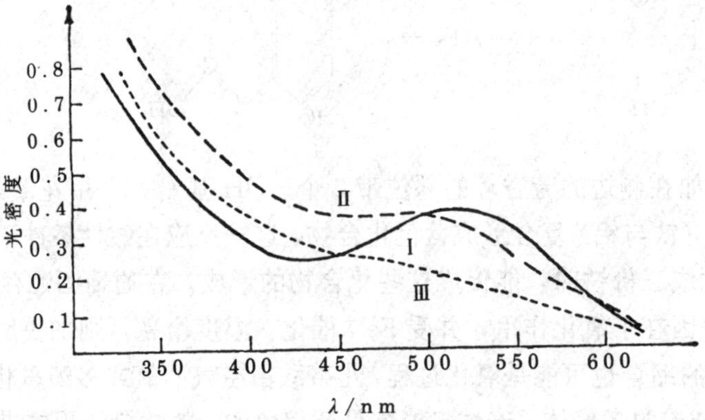

图 2-12-2　三种红葡萄酒的吸收光谱

Ⅰ—1 年酒龄的酒　Ⅱ—10 年酒龄的酒　Ⅲ—50 年酒龄的酒

第二节　葡萄酒的病害及其防治

一、葡萄酒的非生物病害

1. 金属破败病

由于土壤、肥料、农药等因素，使葡萄本身含有一定量的金属元素。葡萄酒在生产过程中设备及容器所含的金属也会溶解到酒中，其中以铁和铜危害最大，使酒产生破败病。

（1）铁破败病

①机理：葡萄酒中铁的含量一般小于 10mg/L。若酒中含铁量较大，在有氧情况下，二价铁离子逐渐氧化成三价铁离子。三价铁离子与葡萄酒中单宁结合，生成黑色或蓝色的不溶性化合物，使葡萄酒产生黑色（蓝色）的浑浊与沉淀称黑色（蓝色）破败病。三价铁离子又能与酒中磷酸盐生成磷酸铁的白色沉淀，称为白色破败病。

$$Fe^{2+} \xrightarrow{[O]} Fe^{3+} \begin{cases} +\text{单宁} \longrightarrow \text{黑色破败病} \\ +\text{磷酸盐} \longrightarrow \text{白色破败病} \end{cases}$$

铁破败的产生取决于铁的含量、酒中酸的性质及含量、pH 值、氧化还原电位、磷酸盐的含量以及单宁的种类及其含量。

由于红葡萄酒中含有充足的单宁故黑色沉淀常出现在红葡萄酒中，白色破败病在红葡萄酒中往往被黑色破败病所掩盖，故常表现在白葡萄酒中。

②预防：首先要防止或减少铁离子侵入葡萄酒，用钢板制作的容器其内部必须有涂

料，要注意贮酒水泥池内部涂料的完整。葡萄在破碎前要认真分选，避免铁质杂物混入。防止葡萄酒过分接触空气而氧化。保持酒中一定的二氧化硫含量。防止磷酸盐进入葡萄酒。

葡萄酒中除铁的方法有下列几种：

A. 氧化加胶：在单宁充足的情况下（不足时需加单宁），适量给葡萄酒通气氧化，促使破败病的在贮酒中表现，然后下胶促使铁离子生成不溶性络合物或磷酸铁沉淀，然后过滤分离。加入100mg/L的二氧化硫，若检测中尚有残留铁，则每升酒中加入0.5g柠檬酸（需做品尝试验）。

B. 亚铁氰化钾法：亚铁氰化钾（又称黄血盐）能与铁、铜、锌等生成不溶性化合物，然后过滤将金属除去，此法亦称蓝色下胶或蓝色澄清，在德国广泛使用，而有的国家禁用此法。

$$3Fe(CN)_6^{4-} + 4Fe^{3+} \longrightarrow \underset{(蓝色)}{Fe_4[Fe(CN)_6]_3} \downarrow$$

亚铁氰化钾的用量必须严格掌握，以免过量而产生氢氰酸中毒。由上式可知，除去1g高铁离子需5.65g亚铁氰化钾，对1g亚铁离子来说则需3.78～7.56g。在实际中，亚铁氰化钾因沉淀蛋白质等会损失一部分。必须经过试验决定亚铁氰化钾的用量。

C. 植酸钙除铁法：植酸钙（又称菲汀）能与大多数金属盐类反应产生不溶性盐，尤与三价铁离子生成植酸铁更难溶。所以，处理的酒需预先通气氧化，如不预先氧化而加入植酸钙则能使酒产生更大的隐患，万一再与空气接触就会产生沉淀。

$$\underset{植酸钙}{C_6H_{12}O_{27}P_6Ca_6} + 4Fe^{3+} \rightarrow \underset{植酸铁}{C_6H_{12}O_{24}P_6Fe_4}\downarrow + 3H_2O + 6Ca^{2+}$$

植酸钙的用量需视酒中含铁量而定，一般除去1mg铁需用植酸钙5mg（或每升酒中加200mg植酸钙），加入后经3～4d进行下胶处理，过滤除去沉淀物（用量最好经小试）。植酸钙对人无害，但会增加酒的钙离子。

D. 麸皮除铁法　小麦皮层含有较丰富的植酸盐，其原理与加植酸钙相同，但作用后无钙离子残留，一般用量为0.5～1.5g/L。先将麸皮用水洗涤干净，除去沉淀、尘土，然后压干加入酒中（酒处理前需通入空气），每天搅拌一次，4～5d后下胶过滤。

以上四法均需先将酒氧化，然后加入二氧化硫。

E. 柠檬酸络合法：柠檬酸与二价或三价铁离子都能很快形成可溶性络合物，在酒中加入柠檬酸可有效防止铁破败病，且不必预先通气氧化。但柠檬酸只能使铁隐蔽，不能除铁。由于柠檬酸不易消失，对酒的稳定性来说还是有效的。柠檬酸加入量一般是0.12～0.29g/L，过量的柠檬酸会使酒酸涩，故需进行品尝试验。

F. 维生素C还原法：维生素C（又称抗坏血酸）是一种还原剂，它能夺取酒中的氧（本身被氧化），从而保护了铁不被氧化。若有50～100mg/L的维生素C存在于酒中，就可防止铁破败病，特别在装瓶时加入，对酒的稳定性有很大的作用。

对已经产生铁破败病的酒，可用下胶的方法过滤将其除去，澄清后加入二氧化硫，也可加些柠檬酸保护，使酒保持稳定。

（2）铜破败病

①机理

$Cu^{2+} + RH \longrightarrow Cu^{+} + R + H^{+}$

RH 为葡萄酒中存在的还原性物质

$6Cu^{+} + 6H^{+} + SO_2 \longrightarrow 6Cu^{2+} + H_2S + 2H_2O$

$Cu^{2+} + H_2S \longrightarrow CuS + 2H^{+}$

$CuS \xrightarrow{\text{电解质、蛋白质}} \text{凝聚沉淀}$

生成的硫化铜首先以胶体形式存在，在电解质或蛋白质的作用下发生凝集，出现沉淀。

②预防： 防止铜侵入酒中，在生产中尽量少使用铜质工具与器具。在葡萄成熟前3周应停止使用含铜农药（如波尔多液）。

可用硫化钠除去酒中所含的铜。

加入硫化钠（$Na_2S \cdot 9H_2O$）与二氧化硫生成 H_2S，然后生成 CuS。

$Cu^{2+} + H_2S \longrightarrow CuS + 2H^{+}$

要注意防止加入过多的硫化钠。

2. 氧化酶破败病（棕色破败病）

（1）机理 葡萄酒在酿造过程中，由于氧化酶的作用，使葡萄酒中的酚类化合物氧化，特别是色素的氧化，常使酒出现暗棕色混浊沉淀，这种现象称棕色破败病。氧化酶主要来源于霉烂葡萄上生长的霉菌所分秘。

（2）防治

①做好葡萄分选工作。

②添加一定量二氧化硫。二氧化硫对氧化酶有一定的抑制作用。

③加热破坏氧化酶。氧化酶对温度较为敏感，温度愈高，氧化酶活性就愈小。

葡萄汁加热温度（℃）	60	65	70	75	80	85
氧化酶活性降低（%）	54	70	80	85	91	100

铜是构成氧化酶的有效成分之一，因此，减少酒中铜含量，也可起到一定的防治作用。维生素 C 不能抑制氧化酶的作用，但它能使棕色醌类化合物还原，从这点上看维生素 C 对防止棕色破败病也是有效的。

二、葡萄酒的生物病害

葡萄酒是一种营养丰富的饮料，微生物在葡萄汁与低酒精含量的葡萄酒中容易繁殖。有害菌可使酒发生病害。

1. 主要微生物病害

（1）葡萄酒醭酵母（*Mycodema Vini*）病害 葡萄酒醭酵母俗称酒花菌，形态如图 2-12-3 所示。它的大小为（3～10）μm×（2～4）μm，不产孢子，也不使糖发酵成酒精和二氧化碳。当葡萄酒感染上这种菌时，先在酒的表面产生一层灰白色或暗黄色的膜，开始时光滑，轻而薄，随后逐渐增厚，膜上产生许多皱纹，覆盖酒面。当膜破裂后，分成无数白色小片或颗粒下沉使酒混浊。时间稍长酒的口味就变坏。当容器中酒未装满，大量空气存在的条件下，它能大量繁殖。绝大多数菌是在破碎时从葡萄皮上带入汁内的。

产醭酵母其他尚有汉逊氏酵母（*Hansenule*）、毕赤氏酵母（*Plchia*）、接合毕赤氏酵母(*Zygopichia*)和圆酵母(*Torula*)。它们能将酒精氧化为乙醛和醋酸，最后分解成二氧化碳和水。

防治措施：

①不让酒液表面与空气过多接触，葡萄酒不开口贮存。注意把酒桶添满。保持周围环境及桶内外清洁卫生。

②不满的酒桶采用充二氧化碳或二氧化硫气体的办法，使酒液与空气隔开。

③提高贮存原酒的酒精含量（含酒精量在12%以上或在表面放一层高度酒精）。

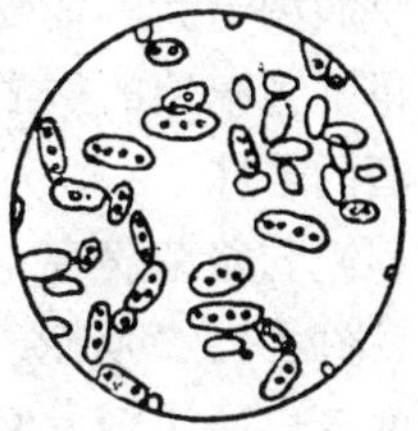

图 2-12-3　酒花菌

④如酒花菌已繁殖在酒面，可将酒花菌与酒分开。分开方法可采用过滤或用一只玻璃漏斗插酒中，倒入质量好的葡萄酒，使上面的酒花菌溢出桶外。

(2) 醋酸菌病害　醋酸菌是葡萄酒酿造与陈酿中的大敌，常见醋酸菌是醋酸杆菌，形态如图 2-12-4 所示。一般为（1～2）$\mu m \times 0.4\mu m$，能运动，常常排成长链。

这种病菌在酒面上产生一层淡色的薄膜，最初透明，随后变暗，有时会出现皱纹。当薄膜部分沉入桶中时，形成一种粘性的稠密物体，俗称醋蛾或醋母。遭受醋酸菌侵害的葡萄酒可以明显地闻出醋酸气味，挥发酸含量增长。它能氧化乙醇成醋酸。

防治措施：

①发酵温度高，葡萄原料较次时，可以加入较大剂量的二氧化硫。

②在贮存时注意添桶，无法添满时可采用充二氧化碳的办法或在酒液表面添加一层高度酒精。

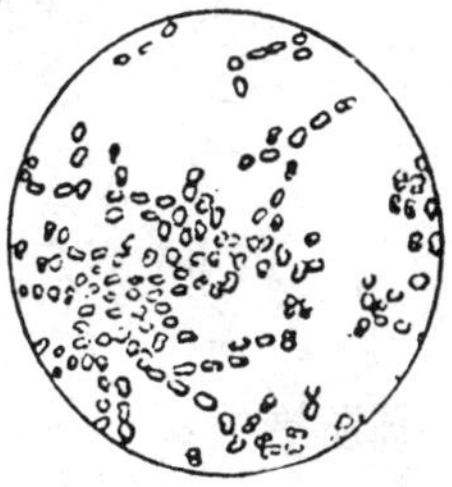

图 2-12-4　醋酸菌

③注意地窖卫生，定时擦桶、杀菌，经常打扫。

④对已感染上醋酸菌的酒，没有最有效的办法来处理病菌，只能采取加热灭菌，病酒在 72～80℃保持 20min 即可。凡已存过病酒的容器要用碱水洗泡，洗刷干净后用硫磺杀菌。

(3) 苦味菌（*Bacillus amaracrylus*）病害　苦味菌多为杆状，形态如图 2-12-5 所示，有多枝多节的、互相重叠的。这种菌侵入葡萄酒后会使酒变苦。

这种病害主要发生在红葡萄酒中，白葡萄酒中发现较少，且老酒中发生较多。苦味主要来源是从甘油生成丙烯醛，或是由于形成了没食酸乙酯造成的。

预防措施和治疗：主要是采用二氧化硫杀菌及防止酒温很快升高。一旦染上苦味菌应马上进行加热灭菌，然后采取下述方法处理。

①进行下胶处理 1～2 次。

②把新鲜酒脚按 3%～5%量加入病酒中，充分搅拌，沉淀后可除去苦味菌（酒脚洗涤后使用）。

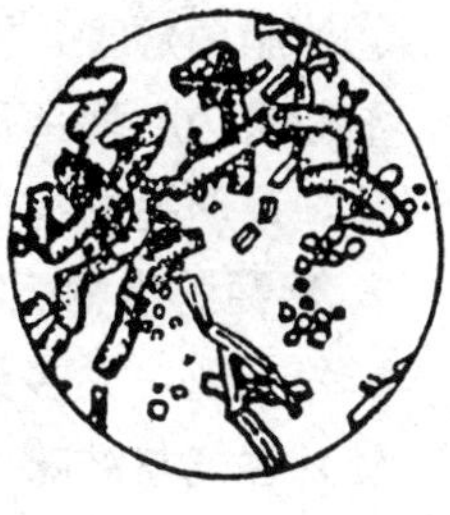

图 2-12-5　苦味菌

也可采用下法处理：将一部分新鲜酒脚同酒石酸 1kg，溶化的砂糖 10kg 进行混和，一齐放入1 000L病酒中，同时接纯种酵母培养发酵，发酵完毕再在隔绝空气下过滤。

将病酒与新鲜葡萄皮渣浸渍1～2d，也可获得较好的效果。

得了苦味菌的病酒在换桶时一定要注意不要与空气接触，因为一接触空气就会增加葡萄酒的苦味。

（4）乳酸菌病害　乳酸菌病害主要是由乳酸杆菌引起，另外还有纤细杆菌，如图2-12-6、图2-12-7所示。它的大小为（0.5～0.7）μm×（0.7～1.5）μm，成单个或链状。乳酸的形成是由糖发酵（注意与苹果酸—乳酸发酵分开），其他尚产生二氧化碳、醋酸、甘油等。使酒出现丝状混浊，底部产生沉淀，有轻微气体产生，具有酸白菜和酸牛奶的味道，这种病多发于3～4月份。

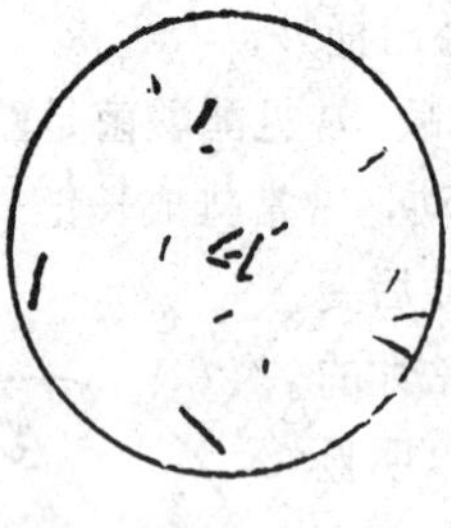

图2-12-6　乳酸杆菌

图2-12-7　纤细杆菌

预防措施：

①对贮酒容器或木桶应仔细杀菌。可用直接蒸汽和二氧化硫，每公斤容积用硫磺1g。

②发酵液中添加足量的二氧化硫，并使用经二氧化硫培育过的优良酵母进行发酵。

③酸度低的葡萄酒加入酒石酸或柠檬酸，提高含酸量。

④发酵结束，立即与酵母分开。

（5）其他微生物病害

①甘露蜜醇菌病害：产生这种病害都是由于发酵温度过高（38～40℃）所致。这种病菌使酒发浑，滋味上会感到醋酸味和乳酸味。沉淀呈针状结晶体。

②都尔菌和卜士菌病害：这种病害使酒中酒石酸被破坏，所以，亦称“酒石酸发酵病”，同时也使酒色发生变化。主要是由于发酵时温度增高太快所致，病菌大都呈杆状。

③油脂菌病害：发生这种病害地区多数为比较寒冷地区，且大多在白葡萄酒的新酒中。油脂菌为粘稠芽孢杆菌，呈圆珠状，并连接成似珍珠项链圈。病酒先是发浑，有变醋现象，最明显的特征是失去了流动性、变粘。

2. 葡萄酒生物病害的预兆

（1）外观　大多数酒失去透明度，有时颜色也会发生变化。

（2）香气与滋味　出现异杂气味。

（3）显微镜检查　在显微镜下会有大量微生物。

（4）挥发酸　一般正常葡萄酒挥发酸不超过0.7g/L，若超过0.8g/L，是有病害的象征。

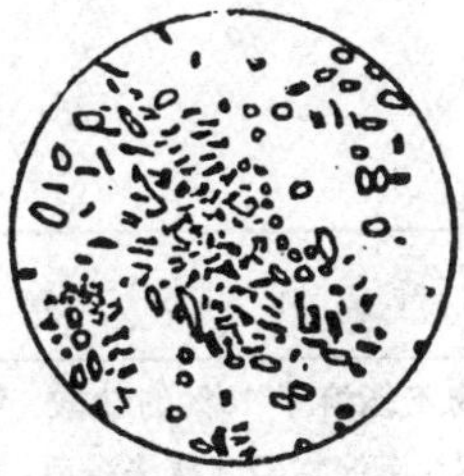

图 2-12-8　甘露蜜醇菌

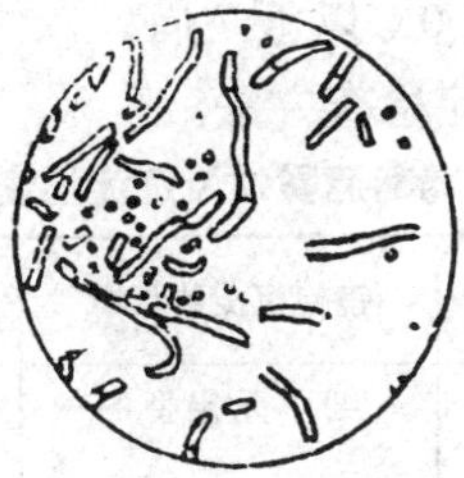

图 2-12-9　都尔菌

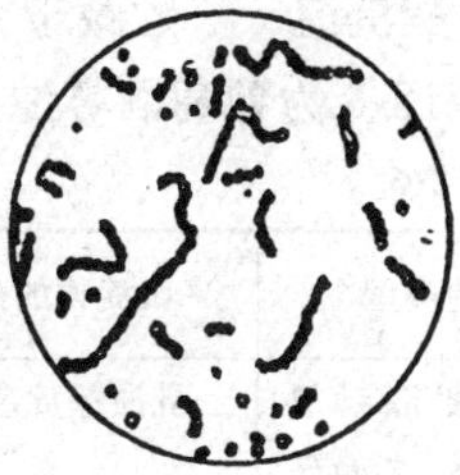

图 2-12-10　油脂菌

3. 葡萄酒微生物病害的治疗

每一种病害有一定的治疗措施，但通用的基本治疗方法有二种。

(1) 加热杀菌　加热杀菌的温度一般为 55～65℃，中等为 60℃就够了。酒精与酸度较高时，杀菌温度可低于 55℃。

酒精存在下微生物抗热性降低，可用下列公式确定杀菌温度：

$$T_0 = 75 - 1.5\theta$$

式中　T_0——葡萄酒最适宜杀菌温度（℃）

75——葡萄汁杀菌温度（℃）

1.5——试验系数

θ——葡萄酒的酒精含量（%）

按上述公式可以求出适宜杀菌的温度，例：

9%～14%的佐餐葡萄酒为 65～55℃；

13%～16%的甜葡萄酒为 55～50℃；

17%～20%的高度甜葡萄酒为 50～45℃。

产膜酵母和醋酸菌在 60℃经 15min 就可以死亡。虫胶分解霉在 65℃2min 就死亡。

(2) 亚硫酸法　当葡萄酒含二氧化硫量 100～1 000mg/L 时，二氧化硫先是刺激微生物，再使细胞活性减慢，最后导致死亡。

细菌比酵母对二氧化硫敏感性更大，即比酵母容易致死。为使病菌停止活动，每升葡萄酒中含二氧化硫 22～30mg/L 即可。有些病菌如产膜酵母要完全死亡，葡萄酒的二氧化硫需高达 300mg/L。二氧化硫可消除所有病害，但对酒厂危害最大的醋酸菌，采用二氧化硫方法只能达到暂时抑制其发展，而不能达到根治的效果。

第三节　葡萄酒的雾浊及沉淀检查

不同类型的抗性试验如下：

铁浑浊	通氧或强烈通气，0℃贮藏 7d。
铜浑浊	暴露于光线下，30℃保温。
蛋白质浑浊	加热 80℃，添加单宁。

色素浑浊　　　贮藏在0℃下24h。

酒石酸沉淀　　贮藏于0℃或0℃以下7周。

表2-12-6为葡萄酒雾浊及沉淀检查方法。

表2-12-6　　　　葡萄酒雾浊及沉淀检查

混浊的类型	沉淀物的外观	镜检沉淀物形状	特　殊　检　验
氧化过度沉淀（氧化酶破败病、棕色破败病）	乳浊棕黄色沉淀	细小无定型的微粒	沉淀物不能溶于10%的盐酸。沉淀物能完全烧尽。沉淀物经酒精洗涤后，添加浓硫酸微热后得红色、暗红色以至黑色液体
单宁物质与铁所形成的化合物（蓝色破败病）	乳浊，变灰的，蓝色沉淀或淡紫色的沉淀	细小无定型的微粒	沉淀物能溶于10%的盐酸溶液中。沉淀物用酒精洗涤，经盐酸酸化后加入黄血盐溶液得到蓝色的或呈普鲁士蓝的絮状物
铁与磷酸化合所形成的化合物（白色破败病）	极细小的雾状沉淀物，在红葡萄中有时呈白色沉淀		在阳光下混浊消失，在通风或添加双氧水时混浊加重。用酒精洗涤，经盐酸酸化后加入黄血盐溶液得到蓝色的或呈普鲁士蓝色的絮状物
硫化铜的形成	轻微的混浊，静止后有红棕色沉淀	无定型的微粒	在阳光下混浊消失，置于黑暗中重新出现。添加过氧化氢可加重其混浊，在10%盐酸溶液中沉淀物溶解。在严重混浊时如加入黄血盐溶液时酒变成红色，然后产生红色沉淀。沉淀物在煤气灯上燃烧，火焰呈绿色
亚硫酸铜 $CuSO_3$ 的沉淀	细小红色或红褐色的沉淀	无定型微粒	沉淀物溶于10%的盐酸溶液和过氧化氢溶液中。在阳光下混浊加重。在严重混浊时加入黄血盐溶液则酒变成红色，然后产生红色沉淀。在煤气灯上燃烧时火焰呈绿色
酒石酸结晶的析出	葡萄酒透明，沉淀物为大的晶体并具有原葡萄酒色泽	中等大小的结晶，有时是大的，晶体带有颜色	沉淀物在煤气灯上燃烧时，火焰呈紫色。沉淀物在盐酸溶液或碱溶液中溶解
酒石酸钙析出	葡萄酒一般是透明的，沉淀物为细小的结晶体，晶体带有原葡萄酒的颜色	中等大小的结晶，有时是大的，结晶带有颜色	沉淀物完全烧尽。沉淀物经酒精洗涤后，添加浓硫酸，微热后得红色的、暗红色的或黑色的沉淀
蛋白质的沉淀	极细小的雾状沉淀，并具有原葡萄酒色泽	无定形的微粒	透明的葡萄酒加热至72℃时发生混浊或出现沉淀物。沉淀物不溶于10%的盐酸溶液中而溶于氢氧化钾溶液
微生物的生命活动所引起的混浊和沉淀	混浊是稳定的，在离心时很难分离出沉淀，常常可观察到二氧化碳的产生	有大量微生物	沉淀物在10%盐酸溶液中不溶解。沉淀物燃烧时有燃烧毛发似的气味

第十三章　葡萄酒的再加工

葡萄酒的再加工常指味美思、起泡葡萄酒和白兰地。

第一节　味　美　思

味美思酒起源于欧洲，属苦味型加香葡萄酒。它以苦艾为主要香料配制而成，已成为葡萄酒的一个类型。以意大利的甜味美思和法国的干味美思最为著名。意大利甜味美思的特点为香气柔和，口感充实，后味悠长，酒精含量一般在16%左右，糖度为16%左右。法国干味美思的特点为干冽、清雅，酒精含量为18%左右，糖度4%左右。中国味美思属意大利型，在近百年的生产过程中，通过对中草药配比和加工工艺等多方面的摸索，使产品独具风格，可称为中国类型。张裕公司的味美思，色棕红，药香突出，味微苦，醇厚，酒精含量为18%，糖度15%。

味美思按色泽分为红、桃红、白三种；按糖分可分为甜、干几种类型。

一、味美思原酒

味美思选择弱香型的葡萄原料，按干白葡萄酒工艺生产。不同的产品根据其特点，可采用不同方法贮藏。对于白味美思，特别是清香产品，一般采用新鲜的，贮存期短的白葡萄原酒，为此，贮存期间应添加二氧化硫，以防止酒的氧化，一般控制游离二氧化硫40mg/L。红味美思和酒香、药香为特征的产品往往采用氧化型白葡萄原酒，原酒贮存期较长，部分产品的原酒需在橡木桶中贮存，氧化型原酒贮荐期间可以不加或少加二氧化硫。酒精含量为11%～12%的原酒用白兰地或食用酒精加强到16%～18%之后贮存。新木桶中鞣质及可浸出物含量高，原酒贮存时间不宜过长，一般在新木桶中贮存一段时间后移到老木桶中继续贮存。原酒经稳定性处理（澄清与降酸），若色泽较深，可采用脱色剂进行脱色处理。

二、味美思的加香处理

常采用的方法是先将药材预制成浸提液，再与原酒配合加香，直接用原酒浸泡提香的方法需增加搅拌、澄清、过滤等工作，再则直接浸泡法容器利用率低，不便于大规模生产。

目前国外已生产出商品味美思 调合香料，一些小生产厂可直接购买，用于生产，简化了药材处理过程。

1. 直接浸泡法

（1）常温浸泡　药材处理后，定量与原酒混合，每天搅拌1～2天，浸泡时间一般需15～20d。

（2）高温浸泡　药材处理后，用原酒浸泡。原酒间接加热到60℃左右，搅拌、冷却，反复几次，浸泡需几天时间。

2. 浸提液制备法

（1）白兰地提取法　用70%左右的原白兰地浸泡药材。药材可混合浸泡，也可分类分别浸泡，浸泡量按体积比1∶2～4（药材∶白兰地），浸泡时间一般需要10d。

（2）热水浸泡　热水控制在60℃左右，浸泡时间视药材特性而定，药材可分类分别浸泡，也可混合后一次性浸泡，一般要几小时至10h。

（3）加强原酒浸泡　将原酒的酒精含量加强到18%～30%，对药材进行浸泡，用量为:药材:原酒体积比为1∶2～4，浸泡10d左右。

（4）酒精浸泡　用食用酒精按（1）法浸泡。

3. 蒸馏法

此法将药材用白兰地或食用酒精浸泡，用蒸馏法提取馏液作为调香用料。其他方法处理过的药材，均可采用蒸馏法再次提取有效成分，作为调香用香料。

味美思配方中常用的香料品种：

苦艾、龙胆草、白芷、紫苑、菖蒲根、勿忘草、肉桂、豆蔻、橙皮、矢车菊、金鸡纳皮、丁香、当归等。

味美思的配方根据地方习惯、民族特点、不同的场合，可自行设计。

三、调　　配

味美思的调配分两个方面：一是药香的调配，二是糖、酒、酸、色度的调配。

经调配的原酒再经冷处理、澄清过滤等工序即为成品。

第二节　起泡葡萄酒

起泡葡萄酒是一种含二氧化碳的葡萄酒，以葡萄酒为基础，二氧化碳可以由加糖发酵法产生或人工压入，其含量在0.3MPa以上（20℃）。

香槟酒（*Champagne*）是起泡酒的一种，它起源于法国，因产于法国香槟地区而得名。法国政府的酒法规定：只有香槟地区按独特工艺酿造的含二氧化碳白葡萄酒才能称香槟酒。

起泡葡萄酒酒精含量一般为11%～13%，它由有干、甜之分，生产方法有两种，一是用葡萄原酒在瓶内经二次发酵而成；二是用葡萄原酒在大罐中发酵而成。

常用的葡萄品种有白福儿、鸽笼白、白玉霓、雷司令、黑品乐、霞多丽、龙眼等。要求葡萄的含糖量在200g/L左右，总酸在5～8g/L。

一、原料白葡萄酒生产

因香槟酒需较淡的颜色，一般只使用自流汁发酵，最宜出汁率在50%左右。在葡萄破碎时要流加定量二氧化硫，防止破碎的葡萄浆和汁与空气接触而发生氧化。

葡萄汁经澄清，接入优良香槟酵母，在15℃进行低温发酵。降糖量每天1%～2%，发酵周期约15d，发酵完的葡萄酒其酒精含量应在10%～12%。原酒需经与一般白葡萄酒一样的稳定性处理与贮存。

二、传统香槟酒生产

传统香槟酒生产的工艺流程如下：

原白葡萄酒
↓
培养酵母→装瓶←糖浆
↓
堆放
↓
瓶内发酵
↓
瓶架转瓶（后熟）
↓
瓶颈速冻（吐渣）
↓
葡萄酒与糖液→补料
↓
压塞（捆扣）
↓
成品

1. 糖浆

一般制糖浆用蔗糖，将糖溶化于酒中，经过滤除杂质，按发酵生成的二氧化碳需要量加入到澄清的酒液中，原酒在瓶内发酵要达到0.49MPa～0.588MPa。每升酒形成0.098MPa气压需消耗4g糖，0.588MPa气压需消耗24g糖。要保证香槟酒二氧化碳的压力符合质量标准，准确计算加糖量。加入糖量不足，酒中二氧化碳含量过低；加糖量超过24g/L，瓶内产生的二氧化碳压力太大，酒瓶容易爆破。如原酒含糖0.5%，则需加糖为：24－（5－1）＝20g/L。式中减1为发酵完后残留于酒中的糖分。

2. 酵母

采用凝聚效果好的低温香槟酵母，它除了有普通的葡萄酒酵母特征之外，还应具备：

（1）耐压　在酒中二氧化碳的压力达0.2MPa以上，还能继续发酵。

（2）抗酒精力强　在原酒酒精含量10%时能继续进行二次发酵。

（3）酵母产生的风味有益酒的质量。

3. 瓶内二次发酵

将加入糖浆的原料酒经匀质装入香槟酒瓶（瓶需预先试过压），接入5%酵母液体培养液，在10～15℃进行发酵。瓶子要水平堆放，以免瓶塞干而漏气。酒在发酵完后，在瓶中与因养分缺乏而自溶的酵母接触一年以上，因而，可获得香槟之香。

4. 堆放、瓶架转瓶和后熟

（1）堆放与倒堆　瓶内起泡酒堆放的过程就是瓶内二次发酵过程。

主发酵后，要进行一次倒堆，就是将瓶子一个一个的倒一下。

（2）倒堆的优点　在倒堆的时候，用手将瓶子用力晃动一下，使沉淀于瓶底无力的酵母重新浮悬于酒液中，将仅有的一点残糖继续消耗。对于有些澄清困难的酒，在晃动过程中，所有沉淀都会浮悬于酒液中，使酒石酸盐下沉时结合成大颗粒，便于沉降。原来分散的蛋白质分子和其他杂物通过摇晃，起到酒下胶的作用，有利于酒的澄清。

（3）瓶架转瓶和后熟　当堆放发酵结束后，二氧化碳量达到所规定的标准，此时酒要放在一个特别的酒架上后熟，其目的是将酒中的酵母泥和其杂物集中沉淀于瓶口处，以便除去。酒架也是特制的，木架呈“人”字形，酒瓶倒放在木架的孔中，木架的倾斜度是可以调节的，最终使酒瓶垂直，倒立在木架上。每天人工转瓶，瓶子从下方转到上方，使所有粘在瓶壁上的沉淀物能脱离开来，全部凝集。转动瓶子的次数从多到少，转动瓶子的手续也应尽量放慢，一般每天转$\frac{1}{8}$转。转瓶操作是一项强度大，且又细腻的工作，在此过程中沉淀集中在瓶颈，酒自然澄清，并伴随着酯化反应和复杂的生化反应，最终使酒的滋味丰满、醇和、细腻。

5. 瓶颈速冻与吐渣

（1）从酒架上取下酒瓶，以垂直状态进入低温操作室，置瓶颈于速冻机上。

（2）瓶颈倒立于－22～－24℃的冰液中，浸渍高度可以根据瓶颈内聚集沉淀物的多少而调节，使瓶内沉集物和部分酒成小冻冰塞状。

（3）将瓶子握成45°斜角，瓶口上部插入一开口特殊的铜瓶套中，迅速开塞，利用瓶内二氧化碳的压力将瓶塞顶出，冰塞状沉淀物随之排出。

（4）随后迅速将瓶口插入补料机上，补充喷出损失的酒液，一般补量为30mL左右（3%的量），以同类原酒补加。

整个过程要在低温室中操作（5℃左右），二氧化碳损失一般在0～0.01MPa。

6. 调整成分与封盖

一般讲，按照生产类型和产品标准，在添料机贮酒罐中，加上一些糖浆、白兰地、防腐剂来调整产品的成分，如果生产干型起泡酒可用同批号原酒或同批号起泡酒补充，生产半干、半甜、甜型起泡酒可用同类原酒配制的糖浆补充，若要提高起泡酒的酒精含量，可以补加白兰地。从酒瓶瓶颈速冻开塞到添料机添料，应该在很短时间内完成，然后迅速压盖或加软木塞。捆上铁丝扣。

三、罐式发酵生产起泡酒

罐式发酵起泡酒生产的工艺流程如下：

原酒
↓
糖浆食用酒精→二次发酵←酵母
↓

冷冻
↓
调整成分
↓
无菌过滤
↓
贮存
↓
成品

瓶、罐两种发酵法所用的原酒是一样的，因大罐发酵具有发酵快的优点，必须选择适当发酵温度。在较高温度下，二氧化碳在酒中吸收性差，采用低温凝聚酵母时，相应采用低温发酵，15℃二周时间，然后降至－4℃，冷冻一周，再将酒过滤到另一罐中。罐在输酒前先用二氧化碳气体或氮气充满，防止空气混入而使酒老化。若罐中澄清酒符合标准即可直接装瓶。

另外尚有三罐式生产起泡酒。

罐式发酵的优缺点：

优点：

(1) 生产周期短，效率高。省去人工转瓶等操作，节省劳动力。

(2) 可以控制发酵温度来掌握发酵速率，酒的质量比较均匀一致。

(3) 可用罐上的安全阀放去过量的二氧化碳，安全系数高。

(4) 原酒损失少。

缺点：

(1) 沉在罐底较厚的酵母层不易除去，罐的深度给酵母造成还原 条件、酵母自溶后，容易形成H_2S，产生不良的风味。

(2) 在0.5MPa～0.6MPa的压力下，很难去掉新酒中所有活性酵母。

第三节　白　兰　地

白兰地是一种以水果为原料酿制而成的蒸馏酒，通常所说白兰地是指以葡萄为原料生产的白兰地。以其他水果酿成的白兰地，均冠以原料水果名称，如樱桃白兰地、苹果白兰地、李子白兰地等。

葡萄经发酵蒸馏而得到的是原白兰地。原白兰地必须经过橡木桶的长期陈酿，调配匀兑，才能成为成品的白兰地。

白兰地应具有金黄透明的颜色和愉快的芳香及柔软而协调的口味。

白兰地生产的实践证明，要生产好的白兰地必须使用好的葡萄品种。糖度较低（120～180g/L），酸度较高（不低6g/L），具有弱香和中性香，品种香不太突出的葡萄适合做制造白兰地原料，主要葡萄品种有白玉霓、白福儿、鸽笼白等。目前我国适合酿造白兰地品种有红玫瑰、白羽、白雅、龙眼、佳丽酿等。

世界上法国的可涅克（Cognac）地区与阿尔马涅克（Armagnac）地区生产的白兰地

为最著名。中国烟台张裕葡萄酒公司的金奖白兰地受到国内外消费者的好评。

1. 白兰地酿造工艺

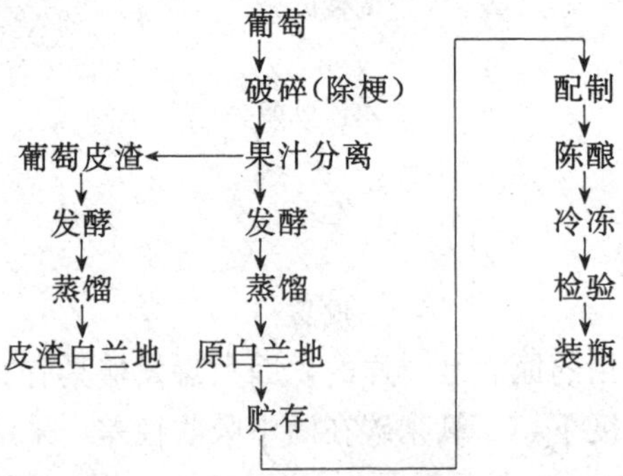

2. 白兰地原酒的酿造

白兰地是葡萄酒的蒸馏酒。用来蒸馏白兰地的葡萄酒叫做白兰地原料葡萄酒，简称白兰地原酒。由白兰地原酒蒸馏得到的葡萄酒精称原白兰地。

白兰地原酒的生产工艺与传统法生产干白葡萄酒相似，但原酒加工过程中禁止使用二氧化硫。

白兰地原酒是采用自流汁发酵，原酒应含有较高的滴定酸度，口味纯正，爽快。滴定酸度高能保证发酵过程顺利进行，有益微生物得到充分繁殖，有害微生物受到抑制。在贮存过程中也可保证原料酒不变质。

当发酵完全停止时，白兰地原酒残糖在0.3%以下，挥发酸在0.05%以下，即可进行蒸馏，得到质量很好的原白兰地。

表 2-13-1　　白兰地原酒的化学组成（可涅克原酒）

成分	最低	最高	平均
酒精含量/%	5.3	10.9	7.9
总酸含量/$g \cdot L^{-1}$	3.8	11.9	6.9
无糖浸出物含量/$g \cdot L^{-1}$	12.6	22.8	18

3. 白兰地的蒸馏

白兰地酒中的芳香物质，主要是通过蒸馏而获得的。白兰地虽然是一种蒸馏酒。但它与酒精不同，不像蒸馏酒精那样要求很高的纯度，而是要求在含酒精60%～70%的范围内，保持适当量的挥发性混合物，以保证白兰地固有的芳香。

因此，虽然近代蒸馏技术发展较快，但典型的白兰地蒸馏仍停留在壶式蒸馏器上。

壶式蒸馏器（夏郎德蒸馏锅）如图2-13-1所示。由蒸馏器、鹅颈管、预热器、冷凝器组成。为了使白兰地有一股特殊的香味，大都使用直接火、燃料不用煤炭而用木炭。尽管壶式蒸馏器近些年来有了不少改革，但实际上仍大同小异。

壶式蒸馏器属于两次蒸馏设备，即白兰地原料酒用这种蒸馏器需经两次蒸馏才得到质量好的白兰地。

第一次蒸馏白兰地原酒，得到粗馏原白兰地，然后将粗馏原白兰地进行一次蒸馏，掐去酒头和酒尾，取中馏分，即为原白兰地。

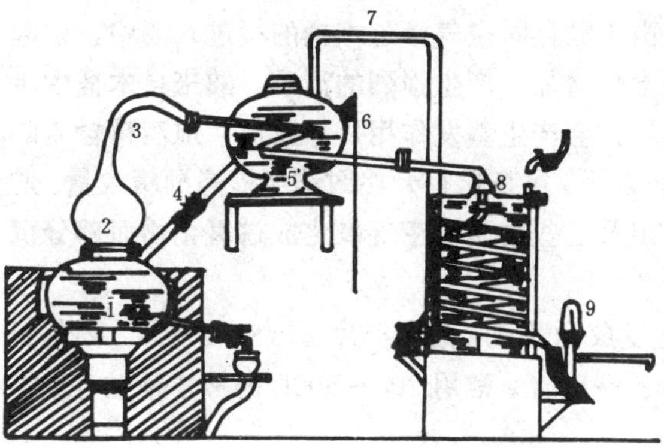

图 2-13-1 壶式蒸馏器

1—蒸馏锅 2—锅帽 3—鹅颈管 4—温酒进管 5—酒预热器 6—冷空气管 7—回收酒气管 8—冷凝器 9—验酒器

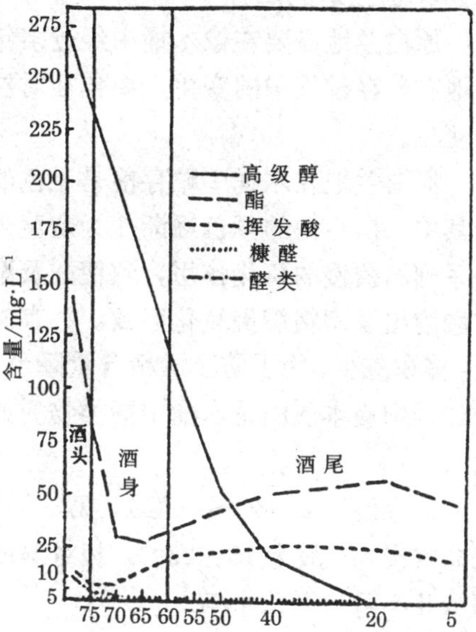

图 2-13-2 复蒸时各组成分的馏出情况

（1）粗馏原白兰地的蒸馏方法 粗馏原白兰地的蒸馏方法，是指将白兰地原酒装入壶式蒸馏器中，通过直接蒸馏，得到 26%～29%酒精含量的粗馏原白兰地。这种蒸馏一般不掐酒头，为了使粗原白兰地达到要求的酒精含量，需切取一定的酒尾，并将其回入白兰地原酒中，蒸入下一锅粗馏原白兰地中。

粗馏原白兰地的酒精含量，与所使用的白兰地原酒的酒精含量密切相关。如果白兰地原酒含酒精含量高，那么粗馏原白兰地的酒精含量也必然高。白兰地原酒的酒精含量为 7%，就从馏出液酒精含量 7%时开始切取酒尾；9%的白兰地原酒从 4%开始切酒尾；而 11%的白兰地原酒则应等到馏出液的酒精含量为 2%时才始切酒尾。按此操作可控制粗馏原白兰地的酒精含量大体在 26%～29%之间。如果粗馏原白兰地的酒精含量在 30%以上，重蒸馏时就应该添加适量的水，把酒精含量降低到 29%以下。

（2）原白兰地的蒸馏方法 把粗馏原白兰地投入到壶式蒸馏器中，用文火蒸馏，掐去酒头，切去酒尾，取中馏分（又叫酒心）即为原白兰地。

根据原料葡萄酒的质量，来确定截取酒头的数量，质量好的原酒截取酒头数量要少；质量差的原酒，截取酒头要多些。一般按酒精计算，截取总酒分的 0.5%～1.5%为酒头馏水。

截取酒头的数量也不是越多越好，如果截取酒头的数量过多，由于酒头中低沸点的芳香成分较多，有时会影响白兰地的质量。理想的原白兰地酒精含量为 70%左右，一般从 58%切酒头为宜。从图 2-13-2 看出醛类主要存在于酒头中，酯类则存在于酒头中，又进一步过渡至酒尾中，高级醇在酒头中含量最高，但很快在酒尾中降下来。

4. 白兰地的贮存

原白兰地需要在橡木桶中经过多年的贮存陈酿，才能使质量达到成熟完美的程度。白兰地在贮存过程中的变化主要包括对橡木桶成分的萃取、化学变化、物理变化及物理化学变化。

原白兰地在木桶中贮存前是无色的，在贮存过程中，橡木桶中单宁、色素等物质溶入其中，白兰地的颜色逐渐变为金黄色。由于贮存时空气渗过木桶的板进入酒中，引起一系列的缓慢的氧化作用，致使酸及酯的含量增加。产生强烈的清香，酸来自木桶中单宁酸溶出及酒精缓慢氧化而致。贮存时间长，会产生蒸发作用，导致白兰地酒精含量降低，体积减少，为了防止酒精含量降至40%以下，可在贮存开始时适当提高酒精含量。贮存过程中最本质的是木桶中酚类物质的抽出及这些物质被空气氧化成过氧化物而部分沉淀。

贮存温度高（25～30℃），第二年就能变成金黄色，贮存温度低（8～10℃），颜色变化非常慢。一般为15～25℃，相对湿度75%～85%。常用300～500L的橡木桶贮存，时间从几年可长至几十年。

5. 白兰地的调配

白兰地经过几年时间的贮存后，需经调配，再经橡木桶短时间的贮存，再经调配方可出厂。一般需经二次调配。

工艺流程如下：

贮存原白兰地
↓
糖浆、糖色、软化水→调配
↓
配成白兰地
↓
过滤
↓
热处理
↓
贮存
↓
二次调配
↓
冷冻
↓
过滤
↓
装酒

（1）不同品种原白兰地的调配，需按一定比例，先试验而后放大到生产中去。

（2）不同桶贮存原白兰地调配　如新桶可溶性物质丰富，小桶接触酒的面积大，而老桶和大桶则相反。

(3) 不同酒龄原白兰地的调配，酒龄不同，质量也不一样，老酒和新酒调配，可提高新酒质量。

另外还需进行调香，用软化水调整酒精含量，用糖色调色，用糖浆调糖。

最后经贮存、二次调配，冷冻处理后出厂。

6. 白兰地的成分

白兰地的主要成分是水和酒精，含水 55%～60%，含酒精 40%～45%，含 1%左右的糖。除此以外，白兰地还有 100 多种其他成分，这些成分含量虽然不足 1%，但对白兰地的质量有重要影响。

7. 白兰地商标上的英文缩写字

法国白兰地的酒龄，在销售中常冠于几个英文字母。

V.O 是 Very Old 的缩写表示“很老”。

V.O.P 是 Very Old Pale 的缩写，表示“极老”。

V.S.O.P 是 Very Superior Old 的缩写，表示“最老”。

X.O（或 E.O.）是 Extra Old 的缩写，表示“超老”。

法国科涅克白兰地，规定蒸馏从 11 月至来年的 3 月 31 日结束，从 4 月 1 日起至下一年的 3 月 31 日为贮陈期 1 年。

V.O 和 V.S.O.P 白兰地，贮陈期（即酒龄）规定不低于 5 年。

E.O. 或 X.O. 或 Extro Nopolian，酒龄为不低于 10 年。

第十四章　葡萄酒的成分

葡萄酒是以压榨或浸渍得到的葡萄汁为原料，由酵母发酵而得的一种饮料，它的组成和成分的转化直接与生物化学反应有关。

一、葡萄酒成分来源

(1) 来源于葡萄汁。

(2) 来源于葡萄汁的微生物发酵。

(3) 来源于贮存。

所生成的各种产物形成了葡萄酒的共性及特性。

二、醇　　类

(1) 乙醇　来源于葡萄酒发酵，某些贮存较长的葡萄酒部分来自苹果酸分解。乙醇是气味物质的良好溶剂。乙醇含量各国有各自的法律规定，有些国家以乙醇含量计税。

(2) 高级醇　葡萄酒中的高级醇是指两个碳以上的一元醇。高级醇是酒的香气成分之一，又是挥发性香气的良好溶剂，是酒精发酵的副产物，也可来自氨基酸脱氨基。高级醇含量一般为0.15～0.55g/L，其生成与发酵形式、酵母种类有关。

(3) 甲醇　葡萄酒中的甲醇不是由发酵产生，而是葡萄中的果胶质在甲酯酶作用下产生的。葡萄中的果胶质大部分集中在果皮上，带皮发酵的红葡萄酒中甲醇含量高于不带皮发酵的白葡萄酒。甲醇的另一来源于甘氨酸脱羧。其含量平均为0.1g/L，在允许剂量范围内。

(4) 甘油　即丙三醇，是酒精发酵副产物，在一般情况下，占酒精重量的1/10～1/15。甘油对葡萄酒风味有很大的影响，它既甜且浓厚。其含量与发酵温度、葡萄汁糖度、发酵时间、酵母种类有关。

(5) 2，3-丁二醇　是酒精发酵的副产物，略带酸甜，一般含量为0.2～1.5g/L，葡萄汁含糖愈多，其含量愈大。

三、酸　　类

(1) 酒石酸，又名葡萄酸，是葡萄酒中含量较大的酸，占总酸的$\frac{1}{3}$～$\frac{1}{4}$。它是抗葡萄呼吸氧化作用和抗酒中细菌作用的酸类，对葡萄着色与抗病有重要作用。酒石酸大部分以酒石酸钾、酒石酸氢钾形式存在，在发酵过程中以结晶形式析出，减小了酒石酸浓度，其溶解度随温度降低而减小。利用这个性质，可采用冷冻处理来降酸及增加稳定性。

（2）苹果酸　葡萄中原有苹果酸在酒精发酵时减少10%～30%，是由于裂殖酵母作用和苹果酸—乳酸发酵的结果。

（3）柠檬酸　酒中含量很少，一般为0.1～0.3g/L。在汁和酒酸度调整时常用柠檬酸，可收到一举两得的目的，一是增加酸度，二是避免产生磷酸铁的白色沉淀。

（4）琥珀酸　酒精发酵副产物，酒中含量为0.2～0.5g/L。琥珀酸在发酵初期比发酵后期生成更多，主要是由于糖的代谢而不是氨基酸的代谢，它对细菌抵抗力很强，极易生成酯。琥珀酸乙酯是酒的重要香气之一。

（5）乳酸　在发酵过程中产生，其产生途径有：伴随酒精发酵产生；苹果酸—乳酸发酵；有病害的葡萄酒中糖的乳酸发酵。

（6）挥发醇　葡萄酒中挥发酸如甲酸、乙酸、丁酸等由脂肪酸组成，它不包括用水蒸气蒸馏的乳酸、琥珀酸和山梨酸。葡萄酒的挥发酸各国均有严格标准，超越标准说明葡萄酒已受到杂菌的感染，主要为乙酸。

四、糖　类

葡萄酒中残糖主要是果糖、葡萄糖，另外还有阿拉伯糖、木糖、鼠李糖、棉子糖、蜜二糖、半乳糖等。

五、酯　类

酯类是葡萄酒的重要香气成分，在酒中含量较少，它一是由酵母代谢产生，二是在贮存过程中形成。主要的酯类有乙酸乙酯、乳酸乙酯、琥珀酸乙酯、酒石酸乙酯、酸性酒石酸乙酯等。葡萄酒中的酯可分中性酯与酸性酯，约各占一半。酯的含量决定于葡萄酒的成分与年限，新酒一般含176～264mg/L，老酒含量有所增加。

六、含氮化合物

（1）蛋白质　葡萄酒中的蛋白质约占总氮的3%。酒中蛋白质使酒产生混浊和沉淀，故在酿造过程中必须减少蛋白质的含量。

（2）胨、胨、多肽　胨、胨、多肽是蛋白质水解的中间产物。在葡萄酒中有一定数量的胨、胨和多肽。

（3）氨基酸　葡萄酒中含有24种氨基酸，其中脯氨酸　丝氨酸、亮氨酸、谷氨酸是主要氨基酸。氨基酸是葡萄酒风味和营养的最重要部分，两种新酒分析结果表明：总氮有90%为游离氨基酸。

七、醛类化合物

（1）乙醛　乙醛是葡萄酒的香味成分之一，是酒精发酵的副产物。新发酵的葡萄酒中乙醛含量一般在75mg/L以下。酒中乙醛大部分与二氧化硫结合成乙醛—亚硫酸化合物。贮存时由于氧化或产膜酵母作用，乙醛含量渐渐增多。谐丽酒最高含量达500mg/L。

（2）乙缩醛　乙醇与乙醛作用生成乙缩醛，是酒的香味成分之一，一般在5mg/L以下。

(3) 羟甲基糠醛　果糖在酸性溶液中加热，脱水而生成羟甲基糠醛。在热浸提法酿造的葡萄酒或加浓缩汁生产的酒中，羟甲基糠醛含量提高。

八、酚类化合物

(1) 色素物质　葡萄酒的色泽主要来自葡萄。花色素苷是红葡萄酒的主要色素，其含量依葡萄品种不同而各异。葡萄中的花色素苷其品种有6～17种之多，常以糖苷形式存在。

(2) 单宁　单宁是一类特殊的酚类化合物，具有收敛性，能和蛋白质或多糖物质聚合，分水解单宁或缩合单宁。水解单宁来自贮存的橡木桶，缩合单宁来自葡萄。单宁在无氧条件下呈黄色，氧化后为棕色褐色，并受三价铁离子催化作用的影响。

九、果胶物质

葡萄酒中果胶物质一般是指果胶质和树胶质。果胶是植物细胞组成成分，由多个半乳糖醛酸交联，发酵过程中果胶水解释放出甲醇和果胶酸。树胶亦是一种多糖，它由半乳聚糖—阿拉伯聚糖、木聚糖、果聚糖组成。树胶在葡萄酒澄清过程中形成保护层，酒中树胶含量为0.1～0.3g/L，它在葡萄胶体中起着重要作用。

十、矿物质

(1) 钾　葡萄酒中钾离子最多，约占阳离子的75%，钾离子在酒中起重要的降酸作用，一般成品酒中含量为1g/L。

(2) 钠　葡萄酒中的钠离子一是来自土壤，二是来自添加的防腐剂（偏重亚硫酸钠盐），三是来自离子交换树脂。通常其含量为0.1g/L。

(3) 钙　葡萄酒中的钙离子来自果实、土壤及含钙的助滤剂、澄清剂。酒中钙离子含量一般为0.05～0.70mg/L。

(4) 镁　葡萄酒中的镁离子含量为0.05～0.15g/L。

(5) 铜　酒中的铜离子主要来自波尔多农药及与铜器的接触。酒中铜的含量不应超过1mg/L。

(6) 铁　葡萄酒中的铁离子除原料带入外，酿造过程中与铁器接触也有很大的关系。成品酒中铁含量应低于10mg/L。

十一、挥发性物质

葡萄酒中挥发性组分种类繁多，据报道有150种以上。

十二、维生素

葡萄酒中有多种维生素，主要是B族维生素和维生素C

表 2-14-1　中国白葡萄酒分析结果

组分名称	含量	组分名称	含量
酒精含量/%	12	酒石酸/g·L^{-1}	2.21
相对密度（20℃）	0.9977	苹果酸	0
相对密度（除酒精后）	1.0107	乳酸/g·L^{-1}	2.02
还原糖/g·L^{-1}	1.9	琥珀酸/g·L^{-1}	1.02
干浸出物/g·L^{-1}	27.0	甘油/g·L^{-1}	11.7
灰分/g·L^{-1}	2.92	丁二醇/g·L^{-1}	0.75
总酸（硫酸计）/g·L^{-1}	3.52	总氮/g·L^{-1}	0.40
挥发酸/g·L^{-1}	0.45	多酚指数 mmol	43
乙酸乙酯/g·L^{-1}	0.12	花色素/mg·L^{-1}	165
游离二氧化硫/mg·L^{-1}	6	单宁/g·L^{-1}	2.30
总二氧化硫/mg·L^{-1}	64	二氧化碳/g·L^{-1}	0.24

表 2-14-2　红葡萄酒成分分析（Saint-Estephe，1976）

组分名称	含量	组分名称	含量
酒精含量（15℃）/%	12.2	苹果酸含量/g·L^{-1}	1.24
相对密度（15℃）	1.002	酒石酸含量/g·L^{-1}	1.62
总浸出物含量/g·$(100ml)^{-1}$	4.84	柠檬酸/g·L^{-1}	0.13
pH	3.07	琥珀酸含量/g·L^{-1}	0.39
总酸含量（酒石酸计）/g·L^{-1}	7.09	钙含量/mg·L^{-1}	99
		钾含量/mg·L^{-1}	400
游离二氧化硫含量/mg·L^{-1}	40	镁含量/mg·L^{-1}	62
总二氧化硫含量/mg·L^{-1}	170	钠含量/mg·L^{-1}	97
总氮含量/g·$(100ml)^{-1}$	0.0134	铁含量/mg·L^{-1}	5.37
总单宁含量/mg·L^{-1}	304	铜含量/mg·L^{-1}	0.06
乳酸含量/g·L^{-1}	0.94	锰含量/mg·L^{-1}	0.08
醋酸含量/g·L^{-1}	0.20	锌含量/mg·L^{-1}	0.94

第十五章　葡萄酒副产物的综合利用

葡萄酒在酿造过程中，有不少副产物，充分利用这些副产物，既可解决环境污染，同时妥善地解决了废渣处理问题，又创造了较好的经济效益。

葡萄皮渣处理工艺如下：

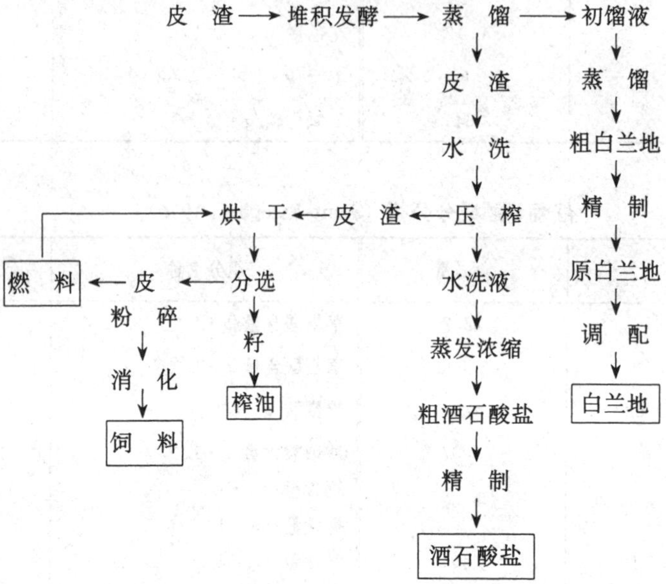

一、酒石酸盐的提取

葡萄酒中含有酒石酸及其盐类，是葡萄酒厂的重要副产物。酒石酸盐来源于葡萄酒皮渣（酒糟），沉淀在发酵池底部的酒脚，附着酒桶上的酒石及白兰地酒的蒸馏废液中。

1. 从皮渣中提取酒石酸盐

皮渣的量，干红葡萄酒约 17.25%，干白葡萄酒约为 19.55%。白酒一般高于红酒，因为红酒是先经过发酵再压榨之故。

酒石酸的浸提方法有两种：一种是用热水浸提。葡萄皮渣蒸馏白兰地后，随即放入热水，水面浸过皮渣，煮沸 15min 左右。将沸腾过的水溶液放入结晶容器（一般为木质结晶槽)。当水冷却以后，约一昼夜或更长的时间，结晶槽底部或槽壁便有结晶的酒石酸盐析出，我们称这种结晶为粗酒石。粗酒石含纯酒石 80%～90%冷却水中溶解的酒石酸盐还不能完全析出，还有相当量的酒石酸及其盐类，我们称这种冷却水为母液。母液可循环使用，一般可连续使用 4～5 次，其后溶解皮渣中酒石酸盐能力降低，并且含蛋白质及杂质量已较多，因而需重新更换溶解水。母液则用氢氧化钙中和，提取酒石酸钙烘干备用。

$$\underset{\text{酒石酸氢钾}}{2KHC_4H_4O_6} + Ca(OH)_2 \longrightarrow \underset{\text{酒石酸钙}}{CaC_4H_4O_6} + \underset{\text{酒石酸钾}}{K_2C_4H_4O_6} + H_2O$$

另一法则将葡萄皮渣和水共沸15min左右，放出沸水，加入$Ca(OH)_2$，边加边搅拌，中和至中性（或微碱性），继续搅拌数分钟，然后加入$CaCl_2 \cdot 2H_2O$（其量与加入的氢氧化钙相等），搅拌15min，静置1h，取出上清液，其桶底即为酒石酸钙沉淀，用水洗涤沉淀，除去杂质。在洗涤过程中添加二氧化硫以防杂菌侵入，用量为200mg/L。洗净干燥备用，要求其水分含量在5%以下。

$$\underset{\text{酒石酸钾}}{2K_2C_4H_4O_6} + CaCl_2 \longrightarrow \underset{\text{酒石酸钙}}{CaC_4H_4O_6} + 2KCl$$

单独使用氢氧化钙或碳酸钙处理时，只有一半酒石酸盐沉淀，但同时加氯化钙，并用氢氧化钙中和，则沉淀很易完全。

2. 从酒脚中提取酒石酸盐

葡萄酒换桶后在酒脚中含有较多的酒石酸，一般蒸出酒精后趁热除去大多数悬浮物，然后冷却，上层清液用氢氧化钙与氯化钙处理，沉淀酒石酸及其盐类。

葡萄酒酒脚产量各国情况不一样，中国大约100L葡萄酒出酒脚平均为2～3L，每100kg酒脚可得粗酒石15～20kg，它含纯酒石酸50%，干燥后备用。

3. 从蒸馏白兰地后的废液中提取酒石酸盐

葡萄酒蒸馏白兰地后的残液中含有酒石酸盐，由于废液中不含酒精，因而酒石酸盐在废液中的溶解度较大。废液在冷冻情况下，酒石酸及其盐类呈结晶析出，可制成较纯的酒石酸及其盐类。蒸馏后的废液不易感染杂菌。1L废液中平均含酒石酸氢钾25g。

4. 从粗酒石中提取酒石酸盐

装酒的罐壁和罐底所形成的酒石称粗酒石。粗酒石中主要含有酒石酸氢钾、酒石酸钙等。酒石紧紧附着壁上，可用氢氧化钠溶解，形成酒石酸钾钠，用盐酸调至pH3.5，可转变成酒石酸氢钾和酒石酸氢钠。静止数日，回收结晶。

二、从皮渣中蒸馏制取白兰地

1. 从红葡萄酒皮渣中蒸馏白兰地

传统法酿造红葡萄酒的过程中，葡萄汁与皮渣发酵至残糖5g/L时分离，分离后皮渣压榨。压榨后的皮渣中仍有少量的酒精和香味物质。可直接蒸馏白兰地。

2. 白葡萄皮渣再发酵制取白兰地

白葡萄酒的皮渣，分离压榨后未经发酵。将未发酵的皮渣加糖水（水的用量以浸没皮渣为宜，糖度约13%～14%），在25～30℃下发酵7～8d，待残糖为0.5%以下时，蒸馏白兰地。皮渣出酒率一般可达3.5%（酒精含量为20%）。

三、利用葡萄皮渣作饲料

葡萄皮渣干燥后或磨成粉，可作饲料，特别是做牛的饲料。单独用营养价值较低，常与麸皮、糖蜜等混合使用。亦可将皮渣发酵后制成高效饲料。

葡萄酒糟经烘干其平均化学成分如下：

水分	4.66%～8.14%
脂肪	3.67%～6.43%
粗蛋白	11%～12.7%
粗纤维	31.25%～40.95%
还原糖	0.38%～1.44%
糖	7.43%～7.86%

四、葡萄籽榨油

葡萄籽含油量为12%左右，可用压榨或溶剂萃取法来取油。它含人体必须的脂肪酸、亚油酸，胆固醇含量较低。使用价值与玉米油、黄豆油和棉籽油相同。

年产 5 000t 葡萄酒的厂为例，可产葡萄籽 225t，可榨油 20 多吨。

五、康酿克油的提取与应用

康酿克油或译作“科涅克油”、“白兰地油”，是调配白兰地的重要香料。

康酿克油的成分复杂，主要是高级酸和乙醇生成的酯类，如月桂酸乙酯、葵酸乙酯、壬酸乙酯、辛酸乙酯、己酸乙酯、丁酸乙酯等。

用发酵后的皮渣或葡萄酒的酵母沉淀物，经蒸馏、分离、提取而得到康酿克油。

康酿克油香气非常持久，有很大的扩散力，具有甜蜜的酒香与果香，隐约的玫瑰精油的芳郁。很早就在白兰地生产中应用，它能改善白兰地的口味和香味。

康酿克油在食品工业和化妆品工业中应用范围也很广泛，尤其与其他香料混合使用时，微小的用量就有显著的效果。

六、其　　他

从皮渣中可提取色素。皮渣炭化制成炭，是理想吸附剂。葡萄籽中提取单宁，葡萄酒酿造中可作添加剂。葡萄皮渣经发酵可制葡萄醋等。

主要参考文献

〔1〕大连轻工业学院等．酿造酒工艺学．北京：中国轻工业出版社，1992.4

〔2〕葡萄酒生产工艺编写组．葡萄酒生产工艺。北京：轻工业出版社，1988.7

〔3〕朱梅等．葡萄酒工艺学．北京：轻工业出版社，1986.12

〔4〕朱宝镛等．葡萄酒科学与工艺．北京：中国轻工业出版社，1992.2

〔5〕李华．葡萄酒酿造与质量控制．天则出版社，1990.7

〔6〕宋尔康译．葡萄酒微生物学．北京：轻工业出版社，1989.1

〔7〕M. A. Amerine etal. The Technology of Wine Making. 1980

〔8〕M. A. Amerine etal. Table Wine. 1970

〔9〕Peynaud，E. Knowing and Make Wine 1984

〔10〕Amerine & Ough. Methods for Analysis of Musts and Wine. 1980
〔11〕秦含章．葡萄酒分析化学．北京：中国轻工业出版社，1991.10
〔12〕C. Navarre. L'oenologie. 1988
〔13〕朱宝镛主编．葡萄酒工业手册．北京：中国轻工业出版社，1995.5

第三篇　黄酒生产工艺学

第一章　概　　述

黄酒是我国的民族特产和传统食品，也是世界上最古老的饮料酒之一。它是以谷物为主要原料，利用酒药、麦曲或米曲所含的多种微生物的共同作用，酿制而成的发酵原酒。

“清酏之美，始于耒耜”，说明谷物酿酒的起源和发展与农业生产有着密切的关系。远在4 000多年前的龙山文化时期，随着我国农业的逐步发展，谷物种植面积日趋扩大，粮食收获量有所增多，为谷物酿酒提供了物质基础；加之，当时人们已发现了酒精发酵的自然现象，并掌握了酿酒技术，致使谷物酿酒渐渐盛行起来，经过数千年的兴衰成败，变革提高，才形成了现代的黄酒工业，黄酒生产的发展历史是我们整个中华民族文明史的一个佐证。

第一节　黄酒生产的特点

黄酒与其他酿造酒相比，在生产工艺、产品风格等方面，都有其独特之处。

（1）浓厚的地方色彩　我国幅员辽阔，自然条件不一，各地生产黄酒所使用的原料、糖化发酵剂的种类不尽相同，工艺操作也各具一套，酒体风格亦与当地人们的习惯爱好密切相关，因而，我国黄酒的品种繁多，其中的绍兴酒是我国黄酒的典型代表。

（2）生产季节性强　传统的黄酒生产常在冬季气温较低的时期进行，生产中强调使用“冬浆冬水”。因为低温环境有利于发酵温度的控制，减少杂菌的污染，保证生产的安全，也有利于微生物在低温下长时间作用，积累黄酒中特有的风味物质。

（3）稻米类是酿造黄酒的主要原料　酿制黄酒以大米、黍米等米类为主要原料，其中以糯米酿成的酒质最佳。为了扩大原料品种，节约粮食，降低成本，近年来也有采用玉米等为原料的。

（4）典型的边糖化边发酵工艺　黄酒酿造时，糖化作用和发酵作用同时并进，人们利用糖化发酵剂中微生物及其所含酶的生化特性，调节糖化速度和发酵速度，使酒醪中糖分不致积累过多，酒精成分能逐步升高，驯化了酵母菌的耐酒精能力和酒精发酵能力，使黄酒发酵后的酒精体积分数（下同）高达15%～18%。

（5）独特的曲法酿造　用曲酿酒，我国最早，在世界酿酒史上留下了光辉的一页。黄酒生产所用的小曲、麦曲、红曲等，既是糖化发酵剂，又是酒的增色剂，增香剂及增味剂。曲的种类不同，形成的黄酒风格也不一样。

第二节　黄酒的分类

黄酒品种繁多，命名分类缺乏统一标准，有以酿酒原料命名的，也有以产地或生产方法命名的；也有以酒的颜色或酒的风格特点命名的。为了便于管理、评比，目前常以生产方法和成品酒的含糖量高低进行粗略地分类。

一、按生产方法分类

1. 传统工艺黄酒

此类黄酒又称为老工艺黄酒。它是用传统的酿造方法生产的，其主要特点是以酒药、麦曲或米曲、红曲及淋饭酒母为糖化发酵剂，进行自然的、多菌种的混合发酵生产而成，发酵周期较长。根据具体操作不同，又可分为淋饭酒、摊饭酒、喂饭酒。

（1）淋饭酒　米饭蒸熟后，用冷水淋浇，急速冷却，尔后拌入酒药搭窝，进行糖化发酵。用此法生产的酒称为淋饭酒。在传统的绍兴黄酒生产中，也常用这种方法来制备淋饭酒母，大多数甜型黄酒也常用此法生产。

采用淋饭法冷却，速度快，淋后饭粒表面光滑，宜于拌药搭窝及好氧性微生物在饭粒表面生长繁殖，但米饭的有机成分流失较摊饭法多。

（2）摊饭酒　将蒸熟的热饭摊散在凉场上，用空气进行冷却，尔后加曲、酒母等进行糖化发酵。此法制成的酒称为摊饭酒。绍兴元红酒、加饭酒是摊饭酒的典型代表，其他地区的仿绍酒、红曲酒也使用摊饭法生产。

摊饭酒口味醇厚、风味好、深受饮用者的青睐。

（3）喂饭酒　将酿酒原料分成几批，第一批先做成酒母，然后再分批添加新原料，使发酵继续进行。用此种方法酿成的酒称为喂饭酒。黄酒中采用喂饭法生产的较多，嘉兴黄酒就是一例，日本清酒也是用喂饭法生产的。

由于分批喂饭，使酵母在发酵过程中能不断获得新鲜营养，保持持续旺盛的发酵状态，也有利于发酵温度的控制，增加酒的浓度，减少成品酒的苦味，提高出酒率。

2. 新工艺黄酒

在传统的生产工艺基础上进行科学的总结和革新，以纯种发酵取代自然发酵，以大型的发酵生产设备代替小型的手工操作，这是新工艺黄酒生产的主要特点。新工艺黄酒生产过程简化，更切合科学原理，原料利用率高，去除了笨重的体力劳动，改善了劳动条件，为进一步实现自动化打下了基础。

二、按成品酒的含糖量分类

为了克服黄酒品种多，评比难等问题，轻工业部于1980年对黄酒依其含糖量高低进行粗略分类，便于按类评比。见表3-1-1所示。

表3-1-1　　黄酒分类表

类　型	干型黄酒	半干型黄酒	半甜型黄酒	甜型黄酒	浓甜黄酒
糖分含量以葡萄糖计/g·(100ml)$^{-1}$	<1.00	1.00～3.00	3.00～10.00	10.00～20.00	>20.00

第三节　发展中的黄酒工业

黄酒是营养丰富的酿造酒，酒精含量常在15%～18%左右，酒性温和，刺激性小，而氨基酸含量丰富，种类达18种之多，人体必需氨基酸的含量最全，居各种酿造酒之首。(见表3-1-2) 黄酒的发热量较高（见表3-1-3)。营养成分主要有糖、肽、氨基酸等低分子浸出物，还有B族维生素、矿物质和微量元素等，易为人体消化吸收，黄酒是营养价值极高的食品之一。

表3-1-2　　酿造酒的氨基酸含量

酒种 氨基酸及其含量/mg.L⁻¹	黄酒		清酒	啤酒		红葡萄酒
	绍兴加饭酒	北京加饭酒		Ⅰ	Ⅱ	
丙氨酸	596.9	880	340	122	42	67
α-氨基丁酸	/	/	/	/	/	31
γ-氨基丁酸	/	/	/	/	30	/
精氨酸	599.6	840	390	58	46	84
天冬酰胺	/	/	/	/	/	56
天冬氨酸	307.7	760	290	5	/	76
胱氨酸	微量	180	120	/	/	106
谷氨酸	418.1	2 340	420	46	5	334
谷氨酰胺	/	/	/	/	/	46
甘氨酸	287.4	630	290	39	10	12
组氨酸	130.4	170	80	25	16	34
异亮氨酸	186.7	490	210	21	16	}36
亮氨酸	490.6	770	310	34	36	
赖氨酸	431.2	390	180	12	11	43
蛋氨酸	64.9	20	40	5	/	28
苯丙氨酸	351.4	500	230	73	72	22
脯氨酸	515.4	870	400	380	131	531
丝氨酸	348.1	480	200	8	/	9
苏氨酸	334.4	310	130	8	/	27
色氨酸	/	30	10	/	41	/
酪氨酸	306.0	340	230	81	64	32
缬氨酸	278.9	700	320	74	53	19
合　　计	5 647.7	10 700	4 190	991	573	1 593

表 3-1-3　　　　　　　　　　各种酿造酒的发热量比较

物料名称	每克物料相当热量/kJ	酒　名	酒精含量/%	浸出物含量/%	每升酒所含热量/kJ
碳水化合物	16.7	绍兴元红酒	16	3.5	4 242.7
		绍兴加饭酒	17.5	5	4 016.0
蛋　白　质	16.7	绍兴善酿酒	16	15	4 890.6
		绍兴香雪酒	20	24	8 401.8
		啤　酒	3.5	4	1 488.5
酒　精	29.2	日本清酒	16	7	4 915.7
		葡　萄　酒	13	3	3 544.6

自古以来，黄酒一直处于小规模的作坊式生产，技术进步缓慢，劳动强度极大。解放后，在党和政府的正确领导下，才逐步发展成工业化生产，并形成了一支黄酒的科技队伍，使黄酒工业的面貌逐年改观，黄酒这一宝贵的民族遗产，在国内外获得了较高的声誉。黄酒生产的区域也由原来的华东地区，扩展到全国大多数省区，年产量突破 90 万 t，预计到本世纪末年产量为 170 万 t，除了满足国内人民的需求外，还向国外出口，出口量占我国酒类出口的第二位。黄酒品种也不断增多，丰富了市场。

为了推动黄酒工业的发展，开辟新的原料种类，先后摸索成功“以粳代糯”以及以籼米，玉米等原料酿制黄酒。对黄酒酿造的微生物菌种进行了系统研究，出色地完成了对小曲、麦曲、红曲和酒母的菌种分离、筛选和鉴定工作，培育出 Q303、苏 16、Z-1392 等一批优良糖化发酵菌种；“曲酿改革”的成功，实现了以纯种培养代替自然发酵制曲、制酒母的传统工艺；大罐发酵取代了陶缸酿酒，加速实现了黄酒生产的机械化。

要使黄酒进一步发展，必须对黄酒的工艺进行更深刻的剖析，探索发酵和陈酿过程中的物质变化规律，发掘新的优良菌种，改进包装装璜，使黄酒成为我国各族人民喜爱的酒精性饮料，为改善我国人民的食品结构，振奋民族精神，实现酒类的合理发展作出贡献。

第二章　原料和辅料

黄酒生产的主要原料是米和水，辅料是小麦。原料种类的不同和品质的优劣涉及到酿酒工艺的调整和产品的产量、质量。酿造者常把米、水和麦曲比喻为黄酒的“肉”、“血”和“骨”。

第一节　米类原料

黄酒的主要原料是大米，包括糯米、粳米和籼米，也有使用黍米、粟米和玉米的。对米类原料的要求如下：

①淀粉含量高，蛋白质、脂肪含量低，以达到产酒多、酒气香、杂味少、酒质稳定的目的。

②胚乳结构疏松，吸水快而少，体积膨胀小。

③淀粉颗粒中支链淀粉比例高，易于蒸煮糊化及糖化发酵，使产酒多，糟粕少，酒液中残留的低聚糖较多，口味醇厚。

一、大米的结构和理化特性

1. 米粒的构造

稻谷加工脱壳后成为糙米，糙米由四部分组成，(如图 3-2-1）所示。

(1) 谷皮　谷皮由果皮、种皮复合而成。谷皮的主要成分是纤维素、灰分，不含淀粉。果皮的内侧是种皮，种皮含有大量的有色体，决定着米的颜色。谷皮包围着整个米粒，起着保护作用。

(2) 糊粉层　种皮以内是糊粉层，它与胚乳紧密相连。它含有丰富的蛋白质、脂肪、灰分和维生素。糊粉层占整个谷粒的质量分数为 4%～6%。常把谷皮和糊粉层统称为米糠层。米糠含有 20%～21%的脂肪，可提取糠油。脂肪，蛋白质含量过多，有损于黄酒的风味，当贮存时间长时，脂肪会被氧化，产生油腻味，因而要尽量采用新米来酿酒为宜。

(3) 胚乳　胚乳位于糊粉层的内侧，是米粒的最主要部分。其质量约为整个谷粒的 70%左右。胚乳由淀粉细胞构成，

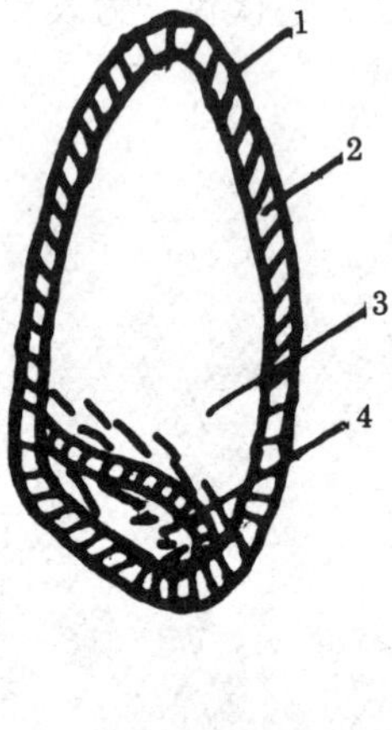

图 3-2-1　大米的剖面图
1—谷皮　2—糊粉层
3—胚乳　4—胚

细胞内充满着大小不同的淀粉颗粒，颗粒与颗粒之间有贮藏蛋白质充填，蛋白质多，胚乳结构紧密坚硬，呈透明状；蛋白质少，胚乳结构疏松，呈粉质状。一般粉质状部分大多位于米粒的腹部（俗称腹白）或心部（俗称心白）。胚乳淀粉是酿酒的主要成分，由于淀粉分子大，相对密度也大。米粒饱满、相对密度大的米，淀粉含量也高。

(4) 胚　胚位于米粒的下侧端，约占整个谷粒质量的2%～3.5%，是米的生理活性最强的部分，含有丰富的蛋白质、脂肪、糖分和维生素等。带胚的米易变质，不宜久贮。胚在米粒精白时可除去。

2. 米的物理性质

(1) 外观、色泽、气味　各种米类都有其自然的色泽和气味。正常的大米有光泽，无不良气味，特殊的品种，如黑糯、血糯、香粳等，有浓郁的香气和鲜艳的色泽。大米的成熟度不够，米粒中含有叶绿素而使米发青。收割或贮存条件差，米会发黄变褐，并会污染上黄曲霉毒素。色变导致米中氨基酸、还原糖被消耗，蛋白质的溶解性、消化率变差，精碾发生困难，香味和食味都起着不良变化。谷物应在收割后及时晒干，低温干燥贮藏，以防止色变。通过精碾，可除掉80%～90%的黄曲霉毒素。

(2) 粒形、千粒重、相对密度和体积质量　一般大米粒长约5mm，宽3mm，厚2mm，粳米长宽比小于2，籼米长宽比大于2。大米的千粒重一般为20～30g之间，大于26g的为大粒米。短而圆的米粒出米率高，破碎率低。凡充分成熟的米，粒大饱满，适于酿酒。大米的相对密度在1.40～1.42，一般粳米的体积质量为800kg/m³。籼米的体积质量约为780kg/m³

(3) 心白和腹白　在米粒中心部位有白色不透明的部分是心白；若白色不透明部分在米的腹部边缘是腹白。心白米是由于发育条件良好，粒子充实而形成的，故米粒内含物丰富。心白部分是淀粉少的柔和部分，它的周围是淀粉多的坚硬部分，软硬连接处孔隙多，吸水好，酶易渗入，容易糊化、糖化，酿酒要选用心白多的米，腹白米强度低，易碎，精白时出米率低。

(4) 米粒强度　米粒强度可用硬度计测定。含蛋白质多、透明度大的米强度高，通常粳米比籼米强度大，水分低的比水分高的强度大，晚稻比早稻的强度大。

3. 米的化学成分

(1) 水分　一般谷物含水在13.5%～14.5%，不得超过15%，过大易霉变。

(2) 淀粉及糖分　糙米含淀粉约70%，精白米含淀粉约78%，淀粉含量随精白而提高，应选用淀粉含量高的米酿造黄酒。大米中还含有0.37%～0.53%的糖分，其中还原糖极少。

(3) 蛋白质　糙米含蛋白质7%～9%，白米含蛋白质量为5%～7%，主要是谷蛋白，蛋白质经酶的分解，提供给酵母作营养。在发酵时，一部分氨基酸转化为高级醇，构成黄酒的香气成分，其余部分留在酒液中形成黄酒的营养成分。蛋白质含量过高，使酒的酸度容易升高，使酒的风味变差，酒的稳定性也受到影响。

(4) 脂肪　脂肪主要分布于糠层中，其含量为糙米质量的2%左右，含量随米的精白而减少。大米脂肪多为不饱和脂肪酸，容易氧化变质，影响风味，故大米不宜久贮。类脂占全脂的5%～20%，主要在米糠中。

(5) 纤维素、灰分、维生素　精白大米纤维素含量仅0.4%。，灰分0.5%～0.9%，主要是磷酸盐。维生素主要分布于糊粉层和胚。以水溶性的B族维生素为最多，也含有少量的维生素A。

为了保证黄酒生产的产量和质量，应选用大粒、软质、心白多、淀粉含量高的米作原料。

二、糯米、粳米、籼米的特点

凡是大米都能酿酒，其中以糯米最好。目前除糯米外，粳米、籼米也常作为黄酒酿造的主要原料。80年代培育出的京引15、祥湖24、双糯4号、早珍糯、香血糯等优质高产糯米品种，为黄酒生产使用糯米原料提供了有利条件，

1. 糯米

糯米分粳糯、籼糯两大类。粳糯的淀粉几乎全部是支链淀粉，籼糯含有0.2%～4.6%的直链淀粉。支链淀粉结构疏松，易于蒸煮糊化；直链淀粉结构紧密，蒸煮时需消耗的能量大，吸水多，出饭率高。

选用糯米生产黄酒，除应符合米类的一般要求外，还须尽量选用新鲜糯米。陈糯米精白时易碎，发酵较急，米饭的溶解性差；发酵时所含的脂类物质因氧化或水解转化成异臭味的醛酮化合物；浸米浆水常会带苦而不宜使用。尤其要注意糯米中不得混有杂米，否则会导致浸米吸水、蒸煮糊化不均匀，饭粒返生老化，沉淀生酸，影响酒质，降低酒的出率。

2. 粳米

粳米亩产高于糯米。粳米含有15%～23%的直链淀粉。直链淀粉含量高的米粒，蒸煮时饭粒显得蓬松干燥，色暗、冷却后变硬，熟饭伸长度大。在蒸煮时要喷淋热水，使米粒充分吸水，糊化彻底，以保证糖化发酵的正常进行。

粳米中直链淀粉含量多少与品种有关，受种子的遗传因子控制，此外，生长时的气候也有影响。

3. 籼米

籼米粒形瘦长，淀粉充实度低，精白时易碎。它所含直链淀粉比例高达23%～35%左右。杂交晚籼米可用来酿制黄酒，早、中籼米由于在蒸煮时吸水多，饭粒干燥蓬松，色泽暗，淀粉容易老化，出酒率较低。老化淀粉在发酵时难以糖化，而成为产酸细菌的营养源，使黄酒酒醪升酸，风味变差。

直链淀粉的含量高低直接影响米饭蒸煮的难易程度，我们应尽量选用直链淀粉比例低，支链淀粉比例高的米来生产黄酒。

表3-2-1　　籼、粳、糯米的物理性质比较

名称	籼米	粳米	籼糯	紫糯
米粒形状	长而窄	椭圆	长椭圆	椭圆
体积质量/kg·m^{-3}	780	800		798～823
腹白度	大	小	少数或没有	少数或没有
膨胀性	大（1∶3）	中（1∶2.5）	小（1∶1.8）	小（1∶1.8）
粘性	小	中	大	大
硬度	中	大	小	中
出饭率	1∶1.5～1.6	1∶1.3～1.4	1∶1.2～1.3	1∶1.2

4. 黑米

黑米，亦称墨米，是我国稻米的珍品，古时常用作宫廷食用，也称之为贡米。

黑米在化学组成方面，除了淀粉、蛋白质等含量与普通大米相接近外，特别富含人体必需的赖氨酸及钙、镁、锌、铁等微量元素。以黑米为原料酿成的酒，营养特别丰富并具有增强人体新陈代谢的作用。

表 3-2-2　　陕西黑米所含微量元素和维生素情况

成分	Ca	Fe	P	Mn	Ni	Zn	Co	V_{B_1}	V_{B_2}
含量/mg·(100g)$^{-1}$	21.82	10.50	157.50	5.04	0.155	6.83	>0.009	0.21	0.16

三、其他原料

1. 黍米

北方生产黄酒用黍米做原料。黍米俗称大黄米，色泽光亮，颗粒饱满，米粒呈金黄色。黍米以颜色分为黑色、白色、黄色三种，以大粒黑脐的黄色黍米最好，誉为龙眼黍米，它易蒸煮糊化，属糯性品种，适于酿酒。

表 3-2-3　　黍米的化学成分　　单位：质量分数%

成　分	含量
水　分	10.3～10.9
粗蛋白质	8.7～9.8
脂　肪	1.32～2.50
粗纤维	0.57～1.16
糖　分	0.72～1.24
糊　精	2.84～3.67
淀　粉	70.6～73.3
灰　分	1.02～1.34

2. 玉米

近年来，国内有的厂家开始用玉米为原料酿造黄酒，开辟了黄酒的新原料。我国的玉米良种有金皇后、坊杂二号、马牙等。玉米的特点是脂肪含量丰富，主要集中在胚芽，含量达胚芽干物质的30%～40%，酿酒时会影响糖化发酵及成品酒的风味。必须先除去胚芽。

玉米淀粉贮存在胚乳内，淀粉颗粒呈不规则形状，堆积紧密、坚硬，呈玻璃质状态，直链淀粉占10%～15%，支链淀粉为85%～90%，黄色玉米的淀粉含量比白色的高。玉米淀粉糊化温度高，蒸煮糊化较难，生产时要注意粉碎，选择适当的浸泡时间和温度，调整蒸煮压力和时间，防止因蒸煮糊化不透而老化回生，或水分过高，饭粒过烂，不利发酵，引起酸度高、酒度低的异常情况。玉米必须去皮、脱胚，做成玉米糙，才能用于酿酒。玉米所含的蛋白质大多为醇溶性蛋白，不含β-球蛋白，这有利于酒的稳定。

表 3-2-4　　玉米的化学成分　　单位：质量分数%

水　分	碳水化合物	含氮物	脂　肪	纤维素	灰　分
12～14	65～70	9～12	4～6	1.5～3	1.5～1.7

第二节　水

酿造黄酒，水极为重要。水在黄酒成品中占80%以上，水质好坏直接影响酒的风味和质量；在酿酒过程中，水是物料和酶的溶剂，生化酶促反应都须在水中进行；水中的金属元素和离子是微生物必需的养分和刺激剂，并对调节酒的pH及维持胶体稳定性起着重要作用。

黄酒生产过程中，一般吨酒耗水量为10～20t，新工艺生产最高耗水达45t左右，其中包括酿造水、冷却水、洗涤水、锅炉水等。

酿造用水可选择洁净的泉水，湖水和远离城镇的清洁河水或井水，自来水经除氯去铁后也可使用。

黄酒生产中，用水目的不同对水质要求也不一样。酿造用水直接参与糖化、发酵等酶促反应，并成为黄酒成品的重要组成部分，故它首先要符合饮用水的标准，其次要从黄酒生产的特殊要求出发，达到以下条件：

(1) 无色、无味、无臭、清亮透明、无异常。

(2) pH中性附近，理想值为6.8～7.2，极限值为6.5～7.8。用超过极限值的水直接酿造黄酒，则口味不佳。

(3) 硬度2～6度为宜　酿造用水保持适量的Ca^{2+}、Mg^{2+}，能提高酶的稳定性，加快生化反应速度，促进蛋白质变性沉淀。但含量过高有损酒的风味。水的硬度高，使原辅材料中的有机物质和有害物质溶出量增多，黄酒出现苦涩感觉；由于水的硬度太高，会导致水的pH偏向碱性而改变微生物发酵的代谢途径。

(4) 铁含量<0.5mg/L　含铁太高会影响黄酒的色、香、味和胶体稳定性。铁含量>1mg/L时，酒会有不愉快的铁腥味，酒色变暗，口味粗糙。亚铁离子氧化后，还会形成红褐色的沉淀，并促使酒中的高、中分子的蛋白质形成氧化混浊。含铁过高不利于酵母的发酵。因此，应重视铁质容器的涂料保护和采用不锈钢材料，尽量避免物料直接与铁接触。

(5) 锰<0.1mg/L　水中微量的锰有利于酵母的生长繁殖，但过量却使酒味粗糙带涩，并影响酒体的稳定。

(6) 重金属对微生物和人体有毒，抑制酶反应，会引起黄酒混浊，故黄酒酿造水中必须避免重金属的存在。

(7) 有机物含量　表示水被污染的轻重，常用$KMnO_4$耗用量表示。高锰酸钾耗用量应<5mg/L。

(8) NH_3、NO_3^-、NO_2^-。氨态氮的存在，表示该水不久前受过严重污染。有机物被水中微生物分解而形成氨态氮。NO_3^- 大多是由动物性物质污染分解而来。NO_2^- 是致癌物质，能引起酵母功能损害。酿造用水中要求检不出 NH_3、NO_2^-、而 NO_3^- 氮小于 0.2mg/L。

(9) 硅酸盐（以 SiO_3^{2-} 计）<50mg/L　水中硅酸盐含量过多，易形成胶团，妨碍黄酒发酵和过滤，并使酒味粗糙，容易产生混浊。

(10) 水的微生物要求　要求不存在产酸细菌和大肠杆菌群，尤其要防止病菌或病毒侵入，保证水质卫生安全。

表 3-2-5　　生活饮用水与酿造用水的差别

项　目	单　位	生活饮用水标准	酿造用水要求	
			理想标准	最高极限
pH 值		5.5～8.5	6.8～7.2	6.5～7.8
总硬度	度	<25	2～7	<12
硝酸态氮	mg/L	<10	<0.2	0.5
细菌总数	个/mL	<100	无	<100
大肠菌群	个/L	<3	无	<3
游离余氯量	mg/L	>0.3	<0.1	<0.3

注：(1) 细菌总数培养指 37℃培养 24h。

(2) 游离余氯是指接触 30min 后，不低于 0.3，管网末端水不低于 0.05。

第三节　小　　麦

小麦是黄酒生产的重要辅料，主要用来制备麦曲。小麦含有丰富的碳水化合物、蛋白质、适量的无机盐和生长素。小麦片疏松适度，很适宜微生物的生长繁殖，它的皮层还含有丰富的β-淀粉酶。小麦的碳水化合物中含有 2%～3%的糊精和 2%～4%的蔗糖、葡萄糖和果糖。小麦蛋白质含量比大米高，大多为麸胶蛋白和谷蛋白质，麸胶蛋白的氨基酸中以谷氨酸为最多，它是黄酒鲜味的主要来源。

表 3-2-6　　小麦的主要化学组成

成分	蛋白质	脂肪	灰分	淀粉	聚戊糖	糖	残留无氮物
干基含量/%	17.7	2.2	2.14	61.3	6.0	3.0	7.9

黄酒麦曲所用小麦，应尽量选用当年收获的红色软质小麦。并有以下要求：

(1) 麦粒饱满完整，颗粒均匀，无霉烂，无虫蛀，无农药污染。

(2) 干燥，外皮薄，呈淡红色，两端不带褐色

(3) 品种一致，无特殊气味，不含秕粒、尘土和其他杂质，无毒麦混入。因黑麦含毒麦碱可引起中毒，应筛选或漂浮除净。

大麦由于皮厚而硬，粉碎后非常疏松，制曲时，在小麦中混入 10%～20%的大麦，能改善曲块的透气性，促进好氧微生物的生长繁殖，有利于提高曲的酶活力。

第三章　原料的处理

第一节　大米原料的处理

大米原料在糖化发酵以前必须进行精白、浸米和蒸煮、冷却等处理。

一、米的精白

由于糙米的糠层含有较多的蛋白质、脂肪，给黄酒带来异味，降低成品酒的质量；另外，糠层的存在，妨碍大米的吸水膨胀，米饭难以蒸透，影响糖化发酵；糠层所含的丰富营养会促使微生物旺盛发酵，品温难以控制，容易引起生酸菌的繁殖而使酒醪的酸度升高。对糙米或精白度不足的原料应该进行精白，以消除上述的不利影响。

大米精白时，随着精白程度的提高，米的化学组成逐渐接近于胚乳，淀粉含量的相对比例增加，蛋白质、脂肪等成分相对减少。

米的精白程度常以精米率表示。精米率也称出白率。精白度提高有利于米的蒸煮、发酵，有利于提高酒的质量。所以，日本生产清酒时，平均精米率降到73%左右，酒母用米的精米率为70%，发酵用米的精米率为75%左右。

粳米、籼米比糯米难蒸透，更应注意提高精白度，但精白度越高，米的破碎率会增加，有用物质的损失就增多。因此，一般控制精白度为标准一级较适宜，或者在浸米时，添加适量的蛋白酶、脂肪酶，以弥补精白不足的缺陷。

表 3-3-1　　不同精白度粳米的化学成分比较

成分 级别	水分%	蛋白质含量/%	脂肪含量/%	无氮抽出物含量/%	粗纤维含量/%	灰　分/%	钙含量/%	磷含量/%
粳糙米	14	7.1	2.4	75	0.8	1.2	13	252
粳米标2	14	6.9	1.7	76	0.4	1.0	10	200
粳米标1	14	6.8	1.3	77	0.3	0.8	8	164
粳米特2	14	6.7	0.9	78	0.2	0.6	7	136
粳米特1	14	6.7	0.7	78	0.2	0.5	/	120

二、米的浸渍

大米可以通过洗米操作除去附着在米粒表面的糠秕、尘土和其他杂质，然后加水浸渍。

1. 浸米的目的

(1) 让大米吸水膨胀以利蒸煮。水是各种物质的溶剂，又是传递热量的理想媒介。要使大米淀粉蒸熟糊化，必须先让它充分吸水，使植物组织和细胞膨胀，颗粒软化。蒸煮时，热量通过水的传递进入淀粉颗粒内部，迫使淀粉链的氢键破坏，使淀粉达到糊化程度。适当延长米的浸渍时间，可以缩短米的蒸煮时间。

(2) 为了取得浸米的酸浆水，作为传统绍兴黄酒生产的重要配料之一。传统的摊饭法酿酒，浸米时间长达16～20d左右，除了使米充分吸水外，主要是抽取浸米的酸浆水用作配料，使发酵开始即具有一定的原始酸度，抑制杂菌的生长繁殖，保证酵母菌的正常发酵；浆水中的氨基酸、生长素可提供给酵母利用；多种有机酸带入酒醪，改善了黄酒的风味。浆水配料是绍兴酒生产的重要特点之一。

2. 浸米过程中的物质变化

浸米开始，米粒吸水膨胀，含水量增加；浸米4～6h，吸水达20%～25%；浸米24h，水分基本吸足。浸米时，米粒表面的微生物依靠溶入的糖分、蛋白质、维生素等作营养进行生长繁殖，浸米2d后，浆水微带甜味，从米层深处会冒出小气泡，开始进行缓慢的发酵作用，乳酸链球菌将糖分逐渐转化成乳酸，浆水酸度慢慢升高。浸米数天后，水面上将出现由皮膜酵母形成的乳白色菌醭，与此同时，米粒所含的淀粉、蛋白质等高分子物质受到米粒本身存在的及微生物分泌的淀粉酶、蛋白酶等的作用而进行水解，其水解产物提供给乳酸链球菌等作为转化的基质，产生乳酸等有机酸，使浸米水的总酸、氨基酸含量增加。总酸可高达0.5%～0.9%左右，酸度的增加促进了米粒结构的疏松，并随之出现“吐浆”现象。这些变化与浆水中的微生物密切相关。经分析，浆水中以细菌最多，酵母次之，霉菌最少。

浸米过程中，由于溶解作用和微生物的吸收转化，淀粉等物质都有不同程度的损耗，浸米15d，测定浆水所含固形物达3%以上，原料总损失率达5%～6%左右，淀粉损失率为3%～5%左右。

配料所需的酸浆水，应是新糯米浸后从中间抽出的洁净浆水。酸度太高（>0.5%时）可加清水调整至0.5%上下，经澄清，取上清液按“三浆四水”的比例兑入发酵容器。配料发酵。

表3-3-2　　糯米浸15d前后的变化

项　目	数　量
浸渍前米质量/kg	100
浸渍后米质量/kg	139.58
糯米含水分/%	14.61
糯米含淀粉量/%	72.71
浸后米含水分/%	43.00
浸后米含淀粉量/%	67.43

续表

项　目	数　量
浸后浆水总质量/kg	58.33
浆水总固形物含量/%	3.35
浆水含淀粉量/%	0.237
浸渍后干物质损失率/%	6.91
浸渍后淀粉损失率/%	5.28
浸米天数/d	15

3. 影响浸米速度的因素

浸米时间的长短由生产工艺、水温、米的性质所决定。除了传统的酿造法需要以浆水作配料时需长时间浸米外，目前浸米时间都比较短，一般只要求达到米粒吸足水分。颗粒保持完整，手指捏米能碎即可，吸水量为25%～30%。吸水量指原料米经浸渍后含水百分数的增加值。

浸米时吸水速度的快慢，首先与米的品质有关，糯米比粳米、籼米吸水快；大粒米、软质米、精白度高的米，吸水速度快，吸水率高。

使用软水浸米，水分容易渗透，米粒的无机成分溶出较多；使用硬水浸米，水分渗透慢，米粒的有机成分溶出较多。

浸米水温高，吸水速度快，有用成分的损失随之增多；浸米水温低，则相反。为了使浸米速度不受环境气温的影响，可采用控温浸米，当气温下降，浸米的配水温度可以提高，使浸米水温控制在30℃或35℃以下，既加快米的浸渍速度，又能防止米的变质发臭。

表3-3-3　　浸米时配水温度与气温的关系

气温	≥20℃	15～20℃	10～15℃	5～10℃	0～5℃	<0℃
配水温度	冷水	20℃	25℃	30℃	35℃	40℃

根据气温来决定配水的温度。加入米后水温下降，为了维持恒定的浸米温度，可在浸米室内利用蒸汽保温，使室温维持在25℃左右，浸米时间在36～48h左右，米的吸水率达30%以上。目前新工艺黄酒生产不需要浆水配料，常用乳酸调节发酵醪的pH，浸米时间可大为缩短，常在24～48h内完成。淋饭法生产黄酒，浸米时间仅几小时或十几小时。

我国北方，因酿酒原料和气候条件不同，浸米方法与南方大米不一样。黍米浸渍，先加入60%左右的沸水泡软米粒外皮，并急速搅拌散冷，称为烫米，使水分易于渗透。然后浸渍20h。

表 3-3-4　　不同类型黄酒浸米的时间

黄酒品种	夏秋季节	冬春季节
绍兴淋饭酒	/	40～44h
绍兴摊饭酒	/	16～26d
浙江喂饭酒	/	2～3d
福建老酒	6h	12～15h
龙岩沉缸酒	12～15h	15～18h
九江封缸酒	/	8～10h
大连黄酒	/	20h
即墨黍米黄酒	8～20h	18～24h
兰陵黍米黄酒	/	1～2h

三、蒸　　煮

1. 蒸煮目的

（1）使淀粉糊化　大米淀粉以颗粒状态存在于胚乳细胞中，相对密度约为 1.6，淀粉分子排列整齐，具有结晶型构造，称为生淀粉或β-型淀粉。浸米以后，淀粉颗粒膨胀，淀粉链之间变得疏松。对浸渍后的大米进行加热，结晶型的β-型淀粉转化为三维网状结构的α-型淀粉，淀粉链得以舒展，粘度升高，称为淀粉的糊化。糊化后的淀粉易受淀粉酶的水解而转化为糖或糊精。

（2）对原料的灭菌作用，通过加热杀灭大米所带有的各种微生物，保证发酵的正常进行。

（3）挥发掉原料的怪杂味，使黄酒的风味纯净。

2. 蒸煮的质量要求

黄酒酿造采用整粒米饭发酵，并且是典型的边糖化边发酵，醪液浓度高，呈半固态，流动性差。为了使发酵与糖化两者平衡，发酵彻底，便于压榨滤酒，在操作时特别要注意保持饭粒的完整，所以蒸煮时，要求米饭蒸熟蒸透，熟而不糊，透而不烂，外硬内软，疏松均匀。为了检测米饭的糊化程度，可以用刀片切开饭粒，观察饭心，并可进行碘反应试验。

蒸饭时间由米的种类和性质、浸后米粒的含水量、蒸饭设备及蒸汽压力所决定，一般糯米与精白度高的软质粳米，常压蒸煮 15～25min；而硬质粳米和籼米，应适当延长蒸煮时间，并在蒸煮过程中淋浇 85℃以上的热水，促进饭粒吸水膨胀，达到更好的糊化效果。

3. 蒸饭设备

黄酒生产以往一直采用蒸桶间歇常压蒸饭，劳动强度大，生产能力低。目前大多数已采用蒸饭机连续蒸饭。

（1）卧式蒸饭机　卧式蒸饭机总长度 8～10m，由两端的鼓轮带动不锈钢孔带回转，

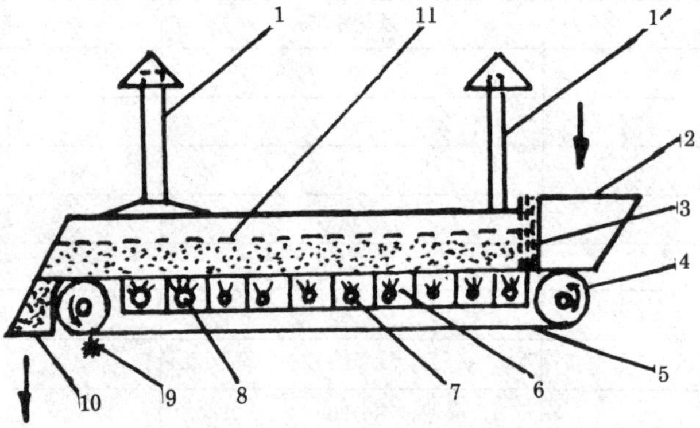

图 3-3-1　卧式蒸饭机示意图

1—排气筒　2—进料口　3—米层高度调节板　4—鼓轮　5—不锈钢带　6—蒸汽室
7—蒸汽管　8—冷风管　9—刷子　10—出料口　11—米层

或用链轮带动尼龙网带回转。在上层网带上堆积一定层高的米饭，带下方隔成几个蒸汽加热室，室内装有蒸汽管。在蒸饭机尾部设有冷却装置，控制熟饭品温，饭层上方空间可安置淋水管及翻饭装置。网带上米层高度通过下料时的调节板控制，常在 20～40cm 之间，大多为 30cm 左右。整个蒸饭速度可用调速器控制在 30min 以内。

(2) 立式蒸饭机　立式蒸饭机结构简单、造价便宜，占地面积小，热量利用率高。它由接米口、筒体、气室、菱形预热器及锥形出口等部分组成。

筒体一般用2～3mm的不锈钢板制成，也可用 4～5mm 的铝板。圆筒直径不能大于 1m，筒体上均匀分布 ϕ2mm 的汽孔 400～500 个。筒体内壁要求光滑，筒体外围有蒸汽夹套。下端的锥形出料口的锥底夹角要求大于 70°，使筒体内的米饭层能同步下落，出饭口直径与筒体直径之比为 0.5～0.6。

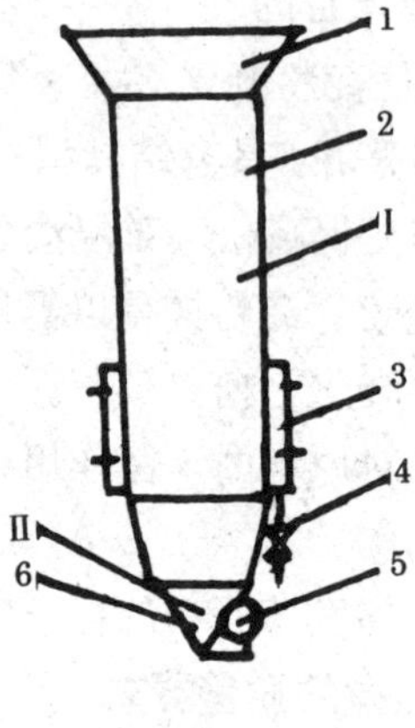

图 3-3-2　立式连续蒸饭机示意图

Ⅰ—筒体　Ⅱ—出饭口

1—料斗　2—温度计　3—蒸汽加热夹套
4—放冷凝水　5—手轮　6—出料控制门

为了能适应多品种大米原料的蒸煮，可采用双汽室蒸饭机或立式—卧式结合蒸饭机。

四、米饭的冷却

米饭蒸熟后必须冷却到微生物生长繁殖或发酵的温度，才能使微生物很好地生长并对米饭进行正常的生化反应。冷却的方法有淋饭法和摊饭法。

1. 淋饭法

在制作淋饭酒、喂饭酒和甜型黄酒及淋饭酒母时，使用淋饭冷却。该法冷却迅速，冷后温度均匀，并可利用回淋操作，把饭温调节到所需范围。淋饭冷却能适当增加米饭的含水量，促使饭粒表面光洁滑爽，有利于拌药搭窝，维持饭粒间隙，有利于好氧菌的生长繁殖。

糯米原料含水14%左右，浸米后水分达36%～39%左右，经蒸饭淋水，饭粒含水量可升至60%左右。各类大米吸水率比较参见表3-3-5。淋后米饭应沥干余水，否则，根霉繁殖速度减慢，糖化发酵力变差，酿窝浆液浑浊。

2. 摊饭法

将蒸熟的热饭摊放在洁净的竹簟或磨光水泥地面上，依靠风吹使饭温降至所需温度。可利用冷却后的饭温调节发酵罐内物料的混合温度，使之符合发酵要求。摊饭冷却，速度较慢，易感染杂菌和出现淀粉老化现象，尤其是含直链淀粉多的籼米原料，不宜采用摊冷法，否则淀粉老化严重，出酒率会降低。

表3-3-5　不同米种吸水率比较　单位：%

米种	浸渍吸水率	蒸煮、淋饭吸水率	总吸水率	浸渍吸水率占总吸水率	浸渍损失率
糯米	35～40	55～60	90～100	35～44.4	2.7～6.0
粳米	30～35	80～85	110～120	25～31.8	2.1～2.5
早籼米	20～25	120～125	140～150	13.3～17.85	4左右

表3-3-6　气温与摊饭冷却温度的关系

气温/℃	摊饭要求冷却达到的饭温/℃
0～5	75～80
6～10	65～75
11～15	50～65

第二节　其他原料的处理

用黍米、玉米生产黄酒，因为原料性质与大米相比差别甚大，处理方法也截然不同。为了使淀粉很好糊化，常采用以“煮”代“蒸”。

一、黍　　米

1. 烫米

黍米谷皮厚，颗粒小，吸水困难，胚乳淀粉难以糊化，必须先烫米，使谷皮软化开裂，然后浸渍，使水分向内部渗透，促进淀粉松散，以利煮糜。烫米前，黍米用清水洗净，沥干，再用沸水烫米，并快速搅动，使米粒略呈软化，稍微开裂即可，以避免淀粉内容物过多流失，如果烫米不足，煮糜时米粒易爆跳。

2. 浸渍

烫米时随搅拌散热，水温逐降至35～45℃，开始静止浸渍。浸渍时间随气温而变，冬

季 20～22h，夏季 12h 左右，春、秋季 20h 左右

3. 煮糜

煮糜的目的是使黍米淀粉充分糊化呈粘性，并产生焦黄色素和焦米香气，形成黍米黄酒的特殊风格，煮糜时先在铁锅中放入黍米重量二倍的清水并煮沸，渐次倒入浸好的黍米，搅拌翻铲，使糜糊化；也可利用带搅拌的煮糜锅，在 0.196MPa 表压蒸汽下蒸煮 20min，闷糜 5min，然后放糜散冷至 60℃，再添加麦曲或麸曲，拌匀，堆积糖化。

二、玉　米

1. 浸泡

玉米淀粉结构紧密，难以糖化，应预先粉碎、脱胚、去皮、洗净制成玉米糁，才能用于酿酒。玉米糁粒度要求在每克 30～35 左右。颗粒小，便于吸水蒸煮。

为了使玉米淀粉充分吸水，可变换浸渍水温使淀粉热胀冷缩，破坏淀粉细胞结构，达到糊化之目的。可先用常温水浸泡 12h，再升温到 50～65℃，保温浸渍 3～4h，再恢复常温浸泡，中间换水数次。

2. 蒸煮、冷却

浸后的玉米糁，经冲洗沥干，进行蒸煮，并在圆汽后浇洒沸水或温水，促使玉米淀粉颗粒膨胀，再继续蒸熟为止，然后用淋饭法冷却到拌曲下罐温度，进行糖化发酵。

3. 炒米

炒米之目的是形成玉米酒的色泽和焦香味。把玉米糁总量的 1/3，投入五倍的沸水中，用火加热炒到玉米糁成熟并有褐色焦香时，出锅摊凉，掺入经蒸煮淋冷的玉米饭中，揉和，加曲，加酒母，入罐发酵，下罐品温常在 16～18℃。

第四章　糖化发酵剂的制备

第一节　黄酒酿造的主要微生物

传统的黄酒酿造是以小曲（酒药）、麦曲或米曲作糖化发酵剂的，即利用它们所含的多种微生物来进行混合发酵。经分析，酒曲中主要的微生物有以下几类。

一、曲　霉　菌

曲霉菌主要存在于麦曲、米曲中，在黄酒酿造中起糖化作用，其中以黄曲霉（或米曲霉）为主，还有较少的黑曲霉菌等微生物。

黄曲霉菌能产生丰富的液化型淀粉酶和蛋白质分解酶。液化型淀粉酶能分解淀粉产生糊精，麦芽糖和葡萄糖，该酶不耐酸，在黄酒发酵过程中，随着酒醪 pH 的下降其活性较快地丧失，并随着被作用的淀粉链的变短而分解速度减慢。蛋白质分解酶对原料中的蛋白质进行水解形成多肽、低肽及氨基酸等含氮化合物，能赋予黄酒以特有的风味并提供给酵母作为营养物质。

黑曲霉菌主要产生糖化型淀粉酶，该酶有规则地水解淀粉生成葡萄糖，并耐酸，因而，糖化持续性强，酿酒时淀粉利用率高。黑曲霉产生的葡萄糖苷转移酶，能使可发酵性的葡萄糖通过转苷作用生成不发酵性的异麦芽糖或潘糖，降低出酒率而加大酒的醇厚性。黑曲霉的孢子常会使黄酒加重苦味。

为了弥补黄曲霉（或米曲霉）的糖化力不足，在黄酒生产中可适量添加少许黑曲糖化剂或食品级的糖化酶，以减少麦曲用量，增强糖化效率。

黄酒工业常用的黄曲霉菌种有 3800、苏-16 等，黑曲霉菌有 3758、As3.4309 等。

二、根　　霉

根霉菌是黄酒小曲（酒药）中含有的主要糖化菌。根霉糖化力强，几乎能使淀粉全部水解成葡萄糖，还能分泌乳酸、琥珀酸和延胡索酸等有机酸，降低培养基的 pH，抑制产酸细菌的侵袭，并使黄酒口味鲜美丰满。为了进一步改善我国的黄酒质量，提高黄酒的稳定性，可以设想以根霉为主要糖化菌，采用 Amylo 法生产黄酒，使我国黄酒产品适应国际饮用的需要。

用于黄酒生产的根霉菌种主要有：Q303、3.851、3.852、3.866、3.867、3.868 等。

三、红　曲　霉

红曲霉菌是生产红曲的主要微生物，由于它能分泌红色素而使曲呈现紫红色。红曲霉菌不怕湿度大，耐酸，最适 pH 为 3.5～5.0，在 pH3.5 时，能压倒一切霉菌而旺盛地生长，使不耐酸的霉菌抑制或死亡，红曲霉菌所耐最低 pH 为 2.5，耐 10%的酒精，能产生淀粉酶、蛋白酶等，水解淀粉最终生成葡萄糖，并能产生柠檬酸、琥珀酸、乙醇，还分泌红色素或黄色素等。

用于酿酒的红曲霉菌主要有 As3.555、As3.920、As3.972、As3.976、As3.986、As3.987、As3.2637。

四、酵　母　菌

绍兴黄酒采用淋饭法制备酒母，通过酒药中酵母菌的扩大培养，形成酿造摊饭黄酒所需的酒母醪，这种酒母醪实际上包含着多种酵母菌，不但有发酵酒精成分的，还有产生黄酒特有香味物质的不同酵母菌株。

新工艺黄酒使用的是优良纯种酵母菌，不但有很强的酒精发酵力，也能产生传统黄酒的风味，其中 As2.1392 是酿造糯米黄酒的优良菌种，该菌能发酵葡萄糖、半乳糖、蔗糖、麦芽糖及棉子糖产生酒精并形成典型的黄酒风味。它抗杂菌污染能力强，生产性能稳定，在国内普遍使用。另外，M-82、AY 系列黄酒酵母菌种等都是常用的优良黄酒酵母菌。

在选育优良黄酒酵母菌时，除了鉴定其常规特性外，还必须考察它产生尿素的能力，因为在发酵时产生的尿素，将与乙醇作用生成致癌的氨基甲酸乙酯。

五、黄酒酿造的主要有害细菌

黄酒发酵是霉菌、酵母、细菌的多菌种混合发酵，必须通过酿造季节的选择和工艺操作的控制来保证发酵的正常进行，防止有害菌的大量繁殖。常见的有害微生物有醋酸菌、乳酸菌和枯草芽孢杆菌。它们大多来自曲和酒母及原料、环境、设备。尤其是乳酸杆菌的生理特性能适应黄酒发酵的环境，容易导致黄酒发酵醪的酸败。

对自然发酵制成的麦曲、酒药都需经过一定时间的贮藏，以达到淘汰有害微生物的作用。在新工艺纯种酒母培养时，要检测并控制培养液中的杂菌数量，保证酒母的纯粹。生产中必须严格工艺操作，注意消毒灭菌，保持生产环境的清洁卫生，才能有效地防止有害微生物的污染。

第二节　酒　　药

酒药又称小曲、酒饼、白药等，主要用于生产淋饭酒母或以淋饭法酿制甜黄酒。利用酒药保藏优良微生物菌种是我国古代劳动人民的独创方法。

酒药作为黄酒生产的糖化发酵剂，它含有的主要微生物是根霉、毛霉、酵母及少量的细菌和梨头霉等。酒药具有制作简单，贮存使用方便，糖化发酵力强而用量少的优点，目前酒药的制造有传统的白药（蓼曲）或药曲及纯粹培养的根霉曲等几种。

一、白药（蓼曲）

1. 白药的制造工艺流程

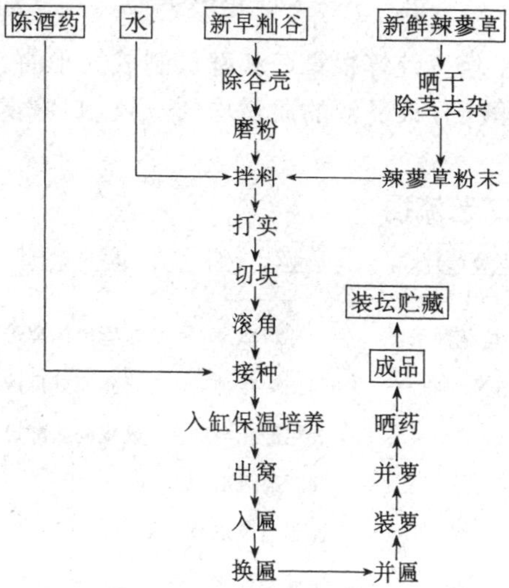

图 3-4-1　白药制造工艺流程图

2. 工艺流程说明

(1) 酒药一般在初秋前后、气温 30℃左右时制作，有利于发酵微生物的生长繁殖。此时早籼稻谷已经收割登场，辣蓼草的采集也已完成，制药条件已具备。

(2) 要选择老熟、无霉变的早籼稻谷，在白药制作前一天去壳磨成粉，细度过 60 目筛为佳，因新鲜糙米富有蛋白质、灰分等营养，利于小曲微生物生长。陈米、大米的籽粒表面与内部寄附着众多的细菌、放线菌、霉菌和植物病原菌等微生物，有损酒药的质量，故不宜采用。

(3) 添加的辣蓼草要求在农历小暑到大暑之间采集，选用梗红、叶厚、软而无黑点、无茸毛即将开花的辣蓼草，拣净水洗，烈日暴晒数小时，去茎留叶，当日晒干舂碎、过筛密封备用。因辣蓼草含有根霉、酵母等所需的生长素，在制药时还能起到疏松的作用。

(4) 选择糖化发酵力强、生产正常、温度易于掌握、生酸低、酒的香味浓的优质陈酒药作为种母，接入米粉量的 1%～3%，可稳定和提高酒药质量。也可选用纯种根霉菌、酵母菌经扩大培养后再接入米粉，进一步提高酒药的糖化发酵力。

(5) 制蓼曲的配料为：糙米粉：辣蓼草：水＝20：(0.4～0.6)：(10～11)，使混合料的含水量达 45%～50%，培养温度为 32～35℃，控制最高品温 37～38℃。

(6) 酒药成品率约为原料量的 85%。成品酒药应表面白色，口咬质地疏松，无不良气味，糖化发酵力强，米饭小型酿酒试验要求产生糖浓度高，口味香甜。

(7) 酒药生产中添加各种中药制成的小曲称为药曲。中药的加入可能提供了酿酒微生物所需的营养，或能抑制杂菌的繁殖，使发酵正常并带来特殊的香味。但大多数中药对酿酒微生物是具有不同的抑制作用，所以应该避免盲目地添加中药材，以降低成本。

(8) 酒药是多种微生物的共生载体，是形成黄酒独特风味的因素之一。为了进行多菌种混合发酵，防止产酸菌过多繁殖而造成升酸或酸败，必须选择低温季节酿酒，故传统的黄酒生产具有明显的季节性。

二、纯种根霉曲

纯种根霉曲是采用人工培育纯粹根霉菌和酵母制成的小曲。用它生产黄酒能节约粮食，减少杂菌污染，发酵产酸低，成品酒的质量均匀一致，口味清爽，还可提高5%～10%的出酒率。

1. 纯种根霉曲的生产工艺流程

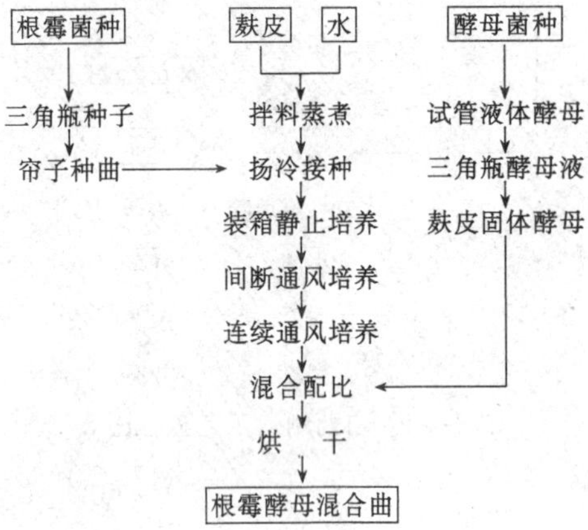

图 3-4-2　根霉曲培养工艺流程图

2. 根霉曲生产工艺操作说明

(1) 根霉试管斜面采用米曲汁琼脂培养基，使用的菌种有Q303、3.866等。

(2) 三角瓶种曲培养基采用麸皮或早籼米粉。麸皮加水量为80%～90%，籼米粉加水量为30%左右，拌匀，装入三角瓶，料层厚度在1.5cm以内，经0.098MPa压力蒸汽灭菌30min或常压灭菌两次。冷至35℃左右接种，28～30℃保温培养，20～24h后，长出菌丝，摇瓶一次，调节空气，促进繁殖。再培养1～2d，出现孢子，菌丝满布培养基表面并结成饼状，进行扣瓶，增加培养基与空气的接触面，促进根霉菌进一步生长，直至成熟。取出后装入灭菌过的牛皮纸袋里，置于37～40℃下干燥至含水10%以下，备用。

(3) 帘子曲培养　麸皮加水80%～90%，拌匀堆积半小时，使其吸水，经常压蒸煮灭菌，摊冷至34℃，接入0.3%～0.5%的三角瓶种曲，拌匀，堆积保温、保湿，促使根霉菌孢子萌发。经4～6h，品温开始上升，进行装帘，控制料层厚度1.5～2.0cm。保温培养，控制室温28～30℃，相对湿度95%～100%，经10～16h培养，菌丝把麸皮连结成块状，这时最高品温应控制在35℃，相对湿度85%～90%。再经24～28h培养，麸皮表面布满大量菌丝，可出曲干燥。要求帘子曲菌丝生长茂盛，并有浅灰色孢子，无杂色异味，成品曲酸度在0.5以下，水分在10%以下。

(4) 通风制曲　用粗麸皮作原料，有利于通风，能提高曲的质量。麸皮加水60%～70%，应视季节和原料粗细进行适当调整，然后常压蒸汽灭菌2h。摊冷至35～37℃，接入0.3%～0.5%的种曲，拌匀，堆积数小时，装入通风曲箱内。要求装箱疏松均匀，控制装箱后品温为30～32℃，料层厚度30cm，先静止培养4～6h，促进孢子萌发，室温控制 30～31℃，相对湿度 90%～95%。随着菌丝生长，品温逐步升高，当品温上升到 33～34℃时，开始间断通风，保证根霉菌获得新鲜氧气。当品温降低到 30℃时，停止通风。接种后 12～14h，根霉菌生长进入旺盛期，呼吸发热加剧，品温上升迅猛，曲料逐渐结块坚实，散热比较困难，需要进行连续通风，最高品温可控制 35～36℃，这时尽量要加大风量和风压，通入的空气温度应在 25～26℃左右。通风后期由于水分不断减少，菌丝生长缓慢，逐步产生孢子，品温降到 35℃以下，可暂停通风。整个培养时间为 24～26h。培养完毕可通入干燥空气进行干燥，使水分下降到 10%左右。

（5）麸皮固体酵母　传统的酒药是根霉、酵母和其他微生物的混合体，能边糖化边发酵，以此满足浓醪发酵的需要，所以，在培养纯种根霉曲的同时，还要培养酵母，然后混合使用。

以米曲汁或麦芽汁作为黄酒酵母菌的固体试管斜面、液体试管和液体三角瓶的培养基，在 28～30℃下逐级扩大，保温培养 24h，尔后，以麸皮为固体酵母曲的培养基，加入 95%～100%的水经蒸煮灭菌，接入 2%的三角瓶酵母成熟培养液和 0.1%～0.2%的根霉曲，使根霉对淀粉进行糖化，供给酵母必要的糖分。接种拌匀后装帘培养。装帘时要求料层疏松均匀，料层厚度为 1.5～2cm，在品温 30℃下培养 8～10h，进行划帘，使酵母呼吸新鲜空气，排除料层内的 CO_2，降低品温，促使酵母均衡繁殖。继续保温培养，品温升高至 36～38℃，再次划帘。培养 24h 后，品温开始下降，待数小时后，培养结束，进行低温干燥。

将培养成的根霉曲和酵母曲按一定的比例混合成纯种根霉曲，混合时一般以酵母细胞数 4 亿个/g 计算，加入根霉曲中的酵母曲量应为 6%最适宜。

第三节　麦　　曲

一、麦曲的作用和特点

麦曲是指在破碎的小麦粒上培养繁殖糖化菌而制成的黄酒生产糖化剂。它为黄酒酿造提供各种酶类，主要是淀粉酶和蛋白酶，促使原料所含的淀粉、蛋白质等高分子物质的水解；同时在制曲过程中形成的各种代谢物，以及由这些代谢产物相互作用产生的色泽、香味等，赋予黄酒酒体独特的风格。传统的麦曲生产采用自然培育微生物的方法，目前已有不少工厂采用纯粹培育的方法制得纯种麦曲。

对传统方法制成的麦曲进行微生物分离鉴定，发现其中主要是黄曲霉（或米曲霉）、根霉、毛霉和少量的黑曲霉、灰绿曲霉、青霉、酵母等。

麦曲分为块曲和散曲，块曲主要是踏曲、挂曲、草包曲等，一般经自然培养而成；散曲主要有纯种生麦曲、爆麦曲、熟麦曲等，常采用纯种培养制成。

为了弥补麦曲糖化力或液化力之不足，减少用曲量，在不影响成品黄酒风味的前提下，可适量添加纯种麸曲或食品级淀粉酶制剂加以强化。

二、踏曲的制造

踏曲是块曲的代表，又称闹箱曲。常在农历八九月间制作。

1. 踏曲的工艺流程

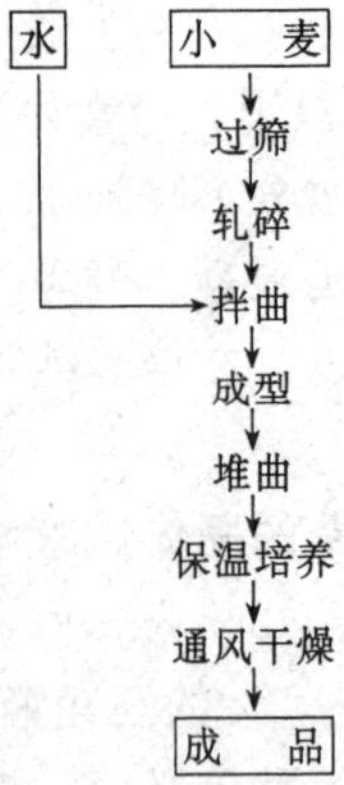

图 3-4-3　踏曲的工艺流程图

2. 工艺操作说明

（1）过筛轧碎　原料小麦经筛选除去杂质并使制曲小麦颗粒大小均匀。过筛后的小麦入轧麦机破碎成 3～5 片，呈梅花形，麦皮破裂，胚乳内含物外露，使微生物易于生长繁殖。

（2）加水拌曲　轧碎的麦粒放入拌曲箱中，加入 20%～22%的清水，迅速拌匀，使之吸水。要避免白心或水块，防止产生黑曲或烂曲。拌曲时也可加进少量的优质陈麦曲作种子，稳定麦曲的质量。

（3）踩曲成型　为了便于堆积、运输，须将曲料在曲模木框中踩实成型，压到不散为度，再用刀切成块状。

（4）入室堆曲　在预先打扫干净的曲室中铺上谷皮和竹簟，将曲块搬入室内，侧立成丁字形叠为两层，再在上面散铺稻草保温，以适应糖化菌的生长繁殖。

（5）保温培养　堆曲完毕，关闭门窗，经 3～5d 后，品温上升至 50℃左右，麦粒表面菌丝繁殖旺盛，水分大量蒸发，要及时做好降温工作，取掉保温覆盖物并适当开启门窗。继续培养 20d 左右，品温也逐步下降，曲块随水分散失而变得坚硬，将其按井字形叠起，通风干燥后使用或入库贮存。

为了确保麦曲质量，培菌过程中的最高品温可控制在 50～55℃，使黄曲霉不易形成分生孢子，有利于菌丝体内淀粉酶的积累，提高麦曲的糖化力。并且对青霉之类的有害微生物起到抑制作用。避免产生黑曲和烂曲现象，同时加剧美拉德反应，增加麦曲的色素和香味成分。

成品麦曲应该具有正常的曲香味，白色菌丝均匀密布，无霉味或生腥味，无霉烂夹心，含水量为 14%～16%，糖化力较高，在 30℃时，每克曲每小时能产生 700～1 000mg 葡萄糖。

三、纯种麦曲

采用纯粹的黄曲霉（或米曲霉）菌种在人工控制的条件下进行扩大培养制成的麦曲称为纯种麦曲。它比自然培养的麦曲的酶活性高，用曲量少，适合于机械化新工艺黄酒的生产。

纯种麦曲可分为纯种生麦曲、熟麦曲、爆麦曲等。它们在制曲原料的处理上有不同外，其他操作基本相同，都可采用厚层通风制曲法，其制造工艺过程为：

原菌→试管培养→三角瓶扩大培养→种曲扩大培养→麦曲通风培养

1. 菌种

制造麦曲的菌种应具备以下特性：

（1）淀粉酶活力强而蛋白酶活力较弱。

（2）培养条件粗放，抵抗杂菌能力强，在小麦上能迅速生长，孢子密集健壮。

（3）能产生特有的曲香。

（4）不产生黄曲霉毒素。

目前我国黄酒生产常用的菌种有 3800 或苏 16 等。

2. 种曲的扩大培养

（1）试管菌种的培养　一般采用米曲汁-琼脂培养基，30℃培养 4～5d，要求菌丝健壮、整齐，孢子丛生丰满，菌丛呈深绿色或黄绿色，无杂菌污染。

（2）三角瓶种曲培养　以麸皮为培养基，操作与根霉曲相似。要求孢子粗壮、整齐、密集，无杂菌。

（3）帘子种曲（或盒子种曲）的培养　操作与根霉帘子曲相似。

（4）通风培养　纯种的生麦曲、爆麦曲、熟麦曲，主要在原料处理上不同。生麦曲在原料小麦轧碎后，直接加水拌匀接入种曲，进行通风扩大培养。爆麦曲是先将原料小麦在爆麦机里炒熟，趁热破碎，冷却后加水接种，装箱通风培养。熟麦曲是先将原料小麦破碎，然后加水配料，在常压下蒸熟，冷却后，接入种曲，装箱通风培养。纯种熟麦曲的通风培养操作程序如下：

配料→蒸料→冷却接种→装箱→静止培养间断通风培养→连续通风培养→出曲

①配料蒸料：制曲原料小麦用辊式破碎机破碎成每粒 3～5 瓣、尽量减少粉末的形成，根据季节、麦料粉碎的粗细程度和干燥程度添加适量的水拌匀，一般加水量为原料量的 40%左右。堆积润料 1h 左右，常压蒸煮，圆汽后蒸 45min，达到淀粉糊化和原料灭菌的作用。

②冷却、接种：将蒸熟的麦料迅速风冷至 36～38℃，接入原料量的 0.3%～0.5%的种曲，拌匀，控制接种后品温 33～35℃。

③堆积装箱：接种后的曲料可先行堆积 4～5h，促进霉菌孢子的吸水膨胀发芽。也可直接把曲料装入通风培养曲箱内，要求装箱疏松均匀，品温控制 30～32℃，料层厚度为 25～30cm，可视气温进行调节。

④通风培养：纯种麦曲通风培养主要掌握温度、湿度、通风量和通风时间。整个通

风培养分为三个阶段：

前期为间断通风阶段。接种后10h左右，是霉菌孢子萌发，生长幼嫩菌丝的阶段。霉菌呼吸弱，发热量少，应注意曲料的保温、保湿，室温宜控制在30～31℃，室内空气相对湿度为90%～95%，品温控制30～33℃，此时可用循环小风量通风或待品温升至34℃时，进行间断通风，让品温下降到30℃时，停止通风，如此反复进行。

中期为连续通风阶段。经过间断通风培养，霉菌菌丝进入旺盛生长时期，菌丝体大量形成，呼吸作用强烈，品温升高很快，并且发生菌丝相互缠绕，曲料结块，通风阻力增加，此时必须全风量连续通风，品温控制在38℃左右，不得超过40℃，否则会发生烧曲现象，如果品温过高，可通入部分温度、湿度较低的新鲜空气。

后期为产酶排湿阶段。菌丝生长旺盛期过后，呼吸逐步减弱，菌丝体开始出现分生孢子柄和分生孢子。这是霉菌产酶和积累酶最多的时期，应降低湿度，提高室温或通入干热空气，控制品温在37～39℃，进行排潮，这样有利于酶的形成和成品曲的保存，掌握曲的酶活力达到最高时及时出曲，大约整个培养时间为36h左右。盲目延长培养时间，反而会降低曲的酶活力，使曲形成大量霉菌孢子。

(5) 成品曲的质量　成品曲应表现为菌丝稠密粗壮，不能有明显的黄绿色孢子，有曲香，无霉酸味，曲的糖化力在1000单位以上，曲的含水量在25%上下。

四、乌衣红曲

我国浙江、福建部分地区以籼米为原料生产黄酒，采用乌衣红曲作糖化发酵剂。乌衣红曲是米曲的一种，它主要含有红曲霉、黑曲霉、酵母菌等微生物。乌衣红曲具有糖化发酵力强耐温耐酸等特点，酿制出的黄酒色泽鲜红，酒味醇厚，但酒的苦涩味较重。

1. 乌衣红曲生产工艺流程

黑曲霉、红糟（↓接种）

籼米→浸渍→蒸煮→摊饭→接种→装箩→翻堆→摊平→喷水→出曲→晒曲→成曲

水（↑喷水）

2. 操作方法

(1) 浸渍、蒸饭　籼米加水浸渍，一般在气温15℃以下时，浸渍2.5h；气温15～20℃时，浸渍2h；气温在20℃以上时，浸渍1～1.5h。浸后用清水漂洗干净，沥干后常压蒸煮，圆汽后5min即可，要求米饭既无白心，又不开裂。

(2) 摊饭、接种　蒸熟的米饭散冷到34～39℃，接入0.01%的黑曲霉菌种和0.01%红糟，充分拌匀，装箩。

(3) 装箩、翻堆　接种后的米饭盛入竹箩内，轻轻摊平，盖上洁净麻袋，入曲房保温，促进霉菌孢子萌发繁殖。如室温在22℃以上，约经24h左右，箩中心的品温可升到43℃，气温低时，保温时间须延长，当品温达43℃时，米粒有1/3出现白色菌丝和少量红色斑点，其余尚未改变。这是由于不同微生物繁殖所需的温度不同所致，箩心温度高，适于红曲霉生长，箩心外缘温度在40℃以下，黑曲霉生长旺盛，当箩内品温上升到40℃以上时，将米饭倒在曲房的水泥地上，加以翻拌，重新堆积。待品温上升到38℃时，翻拌堆积一次，以后当品温升到36℃、34℃时各进行翻拌堆积一次，每次翻拌堆积的间距时间，气温在22℃以上时约1.5h左右；气温在10℃左右，需5～7h才翻拌堆积。

（4）平摊、喷水　当饭粒70%～80%出现白色菌丝，按先后把各堆翻拌摊平，耙成波浪形，凹处约3.5cm，凸处约15cm。

如气温在22℃以上时，曲料品温上升到32℃时，每100kg米的饭喷水9kg，经2h将其翻拌一次，约2h后品温又上升到32℃，再喷水14kg，每隔3h左右翻拌一次，共翻拌两次，至第二天再喷水10kg，经3h后品温上升到34℃，再喷水13kg。这次喷水应按饭粒上霉菌繁殖来决定，如用水过多，则饭粒容易腐烂而使杂菌滋生；用水过少，曲菌繁殖不好容易产生硬粒而影响质量。总计每100kg米用水量在46kg左右，最后一次喷水后每隔3～4h要翻耙一次，共翻两次。至喷水的第三天，品温高达35～36℃左右，为霉菌繁殖最旺盛时期，过数小时后，品温才开始下降。

整个制曲过程要将天窗全部打开，一般控制室温在28℃左右。

气温在10℃左右的冷天，因曲房保温难，曲室内温度只能保持在23℃左右，曲料平摊后，经11h左右品温才逐渐上升到28℃左右，此时每100kg米的饭翻拌喷水7kg，经5h左右品温又上升到28℃左右，再翻拌喷水8.5kg，再经4h，品温又上升到28℃，再翻拌喷水10kg，经3h又翻拌一次。喷水的第二天同样喷水三次，时间操作基本上与前一天相同，以品温升到28～30℃左右才进行喷水和翻拌，唯前两次喷水翻拌每100kg米的饭每次用水9kg，第三次也以饭粒霉菌繁殖程度决定，用水量与天热时大致相同。每100kg米的饭总计用水约53kg。最后一次喷水翻拌后3h要检查曲中有无硬粒，如有硬粒，第二天再需加水翻拌一次。天冷时用水次数多，量也多，因为气温低，温度上升慢，如果喷水次数少而喷水量多，饭粒一下吸收不了，易使曲变质，杂菌滋生。

（5）出曲、晒曲　一般在曲室中到第六七天，品温已无变化，即可出曲，摊在竹簟上，经阳光晒干，保存。

（6）红糟　红糟又名“糟娘”，是红曲霉和酵母菌的扩大培养产物，是制备乌衣红曲的种子之一。其制备方法是先将粳米量的三倍清水煮沸，再将淘洗干净的粳米投入锅中，继续煮沸并除去水面白沫，直至米身开裂后停煮。取出散冷至32℃，加粳米量45%～50%的红曲拌匀，灌入清洁杀菌过的大口酒坛中，前10d敞口发酵，每天早晨及下午各搅拌一次。气温在25℃以上时，15d左右可使用。气温低，培养时间应延长，一般要求红糟酒精含量14%左右，口尝有刺口，并带辣味为好，如有甜味表示发酵不足。

（7）黑曲霉　用米饭纯粹培养黑曲霉菌。具体操作工艺详见纯种米曲的制备方法。

第四节　酒　　母

黄酒发酵需要大量酵母菌的共同作用，在传统的绍兴酒发酵时，发酵醪液中酵母密度高达6～9亿个/ml，发酵后的酒精浓度可达18%以上，因而酵母的数量及质量直接影响黄酒的产率和风味。

一、黄酒发酵所用酵母菌的特性要求

黄酒酵母必须符合以下要求：

（1）所含酒化酶强，发酵迅速并有持续性。

（2）具有较强的繁殖能力，繁殖速度快。

（3）抗酒精能力强，耐酸、耐温、耐高浓度和渗透压，并有一定的抗杂菌能力。

（4）发酵过程中形成尿素的能力弱，使成品黄酒中的氨基甲酸乙酯尽量减少。

（5）发酵后的黄酒应具有传统的特殊风味。

黄酒酒母的种类根据培养方法可分为两大类：一是用酒药通过淋饭酒醅的制造自然繁殖培养酵母菌，这种酒母称为淋饭酒母。二是用纯粹黄酒酵母菌，通过纯种逐级扩大培养，增殖到发酵所需的酒母醪量，称之为纯种培养酒母，它常用于新工艺黄酒的大罐发酵，按制备方法不同，又分为速酿酒母和高温糖化酒母。

二、淋 饭 酒 母

淋饭酒母又叫酒娘，在传统的摊饭酒生产以前约 20～30d，要先制作淋饭酒母，以便酿制摊饭酒时使用。在生产淋饭酒母，（或淋饭酒）时，用冷水淋浇蒸熟的米饭，然后进行搭窝和糖化发酵，把质量上乘的淋饭酒醅挑选出来作为酒母，其余的经压榨煎酒成为商品淋饭酒。也可把淋饭酒醅掺入摊饭酒主发酵结束时的酒醪中，提高摊饭酒醪的后发酵能力。

1. 工艺流程

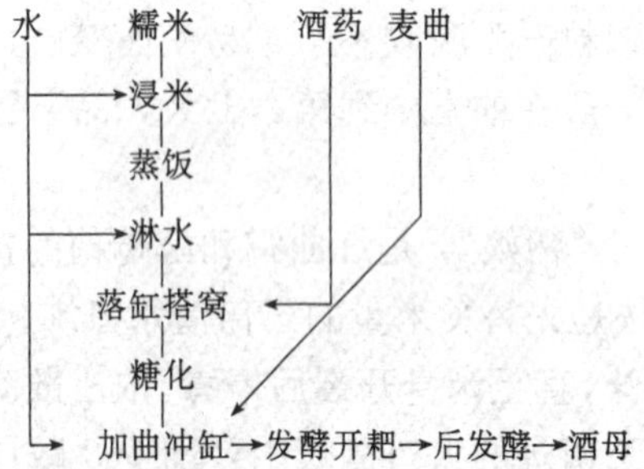

图 3-4-4　淋饭酒母制作工艺流程图

2. 工艺操作说明

（1）配料　制备淋饭酒母常以每缸投料米量为基准，根据气候的不同有 100kg 和 125kg 两种，麦曲用量为原料米的 15%～18%，酒药用量为原料米的 0.15%～0.2%，控制饭水总重量为原料米量的 300%。

（2）浸米、蒸饭、淋水　在洁净的陶缸中装好清水，将米倾入，水量超过米面 5～6cm 为好，浸渍时间根据气温不同控制在 42～48h。然后捞出冲洗，淋净浆水，常压煎煮。要求饭粒松软，熟而不糊，内无白心。并将热饭进行淋水，目的是迅速降低饭温，达到落缸要求，并且增加米饭的含水量，同时使饭粒光滑软化，分离松散，以利于糖化菌繁殖生长，促进糖化发酵。淋后饭温一般要求在 31℃左右。

（3）落缸搭窝　将发酵缸洗刷干净并用沸水和石灰水泡洗，用时再用沸水泡缸一次，达到消毒灭菌的目的。将淋冷后的米饭，沥去水分，放入大缸，米饭落缸温度一般控制在27～30℃，并视气温而定，在寒冷的天气可高至32℃。在米饭中拌入酒药粉末，翻拌均匀，并将米饭中央搭成V形或U形的凹圆窝，在米饭上面再洒些酒药粉，这个操作称为搭窝。搭窝的目的是为了增加米饭和空气的接触，有利于好气性糖化菌的生长繁殖，释放热量，故而要求搭得较为疏松，以不塌陷为度。搭窝又能便于观察和检查糖液的发酵情况。

（4）糖化、加曲冲缸　搭窝后应及时做好保温工作。酒药中的糖化菌、酵母菌在米饭的适宜温度、湿度下迅速生长繁殖。根霉菌等糖化菌类分泌淀粉酶将淀粉分解成葡萄糖，使窝内逐渐积聚甜液，此时酵母菌得到营养和氧气，也进行繁殖。由于根霉、毛霉产生乳酸、延胡索酸等酸类物质，使酿窝甜液的pH维持在3.5左右，有力地控制了产酸细菌的侵袭，纯化了强壮的酵母菌，使整个糖化过程处于稳定状态。一般经过36～48h糖化以后，饭粒软化，甜液满至酿窝的4/5高度，此时甜液浓度约35°Bx左右，还原糖为15%～25%，酒精含量在3%以上，而酵母由于处在这种高浓度、高渗透压、低pH的环境下，细胞浓度仅在0.7亿个/ml左右，基本上镜检不出杂菌。这时酿窝已成熟，可以加入一定比例的麦曲和水，进行冲缸，充分搅拌，酒醅由半固体状态转为液体状态，浓度得以稀释，渗透压有较大的下降，但醪液pH仍能维持在4.0以下，并补充了新鲜的溶解氧，强化了糖化能力，这一环境条件的变化，促使酵母菌迅速的繁殖，24h以后，酵母细胞浓度可升至7～10亿个/ml，糖化和发酵作用得到大大的加强。

冲缸时品温约下降10℃左右，应根据气温冷热情况，及时做好适当的保温工作，维持正常发酵。

（5）发酵开耙　加曲冲缸后，由于酵母的大量繁殖并逐步开始旺盛的酒精发酵，使酒醪温度迅速上升，约8～15h后，品温达到一定值，米饭和部分曲，漂浮于液面上，形成泡盖，泡盖内温度更高。可用木耙进行搅拌，俗称开耙。开耙目的，一是为了降低和控制发酵温度，使各部位的醪液品温趋于一致；二是排出发酵醪液中积聚的二氧化碳气体，供给新鲜氧气，以促进酵母繁殖，防止杂菌滋长。第一次开耙的温度和时间的掌握尤为重要，应根据气温高低和保温条件灵活掌握。在第一次开耙以后，每隔3～5h就进行第二、第三和第四次开耙，使醪液品温保持在26～30℃。

（6）后发酵　第一次开耙以后，酒精含量增长很快，冲缸48h后酒精含量可达10%以上，糖化发酵作用仍在继续进行。为了降低醪液品温，减少酒醪与空气的接触面，使酒醅在较低温度下继续缓慢发酵，生成更多的酒精，提高酒母质量，在落缸后第七天左右，即可将发酵醪灌入酒坛，进行后发酵，俗称灌坛养醅。经过20～30d的后发酵，酒精含量达15%以上，对酵母的驯化有一定的作用，再经挑选，优良者可用来酿制摊饭黄酒。

3. 酒母的挑选

可采用理化分析和感官品尝结合的方法，从淋饭酒醅中挑选品质优良的作为酒母，其要求酒醅发酵正常、酒精含量在16%左右，酸度在0.31～0.37g/100ml左右，口味老嫩适中，爽口无异杂味。

三、纯种酒母

纯种酒母是用纯粹扩大培养方法制备的黄酒发酵所需的酒母，根据具体操作不同分为速酿酒母和高温糖化酒母。

首先从传统的淋饭酒醅或黄酒醅中分离出性能优良的黄酒酵母菌种，如目前使用的723号、501号、醇2号等都是香味好、繁殖快、发酵力强、产酸少的优良菌种，然后通过试管、三角瓶、酒母罐等逐级扩大培养而成，纯种酒母培养不受季节限制，所需设备少，操作时劳动强度低，很适合新工艺大罐发酵黄酒的生产，对稳定黄酒成品的质量具有重大意义。

纯种酒母常在不锈钢或A3钢制的酒母罐中培养，该罐为圆柱锥底形状，圆柱部分直径与高度之比为1:1，并有夹套或蛇管调节温度，也可设置搅拌装置或无菌空气通风管，以进行搅拌并增加溶氧，促进酵母生长繁殖。每个酒母罐的有效容积最好为每个前发酵罐有效容积的1/10，以便于控制酒母醪的用量。

1. 速酿酒母

速酿酒母是一种仿照黄酒生产方式制备的双边发酵酒母，而它的制作周期比淋饭酒母短得多，它在醪中添加适量乳酸，调节pH值，以抑制杂菌的繁殖。

(1) 配比　制造酒母的用米量为发酵大米投料量的5%左右，米和水的比例在1∶3以上，麦曲用量为酒母用米量的12%～14%（纯种曲），如用自然培养的踏曲则用15%。

(2)投料方法　先将水放好，然后把米饭和麦曲倒入罐内，混合后加乳酸调节pH3.8～4.1左右，再接入三角瓶酒母，接种量1%左右，充分搅拌，保温培养。

(3) 温度管理　入罐品温视气温高低而定，一般掌握在25～27℃。入罐后10～12h，品温升到30℃，进行开耙搅拌，以后每隔2～3h搅拌一次，或通入无菌空气充氧，使品温保持在28～30℃之间。品温过高时必须冷却降温，否则容易升酸，酒母衰老。总培养时间为1～2d。酒母质量要求酵母细胞粗壮整齐，酵母浓度在3亿个/ml以上，酸度0.24g/ml以下，杂菌数每个视野不超过2个，酒精含量3%～4%。

2. 高温糖化酒母

制备这种酒母时，先采用55～60℃的高温糖化，然后高温灭菌，培养液经冷却后接入酵母，扩大培养，以便提高酒母的纯度，避免黄酒发酵的酸败。

(1) 糖化醪配料　以糯米或粳米作原料，使用部分麦曲和淀粉酶制剂，每罐配料如下：

大米600kg，曲10kg，液化酶（3 000u）0.5kg，

糖化酶（15 000u）0.5kg，水2 050kg。

(2) 操作要点　预先在糖化锅内加入部分温水，然后将蒸熟的米饭倒入锅内，混合均匀，加水调节品温在60℃，控制米∶水>1∶3.5，再加一定比例的麦曲、液化酶、糖化酶，于55～60℃糖化3～4h，使糖度达14～16°Bx。糖化结束，将糖化液升温到90℃以上，保温杀菌10min，再迅速冷却到30℃，转入酒母罐内，接入酒母醪容量1%的三角瓶酵母培养液，搅拌均匀，在28～30℃下培养12～16h即可使用。

(3) 酒母成熟醪的质量要求　酵母浓度>1～1.5亿个/ml芽生率，15%～30%，杂

菌数每个视野<1.0个，酵母死亡率<1%，酒精含量3%～4%，酸度0.12～0.15g/100ml。

3. 稀醪酒母

此法主要是减少了渗透压对酵母繁殖的影响，加快了酒母的成熟速度，培养时间短，酵母强壮。

(1) 原料蒸煮糊化　大米先在高压蒸煮锅内加压蒸煮糊化，米∶水为1∶3，在0.294MPa～0.392MPa压力下保持30min糊化。

(2) 高温糖化　糊化醪从蒸煮锅压入糖化酒母罐，边冷却边加入自来水稀释，成为米∶水达1∶7的稀醪，当品温降到60℃时，加入米量15%的糖化曲。静止糖化3～4h，使糖度达15～16°BX。

(3) 灭菌、接种　糖化结束，将糖化醪加热到85℃，保温灭菌20min，然后冷却到60℃左右，加入乳酸调pH4左右，继续冷至28～30℃，接入三角瓶酵母培养液，培养14～16h。

(4)酒母成熟醪质量要求　酵母浓度3亿个/ml，芽生率>20%，耗糖率40%～50%，杂菌数和酵母死亡率几乎为零。

使用纯种酵母酿酒，可能会出现黄酒香味淡薄的缺点。为了克服这一缺点，可采用纯种根霉和酵母混合培养的阿明诺酒母法，也可试用多种优良酵母混合发酵来进行弥补。

第五章　发　　酵

第一节　黄酒醅发酵的主要特点

无论是传统工艺还是新工艺生产黄酒，其酒醅（醪）的发酵都是敞口式发酵，典型的边糖化边发酵，高浓度醪液和低温长时间发酵。这些是黄酒发酵过程最主要的特点。

一、敞口式发酵

黄酒的发酵实质上是霉菌、酵母、细菌的多菌种混合发酵过程。发酵醅是不灭菌的敞口式发酵，即使新工艺生产，虽然使用纯种酒母和纯种曲，但曲、水和各种工具仍存在着大量杂菌，空气中的有害微生物也随时有侵袭的危险。所以，整个黄酒发酵过程是一个带菌的敞口式发酵过程。为了减轻和消除有害微生物的危害，人们采取各种科学措施，确保发酵的顺利进行，防止酒醪的酸败。

首先，黄酒生产必须在低温环境下生产，有效地减轻了各种有害杂菌的干扰。同时在生产淋饭酒或淋饭酒母时，通过搭窝操作，使酒药中的有益微生物根霉、酵母等在有氧条件下很好繁殖，并在初期就生成大量有机酸，合理地调节了酒醅的pH值，有效地控制了有害杂菌的侵袭，并净化了酵母菌，一旦加曲冲缸进入酒醪发酵，酵母菌就迅速繁殖，使发酵顺利进行。在传统的摊饭酒发酵中，不仅选用优良的淋饭酒母作发酵剂，并且以酸浆水作发酵醪的配料，调整了酒醪酸度，使产酸菌受到抑制，浆水中所含的生长素，更促进了酵母菌的迅速繁殖，很快占据绝对优势，保证了酒醪的正常发酵。在喂饭酒发酵中，由于分批加饭，使醪液酸度和酵母浓度不致一下稀释得太低，同时使酵母能多次获得新鲜养分，保持继续发酵的旺盛状态，阻碍了杂菌的繁衍。

在黄酒醪发酵中，进行合理开耙是保证正常发酵的重要一环。它起到调节醪液品温，混匀醪液，输送溶解氧，平衡糖化发酵速度等作用，强化了酵母活性，控制了有害菌的生长。黄酒醪发酵虽然是敞口式发酵，通过各种科学的工艺措施来保证这种敞口式发酵的稳妥完成，但不管是传统工艺发酵还是新工艺发酵，保持生产环境的清洁卫生，做好生产设备的消毒灭菌工作还是至关重要的，这样可以大幅度地减轻黄酒发酵的杂菌污染。

二、典型的边糖化边发酵

酵母糖代谢的各种酶绝大多数是胞内酶，低糖分子必须渗透过细胞膜才能参与代谢活动酵母细胞膜是具有选择性渗透功能的生物膜，溶液渗透压的高低对细胞影响甚大，在黄酒醅发酵时，降低醪液的渗透压是发酵成败的重要因素，黄酒醪渗透压的高低主要与它所含的低糖分子的浓度有关。从理论上讲，当淀粉转化为可发酵性糖分时，醪液的渗透压会上升数千倍甚至一万倍以上。黄酒发酵结束时，酒精含量常在14%以上，它大约有20%以上的可发酵性糖被转化而成，这么多的糖分所产生的渗透压是相当高的，将严重地抑制酵母的代谢活动，而边糖化边发酵的代谢形式，能使淀粉糖化和酒精发酵巧妙配合，相互协调，避免了高糖分和高渗透压局面的出现，保证了酵母细胞的代谢能力，使糖逐步发酵产生16%以上的酒精。为了保持糖化与发酵的平衡，不使任何一方过快或过慢，在生产上通过合理的落罐条件和恰当的开耙进行调节，保证酒醅的正常发酵。

三、酒醅的高浓度发酵

黄酒醪发酵时，醪浓度是所有酿造酒中最高的。大米与水的质量比为1∶2左右，这种高浓度醪液，发热量大，流动性差，散热极其困难，所以，发酵温度的控制就显得特别重要，关键是掌握好开耙操作，尤其是头耙影响最大。另外在传统的黄酒发酵中，常用减少发酵醪的容积扩大其散热面积来避免形起高温，防止酸败，故而习惯用缸进行主发酵，而把酒醅分散在酒坛中进行后发酵，使热量容易散失。

相对地降低醪液浓度和渗透压是有利于发酵的，在一定范围内增加给水量对提高出酒率是有利的。根据成品酒精含量标准为15%的需要，以及榨酒、煎酒损耗酒精含量约0.3%～0.4%的规律计算，一般酿制干黄酒，采用新工艺发酵投料时，原料干米形成的饭重、麦曲、投料用水等总重可控制在每100kg干米为320kg左右。

四、低温长时间后发酵和高酒精度酒醅的形成

黄酒是饮料酒，不仅要求含有一定的酒精，而且更需要调谐的风味。黄酒发酵有一个低温长时间的后发酵阶段，短的20～25d，长的80～100d左右。由于此阶段酒醅品温较低，淀粉酶和酵母酒化酶活性仍然保持较强的水平，所以，还在进行缓慢的糖化发酵作用，酒精及各种副产物，高级醇、有机酸、酯类、醛类、酮类和微生物细胞自身的含氮物质等还在形成，低沸点的易挥发性成分逐步消散，使酒味变得细腻柔和。一般低温长时间发酵的酒比高温短时间发酵的酒香气足、口味好。由于在高浓度下进行低温长时间的边糖化边发酵，并且酒醅的酵母浓度高达5～10亿个/ml，醪液形成了15%左右的酒精含量，黄酒发酵醪的酒精含量是所有酿造酒中最高的。

第二节　发酵过程中的物质变化

酒醅在发酵过程中的物质变化主要指淀粉的水解、酒精的形成，伴随进行的还有蛋白质、脂肪的分解和有机酸、酯、醛、酮等副产物的生成。发酵过程中的物质变化大多是由酶的催化而进行的。

一、淀粉的分解

大米含淀粉70%以上，小麦含淀粉约为60%。糯米淀粉几乎全是支链的胶淀粉，直链淀粉不到1%，粳米淀粉一般含支链淀粉80%，直链淀粉20%，籼米所含的直链淀粉更多，所以，它们的性质不完全一样。

淀粉的分解是由于淀粉酶作用将淀粉转化为糊精和可发酵性糖。

$$\underset{\text{淀粉}}{[C_6H_{10}O_5]_n} \xrightarrow{nH_2O} \underset{\text{糊精}}{[C_6H_{10}O_5)]_x} \xrightarrow{xH_2O} \underset{\text{麦芽糖}}{C_{12}H_{22}O_{11}} \xrightarrow{H_2O} \underset{\text{葡萄糖}}{C_6H_{12}O_6}$$

在酒醪发酵时，糖化剂中的α-淀粉酶与糖化酶是共同作用于淀粉，因而液化与糖化作用实际上是同时进行的，由于糖化剂所含的酶系各不相同，所以，在糖化时引起的糖化动态也不同，但最终大部分淀粉被分解成葡萄糖。实践证明以每公斤投料大米计算，使用7～8万单位的糖化酶已经足够，但重要的是液化力必须控制在5min以内使碘液退色。目前，不管是块麦曲还是纯种麦曲，都是以黄曲霉或米曲霉为主的，黄曲霉富含α-淀粉酶，能迅速液化淀粉，降低醪液浓度，但由于缺少糖化型淀粉酶，难以分解淀粉的α-1，6-葡萄糖苷键，使糖化不可能彻底，显得后劲不足。因此，在新工艺生产黄酒时，常补充原料大米量1%～1.5%的uv－11黑曲霉制成的麸曲或一定比例的商品糖化酶，以弥补黄曲霉糖化型淀粉酶之不足。同时，黄曲霉的淀粉酶系不耐酸，当发酵醪的pH下降至4.2时，不耐酸的淀粉酶将出现部分被钝化。在黄酒醅糖化发酵时，自酵母接入发酵醪后，醅醪的pH会逐步下降，1h后pH为5.4，1.5h后pH为5.2，数小时后醅醪的pH即稳定在4.0～4.3之间，使麦曲的液化型淀粉酶遭钝化，不能充分发挥水解作用。尤其以粳米、籼米作酿酒原料时，由于直链淀粉含量较多，糊化后易老化，会影响出酒率，加之籼米醪比糯米、粳米醪的酸度大，对淀粉酶的抑制作用更加明显，因此，必须添加耐酸性强的酶系来进行弥补，保证糖化的顺利进行。根霉、黑曲霉中耐酸性的糖化型淀粉酶较为丰富，适当降低麦曲用量（麦曲用量可由12%减至5%～6%），而添加2%左右的根霉曲或原料米量0.2%的黑曲糖化酶（1万单位/克酶），可提高出酒率5%左右。如能另加一些纤维素酶，那将更有利于原料淀粉的糖化，使出酒率进一步提高。

一般在发酵初期，酒醪中的糖含量较高，酵母菌还处于增殖阶段，并没进入旺盛的酒精发酵，以后逐步发生转化，直到开头耙时，醅醪中还原糖含量可达6%～8%左右，其后随着酵母的酒精发酵而迅速下降，直到主发酵结束，还原糖降到2%左右。当醅醪中糖分降到1%左右时，糖分的增长与消耗便逐渐成为稳定状态。发酵结束时，醅醪中还存在少量的葡萄糖与糊精，使黄酒具有甜味和粘稠感。

在糖化过程中，部分葡萄糖苷在霉菌分泌的葡萄糖苷转移酶作用下，重新结合形成难发酵的或不发酵的异麦芽糖、麦芽三糖和潘糖等低聚糖，增强了酒的醇厚性。

淀粉酶的活性经过长时间的发酵，活性降低，其中耐酸性的糖化型淀粉酶的活性仍能部分地保存，经压榨留在酒糟中，大部分进入酒液，起到较弱的后糖化作用，但酶的存在也能引起酒的蛋白质浑浊。通过煎酒将酶破坏，酒质才基本稳定。

二、酒精发酵

黄酒醅的发酵主要依靠酵母菌的作用，将糖化产生的可发酵性糖分在厌氧状况下转化为酒精和二氧化碳。它通过酵母体内的多种酶的催化，依照E-M-P代谢途径，使葡萄糖转化成丙酮酸，然后在丙酮酸脱羧酶的催化下，使丙酮酸脱羧生成乙醛并产生二氧化碳，乙醛经乙醇脱氢酶及其辅酶$NADH_2$的催化，还原成乙醇。每分子葡萄糖发酵生成两分子乙醇和两分子二氧化碳。

黄酒发酵分为前发酵、主发酵和后发酵三个阶段。随着酵母把葡萄糖分解为酒精和二氧化碳，同时放出热量，使酒醅品温上升。在前发酵阶段，大约下罐（缸）后10～12h，主要是酵母繁殖期，发酵作用弱，因而温度上升缓慢。当酒醅中的溶解氧被消耗得差不多，酵母细胞浓度已相当高时，则进入主发酵阶段，此时酒精发酵很旺盛，酒醅温度和酒精浓度上升较快，酒醅中糖分逐渐减少，经过3～5d的主发酵，醪液中代谢产物积累较多，酵母的生命活动和发酵作用变弱，开始进入缓慢的后发酵阶段。后发酵主要是继续分解残余的淀粉和糖分，发酵作用微弱，温度逐步降低。待发酵结束，酒醅的酒精含量可达14%以上。

在发酵过程中，酒精含量的变化，以第一次开耙（头耙）至四耙增长最快，几乎成直线上升，落罐（缸）48h，酒精含量即可达10%以上，以后增长速度渐减，落罐7d，酒精含量一般在12%～14%，经过后发酵还可增加2%～4%。表3-5-1为某厂黄酒发酵过程中的酒精含量变化情况。

表3-5-1　　发酵过程酒醅酒精含量的变化

发酵时间	24h	48h	72h	96h	后发酵20～25d
酒醅酒精含量/%	7～9	12.5～13.5	13.5～14.5	14.5～15.5	17.5～18

在发酵过程中，酵母细胞浓度与酒精的生成关系甚密。在落罐发酵时，由于酒母醪被稀释，所以，酵母浓度仅1×10^7个/ml，经过17～20h的前发酵繁殖，酵母浓度已增至3～5亿个/ml，在整个主发酵期间酵母浓度高达5～8亿个/ml，甚至10亿个/ml，经过后发酵，酵母细胞减少不大，死细胞仅在1%～5%左右。

在主发酵阶段，应密切注意利用开耙操作，来调节酒醪温度，打散泡盖，并使之下沉，排除酒醪中的二氧化碳，使酒醅和氧适当接触，使酵母呼吸到新鲜氧气，恢复活性，以便酵母能克服酒精等代谢产物对它的抑制。同时主发酵阶段产生的大量二氧化碳也会对酵母的糖代谢起反馈抑制作用。黄酒在主发酵高峰期每吨醪液每小时能产生1 140L二氧化碳，所以，在传统发酵中及时开耙，在新工艺发酵中通入无菌空气进行强制开耙，都具有重要的意义。

在黄酒发酵过程中，给氧必须适当，否则酒精发酵会受抑制，出现巴斯德效应而降低酒的出率。应该通过试验科学地确定黄酒发酵各阶段的最适宜酵母浓度和合理的溶氧水平，将原料的有氧代谢比例减少到最低限度。

三、有机酸的变化

黄酒中的有机酸部分来自原料、酒母、曲和浆水或人工调酸加入；部分是在发酵过程中由酵母的代谢产生的，如琥珀酸等；也有因细菌污染而致，如醋酸、乳酸、丁酸等，它们都由可发酵性糖转化而成。

酸度的变化常作为黄酒发酵是否正常的衡量指标，开头耙时酒醅酸度常在0.2～0.3g/100ml，只要控制得当，主发酵结束后，酸度增长不大，至压榨滤酒时，酒醅总酸一般均在0.45%以下。由于酒醅的缓冲能力较强，发酵过程中醪液的pH值变化很小，始终保持在4.0左右。

表 3-5-2　　某厂大罐发酵过程中酒醅酸度变化

发酵时间	24h	48h	72h	96h	后酵20～25d
酸度/g·100ml^{-1}	0.226～0.28	0.26～0.3	0.28～0.3	0.3～0.33	0.35～0.39

注：黄酒酸度以每100ml酒液所含琥珀酸之克数表示。

在正常的黄酒发酵过程中，由于糖化菌和发酵菌的代谢会产生琥珀酸、乳酸、甘油等产物。一般酒醅中以琥珀酸和乳酸为主，此外有少量的柠檬酸、苹果酸、延胡索酸等。这些有机酸对黄酒的风味和缓冲作用很重要，在生产中必须加以控制。酸败的酒醅乳酸和醋酸含量特别多，而琥珀酸等减少。这是由于受到乳酸杆菌和醋酸杆菌严重污染而造成的。如果酒醅的挥发酸明显增高,，则往往是由于醋酸菌污染引起的。酸败现象的发生不但会降低出酒率，而且会破坏黄酒的典型风味。黄酒总酸控制在0.35～0.4g/100ml较好，但亦应该根据酒的品种和所含糖分、酒精含量的高低加以协调，以免在口味上失去平衡。

四、蛋白质的变化

大米含蛋白质约6%～8%，高精白米含蛋白质5%左右，小麦含蛋白质约12%～14%，在酒醅发酵时，受到微生物蛋白酶的分解，形成肽和氨基酸等一系列含氮化合物。酒醅中氨基酸达18种之多，含量也高，其中一部分被酵母同化，合成菌体蛋白质，同时形成高级醇，其余部分残留在酒液内。由于各种氨基酸都具有独特滋味，所以，它赋予黄酒特殊的风味。酒醪中氨基酸除了原料、辅料的蛋白质分解产生外，微生物菌体蛋白的自溶也是形成氨基酸的一个来源。

黄酒中含氮物质的2/3是氨基酸，其余1/3是多肽和低肽，它们对黄酒的浓厚感和香醇性影响较大。

五、脂肪的变化

糙米和小麦含有2%左右的脂肪，糙米精白后，脂肪含量减少较多。脂肪氧化后损害黄酒风味，在发酵过程中，脂肪大多被微生物的脂肪酶分解成甘油和脂肪酸。甘油赋予黄酒甜味和粘厚感。脂肪酸与醇结合形成酯类。酯和高级醇等都能形成黄酒特有的芳香。

六、氨基甲酸乙酯的形成

氨基甲酸乙酯(Ethyl Carbamat)是一种具有致癌作用的物质，它已引起国际酿酒界的关注，在酒类生产中已开始对它的含量加以严格地限制，如日本的清酒规定其含量不得超过0.1mg/L。经研究，氨基甲酸乙酯是由氨甲酰化合物与乙醇反应生成的：

$$R\cdot CO\cdot NH_2+C_2H_5OH \longrightarrow NH_2-\overset{\overset{\displaystyle O}{\|}}{C}-O-C_2H_5+R\cdot H$$

氨甲酰化合物主要有尿素、L－瓜氨酸、氨甲酰磷酸、氨甲酰天冬氨酸、尿膜素等。

黄酒中以尿素为最主要，其余的氨甲酰化合物含量都极微，生成的氨基甲酸乙酯也极少。黄酒中90%的氨基甲酸乙酯是由尿素和乙醇反应生成的。尿素的浓度、乙醇含量，反应温度和时间都与氨基甲酸乙酯的生成量有关，尿素浓度高，反应温度高、反应时间长及pH呈中性都会使氨基甲酸乙酯的含量增加。

黄酒酿造时，原料、辅料和水会带入部分尿素，但最主要的还是在发酵过程中由酵母代谢产生的。酵母在生长繁殖和进行酒精发酵时，除了合成自身菌体需要的尿素外，还把大量的尿素分泌到体外，使酒醪中的尿素含量增加，酵母细胞内的精氨酸酶的活性也会随之提高，进一步加速了尿素的生成。黄酒尿素主要由精氨酸分解而来，通过精氨酸酶的分解使精氨酸转化为鸟氨酸和尿素。

当酵母处于生长状态时：

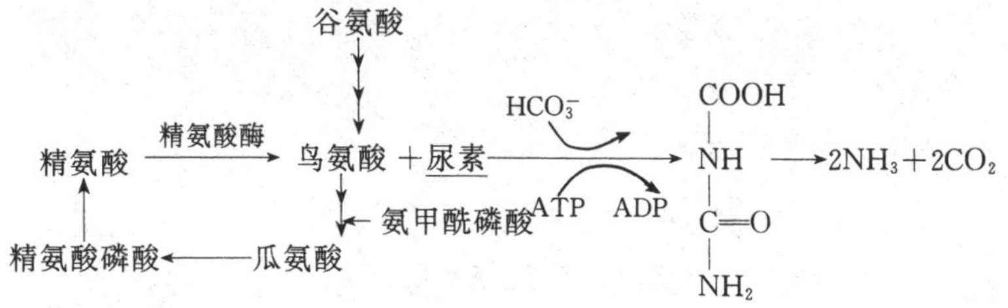

当酵母处于酒精发酵状态时：

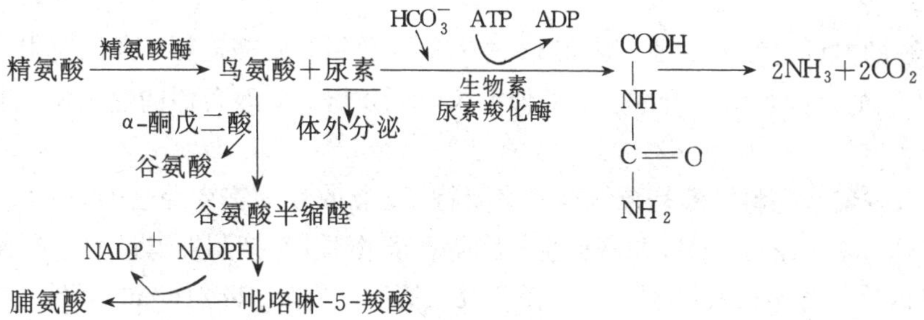

酒醅发酵时，小部分尿素开始与乙醇作用生成氨基甲酸乙酯，当黄酒压滤后，煎酒灭菌和贮酒陈化时，氨基甲酸乙酯的形成量会大幅度地增加。

为了降低氨基甲酸乙酯的形成，必须削弱酵母精氨酸酶的活力，以便阻止精氨酸转化成鸟氨酸和尿素，从而降低氨基甲酸乙酯的生成，或者利用尿酶把酵母产生的尿素及时分解掉；也可选育产尿素能力差的黄酒酵母来进行发酵，从根本上抑制尿素的形成。当然控制黄酒灭菌温度和缩短贮存时间，也能直接减少成品黄酒氨基甲酸乙酯的生成量。

第三节　传统的摊饭法发酵

摊饭法发酵是黄酒生产常用的一种方法，干型黄酒和半干型黄酒中具有典型代表性的绍兴元红酒及加饭酒等都是应用摊饭法生产的，它们仅在原料配比与某些具体操作上略有调整。摊饭发酵是传统黄酒酿造的典型方法之一。

一、摊饭法发酵的工艺流程

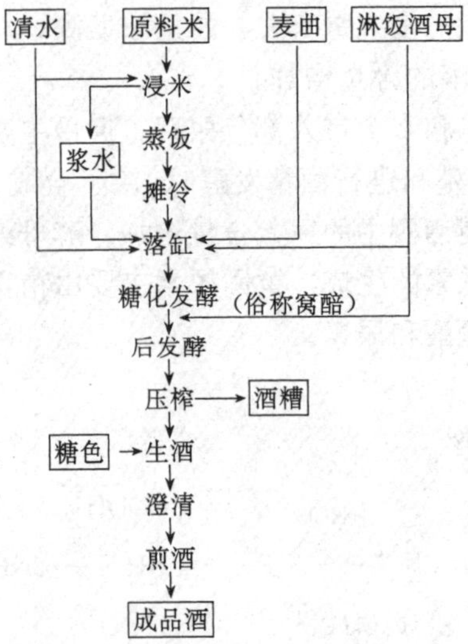

图 3-5-1 摊饭酒酿造工艺流程图

二、摊饭发酵的主要特点

(1) 传统的摊饭法发酵酿酒，常在 11 月下旬至翌年 2 月初进行，强调使用“冬浆冬水”，以利于酒的发酵和防止升酸。另外低温长时间发酵，对改善酒的色、香、味都是有利的。

(2) 采用酸浆水配料发酵是摊饭酒的重要特点。新收获的糯米经过 18～20d 的浸渍，浆水的酸度达 0.5～1g/100ml，并富含生长素等营养物质，对抑制发酵过程中产酸菌的污染和促进酵母生长繁殖极其有利。为了保证成品酒酸度在 0.45g/100ml 以下，必须把浆水按三分酸浆水加四分清水的比例稀释，使发酵醪酸度保持在 0.3～0.35g/100ml，使发酵正常进行，并改善成品酒的风味。

(3) 摊饭法发酵前，热饭采用风冷，使米饭中的有用成分得以保留，并把不良气味挥发掉，使摊饭酒的酒体醇厚、口味丰满。

(4) 摊饭法发酵以淋饭酒母作发酵剂，由于淋饭酒母是从淋饭酒醅中经认真挑选而来的，其酵母具有发酵力强、产酸低、耐渗透压和酒精含量高的特点，故一旦落缸投入发酵，繁殖速度和产酒能力大增，发酵较为彻底。

(5) 传统摊饭法发酵采用自然培养的生麦曲作糖化剂。生麦曲所含酶系丰富，糖化后代谢产物种类繁多，给摊饭酒的色、香、味带来益处。

三、摊饭法发酵

蒸熟后的米饭经过摊冷降温到 60～65℃，投入盛有水的发酵缸内，打碎饭块后，依次投入麦曲、淋饭酒母和浆水，搅拌均匀，使缸内物料上下温度均匀，糖化发酵剂与米饭很好接触，防止“烫酿”，造成发酵不良。最后控制落缸品温在 27～29℃左右，并做好保温工作，使糖化、发酵和酵母繁殖顺利进行。

传统的发酵是在陶缸中分散进行的，有利于发酵热量的散发和进行开耙。物料落缸后，便开始糖化发酵，前期主要是增殖酵母细胞，品温上升缓慢。投入的淋饭酒母，由于醪液稀释而酵母浓度仅在 1×10^7 个/ml 以下，但由于加入了营养丰富的浆水，淋饭酒母中的酵母菌从高酒精含量的环境转入低酒精含量的环境后，生长繁殖能力大增，经过十多小时，酵母浓度可达 5 亿个/ml 左右，即进入主发酵阶段，此时温度上升较快。由于二氧化碳气的冲力，使发酵醪表面积聚一厚层饭层，阻碍热量的散发和新鲜氧的进入。必须及时开耙（搅拌），控制酒醅的品温，促进酵母增殖，使酒醅糖化、发酵趋于平衡。开耙时以饭面下 15～20cm 缸心温度为依据，结合气温高低灵活掌握。开耙温度的高低影响成品酒的风味，高温开耙（头耙在 35℃以上），酵母易于早衰，发酵能力不会持久，使酒醅残糖含量增多，酿成的酒口味较甜，俗称热作酒；低温开耙（头耙温度不超过 30℃），发酵较完全，酿成的酒甜味少而辣口，俗称冷作酒。

表 3-5-3　　摊饭法发酵开耙温度的控制情况

耙数	头耙	二耙	三耙
间隔时间/h	落缸后 20	3～4	3～4
耙前温度/℃	35～37	33～35	30～32
室　温/℃	10 左右		

开头耙后品温一般下降 4～8℃，以后，各次开耙的品温下降较少。头耙、二耙主要依据品温高低进行开耙，三、四耙则主要根据酒醅发酵的成熟程度来进行，四耙以后，每天捣耙 2～3 次，直至品温接近室温。一般主发酵在 3～5d 结束。为了防止酒精过多地挥发损失，应及时灌坛，进行后发酵。这时酒精含量一般达 13%～14%。

后发酵使一部分残留的淀粉和糖分继续糖化发酵，转化为酒精，并使酒成熟增香。一般后发酵 2 个月左右。从主发酵缸转入后发酵酒坛，醪液由于翻动而接触了新鲜氧气，使原来活力减弱的酵母又重新活跃起来，增强了后发酵能力。因为后发酵时醪液处于静止状态，热量散发困难，所以，要用透气性好的酒坛作容器，并能缩小发酵醪的容积，促使热量散发，并能使酒醅保持微量的溶解氧（在后发酵期间，应保持每小时，每克酵母 0.1mg 溶解氧），使酵母仍能保持活力，几十天后，酒醅中存活的酵母浓度仍可达 4～6 亿个/ml。

后发酵的品温常随自然温度而变化。所以，前期气温较低的酒醅应堆在温暖的地方，以加快后发酵的速度；在后期气温转暖时的酒醅，则应堆在阴凉的地方，防止温度过高，一般以控制室温在 20℃以下为宜，否则易引起酒醪的升酸。

第四节　喂饭法发酵

喂饭法发酵是将酿酒原料分成几批，第一批先做成酒母，在培养成熟阶段，陆续分批加入新原料，起扩大培养、连续发酵的作用，使发酵继续进行的一种酿酒方法，类同于近代酿造学上的递加法。喂饭法发酵可使产品风味醇厚，出率提高，酒质优美，不仅适合于陶缸发酵，也很适合大罐发酵生产和浓醪发酵的自动开耙。

一、喂饭法发酵工艺流程

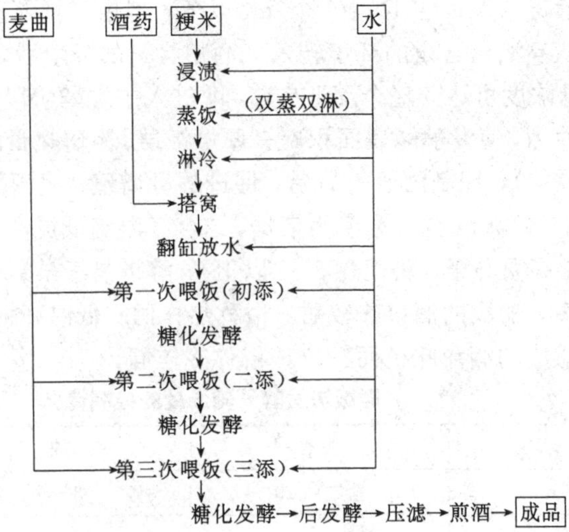

图 3-5-2 粳米原料喂饭法发酵工艺流程图

二、喂饭法发酵的主要特点

(1) 酒药用量少，仅是用作淋饭酒母原料的 0.4%～0.5%，对整个酿酒原料来讲，其比例更微。酒药内含量不高的酵母，在淋饭酒醅中得到扩大培养、驯养、复壮，并迅速繁殖。

(2) 由于多次喂饭，酵母能不断获得新鲜营养，并起到多次扩大培养的作用，酵母不易衰老，新细胞比例高，发酵力始终很旺盛。

(3) 由于多次喂饭，醪液在边糖化边发酵过程中，从稠厚转变为稀薄，同时酒醅中不会形成过高的糖分，而影响酵母活力，仍可以生成较高含量的酒精，出酒率也较其他方法高，可达 270%左右。

(4) 多次投料连续发酵，可在每次喂饭时调节控制饭水的温度，增强了发酵对气候的适应性。由于喂饭法发酵使主发酵时间延长，酒醅翻动剧烈，有利于新工艺大罐发酵的自动开耙，使发酵温度易于掌握，对防止酸败有一定的好处。

三、喂饭发酵的工艺分析

(1) 酿缸的制作　酿缸实际就是淋饭酒母，其功用是以米饭做培养基，繁殖根霉菌，以产生淀粉酶，再以淀粉酶水解淀粉产生糖液培养酒母；同时根霉、毛霉产生一定量的有机酸，合理调节发酵醪的 pH 值。根霉、梨头霉、念珠霉的滋生，也有一定的产酯能力，形成酒酿特有的香气。因此，酒酿具有米曲和酒母的双重作用，故考察酿缸质量应从淀粉酶和酵母活性两方面考虑。

粳米喂饭法发酵的要点是“双淋双蒸，小搭大喂”。粳米原料经浸渍吸足水分后，进行蒸饭，“双淋双蒸”是粳米蒸饭的质量关键，所谓“双淋”即在蒸饭过程中两次用40℃左右的温水淋洒米饭抄拌均匀，使米粒吸足水分，保证糊化。“双蒸”即同一原料经过两次蒸煮，要求米饭熟而不烂。然后淋冷，拌入原料量0.4%～0.5%的酒药搭窝，并做好保温工作，经18～22h开始升温，24～36h品温略有回降时出现酿液，此时品温约29～33℃，以后酿液逐渐增多，趋于成熟。

一般来说，酿液清，酒精含量低，酸度低时，它的淀粉酶活性高，反之活性低。因此，从淀粉酶的活性要求看，要酿液酒精含量低、糖度高、酸度低的较好；但要求酵母细胞数多，发酵力强时，一般酿液品温较高，泡沫多，呈乳白色，酒精含量、酸度也较高。

酿缸中浆液酵母的浓度因各种原因而波动于0.1～3亿个/ml，酒药中酵母数的多少，酒药接种量的高低、米饭蒸煮时饭水的量、糖液浓度和温度的高低等都会影响酵母细胞浓度的变化。如果酿液酵母数过少，翻缸放水后温度偏低，酵母繁殖特别慢，在主发酵前期（第一、二次喂饭后）酒精生成少，糖分过于积累，容易导致主发酵后期杂菌繁殖而酸败；如酿液酵母数较多，则翻缸放水后，酵母迅速繁殖和发酵，使主发酵时出现前期高温，促使酵母早衰。一般酿液酵母浓度在1亿个/ml左右为好。

另外，酿缸培养时间短的，酵母繁殖能力强；培养时间长的，酵母比较老，繁殖能力相对减弱。培养时间过长，还会使酵母有氧呼吸所消耗的糖分增加，而降低原料出酒率。可把传统的搭窝2～3d，待甜浆满到2/3缸时放水转入主发酵，改变成搭窝30h就放水转入主发酵，以减少有氧糖代谢比例而提高出酒率。

因此，淀粉酶活性的大小，酒酿糖浓度的高低，酵母细胞数的多少，酵母繁殖能力的强弱，都直接影响整个喂饭法发酵，特别是使用大罐进行喂饭法发酵时，由于投料量多，醪容量大，以上因素的影响更为显著。

(2) 翻缸放水，喂饭发酵　一般在搭窝48～72h后，酿液高度已达2/3的醅深，糖度达20%以上，酵母数在1亿个/ml左右，酒精含量在4%以下，即可翻转酒醅并加入清水。加水量控制每100kg原料总醪量为310%～330%。翻缸24h后，可分次喂饭，加曲进行发酵，并应注意开耙。

喂饭次数是三次最佳，其次是二次。酒酿原料∶喂饭总原料=1∶3左右，第一至第三次喂饭的原料比例分配为：18%、28%、54%，喂饭量逐级提高，有利于发酵和酒的质量。

利用酒酿发酵可以提供一定量的有机酸和形成酯的能力，可以调节pH，提高原料利用率。但酒酿原料比例过大，有机酸和杂质过多，会给黄酒带来苦涩味和异杂味，所以，必须有一个合适的比例。如果一次喂饭，喂饭比例又高，必然会冲淡酸度，降低醪液的缓冲能力，使pH值升高，对发酵前期抑制杂菌不利，容易发生酸败。若喂饭次数过多，第一次与最末次喂饭间隔过长，不但淀粉酶活性减弱，酵母衰老，而且长时间处于较高品温下，也会造成酸败，所以，三次喂饭较为合理，这种多次喂饭，使糖化发酵总过程延长，热量分步散发，有利于品温的控制。同时分次喂饭和分次下水，可以利用水温来调节品温，整个发酵过程的温度易于控制。多次喂饭，可以减少酿缸的用量，扩大总的投料量，在减少设备数量下提高产量。

喂饭各次所占比例，应前小后大。由于前期主要是酵母的扩大培养，故前期喂饭少，使醪液 pH 值较低，开耙搅拌容易，温度也易控制，对酵母生长繁殖是有利的，后期是主发酵作用，有了优质的酵母菌，保证了它在最末次喂饭后产生一个发酵高峰期，使发酵完善彻底，所以，要求喂饭法发酵做到：小搭大喂”、“分次续添”、“前少后多”。

加曲量按每次喂饭原料量的 8%～12%在喂饭时加入。用于弥补发酵过程中的淀粉酶不足，并增添营养物质供酵母利用。由于麦曲带有杂菌，因此，不宜过早加入，防止杂菌提前繁殖，杂菌主要是生酸杆菌和野生酵母，

喂饭法发酵的温度应前低后高，缓慢上升，最末次喂饭后，出现主发酵高峰。前期控制较低温度，有利于增强酵母的耐酒精能力和维持淀粉酶活性，在低 pH 值，较低温度下，更有利于抑制杂菌，但到主发酵后期，由于酵母浓度已很高，并有一定的酒精浓度，所以，在主发酵后期出现温度高峰也不致轻易造成酸败。

喂饭时间间隔以 24h 为宜，在整个喂饭法发酵过程中，酒醅 pH 值变化不大，维持在 4.0 左右，很有利于酵母的生长繁殖和发酵，而不利于生酸杆菌的繁殖。

最后一次喂饭 36～48h 以后，酒精含量达 15%以上。如敞口时间过长，酒精挥发损失较多，酵母也逐趋衰老，抑制杂菌能力减弱，因此，可以灌醅或转入后发酵罐，在 15℃以下发酵。

第五节　黄酒大罐发酵和自动开耙

传统黄酒生产是用大缸，酒坛作发酵容器的，容量小，占地多，质量波动大，劳动强度高。60 年代开始。在传统工艺基础上研究了大容器发酵，克服了缸、坛发酵的缺点，并为黄酒机械化奠定了基础。

一、大罐发酵工艺流程

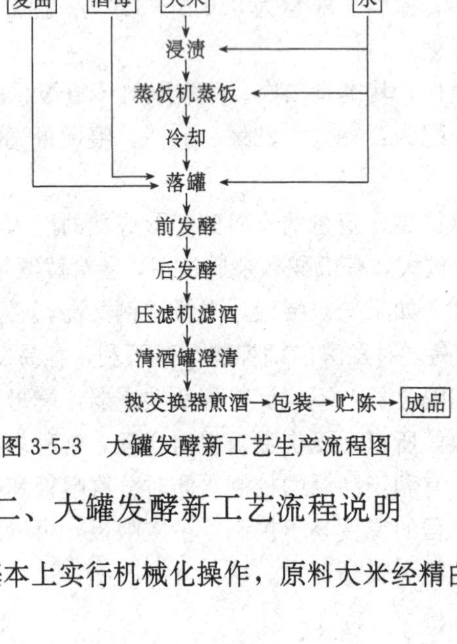

图 3-5-3　大罐发酵新工艺生产流程图

二、大罐发酵新工艺流程说明

大罐发酵新工艺生产基本上实行机械化操作，原料大米经精白除杂，通过气力输送

送入浸米槽或浸米罐，为计量方便，常采用一个前发酵罐的投料米浸一个浸米罐（池），控温浸米24～72h使米吸足水分，再经卧式或立式蒸饭机蒸煮，冷却，入大罐发酵，同时加入麦曲，纯种酒母和水，进行前发酵3～5d后，醅温逐步下降，接近室温，用无菌空气将酒醪压入后发酵罐，在室温13～18℃下静止后酵20d左右，再用板框压滤机压滤出酒液，经澄清、煎酒、灌装、贮陈为成品酒。其发酵所用麦曲可以用块曲、爆麦曲、纯种生麦曲，并适当添加少量酶制剂。整个生产过程基本上实现了机械化。

三、大罐发酵的基本特点及自动开耙的形成

大罐发酵具有容积大、醅层深、发热量大而散热难、厌氧条件好、二氧化碳气集中等特点。

传统大缸容积不到1m^3，醅层深度1m左右，而目前国内最大的前发酵罐容积已达45～50m^3，醪液深度有9～10m，成为典型的深层发酵。

传统大缸、酒坛的容积小而表面积大，发酵时每缸每坛酒醅发出的热量少，主要通过搅拌使醪液与冷空气接触及通过容器壁散发热量，所以，在传统大缸发酵时，开耙尤其重要。而大罐发酵时，因酒醪容积大，表面积小，发酵热量产生多而散发困难，光靠表面自然冷却无法控制适宜的发酵品温，必须要有强制冷却装置才能够去废热，并且大罐发酵的厌氧条件也因容积大、醅层深而大为加强，这种状况在静止后发酵时尤其突出。

开耙问题是大罐发酵的关键所在，继续采用人工开耙是不可能的，必须设法利用醪液自己翻动来代替人工开耙，才能使大罐发酵安全地进行下去。当米饭、麦曲、酒母和水混匀落罐后，由于酵母呼吸产生的二氧化碳的上升力，使上部物料显得干厚而下部物料含水较多，经过8～10h糖化及酵母繁殖，酵母细胞浓度上升到3～5亿个/ml，发酵作用首先在厌氧条件较好的底部旺盛起来。由于底部物料开始糖化发酵较早，醪液较早变稀，流动性较好，在酵母产生的二氧化碳气体的上浮冲力作用下，底部醪液较早地开始翻腾，随着发酵时间的推移，酒醅翻腾的范围逐步向上扩展。落罐后10～14h，酒醅上部的醪盖被冲破，整个醪液全部自动翻腾，这时醪液品温正好达到传统发酵的头耙温度，约33～35℃左右。以后醪液一直处于翻腾状态，直到主发酵阶段结束。同时，为了较快地移去发酵产生的热量，不使醪液品温升高，必须进行人工强制冷却，调节发酵温度。醪液自动翻腾代替了人工搅拌开耙，同样达到调温、散热、排除二氧化碳，吸收新鲜氧气的作用，人们称之为黄酒大罐发酵的“自动开耙”。

自动开耙的难易与多种因素有关。首先是醅层厚度，由于醪液翻动主要依靠发酵产生的二氧化碳气体的拖带作用引起的，所以，醅层越厚，二氧化碳越集中，产生的拖带力就越大，翻腾越剧烈。同时，由于醅层加厚，上下部之间的醪液温差，相对密度差加大，更促进了醪液的对流，加速了醪的翻腾。其次，酿酒原料的不同也影响自动开耙的进行。粳米原料醅层厚度大于3m就能翻腾，糯米原料需6m以上醅层才自动翻腾，而籼米原料比粳米原料较容易翻动，醅层厚度可以降低。因为糯米糖化后，易形成醪盖，使自动开耙的阻力加大，因而，罐的高度需增加，使二氧化碳的上浮冲击力加大，而籼米则相反。

另外，原料浸渍度的高低、蒸饭熟度、糖化剂的酶活性、落罐工艺条件等都会影响

自动开耙的难易程度。

如果落罐后15～16h不自动翻腾或醪液品温已升至35℃仍难翻动时，必须及时用压缩的无菌空气通入罐底，强制开耙，以确保酒醅正常发酵。

自动开耙仅与罐的高度有主要关系，而与罐径无直接关系，因此，黄酒发酵大罐设计时，常设计成瘦长形。罐径主要与控制醪液品温有关，大罐发酵的热量交换主要靠周围罐壁的冷却装置来实现，而不是靠醅层顶面向空气中散发热量进行降温，所以，在设计时要考虑罐径大小对热量交换的影响。

黄酒大罐常是普通钢板（A3）制成，内加无毒涂料，加之容积大、表面积小，故而厌氧条件比传统的陶缸、酒坛好，酒精的挥发损失也少，出酒率较高。但用大罐进行后发酵，由于酒醪基本处于静止状态，由发酵产生的热量较难从中心部位向外传递散发，以及由于酵母处于严重缺氧的情况下，活性降低而与生酸菌活动失去平衡，常常易发生后酵升酸。因此，主发酵醪移入后发酵大罐后，要加强温度，酸度、酒度变化的检测工作，并适时通氧散热，维持酵母的活性，避免后发酵升酸现象的发生。

在大罐前发酵过程中，必须加强温度管理，经常测定品温，随时加以调整。

表 3-5-4　　前发酵品温变化情况

时间/h	落罐	0～10	10～24	24～36	36～48	48～60	60～72	72～84	84～96	输醪
品温/℃	22～24	25～30	30～33	33～30	30～25	25～23	23～21	21～20	<20	12～15

表 3-5-5　　前发酵期酒精含量与酸度的变化

发酵时间/h	24	48	72	96
酒精含量/%	>7.5	>9.5	>12	>14.5
酸度/g·100ml^{-1}	<0.25	<0.25	<0.25	<0.35

四、发　酵　罐

1. 前发酵罐

前发酵罐有瘦长形和矮胖形两种，以前者较普遍，因为它有利于醪液对流和自动开耙，并且占地面积较小。前发酵罐容积按单位质量投料量的三倍体积计算，即每公斤原料需3L的体积。罐体圆柱部分的直径D与高度H之比约为1∶2.5。材料有4mm不锈钢1C_r18Ni9Ti的而大多采用8mm的A3F碳钢板制作，内涂生漆或其他涂料，防止铁与酒醪的直接接触，影响酒的色泽、风味和稳定性。

前发酵罐冷却装置有列管内冷却、夹套外冷却和外围导向带式冷却，其中夹套外冷却的冷却面积较大，冷却速度较快，但冷却水利用率较低。也可采用三段夹套式冷却，分段控制进水量，以便按不同要求控制发酵液温度。目前趋向采用外围导向冷却，它能合理地利用冷却水，冷却面积比夹套式少，冷却速率稍低。

2. 后发酵罐

后发酵罐主要用于进行长时间缓慢后发酵，达到进一步转化淀粉和糖分为酒精，促使酒液成熟。由于发酵慢，时间长，所以，后发酵罐的数量和总容积远比前发酵罐多，后发酵罐一般为瘦长形圆柱锥底直立罐，可用 4mm 不锈钢板或 6～8mmA_3F 碳钢板制造，但碳钢罐制好后要内涂生漆或其他防腐无毒涂料，其单位投料量所占的容积可按前发酵醪容积的 0.9 倍计算。后发酵醪的品温控制有三种方法，一是罐内列管冷却，对降低中心部位醪液的品温较容易；二是外围导向冷却，若要迅速降低酒醪中心部位品温，应与无菌空气搅拌相结合；三是后发酵室空调降温，效果好而耗冷量大，成本较高。

前发酵醪转入后发酵罐时，一般是两罐前发酵醪并为一罐后发酵醪，另一种是一罐前发酵醪仍转为一罐后发酵醪。前发酵罐和后发酵罐应分别安放在前、后发酵室内，酒醪通过压缩空气进行输送。后发酵室温应比前发酵低，常在 18℃以下，后发酵醪品温控制 10～18℃，不得超过 18℃，以防止后发酵过程中发生升酸现象。

第六节　抑制式发酵和大接种量发酵

半甜型黄酒（善酿酒、惠泉酒）、甜型黄酒（香雪酒、封缸酒）要求保留较高的糖分和其他成分，它们是采用以酒代水的方法酿制的酒中之酒。

酒精既是酵母的代谢产物，又是酵母的抑制剂，当酒精含量超过 5%时，随着酒精含量的提高，抑制作用愈加明显，在同等条件下，淀粉糖化酶所受的抑制相对要小。配料时以酒代水，使酒醪在开始发酵时就有较高的酒精含量，对酵母形成一定的抑制作用，使发酵速度减慢甚至停止，使淀粉糖化形成的糖分（以葡萄糖为主）不能顺利地让酵母转化为酒精；加之配入的陈年酒芬芳浓郁，故而半甜型黄酒和甜型黄酒不但残留的糖分较多，口味醇厚甘甜，而且具有特殊的芳香。这就是抑制式发酵生产黄酒。

一、利用抑制式发酵生产半甜型黄酒

绍兴善酿酒是半甜型黄酒的代表，要求成品酒的含糖量在 3%～10%之间，它是采用摊饭法酿制而成。在米饭落缸时，以陈年元红酒代水加入，故而发酵速度缓慢，发酵周期延长。为了维持适当的糖化发酵速度，配料中增加块曲和酒母的用量，并且添加酸度为 0.3～0.5g/100ml 的浆水，用以强化酵母营养与调合酒味，由于开始发酵时酒醪中已有 6%以上的酒精含量，酵母的生长繁殖受到阻碍，发酵进行得较慢。要求落缸品温控制稍高 2～3℃，一般在 30～31℃左右，并做好保温工作，常被安排在不太冷的气候酿制。米饭落缸后 20h 左右，随着糖化发酵的进行，品温略有升高，便可开耙。耙后品温可下降 4～6℃，应该注意保温，又过十多小时，品温又恢复到 30～31℃，即开二耙，以后再继续发酵数小时开三耙，并开始做好降温措施。此后要注意捣冷耙降温。避免发酵太老，糖分降低太多。一般发酵 3～4d，便灌醅后发酵，经过 70d 左右可榨酒。

二、应用大接种量方法生产半甜型黄酒

惠泉糯米酒是半甜型黄酒，它是利用新工艺大罐发酵生产而成，原料糯米经精米机

精白后，用气力输送分选，整粒精白米入池浸渍达到标准浸渍度，经淘洗后进入连续蒸饭机蒸煮，冷却，米饭落罐时，配入原料米重120%的陈年糯米酒、4%的远年糟烧酒或高纯度酒精、18%的麦曲（加强糖化作用）及经48h发酵的江苏老酒醅1/2罐，相当于酒母接种量达到100%，在大罐中进行糖化发酵4d，然后用空气将醪液压入后发酵大罐，后发酵36d左右，检验符合理化指标后，进行压榨、消毒、包装，贮存3年以上即为成品酒。

该工艺中，加曲量增加主要为了提高糖化能力以便使淀粉尽量转化为糖分。考虑到当醪液酒精含量超过6%时，酵母难以繁殖，因此，采用高比例酒母接种使酵母在开始发酵时就具有足够的浓度，保证缓慢发酵的安全进行，维持一定的发酵速度，这是既节约又保险的措施。同样，酵母的发酵受到酒精的抑制作用，使酒醪中残存下部分糖分。采用陈年糯米黄酒和少量糟烧，一方面为了使酒醅在发酵开始时就存在一定含量的酒精，另一方面也给黄酒增加色、香、味，使惠泉酒色呈黄褐，香气芬芳馥郁，甘甜爽口有余香。

三、甜型黄酒的抑制式发酵

含糖分在10%以上的黄酒称为甜型黄酒。甜型黄酒一般都采用淋饭法酿制，即在饭料中拌入糖化发酵剂，当糖化发酵到一定程度时，加入40%～50%的白酒，抑制酵母菌的发酵作用，以保持酒醅中有较高的含糖量。同时，由于酒醅加入白酒后，酒精含量较高，不致被杂菌污染，所以，生产不受季节的限制。甜型黄酒的抑制性发酵作用比半甜型黄酒的更强烈，酵母的发酵作用更加微弱，故保留的糖分更多，酒液更甜。

香雪酒是甜型黄酒的一种，它首先采用淋饭法制成酒酿，再加麦曲继续糖化，然后加入白酒（酒糟蒸馏酒）浸泡，再经压榨，煎酒而成。

酿制香雪酒时，关键是蒸饭要达到熟透不糊，酿窝甜液要满，窝内添加麦曲（俗称窝曲）和投酒必须及时。

首先，米饭要蒸熟，糊化透，吸水要多，以利于淀粉被糖化为糖分，但若米饭蒸得太糊太烂，不但淋水困难，搭窝不疏松，影响糖化菌生长繁殖，而且糖化困难，糖分形成少，窝曲是为了补充淀粉糖化酶量，加强淀粉的继续糖化，同时也赋予酒液特有的色、香、味。窝曲后，为防止酒醅中酵母大量繁殖并形成强烈的酒精发酵，造成糖分消耗，所以，在窝曲糖化到一定程度时，必须及时投入白酒来提高酒醅的酒精含量，强烈抑制酵母的发酵作用。白酒投入一定要适时，一般掌握在酿窝糖液满至90%，糖液口味鲜甜时，投入麦曲，充分拌匀，保温糖化12～14h，待固体部分向上浮起，形成醪盖，下面积聚10多厘米醪液时，便可投入白酒，充分搅拌均匀，加盖静止发酵1d，即灌醅转入后发酵。白酒投入太早，虽然糖分会高些，但是麦曲中酶的分解作用没能充分发挥，使醅醪粘厚，造成压榨困难，出酒率降低，酒液生麦味重等弊病；白酒添加太迟，则酵母的酒精发酵过度，糖分消耗太多，酒的鲜味也差，同样影响成品产质量。所以，要选择糖化已进行得差不多，酵母已开始进行酒精发酵，其产生的二氧化碳气已能使固体醅层上浮，而还没进入旺盛的酒精发酵时投入白酒，迅速抑制酵母菌的发酵作用，使醪液残留较高的糖分。

香雪酒的后发酵时间长达4～5个月之久。在后发酵中，酒精含量会稍有下降，因为酵母的酒精发酵能力被抑制得很微弱或处于停滞状态，而后发酵时酒精成分仍稍有挥发，致使酒精含量略有降低。后发酵中，淀粉酶的糖化作用虽被钝化，但并没全部破坏，淀粉水解为糖分的生化反应仍在缓慢地进行，故而糖度、酸度仍有增加。酒醅中的酵母总数在后发酵前半时期仍有1亿个/ml左右，细胞芽生率在5%～10%左右，这充分表明黄酒酵母是具有较强的耐酒精能力。

经后发酵后，酒液中的白酒气味已消失，各项理化指标已合格时，便进行压滤。由于甜型黄酒酒精含量、糖度都较高，无杀菌必要，但煎酒可以凝结酒液中存在的胶体物质，使之沉淀，维持酒液的清彻透明和酒体的稳定性。所以，可进行短时间杀菌。

表 3-5-6　香雪酒醅堆放期成分变化

试样 项目 / 时间	酒精含量/%		酸度/g·$(100ml)^{-1}$		糖分/g·$(100ml)^{-1}$		糖化酶活力*	
	1	2	1	2	1	2	1	2
酒窝液			0.366		13.75			
加白酒后			0.366		13.75		35	
灌坛	26.2	21.0	0.272	0.260	11.00	10.00	210	300
7d	26.4	21.0	0.260	0.240	11.75	10.25	160	204
14d	25.7	21.0	0.283	0.260	14.25	17.00	50	165
30d	25.7	20.9	0.295	0.283	17.50	18.75	20	60
60d	25.4	20.2	0.383	0.319	17.50	21.00	15	25
90d	25.5	20.8	0.413	0.366	19.00	21.70	5	15

*糖化酶活动力为每小时每毫升酶产生葡萄糖的毫克数。

第七节　黄酒醪的酸败和防止

黄酒发酵是敞口式、多菌种发酵，发酵醪液中必定会混进某些有害微生物，如乳酸杆菌、醋酸杆菌及野生酵母菌等，它们对黄酒发酵的侵袭危害较大，必须足够重视。黄酒发酵醪的酸败主要是有害微生物的代谢活动引起的，它大量消耗醪液中的有用物质（主要是可发酵性糖类），代谢产生挥发性的或非挥发性的有机酸，使酒醪的酸度上升速度加快。同时，它又抑制了酵母的正常酒精发酵，使醪液内的酒精含量上升缓慢，甚至几乎停顿。

黄酒发酵醪的酸败，不但降低了出酒率，而且损害了成品酒的风味，使酒质变差，甚至无法饮用，还常常给生产加工造成困难，有时污染严重，破坏掉整个正常的生产程序，只能停产治理。所以，预防和处理黄酒发酵醪酸败显得极其重要，应该以防为主，采取措施，避免酸败现象的发生。

一、发酵醪酸败的表现和原因

黄酒发酵醪酸败时，一般会发现以下某些现象：

(1) 在主发酵阶段，酒醪品温很难上升或停止。

(2) 酸度上升速度加快，而酒精含量增加减慢，酒醪的酒精含量达14%时，酒精发酵几乎处于停止。

（3）糖度下降减慢或停止。

（4）酒醅发粘或醪液表面的泡沫发亮，出现酸味甚至酸臭。

（5）镜检酵母细胞浓度降低而杆菌数增加。酒醪酸败时，醋酸和乳酸的酸含量上升较快，醪液总酸超过0.45g/100ml，称为轻度超酸，这时口尝酸度偏高，但酒精含量可能还正常；如果醪液酸度超过0.7g/100ml酒液香味变坏，酸的刺激明显，称为中度超酸；如果酒醪酸度超过1g/100ml时，酸臭味严重，发酵停止，称为严重超酸。

黄酒醪酸败的原因是多方面的；主要原因有以下几种：

（1）原料种类　籼米、玉米等富含脂肪、蛋白质的原料，在发酵时由于脂肪，蛋白质的代谢会升温生酸，尤其侵入杂菌后，升酸现象更会明显，加上这类原料由于直链淀粉较多，常易使α-化的淀粉发生β-化。而不易糖化发酵，结果给细菌利用产酸。所以，用籼米、玉米原料酿酒，超酸和酸败的可能性较大。

（2）浸渍度和蒸煮冷却　大米浸渍吸足水分，蒸煮糊化透彻，糖化发酵都容易，反之，就容易发生酸败，尤其在大罐发酵时，更为明显。浸渍72h的原料，发酵时发生自动翻腾，醪液的品温大约在33～34℃，可以避免高温引起的酸败；但在同样条件下，浸米24～48h的米饭，开始自动翻腾时的醪液品温在36℃以上，从米饭落罐到自动开耙的时间间隔，后者要比前者长，致使醪液处于高温下过久，酸败的可能性就大。对含直链粉淀比例高的原料，要蒸透、淋冷，防止淀粉β-化，而不易糖化，让细菌利用产酸。米饭蒸煮不透，杂菌利用生淀粉代谢，一般前发酵尚正常，旺盛，约10d后，酵母逐步衰老，发酵缓慢，促使某些细菌迅速繁殖，酸度上升，甚至出现酸败现象。

（3）糖化曲质量和使用量　黄酒生产所用的曲都是在带菌条件下制备的，曲块中本身含有杂菌，尤其是使用纯种通风麦曲时，空气中带入的杂菌更多，又不象自然培养的踏曲经过一段高温大火期，使杂菌淘汰死亡。所以，黄酒新工艺发酵时，麦曲的杂菌常会变成酒醪酸败的重要来源。使用糖化剂过量，酒醅的液化、糖化速度过快，使糖化发酵失去平衡或酵母渗透压升高，促使酵母过早衰老变异，抑制杂菌能力减退，酸度出现上升的机会就增多。

（4）酒母质量　酒母的质量一方面与它本身酵母的特性有关，产酸力强，抗杂菌力差的酒母易发生升酸超酸现象；另一方面酒母液中的杂菌数和芽生率也有影响，一旦酒母杂菌超标，就容易使酒醪酸败；芽生率低说明酵母衰老，繁殖发酵能力差，耗糖产酒慢，容易给产酸菌等利用，造成升酸，当酸度超过0.4～0.45g/100ml时，酒精含量上升很慢或停止，而酸度可急剧升高。

（5）前发酵温度控制太高　由于落罐温度太高或开耙时间拖延太久，使醪液品温长时间处于高温下（大于35℃），酵母菌受热早衰，而醪液中糖化作用加剧，糖分积累过多，生酸菌一旦利用此环境，很易酸败，使酒醅呈甜酸味，酵母体形变小，死酵母增多而杂菌和异形酵母增加。

（6）后发酵时缺氧散热困难　在大罐发酵中，由于厌氧条件好而使黄酒出酒率提高，但另一方面，在大罐后发酵时，由于厌氧而造成酵母存活率降低50%以上。传统的酒坛后发酵由于透气性好，发酵几十天后活酵母数仍有4～6亿个/ml，而大罐后发酵由于缺氧，酵母数太少而厌氧细菌可大量生长，使它们之间失去平衡和制约，而发生酸败。要求发酵后期醪液酵母密度应大于 10×10^6 个/ml。另外，大罐后发酵醪液的流动性差，中心热量难以传出，会出现局部高温，这也是大罐后发酵易酸败的原因之一。

(7) 卫生差、消毒灭菌不好　黄酒生产虽较开放，但环境卫生差，往往会造成杂菌的侵袭，出现污染和感染，尤其是发酵设备，管道阀门出现死角，造成灭菌不透，醪液粘结停留，成为杂菌污染源，发生发酵醪的酸败，这种情况较为普遍。

二、醪液酸败的预防和处理

醪液酸败原因是多方面的，但一般根据实践经验推测，在前发酵、主发酵时发生酸败、原因多为曲和酒母造成的，在后发酵过程发生酸败，大多是由于蒸煮糊化不透，酵母严重缺氧死亡或醪液的局部高温所致，当然环境卫生，消毒灭菌应该随时注意。

要解决酒醪的酸败，必须从多方面加以预防，一般可采取以下措施：

(1) 保持环境卫生、严格消毒灭菌　黄酒生产虽是敞口式发酵，但由于在工艺操作上采取了措施，自然淘汰、抑制了有害微生物，使发酵时免遭杂菌污染的影响。尤其是采用新工艺发酵生产，更要注意做好清洁卫生、消毒灭菌工作，在前发酵过程中，由于酵母处于迟缓期，酵母浓度较低，而糖化作用已开始进行，造成糖分积累，一旦污染杂菌，易于利用糖分转化为酸类，并进而抑制酵母的生长繁殖，发生酸败，同样在后发酵期，因酵母活性减弱，抵抗杂菌能力下降，如果不注意容器或管道的清洗灭菌工作，也会发生酸败现象。一般要求每天打扫环境，容器、管道每批使用前要清洗并灭菌，以尽量消除杂菌的侵袭。

(2) 控制曲、酒母质量　糖化发酵剂常带有杂菌。尤其是纯种麦曲，在培养时常会污染其他有害微生物，所以，一方面要严格工艺操作，另处要对制曲的曲箱，风道等加强清洗和消毒，严格把住曲的质量，不合格的曲不用来发酵。酒母中的杂菌比曲的杂菌危害更大，多数是乳酸杆菌，它的生存条件相似于酵母而繁殖速度又远比酵母快，因而对酒母醪中的杂菌数控制更要严格，使酒醪不受产酸菌影响。

(3) 重视浸米、蒸饭质量　浸米时要保证米粒吸足水分，蒸饭时才能充分使淀粉糊化。如果生熟淀粉同时发酵，往往会发生酵母难于发酵利用的生淀粉转让给细菌作为营养，加以利用并产酸，所以，浸米吸水不足（尤其在寒冬季节）常会发生酸败。由于籼米原料的结构紧密，不易在常温下被水浸透，在浸渍阶段，其自然吸水率反而比糯米低1/3，而浸渍损耗大，所以，籼米蒸煮时要多补充热水，促使淀粉糊化，避免发酵时生酸。

(4) 控制发酵温度，协调好糖化发酵的速度　黄酒发酵是边糖化边发酵，糖化速度和发酵速度之间建立好平衡关系后，发酵才能正常进行，这主要依靠落缸（罐）工艺条件和及时开耙加以调整。如果糖化快发酵慢，糖分过于积累，常易引起酸败，反之，糖化慢，发酵快，易使酵母过早衰老，发酵后期也易升酸。常采用控制发酵温度来协调两者的酶活力。尽量在 30℃左右主发酵，避免出现 36℃以上的高温，在后发酵时，必须控制品温在 15℃以下，以保证发酵正常进行。

(5) 控制酵母浓度　黄酒醪发酵必须有足够的酵母细胞数。如遇到酵母生长繁殖过慢或发酵不力，可添加淋饭酒醅或旺盛发酵的主发酵醪，以促进发酵，也可增加酒母用量，以弥补发酵力和酵母数的不足，保证酵母菌在发酵醪中占有绝对优势，抑制杂菌的滋生。为了增强酵母的活力，可以适量提供无菌空气，加速酵母在发酵前期的增殖和后期的存活率，传统发酵是在缸、坛中进行的，容器的透气性良好，散热也较容易。而大罐发酵缺乏这些条件。在前酵落罐后16h或品温已达36℃，醪液还不见自动翻腾，必须通入无菌空气，帮助醪液翻腾，以给酵母增添溶解氧，促使它发酵。使用大罐后的发酵，如果发酵醪中保持一定浓度的溶解氧，每小时能提供每克酵母0.1mg溶解氧，则酵母在几周后仍能保持活力。在后发酵期间，应该设法使醪液中的酵母浓度大于10×10^6个/ml，才能保证后发酵的顺利进行。当然也应该考虑使主发酵期适当延长一些，避免在后发酵期品温上升过高，鉴于后发酵过程中热量的散发和酵母的存活率等问题，在前发酵翻动静止后，每8h还须进行一次通气开耙，再使醪液短时间翻动一下，排除二氧化碳并散热，进一步使酒醪稀薄，补充进入后发酵时醪液所需的溶解氧并在后发酵初期，每隔1d通无菌空气一次，使品温逐日下降，以后可每隔一周通气翻动一次，解除酵母严重缺氧和酒醪局部过热的现象，可有效地预防醪液的升酸。

（6）添加偏重亚硫酸钾　每吨酒醪可加入100g偏重亚硫酸钾，对乳酸杆菌有一定的杀灭效果，而不影响酒的质量。

（7）酸败酒醪的处理　在主发酵过程中，如发现升酸现象，可以及时将主发酵醪液分装较小的容器，降温发酵，防止升酸加快，并尽早压滤灭菌，成熟发酵醪如有轻度超酸，可以与酸度偏低的醪液相混，以便降低酸度，然后及时压滤，中度超酸者，可在压滤澄清时，添加Na_2CO_3、$K_2CO_3\cdot CaCO_3$或$Ca(OH)_2$清液，中和酸度，并尽快煎酒灭菌。对于重度超酸者，可加清水冲稀醪液，采用蒸馏方法回收酒精成分。

对于酒醪酸败的问题，应强调以防为主，严格工艺操作，做好菌种纯化工作，保持环境卫生，防止异常发酵，清除酸败现象。

第六章　压滤、澄清、煎酒和贮存

黄酒醅经过较长时间的后发酵，一般酒精含量能升高2%～4%，并生成多种代谢产物，使酒质更趋完美协调。为了及时把酒醅中的酒液和糟粕加以分离，必须进行压滤。

第一节　压　　滤

压滤操作包括过滤和压榨两个阶段。压滤以前，首先应该检测后发酵酒醅是否成熟，以便及时处理，避免发生“失榨”现象。

一、酒醅成熟的检测

酒醅的成熟与否，可以通过感官检测和理化分析来鉴别。

1. 酒色

成熟的酒醪应糟粕完全下沉，上层酒液澄清透明，色泽黄亮。若色泽淡而混浊，说明成熟不够或已变质。如酒色发暗，有熟味，表示由于气温升高而发生“失榨”现象，即没有及时压滤。

2. 酒味

成熟的酒醅酒味较浓，爽口略带苦味，酸度适中，如有明显酸味，表示应立即搭配压滤。

3. 酒香

应有正常的酒香气而无异杂气味。

4. 理化检测

成熟的酒醅，通过化验酒精含量已达指标并不再上升，酸度在0.4%左右，并开始略有升高的趋势时，经品尝，基本符合要求，可以认为酒醅已成熟，即可压滤。

二、压滤的基本原理和要求

黄酒酒醅具有固体部分和液体部分密度接近，粘稠成糊状，滤饼是糟板需要回收利用，因而不得添加助滤剂，最终产品是酒液等特点。它不能采用一般的过滤、沉降方法取出全部酒液，必须采用过滤和压榨相结合的方法来完成固、液的分离。

黄酒醅的压滤过程一般分为两个阶段，开始酒醅进入压滤机时，由于液体成分多，固体成分少，主要是过滤作用，称为“流清”。随着时间延长，液体部分逐渐减少，酒糟等固体部分的比例增大，过滤阻力愈来愈大，必须外加压力，强制地把酒液从粘湿的酒醅中榨出来，这就是压榨或榨酒阶段。

无论是过滤还是压榨过程，酒液流出的快慢基本符合过滤公式，即液体分离流出速度与滤液的可透性系数、过滤介质两边的压差及过滤面积成正比，而与液体的粘度、过滤介质厚度成反比。因此，在酒醅压滤时，压力应缓慢加大，才能保证滤出的酒液自始至终保持清亮透明，故黄酒的压滤过程需要较长的时间。

压滤时，要求滤出的酒液要澄清，糟板要干燥，压滤时间要短，要达到以上要求，必须做到以下几点：

(1) 过滤面积要大，过滤层薄而均匀。

(2) 滤布选择要合适，既要流酒爽快，又要使糟粕不易粘在滤布上，要求糟粕易于和滤布分离。另外要考虑吸水性能差，经久耐用等。在传统的木榨压滤时，都采用生丝绸袋，而现在的气膜式板框压滤机，常使用 36 号锦纶布作滤布。

(3) 加压要缓慢，不论何种形式的压滤，开始时应让酒液依靠自身的重力进行过滤，并逐步形成滤层，待清液流速因滤层加厚，过滤阻力加大而减慢时，才逐级加大压力，避免加压过快。最后升压到最大值，维持数小时，将糟板榨干。

三、压滤设备

黄酒压滤传统利用笨重的杠杆式木榨床，目前已普遍采用气膜式板框压滤机，该机由机体，液压两部分组成。机体两端由支架和固定封头定位，靠滑杆和拉杆连为一体。滑杆上安放 59 片滤板及一个活动封头，由油泵电动换向阀和油箱管道油压系统所组成。压滤板数共 59 片（或 75 片）、其中滤板数为 30 片，压板数为 29 片。滤板直径 820mm，有效过滤直径为 757mm，每片过滤面积为 $0.9m^2$，滤框容积为 $0.33m^3$，每台总进醅量为 2.5t，操作压力 0.686MPa～0.784MPa，压滤机最大推力 16.5t，活塞顶杆最大行程 210mm，单机每 12h 滤出酒液 1.35～1.4t，滤饼含湿量<50%。以上是 BKAY54/820 型压机的特性，只要生产能力确定，可以选择使用不同型号的压滤机。

第二节　澄　　清

压滤流出的酒液称为生酒，应集中到澄清池（罐）内让其自然沉淀数天，或添加澄清剂，加速其澄清速度，澄清的目的：

(1) 沉降出微小的固形物、菌体、酱色中的杂质。

(2) 让酒液中的淀粉酶、蛋白酶继续对高分子淀粉、蛋白质进行水解，变为低分子物质。例如糖分在澄清期间，每天可增加 0.028%左右的糖分，使生酒的口味由粗辣变得甜醇。

(3) 澄清时，挥发掉酒液中部分低沸点成分，如乙醛、硫化氢、双乙酰等，可改善酒味。

经澄清沉淀出的“酒脚”，其主要成分是淀粉糊精、纤维素、不溶性蛋白、微生物菌体、酶及其他固形物质。

在澄清时，为了防止发生酒液再发酵出现泛浑现象及酸败，澄清温度要低，澄清时间也不宜过长，一般在 3d 左右。澄清设备可采用地下池，或在温度较低的室内设置澄清罐，以减少气温波动带来的影响。要认真搞好环境卫生和澄清池（罐）、输酒管道的消毒灭菌工作，防止酒液染菌生酸。每批酒液出空后，必须彻底清洗灭菌，避免发生上、下批酒之间的杂菌感染。

经数天澄清，酒液中大部分固形物已被除去，可能某些颗粒极小，质量较轻的悬浮粒子还会存在，仍能影响酒液的清彻度，所以，澄清后的酒液还需通过棉饼、硅藻土或其他介质的过滤，，使酒液透明光亮，现代酿酒工业已采用硅藻土粗滤和纸板精滤来加快酒液的澄清。

第三节 煎 酒

把澄清后的生酒加热煮沸片刻，杀灭其中所有的微生物，以便于贮存、保管，这一操作过程称它为“煎酒”。

一、煎酒的目的

（1）通过加热杀菌，使酒中的微生物完全死亡，破坏残存酶的活性，基本上固定黄酒的成分。防止成品酒的酸败变质。

（2）在加热杀菌过程中，加速黄酒的成熟，除去生酒杂味，改善酒质。

（3）利用加热过程促进高分子蛋白质和其他胶体物质的凝固，使黄酒色泽清亮，并提高黄酒的稳定性。

二、煎酒温度的选择

目前各厂的煎酒温度均不相同，一般在85℃左右。煎酒温度与煎酒时间，酒液pH和酒精含量的高低都有关系。如煎酒温度高，酒液pH低，酒精含量高，则煎酒所需的时间可缩短，反之，则需延长。

煎酒温度高，能使酒的稳定性提高，但随着煎酒温度的升高，酒液中尿素和乙醇会加速形成有害的氨基甲酸乙酯，据测试，氨基甲酸乙酯主要在煎酒和贮存过程中形成。煎酒温度愈高，煎酒时间愈长，则形成的氨基甲酸乙酯愈多。

表 3-6-1　　黄酒灭菌温度和时间对氨基甲酸乙酯形成的影响

灭菌温度/℃	90			80			70		
灭菌时间/min	10	20	30	10	20	30	10	20	30
氨基甲酸乙酯/$ng \cdot L^{-1}$	49.1	51.3	94.8	27.2	33.6	34.4	17.9	20.1	20.2

注：黄酒试样中尿素含量为60mg/L。

同时，由于煎酒温度的升高，酒精成分的挥发损耗加大，糖和氨基化合物反应生成的色素物质增多，焦糖含量上升，酒色会加深。因此，在保证微生物被杀灭的前提下，适当降低煎酒温度是可行的。这样，可使黄酒的营养成分不致破坏过多，生成的有害副产物也可减少，日本清酒仅在60℃下杀菌2～3min。我国黄酒的煎酒温度普遍在83～93℃。

要比清酒高得多。

在煎酒过程中，酒精的挥发损失约0.3%～0.6%，挥发出来的酒精蒸气经收集、冷凝成液体，称作“酒汗”。酒汗香气浓郁，可用作酒的勾兑或甜型黄酒的配料。

三、煎酒的设备

常采用蛇管、套管、列管和薄板等换热器作为黄酒的煎酒设备。目前，大部分黄酒厂已开始采用薄板换热器进行煎酒，薄板换热器高效卫生，如果采用两段式薄板热交换器，还可利用其中的一段进行热酒冷却和生酒的预热，充分利用热量。

要注意煎酒设备的清洗灭菌，防止管道和薄板结垢，阻碍传热，甚至堵塞管道，影响正常操作。

第四节　包装、贮存

一、包　　装

灭菌后的黄酒，应趁热灌装，入坛贮存。因酒坛具有良好的透气性，对黄酒的老熟极其有利。黄酒灌装前，要做好酒坛的清洗灭菌，检查是否渗漏。黄酒灌装后，立即用荷叶，箬壳扎紧封口，以便在酒液上方形成一个酒气饱和层，使酒气冷凝液回到酒液里，造成一个缺氧，近似真空的保护空间。

传统的绍兴黄酒，常在封口后套上泥头，用来隔绝空气中的微生物，使其在贮存期间不能从外界侵入酒坛内，并便于酒坛的堆积贮存，减少占地面积。目前部分泥头已用石膏代替，使黄酒包装显得卫生美观。

二、黄酒的贮存

新酒成分的分子排列紊乱，酒精分子活度较大，很不稳定，因此，其口味粗糙欠柔和，香气不足缺乏协调，必须经过贮存，促使黄酒老熟，因此，常把新酒的贮存过程称为“陈酿”。普通黄酒要求陈酿1年，名、优黄酒要求陈酿3～5年。经过贮存，黄酒的色、香、味及其他成分都会发生变化，酒体变得醇香，绵软，口味协调，在香气和口味各方面与新酒大不一样。

1. 黄酒贮存过程中的变化

(1) 色的变化　通过贮存，酒色加深，这主要是酒中的糖分和氨基化合物（以氨基酸为主）相结合，发生氨基—羰基反应，形成类黑精所致。酒色变深的程度因黄酒的含糖量，氨基酸含量，pH值高低而不同。甜型黄酒、半甜型黄酒因含糖分多而色泽容易加深；加麦曲的酒，因蛋白质分解力强，代谢的氨基酸多而比不加麦曲的酒的色泽深；贮存时温度高，时间长，酒液pH高，酒的色泽也就深。贮存期间，酒色加深是老熟的一个标志。

(2) 香的变化　黄酒的香气是酒液中各种挥发性成分对嗅觉的综合反应。黄酒香气主要在发酵过程中产生，酵母菌的酯化酶催化酰基辅酶A与乙醇作用，形成各种酯类物质，如乙酸乙酯、乳酸乙酶、琥珀酸乙酯等。另外，在发酵过程中，除产生乙醇外，还形成各种挥发性和非挥性的代谢副产物，包括高级醇、醛、酸、酮、酯等，这些成分在贮存过程中，发生氧化反应，缩合反应，酯化反应，使黄酒的香气趋向调和得到加强。其次，原料和麦曲也会增加某些香气。大曲在制曲过程中，经历高温化学反应阶段，生成各种不同类型的氨基羰基化合物，带入黄酒中去，增添了黄酒的香气。在贮存阶段，酸类和醇类也能发生缓慢的化学反应，使酒的香气增浓。

(3) 味的变化　黄酒的味是各种呈味物质对味觉器官的综合反应，有甜、酸、苦、辣、涩。新酒的刺激辛辣味，主要是由酒精，高级醇、乙醛，硫化氢等成分所构成。糖类、甘油等多元醇及某些氨基酸构成甜味；各种有机酸，部分氨基酸形成酸味；高级醇，酪醇等形成苦味；乳酸含量过多有涩味，经过长期陈酿，酒精、醛类的氧化，乙醛的缩合，醇酸的酯化，酒精及水分子的缔合，以及各种复杂的物理化学变化，使酒的口味变得醇厚柔和，诸味协调，恰到好处。

但黄酒贮存不宜过长，否则，酒的损耗加大，酒味变淡，色泽过深，焦糖的苦味增强，使黄酒过熟，质量降低。

(4) 氧化还原电位和氨基甲酸乙酯的变化　氧化还原电位随着贮存时间的延长而提高，主要是由于贮存过程中，还原性物质被氧化所致。

在黄酒贮存时，酒液中的尿素和乙醇继续反应，生成有害的氨基甲酸乙酯。成品酒的尿素含量越多，贮存温度越高，贮存时间越长，则形成的氨基甲酸乙酯越多。以下为1990年4月测定的数据。

表 3-6-2　不同酒龄酒的氨基甲酸乙酯量

酒龄	杀菌后的新工艺酒	杀菌后的老工艺成品酒	1987年酒	1984年酒	1981年酒	1960年酒
氨基甲酸乙酯含量/ng·L^{-1}	31	25	106.0	296.8	314.8	1255.0

所以，要根据酒的种类、贮酒的条件、温度的变化，掌握适宜的贮存期，保证黄酒色、香、味的改善，又能防止有害成分生成过多。

2. 黄酒的大容器贮存

传统的黄酒以陶坛为贮酒容器。陶坛的装液量少，每坛装酒25kg左右，并且坛和酒的损耗较高，平均每年为2%～4%之间，一个年产1万t的黄酒厂，每年至少需要40多万只酒坛和14 300m^2的仓库面积。名优黄酒要贮阵3年，方能销售，占用的酒坛和仓库场地就更多。由于酒坛经不起碰撞，难以实现机械化操作，很不适应黄酒生产发展的需要。因此，采用大容器贮酒已成为必然趋势。它既能减少酒损，节省仓库用地，实现机械化操作，又能方便地排除贮酒过程中析出的酒脚，有利于提高酒的质量。

目前，黄酒贮罐的单位容量已发展到50t左右，比陶坛的容积扩大近2 000倍，黄酒大罐贮存的关键问题是在保证口味正常的前提下，防止酒的酸败，在长时间贮存中，要求酒的酸度仅有较小的变化。要达到以上要求，必须注意以下几点：

(1) 灭菌　贮罐、管道、输酒设备应严格杀菌，保证无菌。日本清酒的大罐贮存，采用H_2O_2进行空罐消毒。国内黄酒厂常用蒸汽灭菌，灭菌时要特别注意死角和蒸汽冷凝水的排除。黄酒的煎酒温度一般控制在85℃，维持15～30min。

（2）进罐　煎酒后，可采用热酒进罐，起到再杀菌的作用，也可在进罐以前，将酒温预先冷却到63～65℃。再把酒送入大罐，这样既使酒保持无菌状态，又避免酒在高温下停留太久而风味变差。

（3）降温　酒充满贮罐容积的95%左右后，应立即封罐，并迅速降温，为避免罐内产生负压，可边降温边向酒液上方空间补充无菌空气，维持罐内压力和保证无菌状态。降温速度要快，使酒的风味不致变坏，也可在灌酒结束时，添加部分高度白酒于黄酒表层，起到盖面的保护作用。并保证在较低温度下贮存，防止微生物污染。

（4）罐材　贮罐可用不锈钢或碳钢涂树脂衬里进行制作，生产实践证明，使用生漆或过氯乙烯为涂料，对黄酒质量影响不大，生漆能耐温150℃，可经受蒸汽灭菌，贮罐在涂料后，必须进行干燥，用水清洗，直到没有异味才能投入使用。

（5）检测　大罐贮酒过程中，要加强检测化验，一旦发现不正常情况，要及时采取措施，以免造成重大损失。

实践证明，大罐贮酒，只要设备、工艺设计得合理，贮存后的黄酒质量，风味均与陶坛贮存相似，并发现，在各个贮罐中，一般上部的酒质比中、下部的好，根据这一特点，可以灌装出不同质量的名、优酒产品，以利于提高经济效益。

第五节　成品黄酒的质量及其稳定性

黄酒的质量主要通过物理化学分析和感官品评的方法来判断。物理化学分析只能了解酒的基本物理状态和化学组成，以及是否符合卫生要求。黄酒的色、香、味、格主要依靠人们的感官品评来掌握。除了国家管理部门颁布的有关质量指标必须合格外，还要鉴别酒的色、香、味、格四个方面的特点。

一、色　泽

黄酒的色因品种不同而异，有淡黄、红褐乃至黑色。酒色主要来自原料和辅料的色素、曲子霉菌分泌的微生物色素、焦糖色素及类黑精色素，大部分黄酒添加糖色，使酒色加深。或使用炒焦的粟米、大米进行酿酒，使酒色变成黑褐。水中某些能起氧化还原作用的金属离子（锌、铁、锰等）也能促进酒的着色。

要求黄酒成品清亮、透明、有光泽，无失光、无悬浮物。

二、香　气

黄酒的香气随品种而有差别，一般正常的黄酒应有柔和、愉快、优雅的香气感觉。黄酒的香气成分主要是发酵过程中产生的酯类、醇类、酸类、羰基化合物和酚类物质，在酒的贮存中，由于化学变化也使酒香增浓。麦曲和原料也会赋予黄酒一定的香气，黄酒中的香气成分有100多种。正常的香气有酒香、曲香、焦香三个方面组成。酒香主要由发酵的代谢产物所构成。曲香主要由麦子的多酚类物质，香草醛、香草酸、阿魏酸及高温培养曲子时的羰基氨基反应的生成物构成，焦香主要是焦米、焦糖色素所形成，或类黑精产生的。红曲微生物也会带有独特的香气。

除以上的香气外，还要严格防止黄酒带有一些不正常的气味。如石灰气、老熟气、烂曲气和包装容器、管道清洗不干净带有的其他异味。

三、滋　　味

黄酒的口味是甜、酸、苦、涩、辣五味调和。黄酒的甜味要适口，不能甜而发腻。甜味成分主要是糖类（葡萄糖为主），它占总糖量的50%～66%，其次是异麦芽糖、低聚糖等，另外发酵过程中生成的甘油、2，3-丁二醇，丙氨酸等也有甜味。酸味是黄酒的重要口味之一。酸有减甜增浓的口感作用。黄酒的酸除了原料或人工添加外，主要在发酵过程中产生，包括醋酸、乳酸、琥珀酸、苹果酸、柠檬酸、酒石酸等，还有18种氨基酸和核酸等。要求黄酒酸味柔和、爽口，酸度应随糖度的高低而改变，使之互相协调。黄酒的苦、涩味成分主要是某些氨基酸、肽、酪醇、5′-甲硫基腺苷和胺类物质。用曲量多，糖分高，贮存时间长的酒也会带来苦味，轻微的苦味给酒以刚劲，爽口的感觉。涩味主要是乳酸和酪氨酸等产生的，酒中石灰加得过量，也会产生涩味。苦涩味物质含量少时，会使酒味呈现浓厚感。过量，则破坏了酒味的协调。黄酒的辣味主要是由酒精和高级醇等形成的，一般酒精含量高，辣味明显，随着黄酒的贮存期延长，黄酒辣味减少，变得香浓醇和。

四、风　　格

酒的风格即典型性，是色、香、味的综合反映。酒体的各种组成分应该协调，优雅，具有该种产品的特殊优点。

五、黄酒的褐变和防止

黄酒的色泽随贮存时间延长而加深，尤其是半甜型、甜型黄酒由于所含糖类、氨基酸类物质丰富，往往形成的类黑精物质增多，贮存期过长，酒色很深，并带有焦糖臭味，质量变差，欲称褐变。这是黄酒的一种病害。可以采取以下措施，防止或减慢黄酒的褐变现象：

（1）减少麦曲用量或不使用麦曲，以降低酒内氨基类物质的含量。减低羰基—氨基反应的速度和类黑精成分的形成。

（2）甜型、半甜型黄酒的生产分成两个阶段，先生产干型黄酒并进行贮存，然后在出厂前加入糖分，调至标准糖度和酒精含量。消除掉形成较多类黑精的可能性。

（3）适当增加酒的酸度，减少铁、锰、铜等元素的含量。

（4）缩短贮存时间，降低贮酒温度。

六、黄酒的浑浊及防止

黄酒是一种胶体溶液，它受到光照，振荡冷热的作用及生物性侵袭，会出现不稳定现象而浑浊。

1. 生物性浑浊

黄酒营养丰富，酒精含量低，如果污染了微生物或煎酒杀菌不彻底，有可能出现再发酵，生酸腐败，浑浊变质。这属于生物性不稳定现象，应该加强黄酒的灭菌，注意贮酒容器的清洗、消毒和密封，勿使微生物有复活、侵入的机会，同时应在避光、通风、干燥、卫生的环境下贮存。

2. 非生物性浑浊

黄酒的胶体稳定性主要取决于蛋白质的存在状态。通过发酵、压滤、澄清和煎酒，大分子的蛋白质绝大多数被除去，存在于酒液中的主要是中分子和低分子的含氮化合物。当温度降低或 pH 发生变化时，蛋白质胶体稳定性被破坏，形成雾状浑浊，并产生失光，影响酒的外观。当温度升高时，浑浊消失，恢复透明。除了蛋白质浑浊外，若添加的糖色不纯，也会在黄酒灭菌后出现黑色块状的沉淀。另外，因黄酒酸度偏高而加石灰水中和，一旦环境条件变化，也会出观浑浊和失光现象。

黄酒灭菌贮存后产生少量的沉淀是不可避免的。为了消除沉淀，可以在压滤澄清时，添加少量的蛋白酶（菠萝蛋白酶、木瓜蛋白酶或酸性蛋白酶），把酒液中残存的中、高分子蛋白蛋加以分解，变成水溶性的低分子含氮化合物。或者添加单宁（鞣酸），使之与蛋白质结合而凝固析出，经过滤除去。当然在煎酒时提高温度（≥93℃），也能使蛋白质及其他胶体物质尽量变性凝固，在贮存过程中使之彻底沉淀，但这些方法都是有利有弊的，将来逐步可应用超滤的方法、固相蛋白酶的方法加以处理。

第七章　黄酒副产物的综合利用

黄酒生产的副产物主要指酒糟，另外还有发酵产生的二氧化碳及浸米时的浆水。

第一节　　酒糟和出糟率

黄酒醪经过压滤，取得酒体而留下的固体部分，称为酒糟。

一、酒糟的成分

酒糟的成分主要来自酿酒原料和麦曲，由于糖化、发酵过程中产生一系列复杂的生物化学变化，又增加了新的代谢产物，大量的酵母细胞经压滤沉积在酒糟里边。酒糟的主要成分为淀粉、蛋白质、纤维素、酒精和水，以及残留的各种酶。一般酒糟含挥发分约 40%～50%，主要指水分、酒精、挥发酸和挥发酯等物质。酒精含量为 10%左右。粗淀粉为 20%～30%。具体成分见下表。3-7-1。

表 3-7-1　　　　黄酒的酒糟成分

成　　分	糯米黄酒	粳米黄酒
挥发分/%	53.00	52.08
酒精含量/%	4.50	4.00
粗淀粉含量/%	14.8	16.06
蛋白质含量/%	14.17	12.79
粗纤维含量/%	5.97	6.02
灰　　分/%	0.83	0.87
总　　酸/g·$(100ml)^{-1}$	1.04	1.08
不挥发酸/g·$(100ml)^{-1}$	0.75	0.92

二、出　糟　率

出糟率指酒醅压滤后，酒糟量与原料量之比的百分率。

$$出糟率（\%）=\frac{酒糟量}{原料（包括曲量）}\times 100\%$$

普通黄酒的出糟率一般为 20%～35%，但因黄酒品种不同，原料和操作方法不同，出糟率也有差别，使用生麦曲的出糟率高，使用纯种熟麦曲的出糟率低，发酵正常的酒醅比酸败的酒醅出糟率低，压滤设备和压滤时间也会影响出糟率的高低。如绍兴元红酒的出糟率为 31%左右，加饭酒的出糟率为 33%左右。应该尽力降低出糟率，提高出酒率。

第二节　黄酒糟的综合利用

黄酒糟含有大量活性的酵母细胞和酶，还有残余淀粉和糖分，并有特殊的黄酒芳香，可以进行综合利用。

一、制糟烧酒

将黄酒糟再进行糖化发酵并蒸馏，可得到香气浓郁、口味醇净的白酒，俗称糟浇酒。一般每 100kg 黄酒糟，经过两次发酵，可蒸馏得到酒精含量为 50%的糟烧酒 20～40kg。

1. 工艺流程

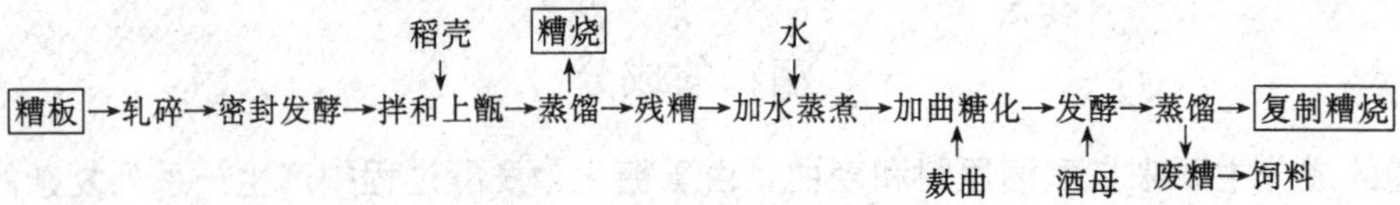

图 3-7-1　酒糟制白酒工艺流程简图

2. 工艺简要说明

传统的糟烧酒都是采用固态发酵生产的，目前，为了充分使淀粉转化为酒精成分，经第一次固态发酵后的糟，可采用液态法发酵，制取复制糟烧，提高出酒率。

酒醅压滤后，取出板糟，轧碎呈疏松细粒状，投入大缸或罐、池，稍踩紧后密封，让黄酒糟残存的淀粉酶和酵母菌，在厌氧条件下进行固态酒精发酵一个月左右，然后取出，加入预先清蒸的稻壳，起到疏松酒醅的作用，上甑蒸酒，第一次蒸得的白酒叫头吊糟烧酒。

再将头吊得到的酒糟，加曲、加酵母，再进行发酵，蒸馏得到复制糟烧酒，复制糟烧酒的生产，可用固态麸曲、酒母发酵，也可用麸曲、酒母液态发酵来生产。具体方法可参考白酒和酒精生产方法。

二、香　　糟

香糟可用来加工和保藏食品，它具有民族特色。其制作过程是将新鲜酒糟，拌入预先炒热的麸皮 15%～20%及香料（茴香、花椒、陈皮、肉桂、丁香等）2%～3%，装入瓦坛，压实密封，经过数月至一年发酵，制成香味浓郁的香糟。用香糟制肉、鱼、鸡、鸭、蛋等食品，以及烹饪调味，可使食品风味更加芳香鲜美。

三、香　　醅

香醅可用来串香，提高液态白酒的质量。

将新鲜黄酒糟打碎成 0.5～1cm 的颗粒，加入部分麦曲或麸曲和少量的桔皮、丁香、花椒等香料，也可加入生香酵母或已酸菌发酵液，混合拌匀后装入缸中，用少量白酒淋酒盖面，密封发酵三个月以上，取出用作白酒串香。

四、饲料及其他

黄酒糟经头吊糟烧酒以后，糟的营养价值进一步提高，由于发酵，使酒糟的蛋白质含量因酵母细胞增殖而提高，故它是家畜、家禽、鱼类的优良饲料。复制糟烧后的固态或液态酒糟仍可作动物饲料，且深受欢迎。

利用黄酒糟还可制醋，培养菌体蛋白和生产其他发酵制品。

第八章　黄酒生产的物料平衡及生产计算

第一节　物 料 平 衡

1. 物料平衡的计算依据

表 3-8-1　　物料平衡计算依据

序号	项　　目	计算单位	数　值	备　注
1	酒药出药率	干药重 kg/100kg 米粉	85	
2	生麦块曲出曲率	干曲重 kg/100kg 小麦	80	
3	熟麦曲出曲率	出房曲 kg/100kg 小麦	100 左右	熟曲含水分 25%计
4	摊饭糯米出饭率	饭重 kg/100kg 糯米	145 左右	
5	糯米传统元红酒出酒率	酒重 kg/100kg 糯米	201	
6	机械化元红酒出酒率	酒重 kg/100kg 糯米	220	
7	淋饭酒母出率	酒母重 kg/100kg 糯米	220	
8	元红酒投料总重量	配料总重量 kg/100kg 糯米	300～303	
9	传统元红酒出糟率	板糟 kg/100kg 糯米	35 左右	包括麦曲重量在内
10	机械元红酒出糟率	板糟 kg/100kg 糯米	26 左右	包括麦曲重量在内

2. 传统黄酒的物料平衡

表 3-8-2　　传统黄酒的物料平衡　　单位：kg

投　　入			产　　出		
物料名称	每 100kg 原料	每吨酒量	物料名称	每 100kg 原料	每吨酒量
糯米	100	476.19	板糟	40	190.48
块麦曲	15	71.43	总损耗	55	261.90
淋饭酒母	7	33.33	产酒	210	1 000
浸米浆水	58	276.19			
米饭吸水	45	214.29			
加清水	80	380.95			
合　　计	305	1 452.38			

注：总损耗包括生成和排出的二氧化碳等物质的损耗，每 100kg 大米以淀粉利用率 86%计算，酿造过程中，生成和排出二氧化碳约为 32kg，加上其他挥发性物质损失，约占总损失的 60%以上，属于工艺过程的损耗约占总损耗的三分之一。

3. 机械化生产黄酒的物料平衡

表 3-8-3　　机械化黄酒的物料平衡　　单位：kg

投入			产出		
物料名称	每吨糯米投料	每吨黄酒成品	物料名称	每吨糯米投料	每吨黄酒成品
糯　米	1 000	454.55	板　糟	264	120
块麦曲	100	45.55	总损耗	538	244.69
纯种熟曲	10	4.55	产　酒	2 200	1 000
酒母醪	112	57.14			
吸水加水量	1 780	809			
合　计	3 002	1 364.69	合　计	3 002.0	1 364.69

注：同表 3-8-2。

4. 干型黄酒的物料消耗

表 3-8-4　　每吨干黄酒的物料消耗

序号	物料名称	单位	传统法	机械法	说明
1	投料糯米	kg	475.2	454.55	
2	制块曲用小麦	kg	92.81	56.82	
3	制熟曲用小麦	kg	/	4.55	
4	制淋饭酒母用糯米	kg	14.85	/	
5	制淋饭酒母用小麦	kg	5.66	/	
6	制淋饭酒母用酒药	kg	0.036	/	
7	制速酿酒母用糯米	kg	/	15	
8	制速酿酒母用小麦	kg	/	1.42	
9	制速酿酒母用乳酸	ml	/	50	
10	制速酿酒母种子液用糯米	kg	/	0.1～0.15	
11	添加酱色	kg	4 左右	4 左右	
12	包口用荷叶	kg	0.8～1	0.8～1	
13	包装用箬壳	kg	0.8～1	0.8～1	
14	贮酒用陶坛	只	44	44	装酒每只 25kg
15	黄粘土	m^3	0.25	0.25	糊泥头用
16	拌泥用砻糠	kg	1～2	1～2	
17	酒库占地	m^2	1.4	1.4	堆四个高加走道
18	500ml 酒瓶	只	2 100	2 100	包括损耗 5%
19	酒瓶盖标贴	只	2 040	2 040	包括损耗 2%
20	24 瓶装纸箱	只	84	84	
21	原　煤	kg	90	90	发热量 20 900kJ
22	水	t	15	15	
23	电	kW.h	10～20	40～60	
24	发酵成品劳动工时	工	3.5～4	2.5～3	
25	灌装瓶劳动工时	工	8～10	8～10	

第二节 生产计算

1. 精米率

精米率是表示糙米经过精碾除去表皮以后的白米收得率，是指米的精白程度，精米率数值越小，表示米的精白程度越高。

$$精米率（\%）=\frac{白米（kg）}{糙米（kg）}\times 100\%$$

2. 出饭率

出饭率是指投料米经浸渍吸水和蒸煮糊化后的湿重和投料米的质量之比。它主要用来考核蒸饭的质量，并作为计算投料配水量的依据。

$$出饭率（\%）=\frac{蒸后米饭的质量（kg）}{投料米的质量（kg）}\times 100\%$$

3. 出药率

出药率指生产小曲时的成品出率。

$$出药率（\%）=\frac{成品小曲质量（kg）}{投入米粉质量（kg）}\times 100\%$$

4. 出曲率

出曲率是指小麦、麸皮制成生麦块曲、熟麦曲、爆麦曲和纯种麸皮曲的收得率。

$$出生块曲率（\%）=\frac{干燥后生麦块曲质量（kg）}{投入小麦质量（kg）}\times 100\%$$

$$出熟曲率（\%）=\frac{出房后24小时熟曲质量（kg）}{投入小麦（或麸皮）质量（kg）}\times 100\%$$

5. 配方总质量比率

各种物料配方之和称为总质量。配方总质量比率是指每百公斤米（糯米、粳米、籼米、黍米、玉米）在投料时，各种物料配方总质量控制数（kg）的比率。本指标主要用于控制和调节配料用水。如果原料米出饭率低，在正常情况下，可以用多加配料水来调节。如原料出饭率高，可以减少配料水调节。各种不同的原料，不同的黄酒品种，不同的工艺操作方法，都应有各自的总质量控制水平。

$$配方总质量比率（\%）=\frac{投料米质量+米饭吸水质量+曲质量+配料水质量（kg）}{投料米质量（kg）}\times 100\%$$

6. 出酒率

指每100kg原料所产某一品种黄酒的千克数。

$$全部粮食出酒率（\%）=\frac{成品黄酒量（kg）}{（投料大米+制酒母大米+曲料\times 0.84+酒药\times 1.20）（kg）}\times 100\%$$

式中 0.84——消耗小麦折成生粮的比例

1.20——制成每公斤酒药所需大米原料折算率

7. 吨酒耗标准煤

吨酒耗标准煤是指每吨黄酒耗标准煤数量。标准煤的发热量以 29 260kJ/kg 计算。不同发热量的燃料应折成标准煤。

$$吨酒耗标准煤（kg/t）=\frac{原煤耗用量（kg）\times 原煤发热量（kJ）}{黄酒产量（t）\times 标准煤发热量（kJ）}$$

8. 吨酒耗电量

吨酒耗电量是指生产每吨黄酒的耗电量。应去除非生产性耗电数。

$$每吨黄酒耗电量（kW·h）=\frac{黄酒生产耗电数（kW·h）}{黄酒产量（t）}$$

9. 吨酒耗水量

吨酒耗水量是指生产每吨黄酒的耗水数量。应去除非生产性耗水量。

$$每吨黄酒耗水（t/t）=\frac{黄酒生产耗水量（t）}{黄酒产量（t）}$$

10. 糟烧酒出率

糟烧酒出率是指每百公斤酒糟所出酒精含量 65%的糟烧酒的百分比率。酒清含量不是 65%的均要折成 65%计算。

$$糟烧酒出率（\%）=\frac{原酒度糟烧量（kg）\times 折算成 65\% 系数}{黄酒糟质量（kg）}\times 100\%$$

11. 淀粉利用率

淀粉利用率是指原料淀粉的实际出酒率与理论出酒率之比的百分数。

$$淀粉利用率（\%）=\frac{原料淀粉的实际出酒率}{原料淀粉的理论出酒率}\times 100\%$$

第九章 清 酒

第一节 概 述

清酒又称日本酒(Sake)，是日本人民非常喜爱的一种传统的酒精饮料。它是以大米、水为原料，经用米曲霉(*Aspergillus oryzae*)培养成的米曲与纯种酵母，在低温下边糖化、边发酵而酿成的酒精含量为14%～17%的酿造酒。

日本酒的历史要追溯到绳文时代末期，稻谷栽培技术和酿酒技术从中国长江下游传入日本，公元4～5世纪，中国的麦曲传入日本，改进了当时日本的酿酒技术。之后，酿酒技术一直由皇室垄断。8世纪后，僧侣开始酿造清酒，直到10世纪末，清酒才进入商品市场。当时的清酒与现代清酒的酿造方法是不同的。现代清酒的原型始于14世纪中期的“僧坊酒”方法。从16～19世纪，在封建社会中，清酒的酿造方法和技术广泛流传，清酒酿造业得到迅速发展。千万家清酒厂建立起来。在17世纪末，日本全国有27 000多家清酒工厂。19世纪，随着封建社会的解体，在欧洲酿造技术的影响下，人们开始认识清酒的发酵过程，渐渐地建立起其酿造的理论基础。

在日本，清酒的生产和消费随着日本社会经济状况的变化而变化。二战前，年产量大约为60～70万t。生产厂家多达七八千家。战争期间产量达最低谷。战后，随着日本经济的恢复和发展，尽管清酒厂家在不断减少，产量和消费量却不断上升。到1994年，为数2288多家清酒厂生产122万t清酒。其中约50家生产量在30万t以上的现代化清酒厂，占全国产量的近一半。日本最著名的清酒酿造地区是在关东的神户和京都附近。70～80年代，日本清酒也不断向海外出口，占领了包括欧洲、美国等几十个国家的国际市场，并在美国、巴西等国建立了清酒工厂。50年代以来，在清酒产量增加的同时，清酒酿造工艺，生产的机械化、自动化水平也不断提高，生产周期也由每年只能冬季生产扩展到全年生产。

日本清酒按生产量和产品的质量及在消费者中的影响，以下几个厂家及其产品最为有名。大仓厂的月桂冠、白鹤厂的白鹤，西宫厂的日本盛，小西厂的白雪和大关厂的大关酒。

尽管日本清酒与中国黄酒属于同类酿造酒，但色、香、味迥然不同，其原因是酿造微生物和方法上有许多不同。图3-9-1为清酒酿造工艺流程图。

清酒的级别和种类如下：

1. 按酒税法规定的级别

由酒类审议会审查，国税厅长官按酒的品质决定将清酒分成特级清酒、一级清酒和

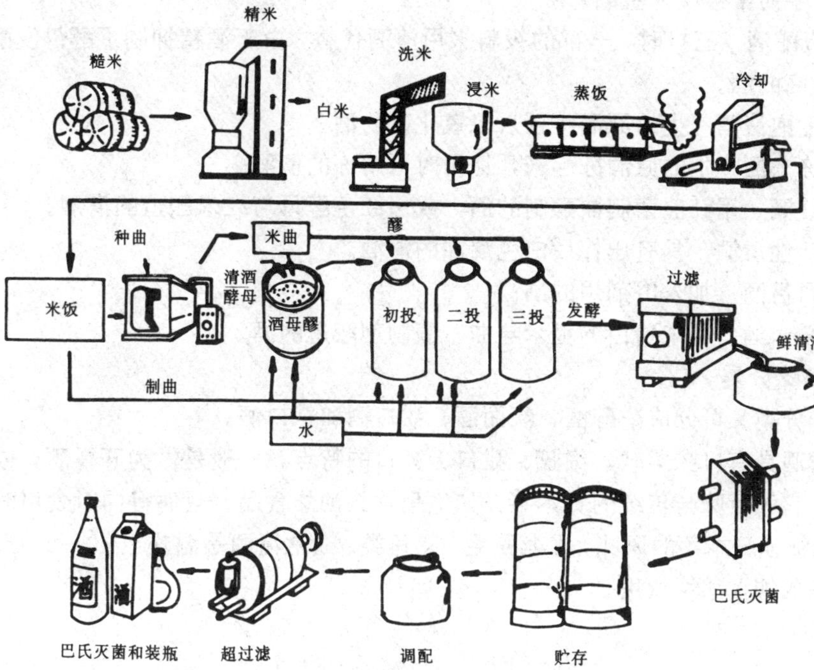

图 3-9-1　清酒酿造工艺流程图

二级清酒。

2. 按酿造方法分类

（1）本酿造酒　每 1t 白米的醪液加 100%酒精不超过 120L 的酒。

（2）纯米酿造酒　仅仅以米、米曲、水为原料，不外加任何酒精的酒。

（3）吟酿酒　本酿造酒生产中的原料精米率在 60%以下的酒。其中精米率在 50%以下者称为大吟酿，精米率在 55%左右的称为中吟酿。

（4）酒精添加酒　用米与米曲酿造的清酒醪中加入大米原料以外的酒精来增加清酒产量的清酒。通常用 30%左右的酒精。

（5）三培增酿酒　加入用米、米曲和水酿造的纯米清酒三倍的酒精的清酒称三培增酿酒。由于加入了大量的酒精，可以用糖、酸味料、化学调味料调整其口味。

（6）手造酒　用传统方法酿造的清酒。

（7）秘藏酒　贮存期在 5 年以上的酒。

（8）樽　酒　具有酿造酒樽木香的酒。

（9）原　酒　勾调中不加水的酒。

（10）生一本　自己酒厂酿造的纯米清酒。

（11）生　酒　不经过加热杀菌的清酒。

（12）生贮藏酒、生贮藏酒　冷贮藏后，灭菌前的清酒。由于这类酒都在瓶上印着大大的“生”字而常被误为生酒。

(13) 贵酿酒　三投时，一部的投料水用清酒代替，由于酒精抑制了酵母发酵，故它酒中糖度较高的酒。

(14) 发泡清酒　生的原酒中压入二氧化碳的酒。

(15) 冻法酒　生的原酒冻起来，饮用时再解冻的清酒。

(16) 红酒　用红曲菌制曲酿制的酒，或用红色酵母与红米酿造的清酒。

(17) 活性清酒　具有压榨后白色混浊的清酒。

(18) 风吕酒　加入浴剂用的酒。

(19) 糙米酒　用未精白的糙米与曲、酶制剂酿造的酒。

3. 按口味分类

按口味分类又可分成浓醇酒，淡丽酒、甜口酒和辣口酒。

由于清酒具有口味柔软、细腻、甜口、爽口的特点，一般是做为开胃酒，或与食物一起饮用。它的风味与传统的日本菜，如生鱼片、油炸食品、豆腐等同时食用时交映生辉。它可以加强日本菜的风味，尤其是生、熟鱼类。通常清酒是温热至40～50℃后饮用，也可以冷冻或加入冰块饮用。

第二节　清酒的酿造

一、原料及其处理

1. 水

水是清酒的主要原料之一。它占清酒的80%左右。它不仅做为清酒的成分，酿造过程中洗米、浸米、洗涤、锅炉、调配都需要水。通常，每吨米需要25t水来酿造。

酿造用水要求：无色、无味、无臭，痕量的离子、氨、亚硝酸和有机物，不含有害的微生物。有些离子，尤其是铁、钾、镁、钙、铜、镁等含量较高，不仅会影响发酵和制曲，而且对清酒的风味和色泽也有损害。

在日本，清酒酿造有名的西宫宫水和其他65种酿造用水的成分见表3-9-1，酿造用水的要求见表3-9-2。

表3-9-1　酿造用水的各成分比较　单位：mg/L

成　分	8种宫水平均值	65种其他地方适于酿造水的平均值
pH	6.98	6.71
蒸发残渣	301.4	255.9
Si	11.49	10.45
Fe	0.0023	0.0061
Al	0.262	0.295
Ca	37.16	27.15
Mg	5.61	6.97

续表

成　分	8种宫水平均值	65种其他地方适于酿造水的平均值
Mn	0.041	0.051
K	16.69	11.92
Na	32.13	32.12
P	2.275	0.187
SO_3	24.32	25.43
Cl	31.77	46.11
游离 CO_2	14.59	11.46
结合 CO_2	49.73	26.18
NH_4-N	0.0056	0.0165
NO_3-N	3.57	5.33
NO_2-N	0.0114	0.0256
$KMnO_4$ 消耗量	5.07	5.24

表 3-9-2　　清酒酿造用水标准

色泽	无色透明
气味	无异常气味
pH	中性或微碱性
铁	0.02mg/L 以下
锰	0.02mg/L 以下
有机物（高锰酸钾耗量）	5mg/L 以下
亚硝酸	检不出
氨态氮	检不出
细菌酸度	2ml 以下
生酸菌群	检不出
大肠杆菌群	检不出

2. 米

米是清酒酿造的另一主要原料，它影响到清酒的产量和质量。制曲、酒母和发酵都是用精白后的粳米。

清酒酿造用米与食用米在品种上是不同的。酿造用米要求具有易精白、易蒸煮、易糖化和易被霉菌覆盖的特性。通常在日本本土出产的米中，酿造用米要比食用米的价格高出8%～10%。其中，最有名的酿造米要数“山田锦”米。它的价格要比食用米高20%以上。这种米的胚乳细胞松散，米粒中心不是胚乳细胞而是充满了淀粉颗粒的部分。是一种心白米，山田锦米具有颗粒大、质软、色白、蛋白质含量低、吸水性好、精米时不易碎的特点。它经常被选来酿造高级酒，如吟嚷酒。

表 3-9-3 是日本酿造用米和食用米的检查规格。可以看出酿造用米的规格要比食用米严格。

表 3-9-3　糙米的检查规格

区分	项目/等级	最低限度			最高限度						
		体积质量/g·L^{-1}	整粒量/%	形质	水分/%	被害粒、死米、着色粒、稻谷、异物/%					色
						共计	死米	着色粒	稻谷	异物	
酿造用米	1 等	840	90	1 等标准品	15.0	5	3	0.0	0.1	0.0	品种特有的色
	2 等	830	80	2 等标准品	15.0	10	5	0.0	0.2	0.1	品种特有的色
	3 等	810	70	3 等标准品	15.0	15	7	0.1	0.3	0.1	品种特有的色
食用米		体积质量/g.l^{-1}	整粒/%	形质	水份	被害粒、死米、着色粒、稻谷、异物（%）					
						共计	死米	着色粒	异物谷粒		异物
									稻谷	除去稻谷	
	1 等	810	70	1 等标准品	15.0	15	7	0.1	0.3	0.3	0.2
	2 等	790	60	2 等标准品	15.0	20	10	0.3	0.5	0.5	0.4
	3 等	770	45	3 等标准品	15.0	30	20	0.7	1.0	1.0	0.6
	等外	700 以下	—	—	15.0	100	100	5.0	5.0	5.0	1.0
	规格外：不符合从 1 等至等外的水稻粳米，含异粒、异物在 50%以上										

3. 精米

糙米除含有 15%水、75%碳水化合物外，还含有 7%～9%的蛋白质、2%～3%的脂类、0.7%脂肪和无机成分。精米的目的就是去除糙米外层的蛋白质、脂类和无机成分。因为在发酵过程中，曲中的蛋白酶、羧肽酶将蛋白质分解成多肽和氨基酸。这些物质部分被酵母利用，并赋于清酒完善的风味。但如果这些物质过量，就使得清酒风味粗糙，颜色变色，会加速清酒的变质。脂肪酸，尤其是不饱和的亚油酸、油酸对象乙酸异戊酯这样一些芳香酯的生成会有阻碍作用。经过精白的米，就会降低糙米中蛋白质、脂类和无机成分的含量。随着精白率的降低，即精白程度的增加，这些物质是迅速变少。精米时米成分的变化如图 3-9-2 所示。一般精米率控制在 70%～75%，此时蛋白质含量只有 5%，脂类少于 0.1%。近年来，随着消费者口味的淡爽化，酿造清酒的精米率不断下降。对一些高级酒，精米率达到了 50%，这种清酒口味清淡、爽口，且带有一些果香味。对酿造用米严格控制精白程度，也是清酒与中国黄酒在酿造上的不同点之一。

精米所用的立式精米机是滚辊精米机，用金刚砂和长石所制的辊与立面成垂直方向旋转剥去糙米的表皮。需要反复精白直到要求的精米率。

4. 洗米与浸米

洗米是为了除去白米表面所附着的粉尘、夹杂物，在这一过程中白米减重 1%～3%，

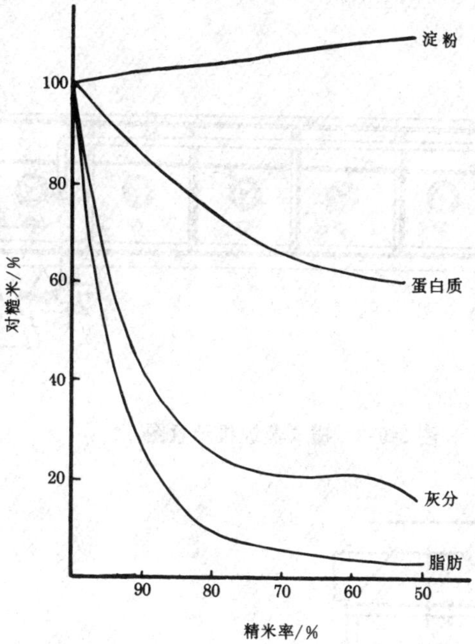

图 3-9-2　精米时米成分的变化

同时由于白米的吸水而增重 9%～17%。在洗米机中白米在连续斗式提升输送中完成洗米的过程后送入浸米槽。在 15℃以下，浸渍 10～15h 后，白米的吸水量达到其重量的 25%～30%，放水沥干几个小时即可蒸煮。浸后的白米从外观上看透明感消失，变成了纯白色。浸渍后促进了蒸煮中蒸透白米内部和淀粉颗粒的溶解。

5. 蒸饭

蒸饭是将白米的生淀粉加热变成 α-淀粉，同时使蛋白质变性、以便曲中酶的作用，并且也是一个杀菌过程。饭粒水分比蒸饭前高 7%～12%，整个吸水量比白米增加 35%～40%。

蒸饭条件：100℃蒸汽、20～40min。

蒸饭设备分三种：甑桶、横式蒸饭机和竖式蒸饭机。

甑桶的材料有木质的、也有铝质的。直径 1.4～1.9m，深度 1.0～1.7m，每批投料量从 700～2 500kg 白米。通过桶底筛板下加热沸腾水产生的蒸汽穿过筛板上的米饭将其蒸熟。这种蒸饭方式只有一些小厂在使用。

横式蒸饭机是利用不锈钢网带连续输送米经过汽室，通过控节进入汽室的蒸汽将米蒸熟。具体结构如图 3-9-3 所示。

竖式蒸饭机是通过自上向下自然落过一个垂直的罐体，在罐体的中底部通入蒸汽连续蒸饭。其结构如图 3-9-4 所示。

米饭的冷却，传统方法是摊凉方式，现代化清酒厂是用连续式米饭冷却机。

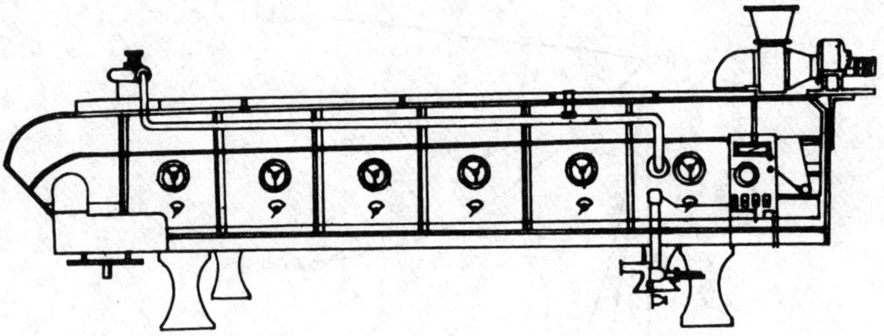

图 3-9-3　横式蒸饭机示意图

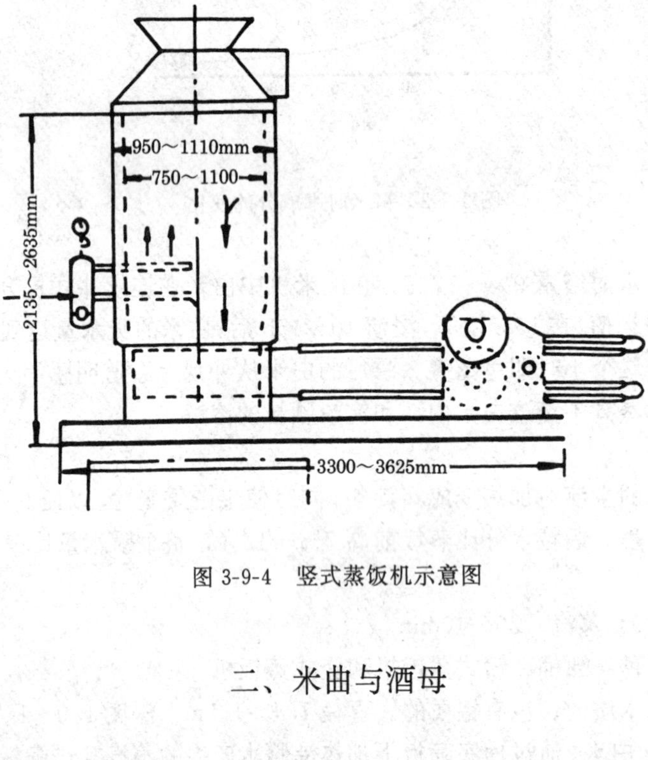

图 3-9-4　竖式蒸饭机示意图

二、米曲与酒母

1. 米曲

米曲是将米曲霉培养在米饭上产生的清酒酿造的糖化剂。曲的具体作用是为酒母和发酵醪提供分解淀粉、蛋白质等物质的酶源；为清酒的风味增添曲香；为清酒酵母提供营养源。故有“一曲二酛（酒母）三造（醪）”的说法。

到目前为止所查明米曲中含有50多种酶，但最重要的是α-淀粉酶、糖化酶和酸性蛋白酶。培养的条件影响到这些酶的组成，较高温度（大约40℃）有利于α-淀粉酶活力的提高，较低温度（30℃）有利于提高蛋白酶的活力。随培养时间延长，酶活力不断提高。

通常，曲中几种主要酶的活力如下：

α-淀粉酶　　800～1 000　单位(淀粉总数/(小时・克曲),40℃,pH48 用光密度法)

糖化酶　　　150～200　单位（葡萄糖毫克数/（小时・克曲）40℃，pH5.0）

酸性蛋白酶　2 500～3 000　单位（酪氨酸微克数/（小时・克曲），40℃，pH3.0）

制曲的方法分成曲盒法和机械制曲法两种。

曲盒法的操作如下：米饭冷却到40℃后移入曲室。曲室的温度、湿度分别控制以26～28℃和 80%～90%（相对湿度）。在桌板上堆集 2～3h，摊开，拌均种曲。通常种曲量为 60～100g/100kg 白米，每粒米饭大约有 2 000 个霉菌孢子。再次堆好，用布覆盖。最终温度控制在 31～32℃。接种后 10～12h，曲品温由于霉菌的呼吸稍稍有些上升，饭粒表面由于霉菌的生长失光变白时，进行第一次翻曲，以防品温过高和供给曲霉氧气。翻拌后，再堆好，盖上布，温度控制在 30～31℃，接种 24h，米曲霉进入迅速繁殖阶段，为防止缺氧和控制温度的上升。米饭分装进入 1.5kg 的曲盒中。6～8 盒重叠在一起。装盒 3～4h 后，上面曲盒温度高于下面曲盒，上下曲盒调换位置，以保证每盒温度基本相等，此时温度为 32～34℃。装盒 6～8h 后，品温上升至 35～36℃，为了供氧和排除二氧化碳，在盒内进行第二次翻曲，以后再在盒内堆集起来，此时温度为 33～35℃。3～4h 时，再次进行倒盒来调整品温。二次翻曲后 6h，随着曲霉不断生长，品温上升至 37～39℃。80%米饭表面盖满了菌丝。再次进行翻曲、倒盒。这次倒盒几个小时后，品温上升至最高点 41～43℃，进行最后一次倒盒。再培养 6～8h，达到成曲质量后，盒内曲聚集在一起翻拌，摊开放冷，即可出曲。整个培曲时间一般控制在 48h 内。

曲盒法是一种传统的方法，由于曲盒只有 1.5kg，对于规模大些的酒厂，在操作上十分不便。因此，又产生了大盒法。大盒法中，米饭装入 15～45kg 的大盒。为了控制品温和湿度，盒子底部用木栅或线网制成，这样便于排出热量，二氧化碳和调节温度。

种曲的培养也采用的是曲盒法生产。种曲的菌种由几株各具不同特性的菌种按比例混合使用，培菌过程也以培养生成大量米曲霉孢子来控制，通常需 4～5d 的时间。培养好的种曲需要低温干燥至含水 5%～6%后冷室保存。

机械制曲法是采用自动通风、喷淋水调节风的湿度来调节品温和水分的。接好种的米饭用绞龙输送进机器，堆集成一定的厚度。

2. 酒母

在清酒酿造中，酒母又称为酛。酒母不仅要为发酵提供足够的纯种酵母，由于清酒是开放式发酵，在酒母培养过程中和发酵的初期，为了防止有害微生物的繁殖，而需要酒母中含有足够的乳酸。酒母用米的量为整个用米量的 7%。

酒母的种类以酒母中乳酸来源不同分成速酿系酒母和生酛系酒母两大类。其中最有代表性的是生酛系酒母的山废酛和速酿系的速酿酛和高温糖化酛。现在大多数酿造工厂都用速酿酛。

表 3-9-4 为酒母的种类和特征。

山废酛是传统酒母制备的典型。从现代微生物学的观点看，山废酛的酿造原理也是十分有意义。下面就是一个它的实例。

表 3-9-4　　**酒母的种类和特征**

		速酿酒母				生酛酒母	
		速酿酒母	高温短期速酿酒母	稀薄酒母	高温糖化酒母	山废酒母	生酛
原料配比（总米 1 500kg）	原料米	70	70	35	70	70	70
	曲米量/kg	30	30	18	30	30	30
	水量/L	110	120	220	160	103	103
100L 水加乳酸量/ml		700	700	650	700	0	0
投料温度		20	25	25	56	7～8	7～8
投料至起泡	天数/d	5	2	2	2	12～17	15～18
	最低温度/℃	8	16	18	16	6	5.5
高泡前醪成分	波美度/°Bé	16～17	15～16	9～10	15～16	17～18	17～18
	酸度	3.4～4.0	3.2～3.4	3.2～3.4	3.2～3.4	5.0～5.5	5.0～5.5
	氨基酸度	2.5～3.0	2.0～2.5	1.0～1.2	2.2～2.4	6.0～7.0	6.0～7.0
分开时的醪成分	波美度/°Bé	7～8	7～8	3～4	7～8	8～9	8～9
	酸度	7	7	6	7	9～11	9～11
有关微生物		酵母	酵母	酵母	酵母	硝酸还原菌乳酸菌酵母	硝酸还原菌乳酸菌酵母

70kg 米饭、30kg 曲与 100L 水在容器中混合，初品温为 7～8℃。保持 3～4d，其间间歇搅拌，米饭部分被糖化，温度降到 6～7℃，之后用一个热水桶放入醪液中（现在是用底部电加热的方法）以每天 0.5～1℃速度加热醪液。持续 10～15d 直到醪液至 14～15℃。在升温过程中，几种微生物菌群消长变化过程表明，对营养要求低的微生物渐渐被营养要求高的所取代。如图 3-9-5 所示。初期曲和水带来的硝酸还原菌，如假单胞菌和消色杆菌被乳酸菌取代。在乳酸菌达到每克 10^5～10^8 个细胞后，随着糖浓度的增加和自身所产酸浓度的增加，它们相继被清酒酵母所取代了。野生酵母在最初 10d 达到每克 10^4 个细胞，在之后的 2～3d 里受到硝酸还原菌所生成的亚硝酸影响逐渐减少到零。当野生酵母消失，温度升至 15℃时，亚硝酸也从醪液中消灭了，此时只有清酒酵母可以存活，此时加入纯种酵母。2～3d，酵母就达到每克醪液 10^8 个细胞，品温 18～20℃。再维持 2～3d，当醪液降至 8～9°Bé，醪液被冷却至 7℃以下，以防止酵母的死亡。至此，用于酿造的酒母已成功地从复杂的自然群落中选出。之后保存 5～7d 即可使用。图 3-9-6 就是山废

酛温度和化学成分的变化过程

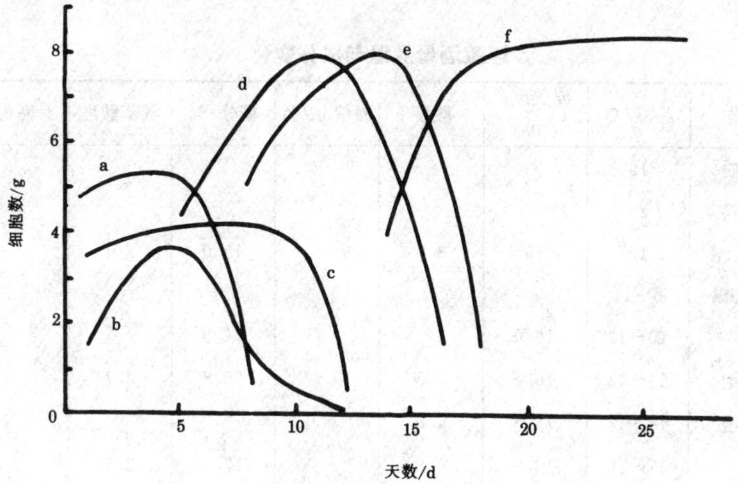

图 3-9-5　山废酛制备中微生物种群的变化过程

a—硝酸还原菌　b—产膜酵母　c—野生酵母　d—球状乳酸菌　e—杆状乳酸菌　f—清酒酵母

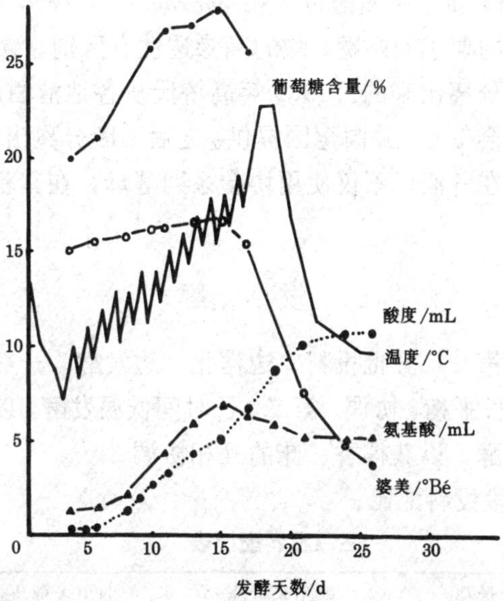

图 3-9-6　山废酛制备中温度及醪中组分的变化

速酿酛现在在工厂非常普及，它是通过人工添加乳酸来防止杂菌污染的。由于提高了初始的醪温，加速了糖化和省去了乳酸菌产生乳酸的时间，速酿酛的制备时间相对比较短，只有 7～15d。乳酸的加入量为 600～700ml/100L 酿造水，初始 pH 为 3.5～3.8。

加入乳酸可防止有害细菌的生长，但野生酵母却可以与清酒酵母在此条件下同时生长，因此，为了使清酒酵母占生长优势，开始就接入较高的酒母数。表 3-9-5 为一速酿酛培养实例。

表 3-9-5　　速酿酒母品温与成分变化

天数/d	操作	品温/℃	波美度/(°Bé)	酸度	酒精分/%	糖分/%	氨基酸度	酵母数/个$\cdot g^{-1}$
1	水曲	10						
1	投料	20						
2		13	15	3.0		18.0	2.4	
3	初加温	8～11						
4		10～13	16.0			24.8		
5	始泡	11～14	16.5	3.5		25.8	2.7	5×10^7
6	高泡	14～17	15.5	4.0				7×10^7
7		17～20	13.0	5.2		17.1	2.1	1.8×10^8
8	落泡	20	10.5					2.0×10^8
9	分开	20	8.0	7.0	10.0			2.2×10^8
14	使用时	7	6.0	7.0	12.5	8.5	2.1	2.1×10^8

清酒酵母（Sake yeast）属于啤酒酵母（*Saccharomycescerevisiae*）的一种，它与啤酒酵母不同点在于对维生素的要求和耐糖、酸的高渗透性有区别。清酒酵母是：在 1895 年由矢部氏从原料和醪液中分离出来的。1905 年高桥氏从各地清酒厂收集的 60 多株清酒酵母中选出由日本酿造协会 1 号，并向全国提供。之后不断分离出优良酵母。表 3-9-6 是有代表性的优良酵母。现在各酒厂不仅使用协会系列酵母，在其基础上也都有自己选育的优良酵母。

三、发　　酵

清酒发酵的特点是：第一，分批投料、边糖化、边发酵。一般分 3～4 批逐步投料，以使糖化、发酵和酵母生长平衡、协调。第二，长时间低温发酵，以 15℃左右（9～18℃）发酵，以低温控制缓慢发酵，以获得香、味的互相协调。

表 3-9-7 为标准的三段投料配比。

表 3-9-7　　三段投料配比表

	总米量/kg	醪用米量/kg	曲用米量/kg	水量/L
酒母	240	160	80	260
初投	460	330	130	240
二投	850	660	190	1 000
三投	1 450	1 150	300	2 200
酒精 30%				850
总计	3 000	2 300	700	3 900

表 3-9-6　　优良清酒酵母一览表

酵母名	分离源	分离方法	分离时间	说　明
Sacch. sake	发酵醪	选择分离	明-28(1895)	
协会 1-5 号	樱正宗、月桂冠、醉心等	选择分离	明 39-大 13(1906～1924)	
协会 6 号(K-6)	新政酒厂	选择分离	昭-10(1935)	香、发酵力强、酒质优秀
协会 7 号(K-7)	真澄发酵醪	选择分离	昭-21(1946)	香、发酵力强、酒质优秀
协会 8 号(K-8)	K-6 变异株	选择分离	昭-35(1970)	略微高温、多酸、浓醇酒香
协会 9 号(K-9,熊本酵母)	熊本县酒造研	选择分离	昭-28(1953)	芳香、低泡、吟嚷酒香
协会 10 号(K-10,明利酵母)	东北地区发酵醪	选择分离	昭-26(1951)	芳香、吟嚷酒香、少酸
协会 11 号(K-11,耐酒精酵母)	K-7 变异株	浓缩-选择分离	昭-50(1975)	微前缓、微多酸、带嗜杀抗性、氨基酸少
协会 12 号(K-12,宫城酵母)	浦霞发酵醪	选择分离	昭-40(1965)	芳香、吟嚷酒香
协会 13 号(K-13)	K-9 与 K-10 交配样	杂交法	昭-54(1979)	芳香、吟嚷、纯米酒香
协会无泡沫酵母(601,701,901,1001 号)	K-6、K-7、K-9、K-10 变异株	浓缩-选择分离	昭-44 以后(1969)	微前急、生酸少、香气良好
耐酒精、无泡沫酵母(AA-60)	K-11 变异株	浓缩-选择分离	昭-52(1977)	芳香、发泡清酒
广岛酵母	喜久牡丹发酵醪	选择分离	昭-2(1927)	广岛 6 号发酵稳定、广岛 2 号:芳香、发酵强
长野酵母	长野县	选择分离	昭-46(1971)	略微高温、多酸
嗜杀清酒酵母(KL-7)	K-7×KL-88(JCIIRD)	杂交法	昭-51、54(1976、1979)	导入嗜杀基因、其他性状与 K-7 相似
嗜杀抗性株(NO. 701-2)	701 的变异株	亚硝基胍处理-选择分离	昭-49(1974)	对 K^{-1}酵母有抗性
单倍体清酒酵母(K-7H,K-9H)	K-7、K-9 中分离	随机胞子平板法	昭-56(1981)	发酵速度慢、用于制造低酒精含量清酒
红色酵母(要求腺嘌呤酵母 NO. 3038)	K-10 变异株	变异-制霉菌素浓缩	昭-58(1983)	粉红色的酒
红色嗜杀酵母	NO. 3038X 嗜杀欠损融合	细胞融合	昭-59(1984)	粉红色的酒

首先，米饭、曲加入等量的酒母中，同时加入水，称为初投。当酵母细胞数达到 10^8/克醪时，进行二投，为防止杂菌污染，醪温控制在 9～10℃。接着三投，三投的投量为最大，温度为 7～8℃。三投后，随着酵母的繁殖，温度渐渐上升，发酵日益旺盛，泡沫也

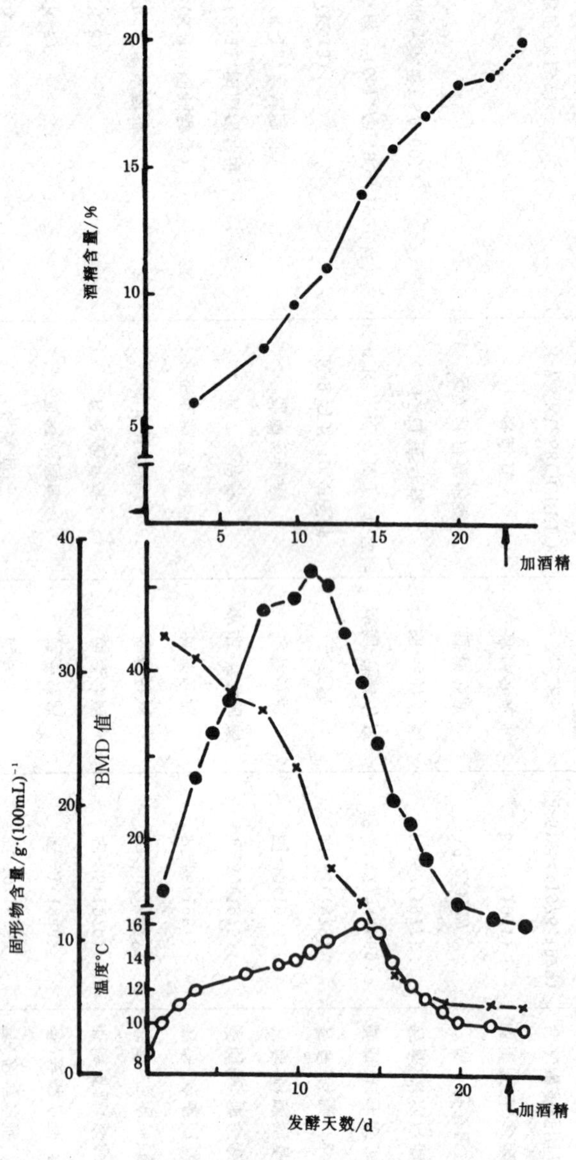

图 3-9-7　清酒发酵温度及组分的变化

——×——固形物含量（g/100ml）

——·——BMD 值（Bé×发酵天数

——∘——温度（C）

大量生成。当温度达到 15～18℃时，维持一周，随后发酵渐渐衰弱，温度下降。到第 15

～25d，酒精含量达18%～20%。发酵几乎停止。此时加入酒精调整醪中酒精含量为20%～22%。通常为了增加甜度，在最后阶段的醪中加入8%的米饭。最后在15%以上酒精含量的醪中，酵母已无法利用糖分，淀粉酶产生的糖就存留在醪中了。发酵中温度和组分变化如图3-9-7所示。

发酵过程的管理，尤其是微生物的管理十分重要。主要是检测野生酵母和腐败性乳酸菌。用TTC染色法检测野生酵母，或采用带嗜杀因子的清酒酵母来防止野生酵母的生长。用BCG培养显色检测腐败乳酸菌的污染。

发酵最初是在木质桶里进行。近代，上了规模的清酒厂都是采用发酵罐，从十几吨、几十吨到最大规模的上百吨。材质近来都用不锈钢制造。冷却方式有夹套式、喷淋式等。图3-9-8为东京日本容器工业株式会社的夹套发酵罐。大型清酒厂发酵的管理已全部采用计算机系统。

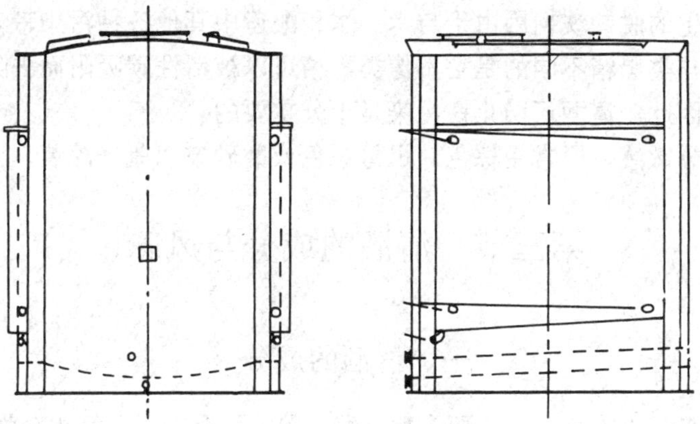

图3-9-8　夹套式发酵罐

四、过滤、灭菌、贮存和装瓶

1. 过滤

发酵醪中加入酒精后，醪液就开始分层。过去，过滤是用布袋装醪后放入木槽中用木榨方式。目前是采用自动板框压滤机进行过滤。通常，1t白米可出3t含20%酒精的清酒和250～300kg的糟。过滤后的新鲜清酒在容器中低温条件下静置1～2周。由于酶的作用，鲜清酒得到陈酿，同时，一些冷混浊物也沉淀下来。保持低温可以避免酵母细胞自溶而过分老熟。静置后的上清液用活性炭和棉花为介质进行第二次过滤。如果是生产生酒，调配后再经过膜过滤即可无菌罐装了。

2. 巴氏灭菌

静置澄清后的清酒再放置一个月，用巴氏灭菌来灭菌和灭酶。过去是用管式热交换器，现在多用高效的板式热交换器。条件为62～64℃、15s，短时杀菌可减少热作用对风味物质的破坏。

3. 贮存、调配、装瓶

灭菌后，清酒移入封闭的贮存罐中进行贮存。对一般的清酒，在13～18℃贮存，对高级酒则需要在3～5℃条件下进行贮存，时间通常3～8个月。由于巴氏灭菌时，酒的色泽变深，视情况在贮存时加入少量活性炭脱色。贮存的容器也趋于大型化、露天化，最大的贮存罐有500t（直径6m、高18m）。

鉴于贮存后每批清酒在风味上的差异，还需要进行调配，使产品的质量统一，并将酒精含量调整至14%～17%。

清亮透明是清酒的重要特征之一。清酒中产生混浊的主要物质是酶蛋白，尤其是曲中的糖化酶。加热时，它们呈溶解状态，与细菌和真菌的蛋白酶作用会聚凝沉降下来。可以通过加入单宁，再用明胶来复合处理。

贮存过程中，除了清酒口味由粗糙转变化为圆润、调和等有益变化外，色的变深是不希望产生的。2-脱氧葡萄糖胘在贮存时浓度增加，加速了氨基糖反应，产生的类黑精使清酒颜色变深。类黑精占清酒色度的40%～80%。铁柯因这种铁色素是另一个着色剂。米曲霉在制曲时产生的脱铁铁柯因由于与米、水和酿造中其他各种污染带来的铁离子结合后颜色变色，它与类黑精不同的是它不像类黑精可以被活性碳吸附而去除。而有色的清酒是没有销路。因此，清酒厂防止铁污染是十分重要的。

清酒对光十分敏感，通常用棕色、祖母绿色或磨砂玻璃瓶来灌装。

第三节　清酒的成分与风味

一、清酒的成分

清酒的成分多达240多种，主要有醇、酸、碳水化合物、含氨化合物、酯、维生素、核酸等。

1. 醇类

清酒中的醇类主要是由酵母发酵产生。像赤藓糖醇和D-阿拉伯糖醇这些糖醇是由曲带来的。

清酒中除了含量最多的乙醇外，含量较高的还有2，3-丁二醇、异戊醇、对羟基苯甲醇、β-苯乙醇、异丁醇、正丙醇、活性戊醇、甘油。还能检出痕量的甲醇、正丁醇、正己醇、色醇、赤藓糖醇、D-阿拉伯糖醇、D-甘露醇、甲基戊甲醇、庚基甲醇。

2. 碳水化合物

清酒中的碳水化合物是由原料米产生。主要有葡萄糖（2.0%～4.0%）、麦芽糖（痕量）、清酒双糖和米曲双糖（0.18%）、异麦芽糖（0.3%～0.5%）、潘糖（0.08%～0.2%）、异麦芽三糖（0.08%）、低聚糖（0.2%）、阿拉伯糖、木糖和半乳糖（0.005%以下）。

3. 有机酸

有机酸中75%是由酵母生成，15%由米和米曲带入，含量最多的是琥珀酸（0.023 0.059 5%）、乳酸（0.031 0%～0.060 7%）、柠檬酸（0.002 0%～0.006 6%），还有少量的醋酸、丙酸、富马酸、苹果酸、丙酮酸、α-酮戊二酸、焦谷氨酸、水杨酸和乌头酸。

4. 氨基酸

氨基酸过去一直认为是由蛋白酶分解蛋白质所产生。近些年研究结果表明在发酵结束时，在15%～20%酒精含量的醪中，酵母死后从体内溶出的氨基酸更多。

表3-9-8为清酒中氨基酸组分含量。

表3-9-8　清酒中氨基酸组分含量

氨基酸名称	含量/mg·L⁻¹	氨基酸名称	含量/mg·l⁻¹
丙氨酸	231	苯丙氨酸	55
精氨酸	127	脯氨酸	100
天冬氨酸	125	丝氨酸	46
半胱氨酸	21	苏氨酸	58
谷氨酸	177	色氨酸	—
甘氨酸	111	酪氨酸	91
组氨酸	33	缬氨酸	90
异亮氨酸 亮氨酸	79	胱氨酸	微量
赖氨酸	49	鸟氨酸	5.1
		共计	1475.1
蛋氨酸	31.1		

5. 维生素、核酸、无机成分和酯类

它们的含量虽然也不少，但含量从总量上看与前四类相比显得少得多。

二、清酒的风味及特征

1. 清酒的香气

清酒的香气成分随不同香型的清酒而各异。目前已检出了醇、酯、酸、羰基化合物、胺、硫化物等几百种成分。

清酒的香气用感官评品又可描述可以下几种：

吟酿香：是用高度精白米，低温下，长期发酵的吟酿酒的主体香气。被认为是最细腻、最具代表性的清酒香气，因此，长期以来深受人们的重视。它的香气主要由较高浓度的乙酸乙酯、癸酸乙酯、己酸己酯、辛酸乙酯、乙酸异戊酯所组成。这些酯与高级醇之比（E/A值）又是衡量吟酿香强弱的指标。一般E/A值高，吟酿香强。

老香：是在灭菌后的贮存过程中产生的一种香气。它是由3-羟基-4，5-2甲基-2（5H）呋喃酮与二甲基二硫化物、甲基硫醇所组成的复合香。

日光臭：清酒在日光（400nm以下波长）下产生的臭味。

腐造臭：也称醋酸臭，是由醋酸菌和火落菌甘微生物产生的。

火落香：是大落菌（一种引起清酒混浊，香味变坏的乳酸菌）在利用甲羟基戊酸时产生的甲羟基的臭味。

酯香：是由产膜酵母（*Willia anomala*）污染产生的。

木香样臭：又称醛臭。在醛含量较多时，清酒酿造时所使用的杉木的气味由清酒中的醛溶出带来的气味。

陈米酒臭：就是陈米中二甲基硫化物的气味。

2. 清酒的味

清酒的甜、酸、苦、辣、涩是由下列这些物质所产生的。

甜味物质：葡萄糖、低聚糖、甘油、2，3-丁二醇、α-乙基葡萄糖苷、甘氨酸、丙氨酸、脯氨酸。

酸味物质：饱和单羧酸，饱和二羧酸、不饱和二羧酸、羟基酸、酮基酸和吡咯酮羧酸。

苦味物质：胆碱、铬胺等；组氨酸，精氨酸，蛋氨酸、缬氨酸、亮氨酸、异亮氨酸，苯丙氨酸，色氨酸等；犬尿氨酸、5′-甲基硫腺苷、无水L-脯氨酸和无机盐。

辣味物质：乙醇、醛，酸苦成分。

涩味物质：酪氨酸、无机盐。

3. 清酒的风味特征

从清酒的风味组分看出，清酒中的高级醇和短链芳香酯是其主要的风味组成。在酿造酒中，正是这种含较高浓度的酯和高级醇、相当低的含氮化合物，有机酸和糖的含量而形成了清酒浓醇爽口、细腻调和的风格。

表3-9-9是酿造酒醇酯含量的比较，可见清酒中*n*-丙醇、异丁醇、异戊醇、苯乙醇及乙酸乙酯，乙酸异戊醇、己酸乙酯、辛酸乙酯和癸酸乙酯含量都较高。

表3-9-9　　酿造酒醇酯含量比较　　（单位：mg/L）

	清酒*	葡萄酒	啤酒
n-丙醇	120	—	—
异丁醇	64	70	17
异戊醇	170	340	25
苯乙醇	75	25	20
乙酸乙酯	120	15	25
乙酸异丁酯	1.0	—	0.1
丁酸乙酯	2	—	0.5
乙酸异戊酯	15	0.1	1.5
己酸乙酯	10	4	+
辛酸乙酯	10	1	0.3
癸酸乙酯	10	0.5	+
壬酸乙酯	5	0.5	0.2
月桂酸乙酯	11	—	+
乙酸苯乙酯	7	0.5	0.3
乳酸乙酯	—	—	3

*酯含量为吟酿酒酯含量

三、清酒与中国黄酒的成分比较

尽管清酒与黄酒属于同类酿造酒，由于两者在所用微生物和酿造工艺上有所不同，因而造成了两者在成分、口味上的不同之处。表3-9-10为清酒与中国黄酒的成分比较。

表 3-9-10　　　　　　　　　　　　　清酒与中国黄酒的成分比较

	元红酒（干型）	加饭酒(半干型)	善酿酒（半甜）	香雪酒（甜型）	清酒（一级）
还原糖/%	0.45	1.86	6.0	21.7	3.71
真正糖度/°Bx	3.94	7.48	14.31	22.72	—
酒精含量/%	17.3	19.1	16.2	22.8	14～17
总酸/g·(100ml)$^{-1}$	0.354	0.354	0.505	0.324	0.089
挥发酸/g·(100ml)$^{-1}$	0.018	0.008	0.025 7	无	0.024
甲醛氮/g·(100ml)$^{-1}$	0.069	0.042	0.080 3	0.033	0.024
挥发酯/g·(100ml)$^{-1}$	0.033	0.029 6	0.031 5	0.030	—
浸出物量/%	3.325	4.45	15.65	24.44	6.2
着色度/OD_{10}^{430}	—	—	—	—	0.013

清酒的含糖量和浸出物含量处于半甜、半干型黄酒之间，总酸、挥发酸、甲醛氮均低于黄酒，氨基酸的含量也只有黄酒的三分之一左右。

图 3-9-9 为日本清酒与绍兴酒的气相色谱图，可见在风格组分上与黄酒相似，但成分的种类及量不如黄酒多。

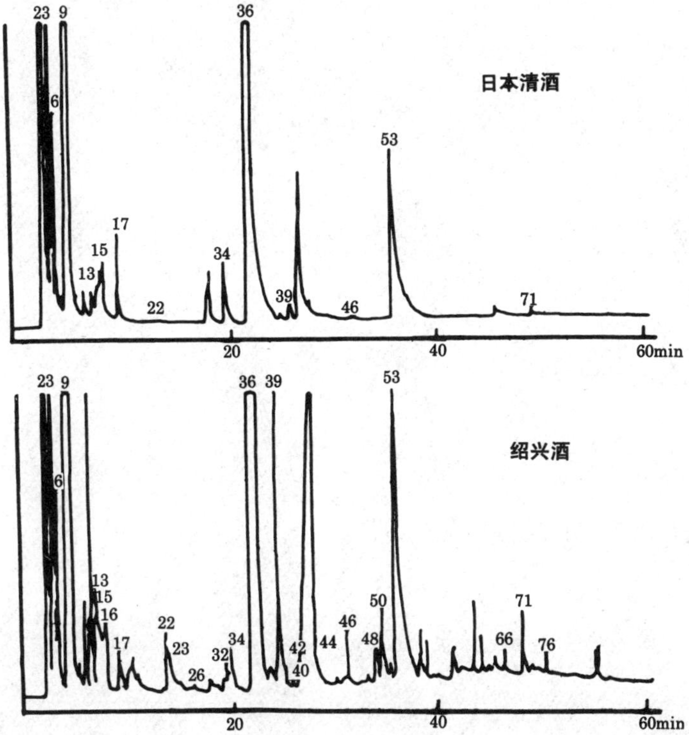

图 3-9-9　日本清酒与绍兴酒的气相色谱

2—正丙醇　3—乙酸乙酯　6—异丁醇　9—异戊醇　13—丁酸乙酯　15—乳酸乙酯　16—糠醛　17—正己醇　22—苯甲醛　23—5-甲基糠醛　26—癸酸乙酯　32—苯乙醛　34—苯乙酮　36—苯乙醇　39—丁二酸二乙酯　40—辛酸乙酯　42—烟酸乙酯　44—缩苯胺乙醛　46—八内酯　48—羟基苯醛　50—香草醛　53—肉桂酸乙酯　66—肉豆蔻酸乙酯　71—阿魏酸乙酯　76—棕榈酸乙酯

主要参考文献

〔1〕大连轻工业学院等．酿造酒工艺学．北京：轻工业出版社，1979
〔2〕周家骐．黄酒生产工艺．北京：轻工业出版社，1988
〔3〕华南工学院等．酒精与白酒工艺学．轻工业出版社，1981
〔4〕秋山裕一、熊谷知荣子．吟嚷酒のはなし．1987
〔5〕小松恒雄、水沢溪．日本酒事典．1989
〔6〕Kiyoshi Yoshizawa & Takeaki Ishikawa. Industrialization of Sake Manufacture. 1989